粮食平衡水分理论与实践

主　编　◎　李兴军
副主编　◎　吴子丹

中国轻工业出版社

图书在版编目（CIP）数据

粮食平衡水分理论与实践/李兴军主编. —北京：
中国轻工业出版社，2022.9
ISBN 978-7-5184-3809-9

Ⅰ.①粮… Ⅱ.①李… Ⅲ.①粮食—贮藏—水分—平衡—研究 Ⅳ.①S379

中国版本图书馆 CIP 数据核字（2021）第 277404 号

责任编辑：马 妍 潘博闻
策划编辑：马 妍　责任终审：劳国强　封面设计：锋尚设计
版式设计：砚祥志远　责任校对：朱燕春　责任监印：张 可

出版发行：中国轻工业出版社（北京东长安街 6 号，邮编：100740）
印　　刷：三河市万龙印装有限公司
经　　销：各地新华书店
版　　次：2022 年 9 月第 1 版第 1 次印刷
开　　本：787×1092　1/16　印张：25
字　　数：577 千字
书　　号：ISBN 978-7-5184-3809-9　定价：180.00 元
邮购电话：010-65241695
发行电话：010-85119835　传真：85113293
网　　址：http://www.chlip.com.cn
Email：club@chlip.com.cn

191069K1X101ZBW

本书编委会

主　　编　李兴军（国家粮食和物资储备局科学研究院）

副 主 编　吴子丹（吉林大学）

参编人员　王双林（中储粮成都储藏研究院有限公司）

郭道林（中储粮成都储藏研究院有限公司）

付鹏程（中储粮成都储藏研究院有限公司）

前言

粮食，是关系国计民生的大问题。除了要提高粮食的产量外，还应当重视粮食的安全储藏与流通。粮食平衡水分理论是粮食吸湿、散湿规律及其对粮食性质影响的理论。它是粮食储藏学中的一个基础理论，是研究粮食干燥、安全储藏的重要参数，也是设计干燥机械和机械通风的重要参数。我国粮食储藏时间较发达国家长，主要通过仓库通风调控含水率和温度来抑制虫霉生长、保持籽粒活性及延缓品质劣变。为了描述粮食干燥过程、粮堆通风降温变化及改进物理调控，必须了解粮食平衡水分（*EMC*）与平衡相对湿度（*ERH*）之间的关系。发达国家对粮食 *EMC/ERH* 关系的研究有近百年的历史，描述 *EMC/ERH* 的方程有 200 多个，对每一种谷物和油料筛选了最佳的方程。而且每隔几年对生产中推广的谷物和油料品种进行平衡水分测定一次，以指导粮食干燥、安全储藏及通风操作。自新中国成立以来，我国粮食储备环节的干燥、通风等操作工艺利用的数据来自苏联。我国科研界对粮食平衡水分数据进行尝试测定，但是由于试验条件有限、缺乏计算机非线性回归统计技术，且粮食平衡水分测定工作量大、周期长，所以粮食平衡水分测定一直没有系统开展。

在中央级公益性科研院所基本科研业务费、“十一五”国家科技支撑计划重点项目、教育部留学回国人员科研启动基金及 2013 年粮食公益性行业科研专项资助下，作者开展了我国大宗谷物粮食平衡水分测定；建立了静态称重法粮食平衡水分测定法，完成我国谷物和油料及其加工品共计 115 份样品的吸附/解吸平衡水分数据测定；分析了每个粮种吸湿特性和最佳水分吸附方程，并分析了安全储运水分及热力学参数吸附等热和解吸等热。尤其是利用 CAE 方程绘制了机械通风所需要的平衡绝对湿度曲线图和编写智能化通风软件。这为我国粮食干燥、储存期间通风调控中降低能耗和安全储藏有重要意义。同时，本书介绍粮食收获后干燥、流通及加工理论研究的新动向，反映了湿膨胀系数、水分扩散和传递、玻璃化转变温度、烘干性能及储粮真菌和储粮生态学研究的进展。

本书由李兴军担任主编，吴子丹担任副主编，参与编写人员还有王双林、郭道林和付鹏程。全书共分七章。第一章主要是平衡水分理论，介绍粮食及农产品水分存在形式及测定方法、水分活度概念、水分吸附等温线的类型及描述方程的物理数学含义、水分吸附滞后现象的理论解释、水分吸附通用机制、等温线的用途。第二章主要是平衡水分测定方法及热力学函数。第三章主要是主要谷物和油料吸湿特性分析。第四章主要是粮食平衡水分应用基础，包括粮粒湿膨胀系数、水分扩散和迁移、粮食干燥性能及玻璃化转变温度。第五章主要是储藏真菌与粮食安全储运水分分析、高水分谷物储藏期预测。第六章主要是粮食吸着等热计算。第七章主要是平衡水分原理在我国粮食干燥和储藏中的应用，包括就仓干燥、储粮关键生态因子确定、南方储存15%水分稻谷的可行性分析、粮堆水分在线检测与智能化机械通风。

在建立粮食平衡水分测定方法时，承蒙国家粮食和物资储备局成都粮食储藏科学研究所任锡洪先生亲切指导。在试验过程中，国家粮食和物资储备局科学研究院张忠杰、陆晖、姜平、栾霞、石天玉、唐芳、李燕羽、汪仲明；中储粮成都储藏研究院有限公司张崇霞、刘胜强；四川农业大学食品专业硕士生张元娣、李韦谨、何靖柳、刘丁；河南工业大学教师张来林、王金水、王若兰、吕建华，粮油储藏专业硕士生韦志彦、任强、张龙、郑亿青、陈治天、刘静静、徐咏宁；吉林大学教师王昕、吴文福，食品专业硕士生李阳、韩旭、周子平、范雪莹；中国地质大学（徐州）环境保护科学专业硕士生曹志洋；中国农业大学食品专业陈逸鹏同学等，提出宝贵建议或参与试验。在粮食智能化实仓通风试验示范中，天津市明伦电子技术股份公司、重庆垫江国家粮食储备库、山东省军粮储备库、山东省平原龙门粮食储备库、保定市清苑区清苑国家粮食储备库有限公司、广州岭南穗粮谷物股份有限公司、福建省储备粮管理有限公司长乐直属库，予以大力支持。尤其感谢德国普优米德有限两合公司北京代表处张媛媛硕士提供全自动水分吸附等温线动态测定仪的资料。在此致以诚挚的感谢。

由于编者水平有限，书中欠妥之处恳请读者指正。

编者

2022 年 4 月

目录

CONTENTS

第一章
平衡水分理论

第一节
粮食及储藏物含水率测定的意义

通常所说的储藏物，是指收获或加工后能够在足够干条件下储藏的农产品，如粮食、油料种子、可可豆、香料、干水果、坚果等。也包括它们的衍生产品及其他一些像干酪、香烟、动物皮肤及羊毛制品等。这些储藏物的储藏必须考虑水分含量和温度。水分含量是指产品单位质量持水的质量，以百分数表示，可用湿基或干基表示。在商业贸易和工业中常用湿基，科学研究中有时用干基。

粮食籽粒水分是种子细胞内新陈代谢作用的介质。在籽粒的成熟、后熟及储藏期间，籽粒物理性质的变化和生理生化过程都与水分的状态和含量密切相关。

一、 粮食及农产品中水分存在形式

粮食及农产品是由一定量的水和一定量的干物质组成。水分从零向上升高变化，干物质通常保持恒定。在实践中，农产品水分不考虑干物质内存在的一些水分。其存在的三种形式：①结合水。水分子与物质以很强的化学力结合成化学键。②吸附水。受分子吸引力存在于系统中，与吸附物质不太紧密联结的水，比结合水缺少牢固结合。③解吸水。以很弱的毛细管吸引力在材料细胞外毛细管空间松弛地结合。

结合水，也称为胶体束缚水，牢固地与种子中的亲水胶体如蛋白质、糖类、磷脂等结合在一起，不易蒸发出来，不具有溶剂的性能，在低温下不会结冰，同时具有与纯水不同的折射率。结合水对蒸气压没有影响，在通常温度下干燥不能够被除去，但在高温条件可以除去，它可分解为一些有机物质，在数量上保持稳定。

解吸水和吸附水统称为“自由水或游离水”，自由水具有一般水的性质，可作为溶剂，在0℃能够结冰，容易从种子中蒸发出来。自由水施加的蒸气压比空气中的普通水低。这种自由水能在干燥过程中除去，它的数量是可改变的，通过测定产品含水率来评价。在没有除去部分结合水的前提下，无法除去所有自由水，不能对含水率进行精确地测定。烘干法测定含水率时，假定所有质量的减少是水分的减少，当质量达到某一值时，所有自由水均被除去。然而实践中并非这样，依据此方法测定含水率的方法不是绝对正确的。在干燥温度和时间标准状况下，测定含水率的结果能够高度重复。

二、 影响粮食籽粒含水率的因素

1. 湿度

在一定温度条件下，大气相对湿度（*RH*）高，粮食因吸湿而使含水率提高。在20℃，*RH*不同，稻谷所含水分出现差异。当*RH*为60%时，稻谷含水率12.5%；当*RH*

为 70%时，所含水分为 13.7%；当 *RH* 为 80%时，所含水分为 15.2%；当 *RH* 为 90%时，所含水分为 17.6%。空气 *RH* 在一昼夜和一年四季内都有变化，粮食含水率也会随之变化。

2. 温度

在同样的 *RH* 下，气温越低，则谷物含水率越高，反之则低。这是由于空气中水蒸气的绝对含量虽可因降温而减少，但空气的保湿量也随之降低，使一部分水被种子吸收，所以谷物水分反而相对地增加。

3. 种子化学物质的亲水性

粮食的主要成分是糖类和蛋白质，分子中含有极性基团—OH、—CHO、—COOH、—NH_2、—SH 等，具有亲水性。蛋白质分子中含有的—COOH、—NH_2 两种极性基团，其亲水性最强。脂肪分子主要由烃基（非极性基团）构成，是疏水性胶体。一般地，含蛋白质丰富的粮食籽粒吸水力很强，而含油多的籽粒吸水力较弱。

4. 种皮和种子结构

种子的吸湿过程还受种皮和种子结构影响。有时种皮可能成为吸湿的限制因素，如绿豆种皮构造致密，并覆有蜡质，影响种子吸水，致使种子成为硬实。种子结构也影响吸湿，胚乳的角质部向下的玉米粒含水率要比胚向下的玉米粒含水率少 8.06% ~ 10.89%，且吸水速率也慢，每小时少 0.31%，说明角质结构明显影响种子吸水量和吸水速率。玉米采用穗储藏，玉米粒的胚乳角质部朝外，可减少吸湿，储藏较为完好。

三、 含水率对粮食及农产品的影响

若产品太湿，将不能储藏，不宜流通，也不能像干燥产品一样包装。为了便于加工，选择相对高的含水率；需要长时间储藏的产品则必须干燥，在加工利用时再调湿。进行贸易时总希望买到干燥的谷物，既是为了易储藏，又考虑到水分对谷物增重，浪费金钱。

1. 质量变化

工业和商业贸易要求可靠的含水率测定，为买卖活动中的干物质数量确定做指导。谷物含水率在加工处理时必须调整，当计算成本时应把质量变化考虑进去。若 100t 小麦（2300 元/t）含水率增加 1%，质量就增加 1t，成本增加 2300 元。小麦含水率为 12%时，100t 则含 12000L 水，含水率升高 1%，就要加水 1149L，它将造成买方多支付 2300 元。产品含水率的变化导致计算质量变化时，要记住干物质含量保持恒定，而自由水和含水率发生变化。增加湿基表示的水分百分数，实际不是确切增加那个百分数。例如，W_1 是 100t 产品初始质量，W_2 是产品最后质量，M_1 是初始含水率，等于 12%（湿基）；M_2 是最后的含水率，等于 13%（湿基）。干物质保持恒定，即：

$$\frac{100-M_1}{100}\times W_1=\frac{100-M_2}{100}\times W_2$$

含水率增加后计算的产品质量为

$$W_2 = \frac{100 - M_1}{100 - M_2} \times W_1 = 101.15(\text{t})$$

质量变化比率

$$\frac{100 - M_1}{100 - M_2} = \frac{88}{87} = 1.011$$

质量变化百分数为

$$\frac{100 \times (M_2 - M_1)}{100 - M_2} = \frac{100 \times 1}{87} = 1.149\%$$

加水的量

$$\frac{W_1 \times (M_2 - M_1)}{100 - M_2} = \frac{100 \times 1}{87} = 1.149(\text{t})$$

若 M_1 和 M_2 分别是 12%和 16%，对 $W_1 = 100\text{t}$ 的小麦加水量为 4.762t。

2. 含水率对农产品特性的影响

（1）容积密度　当吸水时颗粒状农产品就会膨胀，颗粒增重，颗粒间隙被增大的体积所占据，整堆农产品占据更多的空间，结果容积密度就减少了，固定体积的容器中容纳的颗粒较少。这对安排船运或计算仓容时很重要。容积密度或自然质量定义为给定体积下农产品的质量，单位为 kg/100L。

（2）静止角　粮食的流动性也受含水率影响。湿粮食不如干粮食流动得远。含水率越高，静止角越陡。在粮食颗粒处理、加工中，从一个地方运输到另一个地方静止角很重要。静止角在立筒仓的设计中起重要作用，其侧壁必须牢固到承受装粮和出粮时的压力和张力。

（3）储藏性能　在低含水率下，粮食及其他农产品保存相当长的时间（表 1-1、表 1-2）。当含水率和温度均增加时，昆虫、螨类和微生物的生长发育速率和物理化学变化速率就加快。大多储藏物是胶体，具有吸湿性，它们将从颗粒间隙的空气中吸收或释放水分直到平衡，含水率不再变化。储藏物持水力越强，它的水分活度越低，它对周围空气的影响就越小。与储藏物平衡时的相对湿度（*ERH*）在低含水率时是最低的，当含水率增加 *ERH* 可升高到约 100%。

表 1-1　　粮食含水率、温度及储藏期限

粮食含水率/%	种用粮		口粮		饲用粮	
	温度/℃	储藏期限	温度/℃	储藏期限	温度/℃	储藏期限
12~15	9~12	长期	10~12	长期	10~14	长期
15~16.5	8~10	1~1.5 年	9~10	长期	10~12	长期
16.5~18	5~7	4~6 月	8~10	8~14 月	8~10	10~20 月
18~20	5	2~3 月	8~10	6~10 月	8~10	8~16 月
20~22	5	3~4 周	6~8	8~12 周	8~10	16~40 周

续表

粮食含水率/%	种用粮		口粮		饲用粮	
	温度/℃	储藏期限	温度/℃	储藏期限	温度/℃	储藏期限
22~25	5	1~2 周	5~7	3~8 周	5~8	10~25 周
25~30	4~5	2~3 天	4~5	5~10 天	4~5	14~30 周

注：引自周景星（1981）。

表 1-2　　不同种类粮食含水率、温度及储藏期限

粮食种类	含水率/%	温度/℃	相对湿度/%	储藏期限/月
糙米	14.5	10~15	70~75	10~12
小麦	13.5	8~13	65~75	6~8
面粉	14.0	0~1	65~75	6~8
大麦	13.5	3~5	85~90	3~6
小米	12.2	2~4	85~90	2~4
花生	6.2	-15~-10	65~70	4~6
大豆	12.0	-15~-10	60~70	4~6

注：引自周景星（1981）。

在给定的含水率下，与储藏物平衡的 *RH* 被称为平衡相对湿度（*ERH*）。在粮食储藏中 *ERH* 是最重要的，而不是含水率。*ERH* 定义为食物中水分的蒸气压占同一温度下饱和蒸气压的百分数。另一术语水分活度 A_w，是 0.01×*ERH*。了解储藏物平衡水分含量（*EMC*）-平衡相对湿度（*ERH*）的关系，用于评价储藏中环境条件（温度、相对湿度）及储藏物含水率的变化、产品的储藏性能，还有温度变化对产品及其围绕空气中水分行为的影响。

四、 水分吸附/解吸等温线

1. 粮粒水分吸附和解吸过程

粮食及种子本身是一团胶体，其中分布着无数大大小小的毛细管，种子就依靠毛细管的内表面（活化面）吸附水分子，包括毛细管力、化学键、氢键、偶极键等物理和化学吸附方式，使得有机物质和水结合成网状结构。从种子的表面到内部，有直径为 1μm 的大毛细管沟通，大毛细管又分出很多直径为 1nm 的微毛细管，这些毛细管彼此之间贯通或相隔半透性膜。气态水分的吸附过程，首先是水蒸气分子通过种子的外部扩散到种子的表面上，随后再向内扩散到内层的活化面上而被吸附。由于近活化面处蒸气压增大，使水蒸气变成液体，在活化面上覆盖着一层薄薄的水层，在其边缘上有密度很大的压缩水蒸气，而在距水层稍远处的水蒸气密度就迅速减少至与大毛细管中的水蒸气密度

相等。水层在毛细管的最狭窄部分汇合而成液面，结果使附近的毛细管中饱和蒸气压降低。这种水蒸气在毛细管的凝结是水蒸气吸附过程的最后阶段，毛细管中所保持的水分一部分和亲水胶体紧密结合而成结合水，另一部分留在毛细管内成为游离水。

具有自然湿度和人工浸润的粮食籽粒在同一湿度下，籽粒内水分的性质和分布状况均有差别。在人工浸润的情况下，水分首先沿着种皮与胚的连接处渗透到麸皮里面，极少能够继续越过珠心层（透明层）。人工浸润的种子内水分的分布状况，取决于浸润时间和浸润以后所经历的时间。水分的解吸过程和吸附过程相似，但方向相反，水分子首先从大毛细管中转移到周围的空气中去，随后微毛细管中的水蒸气经由大毛细管蒸发出来，在进一步干燥时，胶体结合水也会蒸发出来。

2. 水分随 *ERH* 的变化

粮食及储藏物水分吸附曲线，描述产品吸附的水分含量是特定温度下 *ERH* 的函数，是光滑的 Sigmoid 曲线，具有连续性。但也有例外，乳粉的初始吸附曲线在 *RH* 47%～50%时有一明显的中断，在此点玻璃态的乳糖发生晶体化。

曲线的形状由产品内水的结合能所支配，可分为 3 个明显不同的部分，每个部分代表水分吸收的不同阶段（图 1-1）。曲线最低部分代表结合水，下凹到相对湿度坐标轴。当含水率上升，水分子聚合形成单分子层，当 *ERH* 约 20%时就完成单分子层。接着水分子就形成第二、第三及连续多层，每层与吸附物质的结合力减弱。当结合能减少，*ERH* 增加。曲线的这部分几乎呈线性，渐渐地稳定弯曲。*ERH* 高于 75%时，曲线的最后部分向含水率轴上凹。在这些相对湿度时，产品的毛细管逐渐充满了水，变得饱和。在这个区域，*ERH* 小增加，含水率就大大增加，导致相对大量的水被产品自身或其携带的微生物

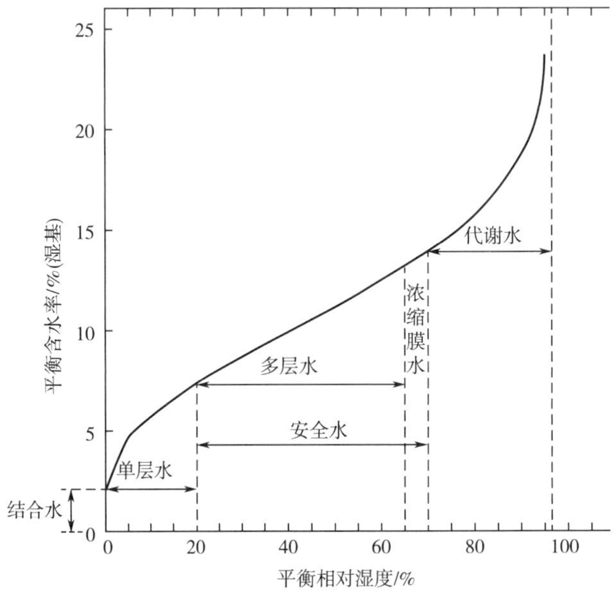

图 1-1 粮食及农产品中水分随 *ERH* 的变化

代谢利用，这促进了产品储藏中的品质劣变发生。大多数储藏物在对应 *ERH* 65%~70%时的含水率，可安全储藏。*ERH* 70%是霉菌显著生长的界限值。脱水食品在单层水分子形成时（*ERH* 20%）的含水率最稳定。低于这点，油脂氧化反应显著增加；高于这点，非酶褐变速率增大。

EMC-ERH 的关系对于正在吸附或解吸的样品不一样。与吸附曲线比较，解吸曲线更接近含水率轴。这种现象称为滞后效应。给定的含水率下，产品存在 *ERH* 范围。解吸从非常高的含水率开始，到达最低的含水率，吸附从非常低的含水率到最高含水率。这提出需要知道产品的历史状态。

从高含水率平稳干燥的谷物，相比于先干燥再吸湿的谷物，在稍高的含水率下可安全储藏。吸附曲线给出的 *EMC-ERH* 关系，可测量微生物可利用的水分。微生物的生长可以导致储藏物的发热，也可引起变色，在严重情况产生真菌毒素。

研究农产品吸附与解吸等温线，可以确定在给定干燥条件下，干燥农产品能脱水的极限值及其含水率变化，指导农产品加工工艺，正确选择食品包装材料及包装方法。在农产品储藏中，确定其霉变及抑制微生物生长的条件。确定谷物及食品水分吸附与解吸等温线的方法包括称重法（Gravimetric）、测蒸气压法（Manometric）及测相对湿度法（Hygrometric）等，在第二章介绍。

五、 温度变化的影响

农产品的 *EMC-ERH* 关系在不同温度下有差异。在 *ERH* 20%~80%及给定含水率下，当温度增加 10℃，*ERH* 增加约 3%。尽管这是很小的 *ERH* 差异，但如果农产品在安全储藏的边缘或温度允许变化大的情况，这就很重要了。含水率均匀的农产品堆中，温度梯度总是引起蒸气压梯度，水分由温暖区域向阴冷区域转移。在任何 *ERH* 下，高温下空气比低温时含较多的水。如果粮食加热，它将释放水分到粮粒间隙空气，以保持空气的 *ERH* 相对恒定。如果粮食降温，它将从与之接触的空气中吸收水分。在热区或冷区的粮食含水率将调整到由温度和蒸气压决定的粮粒间隙空气的 *ERH*。水蒸气沿着蒸气压梯度传递，遇冷时沉积水分，所以粮堆高温区趋向继续变干，低温区在它的边界将增加含水率，从而达到平衡。

粮食是热不良导体，其热量不会很容易或很快散失。由于粮食本身及携带微生物的代谢活动，粮堆温度高的区域保持高温且温度可能上升。高温区将继续从通过它的对流空气中吸附水分，建立代谢活动加剧的微环境，随着携带水分的热气流上升，水分在粮堆表面发生散失。由生物代谢活动单独产生的水分含量对这个过程的贡献较小。据估计，相当干的粮食通过代谢活动增加含水率 1%，所需要的热量可使温度增加约 150℃。Bern（2002）指出含水率 25%的玉米（籽粒破碎率 30%）在 15.6℃条件下如果呼吸作用导致干物质损失 1%，每 1kg 干物质产生 14.66g CO_2，同时释放 2835kJ 热量。我们取这个含水率的玉米比热容 2.55kJ/（kg·℃），则推算粮堆温度升高 61.6℃。水的主要来源是农产品自身存在的水分。大量产品内水分转移现象有实践意义。就粮食本身而言，发热不能损坏农产品。损坏的主要原因是水分转移引起的次级效应如霉变、结块、腐烂及发芽。

在粮堆周边总存在水分升高的危险，特别是在冬天，在容器或船载容器中当通风操作受限制时，当粮堆由温暖地区运输到阴冷地区，在冷空气接触面发生结露。装满粮食的容器顶空体积约占总容积的40%，顶空所含水蒸气的量在35℃、*RH* 100%下少于1kg。顶空空气的 *RH* 由巨大体积的粮堆含水率所决定。

如果一容器存放的14225kg可可豆，含水率6%，*ERH* 为60%。该容器的总体积（6. 1m×2. 44m×2. 6m）等于38. 5m^3，豆堆保持的水分是853. 5kg或约855L。顶空占总容积的40%，货物上方占用1. 9m^3，则空闲顶空的总体积是15. 4+1. 9 = 17. 7m^3，在30℃、*ERH* 100%时该顶空将含水蒸气0. 55kg或在 *ERH* 60%时含水蒸气0. 35kg。由于容器是密封的，顶空水蒸气含量与豆堆保持的水分比较是微小的。即使豆堆初始 *ERH* 是60%，环境温度骤然下降8. 5℃以上，水蒸气将在豆堆周边结露，由于这个温度在露点之下。局部豆子吸收水蒸气而含水率升高，当它们在高含水率保持很长时间就会霉变。豆堆中巨大含水率造就的温度梯度来自逐渐降温过程，这引起相当大的风险。如果在27℃装入含水率6%的可可豆（*ERH* 60%），容器中豆子间隙的蒸气压是2132. 5Pa。若环境空气温度降至17℃，豆堆周边的蒸气压将降低到1159. 5Pa，水蒸气将沿这个蒸气压梯度流动，引起豆堆内间隙 *RH* 高于70%（蒸气压1332. 8Pa），提高了可可豆含水率，导致霉菌生长。在正常情况下，短途海运中豆堆周边含水率显著增加是不可能的，但旅途时间太长或在气温较低的目的地卸货就可发生。还有通风操作引入冷空气到豆堆周边会加剧这一问题。

六、 安全储藏含水率

粮食种子内部的一系列生命活动，必须在游离水存在的状况下才能进行。当种子水分减少到不存在游离水而只有胶体结合水时，种子内的水解酶就成为不活动的状态，新陈代谢就降低到很微弱的程度，以致不容易觉察出它是一种有生命的物质。当游离水出现以后，酶就由不活动状态转变为活动状态。这个转折点因作物种类而不同。在实践中，一般种子储藏的安全含水率为12%~14%，油料为9%~10%。安全含水率同时受温度的影响，南方温度高，谷物安全含水率应低于13%，北方因温度较低，可略高于南方。

含水率通常作为谷物安全储藏的判别标准。检测含水率在谷物买卖交易中用于了解干物质的量，含水率在谷物储藏中的作用有限，除非将它在吸附曲线上转变为 *ERH*。

在 *ERH* 65%下，农产品的化学和物理变化比较慢（表1-3、表1-4）。大多数真菌在 *RH* 70%下不繁殖。极少的螨类在 *RH* 60%以下能繁殖。在60%~65%，生物种群趋于死亡或数量保持静态。昆虫较耐低相对湿度，大多数昆虫种类在一定程度上被相对湿度所影响。储藏中提出了相对安全的 *ERH*，对所有农产品来说，相应的安全含水率不尽相同。农产品的组成影响着 *EMC-ERH* 关系。粮食安全含水率，通常与最大 *ERH* 70%相平衡，对于淀粉类谷物约 14%，对于油料约 6%。干果如无核小葡萄干或无花果约含 65%的糖，有较高的安全含水率，约为 21%。对农产品的安全含水率给一参考值，*ERH* 是其控制因素。

表 1-3　粮食储藏条件与生物活动

生物种类	生长发育温度和相对湿度范围	最佳生长温度和相对湿度
昆虫	8~41℃、*RH* 1%~99%	30℃、*RH* 50%~70%
真菌	2~55℃、*RH* 70%~90%	30℃、*RH* 80%
螨类	3~41℃、*RH* 42%~99%	25℃、*RH* 70%~90%

注：引自 Jayas 等（1995）。

估测粮食含水率应当谨慎行事。散装或袋装农产品中的水分子不能完全均匀分布，一些位置含水率较高。在散装或堆积时也会形成温度梯度，导致水分转移。不管进粮系统多么高效，取平均或散装的含水率代表整体大粮堆样品，除非指出粮堆最大含水率，否则是无效的。

表 1-4　小麦水分与防止霉菌生长温度的关系

含水率/%	13	14	15	16	17	18	19	20	21	22
防止霉菌生长温度/℃	24	21	17	15	12	11	8	7	6	4

注：引自周景星（1981）。

样品中不同籽粒的含水率范围可能不同。在小麦不同籽粒的含水率可能相差 3%以上。小麦的快速干燥产生单个籽粒水分含量的歪斜曲线，偏向高含水率。通常地说，干湿小麦混合，含水率将平均化，干小麦将从湿小麦中吸收水分。这在某种程度上会发生，完全平均不会发生。一些小麦吸附而另一些解吸，对 *RH* 的平衡水分是不同的。而且，水分扩散过程非常慢，较湿的小麦可能在达到安全水分前发霉。这可能导致霉菌热斑和结块的出现。

七、 脱水食品

当含水率减少到它的单分子层值时，食物在化学上很稳定。在这个值以下，氧化作用发生；这个值以上，酶褐变反应引起危险。如果含水量接近单分子层值，脱水食物有正常的货架期。在混合脱水食物中，水分从高 *ERH* 食品成分向低 *ERH* 食品转移，稳定性可能被破坏。单一食品成分的含水率与 *ERH* 的关系，可使我们判别有无可能发生水分转移，混合物的成分组成是否合适。如果不同 *ERH* 的两种食品包装在一起，在它们之间将会发生水分交换，直到新的 *ERH* 出现。如果有两种以上成分，水分转移的范围和方向不是很明显的，如果已知每种原料的 *EMC-ERH* 的关系，就可计算平均 *ERH*。当平衡时，所有原料成分有相同的 *ERH*，但其水分含量有差异。

八、 包装产品

对于包装粮食加工品，应考虑包装材料对水蒸气的渗透性。粮食加工品的 *ERH* 决定于它与空气中水蒸气交换的速率，包装粮食加工品可在储藏中发生水分损失或增加。如果包装材料不渗水，它将阻止水分丧失；突然降温，在包装袋中 *ERH* 引起粮食加工品表面结露。若粮食加工品是干燥的，由于包装袋内水蒸气量很小，这将不是严重的问题。对于高含水率的包装粮食加工品，原始 *ERH* 高，包装物应可渗透水蒸气使粮食加工品水分散失。

九、 水分扩散

干燥的粮食种子是处在静止状态的有机体，新陈代谢作用很微弱。新收获的粮食籽粒由于成熟度不一致，所含水分有差异。如同一穗上，下部籽粒的含水率比上部籽粒的要高些。粮食籽粒含水率与收获时间也有很大的关系，清早收割的较正午收割的含水率高。未收割的籽粒所含水分和已经脱粒的籽粒一样，都会受到大气相对湿度的影响。当水分较高的籽粒与水分较低的籽粒混合在一起时，就可能发生水分的扩散和迁移。因此，不同时间收获的粮食籽粒，如果含水率相差较大，应该分别处理。

在储藏中不允许粮食与液态水直接接触，当仓房渗漏水或粮堆发生结露时，粮堆很快形成小的霉菌袋。水蒸气的扩散速率对粮堆含水率增减影响很大，而不是液态水的移动。粮堆吸附或散失水的速率依赖于它的 *ERH*，与周围环境空气的 *ERH*、粮堆暴露的程度有关。特别是相当数量的粮食散装储藏时，通常与环境空气进行水汽交换的速率比期望的要慢，且水分渗透粮堆的速率也很慢。如果粮堆表面暴露在一个高的 *RH* 条件，只有粮堆上部 15cm 深的粮层含水率将改变，由于粮堆内水分的扩散速度很慢，还有粮堆下层大部分干粮的缓冲效应。据估算，没有对流运动时，储存 12 个月，粮堆 50cm 深处的含水率没有变化。另一个例子是干粮堆中湿斑的扩散。理论上存在滞后效应，粮堆内含水率不能够完全均一，但 *RH* 的完全平衡能够发生。实践上，将湿斑中过多的水分转移到周围干粮食而 *ERH* 达到安全水平前，粮堆已经发热和霉变。

第二节 含水率测定方法

用于测定储藏物、粮堆和单一谷物颖果含水率的方法，有烘箱干燥、蒸馏、化学滴定、电子水分测定仪、核磁共振（NMR）、微波炉干燥、近红外光谱、声学设备等。这些方法中，烘箱干燥和电子方法通常用于粮食储藏管理和粮食分级。一般称作基本的或原始的测定粮食水分的方法，相对而言较准确，但在实际应用上很费时。

一、储藏物水分测定法

1. 烘箱法

（1）电烘箱法　是广泛公认的测定粮食水分的方法，把已知质量的粮食放在类型不同的烘箱中干燥，由干燥过程的失重来计算水分含量。这类方法简单、直接，通常是校验快速而实用的水分测定仪的基本方法。事实上，所有测定粮食水分的烘箱法都是经验性的，其结果随试样的细碎度、干燥过程的时间、温度及大气压力而变动。对于大多数生物材料，很难做到采用加热的方法去掉全部水分，而同时不驱逐出少量其他挥发性物质，或使若干成分分解生成并放出原来本身并不存在的水分。

想除去生物材料中所有水分，遇到的困难是材料中的水以不同方式存在。无机材料（如湿砂子）在常压下加热至100℃或以上时，迅速且均匀地失水，直至完全干燥。但磨细的粮食进行干燥时，需要的时间较长，在干燥进行过程中失水速率很快降低，而最后的失重随干燥温度不同有所差别。像粮食这类生物材料，存在的一部分水似乎被一种强有力的物理力保持或“结合”在蛋白质、高分子碳水化合物或其他胶体物质上。这些水被称作“结合水”，除去它要比除去“自由水”难得多。水保持在胶体物质上的牢固程度，随胶体物质的性质和所保持水的量而变化。在湿粮情况，存在自由水与结合水，自由水就像存在湿砂子中的水那样易除去，而结合水一定要在能引起其他物质挥发或分解的温度与压力下才能除去。由于这些原因，烘箱法及多数其他测定粮食水分的方法，都是经验性的。

在烘箱法中，不同温度和时间的标准组合，被粮食行业和国际粮食贸易采用。国际标准化组织（ISO）在R712中推荐，除玉米以外的粮食样品，研磨样品在（130±3）℃下烘干2h。对于玉米样品，在（130±3）℃下烘4h。采用ISO R712法测定的结果，对水分含量18%的样品，比其他常用干燥法得到的结果高约0.5%，在较高粮食含水率时增大到约1.5%。油料含水率用烘箱干燥法测定时，温度不能太高，ISO推荐，在103℃时约3h，接着1h直到质量稳定。我国GB/T 5497—1985《粮食、油料检验　水分测定法》和GB 5009.3—2016《食品安全国家标准　食品中水分的测定》规定，30~50g谷物和大豆材料粉碎（粉碎细度≤1.5~2.0mm）后，称取3g样品于铝盒（内径4.5cm，高2.0cm），在（105±2）℃下分别烘3h和1.5h至恒重。双烘法测定高水分样品（谷物18%以上，油料13%以上），称取20g整粒样品到直径10~15cm、高2cm的铝盒，对谷物在105℃、大豆油料在70℃烘30~40min称重，然后粉碎后称取3g样品在铝盒（内径4.5cm，高2.0cm），在（105±2）℃下分别烘3h和1.5h至恒重。粮食整籽粒烘干法测定，没有ISO标准，美国农业生物工程师学会（ASABE）标准的ASAE S352.2—2003也可参考（表1-5），采用重力对流或机械对流烘箱。

表 1-5　整籽粒烘干法测定水分

种子	烘箱温度/℃	烘干时间/h	样品质量/g
小麦	130	19	10
大麦	130	20	10
黑麦	130	16	10
玉米	103	72	15 或 100
高粱	130	18	10
大豆	103	72	15
食用豆类	103	72	15
燕麦	130	22	10
油菜籽	130	4	10
红花籽	130	1	10
葵花籽	130	3	10
亚麻籽	103	4	5-7

注：引自 ASAE S352. 2—2003；烘箱温度偏差±1℃；如果玉米含水率大于 25%，采用 100g；平行样品含水率差异小于 0. 2%。

（2）通风烘箱法　美国法定谷物标准，以及蚕豆、豌豆、扁豆及稻米标准中，规定的水分测定法都是通风烘箱法。测定粮食水分时所用试样的磨粉方法，是有争议的。如使用威利（Wiley）磨，对水分16%及以下的试样（对大豆10%，稻谷13%），配用18~20目筛进行磨碎时，不损失水分，也不吸收水分。磨子在长时间使用后是否发热，校验方法是：取约1L硬质红皮冬小麦，使尽快通过磨子，每装满约100g样品盒取一次样，化验其水分，前后各试样所得结果应该一致。特别注意的是，碾磨稻谷和糙米时，磨膛必须完全空净以便获得有代表性的试样。碾磨燕麦不能压入，以免磨子塞住产生误差。

另一种常用的通风烘箱法是，将磨得很细的粮食称取一部分，在135℃下加热2h。此法所得结果较上述的高，曾是美国分析化学家协会谷物分析的法定方法。

还有一些特殊型式的通风烘箱。这些烘箱带有装在上面的天平，用以称量干燥后的试样，可在试样仍然灼热的时候称量，不需要把试样取出。有的天平还可以称量原始质量，并直接以水分百分数来作刻度。这种型式的烘箱对于研究粮食干燥的时间和温度是很理想的。它对小型化验室很实用，不需要另外的分析天平，不需要干燥器和铝盒。

红花籽与向日葵籽不能用磨碎干燥的方法测定水分，由于其中的油脂氧化得快，在干燥过程中导致增重。将10g整粒的红花籽在通风烘箱中130℃温度下加热1h，整粒的向日葵加热3h，所得的结果与卡尔-费歇尔（Karl-Fischer）法的相符。

（3）真空烘箱法　一种广泛采用的粮食水分测定法，把磨得很细的粮食放在烘箱中，温度98~100℃，气压保持在3325Pa以下，连续加热至无显著的失重为止（通常5h）。此法是美国分析化学家协会粮食检验的法定方法之一，与通风烘箱130℃干燥1h

的结果一致。ISO 规定水分测定方法，对大麦、磨碎玉米、面粉、稻米、黑麦、粗小麦粉、磨碎小麦采用真空干燥法，玻璃干燥管条件是压强 1330～2660Pa，温度 45～50℃，P_2O_5 作为干燥剂。采用通风烘箱对大麦、面粉、稻米、黑麦、粗小麦粉、磨碎小麦条件是 130℃、2h。

2. 干燥剂法

粮食与其他物质的含水率测定，也可称取一定量细碎的试样放入密闭容器中，加入大量高效干燥剂测定。选用的干燥剂的蒸气压，必须低于所干燥的物质蒸气压。被测物质中的水分逐渐汽化，被干燥剂吸收，最后达到恒重时，从物质的质量损失计算含水率。如降低容器内气压并保持在低压下，可使干燥过程大大缩短；从实用角度考虑，即使这样，所需的时间还是过长。美国分析化学家协会曾把用无水硫酸在真空下吸收粮食水分直至恒重的方法列为法定方法之一。这一方法的优点是，避免了可能发生的有机物热分解。但对于高水分粮，可能在水分尚未降到足以抑制微生物生长的程度时，已经由于霉菌与细菌的作用而分解。用环氧乙烷或氧化丙烯可抑制这些微生物生长而不影响测定结果。用环氧乙烷和氟利昂 12（12%环氧乙烷+88%氟利昂）保存很湿的试样，对烘箱法或电测水仪的结果并无影响。在压力为正压的条件下，环氧乙烷能破坏各种霉菌、细菌及病毒，但不能阻止酶活动引起的变酸或褐变。

3. 减压干燥

减压干燥称重法不受测试物料性状的影响，无须特殊的预处理，操作简便，可靠性高。日本生产的 VME 型微量水分仪，测水范围 0.01%～10%，精确度±0.01%，测量时间 5min，试样重 40g，可以测定面粉含水率。在减压条件下，将研磨的样品干燥到恒定质量。这种真空干燥法较慢，可得到重复的结果。

4. 电测法

电测法快速测定水分，尤其适合慢方法不适用的情况。与结合水和自由水没有划分界限一样，导电的产品与非导电的产品中水分没有明显界限。电测法给出的结果，与烘箱干燥法给出的结果没有稳定相关性。它们对于刚加湿或干燥的物质是不可靠的。

在 20 世纪早期，发现小麦电阻的自然对数随含水率的增加而线性减少，基于这个原理发明了电阻式粮食水分计。金属电极之间或者挤压辊电极之间粮食样品的电阻或电导被感知，且与粮食含水率相关。电阻式电测法，是利用粮食导电性能和含水率有关的性质间接测量水分的方法，常见的探头结构是尖嘴型。该方法的缺点是易受温度影响，不宜测定微量水样品和高含水率样品；电极接触样品，接触状态也会影响精度。

在 20 世纪后期，采用电容感知原理测定粮食的水分。电容式电测法，是把粮食作为电介质，通过测定粮食的介电常数测定其含水率。在常温下粮食的介电常数随水分含量的高低而变化。传感器形状可做成平板形或圆筒形。这是一种非接触式颗粒测定水分仪，可连续测定，在高水分区间性能好。不同类型电容式粮食水分测定仪提供的结果与标准粮食水分测定方法是可比较的。设计为田间使用的手提式含有电池的粮食水分计可以测定粮食的直流电电容。

5. 化学法

（1）卡尔-费歇尔（Karl-Fischer）滴定法　假定所有的自由水可用试剂从研磨样品中提取，在卡尔-费歇尔法中用乙醇或无水甲醇提取。其原理是，在二氧化硫及吡啶存在下，碘将二氧化硫氧化为三氧化硫时需要一定的水参与反应，碘与水作用生成氢碘酸及硫酸，从碘的消耗量计算含水率。由于此法有严格的计量关系，至少在理论上，它是最准确的测水方法之一。这种方法用于微量水分测定，必须用参考法校正。应用于粮食水分测定时，粮食必须磨得很细。有人曾将此法用于小麦、大麦以及所有的禾谷类粮食，用以校验各种法定烘箱法的准确度。由于实验技术要求较高、费时，因此应用仍不普遍。

（2）碳化钙法　碳化钙（CaC_2）易与水完全反应，生成氢氧化钙和乙炔。利用这一反应可测定植物材料中的水分。取一定量的植物材料与过量的 CaC_2 混合，根据乙炔排出而产生的质量损失求得试样的水分。设计的专用天平，可直接读出水分百分数。此法在理论上很正确，但实际操作困难，未能在粮食水分测定上广泛应用。另一种水分测定仪是将试样与 CaC_2 在一密封并附有压力表的金属容器中混合。任何类型的植物材料，由乙炔产生而造成的压力都应与所含的水分成正比。这种方法与设备在测定粮食水分中应用不多。还有人用 5g 试样与 CaC_2 在容器中加热至 200～210℃，15min 后测其失去的质量。将试样与 CaC_2 在密闭系统中加热使反应加速，并在量筒的汞平面上收集乙炔。法国肖邦实验室用 CaC_2 测定水分，操作温度为 200℃，时间约 5min。

（3）重铬酸盐法　采用重铬酸盐氧化有机物的原理测定水果及蔬菜水分。用过量的重铬酸盐进行反应，氧化反应完成后的剩余重铬酸盐用滴定法测定。对照标准烘箱法测水分的结果，求得各种待测物质的重铬酸盐系数。此法原先是用于测量高含水率的产品，但它可用于含水 10%～15%的稻米，也可用于其他粮食。该修订方法减少了测定时间。取磨得很细的试样，加已知量的水稀释，加入 3.67mol/L 的重铬酸盐溶液 25mL 及浓硫酸 40mL，混合后放置 3～5min，取混合物一部分于试管中，用自来水迅速冷却至室温，用比色计测定其颜色，准确度与重现性良好。

（4）甲苯蒸馏法　蒸馏法是一种较常用的化学法，利用与水分互不溶的溶剂（甲苯、二甲苯）组成沸点较低的二元共沸体系，将试样中水分蒸馏出来，测定结果比一般干燥法略高，主要用于油脂水分测定。美国分析化学家协会采用这个方法，将磨细的粮食加甲苯煮沸，使挥发物冷凝收集于有刻度的管中，而使冷凝的甲苯流回沸腾的烧瓶中，连续沸腾至水全部聚集到刻度管中，粮食水分由冷凝水体积求出。甲苯的沸点是 111℃，所有在此温度或低于此温度沸腾的物质，包括所有能在此温度下释放的水，都蒸馏出来。由于水是以体积计算的，不溶于水的物质不会当作水计算进去。此法的修正方法在玉米湿磨工业用来测定玉米水分。

6. 依据相对湿度测定含水率

不通风储存时，粮粒间的空气趋向于稳定在与粮食水分相平衡的相对湿度上。达到平衡以后，粮粒间隙中的空气 *RH* 可作为粮食水分的粗略指标。这种 *RH* 指标可能是保持粮食品质的良好指标，它比直接的粮食水分指标好，因为在粮食表面及籽粒内部生长的、引起粮食变质的霉菌与其他微生物的活动可能是密切地随周围空气的 *RH* 而变化，其依赖关系比粮食水分还要密切。为了达到长期储存的目的，粮食水分必须远低于 *RH* 75%，甚至是 *RH* 65%对应的粮食含水率。用干湿球湿度计测定散装籽棉堆中抽出的空气的 *RH*，以测定未轧花的籽棉的水分。有些无机盐类，如钴盐，由于水合程度不同，在不同的 *RH* 时产生显著的颜色变化。利用这一现象测小区域空气的 *RH* 与粮食及其他农产品的水分及储存质量状况。这些方法准确度不高，但手续简单，适合于田间应用。

将相对湿度值转换成粮食水分值，*EMC-ERH* 这种关系因粮食种类不同而异，在一定程度上同种粮食不同批次间也不同。这可能是由于滞后效应及一部分水被胶体成分吸住的牢固程度不同的缘故。许多学者发表了 *EMC-ERH* 这种关系的数据，发表的各报告之间有大的分歧。

粮食试样的历史状态可能影响它在不同 *RH* 下的平衡水分。有人曾试图把所有玉米试样的水分都调制成 15%，于是将试样放在金属丝筛层上，放入温度和湿度都能控制到使试样能达到 15%水分的空调室内。达到平衡后，试样水分为 14.2%～16.4%。这一研究结果表明，用测量 *RH* 的方法来准确地测量试样水分是不可能的。

用各种湿度计进行试验，试样从运输容器转移到试验用小皿中，要求有 2h 才能使相对湿度达到平衡。为确定试样 *EMC-ERH* 达到平衡最短的必需时间，设计了一个密封装置，让粮食在容器中搅动，同时用隔膜型泵使空气从粮食面上通过，然后让空气过滤除尘，在另一个容器中经电测湿度计的传感器测定湿度后，再返回泵中。用这种方法，5min 后相对湿度值可达到均一。

将相对湿度传感器及温度传感器连在一起，埋在粮堆，采用平衡水分方程在线测定粮堆含水率，对小麦粮堆精度较高，对稻谷和玉米粮堆偏差较大。另一问题是相对湿度传感器在磷化氢熏蒸时容易坏掉。

7. 微波炉、红外线、卤素灯加热

微波炉干燥测定粮食水分是快速、廉价的方法。观察到，微波干燥期间的最终样品温度与对流烘箱干燥的最终样品温度一样，微波炉测定水分与对流烘箱测定水分之间没有差异。红外线水分测定仪、卤素水分测定仪分别采用红外灯和卤素灯加热，加热快速，可以作为粮食水分测定的参考方法。

二、含水率测定误差

粮食水分测定中的准确度是多种因素决定的。误差包括方法误差、取样误差、操作误差和偶然误差。操作误差是主要影响因素。为了减少误差，最基本的原则是严格地遵守操作规程。

1. 扦样法保证试样有代表性

在试样运送和测水操作过程中要处处注意保持试样原有含水率。必须用密封的、干

燥的容器储存或运送试样。可以用塑料袋，其厚度至少应为 0.1mm；为了邮寄更加稳妥，通常用厚度 0.15mm 的塑料袋；更厚则不易密封。不能把试样容器装得过满。

试样的磨碎和烘干前后的称重操作迅速，使试样尽量少在外面暴露。试样磨碎的细度规定是严格的。用 Wiley 磨加 18 目筛层（筛线直径 0.46mm，孔径 0.96mm），可获得良好结果。如果试样过快地通过磨子或刀片发钝，都会使结果偏低。在这种情况下，磨出的粉粒大而粗糙，在规定的时间内不能完全干燥。试样量的规定也是严格的。试样量过大时，表面会发生结块现象，影响水分的全部蒸发。

2. 烘箱

普通对流烘箱或鼓风烘箱都可用来测定水分，最好用鼓风烘箱。烘箱最好一直维持操作状态，以保证加热均匀和温度稳定。每个烘箱都要校验温度的稳定性、加热均匀性、通风、气流速率、放入试样后温度恢复的速率、温度计或其他测温器具的准确度。①温度稳定性：在使用时间内，温度偏差不超过±1℃。②加热均匀性：测定时，制备大量的测定物试样分别装入许多铝盒，将各铝盒放到烘箱的每个格子中的各个部位。③通风：通风不良可使测定结果偏低 1%或更多。④气流：烘箱的气流速率调节至最大，但以不使烘盒内试料吹走为限度。如气流不可调节，可能需要加装挡板。⑤恢复速率：烘箱应在放满试样后 15~20min 内恢复温度。干燥阶段的计时，应自烘箱温度与规定温度相差不足 1℃时开始。⑥温度计准确度：水银温度计一直放在高温下几个月后可能变得不准。通常温度计温度不会差 2℃以上，但有时也会差至 7℃。每一新温度计都要用精密的标准温度计校准，并应在使用后每 6 个月校准一次。

3. 干燥剂

干燥后的粮食吸湿性与五氧化二磷差不多，其他干燥后的生物材料可能也差不多。干燥后的小麦即使在 130℃ 下也能吸湿。它能使用过的指示型硅胶恢复深蓝色。因此，活性矾土粒是适用的干燥剂。分子筛能使干燥器中的水分降低至令装有测 0~10%相对湿度元件的电测湿度计不显示任何读数。

4. 室内湿度

室内湿度能影响在 103℃ 下干燥的粮食试样的水分。如通入烘箱的空气湿度为 90%~100%时，试样水分结果较空气湿度正常时（*RH* 40%~60%）偏低 0.2%。在 130℃ 烘烤温度下室内湿度不受影响。

5. 非水损耗

美国国际谷物化学家协会把粮食水分测定的烘箱法与卡尔-费歇尔化学滴定法对照，把加热蒸出的液体进行分析检验。所有粮食（除玉米、亚麻籽、大豆外）非水损耗是很小的。烘箱法与卡尔-费歇尔法所获结果的平均偏差小于 0.1%，两年试验中，玉米的非水损耗平均为 0.34%。非水损耗是在加热的初期阶段发生的，现在的方法用整粒玉米在 103℃ 下烘 72h，可使 0.3%的水分遗留在试样中，以作为非水损耗的补偿。亚麻籽在 130℃ 烘 4h，就可消除偏差。大豆能发生 0~1.0%的非水损耗，平均为 0.5%。损耗主要发生在烘烤的初期低温阶段。至今尚未研究出一种好的烘箱法来进行补偿。ISO 对真空干燥法进行过有限的研究，表明这种方法对大豆可能是较好的。

很多人曾经推测非水损耗是由于加热阶段末期发生的分解作用。实际上在试样加热至烘箱温度时，大部分非水损耗已经发生。如将热电偶插入烘箱内玉米小粮堆中时，通常是发生吸热过程直至内部温度达 70℃左右，然后发生强烈的放热反应，直至内部温度升至约 80℃，之后又变成吸热反应。在 70℃附近的强烈放热反应起因于酶活动引起的快速分解作用。大豆中的非水挥发物在 100℃以下就逸出。

有人以液态水或气态水加于软质小麦，之后用烘箱法精确地进行测定（113℃加热 4h）。对于硬质小麦，当水分由 9%加至 25%（干基）时，所测水分值比加入水量高 1%。

仪器制造者与研究者用加水的办法来配制不同含水率的试样，用来制定水分换算表。这种用加水配制的试样来衡量一种仪器的效能或制作换算表是有误差的。

三、电测水分仪

粮食的一些电学性质主要取决于其水分含量。这些性质成为研发测水仪的理论基础。在 1908 年有学者首次用电阻测量来测定粮食水分，把 305mm 的黄铜棒插入一瓶小麦，用惠斯登电桥测量小麦在电压为 17V 时的电阻，发现水分范围 11%～16%时，小麦水分与其电阻的对数值有线性关系。他还指出了温度对小麦电阻值的影响。

在 1909 年设计的玉米水分电测仪的工作原理是：用隔开的金属针作电极，插入单个玉米籽粒的胚芽中去，两个电极用不同的金属，因而就形成一个简单的伏打电池，它所产生的电流随玉米的水分而变化，并用一灵敏的电流计反映出来。不需要用电池或其他外加电源。后来，对这一仪器作了修改，在电路中加入电池，电极用相同的金属，因而电流计的偏转成了玉米籽粒导电性的度数。

虽然上面这两个方法都没有被广泛应用，但它们引起了人们对电测水分试验的兴趣，它们是现在多种粮食电测水分仪的先驱。现代测水仪器多数是根据对电导或电容的测量制造的。为检验水分测定仪的准确度，每种仪器至少要用两台做试验，分析各仪器之间的相对准确度以及与基准方法对比的准确度。

1. 电导型水分测定仪

在电导型水分测定仪中，粮食在两个电极间被压紧，与一合适的电源及电流表串联。用一系列固定电阻，可单个地接入回路中，使电流表的量程获得充分利用，让较狭窄的水分含量量程散开。

在一种电导型测水仪中，将称取的一些粮食放入一小圆筒中，在两电极间压至一定厚度。还有一种仪器，是将电极做成有纹的钢辊，其中一个用电动机带动。粮食无须称量或计量，倒入两辊间。两辊间的距离是很精确的。两辊向相反方向旋转，使粮食在两辊间承受着高压通过。电导型水分测定仪较容易调节，各测定仪之间易于保持一致，操作快，特别是电动机带动电极的测水仪。其主要缺点是准确度在很大程度上取决于粮粒中水分的正常分布。刚经过干燥的粮食所测定的水分较低，因为籽粒表面的水分，对比于整个籽粒来说是异常干燥。同样，受潮的粮食，读数偏高，因其表面水分高。干、湿混合的粮食或生霉、变酸的粮食用电导型水分测定仪往往测不出准确的结果。此外，电导型水分仪所测的水分范围较窄。水分低于7%时，粮粒中的水分看来似乎结合得很紧，而对电导率的影响不大，这时就测不出准确的结果。水分如高于23%，粮食的电导率已经很大，再增加水分就测定不出来。

2. 电容型水分测定仪

由于粮食的介电性质主要决定于水分含量，如将粮食作为介电物质置于电容器中，电容器的电容量就随粮食的水分而变化。这一原理已经应用于多种粮食水分测定仪，其中有些电路设计是电容变化引起的阻抗变化来测定水分的。水分增大时，阻抗降低。

电容型水分测定仪较电导型有许多优点，对于因籽粒内或籽粒间水分分布不均匀而引起的误差，这种类型的测定仪要比电导型的小些；由变质或生霉而引起的误差也要小些；所能测的水分范围比电导型水测仪要大些。对于刚经干燥或刚着水的粮食、干湿混合的、质量不好的以及水分特高、特低的粮食，电容型测水仪更为适用。

电容型测水仪测得结果的重现性比电导型差，尤其是在高水分区，其原因主要是籽粒落于电容器极片间的松紧程度与取向的不一致。还有个缺点是维持调节的稳定性差些，特别是在维持各测定仪间准确一致方面。但电容型水测仪在制造精密度、调节稳定性、测定结果一致性等方面，改进很显著。

3. 核磁共振法

在1953年有学者发现由氢原子核引起的核磁共振吸收现象，可用来测定各种不同物质的水分。它可以单独地、准确地测出自由水、半结合水与结合水。此法被列为实用方法，其读数需用一种基准方法（如烘箱法）加以校准。此法快速，可能是粮食水分测定方法中较为准确的。其主要缺点是设备价格太贵。

4. 电测水分仪的准确度

电测水分仪的优势是快速测定，发达国家经常评价本国的、外国的各种水分测定仪。电测法明显存在问题。同一国家各地来的粮食，其电学性质往往表现不一致，因而测定结果不一致，而水分测定仪的换算表是根据所有读数的平均值做出来的，因此对于某一特定地区来说，其结果与烘箱法对比，就会发生偏高或偏低。以后的收获年份，各地区的差异又可能将变化方向倒转过来。更有甚者，已经观察到有些样品，尽管用烘箱法测定其水分并无变化，其电学性质却会日渐改变。通常这种变化是在某一方向上逐渐增大，但有时变化是先朝一个方向，而在以后的试验中，方向又倒转过来。曾用多种水分测定仪来试验粮食电学性质的恒定性，这些仪器对于电学性质的反应并不一致。Motomco类水分测定仪受电学性质变化的影响比其他仪器小，被用于所有粮种的水分检验。水分测定要求实用准确而快速，Motomco类水分测定仪并不是最完善的。个别情况下它的偏差仍可能比烘箱法要大。

电学性质变动可能是粮粒内部水分分布的性质造成的。自由水和结合水与电测水法有联系。结合水是结合到淀粉、蛋白质与粮粒的其他成分的化学结构的一部分，结合得很紧密，虽然还没有成为分子的化学结构的一部分，但已成为分子物理结构的重要部分。结合水的介电常数基本上与其所结合的分子的介电常数相同；水在这种结合状态下，不能溶解矿物质盐类，因而是电的不良导体。因此，用电导型测量不出结合水。自由水指的是能作溶剂、存在于大分子间隙中的水。由于这种水中溶有盐类，它能导电，在溶解物质不多的情况下，其介电常数接近于纯水介电常数值 80。

从理论上看，由于存在氢键，导电的水与不导电的水之间并无明显的分界。由于结合水不能被电导型水分测定仪测出，这些仪器只测出了自由水，再加上一个常数作为结合水。电导型水分测定仪的换算表是建立在任何情况下结合水的量不变这一假定的基础上的，但已有证据说明自由水与结合水的比例并非保持常数值，这个比值一变，就要引起水分测定的误差。虽然介电式水分测定仪能兼测自由水和结合水，但两者的比例变更时，这两种水的介电值的巨大差异也能使测定发生误差，只是 Motomco 类水分测定仪测出数值与烘箱法的偏差一直比电测水分仪小。

粮食的种类、温度及样品均匀性等因素影响电测水分仪的测量准确度。即使是同一品种的粮食，也会因产地不同而有不同的电参数相应曲线。为了保证电测水分仪的量值准确，在仪器出厂前或在校准实验室，采用烘干称重法对每一种粮食样品的水分含量进行定值，并绘制工作曲线，甚至对同一品种但不同产地的粮食也要分别绘制不同的响应曲线。

四、 参照基准法

粮粒中“真实”水分究竟如何定义，一直是个疑问。烘箱法已被证明是经验的，不同的烘箱法能得出不同的结论。不少人用气相色谱法、卡尔-费歇尔滴定法、核磁共振法、微波及真空干燥法等方法，宣称能测定试样的“真实”水分。在粮食储藏和流通中准确测定粮食水分含量是理想化的。

1. 气相色谱法

在 1965 年有学者将试样经磨碎后用甲醇在室温提取 1~5d，流过用 5%聚乙烯 400 涂敷于聚四氟乙烯的色谱气路管，能有效地将水洗提出来，而拖尾现象极小。用这一顺序测定时，每个试样约需半小时。此法需要复杂的仪器设备与熟练的分析工作者，被证明是获得“真实”水分值的精密方法。气相色谱法与卡尔-费歇尔法的结果非常符合。

2. 真空干燥法

把粮食在五氧化二磷真空干燥器中，在温度 45~50℃、压力 1330~2660Pa 的条件下干燥，可获得“真实”的水分值而不发生由于分解造成的非水损耗。此法为 ISO 与国际谷物化学协会提出作为国际参考基准的方法。

3. 核磁共振法

核磁共振（NMR）以非破坏的方法测定干燥期间粮食颖果的暂时水分轮廓，这个方法作为一种有用的工具用于研究干燥期间颖果的胁迫裂纹。核磁共振法期望是一种测定

“真实”水分的基准方法。

4. 卡尔-费歇尔滴定法

用卡尔-费歇尔滴定法测定少量水的准确度是众所周知的。粮食中的水分能用甲醇完全提取出来，从理论上就应认为卡尔-费歇尔滴定法可测出“真实”水分含量。有些学者称他们用修改后的 Stein 实验磨，用甲醇为溶剂提取粮食中的水，每个试样提取时间只需几分钟。有人用卡尔-费歇尔滴定法及气相色谱法做试验，提取手续是将试样在室温下浸提 1~5d。试验表明并无干扰物质随水一同提取出来。虽然卡尔-费歇尔法是基准性的，但不同操作者之间测定结果的重现性并不理想。

5. 近红外吸收法

水在 0.75μm，0.97μm，1.18μm，1.45μm 及 1.94μm 或更长的波长出现吸收带。测定水分有用的波长为 0.97μm 及 1.94μm，这时其他成分的干扰性吸收最小。用近红外吸收法有三种方法：从试样表面反射、穿透试样薄层及穿透试样的提取液，可根据试样的性质及准确度要求来选择使用的方法。此法可提供一种作标准用的精确测水法。最常用的溶剂是甲醇、二甲亚砜及二甲基酰胺。用制备得很好的试样，采用反射或穿透方式直接用分光光度法测定，能基本上获得一个恒定的水分测定值。试样的不均匀性是误差的最大根源。为达到最大的准确度，必须将试样磨得很均匀。在实验室内变差系数小于 1%是可达到的。

五、 关注的粮食水分测定法

（1）中子减速法　根据水分子里的氢原子对快中子的减速原理制成。它不破坏物料结构。此法准确度不高，需用大量的试样。

（2）光谱法测总含水率　将试样与重水混合，开始时 H_2O/D_2O 的比值约为 0.99，测定最终摩尔比率，计算水的质量比率。

（3）微波吸收　非金属多孔性固体及液体中的含水率可由穿过其中的一束电磁微波的吸收来测定。

（4）氚　氢的放射性同位素。

（5）用盐水提取后滴定氯化物　Warton（1961）提出，从盐溶液中把小麦水分提取出来，使盐溶液浓度增大而不是使之变稀。

（6）快中子轰击　Warton（1961）提出，此法测定所有的氢原子核，不论其存在于固体或液体中，可探索区分水中氢原子核的实用方法。

（7）用浓硫酸与水混合的热效应　用 3g 粮食试样，放入一绝缘的试管中，插入温度计，用 2mL 浓硫酸（相对密度 1.84）处理，测定 5min 后的温度升高值。对于一种粮食来说，温度的升高值是水分含量的线性函数。

（8）利用稻米含水率与其硬度关系　小粒型的 Norin No. 22 稻米试样，含水率为 7%，10%，13%，14%，16% 及 18% 时，籽粒硬度相应为 15.8kg，14.5kg，12.5kg，11.5kg，9.8kg 及 9.4kg。

（9）比色法　将试样置于含有干燥 CaC_2 的无水甲醇中，试样中所含的水与 CaC_2 反应放出乙炔，为亚铜盐溶液吸收，产生红色产物，其吸收峰在 595nm。与卡尔-费歇尔滴定法比较，准确度为±0.01%。

（10）表面摩擦力　粮食的表面摩擦力随水分而变化。用仪器测定一个加重的刀片插入粮堆的深度而获得粮食的水分。

六、 感知粮食介电常数的电水分仪

为了快速测定粮食和种子含水率，在 20 世纪中期根据含水率依赖于介电常数，开始测定粮食和种子的介电特性。影响粮食和种子介电常数测定的因素包括测定波动频率、粮食的含水率、堆密度及温度。就波动频率设定，最早在 1963 年将测定频率定为 2MHz 用于电容式水分仪。到 1977 年将电容式水分传感器频率设定为 10MHz 用于稻谷干燥炉检测系统。在 20 世纪 60~70 年代，通过与水分测定的烘箱法或其他标准方法比较，分析了电容式、电导式的电水分仪的误差来源及表现，还比较了各种电、电子水分仪提供的含水率测定值。在电容式水分仪使用之前，美国农业部（USDA）在 1936—1963 年期间规定使用粮食样品在滚轴电极之间穿过的电导式水分仪。

1. 介电特性

复合介电常数与自由空间的关系表达式为

$$\varepsilon = \varepsilon' - j\varepsilon'' \tag{1-1}$$

式中　ε——复合介电常数，F/m；

ε'——介电常数或相对介电常数的真实部分，F/m；

j——虚数单位；

ε''——介电损耗因子或相对介电常数的虚数部分，F/m。

复合介电常数的真实部分表示介电材料电场中储藏能量的能力；虚拟部分表示电介质的能量散失能力，即电场中的能量转化为电介质中的热能。通常采用介电损耗角 δ 的正切值表示，

$$\tan\delta = \frac{\varepsilon''}{\varepsilon'} \tag{1-2}$$

电介质的交流电传导率为，

$$\sigma = 2\pi f \varepsilon_0 \varepsilon'' \tag{1-3}$$

式中　σ——电介质的交流电传导率，S/m；

ε_0——自由空间的介电常数，为 8.854×10^{-12}F/m；

f——频率，Hz。

早期测定的多种粮食和种子的介电特性，频率范围在 1~50MHz，含水率与它们之间呈现高度相关。图 1-2 和图 1-3 所示分别为硬红冬小麦、大豆的介电常数，它们与含水率显著相关，从而用于水分检测。

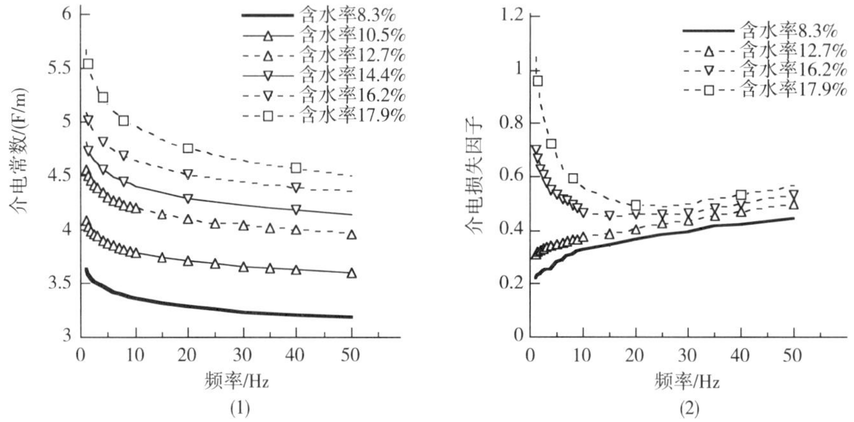

图 1-2 在 24℃不同含水率的 Nebred 硬红冬小麦的介电特性

注：含水率以湿基表示。含水率 13%时容重是 768kg/ m^3。

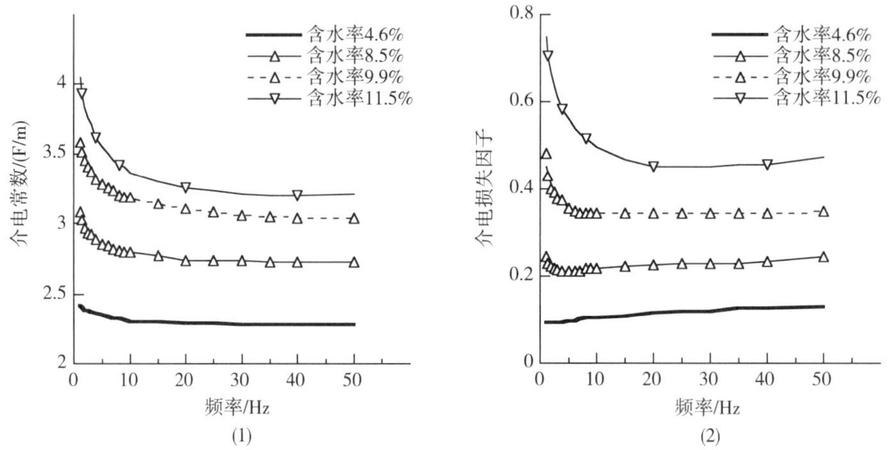

图 1-3 在 24℃ 不同含水率 Hawkeye 大豆介电特性

注：含水率以湿基表示，含水率 7.5%时容重为 738kg/m^3。

在 24℃、宽频率（25Hz~10GHz）和含水率（3%~24%）范围，绘制硬红冬小麦介电常数和损耗因子随含水率变化的曲线图。在含水率 3%~24%、频率 250Hz~10GHz，可近似地估计小麦的介电常数和损耗因子。介电常数随含水率、频率变化的行为是很规则的，介电损耗因子的变化则是不规则的，这是由于电介质弛豫和导电性过程的影响。

温度是影响粮食和种子介电特性的另一因素。室温下小麦和玉米常见的堆密度范围见表 1-6。

表 1-6 小麦与玉米样品的物理特性

粮种	堆密度/（g/cm^3）	含水率/%	温度/℃
小麦	0.71~0.88	10.7~18.6	22.0~23.5
玉米	0.71~0.83	10.0~20.4	23.0~24.0

注：引自 Trabelsi 和 Nelson（2007）。

图 1-4 所示为两种不同含水率玉米粒在频率 20，300，2450MHz 的介电常数变化图。玉米介电常数随温度增加呈现线性增加，但是在较高含水率、较低频率偏离线性程度增大。图 1-5 显示常见的堆密度条件下，玉米粒介电常数在给定含水率随堆密度线性地增加。在频率 300MHz 和 2.45GHz 也观察了玉米粒介电常数随密度的线性变化。对较宽堆密度范围，介电常数不是线性变化的，但是介电常数的平方根和立方根随堆密度基本上是线性变化的。这些观察结果也分别与著名的复合折射率、Landau-Lifshitz、Looyenga 的介电混合物方程一致。依据介电常数与频率、含水率、温度、密度之间的线性函数关系，提出了几种谷物粮食和大豆的介电常数数学模型，针对 24℃较宽的含水率范围、频率 20MHz~2.45GHz；在频率 20，300，2450MHz 介电常数作为含水率、密度、温度的函数。

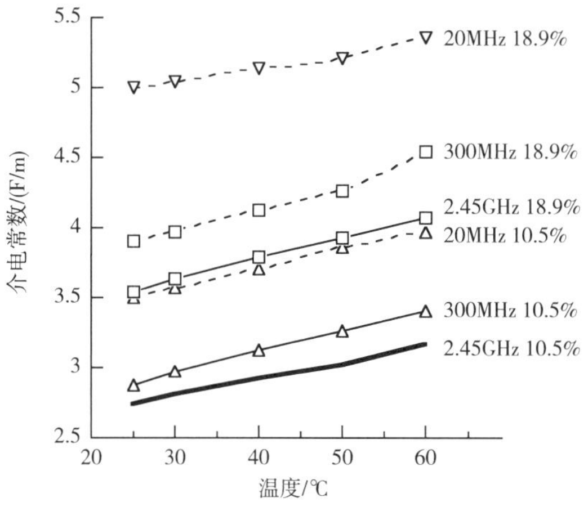

图 1-4　黄色马齿玉米粒在指定频率和含水率的介电常数（ε'）

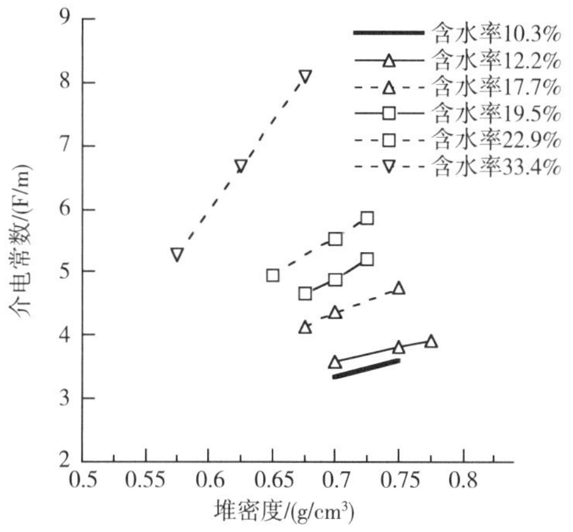

图 1-5　黄色马齿玉米粒在 24℃、频率 20MHz 和指定含水率的介电常数（ε'）

2. 粮食含水率感知

基于粮食和种子介电特性与含水率之间的紧密关系（图 1-2、图 1-3），开发了含水率检测设备。过去 60 多年中，大多数这类粮食水分仪采用的频率范围在 1～20MHz，当粮食样品引入电极之间，平行板或共轴样品支持物的电容变化被感知（图 1-6）。直流电导率测定仪较早广泛使用，现在仍然用于粮食干燥炉及特定地方。

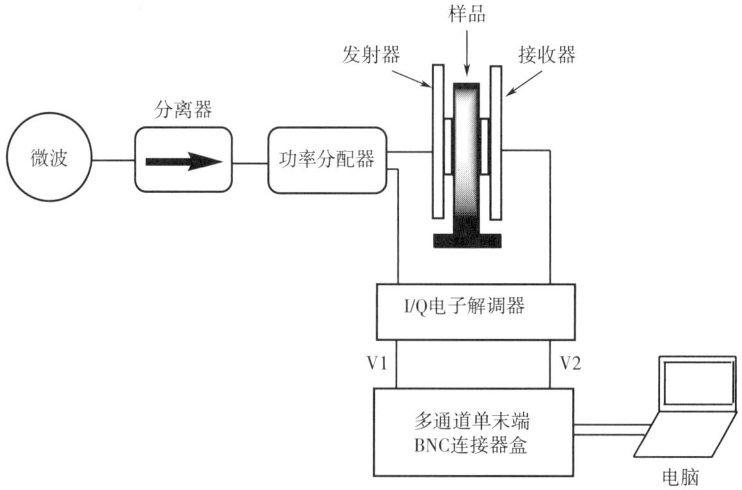

图 1-6 微波水分传感器原理

基于电容样品支持物射频（RF）测定的水分仪，需要校正温度、堆密度或检验物质量的影响。校正采用校正图或设计成自动使用的设备。在粮食和种子贸易中水分测定的准确性，通过连续改进和校正检验获得，但是在谷物高含水率范围 20%～25%，仍然偏差较大而可靠性差。由于粮食种植地区的差异、季节生长条件的变化，偶尔需要重新校正。Funk 等于 2007 年对多种粮食和种子的大量样品，分析了导致水分读数差异的影响因素，采取 149MHz 测定的校正技术。采用一个阻抗分析仪，屏蔽的平行板样品支持物作为传输线的部分，遵照早期报道的方法进行测定，样品包括美国几年内种植的不同品种类型的几千个粮食样品。分析了测定数据，比较了粮食各种类型介电常数随含水率的变异。对堆密度校正介电常数，调整介电常数-含水率直线的斜率、截距位移、平移，期望对所有粮食类型提供统一化校正。结合温度校正，还有其他的调整或校正，2007 年 Funk 等提出了统一化的粮食水分方程。从 1～20MHz 频率范围转变到 149MHz，减少了较低频率下电导的影响，但是仍然存在一些电导的影响，导致校正具有挑战性。当微波频率高于 3GHz，在较低微波频率下离子电导导致的校正变异就可忽略。因此，通过微波频率感知粮食和种子水分，是技术发展的目标。

在 20 世纪 70 年代开始研究粮食水分微波测定仪，研究几种粮食材料的介电常数，认识到 $(\varepsilon'-1)/\varepsilon''$ 相对地是密度独立的函数，可用于预测微粒状材料的含水率。微波衰减的比率，主要依赖介电损耗因子，相位移主要依赖介电常数，微波衰减的比率和相位移作为独立于密度的函数用于微波测定含水率。对微波测定水分的深入研究，肯定了这个衰减比率对感知含水率的有用性，是独立于粮食堆密度的波动，并指明了对谷物粮食单校正的可能性。软、硬红冬小麦的深入研究肯定了在水分感知中，可独立于密度同时测定衰减和相态的本性，同样测定规定堆密度，对两个小麦电类单校正是有效的。Trabelsi 等（1997）的后续研究遵循了这些最初工作，深入发展了粮食和种子微波感知水分与堆密度无关的原理。与密度无关的介电特性函数，可从测定的小麦和玉米介电特性预测含水率。也研究了温度变异影响介电特性测定的补偿测定方法。上述研究针对玉米、小麦、大麦、燕麦、高粱、油菜籽、大豆提出了统一化、广泛的校正。

基于介电常数的校正函数用于测定粮食和种子的含水率和堆密度。在 11.3GHz 和 18.0GHz 测定，不同温度下不同含水率、堆密度硬红冬小麦的大量样品，总结为复变量平面介电常数图示（图 1-7 和图 1-8）。在指定频率下测定的介电常数，所有点沿着直线下移，相当于含水率或温度的差异沿着同样线平移。

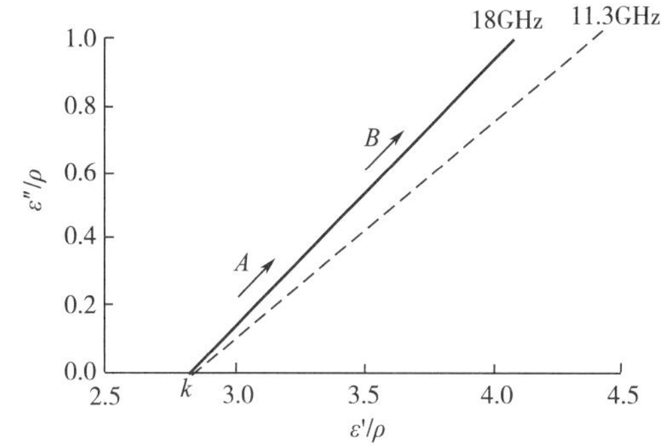

图 1-7　硬红冬小麦在两个频率 11.3 和 18.0GHz 的 ε'/ρ 与 ε''/ρ 的关系

A—水分增加　*B*—温度增加

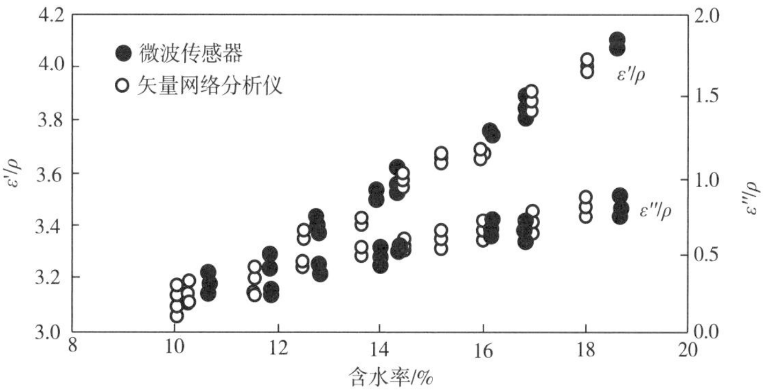

图 1-8　小麦介电常数和介电损耗因子除以堆密度随含水率的变化

注：在 5.8 GHz 和室温下测定。

在每个频率下直线交叉于 ε'/ρ 轴在共同点 k（图 1-7）。k 点表示含水率是 0，是非

常低的温度下的值。微波频率的任何变化相当于直线沿着这个交叉点的旋转。因此，对一定频率，这个直线表达式为

$$\frac{\varepsilon''}{\rho} = a_f\left[\frac{\varepsilon'}{\rho} - k\right] \tag{1-4}$$

a_f 是给定频率的斜率。直线斜率在 11～18GHz 范围随频率线性变化。对 ρ 解直线的方程，得到

$$\rho = \frac{a_f\varepsilon' - \varepsilon''}{a_f k} \tag{1-5}$$

对指定频率，a_f 是常数；对指定材料，k 是常数。于是就仅以介电常数估计堆密度，不包含温度或含水率项。考虑到 $\tan\delta = \frac{\varepsilon''}{\varepsilon'}$，这里 δ 是电介质的损失角，表达为电介质中能量散失与储藏的分布比率，$\tan\delta$ 随堆密度变化，它除以堆密度。则是

$$\frac{\tan\delta}{\rho} = a_f k\left(\frac{\varepsilon''}{\varepsilon'(a_f\varepsilon' - \varepsilon'')}\right) \tag{1-6}$$

对指定频率和特定材料类型，$a_f k$ 是常数，与堆密度无关的水分新校正函数 ψ 定义为

$$\psi = \sqrt{\frac{\varepsilon''}{\varepsilon'(a_f\varepsilon' - \varepsilon'')}} \tag{1-7}$$

对硬红冬小麦在实用的含水率范围、堆密度、温度测定的大量数据组，绘制 ψ 对含水率和温度的曲线，这些点在三维空间形成了一个平面。在 14.2GHz，硬红冬小麦与密度无关的含水率校正函数（ψ），与含水率和温度的关系，通过回归分析获得下列方程

$$\psi = bM + aT + c \tag{1-8}$$

式中　a、b、c——常数；

M——粮食含水率；

T——测定温度。

硬红冬小麦与密度无关的含水率校正函数（ψ），与含水率和温度的关系在 14.2GHz 为

$$\psi = 0.0174M + 0.0022T - 0.62 \qquad R^2 = 0.99 \tag{1-8a}$$

在 14.2GHz 下测定时样品厚度 10.4cm，堆密度范围 0.72～0.88g/cm³，含水率范围 10.6%～19.2%（湿基），温度范围 272～318K，籽粒长度 5～7mm，籽粒形状是椭圆体。

在 9.46GHz 下，这个关系为

$$\psi = 0.0185M + 0.002T - 0.51 \qquad R^2 = 0.95 \tag{1-8b}$$

在 9.46GHz 下测定时样品厚度 10.9cm，堆密度范围 0.69～0.80g/cm³，含水率范围 10.4%～18.0%（湿基），温度范围 278～309K，籽粒长度 5～7mm，籽粒形状是椭圆体。综上，由式（1-8）含水率表达为

$$M = (\psi - aT - c)/b \tag{1-8c}$$

由于以密度无关的校正函数 ψ 在任何给定频率仅依赖于粮食介电常数。粮食介电常数和损耗因子通过合适的微波测定来确定。

对这个密度无关的水分校正函数 ψ 的深入研究显示，回归常数值对小麦、玉米粮种

非常类似。同样常数对小麦、燕麦、大豆表现很好；对玉米、小麦、大豆表现也很好，这些粮种具有不同的特征如籽粒形状、大小、组成。这些研究结果支持广义校正的概念。对花生荚果和花生仁采用微波测定含水率，花生仁的含水率可以从花生荚果的快速测定中获得。与密度无关的水分校正函数 ψ［式（1-7）］对花生荚果和花生仁分别测定（图1-9），对花生荚果含水率（M_p）和花生仁含水率（M_k）显示几乎同样斜率的隔开线。

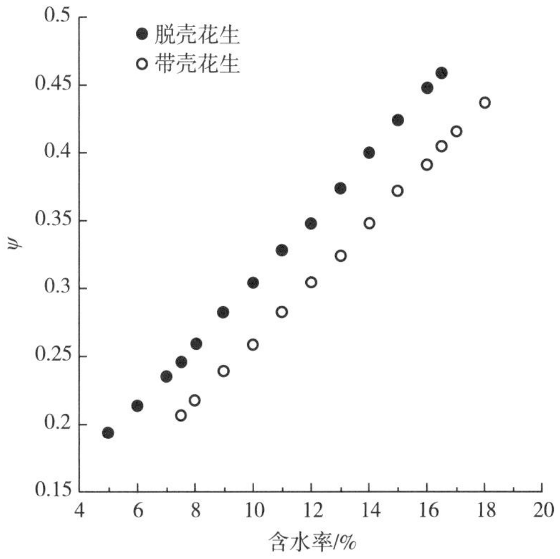

图1-9　在8GHz和24℃花生荚果（ψ_p）和花生仁（ψ_k）密度无关的含水率校正函数（ψ）

注：引自 Trabelsi et al（2010）。

花生荚果和花生仁的线性回归提供了 $\psi = aM + b$ 两个独立的方程形式，花生荚果 M 值和回归常数不同于花生仁的。对给定 ψ，给出花生荚果和花生仁不同的含水率。比较这两种含水率的关系 ψ_k 和 ψ_p，输入荚果含水率 M_p 可以解出花生仁水分 M_k。

$$M_k = 0.917M_p - 1.2083 \tag{1-9}$$

基于这些原理就研发了在5.8GHz操作的微波水分仪，对2008—2009年几个地点的花生在实验室和田间成功检验。在花生购买点和分级站对荚果测定含水率，调控好花生含水率的临界点，预防黄曲霉素对人和动物健康的威胁。

3. 微波水分仪的前景

在20世纪依据电特性发展粮食和种子水分测定仪，先开始于粮食电阻和含水率之间的关系，再发展为射频电测定技术。结合了电子学的新进展，电水分仪的准确性和方便性稳定地提高了。这个技术进步多来自私营企业的研发，在公开文献中报道很少。利用粮食和种子的介电特性数据以及这些特性依赖含水率及其他变量，帮助改进了电水分仪。这些电水分仪与标准参照方法对比，含水率偏差0.3%～0.5%，满足了粮食行业的需求。

目前，在频率250Hz～15GHz范围不同种类粮食和种子的介电特性可以参考ASABE

标准 D293.3—2010。在任何频率，粮食和种子的含水率与介电特性高度相关，采用任何频率操作的仪器都可感知水分。依据方便设计和成本来选择粮食电水分仪采用的频率，大多数采用频率 1~20MHz，与较高频率比较这种很容易设计。

粮食介电特性及其在不同频率随含水率的变化，属于单一特性，用于指示粮食含水率，纳入损失因子是限制其他变量的干扰作用。

Funk 等（2007）在 149MHz 提出的一个统一粮食水分代数式，仅采用介电常数，在这个频率损耗因子明显最小化。损耗因子随频率增加而连续减少，深入微波范围。

在微波频率，相对介电常数的真实部分和虚拟部分，即介电常数和损耗因子，方便地用于堆密度无关的水分校正函数。采用微波测定，在校正过程不同粮食类型的调整和校正是不需要的，还把温度已经纳入这个校正过程，即式（1-8）。在微波频率测定时，籽粒内部水分分布不均匀导致的误差，小于微波范围之下频率测定遇到的误差。

微波频率能够提供静态粮食和种子堆密度无关的水分感知，也对流动粮食的含水率成功检测。与低频率电容水分测定比较，微波测定能够感知花生荚果中花生仁含水率，对其他坚果也适合。

谷物粮食和油料种子的介电常数，随采用的电场频率、粮食含水率、粮温及堆密度变化。粮食和种子的介电常数用于快速感知粮食含水率，在频率 1~20MHz 工作的仪器，已经使用了多年。最近研究表明，在较高频率，离子电导率变异很小，提供了改进粮食电水分仪的前景。在 149MHz 测定，堆密度调整和校正对不同粮食类型统一反应，简化了校正问题。

我们采用频域反射仪（FDR）类型的微波水分传感器，对含水率范围稻谷 4.3%~26.7%、玉米 6.1%~33.5%、小麦 5.5%~26.5%的样品测定电压，同时先采用国标烘箱方法（GB/T 5497—1985）和美国农业与生物工程学会整籽粒方法（ASAE S352.2—2007）测定不同水分梯度的样品含水率，对不同粮种建立了电压随含水率变化的线性方程（李兴军等，2020），斜率对稻谷、小麦、玉米分别是 34，29，24。

在微波频率测定粮食和种子介电常数，在静态和流动的物料中可以同时感知含水率和堆密度，而且提供的含水率与堆密度无关。这种在较高频率测定含水率的优势，使得新的粮食和种子水分仪更加可靠和实用。

第三节
水分活度

一、 水分活度概念

几千年前，人们意识到天然高水分食物可以通过干燥来延长其储藏寿命。到 19 世纪中后期，人们才认识到食品的含水率与食品腐败变质之间有直接关系。这个关系的发现使得食品储藏、加工、干燥及包装等技术取得了重大进展。之后发现，食物在干燥过程中所产生的蒸气压逐渐减小，推测蒸气压与食品的储藏稳定性之间可能存在着某种关系。在大量研究中认识到，衡量食品储藏稳定性时，水在食品中的“状态”可能比它在食品中的含量更重要，因为冰冻状态下储藏的食品（高含水率）比常温下储存的食品要稳定得多。1924 年提出生物材料的有效保藏方法是脱水，其含水率应降到产生 *RH* 85%以下的相对蒸气压。但是这项研究没有深入下去，未形成一个完整的理论。

20 世纪 50 年代初科学家认为，含水率与食品的储藏稳定性之间存在着某些关系，但没有必然关系，有的食品含水率较高，储藏寿命却较长，而另一些食品含水率低，储藏寿命却较短不稳定。在常温条件下，土豆淀粉的含水率高达 20%时仍较为稳定，而含水率仅 2%的蔗糖在同样条件下却不稳定。直到 1953 年，澳大利亚的 Scott 在观察牛肉上细菌的生长时注意到，储存牛肉的冰箱内相对湿度（*RH*）对牛肉表面微生物的生长速率有很大影响。他在 1957 年的论文“微生物生长与水的关系”中提出了“水分活度”的概念，定义为

$$A_w = \frac{P}{P_0} \tag{1-10}$$

式中 A_w——水分活度；

P——溶液中的水蒸气分压，Pa；

P_0——同温下纯水的蒸气压，Pa。

Scott 认为水分活度是“液态溶液的基本性质”。应该指出的是，Scott 定义的水分活度表达式只是 Lewis 水活度表达式的一个近似值，如式（1-11）所示。

$$A_w = f/f_0 \tag{1-11}$$

式中 f——溶液的逸度；

f_0——溶剂的逸度。

自从 Scott 提出水分活度的概念后，大量研究报道针对水分活度与食品储藏稳定性之间的关系。20 世纪 60 年代后期有大量关于水分活度和吸附等温线的报道。水分活度概念为食品工业的发展起了推动作用，应用它指导食品生产有大量成功的例子。在 1970 年明确了食品储藏稳定性与水分活度关系，这也是水分活度概念被食品界所普遍接受的重要原因。美国规定库存食品水分活度超过 0. 85 就不能上市销售，日本规定值为 0. 90。

农产品中的水分状态对原料及加工品的保存起重要作用。描述这个状态的最简单方法是 Karel 在 1975 年提出的水分活度概念。农产品中水分活度约等于与产品达到平衡的水蒸气的相对不安定性。几乎在所有实践情况中，相对不安定性被水蒸气的相对湿度所替代。水分活度是表征物质中自由水含量的物理量。

二、 水分活度与微生物控制

微生物是食品储藏稳定性的重要影响因素之一。要保证食品的质量，最基本的一

点是要防止微生物在食品上的生长和繁殖。控制食品中微生物生长的常用技术有：热灭菌、降低食品的含水率（或 A_w）、辐照灭菌、巴氏消毒等。对大多数微生物来说，生长的最佳 A_w 为 0.90~0.99。通常人们认为一个特定的细胞类型有一个限制性水分活度，低于这个水分活度，这一特定的细胞类型就不能生长、代谢和繁殖，最终可能死亡。

关于水分活度与微生物生长的关系有大量的报道。对原核生物细菌来说，其形态小而简单，是单细胞，与环境总是紧密接触。对真核生物腐生酵母和霉菌来说，细胞结构较细菌复杂，通常是多细胞，它们个体仍然很小。这些微生物个体小，而且水可以自由进出细胞，如果环境中的水分活度减小，微生物将会失水，直到细胞内外建立起渗透平衡，反之亦然。通常情况下，如果微生物生长环境中水分活度的降低是由溶质浓度的增大所引起的，这些溶质不能自由透过细胞膜，微生物则可以通过提高细胞内的溶质浓度做出反应，或从环境中吸收某些溶质，或自身合成某些溶质，使细胞内外渗透压达到平衡，以避免原生质水分的丧失。由于水穿过细胞膜是一个被动运输过程，当环境中水分活度增大，水就会进入细胞。当环境中的水分活度因为溶质浓度增大而减小时，细胞内的代谢途径以及细胞膜上的运输系统就会做出相应的反应来调节细胞的失水过程，这样就会造成微生物生长量减小或生长速率降低。一些微生物可以在低水分活度条件下生长，而另一些则不能。在食品储藏过程中，通过有效地控制水分活度，可抑制食品上微生物的生长。水分活度与微生物生长的关系如表 1-7 所示。表 1-8 总结了各种霉菌生长（孢子萌发）的最低水分活度。

表 1-7 水分活度与可抑制生长的微生物

水分活度	可抑制生长的微生物
0.95~1.0	假单胞菌、大肠杆菌、变形杆菌、志贺氏菌属、芽孢杆菌、克霍伯菌属、产气梭状芽孢杆菌、某些酵母
0.91~0.95	沙门氏菌属、副溶血性弧菌、肉毒梭菌、沙雷氏菌、乳酸杆菌属、足球菌、部分霉菌和酵母
0.87~0.91	假氏酵母、球拟酵母、汉逊酵母、小球菌
0.80~0.87	大多数霉菌（产霉素的青霉）、大多数酵母、金黄色葡萄球菌
0.75~0.80	大多数嗜盐细菌、产毒素的曲霉
0.65~0.75	嗜旱霉菌、二孢酵母
0.60~0.65	耐渗酵母和少数霉菌（刺孢曲霉、二孢红曲霉）
<0.50	微生物不能繁殖

表 1-8 各种霉菌与酵母孢子萌发的最低水分活度

霉菌	最低 A_w	霉菌	最低 A_w	霉菌与酵母	最低 A_w
顶头孢霉	0.97	扩展青霉	0.83	谢瓦散囊菌	0.71

续表

霉菌	最低A_w	霉菌	最低A_w	霉菌与酵母	最低A_w
禾谷镰刀菌	0.94	岛青霉	0.83	阿姆斯特丹散囊菌	0.70
黑根霉	0.93	烟曲霉	0.82	圆锥曲霉	0.70
根霉属	0.92~0.94	黄曲霉	0.82	淡蓝色青霉	0.70
葡萄孢霉属	0.93	杂色曲霉	0.75	匍匐曲霉	0.65
交链孢霉	0.91	圆弧青霉	0.81	赤曲霉	0.65
内生真菌	0.91	短密青霉	0.81	阿姆斯特单曲霉	0.65
串珠镰刀菌	0.91	橘青霉	0.81	薛氏曲霉	0.65
毛霉菌	0.91	鲜绿青霉	0.81	红曲酶孢子	0.61
稻黑孢	0.91	马顿青霉	0.79	啤酒酵母	0.90
绳状青霉	0.91	黑曲霉	0.77	假丝酵母	0.88
乳粉孢霉	0.895	赭曲霉	0.77	汉逊德巴利酵母	0.83
黑曲霉	0.88~0.89	亮白曲霉	0.75	鲁氏接合酵母	0.80
草酸青霉	0.86	灰绿曲霉	0.72	鲁氏酵母	0.62
青曲霉	0.80~0.83	局限曲霉	0.71~0.72		

水分活度与微生物生长的关系可概括如下。

①水分活度决定微生物生长所需要水的下限值。不同的微生物生长繁殖都需适宜的水分活度范围，即使是同属不同种的微生物对水分活度要求也不完全相同，细菌最敏感，其次是酵母和霉菌。一般情况下，水分活度低于0.90时，细菌不能生长；水分活度低于0.87时，大多数酵母受到抑制；水分活度低于0.80时，大多数霉菌不能生长。尽管有一些适合在干燥条件下生长的真菌可在水分活度0.65左右生长，但一般把水分活度0.70~0.75作为微生物生长的下限。降低水分活度可以使微生物的生长速率降低，进而降低微生物的代谢活性。霉菌形成孢子的水分活度比其生长所需的水分活度要高。

②环境条件影响微生物生长所需的水分活度。环境条件如营养物质、pH、O_2、压力及温度等越差，微生物能够生长的水分活度下限越高。

③微生物会产生对水分活度的适应性，特别是水分活度的降低是通过添加水溶性物质、通过水的结晶（如冷冻食品）或脱水来实现的情况下更是如此。如果水分活度是通过添加溶质来实现的，溶质本身可能会起作用，这种作用会使水分活度的作用复杂化。

④水分活度能改变微生物对热、光线及化学物质的敏感性。在高水分活度时微生物最敏感，在中等水分活度时最不敏感。

⑤微生物产生毒素所需的最低水分活度比其生长所需的最低水分活度高。通过水分活度来控制微生物生长的一些食品中，可能有微生物生长，但不一定有毒素产生。

三、 水分活度与油脂氧化

水分活度是影响食品中油脂氧化的重要因素之一。当含油食品的含水率十分低的时候，油脂很容易发生氧化。水分活度小于0.2时，氧化反应进行得很快。有人在1957—1975年，探索了一定的含水率能抑制油脂的氧化作用的机理。一是因为非酶促褐变产生的抗氧化物质，抑制了油脂的氧化作用。二是一定量的水能在催化油脂氧化的金属离子表面形成水化层，抑制了金属离子的催化作用，这种抑制程度取决于金属离子的状态和类型，还取决于含水率。三是水可能通过影响初始自由基的浓度、反应物的运动、接触的程度来影响油脂与食品组分之间的自由基反应。

需要指出的是，过氧化的油脂与蛋白质之间的反应受水分活度的影响很大，提高水分活度能促使蛋白质交联的席夫碱（Shiff base）反应，这些被氧化的油脂的双功能残基充当交联剂。在低水分活度时，自由基的交联占主导地位，而蛋白质的交联不需要油脂残基的参与。当食品水分活度提高时，则失去了对氧化作用的抑制，水分含量提高到单分子层覆盖以上即多分子层时，溶质的扩散阻力减小，溶解就占主导地位。在含有螯合剂和抗氧化剂的食品中，含水率的提高，就会使螯合剂和抗氧化剂溶解。螯合剂和抗氧化剂能降低食品组分的氧化速率。水分活度的增大会通过溶解催化剂或诱导大分子如蛋白质膨胀，使其中的活性部位暴露，从而加速氧化作用。程闰达和张淑茹（1998）指出，水分含量高时，水分活度相对较高，对脂肪起到保护作用，抑制脂肪自动氧化的进行，而水分含量对应的水分活度小于0.2时，氧化反应进行得很快。Sherwin和Labuza（2003）认为，油脂非酶催化褐变的水分活度底限为0.3，添加甘油可提高非酶褐变的反应速率，可能原因是甘油中葡萄糖的溶散性促进了褐变的反应速率。

四、 水分活度对酶活性的影响

水分是化学反应的媒介基础，是酶维持活性构象所必需的，但水分超过一定量会使酶颗粒结成团。为了增强食品的储藏稳定性，在许多场合下，采用一系列控制酶活性的技术来达到这一目的。食品中酶的来源有多种途径，如食品中微生物分泌的胞外酶、食品中内源性酶，还有人为添加一些酶到食品中。食品中内源性酶除在一些情况下，如组织破碎时细胞结构释放酶或通过混合使反应底物与酶接触时有较大的活性，而在通常情况下这些酶的活性很弱。水参与酶促反应主要通过以下途径：①作为运动介质促进扩散作用；②稳定酶的结构和构象；③是水解反应的反应物；④破坏极性基团的氢键；⑤从反应复合物中释放产物。在有的情况下，上述两个以上的因素可能会同时起作用。食品中外源性酶主要是来自微生物所分泌的胞外酶。1953年首次报道草莓果实假单胞菌脂肪酶的合成受水分活度的影响，用4%的NaCl（水分活度约0.975）就可完全控制这种细菌脂肪酶的产生。Troller等（1978）在金黄色葡萄球菌中发现类似情况，不管是甘油三油酸酯酶还是丁酸甘油酯酶，当水分活度小于0.91时不能合成。他们还发现，当水分活度降低时，脂肪酶、过氧化氢酶、凝固酶、脱氧核糖核酸酶都会受到抑制。相比之下酸性磷酸酶和碱性磷酸酶对水分活度的降低不敏感。另有报道，随水分活度的增加，酶促反应速率通常会加快。这种反应速率的加快可能归因于酶的运动是水分活度的函数，水分活度升高，酶的运动性增强。Drapron（1985）发现，随着水分活度的增大，酶活性的增加并非线性；在低水分活度时，水分活度的小幅度增加，会使酶促反应速率大幅度增加。在酶活性部位的反应速率，比底物扩散到活性部位的速率、产物离开活性部位的速率要大得多。因此，运动性是限制酶促反应速率的主要因素。然而，脂肪水解作用与以上所提到的几种酶促反应差别很大，这种情况下底物是液体，由水所提供的运动性并非必需。由于底物有能力与酶接触，因此，脂肪水解作用可能在极低的水分活度（0.025~0.25）下进行，在这个窄小的水分活度范围内，脂肪水解速率可能是线性的。小麦平衡水分、脂肪酶和β-淀粉酶活性随水分活度的变化见图1-10。

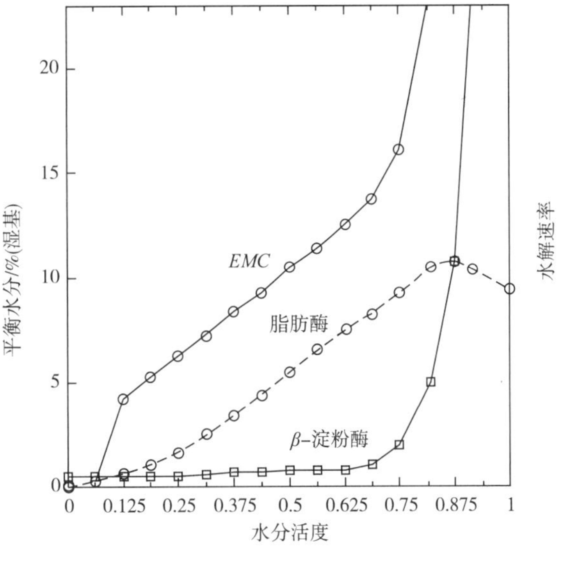

图1-10 小麦平衡水分、脂肪酶和β-淀粉酶活性随水分活度的变化

注：引自Barnes（1983）；小麦脂肪酶作用底物是Triolein-面粉混合物，β-淀粉酶底物是淀粉。

当溶菌酶中蛋白质水分为0.2g/g蛋白质时，酶开始显示催化活性；当水分达0.4g/g蛋白质时，整个酶分子表面形成单分子水层，此时酶的活性提高；当水分为0.7g/g蛋白质时，溶菌酶活性达到极限，从而保证底物分子扩散到酶的活性部位。在图1-10中，β-淀粉酶在水分活度为0.8以上才显出水解淀粉的活力，当水分活度为0.95时，酶的活力较水分活度0.8时提高15倍。甘油三酯脂肪酶显著不同于食品中常见的其他酶，它们在非常低的水活度有显著的活性。麦麸与橄榄油混合时能够释放显著量的油酸，甚至在水分活度低于0.2的条件；酶活性在水分活度0.85时逐渐增大到最大值。相比较，β-淀粉酶活性对淀粉的水解在游离水存在之下的水分是检测不到的。

张正磊和周惠明（1999）在分析底物浓度、料液比对内源植酸酶降解植酸的影响时发现，内源酶的活性随底物浓度的下降而升高，但无显著差异。可能是由于作为底物糙米的量和内源酶的量的比例一定，而内源酶只需达到一定的水分活度，即可能使酶的活性提高到最大值。王丹蕊等（2003）认为酶促反应的最佳条件是，温度60℃，压强28MPa，固定化脂肪酶量50%，水分活度0.55，底物浓度200g/L。孟祥河等（2004）在研究水分活度对商品脂肪酶活力的影响时发现，水分活度<0.42时，脂肪酶活力很高；当水分活度达到0.54时，脂肪酶活力明显下降；而水分活度为0.96时，脂肪酶活力只有正常值的60%（定义水分活度为0.42，水分质量分数为8.6%，酶活力为100%）。

通常情况下，在水分活度0.75~0.95，酶活性达到顶点；超过这个范围，酶促反应速率就会下降。可能原因是，由于高水分活度对酶和底物的稀释作用。在研究大豆脂氧合酶时得到类似结果。关于水分活度对多酚化酶影响的研究报道不多。许多酶，如淀粉酶、磷脂酶、植酸酶及多数氧化酶，在水分活度0.65~0.70范围内活性较小，但超出此范围，随水分活度的升高，酶活性增大。传统的观点认为，水分活度对酶活性的影响主要是酶的运动性，近年来的工作主要集中在水分活度对酶分子本身的构象和完整性上。

Cuzzoni等（1988）在研究水分活度和温度对加热过程中赖氨酸核糖和赖氨酸葡萄糖发生美拉德反应产物的诱变活性时发现，赖氨酸核糖加热到100℃时，诱变活性增加而水分活度降低。另外的学者在进行还原性糖和甘氨酸由美拉德反应引起非酶促褐变的研究中发现，在反应物中增加水分含量，褐变率降低，高水分含量产生抑制作用的原因可能是，褐变过程中的几个化学反应生成了水。

五、 水分活度对食品质构特性的影响

不同的食品都有其表现最佳食用品质的水分活度。如面包的水分活度比饼干的高，面包湿润、柔软，而饼干酥脆。在绝大多数食品在进入消化道时，其水分活度往往超过0.8。这是因为人们喜欢，且习惯食物以湿润、柔软的状态进入消化道。Rockland（1969）把食品的吸附等温线与其感官特殊性相联系（图1-11），包括3部分，即等温线Ⅰ区间（低水分活度）在这个范围内的食品表现干、硬、脆、皱缩；等温线Ⅱ区间（中等水分活度），这个范围内的食品表现出柔韧、坚固、干燥；等温线Ⅲ区间（高水分活度），这个范围内的食品表现出湿润、柔软、松弛、膨胀、发黏。

水分活度也影响谷物加工品质。Chattopahyay等报道，IR8大米在36℃采用Instron质构仪来挤压测定水分对米粒破裂强度的影响，当挤压速率为0.254cm/min时，随含水率增加破裂强度减小。含水率为12%的米粒破裂强度是含水率29%的米粒的3倍多。

Obuchowski和Bushuk采用6种不同的方法，对3种小麦（杜伦小麦、硬红春小麦、软白冬小麦）在不同含水率（9.5%，11.0%，12.5%，14.0%，15.5%；水分活度范围为0.44~0.75）下的硬度进行了研究，硬度指数分别为：A. 两步布拉班德硬度仪测定小麦研磨时最大扭力矩与通过177μm筛面粉得率的比值；B. 一步布拉班德硬度测定仪；

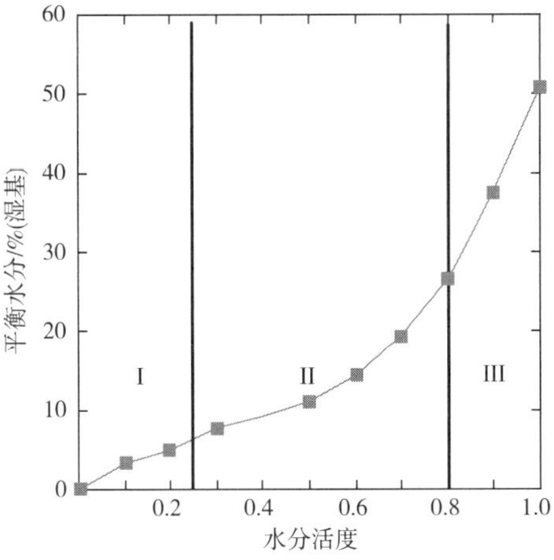

图 1-11 食品吸附等温线

C. 两步布拉班德硬度仪测定小麦样品磨成粉所需的时间（s）；D. 剥皮阻力（g）；E. 两步布拉班德硬度仪测定麦粒研磨期间的扭矩（BU）；F. 两步布拉班德硬度仪测定麦粒研磨后的粉依次通过 88~840μm 筛的百分得率（代表平均颗粒大小）。结果表明，A、B 和 E 三个指标随水分活度的增加而减小，C 和 D 两个指标随水分活度的增加而增大，指标 F 基本上没有变化，说明这个范围内的水分活度变化对面粉的硬度基本上没有影响。

六、 水分活度对食品蛋白质和维生素的影响

蛋白质营养价值的重要方面之一，是其中的必需氨基酸，在必需氨基酸中又以赖氨酸的研究较多。在分析冷冻干燥过程对食品营养物质的影响时，发现赖氨酸的损失与褐变反应之间相关性高。食品储藏过程中赖氨酸的损失主要是由较高的水分活度所引起的，肽链中的 α-氨基在较高水分活度下比较脆弱。面制品赖氨酸的损失率与水分活度呈正相关。水分活度影响面糊制品中的复合维生素、维生素 B_2（核黄素）的稳定性。当水分活度升高时，维生素 C 的稳定性会下降，与其氧化有很大关系。

综上所述，水分活度是衡量物料游离水的尺度，能够精确直接地体现出农产品、粮食、食品及饲料原料中水分能够被微生物利用的程度，能够为更准确地判断物料在储藏期营养价值的变化提供可靠依据。水分活度与食品的储藏稳定性有着密切的关系，有许多基于水分活度概念而开发的稳定性食品的成功例子。用不同溶质所控制的同一水分活度条件下对微生物生长的影响往往不同，如诺氏梭菌用 NaCl 或葡萄糖控制水分活度时，水分活度 0.95 时即停止生长；用甘油控制水分活度时，水分活度 0.935 才停止生长。另一个例子是寄生曲霉孢子在不同溶液中萌发所需要的天数。同样是水分活度为0.83 的果糖（质量分数 50%）和甘油溶液（质量分数 60%），寄生曲霉在前一溶液中仅需 2d 就能萌发，而在后一溶液中需要 11d 才能萌发。如果用这两种溶质来控制食品中寄生曲霉的生长，甘油比果糖更有效。由此可见，水分活度与食品储藏稳定性的关系不是 1970 年

所提出的“食品稳定性图”所能解决的。van de Berg（1986）指出“食品稳定性图”是对水分活度概念的错误应用。在实际应用中，特别是配方食品中用水分活度控制微生物的生长要谨慎使用。

七、 水分活度测定方法

1. 测定水分活度的优势

影响水分活度的因素很多，有物质的化学成分、样品的温度、含水率、储藏环境、绝对压力及包装等。过高的水分活度会降低产品的质量和保质期，微生物会在适宜的水分活度环境下生长繁殖并产生毒素，从而影响产品的质量和安全性；过低的水分活度会破坏食品的口味、口感或外貌。多个国际标准对食品、药品、化妆品等产品中的水分活度作出明确规定，以确保产品品质和性能安全：国际标准 ISO 18787—2017《食品　水分活度检测》；欧盟（EC）No. 2073/2005 规定食品中的微生物标准；欧盟（EC）No. 2006/583 在谷物和谷物制品中防止和减少真菌毒素；欧洲专利申请（EP 1256280 A1）——关于延长夹馅面点货架期的生产工艺；我国也建立了水分活度测定的国家标准 GB 5009. 238—2016《食品安全国家标准　食品水分活度的测定》。水分活度的测量适用于谷物粮食、花生、高蛋白食品、薯片等多种物料的测量。水分活度测量的优势：①水分活度检测几乎快于任何其他水分含量检测方法；②与其他检测方法比较测量值的范围，水分活度检测更准确；③水分活度检测更易设置、操作并且能直读结果；④水分活度测量能用更短的时间和材料完成定标和验证；⑤与卡尔-费歇尔法、干燥失重法或红外线检测相比，水分活度检测更廉价。

2. 测定水分活度和吸附等温线的仪器

（1）Novasina 水分活度仪　瑞士 Novasina 水分活度仪采用电阻电解法湿度检测器直接测量水分活度。即当环境湿度改变时，液体电解改变电阻。这类传感器配有一种吸水性材料，当吸入水分子后，其电性能会发生改变，通过测量电阻变化量来测量出湿度的变化量。

电阻电解法湿度检测器通过电缆与仪器主机相连，配有特殊过滤器以防止污染，抗阻湿度仪装有一个温度传感器，可直接显示读数。测量范围：A_w 0. 03~1. 00，全范围无迟滞效应；准确度 A_w ±0. 003（相对湿度 0. 3%）；重复性 A_w ±0. 002（相对湿度 0. 2%）。半导体温度控制范围：0~50℃，精度±0. 1℃。标准品：通过饱和盐溶液给系统定标，标定过程中标准品无任何损失，长时间稳定可靠。传感器更换简单，用自带标准曲线可以做等温吸附曲线，满足研究产品中水分含量和水分活度的关系。有样品预平衡室，以加快平衡和检测时间。主机标准配置可记录任一设定温度下的等温吸附曲线。文友先和张家年采用这个仪器测定了一个稻谷样品的 30℃ 吸附和解吸等温线，呈反 S 型曲线。

（2）Aqualab 系列水分活度仪　美国 Decagon 的 Aqaqlab 系列水分活度仪，使用镜面冷凝露点技术，成为美国食品与药物管理局（FDA）指定水分活度测量标准。露点是测量湿度的重要方法之一。

镜面冷凝露点原理：被测湿气进入露点测量室时掠过冷镜面，当镜面温度高于湿气的露点温度时，镜面呈干燥状态，此时光电检测露点装置中光源发出的光照在镜面上，几乎完全反射，由光电传感器感应到并输出光电信号，经控制回路比较、放大、驱动热电泵，对镜面制冷。当镜面温度降至湿气露点温度时，镜面上开始结露（霜），光照在镜面上出现漫反射，光电传感器感应到的反射信号随之减弱，此变化经控制回路比较、放大后调节热电泵激励，使其制冷功率适当减小，最后，镜面温度保持在样气露点温度上。镜面温度由一紧贴在冷镜面下方的铂电阻温度传感器感应，并显示在显示窗上。Aqualab 系列水分活度仪温度校正标准溶液和参数见表 1-9 和表 1-10。

表 1-9　温度校正标准溶液

温度/℃	A_w				
	水	0.5mol/L KCl	6.0mol/L NaCl	8.57mol/L LiCl	13.41mol/L LiCl
15.0	1.000	0.984	0.761	0.492	0.238
20.0	1.000	0.984	0.760	0.496	0.245
25.0	1.000	0.984	0.760	0.500	0.250
30.0	1.000	0.984	0.760	0.504	0.255
35.0	1.000	0.984	0.760	0.508	0.261
40.0	1.000	0.984	0.760	0.512	0.266

表 1-10　Aqualab 系列水分活度仪参数

型号	Aqualab 4TE	Aqualab LITE
传感器	镜面冷凝露点	电容式
精确度	A_w±0.003	A_w±0.015
重复性	A_w±0.001	A_w±0.005
分辨率	A_w±0.0001	A_w±0.001
量程	A_w0.0300~1.0000	A_w0.0~1.000
测量时间	<5min	5min
温度控制	内控 15~50℃ 精确度±0.1℃	无
特点	高精度、快速，内置温控系统	快速

（3）ProUmid 高通量动态水分吸附仪　粮食、农作物或食品类物料成分复杂，吸附缓慢，由于一些样品的特殊性，磨成粉末后不能真实体现存储过程中表现出来吸湿的特性，而且需要较大量才更能使得这些天然产物具有良好的样品代表性。这种情况下，完

成一个完整的吸附解吸过程往往需要数天，甚至数十天，在大量样本数量的情况下，获取样品的吸附等温线极其耗费时间和人力。德国普优米得有限两合公司生产的高通量动态水分吸附仪能够一次性全自动获得多个样品的吸附等温线和动力学曲线，大大节省了时间和人力，并且提高了实验精度。非常适合粮食等农产品和其他食品类物料的加工处理和储藏条件等领域的研究。

ProUmid 动态水分吸附仪于 1999 年上市，是世界上使用最广泛的高通量动态水分吸附仪，采用重量法检测样品的水分吸附和干燥特性，同步可以检测最多达 23 个样品/11 个样品盘（可切换选择不同直径样品盘），所有样品处于同一个样品腔内，保证了检测的高效性和实验结果的重复性与可对比性（图 1-12）。

图 1-12　ProUmid 高通量动态水分吸附仪样品盘

该仪器只需接入干燥压缩气体，通过内部的湿度发生装置产生饱和水蒸气，与干气混合后进入实验腔；按照程序设置的温湿度精确模拟大气环境，水蒸气与样品充分接触，发生吸水或脱水，高精度天平在实验全程跟踪记录样品的质量变化，直至达到某一状态下的吸附平衡状态，即自动进入下一个温湿度步骤，从而得到整个吸附解吸过程中的样品质量变化数据，绘制出样品的动态吸附曲线和吸附等温线，从图上可以了解样品的平衡含水率、吸附/干燥速率和结构变化等一些重要信息。整个实验过程在放入样品，检测条件设置完成之后完全自动化进行。该仪器主要由以下组件构成。

①旋转式自动进样盘，有三种规格可以一台仪器上便捷切换：同步可检测 23 个样品的旋转进样盘，每个样品盘直径 3cm；同步可检测 11 个样品的旋转进样盘，每个样品盘直径 5cm；同步可检测 5 个样品的旋转进样盘，每个样品盘直径 8cm。可根据样品的数量和体积来选择合适尺寸的样品盘，既能检测精细的微量粉末，也可以检测较大块状或片状的固体，同时还具有检测包装材料渗透率和带有外包装物体的扩展功能。

②高精度电磁力称重模块，能够精确记录从数十毫克到 220g 的质量变化，同时有多种质量分辨率可选，保证了良好的样品代表性。

③温湿度控制模块：采用干湿空气混合的模式产生所设置湿度的气体，湿度控制精度 *RH* 0.6%（与饱和盐溶液平衡相对湿度对比），湿度范围最大可达 *RH* 0~98%；Peltier 半导

体控制温度，温度范围在 5~60℃可控，精度 0.1℃。采用 Rotronic 温湿度传感器实时探测腔内的温湿度变化，反馈给过程控制器，从而形成温湿度的闭环控制。

④控制及数据记录软件：基于 Windows 系统的操作界面，检测软件能够灵活设置试验中温湿度变化程序和相关实验参数，以保证实验的正常运行；同时允许实验过程中增改实验的温湿度步骤设置和实验参数；系统能实验全程监控记录整套系统的运行过程中的各个参数，如温湿度读数、运行时间、温度、实时质量等；如遇到某些意外操作（如样品腔被打开），该系统能做出相关响应（报警或自动停止运行）并记录于仪器软件的日志；一个试验不仅能得到吸附等温线，还可以进行变温实验，测量不同温度下样品的吸潮干燥性能变化。

⑤包装材料渗透率检测包：能够选择薄膜水蒸气透过率检测包，采用重量法检测薄膜材料的水蒸气透过率。

图 1-13 和 1-14 为该仪器检测的不同种类大米和淀粉样品 25℃的吸着等温线。该仪器区分了不同种类大米的吸湿特性，也能够区分淀粉样品的吸湿特性。

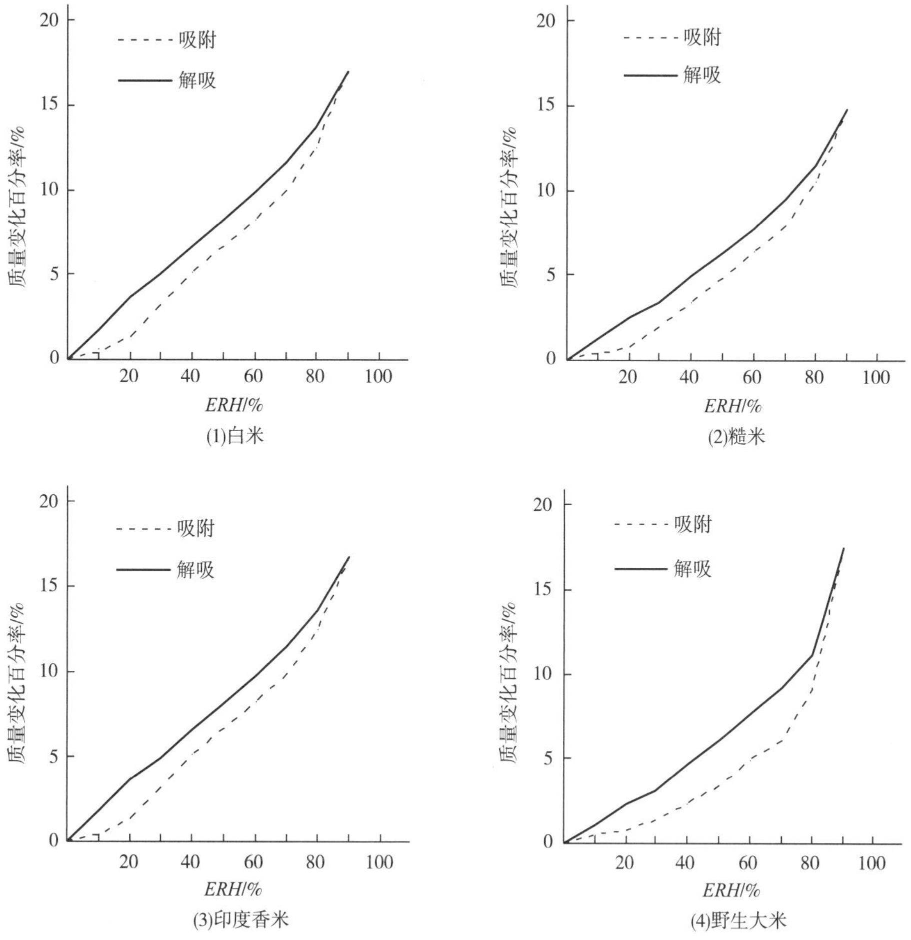

图 1-13 ProUmid 高通量动态水分吸附仪测定的不同大米样品 25℃的吸着等温线

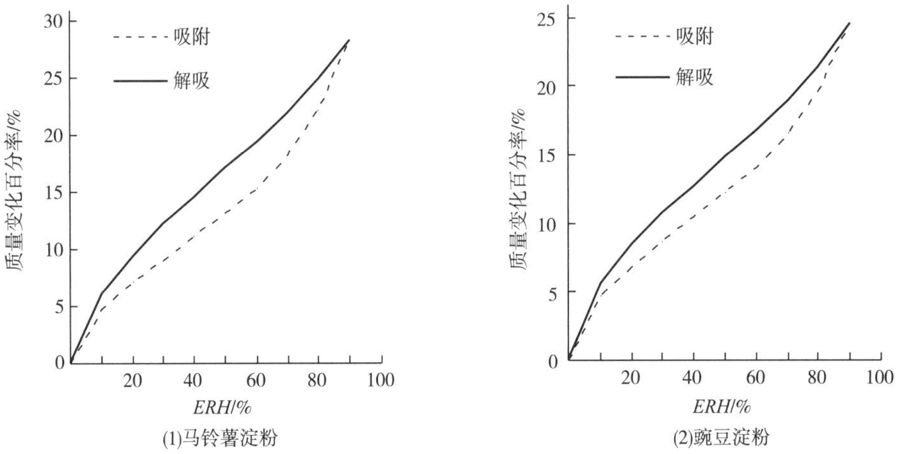

图 1-14 ProUmid 高通量动态水分吸附仪测定的淀粉样品 25℃的吸着等温线

（4）国产水分活度仪　国内一企业生产的水分活度仪由温控测试箱和测量仪表电路组成。温控测试箱中装置三个由灵敏电阻组成的传感器，可同时测量三个试样的水分活度值。传感器的电阻值随试样表面蒸气压变化，并将这种变化转换成电信号输出，经测量仪电路后显示试样 A_w。

国内还曾经研究出氯化锂粮仓湿度仪，利用氯化锂的电阻率随湿度变化的原理制成了湿敏电阻，测定粮堆内的湿度。

第四节 水分吸附等温线类型和物理数学含义

一、 水分吸附等温线测定意义

水分活度是评估农产品加工和储藏品质的一个重要参数，而吸附和解吸（简称为吸着）等温线则是反映在一定温度下物料中水分活度与含水率关系的曲线。该曲线可用于确定物料的水分状态、分子结构、热力学参数，也是农产品水分状态、干燥及储藏的重要基础数据。各国都重视农产品的水分吸着等温线研究，美国、法国、俄罗斯及英国等不仅完成了对玉米、土豆、小麦、稻谷等吸附与解吸等温线的测定，还将获取的数据汇集成册，供农业科研及生产部门使用。近些年来，已经扩展到烟制品、葵花籽、豌豆、洋芋粉、亚麻籽、棉花籽、核桃、花生的吸着等温线测定，并用数学方程进行拟合，同时分析了它们的热力学性质，形成了数据库，为农产品的储藏、干燥及加工提供了重要依据。我国对农产品等温线的研究较少，主要在稻谷、紫菜、鸡蛋粉、饲料等方面有一些研究和报道，而储藏加工中主要引用国外的数据。吸湿曲线测定是我国农产品储藏保鲜业迫切需要解决的课题。国家粮食和物资储备局科学研究院、中储粮成都储藏研究院联系粮食行业内院所完成了我国稻谷（17）、大米（11）、小麦（14）、玉米（16）、大豆（10）、油菜籽（8）、芝麻（4）、花生（4）、豆粕（6）、挂面（10）、面粉（6）、麸皮（4）、马铃薯全粉（5）共计 115 个样品（品种）的吸附和解吸平衡水分等温线测定，获得数据 9945 个。

潮湿物料中的水分有不同的水分活度，从 0 到最高值 1.0，均能够与周围的水蒸气达到平衡。这个平衡对产品的长期储藏很重要。在同一温度下，物料含水率与上述提到的产品中水分活度（或平衡相对湿度）达到平衡的关系，被称为水分吸着等温线。

测定水分吸着等温线，通常是较长时间试验的结果，目的是达到每个确切条件下物料与水蒸气之间的平衡。这种试验有难度，耗时间。而且，很可能获得不确切的结果，由于达不到真正的平衡状态；在长时间试验中产品特性会发生改变。对有活性材料的试验，风险更大。这些客观事实增大了理论研究的需要，理论的吸着等温线可以接近和统一试验结果，最小化可能的试验误差。而且，从热力学理论、产品结构的信息方面提供基本的水和产品之间的特定相互作用关系。

二、 水分吸附等温线类型

依据前人大量报道和他们试验测定的多种吸附体系的等温线，Brunauer 和其他三位学者在 1940 年对各种吸附等温线进行分类，分为 5 类，称为 BDDT 分类，也称为 Brunauer 吸附等温线分类，见图 1-15。Brunauer 在 1943 年根据农产品（食品）水分吸着等温线的形状及调控形状的过程，进一步划分为 5 类型，见图 1-16。

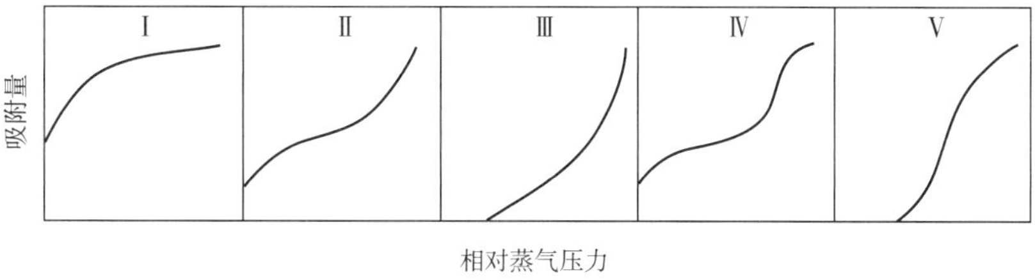

图 1-15 BDDT 吸附等温线的 5 种分类

类型Ⅰ是 Langmuir 及其类似的等温线，表示吸附剂毛细孔的孔径比吸附质分子尺寸略大时的单层分子吸附，在微孔吸附剂中的多层吸附或毛细管凝结。该类吸附等温线，沿吸附量坐标方向向上凸起。随着含水率增加，水分活度则特征性地增加，这个曲线方程的一阶导数随着含水率增加。该类型等温线，适合物料内部表面填充的水单分子层。

类型Ⅱ是 BET 和 GAB 方程的 S 型吸着等温线，或者形状呈反 S 型的吸附等温线。在吸附的前半段发生了类型Ⅰ吸附，而在吸附的后半段出现了多分子层吸附或毛细管凝结。这个类型考虑了在物料的内部表面存在多层水分子。

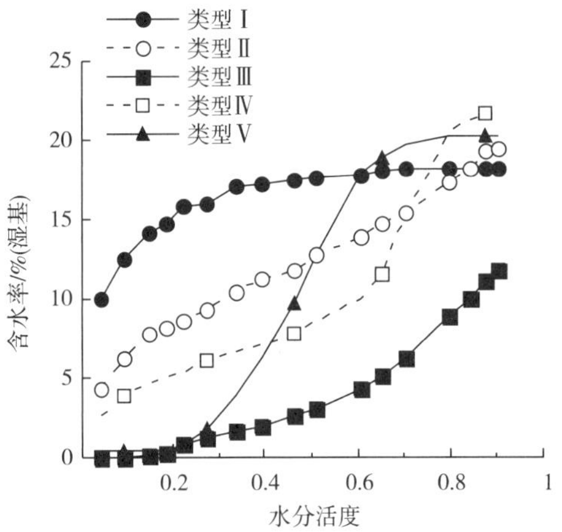

图 1-16 Brunauer 划分的农产品等温线类型

类型Ⅲ是反 Langmuir 曲线，沿吸附量坐标方向向下凹，表示吸附气体量不断随组分分压的增加直至相对饱和值趋于 1 为止。曲线下凹是由于吸附质与吸附剂分子间的相互作用比较弱，在较低的吸附质浓度下，只有极少量的吸附平衡量，同时又因单分子层内吸附质分子的互相作用，使第一层的吸附热比冷凝热小，只有在较高的吸附质浓度下出现冷凝而使吸附量大增所引起的。类型Ⅲ等温线含水率随水分活度增加的方式是，以含水率为因变量的方程一阶导数也随水分活度增加而增加。这个类型吸着等温线相对地较少，通常在可溶于水的固体中如糖溶液观察到，描述公式类似 Raoult 法则。

类型Ⅳ是类型Ⅱ的变型，能形成有限的多层吸附，如水蒸气在 30℃下吸附于活性炭，在吸附剂的表面和比吸附质分子直径大得多的毛细孔壁上，形成两种表面分子层。

类型Ⅴ偶然见于分子互相吸引效应很大的情况，如磷蒸气吸附于 NaX 分子筛。类型Ⅳ和Ⅴ是较复杂的吸着等温线，经常在毛细管凝结情况中观察到，吸附发生敏感地依赖于孔径的分布。

这 5 类等温线之间的关系是：类型Ⅰ在低水分活度值含水率急剧增加，但是在整个水分活度范围斜率减少；类型Ⅲ则是含水率对水分活度曲线的斜率最初很小，在整个水分活度范围则增加；类型Ⅱ可以理解为类型Ⅰ和Ⅲ的结合，类型Ⅰ在较低水分活度值和类型Ⅲ在较高水分活度值；类型Ⅳ和Ⅴ分别是类型Ⅱ和Ⅲ的修正，这种修正的机制类似类型Ⅰ在高水分活度修正机制的叠加。

BDDT 吸附等温线分类在国际学术界曾被广泛接受，并用于在吸附相平衡研究中，是解释各种吸附机理的经典理论依据。然而，随着对吸附现象研究的深入，BDDT 的 5 类吸附等温线已不能描述和解释一些新的吸附现象，人们又通过总结和归纳，提出了 IUPAC 的 6 类吸附等温线。

1985 年，在 BDDT 的 5 种分类基础上，国际纯粹与应用化学联合会（International Union of Pure and Applied Chemistry，IUPAC）提出了 IUPAC 的 6 类吸附等温线（图 1-17）。该分类

补充和完善了 BDDT 吸附等温线分类。类型Ⅰ表示在微孔吸附剂上的吸附情况；类型Ⅱ表示在大孔吸附剂上的吸附情况，此处吸附质与吸附剂间存在较强的相互作用；类型Ⅲ亦表示为在大孔吸附剂上的吸附情况，但此处吸附质分子与吸附剂表面间存在较弱的相互作用，吸附质分子之间的相互作用对吸附等温线有较大影响；类型Ⅳ是具有毛细管凝结的单层吸附情况；类型Ⅴ是具有毛细管凝结的多层吸附情况；类型Ⅵ是表面均匀的非多孔吸附剂上的多层吸附情况。

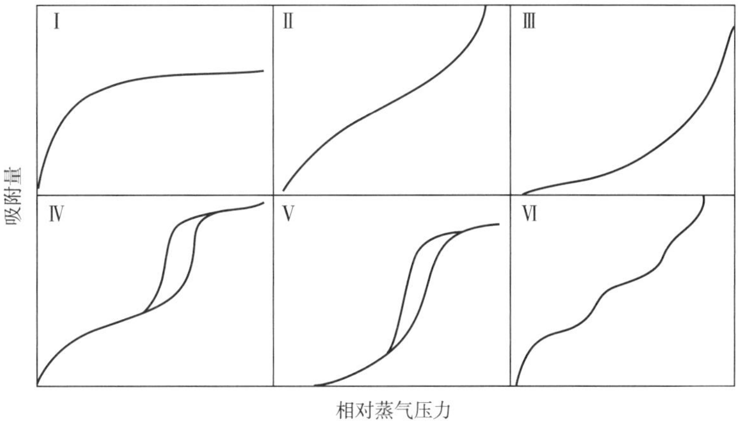

图 1-17 IUPAC 吸附等温线的 6 种分类

引入毛细管凝结现象，是 IUPAC 的 6 种分类对于 BDDT 的 5 种分类的最重要补充。毛细管凝结现象，又称吸附的滞留回环或滞后现象。吸附等温曲线与脱附等温曲线的互不重合形成了滞留回环。这种现象多发生在中孔吸附剂当中。IUPAC 将吸附等温线滞留回环的现象分为了 4 种情况（图 1-18）：（1）滞留回环较狭窄，吸附与解吸曲线几乎是竖直方向且近乎平行。这种情况多出现在通过成团或压缩方式形成的多孔材料中，这样的材料有着较窄的孔径分布。（2）滞留回环比较宽大，解吸曲线远比吸附曲线陡峭。这种情况多出现在具有较宽的孔径和较多样的孔型分布的多孔材料当中。（3）滞留回环的吸附分支曲线在较高的相对压力下也不表现出极限吸附量，吸附量随着压力的增加而单调递增。这多出现在具有狭长裂口型孔状结构的片状材料当中。（4）滞留回环也比较狭窄，吸附、解吸曲线也近乎平行，但与（1）不同的是两分支曲线几乎是水平的。4 种情况中，（1）与（4）是两种极限情况，而（2）和（3）则介于两极限情况之间。

三、 水分吸附等温线常用描述方程

粮食及食品材料的水分吸附等温线是 S 型，属于 Brunauer（1943）分类的类型Ⅱ。vanden Berg 和 Brain 于 1981 年将已有的等温线方程分成两组：一组是经验或部分经验方程，采用指数、幂、LOG 函数，编号为 A49-A77；另一组是有一些理论基础的方程及它

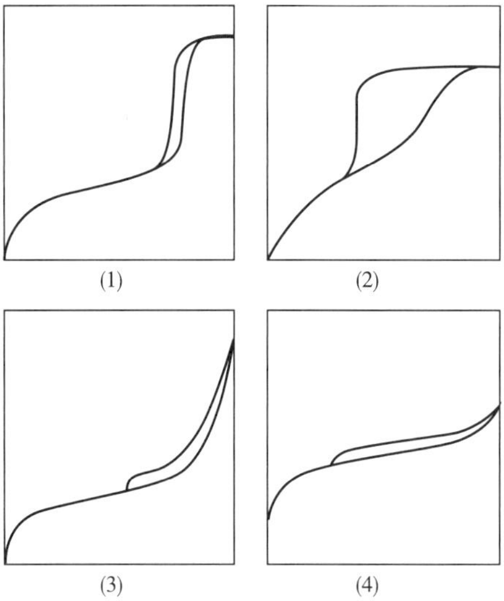

图 1-18　滞后回环的分类

们的组合，编号为 A1 - A48，如 Brunauer - Emmett - Teller （BET）、Strohman - Yoerger（SYE）、Chen-Clayton（CCE）、修正 Chung-Pfost（MCPE）、修正 Henderson（MHE）、修正 Oswin（MOE）以及 Guggenheim-Anderson-deBoer（GAB）和 Jayas 和 Mazza 提出的 3 参数修正 GAB（3-MGAB）。特别重要的方程都是基于水的同质吸附现象。在 20 世纪 80 年代之前，这个领域重要的方程是 BET，它仅在 $ERH \leqslant 50\%$ 范围内接近试验结果，估计的含水率对应于材料内表面的单分子层。从 1980 年起采用 GAB 方程。与 2 个参数的 BET 方程比较，GAB 方程多一个参数，能够近似 $ERH \leqslant 90\%$ 范围的试验测定等温线。

常用的水分等温线拟合方程见表 1-11、表 1-12。国内吴子丹提出的 CAE 方程用于指导中国储粮机械通风，已经写入我国 LS/T 1202—2002《储粮机械通风技术规程》。李兴军和姜平提出多项式平衡水分方程，用于粮食及其加工品安全水分预测。

表 1-11　常用的水分吸附等温线 $M=f(ERH, T)$ 模型

方程名称	缩写	$M=f(ERH, T)$
BET	—	$M=\dfrac{(C_1+C_2T)C_3ERH}{(1-ERH)(1-ERH-C_3ERH)}$ （$ERH<50\%$）
Chen-Clayton	CCE	$M=\dfrac{1}{-C_3(T+273.15)^{C_4}}\ln\left[\dfrac{(T+273.15)^{C_2}\ln(ERH)}{-C_1}\right]$
修正的 Chung-Pfost	MCPE	$M=-\dfrac{1}{C_3}\ln\left[-\dfrac{(T+C_2)\ln(ERH)}{C_1}\right]$
修正的 3-GAB	3-MGAB	$M=\dfrac{C_1C_2\dfrac{C_3}{T}ERH}{(1-C_2ERH)\left(1-C_2ERH+C_2\dfrac{C_3}{T}ERH\right)}$

续表

方程名称	缩写	$M=f(ERH, T)$
修正的 4-GAB	4-MGAB	$M=\frac{ERH}{A_1+B_1ERH}+\frac{ERH}{A_2-B_2ERH}$
修正的 Halsey	MHAE	$M=\left[-\frac{\exp(C_1+C_2T)}{\ln(ERH)}\right]^{1/C_3}$
修正的 Henderson	MHE	$M=\left[-\frac{\ln(1-ERH)}{C_1(C_2+T)}\right]^{1/C_3}$
修正的 Oswin	MOE	$M=\frac{C_1+C_2T}{(1/ERH-1)^{1/C_3}}$
多项式	Poly	$M=C_1ERH^3+C_2ERH^2+C_3ERH+C_4ERH^2T+C_5ERH\cdot T+C_6T+C_7$

注：BET，Brunauer-Emmett-Teller；GAB，Guggenheim-Anderson-deBoer，ERH 是平衡相对湿度，以小数表示；M 是平衡含水率，%；T 是温度，℃；A_1，A_2，B_1，B_2，$C_1 \sim C_7$ 是方程系数。

表 1-12　　常用的水分吸附等温线数学模型

方程名称	缩写	$ERH=f(M, T)$
CAE	CAE	$ERH=\exp\left\{\frac{D}{222}\left[\exp\left(\frac{B_1-M}{A_1}\right)-\exp\left(\frac{B_2-M}{A_2}\right)\right]\left(19.803-\frac{5406.32}{273+T}\right)+\frac{D}{87.72}\left[1-\exp\left(\frac{B_1-M}{A_1}\right)\right]+2.303\right\}$
CCE	CCE	$ERH=\exp\left[-\frac{C_1}{(T+273.15)^{C_2}}\exp[-C_3(T+273.15)^{C_4}M]\right]$
修正 Chung-Pfost	MCPE	$ERH=\exp\left[-\frac{C_1}{T+C_2}\exp(-C_3M)\right]$
修正 3-GAB	3-MGAB	$ERH=\frac{2+\frac{C_3}{T}\left(\frac{C_1}{M}-1\right)-\left\{\left[2+\frac{C_3}{T}\left(\frac{C_1}{M}-1\right)\right]^2-4\left(1-\frac{C_3}{T}\right)\right\}^{0.5}}{2C_2\left(1-\frac{C_3}{T}\right)}$
修正 Halsey	MHAE	$ERH=\exp\left[-\frac{\exp(C_1+C_2T)}{M^{C_3}}\right]$
修正 Henderson	MHE	$ERH=1-\exp[-C_1(T+C_2)M^{C_3}]$
修正 Oswin	MOE	$ERH=\frac{1}{1+\left(\frac{C_1+C_2T}{M}\right)^{C_3}}$
修正 SYE	SYE	$ERH=\exp[C_1\exp(-C_2M)\ln P_s-C_3\exp(-C_4M)]$
Ratti		$\ln(ERH)=C_1\exp(-C_2M)M^{C_3}+C_4\exp(-C_5M)M^{C_6}\ln P_s$

注：ERH 是平衡相对湿度，小数表示；M 是平衡含水率，%；T 是温度，℃；P_s 饱和蒸气压，Pa；C_1、C_2、C_3、C_4、C_5、C_6、A_1、A_2、B_1、B_2 及 D 是方程参数。

粮食食品及饲料的水分吸附等温线一般是S型曲线，但是少数含有较多糖和可溶性小分子的食品吸附等温线呈J型。徐宝才等试验结果表明，四川苦荞籽粒的吸附等温线为典型的S型曲线。国外Mazza等曾报道，几种荞麦的吸附等温线为典型的S型曲线。

四、 常用平衡水分方程的物理数学含义

1. Chung-Pfost方程

通过对谷物吸湿过程中水分蒸发能量的分析，Chung和Pfost（1967）提出方程

$$ERH = \exp\left[\frac{A}{\mathrm{R}T}\exp(-BM)\right]$$

上式中，R为气体常数，温度项T不能代表温度常数A、B的影响。为了扩大此方程的适用性，Pfost等增加了一个新参数C，修正为

$$ERH = \exp\left[-\frac{A}{T+C}\exp(-BM)\right] \tag{1-12}$$

修正Chung-Pfos和修正Henderson方程，被认为是14种农产品的最佳水分吸附等温线方程，被选为ASAE标准。

Chung-Pfost方程被van den Berg和Bruin（1981）编号为A56。其表达为

$$M = -\frac{1}{P_1}\ln\left(-\frac{\ln A_w}{P_2}\right) \tag{1-13}$$

上式中P_1和P_2是方程参数，$P_1>0$，$P_2\geqslant1$。$A_w=0$时此方程有奇点；$A_w=1$时方程有不定式的解。拐点的位置（此方程二级导数为0）独立于方程参数

$$(A_w)_i = 1/e \approx 0.3679$$

$$M(A_{wi}) = \frac{\ln P_2}{P_1}$$

$$\left(\frac{dM}{dA_w}\right)_i = \frac{e}{P_1}$$

温度的作用被包括在参数P_2中，而$P_1=A+BT$。

2. Henderson方程

预测粮食EMC最著名的关系是Henderson（1952）提出的半经验模型。其形式为

$$1-ERH = \exp(-K'TM^n)$$

上式中，K′、n为常数。在特定温度T时，该方程可写成

$$1-ERH = \exp(-KTM^n)$$

Thompson等（1968）为了表示温度对于EMC-ERH关系的影响，对方程又进行了修正，在温度项中增加常数，其形式为

$$1-ERH = \exp[-A(T+C)M^B] \tag{1-14}$$

上式中，A与C表示温度影响的偏移，B表示等温线的形状。

修正Henderson方程被van den Berg和Bruin（1981）编号为A52，表达式为

$$M = \left(-\frac{1}{H_1}\ln(1-A_w)\right)^{1/H_2} \tag{1-15}$$

上式中，$H_1>0$，$H_2\geqslant1$。

式（1-15）的拐点是：

$$(A_w)_i = 1-\exp\left(\frac{1-H_2}{H_2}\right)$$

$$M[(A_w)_i] = \left(\frac{H_2-1}{H_1H_2}\right)^{1/H_2}$$

$$\left(\frac{dM}{dA_w}\right)_i = \frac{1}{H_2H_1}\left(\frac{H_2-1}{H_1H_2}\right)^{(1-H_2)/H_2}\exp\left(\frac{H_2-1}{H_2}\right)$$

温度的作用包括在参数 H_1 中，$H_1=A(T+B)$，A、B 是式（1-14）的参数。

3. Halsey 方程

根据多分子水层的概念，Halsey（1948）推导公式

$$ERH = \exp\left(\frac{A'}{RT}M^{-C}\right)$$

由于 RT 项没法消除 A' 和 C 受温度的影响，该方程被修正为

$$ERH = \exp(-AM^{-C})$$

为了表达温度与 EMC-ERH 的关系，Iglesias 和 Chirite（1976）把 A 表达为温度的指数函数，修正方程为

$$ERH = \exp[-\exp(A+BT)M^{-C}] \tag{1-16}$$

Halsey 方程被 van den Berg 和 Bruin（1981）编号为 A21。Halsey 方程可以表达为

$$M = (-h_1\ln A_w)^{-1/h_2} \tag{1-17}$$

上式中，$h_1>0$，$h_2>0$。水分活度对应单分子层 $M_m=1$，给出

$$(A_w)_m = \exp(-1/h_1)$$

拐点方程是

$$(A_w)_i = \exp[-(1+1/h_2)]$$

$$M(A_{wi}) = \left[h_1\left(1+\frac{1}{h_2}\right)\right]^{-1/h_2}$$

$$\left(\frac{dM}{dA_w}\right)_i = \frac{(1+1/h_2)^{-(h_2+1)/h_2}}{h_1^{1/h_2}h_2}\exp\left(1+\frac{1}{h_2}\right)$$

温度的作用包括在参数 h_1 中，这里 $h_1=\mathrm{R}T/A$ 对应 van den Berg 和 Bruin（1981）分类的 A21 方程。$h_1=\exp(A+BT)$ 针对 Mazza 等（1990）提出的 Halsey 方程中 A 和 B。

4. Oswin 方程

为了描述 EMC-ERH 等温线的曲线图形，Oswn（1986）提出数学方程：

$$M = K\left(\frac{ERH}{1-ERH}\right)^N$$

这个方程没有考虑 K、N 受温度的影响，Chen（1988）进行修正，K 表达为温度的线性函数，N 与温度无关。新 Oswin 方程如下，

$$M = (A + BT)\left(\frac{ERH}{1 - ERH}\right)^{N}$$

或

$$M = \frac{A + BT}{\left(\frac{1}{ERH} - 1\right)^{1/C}}(C = 1/N) \tag{1-18}$$

Oswin 方程被 van den Berg 和 Bruin（1981）编号为 A69，Oswin 方程是

$$M = O_1\left(\frac{A_w}{1 - A_w}\right)^{O_2} \tag{1-19}$$

式中，$O_1>0$，$0<O_2\leq1$，式（1-19）的拐点是：

$$(A_w)_i = \frac{1 - O_2}{2}$$

$$M[(A_w)_i] = O_1\left(\frac{1 - O_2}{1 + O_2}\right)^{O_2}$$

$$\left(\frac{dM}{dA_w}\right)_i = \frac{4O_1O_2}{(1 + O_2)^2}\left(\frac{1 - O_2}{1 + O_2}\right)^{O_2-1}$$

温度对于等温线的影响不清楚。

5. GAB 方程及等温线

根据 Langmuir 和 BET 吸附理论，1946—1953 年提出 GAB 标准表达式为

$$M = \frac{M_mCKA_w}{(1 - KA_w)(1 - KA_w + CKA_w)} = \frac{M_m(C - 1)KA_w}{1 - KA_w + CKA_w} + \frac{M_mKA_w}{1 - KA_w} \tag{1-20}$$

式中，K 及 C 是模型参数，M 是水分含量，A_w 是水分活度，M_m 对应材料内表面形成单分子水层时的水分含量。

与 2 个参数的 BET 方程比较，GAB 方程多一个参数，能够近似描述 0.9 以下水分活度的试验等温线。GAB 方程从 20 世纪 80 年代被广泛使用。

式（1-20）可以分成 2 个项，第 1 项描述 Langmuir 吸附等温线中经典的单分子水层，第 2 项对应 Raoult 法则描述多层水分子吸附。参数 K 和 C 按照 Arrhenius 类型方程表达为：

$$K = k\exp\left(\frac{H_1 - H_n}{RT}\right) \tag{1-20a}$$

$$C = c_1\exp\left(\frac{H_m - H_n}{RT}\right) \tag{1-20b}$$

式中，k 和 c_1 是熵特征的参数；H_m、H_n、H_1 分别是单分子层、覆盖单分子层的多分子层、大量液态水的摩尔吸附焓；R 和 T 分别是气体常数和绝对温度。

式（1-20）可重写为一个参数形态：

$$M_r = \frac{1}{1 - X} - \frac{1}{1 - (1 - C)X} \tag{1-21}$$

式中，$M_r = M/M_m$ 和 $X = KA_w$。

这个方程从纯数学描述的兴趣点有：① $X = 0$；② $M_r = 1$ 针对单分子层水；③ $X = K$

($A_w = 1$)；④在拐点 $M_r - X$；⑤奇点。

在这些兴趣的点中等温线的特征属性对参数 K 和 C 有限制值。这里假定 M_m 是正数。

由式（1-21）求一阶、二阶、三阶导数，

$$\frac{d(M_r)}{dX} = \frac{1}{(1-X)^2} - \frac{1-C}{[1-(1-C)X]^2} \tag{1-21A1}$$

$$\frac{d^2(M_r)}{dX^2} = \frac{2}{(1-X)^3} - \frac{2(1-C)^2}{[1-(1-C)X]^3} \tag{1-21A2}$$

$$\frac{d^3(M_r)}{dX^3} = \frac{6}{(1-X)^4} - \frac{6(1-C)^3}{[1-(1-C)X]^4} \tag{1-21A3}$$

Blahovee 在 2004 年对 GAB 方程及曲线的兴趣点、拐点及奇点分析如下。

（1）基于三个兴趣点的参数界限值

① $X = 0$，式（1-21）变成 $M_r = 0$。

吸着等温线的 S 型形状对应条件 $dM_r/dA_w = K\,dM_r/dX \geqslant 0$，

插入 $X = 0$ 到式（1-21A1），则 $dM_r/dX = C$，即 $KC \geqslant 0$。这意味着参数 K 和 C 具有同样的表征。

② $M_r = 1$ 针对单分子层水，形成二次方程，

$$X_m^2(1-C) - 2X_m + 1 = 0$$

式中 X_m 是单分子层状态下变量 X 的值。$0<X<1$，$C \geqslant 0$ 时这个方程的解为

$$X_m = \frac{1}{1+\sqrt{C}} \tag{1-22}$$

与①结合，参数 C 和 K 均是非负数的。

③当 $A_w = 1$，$X = K$ 插入式（1-21），重排得到，

$$M_r = \frac{KC}{(1-K)[1-K(1-C)]} \tag{1-23}$$

由于 M_r 比零大，这个方程显示参数 K 和 C 均高于0，还需要 $(1-K)[1-K(1-C)] > 0$。这个不等式有两个解，

$$\text{当 } 0<K<1 \text{ 时，} C > (K-1)/K\text{，即 } C>0 \tag{1-23a}$$

$$\text{当 } K>1 \text{ 时，} 0 < C < (K-1)/K \tag{1-23b}$$

参数 C 和 K 的界限值如图 1-19 所示。

（2）GAB 等温线的拐点　以 M_r-X 曲线的二阶导数为零点，给出 GAB 等温线的拐点。从式（1-21A2）获得，

令
$$\frac{d^2(M_r)}{dX^2} = \frac{2}{(1-X)^3} - \frac{2(1-C)^2}{[1-(1-C)X]^3} = 0$$

则
$$X_i^3 + \frac{3X_i}{C-1} - \frac{C-2}{(C-1)^2} = 0 \tag{1-24}$$

当 $C \geqslant 2$ 时，式（1-24）的正数解为

$$X_i = \frac{Z-1}{Z^2} \tag{1-24a}$$

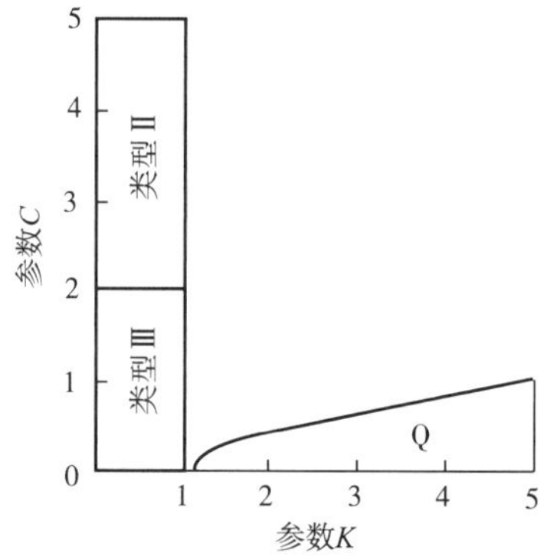

图 1-19 GAB 方程的参数 *K* 和 *C* 的界限值

注：图中标示了 Brunauer 分类的等温线类型Ⅱ和Ⅲ，Q 区域是吸附等温线没有合理的解；坐标轴截取 $C=K=5$；引自 Blahovee（2004）.

式中，$Z=\sqrt[3]{C-1}$，$M_{r,i}$ 拐点对应的相对含水率，把式（1-24a）的 X_i 代入式（1-21），则

$$M_{r,i}=\frac{Z^2-1}{A} \tag{1-24b}$$

式中 $A=Z^2-Z+1$

在拐点处求修正 GAB 方程的导数。对式（1-24）插入 $X=X_i$ 后，对式（1-21A1）、式（1-21A2）、式（1-21A3）求导数，

$$\left(\frac{\mathrm{d}(M_r)}{\mathrm{d}X}\right)_i=\frac{Z^3(1+Z)}{A^2} \tag{1-21B1}$$

$$\left(\frac{\mathrm{d}^2(M_r)}{\mathrm{d}X^2}\right)_i=0 \tag{1-21B2}$$

$$\left(\frac{\mathrm{d}^3(M_r)}{\mathrm{d}X^3}\right)_i=\frac{6Z^8(1+Z)}{A^4} \tag{1-21B3}$$

$$\frac{\left(\frac{\mathrm{d}^3(M_r)}{\mathrm{d}X^3}\right)_i}{\left(\frac{\mathrm{d}(M_r)}{\mathrm{d}X}\right)_i}=\frac{6Z^5}{A^2} \tag{1-21B4}$$

对式（1-21）得出重要的结论：GAB 方程是 Brunauer 类型Ⅱ等温线的条件是 $C\geqslant2$，$0<K\leqslant1$，见图 1-19。

对式（1-24a）进行极值分析得到 X_i 的极大值，$C(X_{i,max})=9$，对应的 $M_{r,i}(X_{i,max})=1$。从式（1-22）得出的 $X_{i,max}$，这个值对应单分子水层。

对式（1-24b）极值分析给出

$$C_{i,max}=(2+\sqrt{3})^3+1=52.98\text{，对应于 }X=\frac{1+\sqrt{3}}{(2+\sqrt{3})^3}=0.1962$$

$$M_{r,i,max}=\frac{6+4\sqrt{3}}{6+3\sqrt{3}}=1.155$$

对生物材料，当 X_i 为 0.2~0.25，$M_{r,i}$ 为 0.7~1.15，大多数参数 C 的最适合值是 4~40。这是由于一阶导数接近它的最大值，或者一阶导数随着 C 增加而减少的区域（图 1-20）。三阶导数对参数 C 再作图，三阶导数曲线越高，拐点越局部化，换句话讲，这个曲线向它的相邻区域更加容易弯曲。比较分析三阶与一阶导数的比率，这种行为更直观。三阶导数随参数 C 的增加而增加，这个增加集中在 C 值区域，表明 GAB 合适地描述了生物材料的吸附等温线。

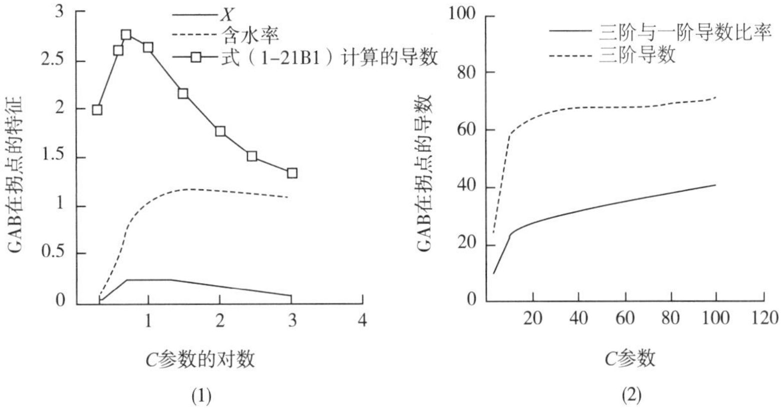

图 1-20　GAB 在拐点处的特征

注：（1）X 对应式（1-24a）的 X_i，含水率对应式（1-24b）的 $M_{r,i}$，导数对应式（1-21B1）；

（2）三阶导数对应式（1-21B3），三阶与一阶导数比率对应式（1-21B4）；

（3）按照 Blahovec（2004）方法计算。

（3）GAB 方程的奇点　当 $0<K<1$ 时，式（1-21）不出现奇点。式（1-21）出现奇点的条件是 $K \leq 1$，而 $K>1$ 则不满足。对式（1-21），当 $K=0.8$ 时，$C=10$ 表示类型Ⅱ等温线，$C=0.5$ 表示类型Ⅲ等温线，而 $C=2$ 是类型Ⅱ和Ⅲ等温线的边界（图 1-21）。

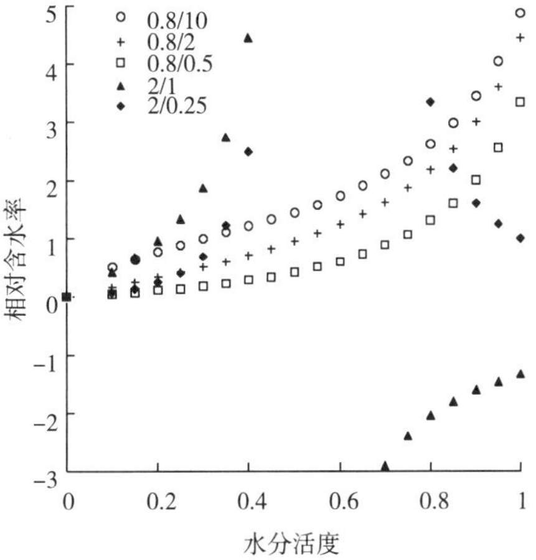

图 1-21　式（1-21）中参数 K 与 C 组合的曲线

注：K 分别取值 0.8，2，对应 C 分别取值 10，2，0.5，1，0.25。相对含水率是 $M_r = M/M_m$。

当 $K=2$ 时，式（1-21）等温线是无限的（$C=0.25$），在 $A_w=0.5$ 是无限远的点；在 $A_w=0.5$ 也是不连续的（$C=1$）。要排除无限点或者不连续性，必须限制参数 K，满足 $K\leqslant 1$。当 $K=1$ 时，在 $X=1$ 观察到无限值，即 X 分析范围的边界。

（4）GAB 方程的温度依赖性

$$dK = -k \cdot \exp\left(\frac{H_1 - H_n}{RT}\right)\frac{H_1 - H_n}{RT^2}dT = -K\frac{H_1 - H_n}{RT^2}dT \tag{1-25a}$$

$$dC = -c \cdot \exp\left(\frac{H_m - H_n}{RT}\right)\frac{H_m - H_n}{RT^2}dT = -C\frac{H_m - H_n}{RT^2}dT \tag{1-25b}$$

对较小的温度变化，我们可以忽略式（1-25a）和式（1-25b）中参数 c 和 k 的温度依赖性，而争论指数函数中 C 和 K 的温度依赖性。在第一种情况，H_1 小于 H_n，意味着 K 随温度的增加而增加。在第二种情况，H_m 高于 H_n，意味着 C 随温度的增加而减少。而且二者的变化与参数值成比例，它们的值越高，温度的变化就越大。这些变化也是温度依赖的，基础温度越高，温度依赖的变化就越小。$H_m - H_n$ 的差异大于 $H_1 - H_n$ 的差异，因此对同样温度变化，K 增加的幅度比 C 降低的幅度小，这意味着温度变化引起吸附等温线的可能变化，导致参数 C 显著的变化，而参数 K 变化很少。由于温度增加引起参数 C 和 K 的变化，反映了吸附等温线从 Brunauer 类型Ⅱ向类型Ⅲ的转变。

（5）GAB 方程与其他常用平衡水分方程比较　GAB 方程适合拟合生物来源的产品等温线，属于类型Ⅱ等温线。对于咖啡提取物、葡萄糖凝胶、苹果干和草莓干，GAB 方程的参数 K 稍微高于 1。对蔬菜干，K 是 1.4，这种偏差的来源在于在窄 A_w 范围测定吸附等温线，但是模型的不连续性没有观察到。农产品 GAB 方程的参数 K 大于 1，指示 GAB 方程拟合该农产品等温线的偏差。没有拐点的 GAB 等温线属于 Brunauer 类型Ⅲ等温线，如干果 GAB 等温线，这种情况下，选择其他平衡水分方程进行拟合。这表明了更复杂的水分吸附行为，除了表面吸附参与，还有其他过程参与。Ngoddy 和 Bakker-Arkema（1972）合并潜在的吸附与毛细管吸附，获得的参数化的理论吸附等温线在形状上是可变的，与参数值有关。GAB 等温线是相对刚性的，尤其是对拐点。

比较 GAB 方程与其他 4 个平衡水分方程 Chung-Pfost、Halsey、Henderson、Oswin 方程，它们之间有差异性。首先，Chang-Pfost 方程比 GAB 方程更加具有刚性，它有严格定位的拐点，具有恒定的一阶导数。其他 3 个方程比 GAB 方程更加具有灵活性，尽管它们曲线的形状很相似（具有类似的 C 参数）。但是拐点特征相关于它们不同的方程参数，拐点定位有差异。由于 K 小，拐点处的水分活度对 GAB 模型通常是 0.25~0.35，对 Henderson 方程水分活度高于 0.6；对 Oswin 方程是 0.45，对 Halsey 方程是 0.3。

拐点处的含水率取决于类参数 C，除 Chang-Pfost 方程外，对所分析的其他四个模型是类似的。Henderson 和 Oswin 方程在拐点处的含水率非常类似，它们的一阶导数也是类似的。GAB 模型的一阶导数不同于其他模型（图 1-22）。

总之，GAB 方程的参数 K 和 C 限定在：对 Brunauer 类型Ⅱ等温线，$0<K\leqslant 1$、$C>2$；对 Brunauer 类型Ⅲ等温线，$0<K\leqslant 1$、$0\leqslant C\leqslant 2$。随着温度增加，K 增加，C 减少。参数

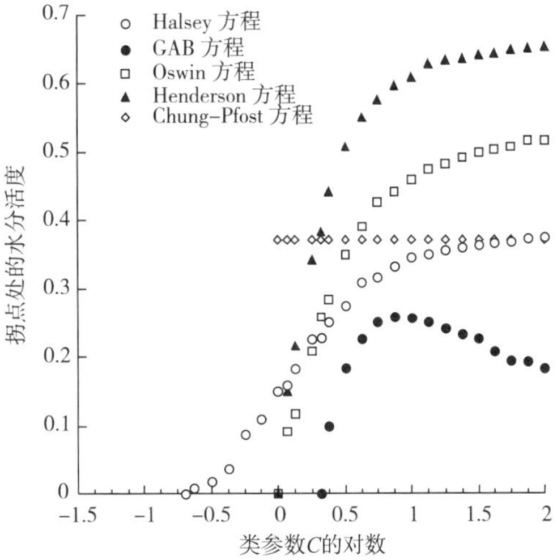

图 1-22 不同等温线方程在拐点处的水分活度

注：类参数 C 指 GAB 方程［式（1-24a）］的 C；Chung-Pfost 方程的 P_2［式（1-13）］；Halsey 方程的 h_2［式（1-15）］；Henderson 方程的 H_2［式（1-17）］；Oswin 方程的 $1/O_2$［式（1-19）］。

K、C 的变化与参数绝对值成比例。与 C 的巨大差异比较，拐点［$(A_w)_i$］处水分活度变化很小。这些值有利于选用模型方程拟合试验数据。对模型参数的限定能够减少适合解的空间。除了 GAB 方程，可采用其他数学模型的固有特性合理地从理论上分析复杂情况中的吸附现象，其中存在的一些吸附方式不是表面吸附。

五、 4-MGAB 与等温线类型

1. 4-MGAB 的提出

由于 GAB 具有的热力学理论意义以及它对于多种农产品物料的拟合度好，GAB 方程被西欧的食品工程研究人员广泛采纳。

Jayas 和 Mazza（1993）引入油料粮堆温度 T 到标准 GAB 方程，将式（1-20）修正为 3-参数的 GAB 方程（3-MGAB），

$$M = \frac{C_1 C_2 (C_3/T) A_w}{(1 - C_2 A_w)(1 - C_2 A_w + C_2 (C_3/T) A_w)} \tag{1-26}$$

与式（1-20）相比，在式（1-26）中，$C_1 = M_m$，$C_2 = K$，$C_3 = T'C$，T'是粮食相对温度，℃。

Blahovec 和 Yanniotis（2009）将式（1-20）修正为 4-参数的 GAB（4-MGAB）。式（1-20）的表达式转换成 2 项，即式（1-27）：

$$M = \frac{M_m (C - 1) K A_w}{(1 - K A_w + C K A_w)} + \frac{M_m K A_w}{(1 - K A_w)} \tag{1-27}$$

令

$a_1=\dfrac{1}{M_m(C-1)K}$，$a_2=\dfrac{1}{M_mK}$，$b=\dfrac{1}{M_m}$，式（1-27）可写为

$$M=\frac{A_w}{a_1+bA_w}+\frac{A_w}{a_2-bA_w} \tag{1-28}$$

Langmuir 等温线是单层水覆盖吸附模型，其表达式是

$$M_L=\frac{M_mC_LA_w}{1+C_LA_w} \tag{1-29}$$

式中 A_w——水分活度；

C_L——与第 1 层吸着有关的动力常数；

M_L——基于不可溶干物质的含水率，%（干基）。

令 $a_1=\dfrac{1}{C_LM_m}$，$b_1=\dfrac{1}{M_m}$，式（1-29）可以写为

$$M_L=\frac{A_w}{a_1+b_1A_w} \tag{1-30}$$

考虑理想或稀释溶液的偏差，引入 Raoult's 法则的活度系数，实际溶液的水分活度则是

$$A_w=\gamma X_w=\gamma\frac{M_{SR}}{M_{SR}+n_s} \tag{1-31}$$

式中 γ——平均水分活度系数；

M_{SR}——溶液含水率，%（干基），$M_S=18.2\times M_{SR}$；

n_s——溶液中吸附溶质的摩尔数。

令 $a_2=\dfrac{\gamma}{18.02\times n_s}$，$b_1=\dfrac{1}{18.02\times n_s}$，则式（1-31）可以写为

$$M_S=\frac{A_w}{a_2-b_2A_w} \tag{1-32}$$

假设粮食籽粒中的水分以定位的单分子层吸附在物料内表面，并稀释糖、蛋白质、盐离子溶液中的部分固体物质，则含水率表达为式（1-30）和式（1-32）的相加

$$M=M_L+M_S=\frac{A_w}{a_1+b_1A_w}+\frac{A_w}{a_2-b_2A_w} \tag{1-33}$$

式（1-33）中 M_L 描述 Langmuir 吸附等温线中典型的单分子层水；M_S 描述对应 Raoult 法则多分子层吸附水。当 $b_1=b_2=b$ 时，式（1-33）就是式（1-28）。式（1-33）可以进一步表达为

$$\frac{A_w}{M}=\frac{a_1a_2+(b_1a_2-a_1b_2)A_w-b_1b_2A_w^2}{(a_1+a_2)+(b_1-b_2)A_w} \tag{1-34}$$

令 $A=a_1a_2$，$B=b_1a_2-a_1b_2$，$C_1=b_1b_2$，$D=a_1+a_2$，$E=b_1-b_2$，则式（1-34）为

$$\frac{A_w}{M}=\frac{A+BA_w-C_1A_w^2}{D+EA_w} \tag{1-35}$$

根据等比数列求和，式（1-35）则是

$$\frac{A_{\mathrm{w}}}{M}=\frac{A}{D}+\frac{A_{\mathrm{w}}}{D}\left(B-\frac{AE}{D}\right)+\frac{A_{\mathrm{w}}^{2}}{D}\left(C_{1}+\frac{EB}{D}-\frac{AE^{2}}{D^{2}}\right)\left\{-\left[\sum_{n=0}^{\infty}\left(-\frac{EA_{\mathrm{w}}}{D}\right)^{n}\right]\right\} \quad (1-36)$$

当 $\left|\frac{EA_{\mathrm{w}}}{D}\right|<1$ 时，$\lim\limits_{n\to\infty}\left(\frac{EA_{\mathrm{w}}}{D}\right)^{n}=0$，则 $\sum\limits_{n=0}^{\infty}\left(-\frac{EA_{\mathrm{w}}}{D}\right)^{n}=\lim\limits_{n\to\infty}\frac{1-\left(-\frac{EA_{\mathrm{w}}}{D}\right)^{n}}{1-\left(-\frac{EA_{\mathrm{w}}}{D}\right)}=\frac{1}{1+\frac{EA_{\mathrm{w}}}{D}}$

所以，

$$\frac{A_{\mathrm{w}}}{M}=\frac{A}{D}+\frac{A_{\mathrm{w}}}{D}\left(B-\frac{AE}{D}\right)-\frac{A_{\mathrm{w}}^{2}}{D}\left(C_{1}+\frac{EB}{D}-\frac{AE^{2}}{D^{2}}\right)\frac{1}{1+\frac{EA_{\mathrm{w}}}{D}} \quad (1-37)$$

若 $E=0$，即 $b_1=b_2$，则

$$\frac{A_{\mathrm{w}}}{M}=\frac{A}{D}+\frac{BA_{\mathrm{w}}}{D}-\frac{C_{1}A_{\mathrm{w}}^{2}}{D} \quad (1-38)$$

令

$$X_{1}=\frac{A}{D}=\frac{a_{1}a_{2}}{a_{1}+a_{2}},\ X_{2}=\frac{B}{D}=\frac{b_{1}a_{2}-b_{2}a_{1}}{a_{1}+a_{2}},\ X_{3}=\frac{C_{1}}{D}=\frac{b_{1}b_{2}}{a_{1}+a_{2}},\ X_{4}=\frac{E}{D}=\frac{b_{1}-b_{2}}{a_{1}+a_{2}}$$

则

$$\frac{A_{\mathrm{w}}}{M}=X_{1}+(X_{2}-X_{1}X_{4})A_{\mathrm{w}}-(X_{3}+X_{2}X_{4}-X_{1}X_{4}^{2})\frac{A_{\mathrm{w}}^{2}}{1+X_{4}A_{\mathrm{w}}} \quad (1-39)$$

令 $X'_{2}=X_{2}-X_{1}X_{4}$，$X'_{3}=X_{3}+X_{2}X_{4}-X_{1}X_{4}^{2}=X_{3}+X_{4}X'_{2}$

则

$$\frac{A_{\mathrm{w}}}{M}=X_{1}+X'_{2}A_{\mathrm{w}}-X'_{3}\frac{A_{\mathrm{w}}^{2}}{1+X_{4}A_{\mathrm{w}}} \quad (1-40)$$

当水分活度为零时，此时 $\frac{A_{\mathrm{w}}}{M}=\frac{A}{D}=\frac{a_{1}a_{2}}{a_{1}+a_{2}}$，对式（1-37）求导数，

$$\frac{\mathrm{d}\left(\frac{A_{\mathrm{w}}}{M}\right)}{\mathrm{d}A_{\mathrm{w}}}=\frac{B}{D}-\frac{AE}{D^{2}}-\frac{2A_{\mathrm{w}}}{D}\left(C_{1}+\frac{EB}{D}-\frac{AE^{2}}{D^{2}}\right)\frac{1}{1+\frac{EA_{\mathrm{w}}}{D}}-\frac{EA_{\mathrm{w}}^{2}\left(C_{1}+\frac{EB}{D}-\frac{AE^{2}}{D^{2}}\right)}{D^{2}\left(1+\frac{EA_{\mathrm{w}}}{D}\right)^{2}} \quad (1-41)$$

在同样的点的一阶导数满足

$$\left[\frac{\mathrm{d}\left(\frac{A_{\mathrm{w}}}{M}\right)}{\mathrm{d}A_{\mathrm{w}}}\right]_{A_{\mathrm{w}}=0}=\frac{B}{D}-\frac{AE}{D^{2}}=\frac{a_{2}^{2}b_{1}-a_{1}^{2}b_{2}}{(a_{1}+a_{2})^{2}}=X'_{2}=D_{10} \quad (1-42)$$

如果 $a_2^2b_1>a_1^2b_2$，或 $X_2>X_1X_4$，则函数 A_{w}/M 是递增的，D_{10} 是正数，反之函数是递减的。当 $b_1=b_2$，如果 $a_2>a_1$，则在水分活度为零的函数 A_{w}/M 是递增的，反之函数是递减的。对式（1-41），

$$\frac{\mathrm{d}\left(\frac{A_{\mathrm{w}}}{M}\right)}{\mathrm{d}A_{\mathrm{w}}}=\frac{X'_{2}-2X_{3}A_{\mathrm{w}}-X_{3}X_{4}A_{\mathrm{w}}^{2}}{(1+X_{4}A_{\mathrm{w}})^{2}} \quad (1-43)$$

若 $E=0$，即 $b_1=b_2=b$，

$$\frac{\mathrm{d}\left(\frac{A_w}{M}\right)}{\mathrm{d}A_w}=X'_2-2X_3A_w=\frac{b}{a_1+a_2}(a_2-a_1-2bA_w) \tag{1-43a}$$

对水分活度 $(A_w)_m$ 在范围（0，1），如果式（1-43a）等于0，曲线 $A_w/M-A_w$ 在 $(A_w)_m$ 具有转变点，当 $0<a_2-a_1<2b$ 时，则

$$(A_w)_m=\frac{a_2-a_1}{2b}=\frac{B}{2C_1} \tag{1-44}$$

若通常情况下 $E\neq 0$，即 $b_1\neq b_2$，令 $\frac{\mathrm{d}\left(\frac{A_w}{M}\right)}{\mathrm{d}A_w}=\frac{X'_2-2X_3A_w-X_3X_4A_w^2}{(1+X_4A_w)^2}=0$

$(A_w)_m^2+\frac{2}{X_4}(A_w)_m-\frac{X'_2}{X_3X_4}=0$ 则

$$(A_w)_m=-\frac{1}{X_4}\left(1\pm\sqrt{1\pm\frac{X_4D_{10}}{X_3}}\right) \tag{1-45}$$

在根号中，$X_4<0$ 时取负号，$X_4>0$ 时取正号。

当 $A_w=1$ 时，由式（1-43）得出

$$\left[\frac{\mathrm{d}\left(\frac{A_w}{M}\right)}{\mathrm{d}A_w}\right]_{A_w=1}=\frac{X'_2-2X_3-X_3X_4}{(1+X_4)^2} \tag{1-45a}$$

$$R_{fi}=\left[\frac{X'_2-2X_3-X_3X_4}{(1+X_4)^2}\right]/X'_2=\frac{1-X_3\left(\frac{2+X_4}{X'_2}\right)}{(1+X_4)^2} \tag{1-46}$$

式中 R_{fi} 是函数 $A_w/M-A_w$ 的一阶导数在 $A_w=1$ 和 $A_w=0$ 时的比率。对溶液类似的水分吸附等温线，$R_{fi}>1$，表明等温线的曲度是增加的；对 Langmuir 类似等温线，$0<R_{fi}<1$。R_{fi} 偏离 1，指示等温线的曲度；R_{fi} 偏离 0，而且小于 0，指示 GAB 类似等温线的偏离度。

2. 水分吸附等温线类型判定

式（1-42）、式（1-45）、式（1-46）用来计算吸着等温线的类型判断指标，如表 1-13所示。

表 1-13　物料不同类型吸着等温线的基本特征

吸着等温线类型	D_{10}	R_{fi}	$(A_w)_m$	X_4
Langmuir 类似等温线（Ⅰ）	>0	>0	—	$<X_2/X_1$
Sigmoid 等温线（Ⅱ）				
接近 Langmuir 类似（Ⅱa）	>0	<0	[0，1]	<0
接近溶液类似（Ⅱb）	>0	<0	[0，1]	>0
溶液类似等温线（Ⅲ）	<0	>0	—	$>X_2/X_1$

注：引自 Blahovec 和 Yanniotis（2009）。

第五节
广义 GAB 方程与水分吸着光谱

一、提出广义 GAB 方程的理由

水分活度（A_w）是影响食品原料的微生物和化学稳定性的一个重要参数。在湿食品中，它的变化范围是 0.7～1.0。恒定温度下，材料的含水率与水分活度之间的依赖关系，决定了它的水分吸附等温线。吸附等温线的用途是；预测食品的货架期，选择储藏条件、合适包装材料，设计干燥设备及选择干燥操作模型，计算热力学函数如焓、熵。

试验测定食品水分吸附等温线是耗时间的，要等到材料与水蒸气之间达到平衡。这种试验较难，经常在高水分活度产生不准确的测定结果，此时质量转递驱动力的极小变化可导致含水率较大的变化。水分吸附等温线后一段末端不准确的测定结果，是由于样品需要较长时间达到平衡，样品易霉变。

许多理论的、经验及半经验方程用于描述水分吸附等温线。这些数学方程式通常在一定的 A_w 范围内准确地描述了吸附数据，但是不适合整个水分活度范围内（0~1.0）的试验数据。在 A_w 0.82~0.96 范围，粮食及其加工品 3~6d 就可以看到霉菌孢子，这些局限导致有时候需要推断试验平衡含水率测定的结果。2 个参数的 BET 模型仅适合水分活度低于 0.5，而 3 个参数的 GAB 方程不能描述水分活度高于 0.9 的吸着等温线。Viollaz 和 Rovedo 在 1999 年利用修正的 GAB 方程中第 4 个参数，关联淀粉和面筋蛋白的水分吸附数据到水分活度 0.9 以上。因此，探讨新的 GAB 方程拟合水分活度 0.9 以上粮食和食品水分吸附数据成为兴趣点。

为了容易计算 GAB 方程参数 M_m、K 及 C，Schär and Rüegg（1985）令

$$a = 1/(M_m CK)$$

$$b = (C-2)/(M_m C)$$

$$c = K(1-C)/(M_m C)$$

可以把式（1-20）转化为式（1-47），通过试验测试数据回归分析 $A_w/M - A_w$ 曲线，计算参数 a、b、c。

$$A_w/M = a + bA_w + cA_w^2 \tag{1-47}$$

式（1-47）的解 K 满足，

$$aK^2 + bK + c = 0 \tag{1-47a}$$

$$\text{那么 } C = C_0 = (b/aK) + 2 \tag{1-47b}$$

$$M_m = 1/(b + 2Ka) \tag{1-47c}$$

GAB 方程的刚性引起一些水分吸附数据拟合的问题，尤其是对富集了不同生化成分

的农产品。为了克服GAB方程的这个缺点，提出修正GAB方程。Timmermann和Chirife（1991）利用淀粉试验数据，将标准GAB方程的参数增加1个，拟合A_w范围0.525~0.875内平衡水分数据（吸着第3阶段），获得满意的结果。

下面对GAB方程的式（1-47），改变C的刚性值为A_w的多项式函数，目标是提出的修正GAB模型能够适合整个A_w的范围，尤其是对食品稳定性很重要的水分活度0.9~1.0范围。水分吸着模型中采用3个以上参数更加灵活，适合度好，但是需要更多的试验数据测定点和更多的计算工作。

二、 广义GAB表达式

将GAB方程，式（1-47）转化为

$$\frac{A_w}{M}=\frac{1}{KM_mC}+\frac{C-2}{M_mC}A_w+\frac{K(1-C)}{M_mC}A_w^2=a+b\cdot A_w+C\cdot A_w^2 \quad (1-48)$$

在式（1-48）中，系数$a=1/(M_mCK)$总是正的；系数$b=(C-2)/(M_mC)$对Brunauer类型Ⅱ等温线也是正的（$C>2$）；对Brunauer类型Ⅲ等温线却是负的。$c=K(1-C)/(M_mC)$对Brunauer类型Ⅱ等温线或部分类型Ⅲ等温线（$C>1$）情况是负的；仅对类型Ⅲ等温线（$C<1$）情况，系数C是正的。在$C=1$的特殊情况，式（1-48）右边的二次多项式简化为线性函数，成为特殊形态的GAB方程，

$$M=M_m/\left(\frac{1}{KA_w}-1\right) \quad (1-48a)$$

Blahovee和Yaniotis在2008年提出的广义GAB方程假定参数C不是常数，而是水分活度A_w的函数，C表示为多项式

$$\frac{1}{C}=\frac{1}{C_0}(1+x_1A_w+x_2A_w^2+\cdots) \quad (1-49)$$

式中x_1、x_2、…是式（1-49）多项式的参数。将式（1-49）代入式（1-48）后，式（1-48）的解是广义的GAB方程。

在情况（1），令所有参数x_1、x_2、…等于0，则参数$C=C_0$，式（1-48）则是标准GAB方程表达式。

在情况（2），$x_1\neq 0$，$x_2=x_3=\cdots=0$，则式（1-49）代入式（1-48）后

$$\frac{A_w}{M}=a'+b'A_w+c'A_w^2+d'A_w^3 \quad (1-50)$$

在式（1-50）中

$$a'=\frac{1}{M_mKC_0}$$

$$b'=\frac{1}{M_m}\left(\frac{x_1}{KC_0}-\frac{2}{C_0}+1\right)$$

$$c'=\frac{1}{M_m}\left(\frac{K}{C_0}-\frac{2x_1}{C_0}-K\right)$$

$$d' = \frac{Kx_1}{M_m C_0}$$

广义的 GAB 方程［式（1-50）］右端的多项式，比标准 GAB 方程［式（1-48）］的二阶多项式多了一项。三次一元方程［式（1-50）］的解 K 满足

$$a'K^3 + b'K^2 + c'K + d' = 0 \tag{1-50a}$$

那么

$$C_0 = \frac{b'}{Ka'} + 2 - \frac{d'}{K^3 a'} \tag{1-50b}$$

$$M_m = \frac{1}{b' + 2a'K - d'/K^2} \tag{1-50c}$$

$$x_1 = \frac{d'}{K^2 a'} \tag{1-50d}$$

在情况（3），$x_1 \neq 0$，$x_2 \neq 0$，$x_3 = x_4 = \cdots = 0$，则式（1-49）代入式（1-48）后

$$\frac{A_w}{M} = a'' + b''A_w + c''A_w^2 + d''A_w^3 + e''A_w^4 \tag{1-51}$$

其中 $a'' = \dfrac{1}{M_m K C_0}$，$b'' = \dfrac{1}{M_m}\left(\dfrac{x_1}{KC_0} - \dfrac{2}{C_0} + 1\right)$，$c'' = \dfrac{1}{M_m}\left(\dfrac{K}{C_0} - \dfrac{2x_1}{C_0} - \dfrac{x_2}{KC_0} - K\right)$，$d'' = \dfrac{1}{M_m C_0}(Kx_1 - 2x_2)$，$e'' = \dfrac{Kx_2}{M_m C_0}$

四次方程式（1-51）的解 K，

$$a''K^4 + b''K^3 + c''K^2 + d''K + e'' = 0 \tag{1-51a}$$

那么

$$C_0 = \frac{b''}{Ka''} + 2 - \frac{1}{K^3 a''}\left(d'' + \frac{2e''}{K}\right) \tag{1-51b}$$

$$M_m = \frac{1}{b'' + 2a''K - d''/K^2 - 2e''/K^3} \tag{1-51c}$$

$$x_1 = \frac{1}{K^2 a''}\left(d'' + \frac{2e''}{K}\right) \tag{1-51d}$$

$$x_2 = \frac{e''}{K^2 a''} \tag{1-51e}$$

在情况（4），式（1-49）中 $1/C$ 更高阶数的多项式总结为表 1-14。

表 1-14　不同多项式阶数的 GAB 方程参数

	二阶（GAB）	三阶	四阶
方程	$\frac{A_w}{M} = a + bA_w + cA_w^2$	$\frac{A_w}{M} = a + bA_w + cA_w^2 + dA_w^3$	$\frac{A_w}{M} = a + bA_w + cA_w^2 + dA_w^3 + eA_w^4$
K	$aK^2 + bK + c = 0$	$aK^3 + bK^2 + cK + d = 0$	$aK^4 + bK^3 + cK^2 + dK + e = 0$
C	$C_0 = \frac{1}{aKM_m}$	$C_0 = \frac{1}{aKM_m}$	$C_0 = \frac{1}{aKM_m}$

续表

	二阶（GAB）	三阶	四阶
M_m	$M_m = \dfrac{1}{b + 2Ka}$	$M_m = \dfrac{1}{b + 2Ka - x_1 a}$	$M_m = \dfrac{1}{b + 2Ka - x_1 a}$
x_1	0	$x_1 = \dfrac{d}{K^2 a}$	$x_1 = \dfrac{d}{K^2 a} + \dfrac{2x_2}{K}$
x_2	0	0	$x_1 = \dfrac{e}{K^2 a}$

	五阶	六阶
方程	$\dfrac{A_w}{M} = a + bA_w + cA_w^2 + dA_w^3 + eA_w^4 + fA_w^5$	$\dfrac{A_w}{M} = a + bA_w + cA_w^2 + dA_w^3 + eA_w^4 + fA_w^5 + gA_w^6$
K	$aK^5 + bK^4 + cK^3 + dK^2 + eK + f = 0$	$aK^6 + bK^5 + cK^4 + dK^3 + eK^2 + fK + g = 0$
C	$C_0 = \dfrac{1}{aKM_m}$	$C_0 = \dfrac{1}{aKM_m}$
M_m	$M_m = \dfrac{1}{b + 2Ka - x_1 a}$	$M_m = \dfrac{1}{b + 2Ka - x_1 a}$
x_1	$x_1 = \dfrac{d}{K^2 a} + \dfrac{2x_2}{K} - \dfrac{x_3}{K^2}$	$x_1 = \dfrac{d}{K^2 a} + \dfrac{2x_2}{K} - \dfrac{x_3}{K^2}$
x_2	$x_2 = \dfrac{e}{K^2 a} + \dfrac{2x_3}{K}$	$x_2 = \dfrac{e}{K^2 a} + \dfrac{2x_3}{K} - \dfrac{x_4}{K^2}$
x_3	$x_3 = \dfrac{f}{K^2 a}$	$x_3 = \dfrac{f}{K^2 a} + \dfrac{2x_4}{K}$
x_4	0	$x_4 = \dfrac{g}{K^2 a}$

注：引自 Blahovee 和 Yaniotis（2008）。

三、广义 GAB 方程对淀粉水分吸附等温线的拟合

上述方程的验证需要测定可靠的试验数据，尤其是吸着等温线上半段（水分活度 0.9~1）的数据，在文献中报道很少。van den Berg（1981）测定的小麦和马铃薯淀粉 20℃水分等温线数据，覆盖了 A_w 0~1。这些数据以表格给出，是可靠的。标准 GAB 方程在 A_w 0~0.91 范围内拟合小麦原有淀粉的试验数据，拟合的决定系数 R^2 是 0.999，但是没有包括 A_w 0.91~1 范围的数据。对 A_w 0~1 范围内小麦淀粉吸着等温线，采用标准

GAB 方程拟合，$R^2=0.887$。采用式（1-49）右端较高次数的多项式，获得较高的决定系数（表 1-15）。例如，对第四阶的多项式，决定系数是 0.964；对第六阶的多项式，决定系数是 0.977。

表 1-15 广义 GAB 方程用于拟合小麦淀粉水分吸附数据的多项式系数

阶数	*a*	*b*	*c*	*d*	*e*	*f*	*g*	R^2
二	0.2304	12.18	-9.97	0	0	0	0	0.887
三	0.8307	5.13	6.09	-9.76	0	0	0	0.933
四	0.1751	17.51	-46.13	65.98	-35.30	0	0	0.964
五	0.6992	4.29	37.36	-138.75	178.80	-80.3	0	0.972
六	0.0676	23.57	-126.72	449.25	-832.74	747.7	-259.16	0.977

注：*a*、*b*、*c*、*d*、*e*、*f*、*g* 是方程系数，R^2 是决定系数，采用表 1-14 的方程计算；试验数据引自 van den Berg (1981)。

不同次数 GAB 多项式对其他淀粉水分吸着数据拟合，获得相似的行为。在所有情况，采用数据 A_w 达 0.9，GAB 方程足以描述试验测定数据。但是，把 A_w 0.9~1.0 范围试验测定数据包含在计算中，GAB 方程在 A_w 0.9~1.0、甚至更低的 A_w 不能够提供满意的拟合结果。对整个 A_w 0~1.0 范围内，采用较高阶数的多项式提高了拟合决定系数 R^2（表 1-16）。

表 1-16 广义 GAB 方程拟合不同种类淀粉水分吸着数据的决定系数（R^2）

淀粉类型（数据点）	二阶	三阶	四阶	五阶	六阶
小麦淀粉吸附（18）	0.887	0.933	0.964	0.972	0.977
小麦淀粉解吸（21）	0.915	0.937	0.965	0.976	0.988
糊化小麦淀粉吸附（22）	0.936	0.963	0.988	0.995	0.997
糊化小麦淀粉解吸（18）	0.857	0.916	0.974	0.995	0.996
马铃薯淀粉吸附（18）	0.979	0.979	0.989	0.992	0.996
马铃薯淀粉解吸（17）	0.979	0.981	0.997	0.998	0.999
糊化马铃薯淀粉吸附（26）	0.890	0.923	0.985	0.994	0.996
糊化马铃薯淀粉解吸（20）	0.900	0.930	0.984	0.995	0.996
水解马铃薯淀粉吸附（20）	0.941	0.968	0.987	0.993	0.996
水解马铃薯淀粉解吸（20）	0.947	0.978	0.994	0.995	0.995

注：采用表 1-14 的方程计算；试验数据引自 van den Berg (1981)。

表 1-17 是同一数据拟合结果的平均相对百分率误差（*MRE*,%）。对糊化的马铃薯淀粉解吸数据，二阶、四阶、六阶多项式用于拟合，R^2 从 0.890（GAB 方程）增加到 0.996（六阶 GAB）。在 $M-A_w$ 吸着等温线中，对试验测定结果的最好拟合方程是广义 GAB 方程，而经典 GAB 方程拟合效果则不满意。式（1-48）和式（1-50）多项式阶数的贡献，在低水分活度，方程对试验数据的拟合，随着增加 A_w 项，阶数（幂）强烈减

少；换句话说，较高阶数的幂主要在高 A_w 范围贡献。这是较高阶数项受欢迎的原因，由于标准 GAB 从试验数据拟合的偏差发生在高水分活度。

表 1-17 广义 GAB 方程拟合不同种类淀粉水分吸着数据的平均相对百分率误差 单位：%

淀粉类型（数据点）	二阶	三阶	四阶	五阶	六阶
小麦淀粉吸附（18）	12.6	10.0	7.6	6.7	6.2
小麦淀粉解吸（21）	9.2	9.1	6.8	5.8	4.1
糊化小麦淀粉吸附（22）	8.4	6.5	3.1	2.4	1.8
糊化小麦淀粉解吸（18）	11.7	8.9	4.6	3.1	1.9
马铃薯淀粉吸附（18）	4.8	5.0	3.3	3.5	2.0
马铃薯淀粉解吸（17）	4.5	4.9	2.0	1.4	1.3
糊化马铃薯淀粉吸附（26）	10.1	9.1	8.2	5.1	2.2
糊化马铃薯淀粉解吸（20）	10.5	9.9	4.7	2.4	1.1
水解马铃薯淀粉吸附（20）	8.5	6.5	4.5	3.3	2.9
水解马铃薯淀粉解吸（20）	7.1	5.7	2.9	2.7	2.5

注：采用表 1-14 的方程计算；试验数据引自 van den Berg（1981）。

图 1-23 显示，淀粉数据的 S 型等温线包括 4 个类线性部分，分别命名为Ⅰ～Ⅳ。部分Ⅰ对应吸着等温线的第一部分，A_w/M 比率增加较陡，即 dM/dA_w 急剧减少到拐点附近。部分Ⅱ是吸着等温线相对平坦的部分，通常采用 $M-A_w$ 描述；几乎稳定增加的Ⅲ部分在 $M-A_w$ 线中表示吸着等温线通常形式的陡部分，而导数 dM/dA_w 几乎恒定。部分Ⅳ表示吸着等温线的最后部分（水分活度高于 0.9），随着增加导数 dM/dA_w，吸着等温线最后这个部分非常重要，但是它难以通过试验测定，通常采用标准 GAB 方程或其他方程描述，属于用于数学方法描述吸着等温线。吸附水分的物理状态的变化可能发生在这个范围，与前述层比较，水分子更加是“液体类似的”。

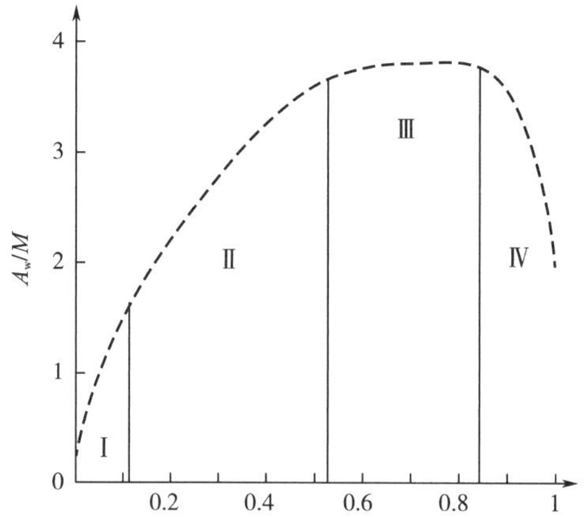

图 1-23 六阶 GAB 方程对小麦淀粉吸附数据拟合曲线

注：该吸着等温线分为Ⅰ～Ⅳ部分，显示类线性部分。

与式（1-47）中二次 GAB 方程比较，采用高阶多项式（表 1-18），增加了 K，减少了 M_m。参数 C_0 随着多项式阶数增加而增加，C_0 增大对偶数和奇数多项式阶数是不同的，对偶数阶数的增大较奇数阶数更大。三阶多项式的 C_0 较二阶多项式（GAB 方程）的低。五阶多项式的 C_0 又增加。C_0 值的这些差异，反映在吸着等温线最初部分的形状，立方（奇数）多项式 $A_w/M-A_w$ 曲线最初段相对平坦；四阶（偶数）多项式 $A_w/M-A_w$ 曲线最初段较陡，光滑地指向 0。

表 1-18　GAB 和广义 GAB 方程拟合小麦淀粉吸附等温线的方程系数

多项式阶数	K	C_0	M_m	x_1	x_2	x_3	x_4
二阶	0. 806	67. 58	0. 0797				
三阶	0. 872	26. 81	0. 0515	-15. 45			
四阶	0. 918	192. 73	0. 0323	-74. 99	-239. 7		
五阶	0. 938	62. 84	0. 0243	-50. 92	12. 3	-130. 6	
六阶	0. 951	828. 72	0. 0188	-437. 64	-1959. 2	3318. 2	-4238. 7

注：采用表 1-14 的方程计算；试验数据引自 van den Berg（1981）。

参数 x_i（大部分是负值）的绝对值，随着多项式阶数的增加而增加，式（1-49）中函数 $C(A_w)$ 的变化趋势最初是增加的。由于大多数 x_i 是负值，引起 $1+x_1A_w+x_2A_w^2+\cdots\cdots$ 之和减少。在一些 A_w，上述之和的符号从正变为负。函数 C 随着 A_w 的增加而增加，在一些特征性 A_w，它的符号从正变为负，在 $A_w=1$ 它的值趋向 0。标准 GAB 方程参数 C 本性是焓，依赖于温度。上述归纳的多项式 GAB 方程中 C 随水分活度的变化，难以从能量角度解释。但是，即使提出的"广义"解释为参数 C 的经验修正，这产生了有用的方程，这成功用于描述整个水分活度范围内的吸着数据。采用广义 GAB 方程的优点是，容易获得直接的解，没有解的唯一性问题，这个问题是采用非线性回归方法解决复杂数学模型所遇见的。

需要注意的是，广义 GAB 方程并不是简单的多项式。简单的多项式如下

$$M=\beta_0+\beta_1A_w+\beta_2A_w^2+\beta_3A_w^3+\cdots \qquad (1-52)$$

式中，β_0，β_1，β_2，β_3，… 是系数。

式（1-52）表示的简单多项式对等温线数据拟合出波浪形状，而广义 GAB 方程完美地拟合出等温线的 S 形状。第六阶和二阶 GAB 方程适合拟合 30℃马铃薯淀粉的吸附和解吸试验数据（图 1-24），也适合拟合 20℃小麦淀粉的吸附试验结果（图 1-25）。而且，采用式（1-52）的三阶和四阶多项式、式（1-49）的一阶和三阶多项式对小麦淀粉和其他淀粉获得相似的结果。

综上所述，水分活度整个值范围内的吸着等温线被提出的广义 GAB 方程数学描述。广义性在于：在标准 GAB 方程的右端增加了多项式阶数；引入了另一个参数。广义性的假设是标准 GAB 方程的参数 C 不是常数，而是水分活度以多项式表达的一些函数，广义 GAB 方程用于小麦和马铃薯淀粉数据显示，较大阶数的 GAB 方程较标准 GAB 方程的

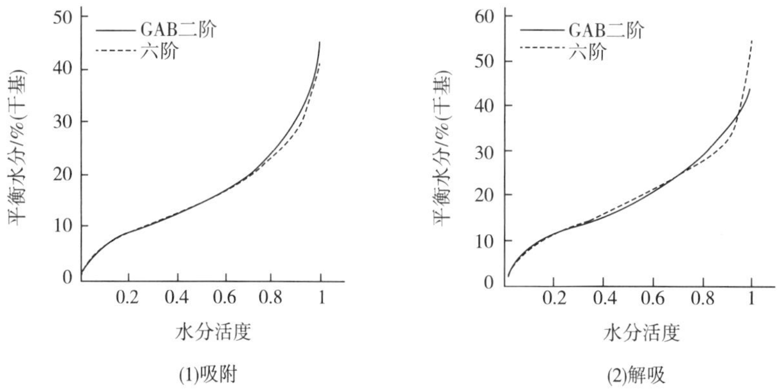

图 1-24　标准 GAB 方程与六阶多项式拟合马铃薯淀粉吸附和解吸等温线

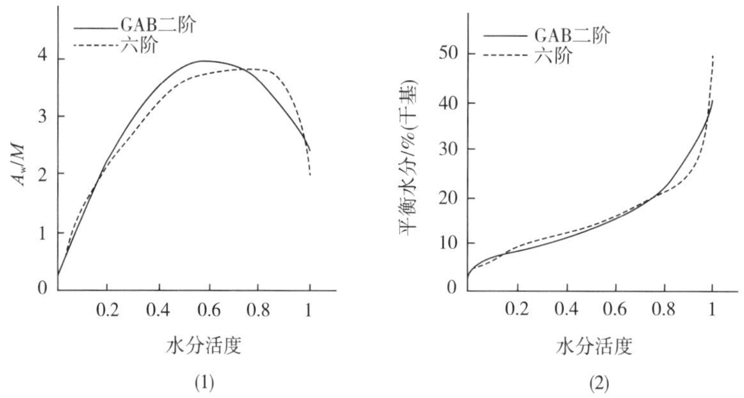

图 1-25　二阶、六阶 GAB 方程拟合的小麦淀粉吸附等温线

二阶，更加适合描述整个水分活度范围内的数据，包括吸着等温线的最上端。采用五阶和六阶多项式，对 A_w 0~1 的小麦和马铃薯淀粉吸着等温线拟合，R^2 在 0.972~0.998。标准 GAB 方程，即二阶多项式，描述水分活度仅到 0.9 的试验数据。

四、广义 GAB 方程是水分吸附光谱分析的基础

湿材料内的水分具有活度，能够达到最大值 1。与周围水蒸气相平衡的材料的含水率决定了其吸着等温线，即在恒定温度下含水率与水分活度之间的依赖关系。生物和食品材料的吸着等温线主要是 Sigmoid 形状，属于 Brunauer 类型Ⅱ。采用许多水分吸附模型对这个 S 型等温线进行近似化，其中 GAB 模型是最有用的方程之一，在许多简化的吸附情况，它用于近似水分活度在 0.9 以下的试验数据。

尽管 GAB 方程成功用于许多水分吸附情况，但在较高水分活度情况，GAB 方程不能描述一些吸附等温线。这激励 Timmermann 和 Chirife（1991）利用淀粉的水分吸附试验数据，分析所谓的水分吸附第三阶段。克服 GAB 刚性问题的方法是近似化一些吸附数

据，尤其是这种水分吸附因素来源多的情况，即产品中聚集了不同物质。

标准 GAB 方程转换为式（1-47），获得参数 M_m、K 和 C。

式（1-47a）、式（1-47b）、式（1-47c）对 M_m、K 和 C 产生不合理的值，在一些情况，与上述提到的限制相矛盾。在上文，提出标准 GAB 的通用方程，是在式（1-20）的右端加入较高次数到二次多项式，或者对含水率修正类似 Hailwood 和 Horrobins（1946）提出的表达式（广义 HH 等温线）。

下面应用广义 GAB 方程到 Brunauer 划分的基本吸着等温线类型，以解释等温线类型之间及特殊等温线特性之间的差异。真实等温线类型之间的差异，通过吸附光谱表达，评价存在不同种类的吸附。

1. 倒数正切-斜率转换（RSS 转换）

式（1-54）的左边表示含水率转换的特殊类型，定义为 RSS 转换，以［M］表示，

$$[M] = \frac{A_w}{M} \tag{1-53}$$

可以写为

$$[M]M = A_w \tag{1-53a}$$

式（1-53a）的一阶、二阶导数是，

$$([M]M)' = [M]'M + [M]M' = 1 \tag{1-54}$$

式（1-54）与式（1-53a）对比，

$$\frac{[M]'}{[M]} + \frac{M'}{M} = \frac{1}{[M]M} = \frac{1}{A_w} \tag{1-54a}$$

$$([M]M)'' = [M]''M + 2[M]M' + [M]M'' = 0 \tag{1-55}$$

2. 广义 GAB 模型

Blahovee 等人于 2008 年提出的广义 GAB 模型表达为，

$$[M] = a + \sum_{i=1}^{n} b_i A_w^i \tag{1-56}$$

式中 n 是多项式阶数，a、b_i［$i=(1,\ n)$］是多项式系数。对 $n=2$，式（1-47）是标准 GAB 方程，其系数为

$$a = 1/(M_m CK) \tag{1-56a}$$

$$b = (C-2)/(M_m C) \tag{1-56b}$$

$$c = K(1-C)/(M_m C) \tag{1-56c}$$

这些系数对广义 GAB 很重要，它们决定了［M］-A_w 作图的初始点：

$$[M]_0 = a \tag{1-57a}$$

$$[M]'_0 = b_1 \tag{1-57b}$$

$$[M]''_0 = 2b_2 \tag{1-57c}$$

式中下标 0 对应 $A_w = 0$。

在标准 GAB 理论中，［M］是 A_w 的抛物线函数，在大多数情况［M］′呈现线性地减少。在 $A_w = 1$ 时达到最终值 b_1+2b_2。二级导数［M］″独立于水分活度，等于 $2b_2$。这意味着

$$[M]'_1 = [M]'_0 + [M]''_0 \tag{1-58}$$

在这种情况高于二级［M］的导数为0。方程（1-56）中GAB的广义性被理解，接受了存在非零较高的［M］导数，导致方程（1-56）是Taylor组的部分，在点 $A_w=0$，$f(A_w)=[M]$，

$$f(A_w)=f(0)+\sum_{i=1}^{\infty}\frac{f^i(0)}{i!}A_w^i \tag{1-59}$$

式中 $f^i(0)\equiv[M]_0^i$ 在点 $A_w=0$ 时函数 f（0）的第 i 阶导数。

式（1-56）中［M］多项式表达，允许直接计算 $A_w=0$ 的［M］导数。在这个点 dM/dA_w 也可以计算。这是一个相当有害的过程，由于L-Hospital规则被重复采用。计算的前4个导数见表1-19，结果一致用最简单的表达式。根据广义GAB理论，表1-19的表达式较标准GAB复杂，由于在标准理论中含有 b_3 项、次数高于2的［M］导数给出的系数是0。

表1-19　从式（1-53）参数计算的 M（$A_w=0$）的 A_w 导数方程

导数	表达式
一阶	$1/a$
二阶	$-2b_1/a^2$
三阶	$\frac{6}{a^2}\left(\frac{b_1^2}{a}-b_2\right)$
四阶	$\frac{18}{a^2}\left(\frac{2b_1b_2}{a}-\frac{b_1^3}{a}-b_3\right)$

对特定 A_w 不难以计算［M］的 A_w 导数。它们的值在 $A_w=1$ 时容易计算，显示为

$$[M]_1=a+\sum_{i=1}^{n}b_i \tag{1-60a}$$

$$[M]'_1=\sum_{i=1}^{n}ib_i \tag{1-60b}$$

$$[M]''_1=\sum_{i=2}^{n}i(i-1)b_i \tag{1-60c}$$

式中下标1表示 $A_w=1$。

广义GAB理论给出的结果不同于标准理论：在［M］$-A_w$ 绘图曲线中，这个差异表达为曲线的非抛物线性。这些偏差难以合理解释。对［M］一阶导数的 A_w 绘图，它更容易完成，由于在这个情况，标准GAB理论给出简单的线性曲线。

3. 吸附等温线的Brunauer类型

Brunauer划分的吸着等温线类型，在第一章第四节图1-16以通常形式给出。这个划分中最主要的差异类型是类型Ⅰ和类型Ⅲ。类型Ⅰ等温线在低水活度时水分含量急剧增加，但是斜率在整个水分活度范围减少。对类型Ⅲ等温线，水分含量对水分活度绘图曲线的斜率起初小，在整个水分活度范围内增加。类型Ⅱ被理解为结合了类型Ⅰ和Ⅲ，即类型Ⅰ在较低的水分活度和类型Ⅲ在较高的水分活度。类型Ⅳ和Ⅴ分别是类型Ⅱ和Ⅲ的修正。修正的机制类似在高水分活度类型Ⅰ叠加的修正机制。

图 1-26 所示为 Brunauer 等温线类型的［M］$-A_w$ 绘图曲线。在［M］$-A_w$ 曲线中，类型Ⅰ等温线的数据几乎线性增加。这个类型等温线的最重要代表情况是 Langmuir 等温线，式（1-56）简化为下列简单形式：

$$[M] = a + b_1 A_w \quad (1\text{-}61a)$$

仅具有两个参数 a 和 b_1 的式（1-61a），表示在许多情况这类试验等温线的最佳拟合。类型Ⅲ等温线表示为［M］$-A_w$ 曲线线性减少，在通用的 Raoult 法则特殊情况如溶液，它表示为线性形式：

$$[M]_0 = a - b_1 A_w \quad (1\text{-}61b)$$

通常，式（1-61a）和式（1-61b）右边多项式次数的增加，不影响类型Ⅰ和类型Ⅲ试验数据的较好拟合。类型Ⅱ吸着等温线被 GAB 理论通过式（1-47）可以很好拟合。

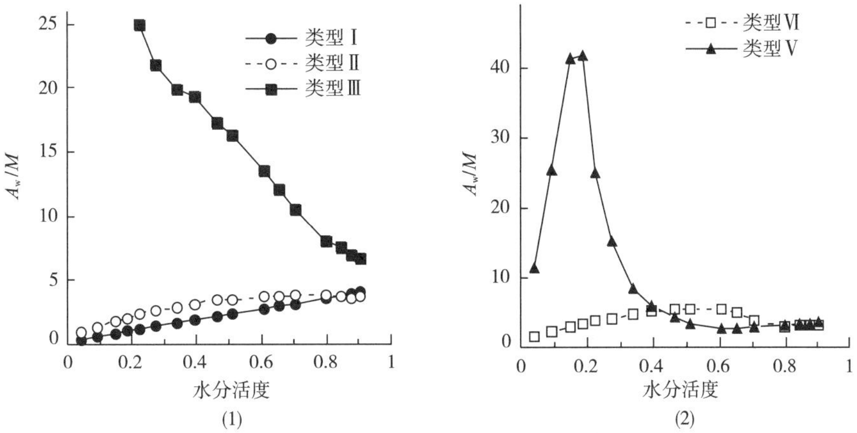

图 1-26　Brunauer 1943 年划分等温线的［M］$-A_w$ 曲线

类型Ⅳ和Ⅴ吸着等温线被式（1-56）近似，在右端多项式阶数高于 2。对图 1-26 中数据，不同多项式次数获得的决定系数如表 1-20 所示，多项式阶数增加，则拟合的决定系数对 Brunauer 等温线类型Ⅳ和Ⅴ增加。

表 1-20　广义 GAB（式 1-56）对［M］$-A_w$曲线拟合的决定系数

Brunauer 类型	Ⅳ	Ⅴ
二阶	0.8909	0.8429
三阶	0.8983	0.8429
四阶	0.9613	0.9025
五阶	09804	0.9514
六阶	0.9805	0.9695

注：数据来自图 1-26（2）。

不同吸着等温线［M］$-A_w$的曲线分析显示，我们可以确定两个最重要的基本吸着等温线类型：Langmuir 类型（Brunauer 类型Ⅰ）随［M］$-A_w$曲线增加，Raoult 类型（Brunauer 类型Ⅲ）随［M］$-A_w$曲线减少。第三个非常重要的类型是 Brunauer 类型Ⅱ，［M］$-A_w$ 曲线以抛物线状表示。它以经典 GAB 方程表示，对多种材料等温线的大部分曲线很好地拟合。它也用于估计材料的游离表面。Brunauer 类型Ⅳ和Ⅴ仅表示小部分真实的吸着等温线，是基本等温线类型随水分活度变化结合的产品。可以采用广义 HH 吸着等温线详细分析真实吸着等温线。在大多数情况下，通过结合表面吸着和溶液吸着的现象成功地分类和拟合等温线。

4. GAB 吸附的光谱特征分析

吸着等温线的光谱分析基于式（1-54a），相对水分含量 M'/M 可表示为

$$\frac{M'}{M}=\frac{1}{A_w}-\frac{[M]'}{[M]} \tag{1-62}$$

当［M］′/［M］= 0 时，则 $M'=M/A_w$。这个简单微分方程的解是 $M=kA_w$，k 是任意常数。项［M］′/［M］则是 M 和 A_w之间比例关系偏差的测定。

当［M］′/［M］小于 0，这个偏差是正的，反之亦然。［M］′/［M］的零点对应［M］′的零点，即对应［M］$-A_w$曲线的最大值。正的［M］′/［M］更多对应 Langmuir 表面吸附，而负的［M］′/［M］更多对应 Raoult 溶液吸附。比率［M］′/［M］的绝对值则是测定主导的吸附来源。主导的吸附来源是 A_w依赖的，表达为针对 A_w的光谱曲线，整个［M］′/［M］光谱以它的平均值来评价。

采用 van den Berg 1981 年测定的马铃薯和小麦淀粉水分吸着等温线数据进行式（1-56）拟合。拟合的多项式参数见表 1-21，［M］′/［M］对应的光谱值见表 1-22，并绘制马铃薯淀粉［M］′/［M］曲线（图 1-27）。比较 GAB 方程和六阶多项式方程的这些曲线，可以看到两个重要的差异：①零点转变为最高 A_w；②在低 A_w（0.1~0.3）或高 A_w

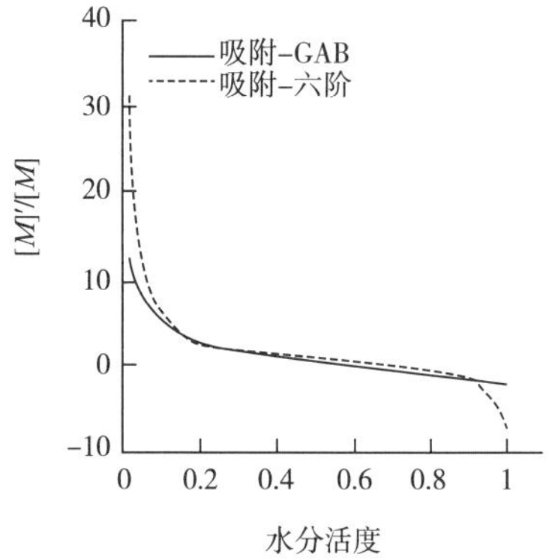

图 1-27 马铃薯淀粉［M］′/［M］曲线

注：依据 van den Berg 1981 年测定的马铃薯淀粉水分吸着等温线数据计算。

(高于0.7)的系统差异。对六阶多项式拟合的吸着数据，我们能够区分开吸附和解吸；[M]′/[M]曲线图中解吸较吸附稍高，尤其是在较高水分活度。而且，从零点转变到较高水分活度，解吸较吸附高。

表1-21 马铃薯淀粉吸附和解吸多项式的系数

吸着类型	多项式阶数	a	b_1	b_2	b_3	b_4	b_5	b_6	R^2
吸附	GAB	0.634	9.452	-7.66					0.992
	六阶	0.332	16.8908	-64.48	204.0	-375.0	339.0	-118.6	0.997
解吸	GAB	0.536	7.119	-5.4					0.979
	六阶	0.311	12.675	-43.86	123.6	-219.4	204.8	-76.3	0.998

注：采用式(1-58)拟合；数据来自 van den Berg (1981)。

表1-22 依据6阶多项式分析马铃薯和小麦淀粉[M]′/[M]的特征性平均光谱值

	A_w	0.01~0.2	0.21~0.8	0.81~0.99	总计	$(A_w)_0$
马铃薯	淀粉吸附	8.431	0.649	-2.270	1.678	0.612
	淀粉解吸	7.829	0.799	-2.069	1.686	0.801
	糊化淀粉吸附	7.223	0.527	-4.292	0.964	0.724
	糊化淀粉解吸	8.744	0.911	-3.853	1.595	0.822
	水解淀粉吸附	6.043	0.634	-3.690	0.906	0.628
	水解淀粉解吸	5.384	0.798	-2.780	1.048	0.722
小麦	淀粉吸附	12.058	0.915	-2.907	2.458	0.793
	淀粉解吸	12.910	1.056	-2.872	2.724	0.864
	糊化淀粉吸附	6.452	0.666	-4.005	0.948	0.671
	糊化淀粉解吸	9.025	0.999	-3.692	1.738	0.824

注：$(A_w)_0$为光谱参数[M]′/[M]为0时的水分活度。

将 van den Berg 1981 年测定的不同淀粉水分吸着数据采用六阶多项式方程拟合，并其光谱特性信息归纳为表1-22。原有、糊化、水解马铃薯淀粉之间存在光谱特性的差异。在低水分活度，水解淀粉较原有淀粉、糊化淀粉的[M]′[M]值低，说明水解方式修饰的淀粉显示较弱的表面吸附。水解淀粉在高水分活度[M]′/[M]急剧减少，即在高水分活度它显示强烈的溶液吸附效果。

可将整个水分活度范围划分为3部分：高光谱值段A_w低于0.2，低光谱值段A_w在0.2~0.8，在最高水分活度[M]′/[M]减少到小于0。这3个区段的光谱参数[M]′/[M]平均值显示，淀粉的[M]′/[M]随加工处理减少。观察到的例外是在水分活度低于0.8时糊化淀粉的解吸。在原有淀粉状态，[M]′/[M]平均值对解吸和吸附几乎是一样的，而对于加工淀粉，吸附［M］'/［M］值低于解吸的。

再评价吸附期间马铃薯淀粉表面吸附和溶液吸附的作用，以递减次序排列：对表面吸附作用，原有淀粉>糊化淀粉>水解淀粉；对溶液吸附作用，糊化淀粉>水解淀粉>原有淀粉。在解吸期间，也是这样的排序。水解淀粉和其他两个淀粉之间的差异，可能是由于淀粉膨胀和它们的饱和点。

淀粉光谱参数［M］'/［M］为零的水分活度在0.61~0.87变化，零点对应的解吸水分活度大于吸附的水分活度。在原有淀粉状态，零点对应的马铃薯淀粉的水分活度高于小麦淀粉。

光谱参数［M］'/［M］也随温度变化。马铃薯淀粉水分吸附的［M］'/［M］在水分活度低于0.8范围内随温度升高而减少；在2.6℃、20.1℃、39.1℃三种温度，它在零点的水分活度（A_w）$_0$均是0.793。

第六节 水分吸附滞后现象

将粮食或食品置于一系列温度范围内，温度对水分吸附等温线的影响很大。温度影响水分子的迁移率，以及水蒸气和吸附相之间的动态平衡。在同一水分活度和温度条件下，谷物解吸过程较吸附过程产生较高的平衡含水率，解吸等温线通常位于吸附等温线的上部。这种差异称为水分吸附滞后现象。理论上分析水分吸附滞后现象，主要是阐述吸着过程的不可逆性，评价从这个系统所得的热力学函数的有效性。在实践中，利用水分吸附滞后现象可以分析对谷物储藏稳定性的影响。

一、 水分吸附滞后类型

Kapsalis在1987年按照性质和变异，将水分吸附滞后分为三类，即滞后环的大小随温度增加、不变或减少，但滞后环的跨度（Span）随温度的增加总是减少。Benado和Rizvi在1985年指出，通过几个解吸和吸附循环后就可以消除滞后现象。对吸附滞后现象的发生有几种理论解释，如墨水瓶理论（Ink bottle theory）、分子收缩理论（Molecular shrinkage theory）、毛细管凝结和溶胀疲劳理论（Capillary condensation and swelling fatigue theory）、BET和多分子层吸附理论（Adsorption of mono-layer or multi-layer theory）等。

二、 毛细管凝结和溶胀疲劳理论

Ngoddy和Bakker-Arkema在1972年提出该理论。对于毛细管多孔体，吸附过程中毛细管正在填充水，而解吸时毛细管中水则脱出。对Kelvin公式

$$\ln\left(\frac{P_r}{P_s}\right)=-\frac{2M\sigma\cos\theta}{\rho\gamma RT} \tag{1-63}$$

式中　r——毛细管半径，nm；

ρ——水的密度，g/mL；

M——水吸附量,%；

σ——表面张力，N/cm；

θ——液体与毛细孔壁的接触角，(°)；

P_r 和 P_s——毛细孔内的液体蒸气分压与饱和蒸气分压，Pa；

R、T——气体常数和热力学温度。

该模型认为，在吸附过程中，开始在较低的压力下，吸附质水蒸气的吸附是单分子层的吸附，随着压力的增加，开始转变成多层吸附，最终水蒸气吸附质凝聚下来，形成液体。在解吸的过程中，相界面的形态发生了变化，见图 1-28，解吸时弯月面的水汽蒸发压力与吸附时的饱和压力不同了。在吸附时，$P_r = P_s$，$r\rightarrow\infty$，但解吸时由于 r 变小，则 P_r 小于 P_s。于是吸附曲线与解吸曲线不相重合，形成了滞后环。

这一模型虽然在一定程度解释了滞后环形成的原因，但局限于解释在圆柱状的孔中发生的吸附和解吸行为。针对固定的孔径 r，吸附时接触角大于解吸时的后退角，所以吸附时的 P_r 大于解吸时的 P_r，即要达到平衡水分含量，吸附必须增加湿空气的蒸气分压。对于谷物多孔性毛细管物料，解吸时毛细管收缩变细，毛细管液面呈凹形，管内蒸气压力低于管外蒸气压力，致使水蒸气在毛细管内自动凝结滞后。该理论不能解释吸附等温线上吸附量随蒸气分压急剧上升的那一段线（多分子层吸附区段），也不能解释不同温度下水分吸附滞后环的大小和跨度。

三、墨水瓶理论

1931—1935 年，有人提出了经典的“墨水瓶”理论。该理论适用于口窄腹宽的毛细孔（图 1-29），故命名为“墨水瓶”理论。在吸附时，压力只有达到了相当于最宽部

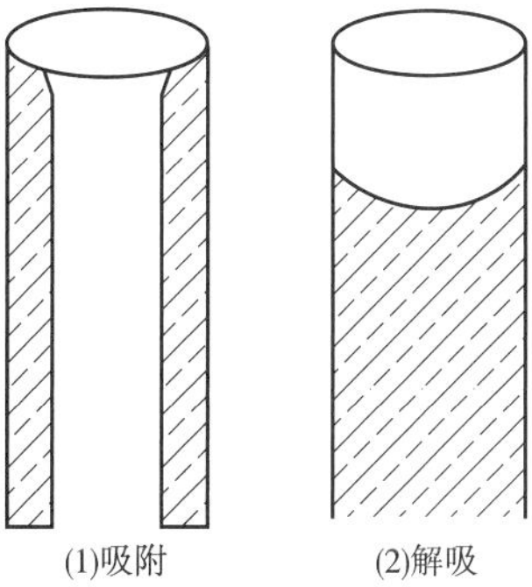

图 1-28　吸附与解吸时的经典孔道模型

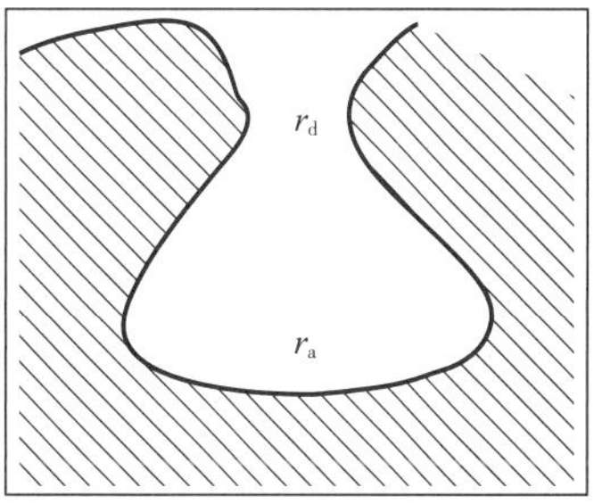

图 1-29　墨水瓶孔道示意图

位 r_a 发生凝聚 P_a 时，孔才能被凝聚液充满；而在解吸时，压力只有达到了相当于最窄处 r_d 弯月面蒸发时，孔中的液体才被蒸发出来。对于这种只有一端开口的毛细孔，Kelvin 公式略有变化为：

$$\ln\left(\frac{P_r}{P_o}\right) = -\frac{2M\sigma\cos\theta}{\rho(\gamma-\tau)RT} \quad (1-64)$$

式中 P_r 和 P_o——弯月液面和平液面的平衡蒸气压，Pa；

r——毛细孔孔径，nm；

τ——在吸附壁上吸附膜的厚度，nm，毛细凝聚就发生在这层基底上。

由此公式可知，$P_a > P_d$，故解吸线在吸附线的上方，形成了滞后环。随后改进的“墨水瓶”理论认为滞后现象是吸附时弯曲液面的形成受到延滞造成。又进一步提出了在两端开口的圆筒形中，吸附时使孔中充满液体的压力 P_a，与解吸时使孔中液体蒸发的压力 P_d 之间存在关系：

$$\left(\frac{P_a}{P_o}\right)^2 = \frac{P_d}{P_o} \quad (1-65)$$

这是根据理想的圆筒形模型提出的一个公式，实际应用中，在某些多孔吸附剂的吸附/解吸等温线的测定当中，也得到大致相符的结果。

四、 单分子层与多分子层吸附理论

结合水的吸附过程，是水分子以气态形式进入细胞壁，与谷物主成分上的吸附点产生氢键结合的过程。关于籽粒水分的吸附理论，具有代表性的是单分子层理论和多分子层理论。单分子层理论以 Langumuir 理论，多分子层理论以 BET 理论和波拉尼吸附势能理论为代表。

1. Langumuir 理论

Langumuir 理论假定的单分子层吸着模型（图 1-30）有 3 个假设：①固体表面是均匀一致的；②吸附的分子之间无相互作用，吸附热与表面覆盖度无关；③表面上吸附一层分子后就达到了饱和，因此只能形成单分子层。

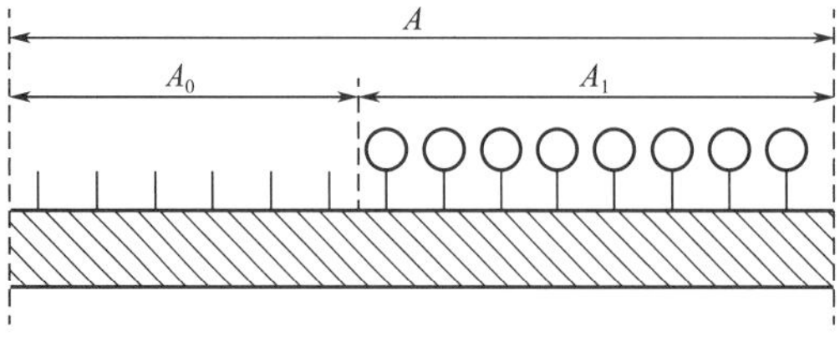

图 1-30 Langumuir 吸附模型

2. BET 和多分子层吸附理论

BET 单分子层是在 Langumuir 理论的基础上建立起来的。图 1-31 是 BET 和多分子层吸附理论模型，组成粮食和木材纤维的细胞壁物质纤维素和半纤维素等化学成分结构中有许多自由羟基（—OH），它们具有很强的吸附能力。在一定温度和湿度条件下，细胞壁纤维素、半纤维素等组分中的自由羟基，借助氢键和分子间力吸附空气中的水分子，形成第1层吸附水，被吸附的水分子发生再吸附，即形成多分子层吸附水。此理论认为粮食和木材表面的水分吸附，只有第1层形成的时候吸附能不同，而第2层以后的其他各层的吸附能几乎相等。

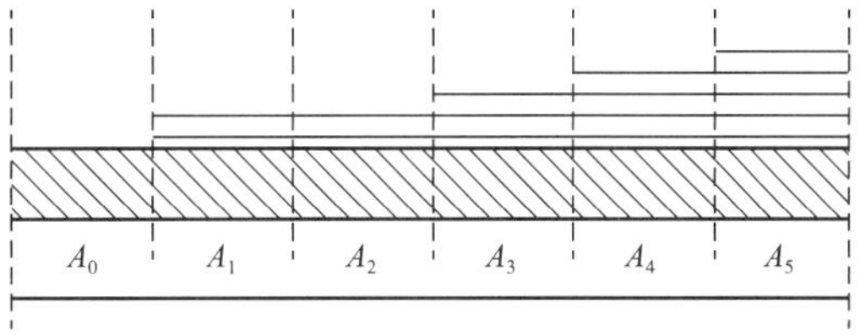

图1-31 BET和多分子层水吸附模型

Brunauer等1938年对粮食水分吸附提出该理论。谷物表面发生单分子层吸附后，由于气体分子间存在的范德华力，还可以发生多分子层吸附，但不会发生毛细管凝结现象。当A_w<0.65时，谷物平衡水分含量（M_e）、A_w、M_m和BET方程常数C之间的关系是

$$M_e = \frac{M_m}{(1 - A_w)\left[1 + \frac{1}{C}\left(\frac{1}{A_w} - 1\right)\right]} \tag{1-66}$$

式中 M_m——单分子层水或谷物吸附水分第1层覆盖饱和值,%（干基）；

C——BET方程常数，$C=\frac{a_1 \times b_2}{b_1 \times a_2}\exp\left(\frac{\theta_1 - \theta_L}{RT}\right)$；

a_1、b_1——第1层水分子吸附速率和解吸速率的比率常数；

a_2、b_2——第2层以后各层水分子吸附速率和解吸速率的比率常数；

θ_1 和 θ_L——第1层和第2层起以后各层水分子的吸附热，kJ/kg；

R、T——气体常数和绝对温度。

当A_w增大时，式中分母减少，则EMC增大。对于谷物的解吸，A_w增大，谷物脱去的水分就少；对于吸附，A_w大，谷物吸附的水分就多。环境温度T变化时，BET方程常数C就发生变化，随着温度T升高，常数C变小，EMC就降低。反之，温度T下降，EMC就上升。该理论既能解释吸附等温线上吸附量随蒸气分压急剧上升的那一段区间，又能解释不同温度下水分吸附滞后环的类型。其不足是，不能解释A_w在0.65以上的吸附与解吸等温线区间，尤其是代谢水分区段，即发生毛细管水凝结现象。

3. 波拉尼吸附势能理论

波拉尼吸附势能理论认为吸附剂表面附近一定的空间内存在有吸附力场，吸附质分子进入吸附力场就会被吸附，由于吸附力场有一定的空间范围，吸附可以是多分子层的，吸附力的大小随吸附层从内到外而逐渐降低。

4. 亚稳态概念

对于滞后环的微观研究当中，Rouquerol 等（1999）引入了亚稳态的概念，认为稳定循环的滞后环的出现证明了一种很特殊的状态即亚稳态的存在，这是基于吸附等温线是在二维坐标临界点下呈现出的一个范德华力环的概念提出的。范德华力环是，通过分子动力学模拟绘制的压强-体积（$P-V$）相图当中出现的一个区域，在这个区域内，流体的气液相共存，是一种不稳定态。这与滞后环出现时吸附质的状态相类似，所以有学者尝试从分子模拟的角度对滞后环进行解释，此研究正在进行中。

除了上述假说，还有人认为水分吸附滞后是由于存在无定形的糖类。水分吸附滞后程度与谷物或食品成分的性质和状态有关，反映了各种成分结构和构象的重排，这种重排改变了热力学上易接近的极性位点。综上所述，解释水分吸附滞后现象的理论迄今不完美。

第七节 水分吸附通用机制

食品的水分吸附等温线，对许多过程的设计、模型化及优化至关重要。这些数据用在食品包装与储藏期间的干燥、通风、品质及稳定性的预测。存在的问题是，在食品工程学领域，描述水分吸附数据采用不同的高级方程，成功的程度不一样。采用这些数学方程的目的是什么？许多研究论文给出了不同的分析结果，在多数情况下，作者仅采用一个数学方程描述试验数据，而没有考虑所采用理论的基本假设、在实际研究中的物理效果。而且，经常采用数学方程描述一套水分吸附试验数据，不提供吸附过程的机制，从不同数学方程拟合试验数据获得的结果导致研究者仅推论说方程 A 优于方程 B。我们的建议是，选择数学模型的依据应当是切合实际、简单化，最主要的目标是考察方程的预测能力。评估数学方程拟合等温线试验数据的参数，能够用在预测不同的数据组。

食品水分吸附数据测定中要考虑温度的影响。描述不同温度下测定的水分吸附数据，已有文献报道主要采用 GAB 模型。目前针对许多平衡水分方程中参数对温度的依赖性，缺乏清晰的定义。对正确推导的方程，方程参数的含义已经清楚，同一材料在不同温度测定的整套水分吸附数据，应该被这个方程很好地拟合。更重要的是，采用这个方法等于描述了吸附焓，吸附等热焓严格相关于以 Claussius-Clepeyron 公式在不同温度确定的分支等温线。这个方法减少了变量数目，增加所采用数学方程的实用性。在吸附科学领域，选择一个方程对多个温度等温线拟合，与对每个等温线分别拟合之间存在本质的差异。

2007 年 Furmaniak 等采用 Generalised Darcy-Watt（GDW）模型描述了通心面、沙丁鱼、开心果酱的水分吸附曲线。这个模型也适合描述菠萝不同温度下的等温线数据。下面比较 GDW 模型和广泛采用的模型 Brunauer-Emmett-Teller（BET）、GAB，对食品不同温度测定的水分吸附数据的拟合结果，提出水分吸附的通用机制，并依据假定的水分吸附机制建议科学使用平衡水分方程。

一、BET、GAB 及 GDW 模型及依赖温度的参数

当考虑有理论基础的水分吸附模型时，广泛采用的方程则是修正的 BET、GAB 和 GDW，这些方程中清晰地定义了与温度有关的参数，这 3 个方程如下。

BET：
$$M = \frac{M_m C \cdot ERH}{(1 - ERH)(1 - ERH + C \cdot ERH)} \tag{1-67}$$

GAB：
$$M = \frac{M_m BC \cdot ERH}{(1 - B \cdot ERH)(1 - B \cdot ERH + BC \cdot ERH)} \tag{1-68}$$

GDW：
$$M = \frac{M_m B \cdot ERH}{1 + B \cdot ERH} \cdot \frac{1 - k(1 - w_0) \cdot ERH}{1 - k \cdot ERH} \tag{1-69}$$

式中 M 是平衡水分含量,%；ERH 是平衡相对湿度,%；M_m 是 BET 和 GAB 方程中单分子层含水率,%，是 GDW 方程中初级活性表面位点的含水率,%；C 是相关于第一层吸附的动力学参数；GAB 中 B 是相关多层吸附的动力学常数。在 GDW 方程中，B 和 k 是动力学常数，分别相关于对初级和次级吸附位点的吸附。GDW 中，参数 w_0 决定了吸附到初级位点的水分子的比率，这些位点转化为次级吸附位点。

参数 M_m 和 w_0 被认为与温度无关：

$$M_m \neq f(T) \tag{1-70}$$

$$p_0 \neq f(T) \tag{1-71}$$

所有动力学常数 X，在物理化学上是温度依赖的。

$$X = X_0 \exp\left(\frac{q_x}{RT}\right) \tag{1-72}$$

式中 X_0 是几乎独立于温度的预指数熵因子，q_x 是相关给定常数的焓值（就相对湿度发生的方程情况，焓 q_x 被浓缩作用的焓值所减少），R 是气体常数，T 是绝对温度。对 BET 和 GAB 方程，

$$C = C_0 \exp\left(\frac{q_C}{RT}\right) \tag{1-73}$$

$$B = B_0 \exp\left(\frac{q_B}{RT}\right) \tag{1-74}$$

对 GDW 方程，

$$B = B_0 \exp\left(\frac{Q}{RT}\right) \tag{1-75}$$

$$k = k_0 \exp\left(\frac{q}{RT}\right) \tag{1-76}$$

BET 曲线对温度依赖性小。BET 仅在相对湿度最初范围内（ERH<50%）描述食品的水分吸附情况，在这个相对湿度范围，试验方法通常测定的数据点少。GAB 和 GDW 对试验数据非常好的拟合，GAB 适合的相对湿度可以达到 90%，GDW 适合的相对湿度范围≥10%。

对研究的样品水分吸附数据情况，观察到的规律是：GDW 模型中的动力学常数，相关于对初级位点的吸附（对应 GAB 模型中第一层的吸附），与最大的焓值相关，它们随着温度的升高强烈减少。与 GDW 模型中次级吸附位点的覆盖相关的常数（相关于 GAB 中的多分子吸附），是放大了水分浓缩作用焓，对温度依赖程度小。

从 GDW 模型拟合菠萝水分吸附数据，提出水分吸附的机制是，菠萝吸附的 1/3 水是依附到强烈的初级吸附位点［这些位点的吸附能量是 77.33kJ/mol，它 3 倍高于水分浓缩作用的焓，M_m 约 20%（干基），最大的平衡水分含量在 20℃约是 60%］。最大平衡水分含量对应的这些强烈结合和水分子的位点，成为后续水分子次级吸附的位点。这里吸附能量接近水分浓缩作用的焓值。这也解释了观察的平衡水分含量随温度升高而减少。这主要由参数 B 的强烈温度依赖性引起（由 Q 引起），随着温度升高，初级位点吸附强烈放热的，观察到在较高相对湿度它们饱和。GDW 模型较 BET 模型更加稳定，描述其他食品水分吸着数据较好。

二、 GDW 和修正 BET（mBET）模型对食品吸附的拟合

尽管修正 BET 方程不稳定，但是它成功地描述了不同食品原料的水分吸着数据。表 1-23是 GDW 和 BET 模型对通心面、沙丁鱼、开心果酱水分吸附等温线拟合结果。GDW 方程描述水分吸附数据较 mBET 方程准确。尤其是通心面数据，不适合 BET 方程。mBET 模型由于缺乏 Henry 法则限制在低相对湿度范围不适用，而 GDW 模型描述了测定的整个相对湿度范围。

表 1-23 GDW 和 mBET 模型对通心粉、沙丁鱼、开心果酱吸着等温线拟合结果

食品	T/℃	GDW					mBET		
		M_m/%（干基）	B	k	p_1	R^2	M_m/%（干基）	C	R^2
通心面	25	61.88	4.188×10^{-5}	1.074×10^{-3}	0.0168	0.9723	5.279	8.805×10^{-5}	0.9268
沙丁鱼	40	2.620	4.217×10^{-5}	1.042×10^{-3}	18.99	0.9836	8.154	1.070×10^{-3}	0.9712
开心果酱	10	1.600	2.575×10^{-7}	1.018×10^{-3}	94.57	0.9779	2.190	1.043×10^{-3}	0.9595

注：引自 Furmaniak 等（2007）；R^2 决定系数。

三、 GDW 和 GAB 方程吸附等热焓

利用方程拟合多温度等温线数据的一个优点是，可以计算食品水分吸附的等热焓（q^{st}）。

$$q^{st} - H = RT^2\left(\frac{\partial\ln(ERH)}{\partial T}\right)_M \tag{1-77}$$

式中，H 是水分结露的焓。GDW 方程的吸附焓描述方程为

$$q^{st}-H=\frac{\dfrac{B}{(1+B\,ERH)^2}\left(1+\dfrac{p_1k\,ERH}{1-kERH}\right)Q+\dfrac{B\,ERH}{1+B\,ERH}\cdot\dfrac{p_1k}{(1-k\,ERH)^2}\times q}{\dfrac{B}{(1+B\,ERH)^2}\left(1+\dfrac{p_1k\,ERH}{1-k\,ERH}\right)+\dfrac{B\,ERH}{1+B\,ERH}\cdot\dfrac{p_1k}{(1-k\,ERH)^2}} \tag{1-78}$$

GAB 方程的吸附焓描述方程为，

$$q^{st}-H=\frac{(1-B\,ERH)^2q_C+q_B+(C-1)B^2\,ERH^2\,q_B}{1+(C-1)B^2\,ERH^2} \tag{1-79}$$

这两个吸附焓方程中，Q、q 分别是 GDW 方程中常数 B 和 k 的焓值，q_B、q_C 分别是 GAB 方程中常数 B 和 C 的焓值。这两个方程描述吸附焓的绘图曲线是相似的，在一些情况焓非常接近。

四、 水分吸附机制 GAB 为 BET 的特殊情况与 GDW 通用模型

GAB 和 GDW 方程拟合水分等温线数据，标准误差相似，吸附焓作图显示相似的形状，即两个方程之间具有相似性。先比较 BET 与 GAB 方程。若 GAB 方程中 $B=1$，则 GAB 就是 BET 的简化形式。GAB 是 BET 较复杂的版本，而最初的 BET 方程假定 $B=1/P_s$ 是无效的。与 BET 方程比较，GAB 方程显著提高了食品多温度水分吸附数据的拟合度。

再分析 GDW 方程，对特殊情况，当 $w_0=1$ 时，每个初级水分吸附位点准确转化为一个次级位点。式（1-69）则可以写成，

$$M=\frac{M_m B\,ERH}{(1+B\,ERH)(1-k\,ERH)} \tag{1-80}$$

定义新常数 C^* 相关于常数 B 和 k，

$$B=(C^*-1)k \tag{1-81}$$

则式（1-80）写成，

$$M=\frac{M_m(C^*-1)k\,ERH}{(1-k\,ERH)(1-k\,ERH+C^*k\,ERH)} \tag{1-82}$$

令

$$M_m^*=M_m\frac{(C^*-1)}{C^*} \tag{1-83}$$

式（1-82）则如 GAB 方程，

$$M=\frac{M_m^*C^*k\,ERH}{(1-k\,ERH)(1-k\,ERH+C^*k\,ERH)} \tag{1-84}$$

式（1-83）分子中常数 C^* 的值很大，就可以忽略它。在这个情况，式（1-80）的 M_m 等于式（1-84）的 M_m^*。

GAB 和 GDW 对试验数据拟合的差异，主要是由于假定参数 w_0 可能是不同的变量。按照方程研究的层次，从最常用到最简单的次序是 GDW>GAB>BET。

食品水分吸附的通常机制是 GAB 或 GDW 方程类型，取决于水分初级吸附位点的排

列。如果在食品表面不发生BET类似型的簇状几何限制，每个初级吸附水分子仅转化为一个次级表面吸附位点，吸附机制遵循GAB模型，如小扁豆种子的水分吸附。反之，就粗糙或多孔食品表面情况，产生次级位点存在几何限制，如鸡豆种子水分吸附。Furmaiak等（2007）认为一个初级位点产生一个以上次级位点，如马铃薯和青辣椒的水分吸附，它们水分吸附的机制是GDW类型（图1-32）。

综上所述，BET模型不能够描述食品的多温度水分吸附数据，这个模型等温线随温度的变化而变化很小。这种情况在食品试验数据中很少观察到。根据模型的层次和适用性，从最尖端到最简单排序，是GDW>GAB>BET。食品水分吸附机制包含两步，在第一步初级活性表面中心的高能量吸附，簇状水分形成。在第二步，产生的能量近似于水分结露的焓。通过假定初级水分吸附位点产生次级位点的数目，就可以区别GAB和GDW模型。食品吸附试验数据显示，两个模型发生的场合是可能的。

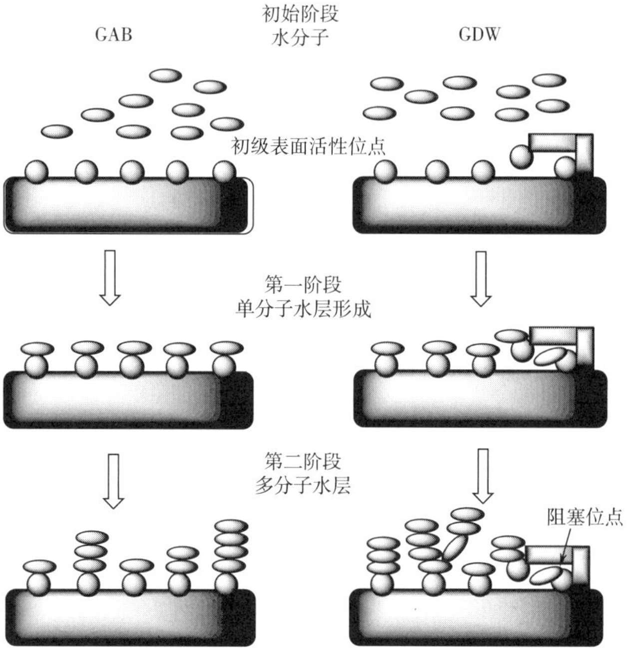

图1-32 水分子吸附粮食和食品的通用机制

第八节 水分吸附等温线的应用

农产品的吸附等温线可用于确定物料热力学参数与分子结构、物料内的水分状态以及产品加工。本节仅介绍它在农产品干燥、混合及包装作业中的应用。

一、 干燥

农产品干燥是根据物料平衡水分原理，将物料放在相对湿度低的空气中，使物料脱去水分而干燥。当干燥至平衡水分含量时，可除水分达到极限，即使再继续干燥，也不会有水分脱去。在等温线上对应的这点称干燥终点。要获得农产品便于储存的最佳剩余含水率，最重要的因素是选择合适的干燥终点 P_i（图 1-33）。P_i 点太高，物料干燥时间太短，剩余含水率高，不易储存；P_i 点太低，使物料含水率降低的干燥时间太长，浪费能源。利用等温线可确定最佳干燥点 P_i；图 1-33 给出某物料在储存温度 T_{st} 和干燥温度 T_{dr} 下的解吸等温线，若储存物料的 P_{ist} 点 [M_i，$(A_w)_i$] 已知，则干燥终点 P_{idr} 是：过 P_{ist} 作横轴平行线与干燥温度 T_{dr} 下的解吸等温线的交点。

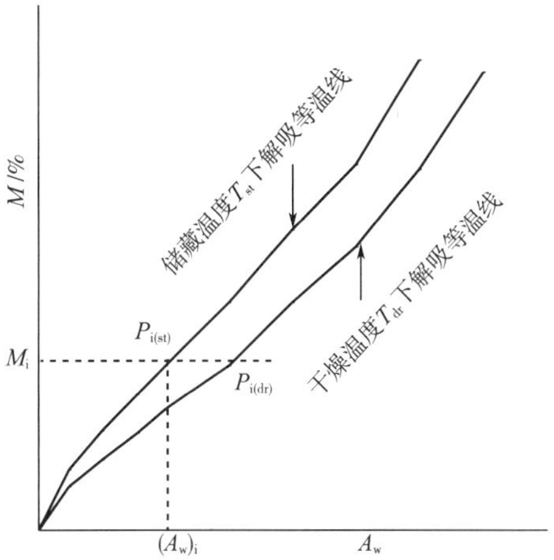

图 1-33　干燥过程中干燥终点

利用吸附等温线可计算吸湿性物料的干燥时间。由 Fick 扩散第二定律，则

$$\frac{\partial M}{\partial t} = -\frac{D}{\mu\rho \mathrm{R}T} \cdot \frac{\partial^2 P}{\partial x^2} \tag{1-85}$$

式中　M——平衡水分含量，%；

t——时间，s；

D——水分扩散系数，m^2/s；

μ——扩散阻力因子；

ρ——水的密度，kg/m^3；

R——理想气体常数，8.314J/（kg · mol）；

T——绝对温度，K；

P——水的真空压强，N/m^2。

将吸附等温线近似为直线，其方程为：$P = P_0(a + bM)$，代入式（1-85），则为

$$\frac{\partial M}{\partial t} = -\frac{D}{\mu\rho RT} \cdot \frac{\partial^2 M}{\partial x^2} \tag{1-86}$$

对于不同的几何形状，选择合适的边界条件，求解式（1-86），可得出干燥层的平均含水率为时间的函数。这样，确定干燥的平均含水率后，就可算所需干燥的时间。

1. 以半厚度对称的板状玉米籽粒

按照 Crank 方法对平板进行平均化处理，就单一籽粒内平均含水率获得了式（1-86）的分析解为，

$$M_R = \left(\frac{8}{\pi^2}\right)\sum_{n=0}^{\infty}\frac{1}{(2n+1)^2}\exp\left[-\frac{\pi^2(2n+1)^2}{4L^2}D_{\text{eff}}t\right] \tag{1-87}$$

式中 M_R——水分比率；$M_R = (M_t - M_e)/(M_0 - M_e)$；

M_t——样品 t 小时的含水率；

M_0——样品初始含水率；

M_e——平衡时的含水率，含水率均以湿基、小数表示；

L——玉米籽粒半厚度，m；

D_{eff}——有效水分扩散系数，m^2/h。

当 $n=$（0，2）时，式（1-87）展开为

$$M_R = 0.8106\exp\left(-\frac{2.4674\,D_{\text{eff}}}{L^2}t\right) + 0.09006\exp\left(-\frac{22.2066\,D_{\text{eff}}}{L^2}t\right) + 0.03242\exp\left(-\frac{61.685\,D_{\text{eff}}}{L^2}t\right) \tag{1-88}$$

在式（1-88）系列解中，右边第一项占主导地位，因此将式（1-88）以自然对数形式写成，

$$\ln(M_R) = \ln(0.8106) - \left(\frac{2.4674}{L^2}\right)D_{\text{eff}}t \tag{1-89}$$

就 $\ln(M_R)-t$ 数据作图，采用斜率方法计算不同温度下玉米籽粒有效水分扩散系数 D_{eff}。

$$\ln(M_R) = -0.209981 - Bt \tag{1-90}$$

$$D_{\text{eff}} = \frac{-B}{\left(\frac{2.4674}{L^2}\right)} \tag{1-91}$$

式中 B——线性方程斜率。

2. 径向对称的球形大豆籽粒

就单一籽粒内平均水分获得了式（1-86）的分析解法为

$$M_R = \frac{6}{\pi^2}\sum_{n=1}^{\infty}\frac{1}{n^2}\exp\left[-\frac{n^2\pi^2}{R^2}D_{\text{eff}}t\right] \tag{1-92}$$

式中 M_R——水分比率；

R——大豆籽粒球半径，m；

D_{eff}——有效水分扩散系数，m^2/h；

t——时间，h。

当 $n=(1,3)$，大豆籽粒球半径 R 取为 0.0039m，式（1-92）展开为，

$$M_R = 0.608\exp(-6.489\times10^{-7}D_{eff}t) + 0.152\exp(-2.596\times10^{-6}D_{eff}t) + 0.068\exp(-5.840\times10^{-6}D_{eff}t) \tag{1-93}$$

在式（1-93）系列解中，右边第一项占主导地位，因此将式（1-93）的自然对数形式写成，

$$\ln(M_R) = \ln(0.608) - \frac{9.8698}{R^2}D_{eff}t \tag{1-94}$$

就 $\ln(M_R)-t$ 试验数据作图，采用斜率方法计算不同温湿度下大豆籽粒有效水分扩散系数 D_{eff}。

3. 无限圆柱体的稻谷籽粒

满足最初和边界条件，单一籽粒内水分均匀分布，式（1-86）的解为：

$$M_R = \left(\frac{8}{\pi^2}\right)\sum_{n=1}^{\infty}\frac{4}{\lambda_n^2}\exp\left[-\frac{\lambda_n^2}{R^2}D_{eff}t\right]\sum_{m=1}^{\infty}\frac{1}{(2m+1)^2}\exp\left[-\frac{\pi^2(2m+1)^2}{4L^2}D_{eff}t\right] \tag{1-95}$$

式中 λ_n——一类和零阶 Bessel 函数的根；

R——籽粒半宽度，m；

L——籽粒半长度，m；

D_{eff}——有效水分扩散系数，m^2/h；

t——时间，h。

取 $n=(1,2)$、$m=(0,1)$，则式（1-95）表达为：

$$M_R = 0.5619\exp(-5.7802N_{Fi} - 2.4649N_{Fo}) + 0.0623\exp(-5.7802N_{Fi} - 22.207N_{Fo}) + 0.1064\exp(-30.47N_{Fi} - 2.4649N_{Fo}) + 0.0118\exp(-30.47N_{Fi} - 22.207N_{Fo}) \tag{1-96}$$

式中 N_{Fi}——Fick 数，$(D_{eff}t)/R^2$；

N_{Fo}——傅里叶数，$(D_{eff}t)/L^2$。

在式（1-96）中，右边系列解中第一项占主导地位，于是式（1-96）两边取自然对数，则为

$$\ln(M_R) = \ln(0.5619) - \left(\frac{5.7802}{R^2} + \frac{2.4649}{L^2}\right)D_{eff}t \tag{1-97}$$

有效水分扩散系数（D_{eff}）采用斜率方法计算，就 $\ln(M_R)-t$ 试验数据作图，采用线性回归方程 $\ln(M_R)=-0.57821-Bt$ 分析，求出线性方程斜率为 B，

$$D_{eff} = \frac{-B}{\left(\frac{5.7802}{R^2} + \frac{2.4649}{L^2}\right)} \tag{1-98}$$

以式（1-98）计算不同温湿度下稻米籽粒水分扩散系数。

二、通风

通风利用了粮堆两个物理特性：①粮堆孔隙度。大多数谷物粮粒之间空隙体积是粮

堆体积的35%~55%，粮堆多孔隙的本性允许强力空气接触几乎所有的粮粒，传输低温低湿的空气特性到粮食。②粮堆热绝缘特性。粮堆热传导率低，自我绝缘，通风后能够长期保持修正后的微气候，从而延长储藏（张来林 2014）。通风的作用就是运动合适质量的空气通过粮堆以调节储粮存在的条件。谷物干粮堆平衡相对湿度范围30%~70%时抑制螨类和微生物生长，储粮昆虫安全管理的粮堆微气候是17~22℃，在这些粮堆温湿度条件下谷物的安全含水率为13%~14%（李兴军 2017）。粮堆降温通风的目的就是形成粮粒被低温低湿空气包围。通风作业决策判断的依据是粮堆和大气的温度、平衡绝对湿度（含湿量）及露点温度，将在第七章第六节讨论。

三、 混合

不同组分混合生产一种复合食品，是食品工业中常用的工艺。当两个或更多的组分密封在某容器内，则各组分的水蒸气压通过扩散趋于平衡。含水率传递的驱动势是水分活度的差异。低水分活度组分含水率沿着吸附等温线增加，而高水分活度组分含水率沿解吸等温线下降。两者遵循滞后环内的路径传递（图1-34）。

可利用混合物中各组分吸附等温线，求混合物的水分活度。这里取两组分a、b，其中a含水率小于b含水率。

$$(A_w)_m = \frac{(W_d)_a (A_w)_a \tan\alpha + (W_d)_b (A_w)_b \tan\beta}{(W_d)_a \tan\alpha + (W_d)_b \tan\beta} \tag{1-99}$$

式中 $(A_w)_m$——混合物的水分活度；
$(A_w)_a$——组分a的初始水分活度；
$(A_w)_b$——组分b的初始水分活度；
$(W_d)_a$——组分a的干物质质量，g；
$(W_d)_b$——组分b的干物质质量，g；
$\tan\alpha$——组分a吸附等温线斜率；
$\tan\beta$——组分b解吸等温线斜率。

两组分在混合物中的平衡水分含量$(M_a)_m$和$(M_b)_m$可以以共同的混合物水分活度$(A_w)_m$下在各自的等温线上（图1-34）显示出的相互关系求得。

在多组分混合的情况下，只需在式（1-99）中分子分母部分加入相应组分对应项就可求得多组分混合物的$(A_w)_m$。

四、 包装

要使食品在一定期内不变质，必须选择合适的包装材料和确定其渗透系数。包装材料的容许水蒸气渗透率的概念，是基于Fick扩散第一定律：

$$\frac{dw}{dt} = A\left[\frac{q}{\Delta(P/P_0)_t}\right][(P/P_0)_0 - (P/P_0)_{ip}] \tag{1-100}$$

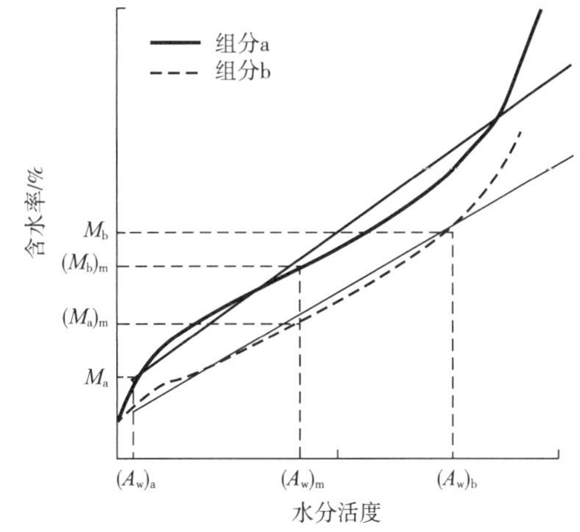

图 1-34 混合物中两组分含水率与水分活度关系

式中 w——扩散包装内水蒸气质量，kg；

A——包装的表面面积，m^2；

$\frac{q}{\Delta(P/P_0)_t}$——包装材料单位相对湿度差的蒸气压渗透率，$kg \cdot m^2/d$；

$(P/P_0)_t$——在试验渗透率条件下的相对湿度；

$(P/P_0)_0$——运输及储藏环境的相对湿度，这里假定为常数；

$(P/P_0)_{ip}$——包装内的相对湿度。

设包装食品的干物质质量 m_d，则在干基含水率为 X 时，其水分质量 $m_x = Xm_d$，代入式（1-102）则有，

$$\frac{dX}{dt} = \frac{A}{m_d}\left[\frac{q}{\Delta(P/P_0)_t}\right][(P/P_0)_0 - (P/P_0)_{ip}] \tag{1-101}$$

分离变量后积分则有

$$\int_{X_{ip}}^{X_e} \frac{dX}{f(X_e) - f(X_{ip})} = \frac{A}{m_d}\left[\frac{q}{\Delta(P/P_0)_t}\right]\int_{t_0}^{t_{st}} dt \tag{1-102}$$

式中 X_{ip}——食品初始含水率，kg/kg；

X_e——在环境相对湿度下平衡时含水率，kg/kg；

t_{st}——食品达到临界含水率的储藏时间，d。

若等温线为已知，则可通过 X 画出 $\frac{1}{f(X_e) - f(X_{ip})}$ 曲线。

第二章
平衡水分测定及热力学函数

第一节
粮食吸湿性影响因素

一、 粮食水分吸附与解吸的生物学概述

干甘薯片放在潮湿的空气中，很快吸湿变软。干燥的其他粮食都有这种现象，相反，潮湿的粮食放在湿度小的空气中，很快会散湿变干。粮食这种吸湿和散湿的性能叫吸湿性。我们把粮食水分吸附和解吸合起来称为吸着。

粮食之所以发生吸湿或散湿，增加或减少水分，是由于粮食是生命有机体，是多孔性毛细管胶体物质。由果皮、种皮、胚、胚乳所组成的粮粒组织，含有大量的淀粉和蛋白质，如小麦籽粒一般含淀粉 63.07%，蛋白质 16.06%，这些物质都是亲水胶体，与水具有很强的亲和力。从籽粒结构看，籽粒内有许多微小的孔，其直径是 1~1000nm，称作毛细管。空气中的蒸气压大于籽粒蒸气压时，水汽分子首先吸附在粮粒表面，当蒸气压在粮粒周围逐渐加大时，对内扩散加大，水蒸气会通过毛细管扩散到它的内部，与淀粉、蛋白质胶粒结合。如果外界的蒸气压继续大于粮粒内的蒸气压，也就是存在压力差时，则水蒸气就不断地进入粮粒，水蒸气在毛细管内形成凹形时其蒸气压越小，随即液化凝结形成弯月面，从而外界的蒸气压再次大于粮粒内的蒸气压，不断吸水，这就是粮食水蒸气的吸附过程，也叫吸湿。相反，当空气中的蒸气压很低，也就是粮粒内的蒸气压大于空气的蒸气压时，毛细管内的水分就吸热转化成水蒸气，这些水蒸气通过粮粒表面，扩散到空气中，这就是粮食水蒸气的解吸过程，也称散湿。

粮食的吸湿性能的大小，取决于粮粒状态、化学成分、环境条件。如粮粒亲水物质含量多，表面粗糙、组织疏松、破碎粒和虫蚀粒较多，空气的蒸气压大，气温高于粮温，则吸湿性较强；反之较小。下一节详述粮粒结构和生化成分对吸湿性的影响。

二、 粮食平衡水分吸着等温线描述

粮食在储藏期间，在有温差的条件下，不断地与周围的空气进行着水蒸气交换，因此粮食的水分含量也随着外界环境条件的变化而不同。一定温度和相对湿度下，粮食吸湿量与散湿量相等，粮食蒸气压与周围空气中的蒸气压相等而保持平衡的水分，称作平衡水分。粮食的平衡水分等温线都呈现“S”型曲线，约在 80%时急剧上升。“S”型水分吸着等温线是农产品特有的。

影响粮食平衡水分的因素有粮食的种类、等级、成熟度、湿度和温度。在温度不变时，相对湿度越大，粮食平衡水分越大；相对湿度减少，平衡水分变小。在相对湿度恒定时，温度越高，平衡水分越低；温度降低，平衡水分变大。

平衡水分与粮食种类也有关系。含油多的，平衡水分就低。如在20℃、*RH* 70%条件下，小麦的平衡水分是14.8%，大豆为11.5%。在相同温度、湿度条件下进行安全储藏，大豆水分较小麦和其他含淀粉多的粮食低。

一粒粮食中，胚部吸湿最快，胚部含糖、脂肪较多，组织松软，所以虫、霉侵入粮粒从胚部开始。

粮食的平衡水分可以作为自然通风或机械通风技术管理的依据，利用冬季低温期进行通风降温。如果需要通风的粮食原始水分大于当时条件下的粮食平衡水分，就可以进行通风。在通风过程中，应在降低粮温的原则下，不增加粮温水分。此外，储粮低于*RH* 65%~75%时，采用密闭储藏法。粮食进行干燥时，根据粮食种类、原始水分、当地温湿度条件、储藏期限来考虑降水多少。上述通风、干燥、密闭的管理都是根据粮食平衡水分原理。

延长粮食和油料的干燥、通风和储藏（即使没有强力通风），总是引起粮食水分达到一定平衡。这个平衡影响因素包括：①周围空气的水蒸气部分压强 P_v，这能够以空气相对湿度和温度表达（假定空气温度等于颖果温度）；②达到平衡的方法（吸附或者解吸，多重干燥和再吸湿）；③品种；④粮食成熟期。

平衡水分含量表达为：$M_e = f(P_v, T)$。

在恒定蒸气压强 P_v，不同温度的平衡含水率形成一个等压线，在恒定温度它是一个等温线。在农产品的干燥中，平衡水分数据以等温线给出，水的蒸气压被空气相对湿度代替：$M_e = f(ERH, T)$。

对农产品，平衡等温线是S型的，对应毛细管-多孔胶体材料的等温线。这个等温线分为3个区域：单分子层吸附发生在曲线拐点的下部区域，通常，对合适温度下的农产品，这个区域发生在相对湿度接近15%。单分子层解吸的转变对25℃和50℃等温线发生在7.8%（干基）和6.0%（干基）。在中间区域，当附加的水分子吸附到单分子层水上，多层吸附发生。多层吸附通常发生在相对湿度15%~90%。水分子吸附（单层和多层区域）期间，一定量的热被放出，结合水的物理特性被改变。结合在单层的水分子的密度、比热容、冷冻温度各是1790kg/m^3、2930.8J/kg、-78℃。

渗透结合水的数量比吸附水的数量大几倍。在吸附过程中渗透结合水的物理特性不改变，没有热放出。毛细管吸附指游离水保持在固体孔中。这个吸附发生在相对湿度90%~100%的区域，水分保持在直径小于0.1μm的毛细管中。对小麦，从结合水转变为游离水发生在32%（干基）。在相对湿度100%时，固体含水率超过它的吸湿含水率，游离水也出现在固体表面。根据理论，许多学者试图发展平衡水分等温线的数学模型，企图拟合整个相对湿度范围。

1. Kelvin 模型

为了模拟一个固体物料的水分吸附，在1871年有学者提出考虑微孔内的毛细管凝结。Kelvin方程正是基于毛细管凝结理论表达毛细管中液体的蒸气压强 P_v 与同样温度下饱和蒸气压强 P_{vs} 之间的关系：

$$\ln\left(\frac{P_v}{P_{vs}}\right) = -\frac{2\sigma V\cos\alpha}{rRT} \tag{2-1}$$

式中 P_v——粮食产品的水蒸气压强，N/m^2；

P_{vs}——系统平衡温度时饱和蒸气压，N/m^2；

σ——水分的表面张力，N/cm；

V——液态水的体积，m^3；

α——水分与毛细管壁之间的接触角，(°)；

r——圆柱形毛细管半径，m；

R——理想气体常数，8.314J/（K·mol）；

T——热力学温度，K。

Kelvin 方程在谷物粮食的实际用途限于非常高的湿度范围（大于 95%），此时发生毛细管凝结。甚至在这个湿度范围，Kelvin 方程给出疑问，由于粮食籽粒微孔中水分的非理想行为。但是，Kelvin 方程用于解释谷物粮食的水分吸附滞后现象。

2. Langmuir 等温线方程

在 1918 年采用不平衡的化学键解释一个粮粒内表面的单分子层水蒸气的吸附。平衡水分方程表达水蒸气蒸发速率和凝结速率的平衡。Langmuir 等温线方程表达为

$$V = V_m\left(\frac{bP_v}{1 + bP_v}\right) \tag{2-2}$$

式中 V——在水蒸气压强 P_v 下粮食等热吸附的水蒸气体积，m^3；

V_m——粮粒内部表面完全被单分子水层覆盖时吸附的水蒸气体积，m^3；

b——与温度和粮粒类型有关的常数。

Langmuir 等温线方程对谷物粮食不适合，这个物理模型不能解释被吸附水分子之间的相互作用，或多分子层吸附。尽管 Langmuir 方程有缺点，它在粮食干燥中很有用，它作为起点用于推导多个常用的谷物粮食半经验平衡水分方程。

3. BET 方程

Brunauer 等人在 1938 年基于动能理论解释产品表面的多层水分子吸附，被称为 BET 方程。在这个模型中，粮粒内部表面被认为是特定吸附位点的排列，每个位点能够吸附一个以上水分子。BET 方程形式为

$$\frac{P_v}{V(P_{vs} - P_v)} = \frac{1}{V_m c} + \left(\frac{c-1}{V_m c}\right)\left(\frac{P_v}{P_{vs}}\right) \tag{2-3}$$

式中 c——产品常数，相关于水蒸气的吸附热。

BET 方程能够描述 S 型曲线，对许多食品在相对湿度 5%~45%时拟合很好。它用于脱水食品。它对小麦在相对湿度 4%~30%、25℃和 50℃的解吸等温线拟合很好。BET 方程成功预测了粮食 *EMC* 低于 20%（湿基）的等温线。

4. Harkins-Jura 方程

根据固体表面上存在电势场的概念，吸附或解吸一个分子的总功被认为等于一个水

蒸气分子需要克服场强度的功，加上凝结的功。在 1944 年基于势能理论提出 Harkins-Jura 平衡水分方程，

$$\ln\left(\frac{P_v}{P_{vs}}\right) = d - \frac{e}{V^2} \tag{2-4}$$

式中　d、e——产品的常数，依赖粮食温度。Harkins-Jura 方程预测了粮食水分平衡等温线在相对湿度 30%~50%的范围。

5. Henderson 方程

预测粮食 *EMC* 最著名的关系是 1952 年提出的半经验的 Henderson 模型：

$$\ln(1 - ERH) = -C(T + 273.15)M^n \tag{2-5}$$

式中　C、n——常数。

Thompson 等（1968）对温度加入另一个常数，即修正的 Henderson 方程，

$$M = \left[\frac{\ln(1 - ERH)}{-K(T + C)}\right]^{1/N} \tag{2-6}$$

式中　K、C、N——常数。美国农业工程师学会 1991 年采用它到 ASAE 标准 D245.4，用于描述粮食的水分与相对湿度关系。

6. Chung-Pfost 方程

基于热力学关系，1967 年对谷物粮食提出了 2-参数 Chung-Pfost 等温线模型，描述吸附期间自由能变化：

$$\ln(ERH) = [-A/(RT)]\exp(-B/M) \tag{2-7}$$

式中　A、B——常数；

R——气体常数。

Pfost 等（1976）修正这个方程，通过在温度项加入一个新参数，即修正 Chung-Pfost 方程

$$M = E - F\ln[-(T + C)\ln(ERH)] \tag{2-8}$$

式中　E、F、C——常数。

它是收入在 ASAE 标准 245.4 的第二个平衡水分方程，经常用于预测粮食的 *EMC*。

7. Halsey 方程

最初的两个参数 Halsey 方程用于描述多分子层区域发生的水分凝结，Iglesias 和 Chirife 1976 年引入温度的指数函数，修正了 Halsey 方程，

$$M = \left[\frac{-\exp(A + BT)}{\ln(ERH)}\right]^{(-1/C)} \tag{2-9}$$

式中　A、B、C——常数。

8. Oswin 方程

最初的 Oswin 方程用于拟合 S 型等温线：

$$M = A[ERH/(1 - ERH)]^n \tag{2-10}$$

式中　A、n——常数。

Chen 和 Morey 在 1989 年发现参数 *A* 是温度的线性函数，修正了 Oswin 方程，

$$M = (B + CT)\left(\frac{ERH}{1 - ERH}\right)^{n} \quad (2-11)$$

式中 B、C、n——常数。依据残差绘图，修正 Oswin 方程被认为是爆玉米花、玉米棒、花生荚果、一些玉米和小麦品种的最好模型。

9. GAB 方程

最初的 3 个参数的 Guggenheim-Anderson-de Boer（GAB）方程是从物理吸附的 Langmuir 和 BET 理论发展来。

$$M = \frac{M_m CK \cdot ERH}{(1 - K \cdot ERH)(1 - K \cdot ERH + CK \cdot ERH)} \quad (2-12)$$

式中 M_m——单层含水率,%（干基）。

系数 K 和 C 与水分子吸附层之间的相互作用能量相关。当 $K=1$ 时，GAB 方程就成为 BET 方程。

GAB 被认为是最满意的理论等温线方程。Lomauro 等 1985 年对 150 个生物产品评价了 GAB 方程，包括主要的粮食种类，它准确描述了至少 50%食品的水分等温线。Jayas 和 Mazza（1993）对温度项（T）除系数 C，给出修正的 3 参数 GAB 模型：

$$M_e = \frac{M_m (C/T) K \cdot ERH}{(1 - K \cdot ERH)(1 - K \cdot ERH + (C/T) K \cdot ERH)} \quad (2-13)$$

对燕麦水分解吸等温线的拟合，比较了 3-参数 GAB 方程与 4 个其他常用的 3-参数方程：修正的 Henderson（MHE）、Chung-Pfost（MCPE）、Halsey（MHAE）、Oswin（MOE）方程，最优的方程是 MCPE，修正的 3-参数 GAB 排第二。

有多种方法用于测定粮食和食品的吸着等温线。大多数可以利用的 *EMC* 数据来自暴露样品在潮湿空气的环境中。收集平衡水分试验数据时，要详细描述材料、试验方法及装置。围绕试验样品的空间温度和水蒸气压强应当准确地保持恒定，试验温度保持在偏差±0.2℃之内，用于校正温度的标准温度计偏差是±0.02℃。通过控制样品周围空间的水蒸气含量，采用水蒸气保持恒定的方法能够达到样品平衡水分测定的中等准确性。当以各种盐的饱和溶液保持恒定蒸气压强时，相对湿度的准确性约是±0.5%。

空气中 *EMC* 测定技术有静态和动态方法，静态方法是粮食样品在静止而潮湿的空气中达到平衡，动态方法是密闭环境中空气是机械运动的。静态方法需要几周达到平衡，在高相对湿度和温度，在平衡之前粮食可能霉变。文献常常报道动态平衡水分测定方法较快。

通常采用测定平衡相对湿度（*ERH*）和平衡含水率（*EMC*）的两种方法收集粮食样品的平衡水分数据。*ERH* 测定方法基于密闭系统中少量空气与相对大量的粮食样品达到平衡，而平衡含水率测定方法基于一薄层粮食与恒定相对湿度的空气达到平衡。采用测定 *ERH* 的方法（密闭容器及露点测定方法）通入少量调制空气与粮食达到平衡需要的时间则相对较短。当采用饱和盐溶液调湿的静态称重方法时，粮食与空气达到平衡需要更多的时间。

还可以通过混合干湿数量的食品物质，达到最终的空气相对湿度。在这种情况，等温线上的点落在水分吸附滞后环的内部（在同样相对湿度下吸附数据与解吸数据之间存在差异）。通过混合一定数量的干、湿（采用染料处理）粮食，混合物置于密封的容器，当自然达到平衡后，湿样品（染色）和干样品（不染色）用手工分离，采用烘箱方法测定它们的含水率，获得了不同相对湿度下的水分吸附滞后环。也可以将湿粮和干粮依次逐层放置在托盘中，在密闭的装置内循环空气通过交互的干粮层和湿粮层，加快水分交换。

总之，毛细管多孔产品如粮食的水分吸附，是由于毛细管凝结（Kelvin）、动力学吸附（Langmuir、BET 及 GAB）、场强度势能（Harkins-Jura）相结合的物理机制。提出的四个理论平衡水分方程即 Kelvin、Langmuir、BET、Harkins-Jura 虽然成为历史，但是随着计算机和软件技术的发展，在 GAB 方程基础上研发多参数的平衡水分方已经成为发展趋势，已经在第一章介绍了修正 4-参数 GAB、广义 GAB、GDW 方程，在第五章第四节要介绍多项式平衡水分方程、第七章第六节介绍 CAE 方程。当然，经验平衡水分方程很好用，经验数据可直接用于计算方程常数。由于试验测定 *EMC* 数据在相对湿度大于 90%是不成功的，对较高湿度的 *EMC* 数据仍然是通过修正平衡水分方程来解决问题。

第二节
粮粒结构组成与吸湿性

粮粒的结构、生化组成及其特性用于理解粮食储藏和干燥性能。籽粒结构影响干燥速率，如玉米粒的顶端冠脱离，就快速丧失水分。籽粒组成影响水分吸附特性，高脂肪含量的粮食如大豆平衡含水率低。一般含蛋白质丰富的粮食籽粒水分吸附力特别强，而含油多的籽粒吸附水力较弱。籽粒特性还控制气流阻力，粮堆的孔隙率影响穿过粮层的气流压强降。

一、 粮粒结构

谷物粮食属于禾本科，果实以籽粒形式产出，颖果被壳包围。籽粒的主要构成是胚乳、胚芽、果皮。在脱粒过程，小麦和玉米的壳与裸露的颖果分离。稻谷带有稻壳，影响或减慢其干燥速率。三种谷物籽粒参数见表 2-1。在计算有效水分扩散系数时，小麦等价球体直径取 3.7~4.5mm。尽管小麦品种硬度（色泽）不同，干燥速率差异却很小。制粉过程除去了小麦果皮，以及外部胚乳（或糊粉）层；除去的部分称为麸皮，占小麦籽粒质量的 13%~15%。加工过程也提取胚芽，它占籽粒质量的 2%~3%。胚乳占籽粒质量的 82%~85%，是小麦面粉加工重要的末端产品。

不同玉米品种之间干燥速率存在显著差异。除过果皮、胚芽、胚乳，玉米籽粒也包括顶端冠，顶端冠在脱壳过程经常从籽粒分离。玉米果皮和糊粉层在干法加工过程被除去，它们占质量的5%～7%。胚芽，也在干法加工期间被提取，占玉米籽粒质量的10%～12%。玉米的胚乳占玉米质量的82%～84%，少于玉米面粉，玉米碴是玉米干加工厂重要的胚乳产品。

表2-1 谷物籽粒参数

种类	长度/mm	宽度/mm	等价直径/mm	籽粒质量/mg
小麦	5～8	2.5～4.5	3.7～4.5	30～45
玉米	8～17	5～15	7.8～9.8	150～600
中粒稻谷	5～10	1.5～5	4.2～4.6	23～27

注：引自Pomeranz（1992）。

在含水率13%时，根据籽粒的长宽度比率将稻谷分为3类：长粒（3.8～3.9）、中粒（2.5～2.6）和短粒（2.1～2.4）。带壳的中粒稻谷长度5～10mm，质量23～27mg，等价球形直径4.2～4.6mm。稻谷籽粒包括壳（占质量约20%）和糙米籽粒。果皮占糙米的5%～7%，在白米加工期间除去了果皮。胚乳和胚芽合起来占糙米的93%～95%（表2-2）。

谷物籽粒质量、尺寸及结构影响它们的干燥行为。玉米籽粒干燥最慢，由于它们较大的质量和等价球形直径，而小麦籽粒具有较低比例的胚芽组织而达到最高的平衡含水率。稻谷的堆密度显著低于玉米和小麦的，在固定干燥炉流通量下，稻谷籽粒穿过干燥炉的速率大于玉米和小麦。谷物和油料籽粒的化学组成见表2-3。

表2-2 谷物籽粒主要部分的质量比例

谷物种类	果皮/%	胚芽/%	胚乳/%
小麦	13～15	2～3	82～85
玉米	5～7	10～12	82～84
糙米	5～7	3～4	89～92

注：引自Pomeranz（1992）。

表2-3 谷物和油料的化学组成

谷物种类	水分/%	蛋白质/%	碳水化合物/%	脂肪/%	粗纤维/%	灰分/%
小麦	15.0	11.0	68.5	1.9	1.9	1.7
玉米	15.0	9.9	67.2	4.4	2.2	1.3
稻谷	13.5	8.0	68.2	1.4	6.7	2.7
大米	14.0	6.7	77.6	0.9	0.3	0.2
人麦	15.0	9.5	67.0	2.1	4.0	2.5

续表

谷物种类	水分/%	蛋白质/%	碳水化合物/%	脂肪/%	粗纤维/%	灰分/%
高粱	10.9	10.2	70.8	3.0	3.4	1.7
大豆	10.0	36.0	26.0	17.5	4.5	5.5
花生	8.0	26.0	22.0	39.2	2.0	2.5
油菜籽	8.3	23.1	21.4	42.3	7.6	5.5
芝麻	5.4	20.3	12.4	53.6	3.3	5.0
油茶籽	5.9	9.0	39.4	30.0	4.5	2.1

注：根据多种文献整理。

二、粮食淀粉的含量及吸湿性

淀粉是谷物籽粒最主要的储存物质（表 2-4 和表 2-5）。淀粉一般呈颗粒状，储存在胚乳细胞中，而在糊粉层和胚部含量很少（如玉米），甚至不存在（如小麦和黑麦）。淀粉粒的形态和大小因作物种类和成熟度有差异。一般淀粉粒的直径为 12~150μm。谷物淀粉粒以黑麦为最大，直径为 14~50μm，大麦为 10~35μm，以稻米和荞麦的淀粉粒最小，单粒直径为 2~10μm。淀粉粒具有晶体构造，当颗粒充分吸胀、压碎或干燥时，晶体结构就消失。许多作物的淀粉粒有核，如小麦、甘薯；有的作物淀粉粒有辐射状核裂如黑麦；某些淀粉粒在核的周围有许多环纹，如大麦和马铃薯。淀粉积累的各种条件，都影响淀粉粒的大小，在马铃薯块茎形成的季节温暖多雨，则形成的淀粉粒比干燥条件下小。马铃薯经长期储藏，淀粉粒也会逐渐变小。大米和燕麦的淀粉粒一般是复粒淀粉，而小麦、玉米、蚕豆是单粒淀粉。

表 2-4　主要原粮的淀粉含量

种类	淀粉/%	种类	淀粉/%
稻谷	75~80	普通高粱	69~70
小麦	58~76	玉米	60~70
黑麦	58~63	甜玉米	20~28
大麦	56~66	黍	60
燕麦	50~60	豌豆	21~49
糖用高粱	63~66	大豆	2~9

注：表中数据根据多种文献整理。

表 2-5　**稻米籽粒和米粉的化学组成**

化学组成/100g	稻谷	精米	糙米粉	精米粉
碳水化合物/g	77.2	79.9	76.5	80.1
蛋白质/g	7.9	7.1	7.2	5.9
膳食纤维/g	3.5	1.3	4.6	2.4
脂肪/g	2.9	0.7	2.8	1.4
灰分/g	1.5	0.6	1.5	0.6
饱和脂肪酸/g	0.6	0.7	2.8	1.4
单不饱和脂肪酸/g	1.1	0.2	1.0	0.4
多不饱和脂肪酸/g	1.0	0.2	1.0	0.4
矿物质				
钙/mg	23.0	28.0	11.0	10.0
铁/mg	1.5	0.8	2.0	0.4
镁/mg	143.0	25.0	112.0	35.0
磷/mg	333.0	115.0	337.0	98.0
钾/mg	223.0	115.0	289.0	76.0
钠/mg	7.0	5.0	8.0	0.0
维生素类				
维生素 E/mg	1.2	0.1	1.2	0.1
维生素 K/mg	1.9	0.1	—	0.0
维生素 B_1/mg	0.4	0.1	0.4	0.1
维生素 B_2/mg	0.1	0.0	0.1	0.0
烟酸/mg	5.1	1.6	6.3	2.6
吡哆辛/mg	0.5	0.2	0.7	0.4
叶酸/μg	20.0	8.0	16.0	4.0
维生素 B_5/mg	1.5	1.0	1.6	0.8

注：样品水分基为 14%；引自 Rosell and Marco（2007）。

小麦粉的化学组成见表 2-6。天然淀粉含有相当高的水分，一般商品淀粉的含水率见表 2-7。天然淀粉含有如此高的水分，都不显示潮湿而呈干燥的粉末状，这是由于淀粉分子中存在的羟基与水分子相互作用形成氢键的缘故。不同种类淀粉的含水率存在差别，这是由于淀粉分子中的羟基自行结合及与水分子结合的程度不同。如玉米淀粉分子中的羟基自行缔结的程度比马铃薯淀粉分子大，剩余的能够通过氢键与水分子相互作用结合的游离羟基的数目相对减少，因而含水率低。可认为玉米淀粉分子小，位阻小，易自行缔合；且玉米淀粉颗粒小，紧密，水分子不易进入内部，从而导致玉米淀粉的含水率较低。另外，由于马铃薯中支链淀粉上的磷酸根与水结合能量大，结合比较牢固，而玉米淀粉中脂肪较多，也影响了淀粉分子与水的缔合。

表 2-6　　小麦粉的化学组成

品种	水分/%	蛋白质/%	脂肪/%	糖类/%	纤维/%	灰分/%
低筋粉	14.0	8.3	0.9	76.2	0.2	0.4
中筋粉	14.5	8.5	1.0	75.3	0.3	0.4
高筋粉 1	14.3	11.0	1.1	72.6	0.3	0.5
高筋粉 2	14.0	12.6	1.1	71.2	0.3	0.4
特强粉	12.9	14.1	3.3	67.7	0.4	1.2

注：根据多种资料整理。

表 2-7　　一般商品淀粉的含水率

种类	含水率/%	
	国内	国际
玉米淀粉	<14	<15
马铃薯淀粉	<18	<21
木薯淀粉	<15	<18

淀粉粒中水分不是固定不变的，而是受空气湿度和温度变化的影响。将淀粉粒暴露于不同的相对湿度和温度下，会产生吸收水分和释放水分的现象。阴雨天，空气中相对湿度高，淀粉水分增加；干燥天气，空气中相对湿度低，淀粉水分减少。在一定的相对湿度和温度条件下，淀粉吸收水分与释放水分达到平衡，这时淀粉所含的水分称为淀粉平衡水分。

淀粉中存在两种状态的水，即自由水和结合水。自由水是指被保留在物质团粒之间或空隙内，仍具有普通水的性质，随环境温度和湿度的变化而变化。这种水与吸附它的物质只是表面接触，它具有生理活性，可被微生物利用。结合水不再具有普通水性质，温度低于-25℃也不会结冰，不能被微生物利用。排除这部分水，就有可能改变物质的物理性质，在测定水分过程中，这部分水有可能被排除。

三、 蛋白质水溶性及吸湿性

粮食籽粒中蛋白质含量差异很大，禾谷类籽粒蛋白质一般不超过 15%。油料种子含蛋白质较淀粉种子为高，尤其是豆类，如大豆、豌豆，以及葵花籽等，蛋白质含量特别高。一般籽粒的透明度越高，蛋白质的含量也越高，二者存在密切的相关性。

种子中的大部分蛋白质都是有许多不同氨基酸组成的简单蛋白质，只有极少数在胚内的蛋白质才是与核酸结合的复合蛋白质。简单蛋白质按照其在各种溶剂中溶解性差异，分为清蛋白、球蛋白、醇溶蛋白和谷蛋白四种（Shewry 和 Casey 1999）。

清蛋白在中性或弱酸情况下能够溶解于水，经加热或在某种盐类的饱和溶液中发生沉淀，小麦的麦粒蛋白和燕麦蛋白就是清蛋白。这类蛋白质在胚乳中含量很少，但在胚中却占全部干重的10%以上。

球蛋白不溶于水，但溶于盐类溶液，它是豆类植物所含的主要蛋白质。在禾谷类种子也相对普遍，如燕麦球蛋白、玉米球蛋白，小麦、大麦及稻谷的球蛋白含量却很少。

醇溶蛋白不溶于水和盐类溶液，但能溶于稀释的乙醇。它是禾谷类所特有的蛋白质，所有禾谷类种子都含有这类蛋白质，如小麦和黑麦种子的麦醇溶蛋白、大麦醇溶蛋白、燕麦醇溶蛋白、玉米醇溶蛋白、高粱醇溶蛋白。

谷蛋白不溶于水、盐类溶液和乙醇，但溶于0.2%的碱溶液。大麦、小麦、玉米种子中的谷蛋白和稻谷的米谷蛋白都属于这一类。谷蛋白在禾谷类种子的含量较高。

麦醇溶蛋白和小麦谷蛋白是面筋的主要成分，它们占面筋总量的74.2%。此外，面筋中含有20%淀粉、少量球蛋白、纤维、水分、糖、脂肪、矿物质等。由于蛋白质含量与面筋含量密切相关，所以可用洗出面筋的方法，作为蛋白质的简易测定方法。又由于制作面包和馒头时，面筋具有保持面团中气体的性能，因此面筋是小麦品质的标志。面团保持气体的能力不仅取决于面筋的含量，还很大程度取决于面筋的品质如面筋的弹性和延伸性。种子胚部和糊粉层的蛋白质只含有清蛋白和球蛋白，不能形成面筋，而只有胚乳的蛋白质才能产生面筋。面筋在一般软小麦的胚乳中，分布很不均匀，越靠近胚乳的外部，面筋的数量越多，但面筋品质的变化却与此相反；存在于胚乳中心部分的面筋品质较优。

四、脂类吸湿性与油料储藏

1. 脂肪

常见油料籽粒的营养组成见表2-8。油料作物的种子含油脂成分很高，核桃仁含油脂60%~65%，芝麻含53%，花生含38%~50%，大豆含17%~20%，而一般谷物种子油脂含量很少。脂类包括脂肪和磷脂两大类，前者以储存物质的状态存在于细胞中，后者是构成原生质的必要成分。

表2-8　常见油料作物的营养组成　单位：g/100g

种类	水分	蛋白质	脂肪	碳水化合物	限制氨基酸	潜在毒性成分
大豆	7	45	25	15	Met	胰蛋白酶抑制剂、植酸
棉籽	6	53	30	10	Lys、Met	棉酚
花生	9	25	50	20	Met	黄曲霉毒素
葵花籽	6	30	40	26	Lys	多酚
菜籽	3	26	33	35	—	硫代糖苷

注：根据文献整理。

脂肪是由脂肪酸和三个羟基的甘油结合而成的各种甘油酯的混合物，其成分中脂肪酸占 90%，甘油占 10%。脂肪酸分为饱和脂肪酸和不饱和脂肪酸两大类。种子脂肪酸成分中常见的脂肪酸有软脂酸、硬脂酸、油酸、亚油酸、芥酸等。固态脂肪含有大量的饱和脂肪酸，液态脂肪含有大量的不饱和脂肪酸，特别是油酸。在菜籽油中含有亚油酸、芥酸等。亚油酸是叶绿体不可缺失的成分，也是光合作用放出氧的动力，能有效地调节酶的催化系统。亚油酸还具有降低人体中胆固醇的功效。芥酸对人体健康有害。油菜育种的目标是降低芥酸含量，提高亚油酸的含量。花生油中含有大量的油酸、蓖麻酸等。

脂肪是疏水胶体，不溶于水。酸价评价脂肪中游离脂肪酸的总量，碘价指示脂肪中脂肪酸的不饱和程度，脂肪的皂化价与酸价之差指示与甘油结合的脂肪酸数量。低纬度地区出产的植物油，硬脂酸相对较多，软脂酸少，油酸更少。在高纬度地区，所有的植物油几乎是油酸。碘价越低，脂肪越硬，而碘价越高，脂肪成分中不饱和脂肪酸的含量越高，脂肪容易氧化。

禾谷类种子，脂肪含量通常为 1.5%~2.0%，燕麦和玉米种子脂肪含量高达 5%~6%。有胚乳种子的脂肪一般存在于胚和糊粉层的细胞里。胚乳中脂肪含量不超过 1%，磨粉时有一部分胚落在面粉中，在面粉储藏期间脂肪分解，降低面粉品质。油料作物种子含油量的变异幅度很宽，除品种因素外，影响的环境因素是土壤、温度及生长期间的平均温度。

种子在储藏过程中，不饱和脂肪酸会氧化为醛、酮等物质而产生苦味，叫酸败。脂肪的酸败现象在含油量多的种子容易发生，如玉米、大豆。种子种皮破裂，以及高温、强光、高湿、多氧条件会加速这一过程，造成种子变质，产生油酸气味和苦味，此外，微生物对脂肪酸的分解作用也造成种子油酸败。在活种子中含有维生素 E 和磷脂等物质，可阻止脂肪的酸败作用。

2. 磷脂

种子中除含有脂肪外，还含有物理性质与脂肪相同，化学结构与脂肪相似的磷脂。磷脂的构造与脂肪不同之处是，磷酸代替脂肪酸而与甘油的一个羟基结合，并且磷酸又与含氮碱相结合，胆碱是最主要的一种含氮碱。由甘油根、磷酸根、胆碱组成的磷脂，称为卵磷脂。由于磷酸根和胆碱在分子结构中位置不同，卵磷脂可分为 α-卵磷脂和 β-卵磷脂。由甘油根、磷酸根、氨基乙醇组成的叫脑磷脂。由于磷脂中所含脂肪酸根多样性，卵磷脂和脑磷脂的种类很多。磷脂在限制原生质透性方面起重要作用。卵磷脂容易与各种物质化合为复合物，对呼吸作用形成的氧化作用和合成作用具有重要意义。植物卵磷脂可以作为乳化剂、湿润剂及稳定剂。棉籽磷脂是优良的抗氧化剂，能够抑制种子中脂肪的酸败变质。

大豆胚芽部分磷脂含量较子叶多，禾谷类磷脂中含有葡萄糖、半乳糖、戊糖等，相互结合很牢固。脂肪酶能够使脂肪酸从磷脂中水解出来，而磷脂酶能分解甘油和磷酸之间的化合键。在储藏不合理的情况下，由于脂肪酶的作用，能使脂肪物质分解而脱出游离脂肪酸，这些物质的累积能使种子的酸度增加，品质恶化，脂溶性维生素 A、维生素

D、维生素 E、维生素 K 等被破坏。事实证明，游离脂肪酸与种子生活力之间存在着相关性。如棉籽处在高温高湿条件下，则所含游离脂肪酸高于 5%的种子都是死的，低于 1%的死种子仅占少数。

五、 纤维素和半纤维素

纤维素是组成细胞壁的基本成分，它和木质素、矿物质盐类及其他物质结合在一起，成为果皮和种皮最重要的组成部分。纤维素由纤维二糖单元组成。半纤维素也是构成种子细胞壁的主要成分，它和纤维素一样具有支撑功能，还是植物的贮藏多糖。种子内所含的半纤维素主要由戊聚糖组成，它是果皮和种皮最重要的组分之一。阿拉伯木聚糖是高分子胶体戊聚糖，它由木糖、阿拉伯糖、少量半乳糖组成，在黑麦籽粒中的含量高达 2.8%。

六、 维生素

在种子中，特别是胚部和糊粉层的细胞里，存在各种维生素。维生素分为脂溶性和水溶性两大类。种子中属于脂溶性的维生素有维生素 A 和维生素 E（生育酚），属于水溶性维生素有维生素 C、B 族维生素的维生素 B_1、维生素 B_2（核黄素）、维生素 B_6（吡哆素）、烟酸、泛酸和生物素。植物体内不存在维生素 A，但是含有能形成维生素 A 的胡萝卜素。

小麦、黑麦、大麦、燕麦和玉米整个籽粒都含有胡萝卜素，禾谷类种子胡萝卜素含量不高，小麦含量小于 0.75μg/g。维生素 E 在禾谷类种子胚中大量存在，它是一种抗氧化剂，对防止油脂的氧化及变味具有显著作用。

B 族维生素在禾谷类和大豆种子含量非常丰富，禾谷类种子维生素 B_1 主要存在胚部和麸皮。大豆维生素 B_1 含量比小麦多一倍。在禾谷类种子的胚、盾片、糊粉层维生素 B_1 的浓度很高，在胚乳很少，几乎没有，如大米。维生素 B_2 呈游离态和磷酸酯态存在，在豆科种子含量为 1.3~1.5μg/g，黑麦种子含量为 1.2~2.2μg/g。维生素 B_6 和烟酸是某些酶的重要组成部分。泛酸在小麦种子含量为 13μg/g，其中胚含量为 15μg/g。

维生素 B_1、维生素 B_2、泛酸、烟酸等维生素，在越靠近胚乳中心部分，含量越低，所以优级面粉中这些维生素较少。维生素 C（抗坏血酸）是葡萄糖强烈氧化的衍生物，成熟的禾本科种子没有维生素 C，在种子发芽过程大量生成，全部集中在幼芽中，在种子的其他部分如盾片、胚乳中不存在。豆类发芽种子在子叶合成维生素 C。

七、 其他物质

矿物质在种子中的分布极不平衡，胚和种皮的灰分率比胚乳的灰分率高许多倍。谷物类种子灰分率为 1.5%~3.0%，大豆高达 5%。一般说，种子中矿物质含量最多的部分，也是含纤维素和半纤维素最多的部分。小麦的灰分率与品种关系不大。

种子的色泽根据种皮、糊粉层、胚乳或子叶的颜色来确定，种子内所含的色素有叶绿素、类胡萝卜素、黄酮类、花色素等。叶绿素主要存在禾本科种子的稃壳和果皮、豆类种皮。随着籽粒成熟度提高，种子中叶绿素逐渐消失，但是成熟后在黑麦胚乳、蚕豆种皮、某些大豆种皮和子叶仍然存在一定数量的叶绿素。小麦种皮的色泽还与休眠期的长短有关，其色泽是品质好坏的重要指标之一。

存在于种子中的黄色素都属于类胡萝卜素。这类色素包含在禾谷类种皮和糊粉层中，麦粒胚乳色颜色由这种色素决定的。类胡萝卜素最重要的是胡萝卜素和叶黄素，二者有几种异构物。玉米除含胡萝卜素外，还有叶黄素的同分异构体隐黄素和黍黄素。

花青素与以上几种色素的性质不同，它是水溶性的细胞色素，存在某些豆类的种皮中，使种皮显示各种颜色和斑纹。

很多种子的皮壳中都含有蜡质，这是高级醇和高级脂肪酸的几种酯混合物，比甘油酯难水解。棉籽的皱褶子叶上有黑色腺体，内含有毒的棉酚，棉籽作为饲料或榨油，必须脱毒。高粱稃壳和果皮含有单宁，会降低种皮的透水性，具有防腐功能，有利于储藏，但是食用时，带有涩味，多食用对肠胃不利，选育目标是不含单宁的白粒高粱品种。

第三节 粮食平衡水分测定原理方法

粮食和种子的平衡水分是指它们暴露于特定环境中，经过一定的时间达到的最终含水率。平衡水分与粮油种子所处环境的相对湿度、温度及本身的品种类型与成熟度等因素有关，它是一个热力学要素。在研究粮油干燥特征和设计干燥设备时，粮油的平衡水分决定了在一定的干燥条件下所能达到的最终水分，还直接影响干燥速率。干燥的粮食在储藏环境条件发生变化时，便会吸湿，造成变质、发热生霉。

一、平衡水分测定原理方法

1. 原理

Coleman 在 1925 年发现，在恒定温度下谷物平衡含水率（*EMC*）与水分活度（A_w）之间存在一一对应的关系，用图表示就是水分吸着等温线（卞科 1997）。水分活度（A_w）是在同一温度下，谷物或食品的平衡水分蒸气压对饱和蒸气压的比率。

$$A_w = \frac{f}{f_0} \tag{2-14}$$

$$A_w = \left(\frac{P}{P_0}\right)_T = \frac{ERH}{100} \tag{2-15}$$

式中，A_w 是无量纲的，f 是在一定温度 T（热力学温度）下溶液或含水物料的水逸度，f_0 是该温度下纯水的逸度。在低温下，f/f_0 和 P/P_0 之间的差别小于 1%。P 是一定温度下，物料中水与环境空气中的水达到平衡时空气的水蒸气压，P_0 是该温度下纯水的饱和蒸气压。在一定环境中，物料的液态水与气态水达到平衡时，空气的相对湿度 $RH=P/P_0\times100\%$。可以通过测定谷物在固定体系中达到平衡时的含水率（间接法），或测定空气的平衡相对湿度（直接法），绘制等温线。试验方法大致有以下几种。

①静态称重法：属于间接测定方法。在标准容器中放入饱和盐溶液，被测试样置于容器内饱和盐溶液上方，容器密封后置其于恒温环境中发生样品吸附或解吸。当达到平衡后测定试样平衡含水率。静态称重法简单易行，能够获得完整的 S 型曲线数据，数据准确度好。传统观点认为该方法的缺点是，吸附或解吸平衡时间过长，初始水分高的样品在未达到平衡之前就可能发霉。

②动态称重法：将一定湿度的空气流穿过样品，以加速样品的吸附与解吸过程，缩短平衡时间。我们的静态称重法与动态称重法的对比试验，还有欧洲科技研究联盟水分活度委员会的比较试验，均表明搅动湿空气流不能减少样品的含水率平衡时间。

③直接测定 *ERH* 法：为了节省试验时间，研发了该方法，是在固定容器内放入大量样品，在达到平衡状态时，抽取样品间隙空气，以测定平衡相对湿度的相关值如水分蒸气压、湿球温度、露点温度等（Chen 2001）。这一技术受到相对湿度测定准确性的限制。随着电子技术发展，相对湿度传感器的性能日益完善，且利用软件回归分析，相对湿度计的准确性可通过适当回归校正方程式的建立而得到良好的改进。这就使得对粮食平衡相对湿度的测量更为准确。

2. 静态称重法及其改良

传统测定谷物平衡水分的方法以间接方法为主，被美国农业与生物工程学会（ASABE）推荐为标准方法。静态称重法是最常用的 *EMC* 数据收集试验方法，利用密闭容器系统内的饱和盐溶液（表 2-9）或者不同体积分数的酸溶液（表 2-10），产生恒定的平衡相对湿度，或者辅助一定流速循环系统内空气，然后连续地或周期性地测定样品的含水率变化。连续记录质量变化的动态系统，比静态系统在技术上更复杂，理论上样品周围的空气流动使吸湿或干燥过程更加迅速。鉴于无机强酸对环境产生污染，通常采用饱和盐溶液。我们测定国产粮食的平衡水分，利用饱和盐溶液在恒定密闭系统空间内，产生标准的相对湿度环境（图 2-1）。具体的操作是，在盛有饱和盐溶液、具有橡胶塞的 250mL 广口玻璃瓶内，悬挂装有粮食的铜网制成的小桶（直径 2.8cm，高度 4.0cm）。将玻璃瓶置于 10~35℃的人工气候箱内（温度精度为±0.9℃，经常用标准温度计校正），瓶内能够保持相对湿度 11%~96%的梯度系列。经过一定时间后，根据称重判断是否达到质量平衡，平衡前后的两次连续称重之差小于 2mg。此时取出样品，烘箱法测定其含水率，并作出 *EMC-ERH* 关系的吸附/解吸等温线。吸附样品的制备是，在恒温（35℃）下降低谷物籽粒内水分到 8%，然后以五氧化二磷固体脱水，使籽粒含水率降到 5%以下。对于解吸样品，将正常含水率的样品称量后装入塑料广口瓶，加入含有 0.02% 叠氮化钠的水溶液到样品含水率21%，在4℃平衡8~10d，每天摇匀1次。不管吸附还是解吸样品，在进样测定*EMC*之前采用烘箱方法测定初始含水率。

图2-2所示，静态称重法测定粮食平衡水分需要2周以上。对氯化钾、硝酸钾饱和盐溶液产生的高相对湿度（>85%），样品易霉变，进样后第3d就开始检查样品，一旦发现霉菌孢子，就取出样品烘干测定水分。氯化锂、乙酸钾饱和盐溶液上空的样品达到水分吸着平衡需要20d以上时间，而其他饱和盐溶液上空样品在两周左右就能够达到水分吸着平衡。我们在密封的干燥器放置一个小电扇，加快饱和水蒸气循环（图2-3），结果是达到平衡的时间没有缩短，试验成本高。在静态玻璃瓶和装有小风扇的干燥器中，籼稻和黄玉米在氯化镁和氯化钠饱和盐溶液上方环境中，含水率随时间的变化见表2-11和表2-12。

表2-9　9种饱和盐溶液产生的平衡相对湿度

饱和盐溶液	相对湿度/%					
	10℃	15℃	20℃	25℃	30℃	35℃
氯化锂	11.29	11.30	11.31	11.30	11.28	11.25
乙酸钾	23.38	23.40	23.11	22.51	21.61	21.50
氯化镁	33.47	33.30	33.07	32.78	32.44	32.05
碳酸钾	43.14	43.15	43.16	43.16	43.17	43.16
硝酸镁	57.36	55.87	54.38	52.89	51.40	49.91
氯化铜	68.40	68.40	68.30	67.00	66.50	66.00
氯化钠	75.67	75.61	75.47	75.29	75.09	74.87
氯化钾	86.77	85.92	85.11	84.34	83.62	82.95
硝酸钾	95.96	95.41	94.62	93.58	92.31	90.79

注：引自李兴军（2011）。

表2-10　利用硫酸水溶液产生的平衡相对湿度

硫酸溶液/%（*v/v*）	相对湿度/%		
	30℃	45℃	60℃
5	98.08	98.12	98.18
20	88.14	88.39	88.82
30	75.49	76.29	77.11
40	57.11	58.66	59.89
50	35.74	37.65	39.36
60	16.77	18.34	19.88
70	4.70	5.48	6.11
80	0.59	0.77	1.03

注：引自Greenspan（1977）；周景星（1981）。

图 2-1　粮食平衡水分静态称重方法测定

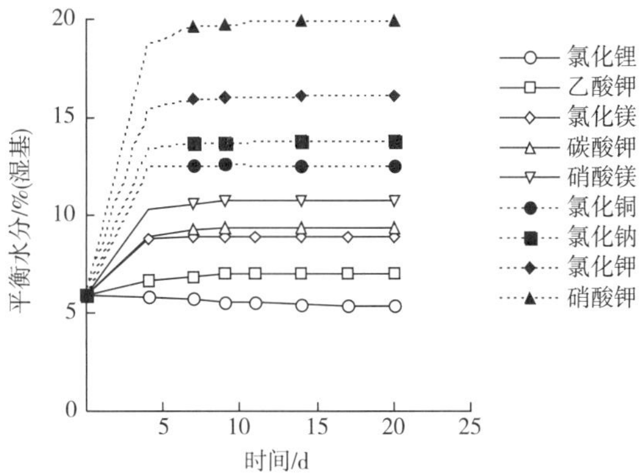

图 2-2　杂交稻 20℃等温线静态称重法测定所需平衡时间

图 2-3　盛饱和盐溶液的干燥器内风扇运行加速水蒸气循环

表 2-11　在 19.8℃饱和盐溶液上方的泸州杂交籼稻含水率变化

时间/d	含水率/%			
	静态玻璃瓶		装有风扇的干燥器	
	氯化镁	氯化钠	氯化镁	氯化钠
0	5.90±0.00	5.90±0.00	5.90±0.00	5.90±0.00
4	8.84±0.11	13.41±0.01	7.21±0.04	12.86±0.02
7	8.95±0.09	13.67±0.02	7.65±0.02	13.10±0.09
9	8.93±0.09	13.75±0.02	7.79±0.07	13.16±0.07
11	8.86±0.07	13.78±0.01	7.93±0.01	13.38±0.05
14	8.80±0.07	13.80±0.02	8.01±0.01	13.47±0.06

注：含水率测定采用整粒烘干方法，数据是三次测定均值±标准误；干燥器中风扇工作 3h，停止 1h，干燥器中温度到达 20.6℃。

表 2-12　在 19.8℃饱和盐溶液上方的川玉 68 玉米含水率变化

时间/d	含水率/%			
	静态玻璃瓶		装有风扇干燥器	
	氯化镁	氯化钠	氯化镁	氯化钠
0	8.50±0.00	11.50±0.00	8.50±0.00	11.50±0.00
5	9.00±0.10	14.22±0.04	9.96±0.03	13.64±0.03
7	9.07±0.11	14.50±0.04	9.61±0.03	13.79±0.03
9	9.12±0.10	14.61±0.03	9.47±0.01	13.73±0.07
12	9.15±0.10	14.67±0.02	9.39±0.01	13.97±0.03
14	9.37±0.05	14.50±0.06	9.34±0.01	14.08±0.02

注：含水率测定采用整粒烘干方法，数据是三次测定均值±标准误；干燥器中风扇工作 3h，停止 1h，干燥器中温度到达 20.6℃。

3. 等温线方程及拟合度

“二战”之后美国国家粮食储备库采用高大平房仓型，开始了粮食平衡水分方程与机械通风的应用基础研究。到 20 世纪 90 年代后期，发达国家科学家对每种谷物和油料的 *EMC-ERH* 数据归纳了最佳平衡水分方程。之所以寻求数学方程来拟合粮食的水分吸着等温线，是由于 *EMC* 或 *ERH* 测定方法复杂、耗时间，且籽粒异质性等因素均影响测定数据。国际上已经提出 200 多个数学方程描述 *EMC-ERH* 的关系。这些数学方程可分类为理论的、半经验的和经验公式，每个方程成功地显示了 *ERH* 范围，或农产品不同类型的平衡含水率。前文表 1-12 列出了常用的粮食水分吸着等温线的描述方程。

修正的 Chung - Pfost（MCPE）、Henderson（MHE）、Halsey（MHAE）、Oswin（MOE）及修正 Guggenheim-Anderson-de Boer（GAB，含有温度项），均考虑温度对等温线的影响，被美国农业与生物工程学会 ASAE D245.4 作为标准方程用于描述谷物吸着等

温线。这五个方程都可以互逆表达，且系数均是 3 个。Chen 和 Morey（1989）评价了 MHE、MCPE、MHAE 和 MOE 四个方程对 18 种谷物和种子等温线数据的拟合情况，指出 MHE 和 MCPE 可作为多数淀粉类谷物和富含纤维物料的等温线拟合方程，这两个方程假定吸着的自由能变化与水分含量成比例。MHAE 适合高油脂和高蛋白的农产品。MOE 适合一些淀粉谷物和油料谷物。

BET 和 3 参数 GAB 方程能够提供单层水分含量，这两个方程对确定粮食及食品储藏能力，尤其脱水食品的最佳水分含量最有用。Jayas 和 Mazza（1993）对不含温度项的 3 参数 GAB 进行修正，提出了含温度项的 3 参数 GAB（3-MGAB），该方程适合描述谷物和油料的平衡水分等温线。

采用 SSPS 软件的非线性回归分析拟合上述方程对样品水分吸着等温线数据的拟合，一般采用温度和湿度组合下的 45 个平衡水分数据。常用拟合度评价指标包括如下。

①决定系数：
$$R^2 = 1 - \sum_{i=1}^{n}(m_i - m_{pi})^2 / \sum_{i=1}^{n}(m_i - m_{mi})^2 \tag{2-16}$$

②平均相对百分率误差：
$$MRE\% = \frac{100}{n}\sum_{i=1}^{n}\left|\frac{m_i - m_{pi}}{m_i}\right| \tag{2-17}$$

③残差平方和：
$$RSS = \sum_{i=1}^{n}(m_i - m_{pi})^2 \tag{2-18}$$

④标准差：
$$SE = \sqrt{\sum_{i=1}^{n}(m_i - m_{pi})^2/(n-1)} \tag{2-19}$$

式中　m_i——测量值；

m_{pi}——预测值；

m_{mi}——测量值的平均值。

当 $MRE<10\%$时，方程拟合度较好。回归分析的标准误 *SE*，用于分析特定方程的适合性。对非线性回归方程的定性检验方法，是绘制残差值对预测值的分布图形。若方程能够合理地解释数据，产生的误差将是任意分布值，残差呈现随机的分布。若方程无法真正地代表数据的分布，残差分布将具有一定的形态。

二、影响粮食吸附与解吸等温线的因子

1. 小麦

小麦品种类型、成熟度及加工处理等因素，均影响水分吸着等温线。Pfost 等（1976）比较了硬麦、软麦及硬质麦的 0℃，30℃，60℃等温线差异，MCPE 和 MOE 均适合这些等温线。0℃时，硬麦等温线分布在软麦和硬质麦之上，硬质麦的最低。随着温度的升高（30℃），三种小麦的吸湿性差异变小，等温线变得相近。在 60℃时，三条等温线再分离，硬质麦的等温线在软麦的上方，硬麦的在最下面。Duggal 等（1982）采用 Henderson、MHE、Day-Nelson、MCPE、Chen-Clayton 及 Strohman-Yoerger 方程，对麦壳（Chaff）和未脱壳的麦粒吸着特性进行分析，对未脱壳的麦粒采用 Strohman-Yoerger 方程分析的 *ERH* 残差平方和最小，对麦壳采用 Chen-Clayton 方程则 *ERH* 残差平

方和最小，*MCPE* 估计的 *ERH* 标准差最小。不过，他们仅比较了 1~2 套来源的小麦数据。整粒小麦、粗碾小麦和精碾小麦解吸等温线之间的平衡含水率没有差异，整粒小麦和粗碾小麦吸附等温线之间的平衡含水率没有显著的差异，但粗碾小麦和精碾小麦吸附等温线之间的平衡含水率有显著的差异。Sun 和 Woods（1994）收集了 19 种来源不同的小麦 29 套等温线数据（1109 个），比较了 Chen-Clayton（CCE）、MCPE、MHE、MOE、Strohman-Yoerger（SYE）五个方程的拟合情况，推荐 MOE 和 MCPE 分别以 $M = f(ERH, T)$ 和 $ERH = f(M, T)$ 的形式，拟合小麦等温线数据。Chen-Clayton 方程（CCE）是一个 4 个参数、与温度有关的、可互逆的方程。但 Strohman-Yoerger 方程（SYE）是一个 4 个参数、与温度无关的以 *ERH* 为因变量的方程，是不互逆的。

Busku 和 Winklep（1957）也报道加拿大硬质冬红小麦面粉的颗粒大小对其吸水能力没有影响。在真空及 100℃ 下热处理面粉，短时间处理对面粉吸水能力的影响相当小。随着处理时间的延长，影响显著地增加，热处理 24h 能减少 20% 的吸水能力。Pixton（1968）对加拿大曼尼托巴小麦在 70℃ 下进行热处理，发现处理 1h，其平衡含水率与水分活度的关系发生改变，但是处理到第 5h，平衡含水率与水分活度之间的关系没有进一步的变化，这种变化在低平衡含水率处差异最大。他还发现前处理方法对小麦等温线的影响，用不同方法制作的吸附等温线之间完全重合，但解吸等温线之间有差异。

2. 稻谷

与小麦比较，稻谷是难储藏的谷物。对稻谷平衡水分的研究，就稻谷和大米的不同类型［国外分类为长粒、中粒及短粒；国内分类为粳稻（米）、籼稻（米）、糯稻（米）］、品种、稻谷的结构成分和内在成分等因素的影响，报道较多。蛋白质含量对稻谷平衡含水率无显著的影响，但是淀粉的组成及含量是影响稻谷吸着等温线的主要因素。糯稻的淀粉几乎全部是支链淀粉，粳稻的支链淀粉与直链淀粉的比率大于籼稻，支链淀粉的吸湿性大于直链淀粉的吸湿性。从大米的质地结构看，粳米和籼米的结构致密，米粒横切面呈半透明的角质状态，米质硬而脆，对自由水的束缚力较强；糯米的淀粉结构疏松，空隙较大，米粒横切面不透明，呈蜡质，米质较疏松，对自由水的束缚力较弱。

稻谷由稻壳和糙米组成，稻壳的主要成分是纤维素和 SiO_2，壳内壁附着一层内表皮。糙米由果皮、种皮、外胚乳、胚乳和胚组成，其中果皮与种皮、外胚乳、糊粉层称为糠层，糠层的脂类含量达 13%~22%，亲水性差。白米的主要成分胚乳含有 90% 以上的淀粉，亲水性最强。稻谷的各组分中稻壳的含水率最低，亲水性最小，糠层的含水率较高。Lu 和 Siebenmorgen（1989）利用有限元分析法，证实稻谷中稻壳的平衡含水率最低，糠层的较高，白米的最高。

Agrawal 和 Clary（1971）采用 11 个模型分析了 4 个稻谷的解吸数据，发现 Strohman-Yoerger 方程（SYE）对水分解吸等温线方程拟合最成功。Pfost 等（1976）对文献报道的玉米吸着数据分析了 5 个方程，发现 SYE 标准误最小，但是它是含有 4 个系数的方程，含有 3 个系数的修正 Henderson（MHE）和修正 Chung-Pfost（MCPE）方程适合分析包含稻谷在内的粮食吸着行为。Kachru 和 Matthes（1976）的研究表明，稻谷的 *EMC* 是相对湿度的多项式函数，也是温度的线性函数，而 *Putranon* 等（1979）的研究表明稻谷的 *ERH* 是水分的多项式函数，也是温度的线性函数。Zuritz 等（1979）利用 Day-Nelson 方程、修正 Henderson 及 Chung-Pfost 方程分析稻谷的 *EMC/ERH* 数据，依据均方根误差、方差检验分析，发现这 3 个方程没有差异，均适合描述 *EMC* 数据。Chen 和 Morey（1989）比较了 4 个方程 MHE、MCPE、修正 Halsey（MHAE）及修正 Oswin（MOE）对 3 种来源的稻谷和糙米数据的拟合性，除了 MHAE 通常适用于高蛋白的油料种子外，其他 3 个方程部分或全部地适用于稻谷数据。Banaszek 和 Siebenmorgen（1990）报道了稻谷的初始含水率对 $EMC\text{-}A_w$ 关系的影响，提出了一个包含初始含水率（IMC）项的拟合方程，并将 IMC 项引入 MHE 和 MCPE。IMC 对白米的 $EMC\text{-}A_w$ 关系也有影响（Murats et al. 1993）。陈加忠等（1990）指出，55~60℃风干的台湾台农 67 号稻谷吸附数据以 MHE 和 MCPE 为适合拟合方程。Sun（1999）收集分析了 18 种资料来源的 17 套稻米平衡水分数据（763 个），得出 Strohman-Yoerger 方程（SYE）最适于描述稻米的等温线。文友先等（1999）、胡坤和张家年（2004，2006）指出 SYE 方程最适于拟合我国籼稻、粳稻的吸附与解吸等温线及糯稻的吸附等温线，MOE 最适合拟合糯稻的解吸等温线。ASABE 推荐的 MCPE 方程及系数，并不能很好地拟合中国稻谷的吸附和解吸等温线数据。龚红菊和徐杰（2005）证明，当 ERH 超过 55%以后，特种稻谷（黑米）的平衡水分随 *ERH* 的增大而急剧上升。

3. 玉米

玉米籽粒较大，平衡水分测定需要较长时间，获得的 *EMC* 数据有限。Pfost 等（1976）用 MHE、MCPE、Day-Nelson、Chen-Clayton 及 Strohman-Yoerger 这 5 个方程拟合黄色马齿玉米的吸附与解吸等温线，发现含有 4 个系数的方程残差平方和，比含有 3 个系数的方程残差平方和稍低。他们仍旧认为，MHE 和 MCPE 适用于玉米等温线数据。Chen 和 Morey（1989）报道，对不同低初始含水率的玉米采用加蒸馏水调湿的方法测得的吸附等温线没有差别；当采用暴露于高相对湿度环境调湿的方法，也得到相似的结果。这两种调湿方法制得的 25℃和 45℃吸附等温线也没有显著的差别，而 5℃的吸附等温线之间 *EMC* 差别小于 0.5%。

4. 高粱麦芽

高粱麦芽的加工、储藏及干燥过程需要确定不同温度下的水分吸着等温线的最佳数学模型。Aviara 等（2006）采用常用的 MHE、MCPE、MHAE、修正 3-GAB 和 MOE 这 5 个方程描述高粱麦芽 40℃和 50℃的平衡水分吸着等温线，发现 MHE 和 MCPE 均是描述解吸等温线的理想模型，其中 MCPE 是最佳的；MOE 是描述吸附等温线最好的方程。高粱麦芽的解吸和吸附等温线之间呈滞后现象，40℃和 50℃的滞后环是类型Ⅲ，其跨度随温度增加而减少；50℃的滞后环尺寸大于 40℃的滞后环，即高粱麦芽的总滞后现象随温度增加而增加。

5. 大豆、 油菜籽、 向日葵及红花油

近年来，我国食用植物油供需矛盾十分突出，国内食用植物油约 60%依赖进口，重

视大豆、花生、油菜籽、棉籽、油茶籽等油料生产成为解决食用油不足的主要渠道和发展趋势。随着新型油料作物种植面积迅速扩大和产量提高，它们籽实干燥、贮藏和加工成为研究热点。油料种子的平衡含量较低，油吸附的水分可以忽略，油也不阻止水分子接近吸附位点。

王彩云（1999）分析5~35℃ 、*RH* 11%~96%的大豆平衡水分含量，大豆储藏过程中不质变的平衡水分是10%~13%，对应的*ERH*是57%~70%，她未分析等温线数学方程。赵新淮等（2004）测定的两种大豆制品的吸附等温曲线，适合BET和Halsey方程拟合，但是BET方程的局限性是*ERH*<40%。牛智有等（1998）指出，油菜籽吸附和解吸等温线之间存在滞后现象，滞后环跨度和尺寸随温度的增高而减少，在*ERH* 60%~80%的范围内最大。不同品种的油菜籽的平衡水分等温线不同，MHE很好地拟合了油菜籽的平衡水分等温线。Sun和Byrne（1998）对12种来源21组油菜籽668个*EMC/ERH*数据，用4个常用的数学模型（MHE、MCPE、MHAE和MOE）对油菜籽的吸附等温曲线进行了拟合，并发现MHAE拟合效果最好。

吴雪峰等（2010）对油茶籽静态称重法测定的20℃，30℃，40℃吸附等温线采用MHE、MCPE、MHAE、MOE、修正的3-参数GAB（3-MGAB）方程进行拟合，其中MHE的拟合度最高，根据该模型推知油茶籽在20℃，30℃，40℃下的相对安全水分（A_w=0.70）和绝对安全水分（A_w=0.60）分别为9.48%与8.00%、8.96%与7.57%、8.51%与7.19%；油茶籽的热力学性质是等量吸附热、吸附结合能均随平衡含水率的增加而不断下降，当平衡含水率恒定时，吸附结合能随温度的升高而增大。

Mazza和Jayas（1991）指出，在所有温度（10~55℃）和*ERH*（11%~96%）下，与向日葵种子的*EMC*比较，其壳的*EMC*较高，仁果的*EMC*较低。三个向日葵杂交种的种子含油量为34.9%~47.5%（干基），计算含水率时从干物质中减去油的质量，它们25℃的平衡水分曲线在实践上是重合的。在55℃，三个杂交种的种子平衡含水率不受含油量影响。与MHE、MCPE、MHAE、MOE比较，3-MGAB方程适合单一温度的等温线，如果考虑温度的影响，MHAE最适合向日葵种子、仁果、壳的*EMC-ERH*数据。Jayas和Mazza（1991）对红花油种子指出，在恒定*ERH*下，随着温度的增加*EMC*减少；3-MGAB方程是适合单一温度的等温线定性，如果考虑*EMC*对温度的依赖性，在10~55℃、*RH* 11%~96%，MOE优于MCPE、MHAE和MHE描述等温线。

1998年之前我国以苏式仓、基建平房仓、土圆仓、地下仓等仓型为主，粮库通风操作依据经验。1998年之后我国以高大平房仓型为主，粮食较发达国家储藏时间长，遇到的问题是高大平房仓受大气温度和相对湿度的影响，仓内局部粮情不稳定，于是国家粮食和物资储备局科学研究院和中储粮成都储藏研究院有限公司，开展了粮食平衡水分的测定。国内对农产品的平衡水分及等温线研究很少，在储藏加工中主要引用国外的数据。直至20世纪80~90年代才开始重视粮食水分吸附等温线的研究。郑州粮食学院周景星和国家粮食储备局成都储藏研究所任锡洪对我国粮食平衡水分进行初步分析，但由于当时的国内研究条件限制，不可能对所得数据求出等温线拟合模型。同时国内一些大学利用全国约20个大城市的累年气候月均温度和月均相对湿度数据，利用国外修正的Henderson方程参数，估算粮食平衡水分，对我国的储粮区域进行生态划分，并分析谷物主产区低温干燥的可行性。我国大宗粮食及加工品的平衡水分数据仍然缺乏，尤其是全球气候变暖的影响，我们有必要深入持续分析这些数据及其热力学函数，对国家粮食储备和安全提供指导。

第四节
水分吸附等温线及热力学函数

粮食这种多孔毛细管吸湿性物料在储藏与加工过程中不断进行水蒸气的吸附或解吸。粮食的吸附性对其加工工艺、确定防止霉变和抑制微生物生长的安全储藏条件，都有极为重要的影响。研究吸附或解吸过程中水分子与谷物表面的相互作用以及被吸附的水分子间的相互作用，解释它们的理化性质，得出热力学特性与理化性质相关的函数就显得十分重要。

一、　粮食的水分活度

谷物和所含的水可看作一个热力学体系。在定温封闭的谷物-水-水蒸气系统中，设谷物中的水以液态存在，谷物上方空气中的水以气态存在，故系统中的水分子只有液相（吸附相）和气相（蒸气相）两种形式。当吸附平衡时，两相中水分子的化学势必相等，即，

$$\mu_w(\text{水蒸气}) = \mu_w(\text{谷物}) \tag{2-20}$$

对于理想气体，定温下压强由标准压强 p_0 增加到 p ，则

$$\mu_w(\text{水蒸气}) = \mu_w^0 + RT\ln\left(\frac{p_w}{p_0}\right) \tag{2-21}$$

式中　μ_w^0 ——理想水蒸气的标准化学势。

Lewis 提出逸度 $f = \gamma_f p_w$ 概念，对实际压强进行校正，以使实际蒸气压化学势保留理想气体化学势公式的简单形式。对于低压下气体，$\lim\limits_{p\to 0}\frac{f_w}{p_w} = 1$ ，逸度系数 $\gamma_f = 1$。取 p_0 为101.325kPa，则

$$\mu_w(\text{水蒸气}) = \mu_w^0 + RT\ln(f_w) \tag{2-22}$$

谷物中的水分子为液相，其理想状态的化学势为，

$$\begin{aligned}\mu_w(\text{谷物}) &= \mu_w^0 + RT\ln\left(\frac{p_w^*}{p_0}\right) + RT\ln(X_w) \\ &= \mu_w^0 + RT\ln(f_w^*) + RT\ln(X_w) = \mu_w^* + RT\ln(X_w)\end{aligned} \tag{2-23}$$

式中　μ_w^* ——谷物的水溶液中组分水的标准态化学势。

液态纯组分水在 T、p 条件下的状态就作为理想溶液中纯组分水的标准态。非理想溶液的行为总会偏离理想溶液和理想稀溶液，浓度越大，偏差越大。为此，Lewis 用水分活度 A_w 代替理想等式即式（2-23）中的溶液浓度 X_w，令 $A_w=\gamma_a X_w$，γ_a 为水分活度系数。对于稀溶液，$\lim\limits_{p\to 0}\dfrac{A_w}{X_w}=1$，则式（2-23）可写成

$$\mu_w(\text{谷物})=\mu_w^*+\mathrm{R}T\ln A_w \tag{2-24}$$

将式（2-22）、式（2-24）及 $\mu_w^*=\mu_w^0+\mathrm{R}T\ln(f_w^*)$ 代入式（2-20）有，

$$\mathrm{R}T\ln A_w=\mathrm{R}T\ln(f_w)-\mathrm{R}T\ln(f_w^*)$$

$$A_w=\left[\frac{f_w}{f_w^*}\right]_T=\left[\gamma_f\frac{p_w}{p_w^*}\right]_T \tag{2-25}$$

体系中，谷物上方空气中水蒸气的逸度系数 γ_f 在讨论的温度和压强下接近于1，则谷物的水分活度可以近似表达为

$$A_w=\left[\frac{p_w}{p_w^*}\right]_T \tag{2-26}$$

由式（2-26）可这样描述水分活度：在某一温度下，谷物中水分的蒸气分压 p_w 与同一温度下纯水的蒸气分压 p_w^* 的比值称为谷物的水分活度。纯水的 p_w 和 p_w^* 是一致的，故纯水的 A_w 为1。谷物中的水分由于有一部分与谷物中某些可溶性成分共存，其蒸气分压 p_w 总是小于纯水的 p_w^*，所以同其他食品一样，A_w 总是小于1。

二、 热力学函数

在粮食和种子高效的干燥和储藏系统设计中，需要这些农产品水分吸附的状态与方式、能量需求的知识。热力学、结构学及动力学方法均用于分析生物系统中水分的特性和计算热质传递的能量需求。结构学方法采用显微技术描述氢键和分子定位，动力学方法分析水分子的运动及其它们对生物系统的水动力学特性的贡献。生物系统应用中采用结构学和动力学方法的缺点是，与固体生物材料关联的水的行为理论信息有限。食品的热力学特性关联它的水分浓度到它的蒸气分压，这对干燥期间的热和质量传递现象很关键。它决定了食品脱水必须到达的终点，使食品成为最佳含水率的稳定产品，给出脱去食品中一定量的水分所耗能量理论上最小的数据。食品的热力学特性也提供探索食品有关的微观结构，从理论上解释食品-水界面发生的物理现象。热力学函数容易从水分吸附等温线计算，使得热力学方法根据理论陈述解释试验结果。

热力学函数包括汽化热（或微分吸附热、吸附等热）、自由能（ΔG）、积分焓（ΔH）和积分熵（ΔS）。产品内水分汽化热是在一定温度和水分活度下将它的单位质量从液态转变为气态需要的能量数量。净吸附等热（Q_a 或 q_{st}）是产品内水分的汽化热（h_{fg}^*）超过纯水潜热（h_{fg}）的能量数量。它用于估算固体颗粒吸附的水状态、它测定储藏下食品的物理、化学和微生物稳定性。水分微分等热或汽化热在生物材料干燥中对干

燥计算、模拟能量消耗很实用。

自由能是将固体内部蒸汽状态的水分子转移到固体表面需要的能量，反之亦然。它对估算农产品材料的干燥或调质的能量需求很有用，有人将它用于深床干燥炉的热和质量传递模拟研究。

积分焓是可用于做功的总能量。它指示了水分子结合到固体的强度，与干燥和冷冻操作的能量平衡有关。熵变化对能量平衡起重要作用，就食品加工的能量利用方面提供珍贵的信息：优化理论能量表现，偏离最佳值及使用消耗。它也相关于有序/无序概念，用于解释食品水分吸附期间通常发生的溶解、结晶、膨胀这些过程。

三、吸附等热

在给定的温度和压力下，吸附都是自动进行的，所以吸附过程的自由能变化（ΔG）小于零，即 $\Delta G < 0$。当水蒸气分子被吸附在谷物表面时，水蒸气分子被限制在二维空间上运动，混乱度降低，过程的熵变 $\Delta S < 0$。由 $\Delta G = \Delta H - T\Delta S$，可知焓值变化 $\Delta H < 0$。这就是说，等温吸附过程是放热过程。在定温封闭的谷物-水-水蒸气系统中，被谷物吸附气体与未被吸附气体处于平衡体系，当温度有一微小变化，被吸附气体（S）和未被吸附气体（g）的自由能变化相同，

$$dG_S = dG_g \tag{2-27}$$

设温度变化不引起谷物吸附量的改变，则上述自由能变化可写成

$$dG_S = -S_S dT + V_S dp \tag{2-28}$$

$$dG_g = -S_g dT + V_g dp \tag{2-29}$$

S、V、T、p 分别表示熵、体积、温度和压强。将式（2-28）和式（2-29）代入式（2-27），并考虑在可逆过程中，$S_g - S_S = \dfrac{Q_a}{T}$，$Q_a$ 为吸附等热，则有

$$\frac{\partial p}{\partial T} = \frac{Q_a}{T(V_g - V_S)} \tag{2-30}$$

因为 $V_g \gg V_S$，故可略去 V_S。假设气体是理想的，$V_g = RT/p$，在 Q_a 与 T 无关情况下，积分式（2-30）可得

$$\ln\frac{p_2}{p_1} = \frac{Q_a}{R}\left(\frac{1}{T_1} - \frac{1}{T_2}\right) \tag{2-31}$$

而 $A_{w1} = \dfrac{p_1}{p^*}$，$A_{w2} = \dfrac{p_2}{p^*}$，其中 p_1 和 p_2 为蒸气分压，p^* 为同一温度下饱和蒸气分压，则式（2-31）可写成

$$\ln\frac{(A_w)_2}{(A_w)_1} = \frac{Q_a}{R}\left(\frac{1}{T_1} - \frac{1}{T_2}\right) \tag{2-32}$$

或写成

$$Q_a = R\frac{T_1T_2}{T_2 - T_1}\ln\frac{(A_w)_2}{(A_w)_1} \tag{2-33}$$

Q_a 表示了在一定水分含量下的焓值，即所测温度范围内一定表面覆盖度下的吸附热量。吸附热大小直接反映了吸附剂（谷物）和吸附质（水蒸气）之间作用力的性质。吸附等热和净吸附等热通常用 Clausius-Clapeyron 方程对吸附等温线数据进行估计。算法思路是，利用吸附等温线和式（2-33）可求得吸附等热。在不同温度下谷物吸附等温线图上，任意选定某个吸附量作水平线，它与各条等温线的交点，即为对应于一定吸附量的各个温度和水分活度值。然后通过式（2-33）计算与吸附量相对应的等量吸附热。

就 Bell 和 Labuza（2000）采用的净吸附等热公式：

$$q_{st} = R\frac{T_1T_2}{T_2 - T_1}\ln\frac{(A_w)_2}{(A_w)_1} \tag{2-34}$$

式中　$(A_w)_1$ 和 $(A_w)_2$——温度 T_1 和 T_2 的水分活度；

R——理想气体常数，8.314J/（mol·K）。

q_{st}指示固体颗粒吸收水分的状态，适合自由水产生的水蒸气。当谷物中含水率减少，吸附水分的能量就减少。当含水率降到低水平，吸附热超过水汽化潜热，随着含水率增加，水分吸附可利用位点就减少，导致较低的 q_{st}。

假设水分吸附热随温度不是显著地变化，则 Clausius - Clapeyron 方程表达为

$$A_w = a_0\exp\left(\frac{-q_{st}}{RT}\right) \tag{2-35}$$

式中，A_w 是与平衡含水率 M 对应的水分活度，a_0是一个常数。对选择的含水率描绘吸附/解吸等温线，即 $\ln A_w$ 对 $1/T$ 作图，从斜率可以计算 q_{st}。q_{st}越是负值，水分结合到食品表面的程度越大。吸附热是测定吸附释放的能量，解吸热是打破水蒸气分子和吸附剂表面之间分子间作用力所需要的能量。吸附热被认为是指示吸附位点和水蒸气之间的分子间引力。到目前为止，Clausius-Clapeyron 公式的应用只限于谷物及农产品的平衡水分状态。

四、吸附结合能

在等温吸附过程中，谷物吸附水分，物料的含水率增加，使物料上方平衡水蒸气分压增大，相应的自由能变化（ΔG）下降。当谷物解吸时，随着含水率的降低，被排出的吸附结合水增加，相应的自由能增加。当化学结合水开始脱去时，自由能明显增加。这个结论可从下面分析中得到。

由基本热力学公式 $dG = -SdT + Vdp$，在定温时，$dG = Vdp$。对于理想气体，

$$\Delta G = \int_{p_1}^{p_2}\frac{V}{p}dp = \int_{p_1}^{p_2}\frac{nRT}{p}dp = nRT\ln\frac{p_2}{p_1} \tag{2-36}$$

实际应用中，$p_1 = p_w^*$，p_w^* 是纯水蒸气压；$p_2 = p_w$，p_w 是谷物中水分蒸气压，若 n 是 1mol，则

$$\Delta G = \mathrm{R}T\ln\frac{p_w}{p_w^*} = \mathrm{R}T\ln A_w \tag{2-37}$$

由式（2-37）可知，谷物等温吸附时，A_w 增加，ΔG 下降；当 A_w 接近于 1 时，ΔG 接近于 0 。相反地，当谷物等温解吸时，A_w 减少，ΔG 上升。因此 ΔG 反映出了水同谷物结合能的数量特性，它可作为水同物料结合形式分类的准数。

五、 GAB 方程参数的热力学意义

由于谷物中的水分处于不同的结合形式，求出理论的通用等温方程是相当困难的。对于多孔毛细管吸附性物料已被总结出多达 77 种不同吸附过程的等温方程式，它们大多是通过试验数据处理而获得的经验方程。因此，推导吸附方程的分析方法是非常有意义的。

GAB 方程是常用的农业物料和食品吸附等温方程中最具理论意义的，有广泛的适用性，备受重视。这里分析该方程的导出及相关参数的热力学意义。

GAB 方程可由基于多分子层吸附理论的 BET 吸附等温方程得出。两参数的 BET 方程为

$$\frac{M}{M_0} = \frac{CX}{(1-X)(1-X+CX)} \tag{2-38}$$

式中　M——平衡含水率；

M_0——常数，单分子层吸附量；

C——常数；

X——相对压强，$X = \frac{p_w}{p_w^*}$ 。

当用谷物的水分活度 A_w 作为变量时，考虑到 $A_w = \left[\gamma_f \frac{p_w}{p_w^*}\right]_T = [\gamma_f X]_T$, $X = KA_w$, $K = 1/\lambda_f$ ，则式（2-38）可写成，

$$\frac{M}{M_0} = \frac{CKA_w}{(1-KA_w)(1-KA_w+CKA_w)} \tag{2-39}$$

式（2-39）就是 3 参数的 GAB 方程，除了 M_0 外，参数 C 和 K 分别为，

$$K = k\exp\left(\frac{Q_1 - Q_n}{\mathrm{R}T}\right) \tag{2-39a}$$

$$C = c\exp\left(\frac{Q_m - Q_n}{\mathrm{R}T}\right) \tag{2-39b}$$

式中　c、k——熵调节因子；

R——理想气体常数；

T——温度；

Q_m——单分子吸附层的摩尔吸附热；

Q_n ——单分子吸附层顶部的多分子吸附的摩尔吸附热；

Q_1 ——液态水的摩尔吸附热。

为了便于利用计算机软件对吸附与解吸等温线拟合 GAB 方程，求解相关热力学参数，式（2-39）可转换成如下形式，

$$\frac{A_w}{M} = \alpha A_w^2 + \beta A_w + \gamma \tag{2-40}$$

除了 A_w 和 M 分别表示谷物水分活度和平衡含水率以外，系数 α、β 和 γ 分别为，

$$\alpha = K(1 - C)/(M_m C) \tag{2-40a}$$

$$\beta = (C - 2)/(M_m C) \tag{2-40b}$$

$$\gamma = 1/(M_m CK) \tag{2-40c}$$

六、 水的汽化潜热

讨论农产品的水分吸附，总是提到吸附过程期间的热排放，这是吸附剂表面层自由能量降低的结果。在解吸期间，需要输入热量以克服吸附的水分子与固体（吸附剂）表面之间的吸引力，另外，从液态向气态转变需要热。

水分通过物理和化学力保持在吸湿材料中。这个确切机制还没有完全了解。通常，生物材料对水的亲和力是极性和非极性基团的相对数目、分子中材料分子立体可接近性、材料分子定向的函数决定的。这意味着，吸附、溶液、水合、化学结合、毛细管作用是影响产品中水分结合的因素。

对不同的脱水程度，水分子与产品之间的吸引力发生改变。就游离水而言，氢键是影响水与环境空气交换的重要因素。因此，需要能量引发从液态向蒸气相态的转变。当含水率减少，能量数量的额外增加需要分开被吸附的水分子。与吸附的单层水比较，分离多层吸附的水需要较少的能量，分离微毛细管中的水需要更少的能量。

粮食产品中水汽化潜热 h_{fg}^* 与它的水分含量（M）的关系是

$$h_{fg}^* = h_{fg}[1 + a\exp(bM)] \tag{2-41}$$

式中　h_{fg} ——游离水的汽化潜在热，kJ/kg H_2O；

a、b——系数。

几种农产品的 a 和 b 见表 2-13。

表 2-13　式（2-41）的系数值

作物	系数		水分含量（小数，干基）
	a	*b*	
大麦	1.0	-19.9	$0.09<M<0.22$
菜豆	0.5	-16.0	$0.09<M<0.28$
玉米	2.1	-17.0	$0.10<M<0.24$

续表

作物	系数		水分含量（小数，干基）
	a	*b*	
稻谷	3.2	−21.7	$0.10<M<0.14$
高粱	1.2	−19.6	$0.10<M<0.24$
大豆	0.4	−13.0	$0.06<M<0.26$
硬质麦	0.8	−18.1	$0.10<M<0.26$
硬麦	1.7	−17.6	$0.10<M<0.26$
软麦	3.9	−23.6	$0.10<M<0.20$

注：引自 Cenkowski 等（1992）。

大麦和3个品种小麦的潜在热的水分依赖性见图2-4。h_{fg}^*/h_{fg} 的比值（或 L_b/L_f）计算依据平衡水分含量数据，曲线采用式（2-41）拟合。

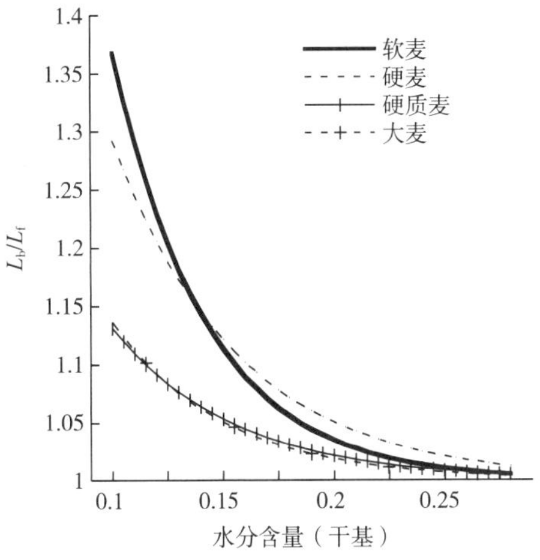

图2-4 麦类 h_{fg}^*/h_{fg} 比较

h_{fg}^*/h_{fg} 对硬麦和软麦是相似的，而对硬质麦和大麦几乎是一样的；与硬麦和软麦比较，硬质麦的 h_{fg}^*/h_{fg} 显示显著差异。在水分含量0.1（干基），h_{fg}^*/h_{fg} 对硬质麦是1.138，对软麦是1.302，约高15%。这可能是由于小麦品种之间化学成分的差异引起的。淀粉和蛋白质在水分吸附中起重要作用，淀粉/蛋白质比率随小麦品种变化。当小麦含有约59%~65%（干基）的淀粉，其汽化潜热的差异可能在于淀粉含量。种植环境条件对籽粒化学组成有显著影响，对种植在不同地方和不同年份的同一品种，淀粉和蛋白质含量的差异达到3%（干基）是可能的。大麦淀粉含量的变异更大，对同一大麦品种，淀粉变化范围是21%~64%（干基）。大麦的 h_{fg}^*/h_{fg} 类似硬质小麦，可能是由于它们具有相近的淀粉含量。

文献报道了大量平衡水分数据，即使同一方法用于测定水分吸附等温线，同样样品在不同实验室测定的结果变异很大。Brooker 等（1974）总结了 22 个来源的谷物籽粒、油料及相似产品的平衡水分含量，发现报道的同一粮食样品在同一温度和湿度下测定的平衡水分值有差异的现象很常见。M_e数据的差异必然影响测定的汽化潜热。

这也是影响平衡含水率测定值的一个因素。给定材料的吸附行为受前处理影响，高或低的干燥温度可改变吸附容量。高于 60℃ 的人工干燥降低玉米平衡含水率的 0.5%~1.0%。破碎的玉米颖果 M_e高于完整颖果的，完整颖果的 M_e 高于热损坏颖果的。这些研究结果表明，样品前处理条件影响其汽化潜热曲线的形状。

七、粮食热力学函数的研究进展

试验测定谷物及食品的吸附/解吸平衡水分数据，可用于评价它们的热力学函数。研究马铃薯淀粉凝胶中水的热力学函数，注意到在非常高的含水率，淀粉在热力学上类似纯水。

粮食和食品在不同温度的吸附等温线，可以用来评价水分吸附热，确定吸附剂和被吸附物之间的相互作用。食品分解反应中的可利用水分，依赖于含水率和表面的扩散特性，即吸附水分的热力学函数。Aviara 和 Ajibola（2002）研究了木薯和西瓜籽的水分吸附热力学函数，木薯的汽化热高于西瓜籽的，即木薯对水的亲合力高于西瓜籽。在任何温度，木薯的单分子层含水率高于西瓜籽；在给定温度和低含水率，西瓜籽较木薯稳定；在较低含水率，西瓜籽的净积分焓值高于木薯，随着含水率增加而降低。木薯汽化热也高于生姜，说明淀粉糊化降低产品水分吸附的结合能。西瓜籽与木薯热力学特性的差异在于化学吸附、吸附剂结构修饰，西瓜籽存在油和更多的极性基团，而木薯存在淀粉。

Ajibola 等（2003）分析了豇豆在温度 40~80℃ 和水分 4.3%~18.2%（湿基）范围的吸附等温线，确定了修正 Henderson 是等温线最佳拟合方程。豇豆的水分汽化热随含水率增加而减少，接近纯水的汽化潜热在水分 19.4%（湿基）。当温度从 40℃ 增加到 80℃，单分子层水从 5.37%减少到 4.17%。水分吸附的净积分焓随含水率增加而减少，当含水率接近 15.3%它变为渐近线。Aviara 等（2004）测定的大豆品种 TGX 1440-1E 在 40~70℃ 和 A_w 0.07~0.98 范围的解吸等温线，属于类型Ⅱ等温线，ASABE 推荐的五个方程均适合该大豆的解吸等温线，其中 MOE 预测 *EMC* 最佳，MHAE 预测 A_w 最佳，它的水分汽化热接近纯水的汽化潜热，在水分 16.7%~18.2%（湿基）时，当温度从 40℃ 增加到 70℃，单分子层含水率从 6.89%减少到 5.10%。净积分焓值随含水率增加而减少，在接近 11.5%变成渐近线。

Öztekin 和 Soysal（2000）采用 Clausius-Clapeyron 对小麦、玉米、稻谷、油菜籽的吸着等温线预测水分吸附等热。在水分 9.1%~20%（湿基）范围，小麦多个品种（包括硬质麦、硬麦和软麦）的吸附与解吸等热没有明显的差异。在水分高于 16.7%，所有小麦类型具有非常低的吸着等热，且接近自由水的汽化热。在水分低于 16.7%，软麦和硬麦的吸着等热随水分减少而增加。在含水率 9.1%，软麦、硬麦和硬质麦的吸着等热分别是 3351kJ/kg，3166kJ/kg，2789kJ/kg。

在水分 4.8%~19.4%（湿基）范围，玉米粒和油菜籽的解吸等热显著地高于吸附等热；玉米粒的解吸与吸附等热之间的差异在较低含水率较大，从 12.3%含水率的差异 2.6%增加到 4.9%含水率的差异 5.1%。含水率高于 16.7%，黄色马齿玉米和总玉米粒的吸着等热没有差异，低于 16.7%，黄色马齿玉米吸着等热随水分减少而增加。在含水率 9.1%，黄色马齿玉米和总玉米粒的吸着等热分别是 3391kJ/kg，2882kJ/kg。

水分高于 9.9%（湿基），稻米解吸等热大于吸附等热，低于 8.3%的含水率时，稻米的吸附等热快速增加，稻米吸附与解吸等热在含水率 8.3%和 4.8%时的差异各是 3.7%和 18%。在水分 9.1%，稻谷和总稻米的吸附等热分别是 3346kJ/kg，3086kJ/kg。

油菜籽的解吸与吸附的等热之间的差异也在较低含水率时较大，从 9.1%含水率时的差异 9.6%增加到 4.8%含水率时的差异 20.8%。

第五节 粮油籽粒平衡水分测定与数据处理

本节详细介绍我国粮食平衡水分测定所采用的静态称重法。由于无机强酸对环境能够产生污染，所以采用饱和盐溶液在恒定密闭系统空间内，产生标准相对湿度环境。该方法缺点是达到平衡时间较长，高水分样品在未达到平衡就可能发霉，但是该方法侧重于获得完全的吸附/解吸等温线，试验成本较低。在恒定低温下，采用五氧化二磷固体脱水法降低粮油籽粒内单分子层水，使籽粒初始含水率降到 5.0%（湿基）以下。对于解吸曲线，对样品采用加水调制水分，在 4℃条件下保持 2 周，每天混匀一次，然后进行平衡水分测定。

一、仪器、设备及试剂

分析天平：万分之一；智能人工气候箱 PRX-350A：6 台，温度偏差±0.9℃，经常用标准温度计（0~50℃范围）校正；DHG9040A 智能干燥箱：温度偏差±1.0℃，放置样品的位置用标准温度计校正。干燥器：内径 240mm，4 个；铝盒：直径 5cm、厚度 2cm，若干；平衡水分测定所用密闭系统组成，包括玻璃 250mL 广口瓶、9 号橡皮塞、由铜网做成的小桶（直径 2.8cm、高度 4cm），以及饱和盐溶液（图 2-5）。除非另有规定，氯化锂、乙酸钾、氯化镁、碳酸钾、硝酸镁、氯化铜、氯化钠、氯化钾、硝酸钾固体盐使用分析纯试剂以上。五氧化二磷固体，分析纯。

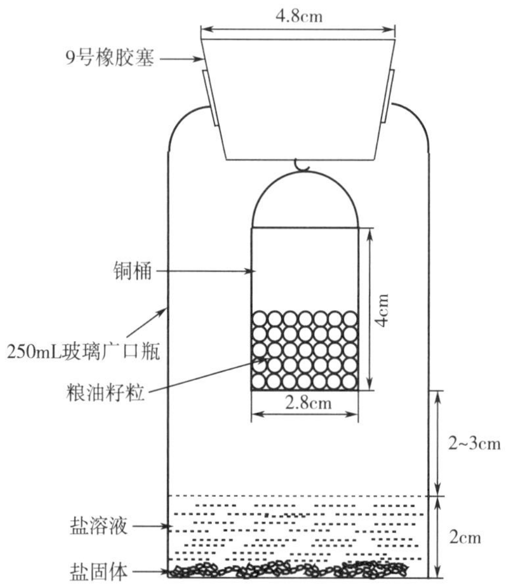

图 2-5 静态称重法测定粮油籽粒平衡水分所用密闭系统

二、 测试步骤

1. 饱和盐溶液准备

在 15 个 250mL 玻璃广口瓶中加入 60mL 蒸馏水，然后加入氯化锂固体，直到不溶解为止，塞上底部带有挂钩的 9 号橡皮塞。每 3 个广口瓶为一组，分别置于 10℃，20℃，25℃，30℃及 35℃。接着依次准备乙酸钾、氯化镁、碳酸钾、硝酸镁、氯化铜、氯化钠、氯化钾、硝酸钾饱和盐溶液。过夜后检查每种盐固体是否完全溶解，如果完全溶解，就继续加盐固体。准备的各种过饱和盐溶液产生的相对湿度见表 2-9。

2. 试样制备

对于吸附等温线测定，样品在一定温度［小麦、玉米、稻谷均在（37.0±0.5)℃条件，大米、大豆、花生、菜籽均在（34.5±0.5)℃条件］保温箱降到含水率 7%~8%（湿基），然后在干燥器中用 P_2O_5 固体脱水到 5%（干基）以下。含水率 5%以下或低温条件储藏的谷物样品加水到 21%（湿基）以上，低温条件储藏的油料样品则不高于 15%（湿基），在 4℃平衡约 2 周，再用于测定解吸曲线。进样前的样品初始含水率，采用 GB 5009.3—2016《食品安全国家标准　食品中水分的测定》中的方法测定。

3. 进样及达到平衡时间判定

将约 5.000g 粮油籽粒（m_1）倒入质量为 m_0 的铜桶，悬挂在橡胶塞下方挂钩上，然后置于盛 60mL 过饱和盐溶液的广口瓶，塞紧橡胶塞，并保持铜桶底部距离盐溶液上部 2~3cm（图 2-5）。除过饱和硝酸钾和氯化钾溶液以外，进样后在第 15~30d 期间每隔 1d，取出装有铜桶的样品称量 1 次，（样品+铜桶）的质量（m_2）两次连续称重差值不超过 2mg 时，此时样品质量为 $m_3 = m_2 - m_0$，取出测定其含水率，就是该温度和 *ERH* 下的平衡水分（*EMC*）。置于饱和硝酸钾、氯化钾溶液上方高湿度环境中的样品在较高温度下，极易发霉，进样后第 3d 检测，一旦有霉菌，就取出称重，并烘干测定水分（Li et al. 2011；李兴军 2011）。

这一方法也可以用于测定粮粒尺度的吸附和解吸速率，进样后 2~4h 称重一次，直到两次连续称重差值不超过 2mg（李兴军等 2015）。

4. 样品含水率测定及计算

样品含水率测定采用整粒烘干法，即谷物样品籽粒在（103±1.0）℃连续烘 22~25h，油料连续烘 2~6h 直到质量不再变化。按照式（2-42）计算籽粒平衡水分，

$$EMC(\%) = \frac{m_3 - m_4}{m_3} \times 100 \tag{2-42}$$

式中 m_3 ——达到平衡水分的样品在烘干前的质量，g；

m_4 ——达到平衡水分的样品在烘干后的质量，g。

同一分析者对同一试样同时进行 3 次重复测定，结果差值不超过 0.2%，以其算术平均值为测定结果，计算结果保留小数点后两位数。也可以按照式（2-43）直接计算籽粒平衡水分，

$$EMC(\%) = \left[1 - \frac{m_1(1 - MC_0)}{m_3}\right] \times 100 \tag{2-43}$$

式中 m_1——进样时样品质量，g；

MC_0——进样时样品的含水率,%；

m_3 ——样品达到平衡相对湿度时的质量，g；

EMC ——达到平衡相对湿度时的含水率,%。

5. 水分吸着等温线拟合

由于受不同粮食种类、品种、操作者测定技术及准确性的影响，测定的 *EMC/ERH* 试验数据点通常是分散的，所以对收集的水分吸着数据组，选择适合大量数据的水分吸着等温线方程（表 1-11 和表 1-12），采用非线性回归分析可以将这些不确定因素的影响最小化，而且获得的水分吸着等温线更加准确，具有代表性（Han et al. 2017）。

SPSS17 for Windows 软件的非线性回归方法，在一系列迭代步骤中，将测定值和理论值之间的残差平方和最小化。通过决定系数（R^2）、残差平方和（*RSS*）、标准误（*SE*）及平均相对百分率误差（*MRE*）来分析模型的拟合情况。R^2 是基本的判定标准，*RSS* 和 *SE* 决定拟合的好坏，*MRE* 小于 10%时模型拟合度好。国外试验测定的大豆水分吸着等温线拟合的 *MRE* 往往超过 10%（Aviara et al. 2004）。还有一个评价指标是绘制残差值对预测值的分布图形，如果是随机分布，则说明此模型拟合很好。

三、 结果讨论方法

1. 最佳吸着等温线方程确定

本节以两个白玉米品种为样品，测定了的 15~35℃的 5 种温度水分吸着等温线，并采用修正的 Chung-Pfost（MCPE）、修正的 Henderson（MHE）、修正的 Oswin（MOE）、修正的 3 参数 Guggenheim-Anderson-deBoer（3-MGAB）及 Strohman-Yoerger（SYE）对数据进行拟合，结果见表 2-14、表 2-15。

表 2-14 两个白玉米品种水分吸着等温线 $M=f(ERH, T)$ 方程参数及统计学参数

品种	吸着类型	模型	C_1	C_2	C_3	R^2	*RSS*	*SE*	*MRE*/%
京单28	吸附	MCPE	1406.302	278.891	0.213	0.9866	14.6424	0.3486	3.674
		MGAB	6.546	0.725	266.130	0.9908	10.0668	0.2397	4.864
		MOE	8.502	0.012	3.171	0.9576	46.2851	1.1021	10.233
		MHE	2.76×10^{-5}	469.93	1.785	0.9904	10.4511	0.2488	3.661
	解吸	MCPE	499.908	31.055	0.238	0.9875	11.2171	0.2673	3.313
		MGAB	7.747	0.667	592.661	0.9870	11.6536	0.2775	3.635
		MOE	11.664	-0.037	4.015	0.9683	28.3738	0.6758	6.318
		MHE	2.84×10^{-5}	58.589	2.362	0.9786	19.2066	0.4573	4.584
河北大马牙	吸附	MCPE	2562.455	319.854	0.239	0.9829	14.8369	0.3533	3.602
		MGAB	7.111	0.683	528.966	0.9913	7.5273	0.1792	3.604
		MOE	9.701	0.008	3.786	0.9618	33.1986	0.7804	6.791
		MHE	1.01×10^{-5}	395.152	2.195	0.9889	9.5929	0.2284	3.499
	解吸	MCPE	309.477	20.560	0.222	0.9923	7.9261	0.1887	2.942
		MGAB	6.947	0.719	562.277	0.9785	22.1502	0.5274	4.862
		MOE	11.696	-0.598	3.629	0.9806	20.0219	0.4767	5.745
		MHE	7.88×10^{-5}	36.270	2.114	0.9794	21.3130	0.5075	4.926
两品种平均	吸附	MCPE	1877.287	299.419	0.225	0.9859	13.7602	0.3276	3.493
	解吸	MCPE	388.509	25.107	0.231	0.9927	7.0467	0.1679	2.466

注：R^2，决定系数；*RSS*，残差平方和；*SE*，标准误；*MRE*，平均相对百分率误差。

从数学模型表达形式 $ERH=f(M, T)$ 和 $M=f(ERH, T)$ 的参数估算看出，R^2 均大于 0.961、*MRE* 均小于 8.2%，表明所选数学模型 MCPE、MGAB、MHE、MOE 及 STYE 在 *RH* 11.3%~96%范围内均适合玉米吸附与解吸等温线拟合。综合表 2-14、表 2-15 结果，以 $M=f(ERH, T)$ 表示的方程优劣排序是，对吸附 MHE>MGAB>MCPE>MOE；对解吸 MCPE>MGAB>MHE>MOE。以 $ERH=f(M, T)$ 表示的方程优劣排序是，对吸附

SYE>MCPE>MHE>MOE>MGAB，对解吸 MCPE>SYE>MHE>MOE>MGAB。考虑 SYE 含有 4 个系数，是一个不可逆方程，而 MCPE、MGAB、MHE 和 MOE 含有 3 个系数，均是可逆方程，所以认为 MCPE 是最佳方程。

表 2-15　两个白玉米品种水分吸着等温线 $ERH=f(M, T)$ 方程参数及统计学参数

品种	吸着类型	模型	C_1	C_2	C_3	C_4	R^2	RSS	SE	MRE/%
京单28	吸附	MCPE	811.098	166.381	0.203		0.9947	0.017	4.04×10^{-4}	4.518
		MGAB	6.573	0.728	251.184		0.9903	0.0314	7.47×10^{-4}	6.688
		MOE	9.313	−0.027	2.545		0.9883	0.0376	8.95×10^{-4}	6.243
		MHE	8.550×10^{-5}	147.898	1.754		0.9953	0.015	3.58×10^{-4}	4.211
		SYE	0.183	0.118	4.36	0.194	0.9950	0.0161	3.92×10^{-4}	4.533
	解吸	MCPE	374.523	20.198	0.232		0.9938	0.02	4.76×10^{-4}	4.814
		MGAB	8.403	0.629	433.298		0.9873	0.041	9.77×10^{-4}	7.399
		MOE	12.943	−0.090	3.557		0.9874	0.0407	9.70×10^{-4}	7.779
		MHE	7.150×10^{-5}	29.168	2.399		0.9855	0.0468	1.12×10^{-3}	7.688
		SYE	5.114	0.284	14.045	0.247	0.9937	0.0202	4.92×10^{-4}	5.189
河北大马牙	吸附	MCPE	1243.174	167.643	0.224		0.9946	0.0173	4.11×10^{-4}	4.204
		MGAB	7.103	0.688	491.751		0.9919	0.0260	6.19×10^{-4}	6.126
		MOE	10.398	−0.024	3.182		0.9913	0.0281	6.68×10^{-4}	4.907
		MHE	2.420×10^{-5}	163.124	2.171		0.9937	0.0204	4.85×10^{-4}	5.331
		SYE	0.249	0.141	6.584	0.216	0.9947	0.0170	4.14×10^{-4}	4.166
	解吸	MCPE	292.683	16.858	0.227		0.9932	0.0219	5.21×10^{-4}	5.385
		MGAB	7.887	0.662	356.462		0.9810	0.0612	1.46×10^{-4}	9.221
		MOE	12.779	−0.105	3.287		0.9892	0.0349	8.31×10^{-4}	7.146
		MHE	8.150×10^{-5}	20.974	2.234		0.9864	0.0437	1.04×10^{-3}	7.349
		SYE	2.407	0.213	9.832	0.222	0.9917	0.0267	6.51×10^{-4}	6.191

2. 最佳方程拟合的吸着等温线

采用表 2-14 和表 2-15 中两个玉米品种平均的参数已知 MCPE 方程，绘制玉米水分吸着等温线（图 2-6），不同温度的吸附和解吸等温线均是光滑的 S 型曲线走向；解吸与吸附曲线之间存在滞后现象，随着温度增高，滞后环变小。这与小麦、稻谷、大米等谷物获得的结论一致。

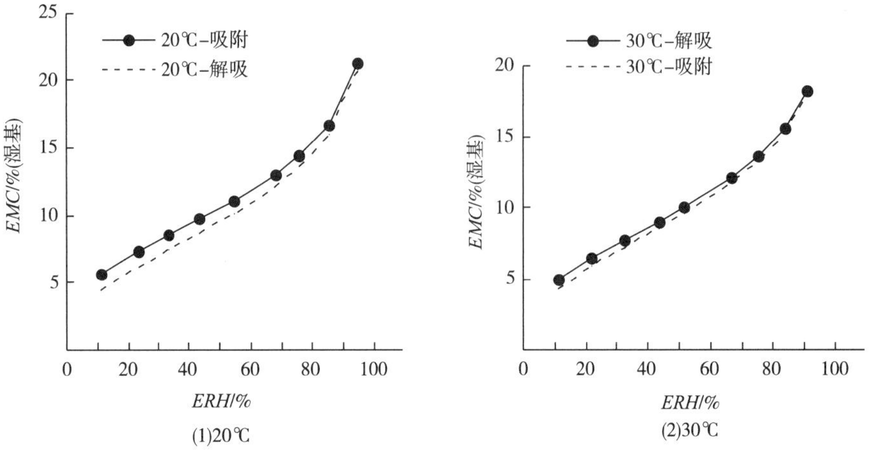

图 2-6 MCPE 拟合的两个白玉米品种 20℃和 30℃平均的解吸与吸附曲线

第三章
粮食平衡水分测定及吸湿性

第一节 储藏条件下稻谷平衡水分数据

稻谷是世界上重要的谷物，其总产量接近小麦和玉米之和。我国稻谷年产量约 2.1 亿 t，居世界首位。新收获的稻谷含水率高，需要干燥，然后进行储存或加工。干燥和储藏条件均影响稻谷品质。实践表明，稻谷收获和收获后处理期间损失是 13%~34%，其中收获和砻谷损失 5%~15%，除净和干燥损失 2%~3%，储藏损失 2%~6%，抛光和加工损失 3%~7%，流通和运输损失 1%~3%。其他损失是品质劣变。测定稻谷的平衡水分数据有助于优化收获、干燥、储藏及加工工艺，减少裂纹破碎率，改善加工和食用品质。

一、储藏条件下稻谷平衡水分测定

除了薄层干燥方程（修正 BET）外，还需要了解稻谷平衡含水率（*EMC*）与一定温度下干燥空气或通风空气的平衡相对湿度（*ERH*）之间的关系。*EMC/ERH* 吸着等温线方程通常用于描述这个关系。尽管国内外已经发展了 200 多个理论的、半理论的及经验方程式，用于描述重要粮食种类的吸着等温线，但是适合稻谷 *EMC/ERH* 的方程报道有限。就植物来源的农产品水分吸着关系，ASABE 标准 D245.5 推荐适合的方程是 MHE、MCPE、MHAE 及 MOE。GAB 方程也被 D245.5 推荐，但是它不包含吸附/解吸过程中温度产生的效果。Sun（1999）收集整理了 18 种文献来源的 763 个稻谷试验数据，得出 SYE 模型最适于描述稻谷的等温线。胡坤和张家年（2004）指出，不同品种的籼稻吸附与解吸等温线之间没有明显的差异，而初始含水率、稻谷类型（籼稻、粳稻及糯稻）及加工程度（原稻、糙米及白米）显著地影响稻谷的吸附与解吸等温线。他们还指出，美国农业与生物工程学会推荐的 MCPE 及参数并不能与中国稻谷的吸附与解吸等温线数据很好地拟合。SYE 最适合于拟合籼稻、粳稻的吸附与解吸等温线及糯稻的吸附等温线，而 MOE 最适合拟合糯稻的解吸等温线。总之，评价稻谷吸着行为的 MCPE、MHE、MOE 及 SYE 拟合方程，需要大量的稻谷 *EMC/ERH* 数据。本节我们测定分析了我国稻谷主产区 17 个品种的 *EMC/ERH* 数据，选择了 6 个常用 *EMC/ERH* 方程对适合温度范围的数据组进行拟合，并选择了最合适的 *MCPE* 描述稻谷吸附/解吸数据组，以期为我国稻谷储藏和加工提供数据支撑。

我们采用 17 个稻谷品种（表 3-1），对于吸附曲线样品，选取干净、饱满、无破裂的稻谷样品在 40.5℃ 保温箱内，将水分降到 7%~8%，然后在干燥器中用 P_2O_5 固体脱水到 5%（干基）以下。新收获的高水分稻谷“常德 218”（含水率 19.5%）、“常德 207”（含水率 17.9%）直接用于测定解吸曲线样品，其他稻谷品种由 5.0%（干基）以下加水调到 22%，在冰箱平衡 2 周后用于测定解吸曲线。本试验采用静态称重法测定平衡水分，即利用表 2-9 的饱和盐溶液在 5 种恒定温度（10℃，20℃，25℃，30℃，35℃）下产生恒定的蒸气压。粮食含水率测定采用整粒烘干法，(103.0±1.0)℃ 烘干 20~28h。

表 3-1　稻谷样品

编号	品种	类型	产区	收获时间
1	黑 9938	粳稻	黑龙江	2007 年 09 月
2	黑 220	粳稻	黑龙江	2007 年 09 月
3	辽 8433	粳稻	辽宁	2007 年 09 月
4	宜香 481	籼稻	四川	2007 年 08 月
5	刚优 363	籼稻	四川	2007 年 08 月
6	两优 63	籼稻	四川	2007 年 08 月
7	湖南籼 09	籼稻	湖南	2007 年 08 月
8	湖北 501	籼稻	湖北	2007 年 08 月
9	湖北 527	籼稻	湖北	2007 年 08 月
10	常德 207	籼稻	江苏	2008 年 08 月
11	常德 218	籼稻	江苏	2008 年 08 月
12	钱江 1	籼稻	浙江	2007 年 08 月
13	广东早籼	籼稻	广东	2007 年 06 月
14	湖南糯稻	糯稻	湖南	2008 年 08 月
15	江西糯稻	糯稻	江西	2008 年 08 月
16	尖尖糯	糯稻	重庆	2010 年 09 月
17	团团糯	糯稻	重庆	2010 年 09 月

二、自然高水分样品与调水样品解吸行为

从图 3-1 看出，在 30℃、*ERH* 11.3%～96.0%，自然高水分（17.9%）的常德 207 稻谷样品与调制样品（22%）的解吸行为一样。

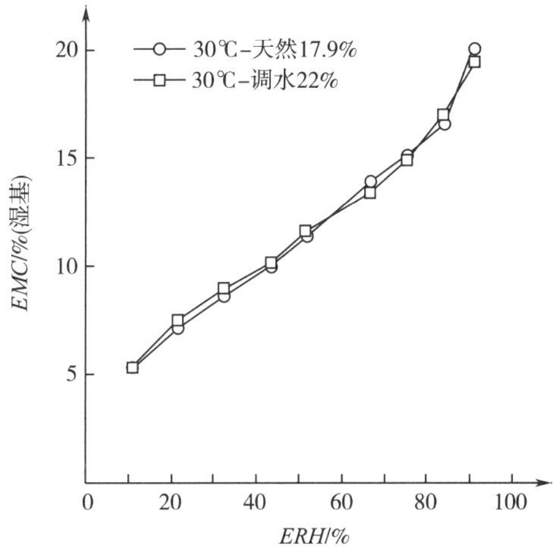

图 3-1　稻谷自然高水分样品与调制水分样品 30℃解吸等温线

三、 稻谷吸附与解吸等温线实测值

表 3-2 和表 3-3 所示分别为 17 个稻谷品种在 5 种温度（10℃，20℃，25℃，30℃。35℃）、9 种 *ERH* 下的解吸与吸附平衡含水率均值。标准差分析表明，品种之间平衡含水率变异不明显。解吸与吸附等温线均呈 S 型曲线。在一定温度下，随着 *ERH* 增大，解吸或吸附数值增大。在恒定的 *ERH* 下，解吸或吸附数值均随着温度的升高而减少。在 *ERH* 11%~85%范围内，吸附等温线滞后于解吸等温线，随着温度升高，滞后环跨度变小（图 3-2）。

表 3-2　　稻谷不同温度下解吸数据均值

10℃		20℃		25℃		30℃		35℃	
ERH/%	*EMC*/%	*ERH*/%	*EMC*/%	*ERH*/%	*EMC* /%	*ERH*/%	*EMC*/%	*ERH*/%	*EMC*/%
11. 3	7. 36±0. 67	11. 3	6. 38±0. 48	11. 3	5. 94±0. 35	11. 3	5. 57±0. 38	11. 3	5. 19±0. 28
23. 4	9. 14±0. 71	23. 1	8. 15±0. 55	23. 0	7. 67±0. 45	21. 6	7. 24±0. 45	21. 0	6. 73±0. 44
33. 3	10. 31±0. 66	33. 1	9. 57±0. 59	32. 8	9. 13±0. 47	32. 4	8. 74±0. 49	32. 1	8. 26±0. 42
42. 0	11. 66±0. 52	43. 2	11. 04±0. 55	43. 2	10. 58±0. 50	43. 2	10. 18±0. 47	43. 2	9. 75±0. 47
57. 4	13. 24±0. 73	54. 4	12. 22±0. 59	52. 9	11. 76±0. 52	51. 4	11. 18±0. 47	49. 9	10. 55±0. 41
68. 5	14. 41±0. 53	68. 0	13. 71±0. 54	67. 0	13. 23±0. 44	66. 5	12. 99±0. 47	66. 0	12. 64±0. 46
75. 6	16. 15±0. 66	75. 5	15. 52±0. 62	75. 3	15. 11±0. 60	75. 1	14. 72±0. 46	74. 9	14. 27±0. 46
86. 7	18. 67±0. 53	85. 1	17. 71±0. 40	84. 3	17. 29±0. 34	83. 6	16. 65±0. 30	83. 0	15. 97±0. 33
96. 0	22. 26±0. 86	94. 6	21. 30±0. 60	93. 6	20. 52±0. 49	90. 8	19. 69±0. 65	88. 5	18. 43±0. 57

注：*EMC* 是 17 个稻谷品种解吸平均值±SD，湿基表示，SD 是标准差（$n=17$）。

表 3-3　　稻谷不同温度下吸附数据均值

10℃		20℃		25℃		30℃		35℃	
ERH/%	*EMC*/%	*ERH*/%	*EMC*/%	*ERH*/%	*EMC*/%	*ERH*/%	*EMC*/%	*ERH*/%	*EMC*/%
11. 3	4. 61±0. 52	11. 3	4. 42±0. 48	11. 3	4. 29±0. 43	11. 3	4. 18±0. 40	11. 3	4. 02±0. 43
23. 4	6. 49±0. 67	23. 1	6. 25±0. 64	23. 0	6. 07±0. 58	21. 6	5. 82±0. 45	21. 0	5. 54±0. 64
33. 3	7. 90±0. 53	33. 1	7. 62±0. 48	32. 8	7. 41±0. 45	32. 4	7. 24±0. 43	32. 1	6. 89±0. 49
42. 0	9. 35±0. 51	43. 2	9. 08±0. 50	43. 2	8. 81±0. 42	43. 2	8. 62±0. 43	43. 2	8. 31±0. 46
57. 4	11. 00±0. 59	54. 4	10. 37±0. 50	52. 9	9. 98±0. 46	51. 4	9. 65±0. 44	49. 9	9. 12±0. 40
68. 5	12. 17±0. 63	68. 0	11. 87±0. 58	67. 0	11. 54±0. 64	66. 5	11. 37±0. 45	66. 0	11. 07±0. 55
75. 6	13. 91±0. 57	75. 5	13. 63±0. 49	75. 3	13. 36±0. 49	75. 1	13. 11±0. 45	74. 9	12. 79±0. 43
86. 7	16. 56±0. 58	85. 1	15. 97±0. 49	84. 3	15. 49±0. 53	83. 6	15. 13±0. 52	83. 0	14. 46±0. 43
96. 0	21. 14±0. 83	94. 6	20. 01±0. 73	93. 6	19. 15±0. 72	90. 8	18. 58±0. 72	88. 5	17. 54±0. 59

注：*EMC* 是 17 个稻谷品种吸附平均值±SD，湿基表示，SD 是标准差（$n=17$）。

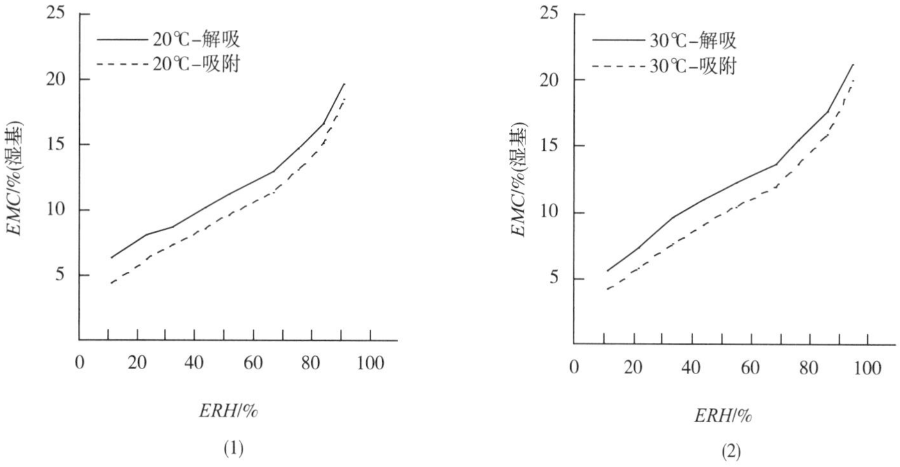

图 3-2　20℃和 30℃下的 17 个稻谷品种平均解吸与吸附曲线

四、 稻谷吸附与解吸等温线最佳数学模型

从表 3-4 的 *EMC-ERH* 数学模型参数估算看出，无论 $ERH=f(M,T)$，还是 $M=f(ERH,T)$，$R^2>0.975$、MRE<10%，表明所选数学模型 BET 在 *RH* 11.3%~49.9%范围内，CAE、MCPE、MHE、3-MGAB、MHE 及 SYE 在 *RH* 11.3%~96%范围内均适合稻谷吸附与解吸等温线拟合。CAE 有 5 个参数，SYE 含有 4 个系数，MCPE、MHE 和 3-MGAB 含有 3 个系数，可以从这些数学模型中探讨最合适的方程。

表 3-4　　拟合方程对 34 组稻谷水分吸着数据拟合结果分析

类型	函数	模型	生物统计参数				排序
			R^2	*RSS*	*SE*	*MRE*/%	
解吸	$ERH=f(M,T)$	CAE	0.9959	136.9733	3.4243	3.7893	1
		MCPE	0.9951	0.0164	0.0003	3.8971	2
		3-MGAB	0.9898	0.0328	0.0008	5.9069	4
		MHE	0.9897	0.0329	0.0006	6.1016	5
		MOE	0.9914	0.0249	0.0009	6.4264	6
		SYE	0.9952	0.0164	0.0005	4.0774	3
	$M=f(ERH,T)$	BET	0.9770	2.2296	0.2748	3.1864	2
		MCPE	0.9913	13.3872	0.3049	2.9813	1
		3-MGAB	0.9868	21.4581	0.5109	3.7847	3
		MHE	0.9836	25.0157	0.5956	4.4625	4
		MOE	0.9752	38.0556	0.8815	6.0496	5

续表

类型	函数	模型	生物统计参数				排序
			R^2	RSS	SE	MRE/%	
吸附	$ERH = f(M, T)$	CAE	0.9964	116.9227	2.9231	3.2929	1
		MCPE	0.9957	0.0142	0.0002	3.6842	3
		3-MGAB	0.9914	0.0278	0.0007	5.6809	5
		MHE	0.9931	0.0229	0.0004	4.2784	4
		MOE	0.9925	0.0244	0.0007	6.1425	6
		SYE	0.9959	0.0138	0.0004	3.4716	2
	$M = f(ERH, T)$	BET	0.9836	1.3191	0.0734	2.8442	1
		MCPE	0.9922	11.7765	0.2774	3.3518	2
		3-MGAB	0.9906	14.7417	0.3510	4.2643	3
		MHE	0.9878	18.4667	0.4396	4.6638	4
		MOE	0.9813	27.9916	0.6541	6.6631	5

注：表中平衡水分数据均采用干基。

如表 3-4 所示，7 个方程均适合拟合所有稻谷水分吸着等温线数据。按照平均统计参数（R^2、RSS、SE、MRE）对比排序，以 $ERH=f(M, T)$ 形式表达的方程排序，对解吸 CAE>MCPE>SYE>MGAB>MHE>MOE，对吸附 CAE>SYE>MCPE>MHE>MGAB>MOE。

以 $M=f(ERH, T)$ 形式表达的方程排序，对解吸 MCPE>BET>MGAB>MHE>MOE，对吸附 BET>MCPE>MGAB>MHE>MOE。除过 BET 方程在 ERH 11.3%~49.9%范围内描述水分吸着等温线外，其他 6 个方程均在 ERH 11.3%~96%范围内描述水分吸着等温线。CAE 是 5 个参数、温度依赖的方程，不易转化为 $M=f(ERH, T)$ 表达形式。SYE 是 4 个参数、温度依赖的方程，也不易转化为 $M=f(ERH, T)$ 表达形式。其他方程 MCPE、MHE、MOE 及 3-MGAB 均是 3 个参数、温度依赖的可逆方程。综合考虑适合吸着数据方程的参数数目、表达形式转化等因素，我们认为 MCPE 方程是最佳的吸着等温线的拟合方程。表 3-5、表 3-6、表 3-7、表 3-8 所示分别为每个稻谷品种的较优方程系数。

表 3-5　　稻谷品种吸着等温线 MCPE 方程 $M=f(ERH, T)$ 参数估算

品种编号	类型	C_1	C_2	C_3	R^2	MRE/%
1	解吸	732.817	81.212	0.176	0.9950	2.170
2	解吸	301.996	21.857	0.174	0.9951	2.318
3	解吸	357.318	30.892	0.184	0.9947	2.778
4	解吸	896.872	82.869	0.188	0.9910	2.906
5	解吸	471.878	51.620	0.181	0.9860	4.383
6	解吸	498.416	57.938	0.180	0.9850	4.689

续表

品种编号	类型	C_1	C_2	C_3	R^2	MRE/%
7	解吸	375.136	24.190	0.180	0.9912	2.651
8	解吸	510.545	44.689	0.178	0.9920	2.968
9	解吸	534.653	40.067	0.190	0.9940	2.583
10	解吸	416.948	45.952	0.167	0.9940	2.485
11	解吸	726.458	92.560	0.183	0.9960	2.245
12	解吸	561.385	58.122	0.179	0.9940	2.978
13	解吸	448.708	26.574	0.191	0.9880	3.107
14	解吸	536.344	34.341	0.228	0.9896	2.832
15	解吸	1883.699	160.153	0.239	0.9874	3.125
16	解吸	461.791	57.791	0.173	0.9915	3.244
17	解吸	616.202	65.907	0.179	0.9878	3.221
1	吸附	759.452	155.366	0.169	0.9880	4.015
2	吸附	1369.518	319.391	0.174	0.9941	2.960
3	吸附	1184.227	257.805	0.176	0.9934	3.744
4	吸附	616.605	102.650	0.176	0.9930	2.890
5	吸附	496.038	64.002	0.195	0.9970	2.407
6	吸附	527.923	71.861	0.197	0.9960	2.493
7	吸附	1826.696	359.019	0.185	0.9949	2.794
8	吸附	752.519	121.243	0.187	0.9880	4.226
9	吸附	2951.787	626.530	0.173	0.9840	4.794
10	吸附	518.405	94.885	0.169	0.9940	3.192
11	吸附	686.872	105.259	0.176	0.9960	2.372
12	吸附	948.861	192.885	0.169	0.9930	3.354
13	吸附	787.744	119.608	0.178	0.9960	2.121
14	吸附	1601.344	287.903	0.226	0.9941	2.556
15	吸附	1616.279	270.023	0.237	0.9899	3.846
16	吸附	711.138	131.616	0.188	0.9855	5.299
17	吸附	832.060	135.829	0.187	0.9903	3.919

注：表 3-5 至表 3-8 中 *EMC* 以干基表示，便于与国外参数比较。

表 3-6　稻谷品种吸着等温线 MCPE 方程 *ERH=f*（*M*，*T*）参数估算

品种	类型	C_1	C_2	C_3	R^2	MRE/%
1	解吸	723.319	83.593	0.173	0.9960	3.103

续表

品种	类型	C_1	C_2	C_3	R^2	MRE/%
2	解吸	286. 722	21. 043	0. 172	0. 9964	3. 472
3	解吸	328. 652	27. 232	0. 183	0. 9961	4. 040
4	解吸	634. 028	57. 208	0. 182	0. 9960	3. 020
5	解吸	412. 000	36. 452	0. 192	0. 9930	5. 808
6	解吸	437. 033	40. 802	0. 193	0. 9920	6. 374
7	解吸	342. 340	19. 804	0. 181	0. 9956	3. 597
8	解吸	473. 811	39. 221	0. 179	0. 9950	3. 100
9	解吸	468. 369	35. 645	0. 184	0. 9960	3. 551
10	解吸	400. 421	40. 111	0. 171	0. 9960	3. 147
11	解吸	626. 519	84. 250	0. 176	0. 9970	3. 020
12	解吸	798. 068	150. 093	0. 174	0. 9960	2. 972
13	解吸	373. 883	22. 257	0. 184	0. 9930	4. 766
14	解吸	438. 475	25. 521	0. 224	0. 9953	4. 412
15	解吸	1168. 007	102. 621	0. 229	0. 9944	4. 432
16	解吸	397. 183	41. 637	0. 181	0. 9946	3. 583
17	解吸	456. 199	41. 354	0. 183	0. 9944	3. 853
1	吸附	567. 362	99. 802	0. 179	0. 9956	3. 438
2	吸附	989. 611	227. 024	0. 173	0. 9963	3. 220
3	吸附	738. 441	159. 011	0. 172	0. 9961	4. 190
4	吸附	644. 267	98. 301	0. 184	0. 9970	2. 847
5	吸附	450. 311	53. 265	0. 199	0. 9980	3. 491
6	吸附	484. 679	57. 867	0. 205	0. 9980	3. 285
7	吸附	1136. 877	207. 706	0. 188	0. 9962	3. 442
8	吸附	669. 751	92. 689	0. 199	0. 9920	4. 423
9	吸附	1217. 397	211. 599	0. 187	0. 9950	3. 583
10	吸附	501. 615	86. 932	0. 173	0. 9970	3. 741
11	吸附	602. 323	87. 764	0. 177	0. 9970	3. 358
12	吸附	400. 856	38. 351	0. 172	0. 9960	3. 569
13	吸附	835. 385	120. 386	0. 182	0. 9970	2. 985
14	吸附	967. 184	166. 265	0. 225	0. 9966	3. 180
15	吸附	830. 250	134. 702	0. 230	0. 9943	4. 410
16	吸附	859. 208	133. 082	0. 211	0. 9925	4. 704
17	吸附	784. 111	113. 814	0. 197	0. 9929	4. 766

表 3-7　稻谷品种吸着等温线 SYE 方程 $ERH=f(M, T)$ 参数估算

品种编号	类型	C_1	C_2	C_3	C_4	R^2	MRE/%
1	解吸	0. 631	0. 129	7. 294	0. 166	0. 9970	3. 218
2	解吸	1. 699	0. 143	8. 164	0. 162	0. 9943	4. 521
3	解吸	2. 375	0. 191	9. 136	0. 185	0. 9947	4. 900
4	解吸	3. 388	0. 239	11. 198	0. 193	0. 9970	3. 130
5	解吸	2. 037	0. 196	9. 133	0. 193	0. 9920	5. 989
6	解吸	1. 917	0. 200	8. 906	0. 194	0. 9920	6. 651
7	解吸	3. 459	0. 183	11. 924	0. 182	0. 9961	3. 738
8	解吸	3. 399	0. 214	11. 278	0. 188	0. 9960	3. 218
9	解吸	4. 818	0. 244	13. 331	0. 202	0. 9970	3. 449
10	解吸	1. 960	0. 182	8. 488	0. 174	0. 9960	3. 284
11	解吸	0. 579	0. 137	6. 347	0. 170	0. 9970	2. 783
12	解吸	0. 359	0. 152	4. 968	0. 172	0. 9960	3. 380
13	解吸	4. 065	0. 199	12. 936	0. 189	0. 9950	4. 312
14	解吸	3. 610	0. 238	12. 978	0. 227	0. 9936	5. 502
15	解吸	4. 944	0. 365	12. 689	0. 246	0. 9951	3. 696
16	解吸	2. 179	0. 204	8. 541	0. 187	0. 9954	3. 497
17	解吸	2. 255	0. 199	9. 531	0. 187	0. 9944	4. 048
1	吸附	0. 575	0. 167	5. 221	0. 177	0. 9957	3. 266
2	吸附	0. 229	0. 157	4. 189	0. 172	0. 9963	3. 213
3	吸附	0. 642	0. 231	4. 681	0. 177	0. 9962	4. 169
4	吸附	0. 622	0. 168	5. 947	0. 182	0. 9970	2. 801
5	吸附	1. 057	0. 178	7. 012	0. 195	0. 9980	3. 465
6	吸附	1. 156	0. 196	7. 228	0. 203	0. 9980	3. 295
7	吸附	0. 451	0. 213	5. 392	0. 190	0. 9962	3. 496
8	吸附	0. 833	0. 193	6. 676	0. 198	0. 9930	3. 041
9	吸附	0. 345	0. 180	5. 545	0. 187	0. 9950	3. 583
10	吸附	0. 555	0. 149	5. 122	0. 169	0. 9970	3. 497
11	吸附	-0. 563	0. 143	5. 960	0. 172	0. 9980	3. 107
12	吸附	2. 426	0. 193	9. 218	0. 178	0. 9970	2. 795
13	吸附	0. 488	0. 152	6. 287	0. 179	0. 9970	2. 828
14	吸附	0. 281	0. 169	5. 345	0. 219	0. 9967	2. 920
15	吸附	0. 307	0. 162	5. 490	0. 223	0. 9944	4. 170
16	吸附	0. 743	0. 235	0. 284	0. 213	0. 9925	4. 691
17	吸附	0. 552	0. 173	6. 278	0. 194	0. 9929	4. 682

表 3-8 稻谷品种吸着等温线 CAE 方程 $ERH=f(M, T)$ 参数估算

品种	类型	A_1	A_2	B_1	B_2	D	R^2	MRE/%
1	解吸	6.170	5.757	7.292	5.434	203.145	0.9970	3.348
2	解吸	6.363	5.497	8.425	4.221	202.651	0.9943	4.485
3	解吸	5.478	5.634	8.031	3.616	202.478	0.9946	4.856
4	解吸	5.289	6.081	8.576	4.979	203.631	0.9970	3.197
5	解吸	4.733	4.688	7.985	4.371	197.527	0.9957	4.411
6	解吸	4.605	4.691	7.839	4.354	197.181	0.9954	4.938
7	解吸	5.483	5.521	9.758	4.314	201.817	0.9961	3.770
8	解吸	5.223	5.880	9.032	4.575	201.601	0.9960	3.370
9	解吸	5.365	5.840	8.965	4.612	203.466	0.9970	3.334
10	解吸	5.601	5.855	8.129	4.135	201.118	0.9960	3.459
11	解吸	6.152	5.843	6.230	4.390	204.373	0.9980	2.796
12	解吸	5.477	5.949	8.429	4.016	201.331	0.9970	3.019
13	解吸	5.384	5.792	9.746	4.202	203.104	0.9950	4.255
14	解吸	5.621	5.416	8.663	4.371	200.236	0.9942	4.959
15	解吸	5.198	5.669	7.528	5.247	200.892	0.9954	3.492
16	解吸	4.866	5.557	7.808	3.525	199.384	0.9962	3.194
17	解吸	4.484	5.343	8.392	4.446	199.035	0.9954	3.536
1	吸附	5.378	5.048	5.011	3.465	198.809	0.9970	2.416
2	吸附	5.855	5.774	3.642	2.778	202.086	0.9963	3.224
3	吸附	5.709	6.051	4.206	2.542	202.691	0.9963	4.181
4	吸附	5.343	5.069	5.554	4.016	200.054	0.9970	2.709
5	吸附	5.083	4.757	6.124	3.841	201.124	0.9976	3.485
6	吸附	4.737	4.656	6.083	3.775	200.448	0.9977	3.334
7	吸附	5.114	5.308	4.759	3.617	201.186	0.9963	3.477
8	吸附	4.745	4.570	5.793	4.134	198.719	0.9940	4.169
9	吸附	5.120	4.982	4.963	4.174	199.402	0.9950	3.532
10	吸附	5.920	5.524	5.040	3.289	201.256	0.9970	3.256
11	吸附	5.942	5.528	5.813	4.179	202.296	0.9980	3.095
12	吸附	5.766	5.327	4.637	3.727	200.232	0.9960	2.992
13	吸附	5.575	5.265	5.870	4.628	201.255	0.9970	2.899
14	吸附	5.405	4.864	3.916	3.321	199.459	0.9971	2.562
15	吸附	5.367	4.931	4.072	3.181	200.751	0.9951	3.257
16	吸附	3.871	4.439	5.465	3.611	197.079	0.9961	3.238
17	吸附	4.978	5.311	5.375	4.554	198.099	0.9951	4.153

如图 3-3 所示，不同温度下，稻谷吸附曲线与解吸曲线之间存在滞后现象。随着温度增加，滞后环的宽度和跨度变小。如表 3-9 所示，以 $ERH = f(M, T)$ 形式表达的 MCPE 和 SYE 方程，吸附等温线与解吸等温线的拟合方程参数不同，表明稻谷吸附与解吸之间存在滞后现象。以 $M = f(ERH, T)$ 形式表达的 MCPE 方程，吸附等温线与解吸等温线的拟合方程参数也是不同的。表 3-9 的稻谷吸着数据最佳拟合方程的参数可供广泛应用。

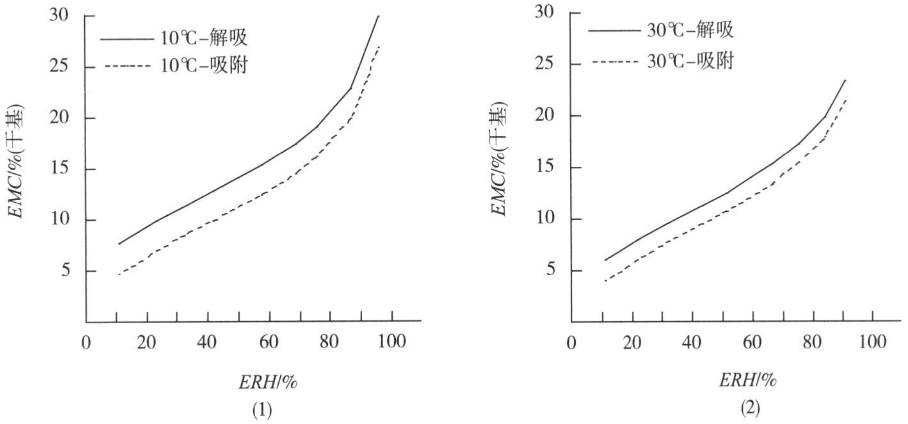

图 3-3　MCPE 方程预测的稻谷解吸与吸附等温线

表 3-9　稻谷吸着数据最佳拟合方程的参数小结

函数	数学模型	吸着类型	方程参数			
			C_1	C_2	C_3	C_4
$ERH = f(M, T)$	MCPE	吸附	688.146	114.259	0.186	
		解吸	432.932	38.969	0.179	
		平均[a]	501.992	61.538	0.183	
	SYE	吸附	0.545	0.174	5.576	0.185
		解吸	2.241	0.192	9.444	0.183
		平均	1.236	0.186	7.268	0.184
$M = f(ERH, T)$	MCPE	吸附	803.419	147.093	0.181	
		解吸	489.459	47.419	0.179	
		平均	568.284	76.106	0.179	

注：[a] 指同一温度、同一湿度下吸附值与解吸值的平均值；平衡水分数据均采用干基表示。

五、　不同类型稻谷吸湿特性比较

如表 3-10 所示，三类稻谷的最佳方程对应参数比较相似，说明它们的吸湿特性类似。比较20℃和30℃的等温线（图3-4），考虑标准偏差，等温线差异不显著。

Sun（1999）分析了包含一系列温度范围的18组稻谷吸附/解吸等温线的763个试验数据，认为Strohman-Yoerger（SYE）模型适合描述稻谷的等温线。胡坤和张家年（2006）分析了包括籼稻、粳稻及糯稻在内的5个品种的吸附与解吸等温线数据，认为SYE模型适合拟合籼稻、粳稻的吸着等温线，MOE适合拟合糯稻的吸着等温线。本节分析表明，SYE方程以 $ERH=f(M, T)$ 形式、MCPE方程以 $M=f(ERH, T)$ 形式和 $ERH=f(M, T)$ 形式均适合17个稻谷品种的吸着等温线（表3-10）。ASABE也推荐MCPE方程作为稻谷吸着等温线拟合方程。MCPE方程的优点是含有3个系数，易于互逆表达，而SYE方程是4个系数，不易转化为 $M=f(ERH, T)$ 的表达形式。因此，本研究选择MCPE方程作为稻谷吸着等温线拟合方程。

表3-10　不同稻谷类型吸着数据适合的MCPE参数及统计参数

稻谷类型	品种数	因变量	MCPE方程参数			统计参数	
			C_1	C_2	C_3	R^2	*MRE*/%
粳稻	3		517.173	74.754	0.175	0.9957	1.998
籼稻	10	*EMC*	564.154	71.146	0.181	0.9969	1.523
糯稻	4		646.624	96.269	0.179	0.9935	2.564
粳稻	3		459.689	64.316	0.175	0.9978	2.546
籼稻	10	*ERH*	504.548	58.427	0.184	0.9985	1.722
糯稻	4		542.519	70.172	0.187	0.9968	2.212

注：表中平衡水分数据均采用干基。

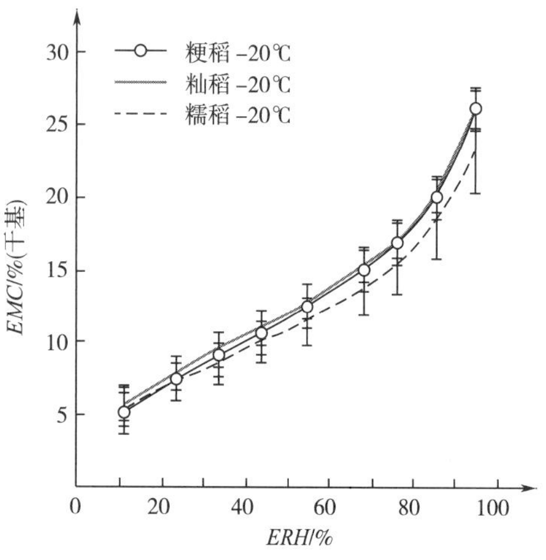

(1)20℃

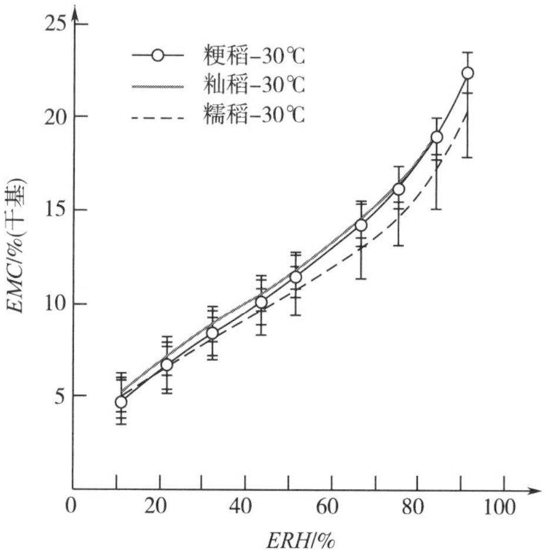

(2)30℃

图3-4　MCPE方程拟合的粳稻、籼稻、糯稻等温线比较

通过对比分析 17 个稻谷品种吸附/解吸实测平均值（表 3-2 和表 3-3）与 MCPE 方程拟合平均值（图 3-4），品种之间差异不明显。因此，测定或收集较多品种的 *ERH/EMC* 数据，能够将品种、测量技术及测量准确性的影响最小化，使随机误差和系统误差平均化，拟合的数学模型参数更加准确，具有代表性，适合我国南北方地区稻谷的储藏管理。

解吸等温线用于稻谷干燥过程。新收获的稻谷含水率是 16%~28%（湿基），干燥是收获后的必要处理，在湿热地区很重要。干燥处理推迟 1d，目的是让稻谷籽粒内部的水分梯度、单个籽粒之间的水分梯度能够达到平衡。然后在特定条件下缓慢地干燥，将水分降低到 13.5%（湿基），以到达最好的品质保持效果。吸附等温线用于描述加湿过程。在现代仓储管理中，储藏期间通风可能发生加湿过程。为了降低仓内粮食的温度，在夜间温度很低时连续通风。但是夜间相对湿度较高，引起通风入口区域粮食严重吸湿，这种吸湿需要小心地检测，它是粮食安全储藏的威胁。因此需要选择最合适的吸附方程。MCPE 方程以 $M = f(ERH, T)$ 形式和 $ERH = f(M, T)$ 形式预测稻谷的吸附和解吸曲线。

本节 17 个稻谷品种的吸着等温线的拟合方程 MCPE，当 *EMC* 以干基表示，以 $M = f(ERH, T)$ 形式表达的方程参数 C_1、C_2 及 C_3，在拟合吸附等温线时分别是 688.146、114.259、0.186，在拟合解吸等温线时分别是 432.932、38.969、0.179，吸着平均值分别是 501.992、61.538、0.183。

第二节 小麦吸湿特性及等温线类型

小麦是我国重要的粮食之一，年产量超过 1.2 亿 t。小麦与稻谷相比可储藏较长时间，一般 3~5 年，主要通过控制含水率和温度进行保管。为了保持储藏期间的小麦品质，必须了解储藏条件（温度和湿度）与小麦品质之间的关系。换句话，了解小麦 *EMC* 和 *ERH* 之间的关系是必要的。这个关系已经被广泛研究，引入了不同数学模型。在 van den Berg 和 Bruin（1981）提出的 77 个等温线方程中，仅 10 个方程适合用于小麦 *EMC/ERH* 数据（Sun and Woods 1993）。这 10 个方程中，Chen-Clayton（CCE）、Day-Nelson、Henderson、Modified Chung-Pfost（MCPE）、Modified Henderson（MHE）及 Strohman-Yoerger（SYE）方程用于描述小麦谷壳和不脱谷壳颖果的吸着行为（Duggal et al. 1982）。Nellist 和 Dumont（1979）收集了 13 套小麦平衡水分数据，采用 5 个常用方程进行拟合，为了获得适用干燥操作的等温线方程。这个研究表明 MCPE 最适合。如果可以利用较多的数据，则 MCPE 方程的系数应当更新。Sun 的 Woods（1994）采用 5 个模型，即 CCE、MCPE、MHE、Modified-Oswin（MOE）及 SYE，分析了 29 套小麦 *EMC/ERH* 数据，推论 MCPE 和 MOE 是优选的方程，由于这两个方程能够描述每个单一数据组，是 3 个参数可逆的方程。已有报道小麦品种对平衡水分结果有影响，但是所有这些研究没有包括我国小麦品种。下面给出 14 个中国小麦品种的水分吸着等温线数据。

根据颖果硬度，小麦分为 4 类：硬质麦、硬麦、软麦、居于硬麦与软麦之间的混合麦。

Pfost 等（1976）采用 MCPE 分析了硬质麦、硬麦、软麦之间的 *EMC/ERH* 数据，结果表明，这三类小麦之间的 MCPE 的系数有一些变化。Sun 和 Woods（1994）比较了 3 类小麦（8 个硬麦、6 个软麦、3 个硬质麦品种）在 0℃，30℃，60℃ 三个温度的 MCPE 等温线，在 0℃，硬麦等温线位于其他两个之上，硬质麦等温线最低。在 30℃，三类小麦的吸湿特性差异非常小，等温线很接近。在 60℃，这三类型等温线又分开，硬质麦等温线位于软麦之上，硬麦等温线最低。我们 2011 年报道了一个混合麦、2 个硬麦、3 个软麦的水分吸着数据，采用 Brunauer-Emmett-Teller（BET）、CCE、MCPE、MHE、MOE、SYE 六个方程进行拟合等温线，发现这些硬麦与软麦品种之间具有相似的吸湿特性和吸着等热（Li et al. 2011）。文献中没有比较冬麦与春麦、红麦与白麦之间的吸湿特性和吸着等热。

我们对我国不同产区 14 个小麦品种，测定吸附和解吸平衡水分数据，采用 8 个水分吸着方程进行拟合等温线，筛选了最佳 *EMC* 方程，比较了就小麦硬度、色泽、种植时间影响的小麦 *EMC/ERH* 数据差异，对收获后小麦处理提供基础数据。

采用 14 个小麦品种作为研究对象（表 3-11）。对于吸附曲线样品，选取干净、饱满、无破裂的样品在（40.5±0.5）℃ 保温箱内，将含水率降到 7%~8%，然后在干燥器中用 P_2O_5 固体脱水到 5%（干基）以下。新收获的高水分小麦“顺义 9433”（含水率 17.9%）直接用于测定解吸曲线样品，其他小麦品种由 5.0%（干基）以下加水调到 22%，在冰箱平衡 2 周后用于测定解吸曲线。本试验采用静态称重法测定平衡水分，即利用饱和盐溶液在 5 种恒定温度（10℃，20℃，25℃，30℃及 35℃）下产生恒定的蒸气压。粮食含水率测定采用整粒烘干法，(104.0±1.0)℃ 烘干 20~28h。

表 3-11　　小麦样品

编号	品种	类型	产区	收获时间
1	南段	硬白冬麦	山东	2008 年 06 月
2	陇原 2	硬白冬麦	陕西	2007 年 06 月
3	长武 3297	硬白冬麦	陕西	2007 年 06 月
4	河南白麦	硬白冬麦	河南	2008 年 06 月
5	农大红	混合红冬麦	北京	2007 年 06 月
6	三元	混合红冬麦	北京	2007 年 06 月
7	顺义 9433	软白冬麦	北京	2008 年 06 月
8	农大 5177	软白冬麦	北京	2007 年 06 月
9	徐州白麦	软白冬麦	江苏	2008 年 05 月
10	赵庄	软红冬麦	北京	2008 年 06 月
11	鲁麦	软红冬麦	山东	2007 年 06 月
12	河北永清	硬红冬麦	河北	2007 年 06 月
13	内蒙春	硬红春麦	内蒙古	2007 年 08 月
14	龙江春	硬红春麦	黑龙江	2007 年 08 月

一、自然高水分样品与调水样品解吸行为

如图 3-5 所示，在 25℃、*ERH* 11.3%~96.0%，自然高水分（17.9%）的顺义 9433 小麦品种样品与调制样品（22%）的解吸行为一样。

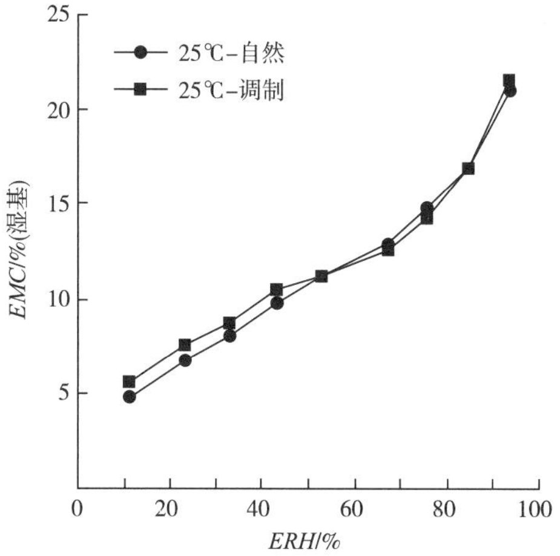

图 3-5　小麦自然高水分样品与调制样品解吸等温线

二、小麦吸附与解吸等温线实测值

表 3-12 和表 3-13 所示分别为 14 个小麦品种在 5 种温度（10℃，20℃，25℃，30℃，35℃）、9 种 *ERH* 下的吸附与解吸平衡含水率均值。标准差分析表明，小麦品种之间平衡水分含量变异不明显。解吸与吸附等温线均呈 S 型曲线。在一定温度下，随着 *ERH* 增大，解吸或吸附数值增大。在恒定的 *ERH* 下，解吸或吸附数值均随着温度的增加而减少。在 *ERH* 11%~85%范围内，吸附等温线滞后于解吸等温线（图 3-6），温度增加导致滞后环跨度变小。

表 3-12　小麦不同温度下解吸数据均值

10℃		20℃		25℃		30℃		35℃	
ERH/%	*EMC*/%	*ERH*/%	*EMC*/%	*ERH*/%	*EMC*/%	*ERH*/%	*EMC*/%	*ERH*/%	*EMC*/%
11.3	6.95±0.88	11.3	6.01±0.82	11.3	5.69±0.80	11.3	5.15±0.77	11.3	4.83±0.72
23.4	8.82±0.64	23.1	8.07±0.68	23.0	7.50±0.67	21.6	7.03±0.73	21.0	6.39±0.76
33.3	9.95±0.69	33.1	9.30±0.75	32.8	8.92±0.69	32.4	8.45±0.72	32.1	7.96±0.67
42.0	11.45±0.66	43.2	10.79±0.82	43.2	10.25±0.79	43.2	9.94±0.76	43.2	9.52±0.69

续表

10℃		20℃		25℃		30℃		35℃	
ERH/%	*EMC*/%	*ERH*/%	*EMC*/%	*ERH*/%	*EMC*/%	*ERH*/%	*EMC*/%	*ERH*/%	*EMC*/%
57.4	12.96±1.00	54.4	12.10±0.79	52.9	11.53±0.70	51.4	11.07±0.74	49.9	10.46±0.54
68.5	14.16±1.02	68.0	13.66±0.69	67.0	13.00±0.89	66.5	12.82±0.76	66.0	12.38±0.80
75.6	16.02±0.74	75.5	15.46±0.55	75.3	14.94±0.74	75.1	14.52±0.75	74.9	14.19±0.65
86.7	18.41±0.82	85.1	17.81±0.70	84.3	17.00±0.70	83.6	16.64±0.68	83.0	15.88±0.65
96.0	23.80±1.44	94.6	22.93±0.90	93.6	21.92±0.84	90.8	21.04±0.80	88.5	19.54±0.93

注：*EMC* 是 14 个小麦品种解吸平均值±SD，湿基表示，SD 是标准差（$n=14$）。

表 3-13　　14 个小麦品种不同温度下吸附数据均值

10℃		20℃		25℃		30℃		35℃	
ERH/%	*EMC*/%	*ERH*/%	*EMC*/%	*ERH*/%	*EMC*/%	*ERH*/%	*EMC*/%	*ERH*/%	*EMC*/%
11.3	4.67±0.59	11.3	4.49±0.62	11.3	4.33±0.59	11.3	4.27±0.57	11.3	4.18±0.56
23.4	6.39±0.79	23.1	6.21±0.79	23.0	5.89±0.66	21.6	5.80±0.69	21.0	5.51±0.67
33.3	7.81±0.76	33.1	7.70±0.76	32.8	7.48±0.66	32.4	7.30±0.66	32.1	7.06±0.64
42.0	9.59±0.84	43.2	9.36±0.79	43.2	9.16±0.71	43.2	8.89±0.69	43.2	8.62±0.68
57.4	11.38±0.74	54.4	10.77±0.68	52.9	10.38±0.60	51.4	10.06±0.57	49.9	9.54±0.56
68.5	12.66±0.76	68.0	12.44±0.77	67.0	12.11±0.61	66.5	11.92±0.60	66.0	11.68±0.64
75.6	14.73±0.76	75.5	14.43±0.66	75.3	14.19±0.58	75.1	13.94±0.61	74.9	13.66±0.60
86.7	17.97±0.79	85.1	17.16±0.67	84.3	16.71±0.61	83.6	16.22±0.54	83.0	15.47±0.61
96.0	22.78±1.13	94.6	22.17±1.12	93.6	21.29±0.58	90.8	20.49±0.58	88.5	18.86±0.67

注：*EMC* 是 14 个小麦品种吸附平均值±SD，湿基表示，SD 是标准差（$n=14$）。

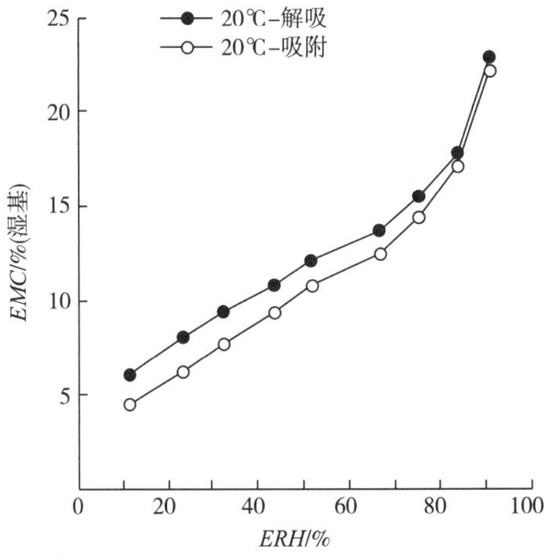

图 3-6　20℃下 14 个小麦品种平均解吸与吸附曲线

三、 小麦吸附与解吸等温线最佳数学模型

从表 3-14 的 *EMC* 方程参数估算看出，无论 *ERH* = *f*(*M*，*T*)，还是 *M* = *f*(*ERH*，*T*)，R^2>0.985、*MRE*<7.102%，表明所选数学模型 BET 在 *ERH* 11.3%~49.9%范围内，其他 7 个方程 CAE、CCE、MCPE、MHE、3-MGAB、MHE、SYE 及在 *ERH* 11.3%~96%范围内均适合小麦吸附与解吸等温线拟合。可从这些模型中探讨最合适的方程。

按照平均生物学统计参数（R^2、*RSS*、*SE*、*MRE*）对比排序，以 *ERH* = *f*(*M*，*T*) 形式表达的方程排序，对解吸 SYE>CAE>MCPE>CCE>MOE>MHE>3-MGAB，对吸附CAE>SYE>MCPE>CCE>MHE>MOE>3-MGAB。

以 *M* = *f*(*ERH*，*T*) 形式表达的方程排序，对解吸 MCPE>CCE>BET>MHE>MOE>3-MGAB，对吸附 MCPE>CCE>MHE>BET>MOE>3-MGAB。CAE 是 5 个参数、温度依赖的方程，不易转化为 *M* = *f*(*ERH*，*T*) 表达形式。SYE 是 4 个参数、温度依赖的方程，也不易转化为 *M* = *f*(*ERH*，*T*) 表达形式。CCE 是 4 个参数、温度依赖、可转化的方程。其他 MCPE、MHE、MOE 及 3-MGAB 均是 3 个参数、温度依赖的可逆方程。综合考虑适合吸着数据方程的参数数目、表达形式转化因素，我们认为 MCPE 方程是小麦的吸着等温线的最佳拟合方程。表 3-15、表 3-16 所示分别为小麦品种 MCPE 方程的系数，表 3-17 所示为小麦品种 CAE 方程的系数。

表 3-14　　拟合方程对 28 组小麦水分吸着数据拟合结果分析

吸着类型	函数	模型	生物统计参数				排序
			RSS	*SE*	R^2	*MRE*/%	
解吸	*ERH* = *f*(*M*，*T*)	CAE	190.183	4.755	0.994	4.198	2
		CCE	2.884×10^{-2}	7.0×10^{-4}	0.9871	4.938	4
		MCPE	2.166×10^{-2}	5.2×10^{-4}	0.9933	4.593	3
		3-MGAB	3.934×10^{-2}	9.4E$\times10^{-4}$	0.9879	5.518	7
		MHE	3.870×10^{-2}	7.7E$\times10^{-4}$	0.9881	6.432	6
		MOE	3.528×10^{-2}	6.0E$\times10^{-4}$	0.9891	7.027	5
		SYE	1.912×10^{-2}	4.7×10^{-4}	0.9934	4.079	1
	M = *f*(*ERH*，*T*)	BET	42.121	1.034	0.9842	4.827	3
		CCE	12.862	0.314	0.9908	3.769	2
		MCPE	11.890	0.283	0.9888	3.232	1
		3-MGAB	40.274	0.959	0.9621	7.102	6
		MHE	24.615	0.586	0.9769	4.892	4
		MOE	24.724	0.589	0.9766	5.473	5

续表

吸着类型	函数	模型	生物统计参数				排序
			RSS	*SE*	R^2	*MRE*/%	
吸附	*ERH* = *f*(*M*, *T*)	CAE	113.609	2.840	0.9965	3.083	1
		CCE	1.369×10^{-2}	3.3×10^{-4}	0.9922	3.569	4
		MCPE	1.349×10^{-2}	3.2×10^{-4}	0.9958	3.645	3
		3-MGAB	3.183×10^{-2}	7.6×10^{-4}	0.9902	6.490	7
		MHE	1.819×10^{-2}	4.3×10^{-4}	0.9944	4.277	5
		MOE	2.627×10^{-2}	4.7×10^{-4}	0.9919	5.790	6
		SYE	1.291×10^{-2}	3.1×10^{-4}	0.9960	3.584	2
	M = *f*(*ERH*, *T*)	BET	29.783	0.724	0.9833	4.880	4
		CCE	7.996	0.195	0.9915	3.039	2
		MCPE	8.458	0.201	0.9928	2.976	1
		3-MGAB	32.948	0.784	0.9719	9.326	6
		MHE	11.965	0.286	0.9897	4.038	3
		MOE	25.928	0.617	0.9783	6.802	5

注：表中 *EMC* 采用湿基数据。

表 3-15 小麦品种吸着等温线 MCPE 模型 *M*=*f*（*ERH*，*T*）参数估算

品种编号	类型	C_1	C_2	C_3	R_2	*MRE*/%
1	解吸	689.488	53.566	0.224	0.9920	2.216
2		1006.036	109.277	0.224	0.9834	3.976
3		438.700	51.009	0.220	0.9886	4.178
4		585.597	52.761	0.216	0.9850	3.362
5		2394.201	296.777	0.219	0.9878	2.938
6		744.465	45.296	0.228	0.9871	3.272
7		521.849	48.853	0.220	0.9885	3.077
8		475.356	36.445	0.204	0.9917	2.524
9		665.515	55.459	0.221	0.9902	3.138
10		987.527	75.072	0.231	0.9897	2.892
11		722.930	55.033	0.220	0.9943	2.021
12		688.704	63.555	0.231	0.9876	4.102
13		385.071	39.355	0.214	0.9895	3.286
14		478.517	45.377	0.214	0.9871	4.261
1	吸附	2655.508	425.262	0.208	0.9934	2.636

续表

品种编号	类型	C_1	C_2	C_3	R_2	MRE/%
2		783. 861	113. 563	0. 207	0. 9910	4. 235
3		5830. 689	1058. 527	0. 215	0. 9929	2. 322
4		1299. 835	233. 631	0. 206	0. 9942	1. 958
5		9595. 681	2499. 794	0. 194	0. 9925	3. 976
6		25021161. 010	4458971. 030	0. 215	0. 9895	3. 189
7	吸附	784. 452	133. 051	0. 207	0. 9920	2. 719
8		1901. 011	340. 773	0. 199	0. 9931	3. 089
9		2547. 974	422. 033	0. 209	0. 9924	2. 541
10		393. 424	44. 687	0. 210	0. 9889	4. 451
11		1330. 130	202. 112	0. 207	0. 9962	2. 161
12		3205. 359	770. 295	0. 206	0. 9926	4. 031
13		1406. 475	221. 470	0. 205	0. 9955	2. 069
14		1482. 896	220. 909	0. 202	0. 9952	2. 287

注：表 3-15、表 3-16、表 3-17 中 *EMC* 以湿基表示。

表 3-16　小麦品种吸着等温线 MCPE 模型 *ERH=f*（*M*，*T*）参数估算

品种编号	类型	C_1	C_2	C_3	R^2	MRE/%
1		535. 021	39. 211	0. 221	0. 9972	2. 770
2		831. 055	70. 997	0. 241	0. 9879	5. 872
3		357. 351	36. 413	0. 221	0. 9931	5. 272
4		473. 421	37. 424	0. 217	0. 9935	4. 589
5		1369. 973	143. 605	0. 228	0. 9952	3. 235
6		674. 563	35. 961	0. 232	0. 9901	6. 109
7		404. 798	35. 625	0. 215	0. 9955	3. 740
8	解吸	476. 032	29. 134	0. 217	0. 9966	2. 799
9		524. 572	40. 334	0. 218	0. 9931	4. 471
10		713. 425	49. 901	0. 227	0. 9951	4. 251
11		643. 029	45. 753	0. 221	0. 9965	3. 382
12		539. 696	47. 902	0. 225	0. 9897	6. 666
13		336. 431	29. 253	0. 218	0. 9935	4. 469
14		414. 343	34. 199	0. 216	0. 9893	6. 674
1	吸附	1193. 298	180. 117	0. 207	0. 9968	3. 112

续表

品种编号	类型	C_1	C_2	C_3	R^2	MRE/%
2		622. 646	94. 809	0. 198	0. 9915	6. 571
3		1821. 941	320. 082	0. 214	0. 9969	2. 677
4		877. 671	152. 198	0. 205	0. 9983	2. 172
5		2039. 921	488. 159	0. 201	0. 9961	4. 076
6		1546. 151	267. 155	0. 209	0. 9965	2. 856
7	吸附	648. 457	103. 866	0. 211	0. 9966	3. 412
8		1494. 595	241. 795	0. 208	0. 9965	3. 547
9		1163. 773	183. 485	0. 207	0. 9962	2. 835
10		332. 031	38. 221	0. 202	0. 9906	6. 132
11		1150. 869	169. 034	0. 209	0. 9964	3. 268
12		1102. 347	258. 918	0. 202	0. 9956	4. 791
13		1253. 352	178. 131	0. 214	0. 9982	2. 091
14		1162. 851	167. 733	0. 202	0. 9956	3. 489

表 3-17　　小麦品种吸着等温线 CAE 模型 $ERH=f(M, T)$ 参数估算

品种编号	类型	A_1	A_2	B_1	B_2	D	R^2	MRE/%
1		5. 297	4. 847	4. 277	4. 304	202. 793	0. 9951	3. 648
2		5. 053	5. 324	5. 263	3. 243	203. 420	0. 9920	6. 562
3		5. 108	5. 587	6. 620	2. 384	199. 819	0. 9941	4. 359
4		5. 569	5. 441	7. 873	4. 224	199. 202	0. 9936	4. 117
5		4. 744	5. 240	6. 917	5. 070	198. 051	0. 9964	2. 887
6		4. 872	5. 784	9. 828	4. 805	199. 625	0. 9935	4. 334
7		4. 957	4. 496	4. 470	3. 436	201. 210	0. 9971	3. 120
8	解吸	5. 379	5. 382	8. 299	5. 197	197. 723	0. 9976	2. 279
9		5. 201	6. 039	8. 490	3. 754	200. 074	0. 9955	3. 611
10		5. 425	5. 016	6. 060	2. 751	204. 424	0. 9900	5. 980
11		4. 924	4. 559	4. 983	4. 359	201. 264	0. 9971	2. 763
12		5. 069	5. 727	7. 532	3. 507	200. 530	0. 9921	5. 180
13		5. 650	5. 074	6. 935	3. 264	199. 071	0. 9934	4. 328
14		5. 305	5. 830	7. 901	3. 126	199. 851	0. 9915	5. 606
1	吸附	4. 535	4. 845	7. 710	4. 409	203. 233	0. 9971	2. 379

续表

品种编号	类型	A_1	A_2	B_1	B_2	D	R^2	$MRE/\%$
2		3.196	4.690	7.361	3.922	199.473	0.9921	4.270
3		4.657	4.615	4.241	3.729	201.489	0.9969	2.618
4		5.006	4.706	4.313	3.484	201.527	0.9984	2.009
5		4.591	4.721	3.188	2.657	199.391	0.9968	3.590
6		4.706	5.112	4.581	3.491	203.417	0.9968	3.036
7		4.536	4.934	6.978	3.354	202.704	0.9961	3.677
8	吸附	4.628	4.433	4.772	4.227	199.339	0.9973	2.888
9		4.850	4.931	4.904	3.868	202.550	0.9962	2.682
10		4.199	5.069	8.011	4.642	204.219	0.9960	3.260
11		4.561	4.713	7.895	5.027	202.964	0.9970	3.055
12		5.111	4.890	2.893	2.401	202.316	0.9956	4.822
13		4.598	4.440	5.201	4.413	200.383	0.9985	1.956
14		5.391	4.876	5.085	4.557	203.126	0.9958	2.913

如图 3-7 所示，不同温度下，小麦吸附曲线与解吸曲线之间存在滞后现象。随着温度增加，滞后环的宽度和跨度变小。如表 3-18 所示，以 $ERH=f(M, T)$ 形式表达的 MCPE 和 SYE 方程，吸附等温线与解吸等温线的拟合方程参数不同，表明小麦吸附于解吸之间存在滞后现象。以 $M=f(ERH, T)$ 形式表达的 MCPE 方程，吸附等温线与解吸等温线的拟合方程参数也是不同的。表 3-18 的小麦吸着数据最佳拟合方程的参数可供广泛地利用。

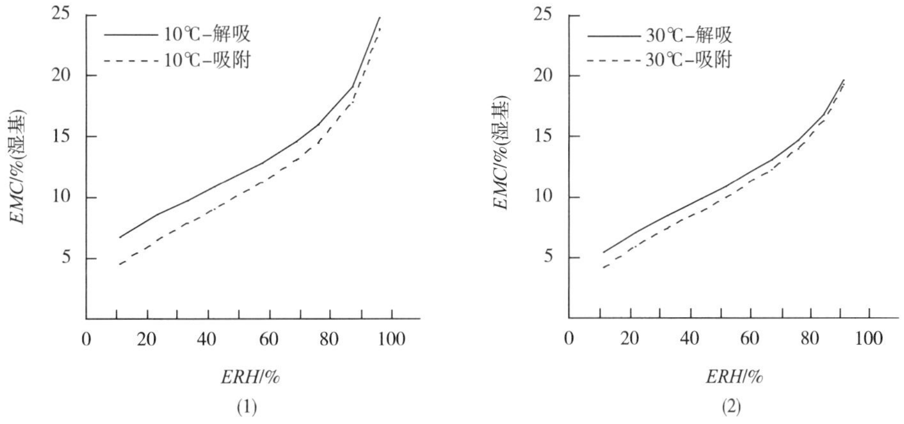

图 3-7　MCPE 方程预测的小麦不同温度解吸与吸附等温线

表 3-18 小麦吸着数据最佳拟合方程的参数小结

函数	方程	吸着类型	方程参数			
			C_1	C_2	C_3	C_4
$ERH = f(M, T)$	MCPE	吸附	920.105	150.246	0.206	
		解吸	529.932	41.687	0.223	
		平均*	622.365	72.117	0.214	
	SYE	吸附	0.450	0.192	5.771	0.205
		解吸	3.773	0.275	12.124	0.235
		平均	1.575	0.245	8.206	0.219
$M = f(ERH, T)$	MCPE	吸附	1333.376	227.909	0.206	
		解吸	635.479	57.093	0.221	
		平均	793.924	99.972	0.213	

注：* 指同一温度、同一湿度下吸附值与解吸值的平均。

四、 不同类型小麦吸湿特性比较

从表 3-19 可以看出，三类小麦的最佳方程对应参数比较相似，说明它们的吸湿特性类似。比较 20℃ 和 30℃ 的等温线（图 3-8），考虑标准偏差，等温线差异不显著。

表 3-19 不同小麦类型吸着数据适合的 MCPE 参数及统计参数

小麦类型	品种数	因变量	MCPE 方程参数			统计学参数	
			C_1	C_2	C_3	R^2	MRE/%
硬麦	7	EMC	564.602	54.757	0.220	8.9044	2.763
软麦	5		638.063	51.729	0.219	6.2625	2.179
混合	2		1015.397	89.640	0.223	10.7737	2.846
红麦	7		689.899	60.829	0.222	7.6033	2.418
白麦	7		588.872	53.871	0.218	7.9789	2.437
冬麦	12		684.633	60.503	0.221	7.5869	2.411
春麦	2		428.858	42.234	0.214	11.0299	3.582
硬麦	7	ERH	601.664	72.664	0.214	0.0080	2.323
软麦	5		580.889	61.186	0.213	0.0071	2.052
混合	2		930.351	118.819	0.217	0.0011	2.748
红麦	7		644.263	74.867	0.215	0.0082	2.412
白麦	7		602.627	69.642	0.214	0.0074	2.017
冬麦	12		634.661	73.938	0.215	0.0079	2.164
春麦	2		557.891	62.448	0.213	0.0095	3.141

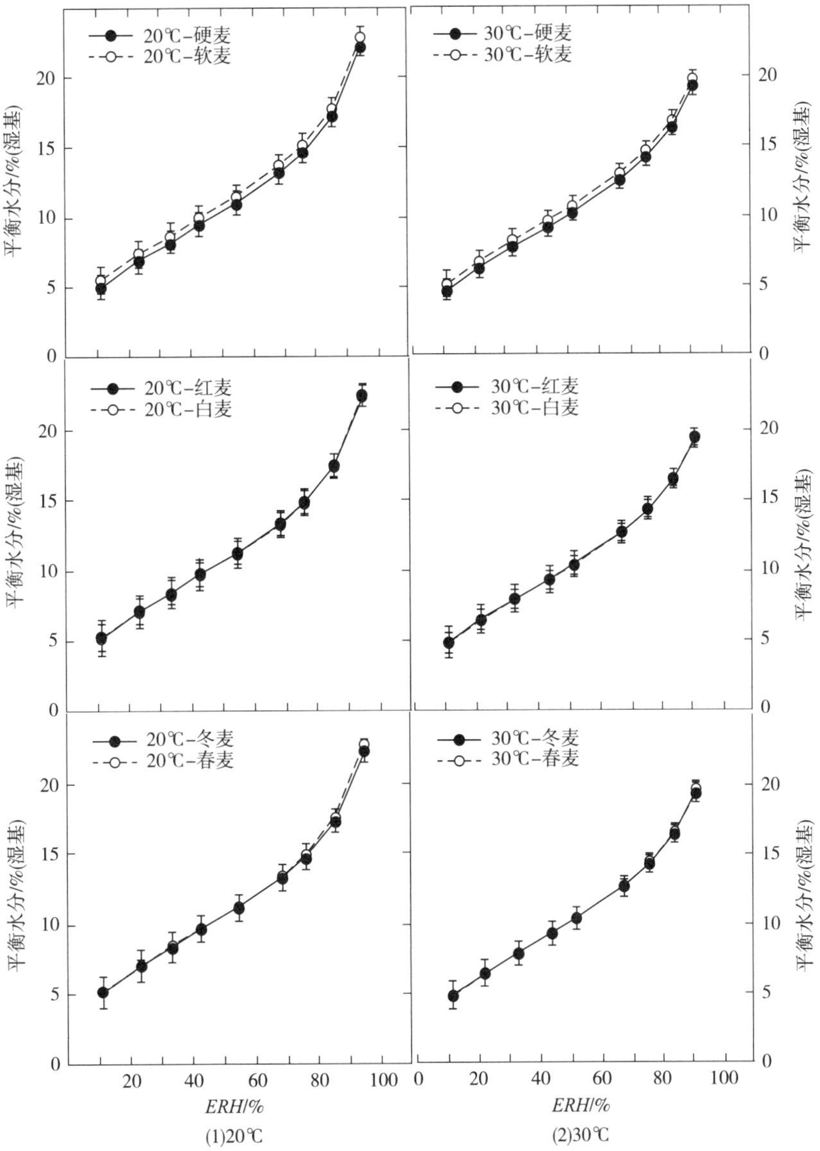

图 3-8　MCPE 方程拟合的不同小麦类型等温线比较

五、 我国小麦不同类型吸着等温线类型

1. 不同品种小麦 4-MGAB 方程系数比较

从第一章第四节推导，修正 4-MGAB 方程可以表达为式（1-34）和式（1-40）两种形式，目的是对水分吸着等温线类型进行判断。

$$\frac{A_w}{M}=\frac{a_1a_2+(b_1a_2-a_1b_2)A_w-b_1b_2A_w^2}{(a_1+a_2)+(b_1-b_2)A_w} \tag{1-34}$$

式中　　M——平衡水分含量；

A_w——水分活度；

a_1、a_2、b_1、b_2——方程系数。

$$\frac{A_w}{M} = X_1 + X'_2 A_w - X'_3 \frac{A_w^2}{(1 + X_4 A_w)} \quad (1-40)$$

式中　X_1、X'_2、X'_3、X_4——方程系数。

表3-20的判断指标用于判断我国谷物水分吸着等温线类型。D_{10}、$(A_w)_m$、R_{fi}的计算采用式（1-42）、式（1-45）、式（1-46）。

表3-20　　谷物水分吸着等温线不同类型的特征

吸着等温线类型	D_{10}	R_{fi}	$(A_w)_m$	X_4
Sigmoid 等温线（Ⅱ）				
接近 Langmuir 类型（Ⅱa）	>0	<0	[0，1]	<0
接近溶液类型（Ⅱb）	>0	<0	[0，1]	>0

$$D_{10} = \frac{a_2^2 b_1 - a_1^2 b_2}{(a_1 + a_2)^2} = X'_2 \quad (1-42)$$

$$(A_w)_m = -\frac{1}{X_4}\left(1 \pm \sqrt{1 \pm \frac{X_4 D_{10}}{X_3}}\right) \quad (1-45)$$

（根号内 X_4 <0 时取负号，X_4 >0 时取正号）

$$R_{fi} = \left[\frac{X'_2 - 2X_3 - X_3 X_4}{(1 + X_4)^2}\right] \Big/ X'_2 = \frac{1 - X_3\left(\frac{2 + X_4}{X'_2}\right)}{(1 + X_4)^2} \quad (1-46)$$

表3-21、表3-22所示，对13个小麦样品的吸附或者解吸等温线，拟合出的式（1-34）或式（1-40）的每个参数在小麦品种之间差异不大。而且，每个参数在红麦与白麦之间、硬麦与软麦之间、春麦与冬麦之间，差异不显著。但是，同一小麦品种吸附等温线的方程参数，不同于解吸等温线的对应方程参数，这与小麦解吸与吸附等温线之间存在滞后现象相一致。

表3-21　　小麦样品吸附等温线拟合的 MGAB 方程系数

品种编号	式（1-34）的系数				式（1-40）的系数				X_2/X_1
	a_1	a_2	b_1	b_2	X_1	X_2	X_3	X_4	
1	0.0177	0.3059	0.0834	0.2728	0.0167	0.0639	0.0703	−0.5853	3.8201
2	0.0144	0.3221	0.0851	0.2905	0.0138	0.0690	0.0735	−0.6104	5.0078
3	0.0196	0.2511	0.1021	0.2147	0.0182	0.0792	0.0810	−0.4160	4.3541
4	0.0258	0.2367	0.1292	0.2046	0.0233	0.0964	0.1007	−0.2872	4.1434
5	0.0185	0.2256	0.1055	0.1842	0.0171	0.0835	0.0796	−0.3224	4.8862

续表

品种编号	式（1-34）的系数				式（1-40）的系数				X_2/X_1
	a_1	a_2	b_1	b_2	X_1	X_2	X_3	X_4	
6	0.0174	0.2885	0.0961	0.2594	0.0164	0.0759	0.0815	−0.5338	4.6239
7	0.0136	0.2493	0.1086	0.2186	0.0129	0.0917	0.0903	−0.4184	7.1084
8	0.0172	0.2527	0.0947	0.2151	0.0161	0.0750	0.0755	−0.4461	4.6546
9	0.0192	0.3848	0.0719	0.3562	0.0183	0.0516	0.0634	−0.7037	2.8191
10	0.0131	0.2703	0.0945	0.2382	0.0124	0.0792	0.0795	−0.5072	6.3880
11	0.0333	0.2598	0.1031	0.2209	0.0295	0.0663	0.0777	−0.4019	2.2458
12	0.0151	0.3146	0.0888	0.2839	0.0144	0.0717	0.0765	−0.5918	4.9784
13	0.0171	0.3405	0.0722	0.3085	0.0163	0.0540	0.0623	−0.6608	3.3162
吸附平均	0.0177	0.2799	0.0938	0.2645	0.0166	0.0725	0.0834	−0.5736	4.3545

注：编号1~13个小麦品种依次是南段、陇原2、顺义8433、河南白麦、中农大红麦、三元、农大5177、徐州白麦、赵庄、鲁麦、河北永清、内蒙春、龙江春；方程系数由水分吸附数据（干基）计算；平均值指13个品种的吸附平均值。

表3-22　小麦样品解吸等温线拟合的MGAB方程系数

品种编号	式（1-34）的系数				式（1-40）的系数				X_2/X_1
	a_1	a_2	b_1	b_2	X_1	X_2	X_3	X_4	
1	0.0105	0.3028	0.0826	0.2679	0.0101	0.0709	0.0706	−0.5914	6.9819
2	0.0089	0.3647	0.0842	0.3333	0.0087	0.0743	0.0751	−0.6668	8.5468
3	0.0112	0.2885	0.0842	0.2538	0.0108	0.0716	0.0713	−0.5659	6.6381
4	0.0096	0.2669	0.0968	0.2319	0.0093	0.0854	0.0812	−0.4886	9.2145
5	0.0084	0.3737	0.0722	0.3421	0.0082	0.0631	0.0646	−0.7064	7.6798
6	0.0136	0.3287	0.0814	0.2985	0.0131	0.0663	0.0710	−0.6342	5.0772
7	0.0089	0.2947	0.0821	0.2662	0.0086	0.0719	0.0720	−0.6064	8.3214
8	0.0114	0.3257	0.0767	0.2902	0.0110	0.0643	0.0660	−0.6333	5.8371
9	0.0111	0.3761	0.0699	0.3421	0.0108	0.0581	0.0618	−0.7030	5.3877
10	0.0113	0.3805	0.0656	0.3411	0.0110	0.0539	0.0571	−0.7032	4.9089
11	0.0131	0.3175	0.0837	0.2769	0.0126	0.0694	0.0701	−0.5844	5.5172
12	0.0162	0.3575	0.0811	0.3249	0.0155	0.0635	0.0705	−0.6524	4.0974
13	0.0149	0.4035	0.0711	0.3723	0.0144	0.0553	0.0633	−0.7199	3.8491
解吸平均	0.0112	0.3315	0.0793	0.2977	0.0108	0.0670	0.0689	−0.6373	6.1823

注：方程系数由水分解吸数据（干基）计算；平均值指13个品种的解吸平均值。

2. 小麦样品吸着等温线拟合度与等温线类型

表3-23、表3-24所示，对13个小麦品种的吸附和解吸等温线，4-MGAB方程拟合

的决定系数 R^2>0.97，MRE<8.34%，尤其是吸附等温线的拟合度高于解吸等温线的。根据 D_{10}、R_{fi}、$(A_w)_m$ 指标判断等温线类型，13 小麦品种的吸附和解吸等温线均属于接近 Langmuir 类型的 S 型等温线。

表 3-23 小麦样品吸附等温线的 MGAB 拟合度及等温线类型

品种编号	4-MGAB 方程拟合及等温线类型					
	R^2	MRE/%	D_{10}	R_{fi}	$(A_w)_m$	方程类型
1	0.9947	3.2698	0.0737	−2.0316	0.6465	Ⅱa
2	0.9921	3.8594	0.0774	−2.0970	0.6600	Ⅱa
3	0.9931	3.5977	0.0867	−1.4045	0.6138	Ⅱa
4	0.9954	3.2783	0.1031	−1.3254	0.5562	Ⅱa
5	0.9921	3.3292	0.0891	−1.0883	0.6216	Ⅱa
6	0.9941	3.7112	0.0846	−1.8943	0.6229	Ⅱa
7	0.9951	3.1217	0.0971	−1.3933	0.6172	Ⅱa
8	0.9933	2.9901	0.0821	−1.3942	0.6338	Ⅱa
9	0.9779	8.3374	0.0644	−3.1388	0.6626	Ⅱa
10	0.9911	3.3488	0.0855	−1.5931	0.6431	Ⅱa
11	0.9938	4.6345	0.0782	−1.6463	0.5676	Ⅱa
12	0.9963	2.6677	0.0803	−2.0502	0.6497	Ⅱa
13	0.9946	3.5108	0.0648	−2.5045	0.6666	Ⅱa
吸附平均	0.9959	3.1627	0.0820	−2.4722	0.5928	Ⅱa

表 3-24 小麦样品解吸等温线的 4-MGAB 拟合度及等温线类型

品种编号	4-MGAB 方程拟合及等温线类型					
	R^2	MRE/%	D_{10}	R_{fi}	$(A_w)_m$	方程类型
1	0.9719	7.816	0.0769	−1.7642	0.6814	Ⅱa
2	0.9731	5.857	0.0800	−2.2615	0.6928	Ⅱa
3	0.9761	6.976	0.0777	−1.6799	0.6727	Ⅱa
4	0.9897	3.526	0.0899	−1.3944	0.6603	Ⅱa
5	0.9771	6.437	0.0689	−2.4793	0.7119	Ⅱa
6	0.9814	7.586	0.0746	−2.2406	0.6661	Ⅱa
7	0.9889	4.893	0.0771	−1.9409	0.6731	Ⅱa
8	0.9814	6.196	0.0713	−1.9800	0.6908	Ⅱa
9	0.9884	4.543	0.0657	−2.4914	0.7077	Ⅱa
10	0.9822	5.268	0.0616	−2.2993	0.7229	Ⅱa
11	0.9821	6.886	0.0768	−1.6952	0.6843	Ⅱa

续表

品种编号	4-MGAB 方程拟合及等温线类型					
	R^2	*MRE*/%	D_{10}	R_{fi}	$(A_w)_m$	方程类型
12	0.9755	7.571	0.0736	-2.4070	0.6672	Ⅱa
13	0.9841	7.596	0.0657	-2.9766	0.6905	Ⅱa
解吸平均	0.9853	5.773	0.0739	-2.0566	0.6864	Ⅱa

3. 4-MGAB 与 3-MGAB 方程对小麦样品等温线拟合比较

对于试验测定的 13 个小麦样品的吸附或者解吸平均值，修正的 4-MGAB 方程比标准 3-MGAB 方程拟合的 S 型曲线好，尤其是对解吸曲线。4-参数方程拟合的 S 型等温线与实测等温线较接近（图 3-9）。从表 3-25 看出，对应实测的小麦吸附或者解吸等温线，4-MGAB 方程比标准 3-MGAB 方程拟合的生物统计参数 R^2 较大，*RSS*、*SE* 及 *MRE* 较小。

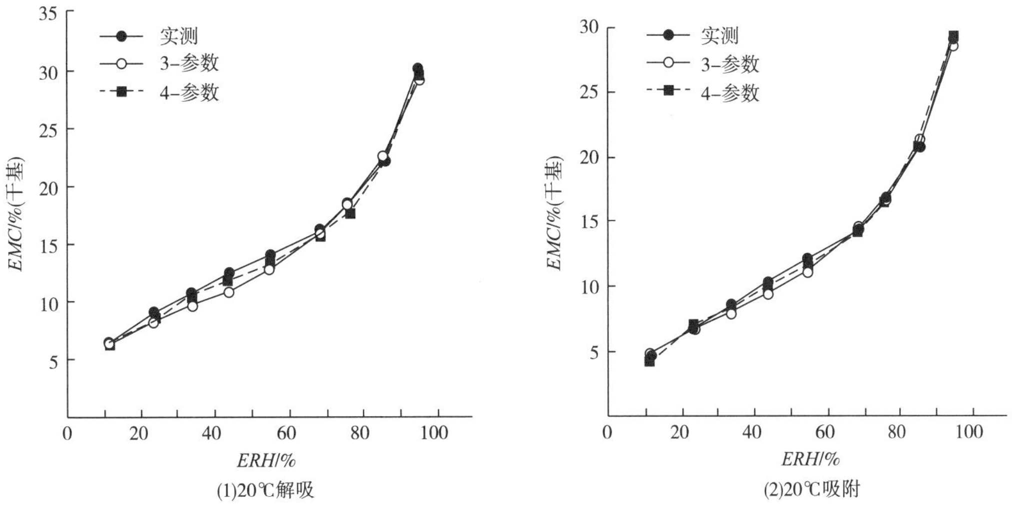

图 3-9　4-参数 MGAB 方程与标准 3-参数 GAB 方程拟合的 20℃小麦吸着等温线

表 3-25　　4-参数 MGAB 方程与标准 3-参数 GAB 方程比较

等温线方程	吸着类型	拟合统计参数			
		R^2	*RSS*	*SE*	*MRE*/%
3-参数 GAB	吸附	0.9931	14.7079	0.3502	3.908
	解吸	0.9768	45.6444	1.0868	6.742
4-参数 MGAB	吸附	0.9959	8.7908	0.2144	3.163
	解吸	0.9853	28.9542	0.7062	5.773

进一步比较 4-MGAB 方程拟合的小麦 20℃和 30℃小麦吸附与解吸等温线，解吸等

温线与吸附等温线之间存在滞后现象（图 3-10）。这与吸附等温线和解吸等温线拟合方程的对应 4 个系数（a_1、a_2、b_1、b_2）不同相一致。随着温度升高，滞后环呈变小趋势。比较 4-MGAB 方程拟合的 13 个小麦品种的吸附或者解吸等温线，从图 3-11 看出，品种之间差异不明显。

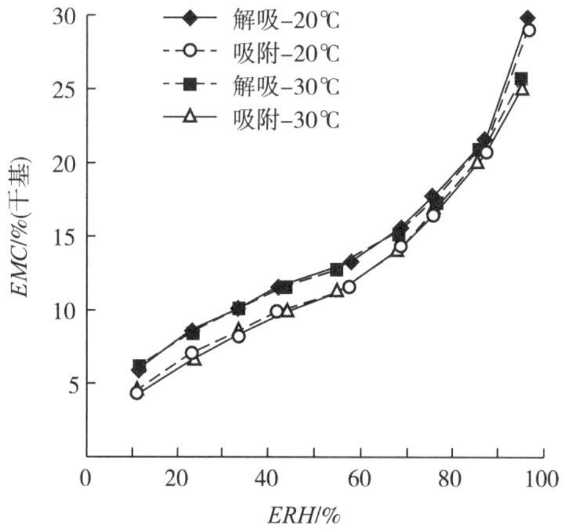

图 3-10　4-参数 MGAB 方程拟合的小麦吸着等温线

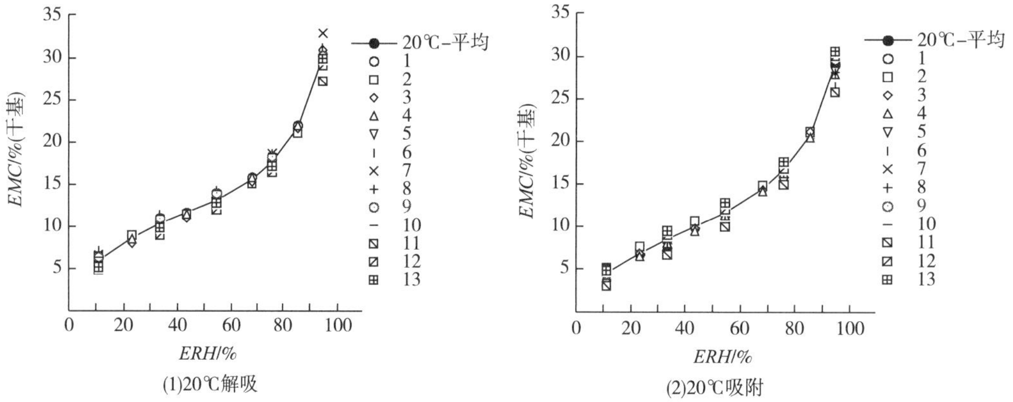

图 3-11　4-参数 MGAB 方程拟合的不同品种小麦吸着等温线比较

注：1~13 表示 13 个小麦品种的编号

我们首次利用修正的 4-参数 GAB（4-MGAB）方程分析小麦籽粒水分吸着等温线数据。采用 MGAB 方程拟合 13 个小麦品种的吸着等温线，解决了小麦平衡水分测定中 *ERH*>85%的情况，由于霉菌生长而无法判断样品水分吸着过程是否与周围水蒸气达到平衡的问题。另外，对我国小麦水分吸着等温线的类型进行判定，13 个小麦品种的吸着等温线均属于接近 Langmuir 类型的 S 型等温线，即 4-MGAB 方程等温线属于类型Ⅱ，可以解释为，该等温线由样品内表面局部的单层吸附叠加和溶液中固形物的稀释过程两部分组成。

由于受不同小麦品种及类型、不同操作者测定技术及试验准确性的影响，测定的 *EMC/ERH* 数据点通常是离散的，所以收集不同来源小麦的大量 *EMC/ERH* 数据组，选择适合这些数据组的等温线方程，可以将这些不确定因素的影响最小化，而且获得的小麦水分吸着等温线更加准确、更有代表性。在 *ERH* 11.3%~96.0%范围内许多水分吸着方程适宜拟合我国小麦水分吸着等温线，其中 MCPE 最适合。采用 MCPE 拟合不同类型水分吸着等温线方程，拟合的红麦与白麦之间、硬麦与软麦之间、春麦与冬麦之间的水分吸着等温线差异不明显，这对小麦干燥、储藏过程物理调控有指导意义。

第三节 玉米吸湿特性及等温线类型

我国玉米年产量约 1.5 亿 t，研究 *EMC-ERH* 的关系对于玉米干燥、通风及改进储藏中物理调控很重要。玉米籽粒大，平衡水分测定需要时间较长，获得数据有限。Pfost 等（1976）用修正 Henderson、修正 Chung-Pfost、Day-Nelson、Chen-Clayton 及 Strohman-Yoerger 5 个方程分析黄色马齿玉米的吸附与解吸等温线，发现含有 4 个常数的方程残差平方和，不是显著地小于含有 3 个常数的方程残差平方和。他们认为，修正 Henderson 和修正 Chung-Pfost 方程不仅适用于玉米等温线数据，还有其他谷物的数据。Chen 和 Morey（1989）报道，对不同程度初始含水率低的玉米，采用加蒸馏水调湿的方法测得的吸附等温线没有差别，当采用暴露于高相对湿度环境调湿的方法也得到相似的结果。这两种调湿方法制得的 25℃和 45℃吸附等温线也没有显著的差别，而 5℃的吸附等温线之间平衡含水率差别小于 0.5%。本节采用静态称重法，对我国玉米主产区的 16 个品种的吸附与解吸等温线进行测定，并对吸着等温线进行拟合分析，为我国粮食储藏与加工提供基础数据。

一、玉米吸附与解吸等温线实测值

本研究中采用 16 个玉米品种（表 3-26）。玉米平衡水分样品制备与测定参考上节小麦的。表 3-27 和表 3-28 所示分别为 16 个玉米品种在 5 种温度（10℃，20℃，25℃，30℃，35℃）、9 种 *ERH* 下的吸附与解吸平衡含水率均值。标准差分析表明，品种之间平衡含水率变异不明显。解吸与吸附等温线均呈 S 型曲线。在一定温度下，随着 *ERH* 增大，解吸或吸附数值增大。在恒定的 *ERH* 下，解吸或吸附数值均随着温度的升高而减少。在 *ERH* 11%~85%范围内，吸附等温线滞后解吸等温线（图 3-12），随着温度升高，滞后环跨度变小。

表 3-26　玉米样品

编号	品种	色泽	粒型	产区	收获时间
1	川玉 68	黄色	半马齿型	四川	2007 年 10 月
2	东单 8	黄色	马齿型	四川	2007 年 10 月
3	澄海 11	黄色	半马齿型	黄淮	2008 年 10 月
4	郑单 958	黄色	半马齿型	黄淮	2008 年 10 月
5	东泉 811	黄红	甜质型	山西	2008 年 10 月
6	山阳黄	黄白	马齿型	河北	2008 年 10 月
7	中德元	黄红	硬粒型	河南	2010 年 10 月
8	冀玉 988	黄色	马齿型	河北	2010 年 10 月
9	京单 28	黄色	半马齿型	北京	2010 年 10 月
10	东单 4	黄色	半马齿型	内蒙古	2008 年 10 月
11	东单 4243	黄色	马齿型	辽宁	2008 年 10 月
12	辽单 565	黄白	半马齿	东北	2008 年 10 月
13	承玉 6	白玉米	半马齿型	河北	2010 年 10 月
14	河北大马牙	白玉米	马齿型	河北	2010 年 10 月
15	朝阳大马牙	白玉米	马齿型	辽宁	2010 年 10 月
16	朝阳小马牙	白玉米	马齿型	辽宁	2010 年 10 月

表 3-27　玉米不同温度解吸数据均值

10℃		20℃		25℃		30℃		35℃	
ERH/%	*EMC*/%	*ERH*/%	*EMC*/%	*ERH*/%	*EMC*/%	*ERH*/%	*EMC*/%	*ERH*/%	*EMC*/%
11. 3	7. 51±0. 59	11. 3	6. 00±0. 76	11. 3	5. 56±0. 66	11. 3	5. 01±0. 45	11. 3	4. 63±0. 48
23. 4	8. 93±0. 76	23. 1	7. 76±0. 84	23. 0	7. 34±0. 77	21. 6	6. 65±0. 68	21. 0	6. 16±0. 67
33. 3	9. 99±0. 70	33. 1	8. 98±0. 71	32. 8	8. 60±0. 69	32. 4	8. 10±0. 65	32. 1	7. 71±0. 66
42. 0	11. 37±0. 70	43. 2	10. 54±0. 76	43. 2	10. 07±0. 73	43. 2	9. 54±0. 67	43. 2	9. 14±0. 77
57. 4	13. 10±0. 74	54. 4	11. 85±0. 71	52. 9	11. 34±0. 66	51. 4	10. 68±0. 63	49. 9	10. 11±0. 58
68. 5	14. 21±0. 78	68. 0	13. 31±0. 83	67. 0	12. 87±0. 86	66. 5	12. 52±0. 75	66. 0	12. 08±0. 79
75. 6	16. 09±0. 62	75. 5	15. 25±0. 73	75. 3	14. 78±0. 64	75. 1	14. 27±0. 57	74. 9	13. 88±0. 60
86. 7	18. 72±0. 85	85. 1	17. 39±0. 89	84. 3	16. 82±0. 69	83. 6	16. 26±0. 58	83. 0	15. 47±0. 44
96. 0	22. 59±1. 03	94. 6	21. 54±0. 91	93. 6	20. 71±0. 77	90. 8	19. 60±0. 66	88. 5	18. 47±0. 64

注：*EMC* 是 16 个玉米品种解吸平均值±*SD*，湿基表示，*SD* 是标准差（$n=16$）。

表 3-28　　玉米不同温度吸附数据均值

10℃		20℃		25℃		30℃		35℃	
ERH/%	*EMC*/%	*ERH*/%	*EMC*/%	*ERH*/%	*EMC*/%	*ERH*/%	*EMC*/%	*ERH*/%	*EMC*/%
11.3	4.61±0.73	11.3	4.42±0.70	11.3	4.35±0.73	11.3	4.24±0.68	11.3	4.01±0.65
23.4	6.30±1.16	23.1	6.04±1.07	23.0	5.92±0.97	21.6	5.81±0.95	21.0	5.63±0.96
33.3	7.59±1.13	33.1	7.32±1.10	32.8	7.21±1.05	32.4	7.04±0.90	32.1	6.83±0.90
42.0	9.24±1.01	43.2	8.99±0.96	43.2	8.75±0.91	43.2	8.51±0.86	43.2	8.35±0.80
57.4	11.00±1.13	54.4	10.33±0.97	52.9	9.99±0.92	51.4	9.55±0.79	49.9	9.13±0.77
68.5	12.27±1.12	68.0	11.87±1.06	67.0	11.66±1.03	66.5	11.44±0.92	66.0	11.22±0.88
75.6	14.45±0.96	75.5	13.93±0.84	75.3	13.73±0.84	75.1	13.38±0.76	74.9	13.04±0.78
86.7	17.48±1.21	85.1	16.54±0.97	84.3	16.04±0.94	83.6	15.68±0.86	83.0	14.97±0.79
96.0	20.79±2.29	94.6	19.97±1.62	93.6	19.45±1.41	90.8	18.92±1.16	88.5	17.98±1.08

注：*EMC* 是 16 个玉米品种吸附平均值±*SD*，湿基表示，*SD* 是标准差（$n=16$）。

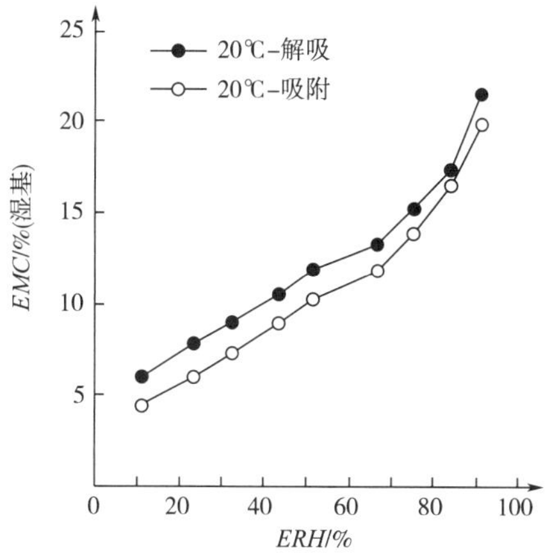

图 3-12　16 个玉米品种平均解吸与吸附曲线

二、玉米吸附与解吸等温线最佳数学模型

从表 3-29 的 *EMC* 方程参数估算看出，无论 $ERH=f(M,\ T)$，还是 $M=f(ERH,\ T)$，除过 MHAE 方程外，其他方程满足 $R^2>0.962$、$MRE<10\%$。BET 在 *ERH* 11.3%～49.9%范围内，CAE、MCPE、MHE、3-MGAB、MOE、SYE 在 *ERH* 11.3%～96.0%范围内均适合稻谷吸附与解吸等温线拟合。可从这些方程中探讨最合适的。8 个方程 BET、CAE、MCPE、3-MGAB、MHAE、MHE、MOE 及 SYE 均适合拟合所有玉米水分吸着等温线数据。按照平均统计参数（RSS、SE、R^2、MRE）对比排序，以 $ERH=f(M,\ T)$ 形式表达的方程排序，对解吸 CAE>MCPE>SYE>MHE>MGAB>MOE>MHAE，对吸附 SYE>

CAE>MCPE>MHE>MOE>MGAB>MHAE。

表 3-29　　拟合方程对 32 组玉米水分吸着数据拟合结果

吸着类型	函数	模型	生物统计参数				排序
			RSS	*SE*	R^2	*MRE*/%	
解吸	$ERH=f(M,T)$	CAE	160.584	4.015	0.9952	4.397	1
		MCPE	1.95×10^{-2}	3.23×10^{-4}	0.9943	4.867	2
		MHAE	9.79×10^{-2}	2.19×10^{-3}	0.9715	12.870	7
		MHE	3.81×10^{-2}	8.41×10^{-4}	0.9888	6.783	4
		MGAB	3.82×10^{-2}	9.11×10^{-4}	0.9882	6.589	5
		MOE	4.03×10^{-2}	8.28×10^{-4}	0.9883	7.739	6
		STYE	2.20×10^{-2}	4.93×10^{-4}	0.9936	5.120	3
	$M=f(ERH,T)$	BET	2.859	0.159	0.9619	3.874	2
		MCPE	9.058	0.203	0.9911	3.081	1
		MHAE	59.131	1.408	0.9382	9.731	6
		MHE	17.539	0.392	0.9829	4.254	4
		MGAB	15.632	0.372	0.9839	4.021	3
		MOE	28.441	0.636	0.9721	6.259	5
吸附	$ERH=f(M,T)$	CAE	165.948	4.149	0.9949	5.043	2
		MCPE	1.85×10^{-2}	3.84×10^{-4}	0.9946	5.060	3
		MHAE	9.16×10^{-2}	2.06×10^{-3}	0.9732	11.926	7
		MHE	2.24×10^{-2}	5.09×10^{-4}	0.9935	5.278	4
		MGAB	3.32×10^{-2}	7.10×10^{-4}	0.9897	6.716	6
		MOE	3.17×10^{-2}	7.21×10^{-4}	0.9908	6.107	5
		STYE	1.87×10^{-2}	4.27×10^{-4}	0.9946	4.897	1
	$M=f(ERH,T)$	BET	2.057	0.114	0.9698	3.814	2
		MCPE	11.138	0.255	0.9890	3.749	1
		MHAE	67.848	1.615	0.9313	12.479	6
		MHE	10.908	0.243	0.9896	3.939	3
		MGAB	9.789	0.233	0.9904	4.243	4
		MOE	33.995	0.766	0.9688	7.815	5

注：表中 *EMC* 采用湿基数据。

以 $M=f(ERH,T)$ 形式表达的方程排序，对解吸 MCPE>BET>MGAB>MHE>MOE>MHAE，对吸附 MCPE>BET>MHE>MGAB>MOE>MHAE。综合考虑适合吸着数据方程的参数数目、表达形式转化等因素，认为 MCPE 方程是玉米水分最佳的吸着等温线的拟合方程，MHAE 方程最不适合。

如图 3-13 所示，不同温度下，MCPE 方程预测的玉米吸附曲线与解吸曲线之间存在滞后现象。随着温度增加，滞后环的宽度和跨度变小。以 $M=f(ERH, T)$ 形式表达的 MCPE 方程，吸附等温线与解吸等温线的拟合方程参数是不同的（表 3-30）。从表 3-31、表 3-32 看出，以 $ERH=f(M, T)$ 形式表达的 MCPE、CAE 方程，吸附等温线与解吸等温线的拟合方程参数不同，表明玉米吸附与解吸之间存在滞后现象。表 3-33 的玉米吸着数据最佳拟合方程的参数可供广泛地利用。

表 3-30　玉米品种吸着等温线 MCPE 模型 $M=f(ERH, T)$ 参数估算

品种编号	类型	C_1	C_2	C_3	R^2	MRE/%
1		678.260	49.807	0.238	0.9920	2.947
2		775.058	54.483	0.240	0.9880	3.736
3		619.162	43.502	0.232	0.9950	2.432
4		571.718	33.781	0.235	0.9910	3.537
5		417.924	17.151	0.235	0.9912	2.882
6		304.354	17.503	0.227	0.9931	2.908
7		281.105	14.087	0.232	0.9932	2.970
8	解吸	557.906	38.164	0.238	0.9887	3.225
9		499.908	31.055	0.238	0.9875	3.313
10		392.426	14.968	0.235	0.9947	2.388
11		438.964	23.251	0.228	0.9960	2.227
12		451.414	20.523	0.232	0.9950	2.407
13		280.239	13.758	0.217	0.9927	2.618
14		309.477	20.560	0.222	0.9923	2.942
15		454.261	45.562	0.232	0.9905	3.228
16		260.112	13.297	0.235	0.9766	5.537
1		946.951	108.514	0.227	0.993	3.779
2		851.201	95.757	0.222	0.992	3.858
3		810.436	99.678	0.218	0.995	2.708
4		890.018	124.978	0.212	0.995	2.900
5	吸附	1278.599	224.316	0.217	0.9816	5.586
6		1006.727	197.496	0.231	0.9881	4.332
7		2542.221	556.119	0.228	0.9883	4.466
8		2188.721	336.135	0.225	0.9778	4.258
9		1406.302	278.891	0.213	0.9866	3.674

续表

品种编号	类型	C_1	C_2	C_3	R^2	MRE/%
10	吸附	1511.381	221.481	0.236	0.9923	3.163
11		599.060	79.693	0.207	0.997	2.691
12		573.497	70.965	0.207	0.996	2.454
13		1962.248	292.363	0.236	0.9831	3.686
14		2562.455	319.854	0.239	0.9829	3.602
15		10053.4	1714.766	0.234	0.9897	3.881
16		1008.695	189.529	0.237	0.9863	4.941

注：表 3-30 至表 3-32 中 *EMC* 以湿基表示。

表 3-31　玉米品种吸着等温线 MCPE 模型 *ERH*=*f*（*M*，*T*）参数估算

代号	类型	C_1	C_2	C_3	R^2	MRE/%
1	解吸	581.455	39.392	0.237	0.9950	4.987
2		649.207	45.839	0.232	0.9920	6.357
3		541.682	38.804	0.225	0.9970	4.166
4		483.801	30.878	0.222	0.9950	5.586
5		353.053	27.612	0.222	0.9961	3.628
6		453.292	26.492	0.225	0.9947	4.049
7		313.609	21.216	0.229	0.9958	4.396
8		404.019	25.949	0.228	0.9944	3.901
9		374.523	20.198	0.232	0.9938	4.814
10		457.601	25.958	0.228	0.9962	3.932
11		415.284	22.376	0.225	0.9970	4.391
12		420.437	19.472	0.228	0.9960	5.119
13		256.559	10.517	0.219	0.9951	4.435
14		292.683	16.858	0.227	0.9932	5.385
15		354.669	32.518	0.229	0.9943	4.973
16		211.661	10.115	0.222	0.9829	7.759
1	吸附	780.972	79.655	0.231	0.9940	7.052
2		700.322	71.872	0.223	0.9950	6.726
3		691.183	86.889	0.213	0.9960	4.059
4		935.589	142.456	0.205	0.9960	4.432
5		909.257	187.108	0.227	0.9953	5.309
6		850.919	170.517	0.198	0.9891	6.033

续表

代号	类型	C_1	C_2	C_3	R^2	MRE/%
7	吸附	1416. 381	326. 397	0. 219	0. 9953	5. 262
8		857. 261	134. 879	0. 212	0. 9932	4. 661
9		811. 098	166. 381	0. 203	0. 9947	4. 518
10		1330. 707	203. 208	0. 232	0. 9958	4. 856
11		632. 382	83. 501	0. 208	0. 9960	4. 199
12		592. 739	72. 735	0. 208	0. 9970	3. 766
13		937. 064	140. 227	0. 227	0. 9951	4. 725
14		1243. 174	167. 643	0. 224	0. 9946	4. 204
15		2008. 472	345. 767	0. 228	0. 9946	5. 525
16		599. 235	106. 499	0. 233	0. 9914	5. 621

表 3-32　玉米品种吸着等温线 CAE 模型 $ERH=f(M, T)$ 参数估算

品种编号	类型	A_1	A_2	B_1	B_2	D	R^2	MRE/%
1	解吸	4. 334	4. 605	7. 378	4. 389	203. 941	0. 9964	5. 171
2		4. 661	4. 943	7. 436	4. 553	206. 604	0. 9929	5. 928
3		4. 668	4. 794	7. 469	4. 438	204. 676	0. 9978	3. 293
4		4. 622	5. 032	8. 101	4. 191	205. 827	0. 9981	2. 996
5		4. 447	4. 842	6. 997	2. 993	203. 198	0. 9958	3. 245
6		4. 396	5. 025	8. 251	3. 839	204. 464	0. 9961	3. 642
7		4. 181	4. 658	7. 155	2. 622	202. 169	0. 9954	4. 857
8		4. 065	5. 206	7. 383	3. 372	204. 113	0. 9952	3. 759
9		3. 844	5. 015	7. 664	3. 309	202. 488	0. 9951	4. 132
10		4. 311	4. 909	8. 259	3. 903	203. 907	0. 9971	3. 683
11		4. 259	4. 835	8. 413	3. 725	202. 231	0. 9972	3. 509
12		4. 136	4. 855	8. 811	3. 711	202. 094	0. 9969	4. 204
13		4. 296	4. 606	7. 314	3. 186	200. 636	0. 9952	4. 528
14		4. 261	4. 291	6. 913	3. 468	200. 636	0. 9937	5. 209
15		4. 093	4. 616	5. 961	2. 969	201. 838	0. 9946	4. 842
16		4. 729	4. 782	6. 508	2. 409	204. 399	0. 9852	7. 361
1	吸附	4. 252	4. 431	6. 209	4. 367	202. 119	0. 9936	7. 186
2		4. 571	4. 574	6. 271	4. 363	202. 821	0. 9945	6. 623
3		4. 859	4. 682	5. 676	4. 037	202. 824	0. 9971	3. 631
4		5. 414	4. 604	4. 712	4. 312	203. 091	0. 9971	4. 297

续表

品种编号	类型	A_1	A_2	B_1	B_2	D	R^2	MRE/%
5		4.381	4.082	3.199	2.658	200.059	0.9957	4.835
6		5.788	5.757	3.591	2.555	208.562	0.9914	6.312
7		4.756	4.538	2.738	2.427	202.557	0.9954	5.275
8		4.982	4.777	4.424	3.626	203.529	0.9934	4.812
9		5.423	4.814	3.144	2.873	203.267	0.9953	4.429
10	吸附	4.252	4.244	4.514	3.746	201.408	0.9959	4.773
11		5.171	4.224	5.245	4.548	201.369	0.9966	4.047
12		4.949	4.106	5.676	4.757	200.065	0.9961	4.161
13		4.205	4.297	4.623	3.645	200.803	0.9958	4.311
14		4.747	4.608	4.909	4.273	204.148	0.9948	4.366
15		4.306	4.289	4.027	3.653	201.225	0.9942	5.551
16		4.094	4.167	3.691	2.551	200.678	0.9913	6.073

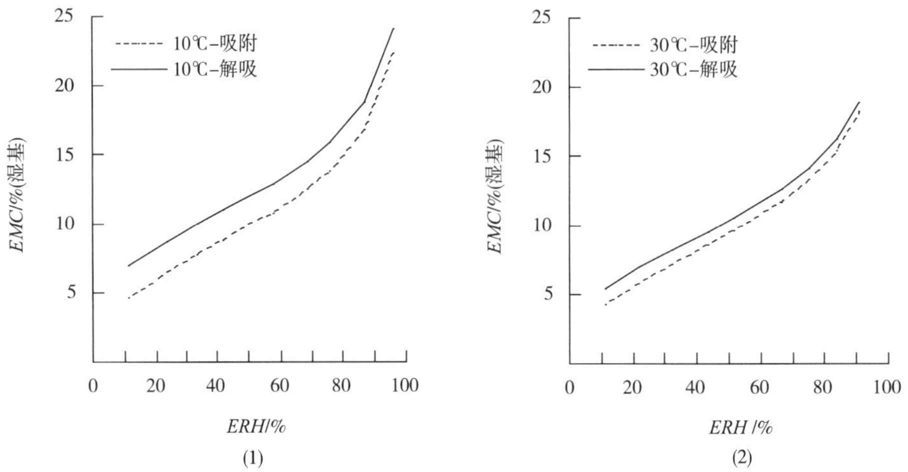

图 3-13　MCPE 方程预测的玉米解吸与吸附等温线

表 3-33　玉米吸着数据最佳拟合方程的参数小结

函数	方程	吸着类型	方程参数			
			C_1	C_2	C_3	C_4
$ERH = f(M, T)$		吸附	902.249	139.049	0.219	
	MCPE	解吸	421.843	28.796	0.229	
		平均*	526.086	55.239	0.223	

续表

函数	方程	吸着类型	方程参数			
			C_1	C_2	C_3	C_4
	SYE	吸附	0.514	0.185	6.099	0.215
		解吸	4.038	0.251	12.775	0.234
		平均	1.869	0.232	8.844	0.225
$M=f(ERH, T)$	MCPE	吸附	1376.957	210.743	0.225	
		解吸	505.554	35.428	0.233	
		平均	665.619	70.455	0.229	

注：* 指同一温度、同一湿度下吸附值与解吸值的平均。

三、 不同类型玉米吸湿特性比较

表 3-34 所示，黄玉米与白玉米的最佳方程对应参数比较相似，说明它们的吸湿特性类似。比较 20℃和 30℃的等温线（图 3-14），考虑标准偏差，等温线差异不显著。

表 3-34 不同玉米类型吸着数据适合的 MCPE 参数及统计参数

玉米类型	品种数	因变量	MCPE 方程参数			生物统计参数	
			C_1	C_2	C_3	R^2	$MRE/\%$
黄色	10	*EMC*	667.231	68.257	0.228	0.9942	2.133
白色	4		666.112	78.276	0.233	0.9899	2.917
黄色	10	*ERH*	537.712	54.817	0.221	0.9983	1.982
白色	4		493.398	56.827	0.227	0.9966	3.308

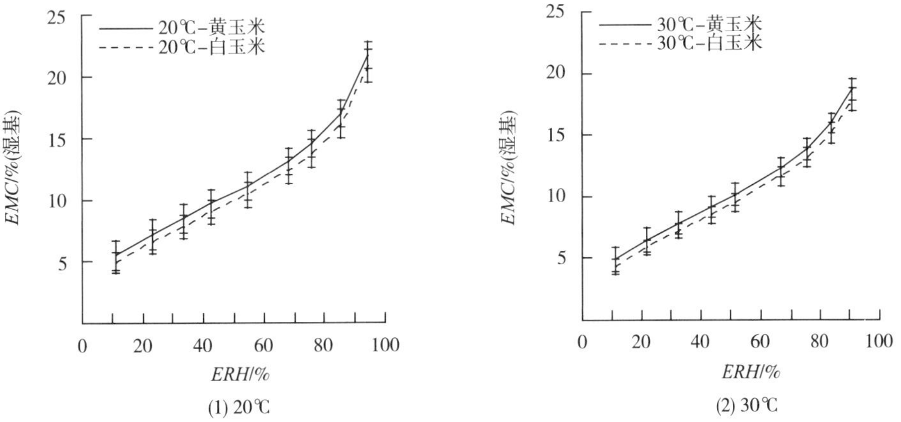

图 3-14 MCPE 方程拟合的不同玉米类型等温线比较

四、 玉米水分吸着等温线类型

采用修正 4-MGAB 方程的表达式为式（1-34）和式（1-40）两种形式，玉米的水分吸着等温线类型进行判断。表 3-20 的判断指标用于判断测定的我国玉米水分吸着等温线类型。

表 3-35 所示，对 16 个玉米品种的吸附和解吸等温线，4-MGAB 方程拟合的结果是 R^2>0.95，*MRE*<8.20%，尤其是吸附等温线的拟合度高于解吸等温线。对吸附或者解吸等温线，拟合出的 4-MGAB 方程的每个参数在玉米品种之间差异不大。而且，每个参数在黄玉米和白玉米之间，差异不明显。但是，同一玉米品种吸附等温线的方程参数，不同于解吸等温线的对应方程参数，这与玉米解吸与吸附等温线之间存在滞后现象相一致。根据 D_{10}、R_{fi}、$(A_w)_m$、X_4 指标判断等温线类型（表 3-36），16 个玉米品种的吸附和解吸等温线均属于 S 型等温线（Ⅱ），所有解吸等温线和部分吸附等温线接近 Langmuir 类型（Ⅱa），还有部分吸附等温线接近溶液类型（Ⅱb）。

表 3-35　　4-MGAB 方程的参数及统计参数

品种编号	吸着类型	4-MGAB 方程参数				生物统计参数	
		a_1	a_2	b_1	b_2	R^2	*MRE*/%
1	解吸	0.013	0.514	0.082	0.456	0.9797	4.857
2	解吸	0.014	0.642	0.072	0.581	0.9794	4.618
3	解吸	0.012	0.431	0.084	0.371	0.9794	5.033
4	解吸	0.011	0.427	0.083	0.365	0.9703	5.879
5	解吸	0.007	0.297	0.101	0.241	0.9581	7.603
6	解吸	0.009	0.321	0.097	0.264	0.9633	7.438
7	解吸	0.009	0.321	0.097	0.258	0.9654	6.692
8	解吸	0.013	0.341	0.102	0.281	0.9674	7.157
9	解吸	0.009	0.291	0.099	0.227	0.9664	6.386
10	解吸	0.011	0.289	0.119	0.231	0.9629	8.033
11	解吸	0.009	0.243	0.118	0.179	0.9789	5.666
12	解吸	0.007	0.238	0.122	0.176	0.9748	5.795
13	解吸	0.009	0.275	0.113	0.221	0.9632	7.628
14	解吸	0.011	0.331	0.112	0.278	0.9713	6.737
15	解吸	0.012	0.256	0.136	0.196	0.9826	5.712
16	解吸	0.013	0.252	0.126	0.189	0.9525	8.108
1	吸附	0.015	0.423	0.091	0.366	0.9914	3.836
2	吸附	0.015	0.427	0.086	0.371	0.9904	4.044

续表

品种编号	吸着类型	4-MGAB 方程参数				生物统计参数	
		a_1	a_2	b_1	b_2	R^2	MRE/%
3		0. 015	0. 341	0. 099	0. 284	0. 9891	4. 383
4		0. 014	0. 268	0. 114	0. 213	0. 9911	3. 846
5		0. 012	0. 315	0. 106	0. 266	0. 9881	3. 632
6		0. 015	0. 371	0. 096	0. 321	0. 9889	3. 244
7		0. 011	0. 219	0. 162	0. 158	0. 9944	3. 111
8		0. 012	0. 176	0. 255	0. 118	0. 9937	3. 204
9		0. 025	0. 196	0. 131	0. 132	0. 9901	4. 917
10	吸附	0. 021	0. 178	0. 226	0. 118	0. 9943	3. 482
11		0. 011	0. 161	0. 175	0. 101	0. 9879	3. 624
12		0. 022	0. 185	0. 168	0. 127	0. 9923	3. 587
13		0. 007	0. 165	0. 201	0. 105	0. 9921	3. 016
14		0. 009	0. 171	0. 161	0. 106	0. 9921	2. 934
15		0. 009	0. 192	0. 187	0. 132	0. 9946	2. 943
16		0. 022	0. 229	0. 177	0. 166	0. 9907	4. 758

表 3-36　　玉米品种水分吸着等温线类型判定

品种编号	吸着类型	X_1	X_2	X_3	X_4	D_{10}	X_2/X_1	R_{fi}	$(A_w)_m$	等温线类型
1		0. 0127	0. 0687	0. 0710	−0. 7097	0. 0777	5. 4205	−2. 1102	0. 7443	Ⅱa
2		0. 0137	0. 0581	0. 0638	−0. 7759	0. 0687	4. 2379	−2. 7143	0. 7667	Ⅱa
3		0. 0117	0. 0717	0. 0703	−0. 6479	0. 0792	6. 1392	−1. 6163	0. 7411	Ⅱa
4		0. 0107	0. 0717	0. 0692	−0. 6438	0. 0787	6. 6907	−1. 5182	0. 7493	Ⅱa
5		0. 0125	0. 0879	0. 0810	−0. 5056	0. 0943	7. 0221	−1. 1601	0. 7094	Ⅱa
6		0. 0087	0. 0892	0. 0749	−0. 4267	0. 0929	10. 2199	−0. 8154	0. 7359	Ⅱa
7		0. 0106	0. 1062	0. 0916	−0. 3733	0. 1101	10. 0189	−0. 9002	0. 6897	Ⅱa
8		0. 0087	0. 1074	0. 0838	−0. 2421	0. 1095	12. 3745	−0. 6018	0. 7151	Ⅱa
9	解吸	0. 0068	0. 1135	0. 0876	−0. 2204	0. 1150	16. 6891	−0. 5864	0. 7118	Ⅱa
10		0. 0088	0. 0873	0. 0758	−0. 4879	0. 0916	9. 9740	−0. 9610	0. 7360	Ⅱa
11		0. 0088	0. 0872	0. 0776	−0. 5061	0. 0916	9. 9553	−1. 0895	0. 7220	Ⅱa
12		0. 0068	0. 0931	0. 0801	−0. 4605	0. 0963	13. 6171	−0. 9633	0. 7208	Ⅱa
13		0. 0087	0. 1024	0. 0879	−0. 3803	0. 1057	11. 7519	−0. 9038	0. 6923	Ⅱa
14		0. 0106	0. 0995	0. 0910	−0. 4854	0. 1046	9. 3419	−1. 2007	0. 6902	Ⅱa

续表

品种编号	吸着类型	X_1	X_2	X_3	X_4	D_{10}	X_2/X_1	R_{fi}	$(A_w)_m$	等温线类型
15		0.0113	0.1214	0.0995	−0.2240	0.1239	10.7598	−0.7088	0.6731	Ⅱa
16		0.0125	0.1103	0.0898	−0.2376	0.1133	8.8027	−0.6825	0.6870	Ⅱa
1		0.0145	0.0753	0.0760	−0.6279	0.0844	5.2014	−1.7012	0.7164	Ⅱa
2		0.0145	0.0705	0.0722	−0.6448	0.0798	4.8645	−1.7862	0.7202	Ⅱa
3		0.0144	0.0829	0.0790	−0.5197	0.0903	5.7672	−1.2756	0.6987	Ⅱa
4		0.0133	0.0978	0.0861	−0.3511	0.1024	7.3481	−0.9168	0.6747	Ⅱa
5		0.0112	0.2312	0.1601	0.7287	0.2230	20.5795	−0.3207	0.5758	Ⅱb
6		0.0222	0.1012	0.0782	−0.0045	0.1013	4.5665	−0.5455	0.6486	Ⅱa
7		0.0188	0.1897	0.1340	0.5427	0.1795	10.0990	−0.3774	0.5788	Ⅱb
8		0.0103	0.1573	0.1028	0.4302	0.1529	15.2818	−0.3095	0.6525	Ⅱb
9	吸附	0.0197	0.1366	0.1031	0.1981	0.1328	6.9499	−0.4923	0.6074	Ⅱb
10		0.0105	0.1467	0.1113	0.0174	0.1465	14.0058	−0.5143	0.6545	Ⅱb
11		0.0144	0.0798	0.0798	−0.5829	0.0882	5.5348	−1.6250	0.6919	Ⅱa
12		0.0116	0.0923	0.0862	−0.4893	0.0980	7.9889	−1.2620	0.6821	Ⅱa
13		0.0067	0.1885	0.1227	0.5581	0.1848	28.0779	−0.2877	0.6391	Ⅱb
14		0.0086	0.1477	0.0948	0.3056	0.1450	17.2690	−0.2975	0.6918	Ⅱb
15		0.0090	0.1720	0.1225	0.2730	0.1696	19.1009	−0.3964	0.6366	Ⅱb
16		0.0197	0.1474	0.1172	0.0439	0.1466	7.4696	−0.5827	0.6167	Ⅱb

本研究采用静态称重法对16个玉米品种的吸附/解吸等温线进行测定，并用8个非线性回归方程描述吸着（吸附/解吸）等温线，其中最佳数学模型是MCPE，以 $M = f(ERH, T)$ 形式表达的 $M = -\frac{1}{C_3}\ln\left[-\frac{(T + C_2)\ln ERH}{C_1}\right]$，$C_1$、$C_2$ 及 C_3 参数对吸附数据分别是1376.957、210.743及0.225，对解吸数据分别是505.554、35.428、0.233，平均数据是665.619、70.445、0.229。

我们首次利用4-MGAB方程分析我国玉米和小麦籽粒水分吸着等温线数据。16个玉米品种的吸附和解吸等温线均属于S型等温线（Ⅱ），所有解吸等温线和部分吸附等温线接近Langmuir类型（Ⅱa），还有部分吸附等温线接近溶液类型（Ⅱb）。13个小麦品种的吸着等温线均属于接近Langmuir类型的S型等温线（Ⅱa）。这可以解释为，谷物水分吸着等温线由样品内表面局部的单层吸附叠加和溶液中固形物的部分稀释过程组成。

五、 混合的玉米粉与豆粕粉水分吸附等温线

魏金涛等（2008）将105℃烘至恒重的黄玉米粉、黄豆粕粉，按照9：1、8：2、7：3、6：4、5：5的比例混合，然后调水分梯度为2%，4%，6%，8%，10%，12%，14%，16%，18%。平衡24h后，采用Aw-1型智能水分活度仪在（21±1）℃测定水分活度，结果见表3-37。

表3-37　国产黄玉米粉与黄豆粕粉不同比例混合后平衡水分与水分活度

黄玉米粉与黄豆粕比例	指标	数据点								
		1	2	3	4	5	6	7	8	9
9：1	A_w	0.153	0.265	0.388	0.511	0.620	0.722	0.758	0.864	0.895
	M/%	3.55	5.58	7.19	9.41	10.80	12.70	14.60	16.70	18.2
8：2	A_w	0.146	0.258	0.382	0.507	0.61	0.713	0.787	0.881	0.929
	M/%	1.32	5.34	6.96	9.04	10.70	12.70	14.20	17.90	21.70
7：3	A_w	0.144	0.254	0.386	0.514	0.704	0.774	0.824	0.876	0.926
	M/%	2.91	5.18	6.82	6.99	12.60	14.00	16.00	18.30	21.70
6：4	A_w	0.145	0.262	0.392	0.486	0.598	0.700	0.789	0.823	0.876
	M/%	2.95	5.12	6.84	8.46	10.20	12.40	14.10	16.40	18.30
5：5	A_w	0.150	0.271	0.399	0.510	0.595	0.685	0.799	0.839	0.908
	M/%	3.55	4.90	6.67	8.61	10.10	12.10	15.70	17.10	20.60

注：M是平衡水分,%湿基表示；A_w是水分活度。

对黄玉米粉与黄豆粕粉不同比例物料的等温线采用修正Henderson（MHE）、修正Chung-pfost（MCPE）、修正Halsey（MHAE）、BET线性模型进行拟合，最佳方程为MHE、MCPE，推导的混合粉的相对和绝对安全含水率各是12.34%~12.74%和10.25%~10.60%。这个结果类似魏金涛等（2007）研究结果，玉米在（25±1）℃条件下的相对和绝对安全含水率分别为12.67%和10.94%，豆粕在（25±1）℃条件下的相对和绝对安全含水率分别为12.59%和9.36%。玉米粉、豆粕粉混合后的相对和绝对安全含水率处于玉米和豆粕原料的相对和绝对安全含水率之间，但是其数值和玉米、豆粕的比例并不成线性关系，可能是因为玉米和豆粕中的各个成分对水分活度影响不大。

第四节 大米吸湿特性

大米是我国的主要粮食，60%的人口以大米为主食。由于大米缺乏稻壳、种皮等保

护组织，不宜长期储藏，日本仅储藏3个月，采用低温、缺氧等储藏方式。作为应急成品储备粮，我国少量储藏大米，以解决短时间供应平衡问题。国外对大米平衡水分测定较早，我国大米平衡水分测定缺乏报道。

一、大米平衡水分测定样品

采用11个大米样品（表3-38）。对于吸附曲线样品，选取干净的样品在34.5℃保温箱内，将含水率降到7%～8%，然后在干燥器中用P_2O_5固体脱水到5%（干基）以下。样品由5.0%（干基）以下加水调到22%，在冰箱平衡2周后用于测定解吸曲线。本试验采用静态称重法测定平衡水分，即利用饱和盐溶液在5种恒定温度（10℃，20℃，25℃，30℃，35℃）下产生恒定的蒸气压。粮食含水率测定采用整粒烘干法，(103.0±1.0)℃烘干20～24h。平衡水分等温线拟合方程，采用国内外常用的8个方程（BET、CAE、MCPE、MGAB、MHE、MOE、MHAE、SYE）。SPSS 11.5 for Windows软件的非线性回归方法，在一系列迭代计算步骤中，将测定值和理论值之间的残差平方和最小化。通过决定系数（R^2）、残差平方和（*RSS*）、标准误（*SE*）及平均相对误差（*MRE*）来分析模型的拟合情况。

表3-38　大米样品

编号	品种	类型	产区	收集时间
1	方正县香米	粳米	吉林	2010年04月
2	东北普通米	粳米	黑龙江	2010年04月
3	松花江大米	粳米	黑龙江	2010年04月
4	盐丰	粳米	辽宁	2010年10月
5	双辽2号	粳米	吉林	2010年10月
6	江苏大米	籼米	江苏	2010年07月
7	进口米	籼米	泰国	2010年07月
8	乐优6	糙米	四川	2010年10月
9	眉糯1	糙米	四川	2010年10月
10	团团糯	糙米	重庆	2010年10月
11	尖尖糯	糙米	重庆	2010年10月

二、大米水分吸着等温线最佳方程

采用的8个方程（BET、CAE、MCPE、3-MGAB、MHAE、MHE、MOE及SYE）均适合拟合所有大米水分吸着等温线数据。如表3-39、表3-40按照平均统计参数（*RSS*、

SE、R^2、*MRE*）对比排序，对 $M=f(ERH, T)$ 方程，解吸排序是 MGAB>MHE>MCPE>BET>MOE>MHAE；对吸附，MCPE>MGAB>MHE>BET>MOE>MHAE。对 $ERH=f(M, T)$ 方程，对解吸，CAE>SYE>MGAB>MHE>MCPE>MOE>MHAE；对吸附，CAE>SYE>MCPE>MHE>MGAB>MOE>MHAE。MHAE 方程不适合大米水分吸着等温线拟合。根据方程的参数数目、温度的依赖性、是否容易互拟等因素，我们认为 MCPE、MGAB、MHE 方程是适合的大米吸着等温线的拟合方程。表 3-41 所示为计算大米吸附/解吸等温线拟合的最佳方程系数。

表 3-39　大米水分吸着最佳方程 $M=f(ERH, T)$ 确定

方程	吸着	*RSS*	*SE*	R^2	*MRE*/%	排序
BET	解吸	2.362	0.131	0.9725	5.546	4
MCPE		16.571	0.395	0.9819	3.960	3
MGAB		10.440	0.248	0.9888	3.104	1
MHAE		73.410	1.748	0.9204	10.273	6
MHE		14.342	0.342	0.9847	3.889	2
MOE		35.294	0.840	0.9618	6.549	5
BET	吸附	1.423	0.079	0.9773	4.347	4
MCPE		7.952	0.191	0.9906	2.793	1
MGAB		6.755	0.161	0.9921	2.842	2
MHAE		47.148	1.123	0.9445	8.645	6
MHE		9.962	0.237	0.9882	3.634	3
MOE		18.627	0.444	0.9782	4.852	5

表 3-40　大米水分吸着最佳方程 $ERH=f(M, T)$ 确定

方程	吸着	*RSS*	*SE*	R^2	*MRE*/%	排序
CAE	解吸	184.761	4.619	0.9943	4.058	1
MCPE		0.027	6.255×10^{-4}	0.9915	5.995	5
MGAB		0.031	7.335×10^{-4}	0.9905	5.368	3
MHAE		0.114	2.719×10^{-3}	0.9647	14.656	7
MHE		0.030	7.253×10^{-4}	0.9906	5.666	4
MOE		0.043	1.025×10^{-3}	0.9867	7.835	6
SYE		0.025	5.212×10^{-4}	0.9922	5.341	2
CAE	吸附	130.519	3.263	0.9959	3.203	1
MCPE		0.016	3.731×10^{-4}	0.9952	3.867	3
MGAB		0.023	5.407×10^{-4}	0.9929	4.728	5
MHAE		0.079	1.889×10^{-3}	0.9755	12.250	7

续表

方程	吸着	RSS	SE	R^2	MRE/%	排序
MHE		0.024	5.683×10^{-4}	0.9926	4.648	4
MOE	吸附	0.023	5.366×10^{-4}	0.9931	5.388	6
STYE		0.015	3.605×10^{-4}	0.9955	3.609	2

表 3-41　　大米样品以 $ERH=f(M, T)$ 表示的 MCPE 方程参数

函数	方程	类型	方程系数			生物统计参数	
			C_1	C_2	C_3	R^2	MRE/%
$M=f(ERH, T)$	MCPE	解吸	742.425	48.187	0.237	0.9873	3.372
		吸附	1588.769	150.555	0.244	0.9941	2.175
		粳米	1195.263	77.257	0.243	0.9873	3.175
		籼米	893.861	67.996	0.245	0.9871	3.678
		糯米	796.857	80.806	0.236	0.9929	2.267
	MCAB	解吸	8.776	0.627	494.788	0.9924	2.404
		吸附	7.267	0.682	770.523	0.9944	2.449
$ERH=f(M, T)$	MCPE	解吸	549.874	37.034	0.223	0.9953	4.800
		吸附	1087.562	102.355	0.238	0.9971	2.882
		粳米	830.487	58.256	0.227	0.9955	4.733
		籼米	646.661	53.732	0.228	0.9946	4.993
		糯米	608.954	55.401	0.237	0.9968	3.144
	MGAB	解吸	9.187	0.602	437.024	0.9938	4.053
		吸附	7.516	0.665	686.804	0.9946	6.349

注：平衡水分采用湿基表示。

三、不同类型大米吸着等温线比较

如图 3-15 所示，粳米、籼米、糯米在 10℃ 和 20℃ 的水分吸着等温线，依次降低，但是三种类型大米吸着等温线之间差异不显著，而且在 25～30℃ 三类大米水分吸着等温线之间差异也不显著。

四、采用 CAE 方程拟合大米吸着等温线

表 3-42 所示为 CAE 方程对 11 个大米品种解吸和吸附数据拟合的结果。从拟合度指标看，$R^2>0.997$，$MRE<3.082\%$，说明拟合结果很好。比较分析 CAE 方程的参数，吸附

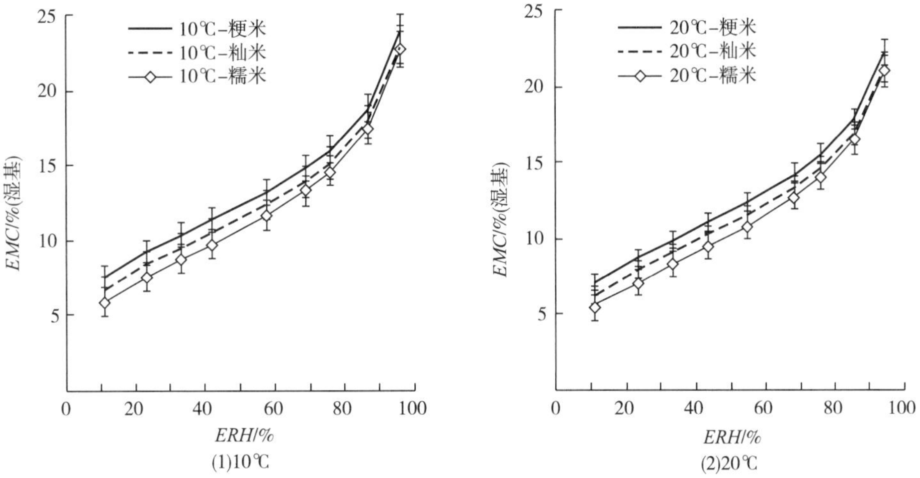

图 3-15 不同类型大米 10℃和 20℃吸着等温线比较

方程参数与解吸方程参数之间差异大，表明存在吸着滞后现象；对于吸附或解吸 CAE 方程参数，大米品种之间差异不明显。因此在通风操作中，将解吸 CAE 方程和吸附 CAE 方程要分开，不必考虑品种的影响（吴子丹和李兴军，2013）。

表 3-42 大米 CAE 方程参数及拟合度指标

吸着类型	品种数	CAE 方程参数					生物学统计参数	
		A_1	A_2	B_1	B_2	D	R^2	MRE/%
解吸	11	4.744	5.202	7.857	4.303	206.911	0.9972	3.081
吸附	11	4.245	4.395	6.371	4.854	203.371	0.9974	2.422

注：平衡水分采用湿基表示。

五、 米糠平衡水分等温线

米糠显示吸湿和脱湿特性（表 3-43、表 3-44）。米糠、糠粉、湿热稳定化处理的米糠平衡含水率是相应的，副产品的稳定性受含水率的影响，而含水率随环境情况和在储藏中水分的得失而变化。

表 3-43 米糠 25℃的平衡含水率

	平衡含水率/%（湿基）								
ERH/%	10	20	30	40	50	60	70	80	90
米糠 1	5.0	6.4	8.0	9.0	10.0	11.0	12.4	14.8	18.0
米糠 2	4.6	5.8	6.6	7.4	8.3	9.2	10.6	—	—
米糠 3	5.3	7.0	8.2	9.2	10.1	11.0	12.4	14.5	18.0

注：米糠 1 是田间干燥的稻谷，初始含水率 16.8%；米糠 2 是人工干燥的稻谷，初始含水率 12.8%。

表 3-44　　热稳定化处理过的米糠平衡含水率

ERH/%	平衡含水率/%（湿基）			
	20℃	25℃	30℃	35℃
11	5.6	5.5	5.4	5.2
23	7.3	7.1	6.8	6.5
33	7.7	7.8	7.5	7.1
42	8.8	8.7	8.3	8.0
52	9.3	9.6	9.0	8.7
57	10.2	9.8	9.6	9.3
67	11.2	11.0	10.6	10.4
75	13.0	12.7	12.4	12.1
84	16.2	15.8	15.0	14.7
92	24.6	21.3	19.8	19.1

Reddy 和 Chakraverty（2004）报道的印度细长粒型稻谷品种 IR-36 的平衡含水率测定结果是，在温度 13~40℃、*ERH* 20%~80%范围内米糠的平衡含水率低于糙米和稻谷；蒸煮稻谷及其加工的糙米平衡含水率低于未蒸煮稻谷及其糙米的，而蒸煮稻谷的米糠平衡含水率大于未蒸煮稻谷米糠的平衡含水率。

如表 3-45 所示，适合油料种子水分吸附等温线拟合的 MHAE 方程最适合热处理的米糠，其次是 MOE、MCPE、MGAB，而 MHE 最不适合。图 3-16 所示为 MHAE 和 MCPE 预测的米糠等温线，米糠等温线类似油料的等温线。

表 3-45　　热稳定化处理过的米糠最佳水分等温线确定

模型	方程	方程系数			统计学参数		排序
		C_1	C_2	C_3	R^2	*MRE*/%	
$M=f(ERH, T)$	MHAE	5.347	-4.11×10^{-2}	2.554	0.9913	2.912	1
	MOE	9.899	-2.62×10^{-2}	3.117	0.9813	5.406	2
	MGAB	5.111	0.816	1.67×10^{9}	0.9777	5.157	3
	MCPE	545.391	69.131	0.221	0.9482	8.471	4
	MHE	2.83×10^{-5}	70.66	2.471	0.9645	11.809	5
$ERH=f(M, T)$	MHAE	5.699	-1.22×10^{-2}	2.609	0.9931	6.546	1
	MOE	10.283	-4.09×10^{-2}	3.691	0.9893	5.717	2
	MCPE	885.374	73.908	0.287	0.9827	6.677	3
	MGAB	5.761	0.753	2.39×10^{3}	0.9819	7.492	4
	MHE	1.07×10^{-4}	74.639	1.851	0.9231	11.335	5

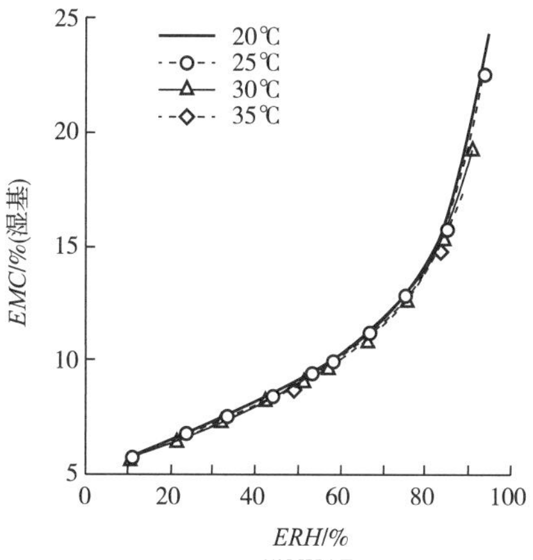

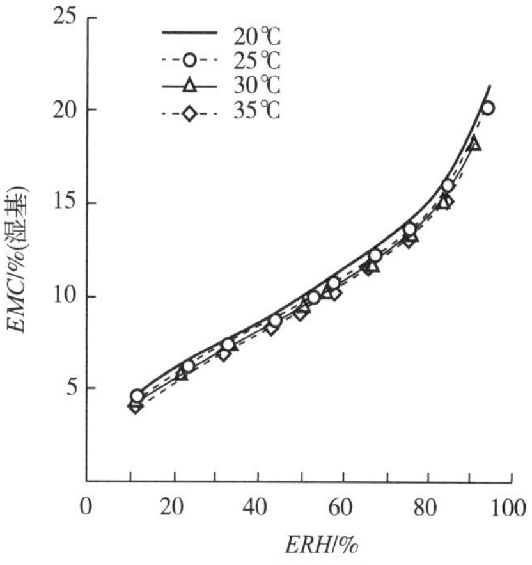

图 3-16　预测的热处理米糠的水分吸附等温线

第五节
油料吸湿特性

全世界生产的主要油料种类有大豆、油菜籽、花生及棉籽等，这 4 种油料产量之和约占世界油料总产量的 89%，其他油料种子（如葵花籽、棕榈仁等）的生产量相对地较小。1999—2003 年，世界油料年均产量为 31200 万 t，其中大豆产量为 17500 万 t，油菜籽产量为 3700 万 t，棉籽产量为 3400 万 t，花生产量为 3100 万 t。大豆产量远远超过其他主要油料作物。2009 年我国大豆和油料产量各是 1498 万 t 和 3154 万 t。大豆、油菜籽、花生、棉籽、葵花籽、芝麻是我国最主要的油料作物，占目前我国粮食作物播种总面积的 20.9%以上，产量占全国粮食总产量的 8.7%以上，其中大豆、油菜籽、花生、棉籽在食用油中占 90%以上，产区遍及全国各地。做好大豆、花生、油菜籽、棉籽、葵花籽、芝麻等油料作物的安全储藏是解决食用油供应的重要途径之一。然而油料属于一类较难储存的原料，其储藏稳定性的好坏与油料本身水分含量与储藏温度的高低关系密切，时常由于水分过高，引起储藏中的油料发热而造成损失或不得不进行紧急加工。尤其是当前国际粮商基本控制了贸易大豆的定价权，我国要建立自己的油料储备库，做好油料储藏。因此，进一步探讨油料水分含量与环境温度的关系，研究水分对油料储藏稳定性的影响因素，就显得十分紧迫与必要。

本节采用的油料平衡水分方程见表 3-46。

一、 大豆吸湿特性

Pollio 等（1987）报道阿根廷种植的大豆品种水分吸附等温线最好的拟合方程是

Halsey 方程，平均相对误差（*MRE*）是 2.2%。而 Aviara 等（2004）对尼日利亚国际热带农业研究所提供的大豆品种 TGX 1440-1E 分析 *RH* 7%～98%范围 40℃，50℃，60℃，70℃平衡水分等温线数据，以 *EMC* 为因变量，MHE、MCPE、MHAE、MOE、MGAB 拟合的 *MRE* 分别是 15.75%，14.23%，12.66%，10.15%，21.07%；以 *ERH* 为因变量，这些方程拟合的 *MRE* 分别是 20.25%，27.78%，16.67%，52.04%，37.97%，认为 $ERH = f(M, T)$ 形式的 MHAE 和 $M = f(ERH, T)$ 形式的 MOE 是该大豆品种的最佳拟合方程。我们采用国产的 10 个大豆品种（表 3-47），测定了吸附和解吸等温线。Pollio 等（1987）将大豆平衡相对湿度（*ERH*）表达为不含油的干基水分及温度之间的函数关系，并被 Steele（1990）推及至油菜籽和葵花籽。另外，采用 GAB 方程拟合出单层吸附水分含量（M_m），计算大豆样品水分吸附的固体表面积公式是

$$S = \frac{M_m \cdot 6 \times 10^{23}\ \text{分子}/\text{mol} \cdot 10.6 \times 10^{-20}\text{m}^2}{18\text{g/mol}} = 3533M_m \tag{3-1}$$

式中 S——水分吸附的固体表面积，m^2/g。

表 3-46 油料水分吸着等温线拟合方程

名称	表达式
GAB	$M = \frac{M_m CK \cdot ERH}{(1 - K \cdot ERH) \cdot (1 - K \cdot ERH + KC \cdot ERH)}$ $ERH = \frac{2 + C(A/M - 1) - \{[2 + C(A/M - 1)]^2 - 4(1 - C)\}^{0.5}}{2K(1 - C)}$
MCPE	$M = -\frac{1}{C}\ln\left[-\frac{(T + B)\ln ERH}{A}\right]$ $ERH = \exp\left[-\frac{A}{T + B}\exp(-CM)\right]$
3-MGAB	$M = \frac{AB(C/T) \cdot ERH}{(1 - B \cdot ERH) \cdot (1 - B \cdot ERH + B(C/T) \cdot ERH)}$ $ERH = \frac{2 + (C/T)(A/M - 1) - \{[2 + (C/T)(A/M - 1)]^2 - 4(1 - C/T)\}^{0.5}}{2B(1 - C/T)}$
MHAE	$M = \left[\frac{\exp(A + BT)}{-\ln ERH}\right]^{1/C}$ $ERH = \exp\left[\frac{\exp(A + BT)}{-M^C}\right]$
MHE	$M = \left[-\frac{\ln(1 - ERH)}{A(B + T)}\right]^{1/C}$ $ERH = 1 - \exp[-A(T + B)M^C]$
MOE	$M = \frac{A + BT}{(1/ERH - 1)^{1/C}}$

续表

名称	表达式
MOE	$ERH = \dfrac{1}{1 + \left(\dfrac{A + BT}{M}\right)^{C}}$
Steele	$M_{ro} = [-\ln(ERH)/A]^{-1/B}$ $ERH = \exp(-AM_{ro}^{-B})$
SYE	$ERH = \exp[A\exp(-BM)\ln P_s - C\exp(-DM)]$
Li-Jiang	$M = A \cdot ERH^3 + B \cdot ERH^2 + C \cdot ERH + D \cdot ERH^2 T + E \cdot ERH \cdot T + F \cdot T + G$

注：M 是平衡水分,%（干基）；M_{ro} 是除去油的平衡水分,%（干基）；ERH 是平衡相对湿度，小数表示；T 是温度,℃；A、B、C、D、E、F、G、K 是方程系数；M_m 是水分单层吸附的含水率,%（干基）；P_s 是饱和蒸气压；大豆含油量按照20%计。

表 3-47　大豆样品

编号	品种	色泽	粒形	大小	脐部	产区	收获时间
1	七月黄	绿黄	粒形	中小	明显	重庆	2010 年 10 月
2	十月黄	绿黄	圆形	中小	明显	重庆	2010 年 10 月
3	商县 1	黄白	圆形	中	不明显	河南	2010 年 10 月
4	商县 2	黄白	圆形	中	明显	河南	2010 年 10 月
5	中黄 37	黄色	椭圆	大	脐大	北京	2010 年 10 月
6	澄豆 39	白色	椭圆	大	明显	甘肃	2010 年 10 月
7	辽源黄豆	黄色	圆形	中	不明显	辽宁	2010 年 10 月
8	内蒙古	黄色	圆形	中	无	内蒙古	2010 年 10 月
9	吉林黄豆	黄色	圆形	较大	脐大	吉林	2011 年 10 月
10	黑豆	黑色	圆形	大	脐大	吉林	2011 年 10 月

根据我国粮食储藏的条件，我们分析了 10 个大豆品种在 ERH 11%~96%范围 10~35℃ 5 条水分吸着等温线。GAB、MHAE、MGAB、Steele、多项式 5 个方程对等温线拟合结果见表 3-48 至表 3-52。

表 3-48　以 $M=f(ERH, T)$ 形式的 Steele 方程拟合大豆 EMC 数据结果

类型	Steele 方程		生物学统计参数			
	A	B	RSS	SE	R^2	MRE/%
解吸	75.953	1.902	181.5455	4.2219	0.9675	12.812
吸附	70.882	1.938	238.5866	5.5485	0.9493	16.819
吸着	73.623	1.921	199.6345	4.6427	0.9609	13.697

表 3-49 以 3-MGAB 方程拟合大豆 *EMC* 数据结果

方程	类型	Steele 方程			统计参数	
		A	*B*	*C*	R^2	*MRE*/%
$ERH=f(M)$	解吸	3.895	-0.019	1.707	0.9871	7.498
	吸附	2.788	-0.073	1.454	0.9943	4.154
	吸着	3.303	-0.015	1.571	0.9923	5.105
$M=f(ERH)$	解吸	5.323	0.897	409.056	0.9913	7.037
	吸附	5.408	0.876	206.183	0.9893	7.219
	吸着	5.353	0.887	283.101	0.9921	6.108

表 3-50 以 $ERH=f(M, T)$ 形式的 MHAE 方程拟合大豆 *EMC* 数据结果

类型	MHAE 方程			统计参数	
	A	*B*	*C*	R^2	*MRE*/%
解吸	3.895	-0.019	1.707	0.9871	7.498
吸附	2.788	-0.073	1.454	0.9943	4.154
吸着	3.303	-0.015	1.571	0.9923	5.105

表 3-51 以 $ERH=f(M, T)$ 形式的 GAB 方程拟合大豆 *EMC* 数据结果

GAB	M_m	*K*	*C*	*RSS*	*SE*	R^2	*MRE*/%	表面积/($\times 10^3 m^2/g$)
解吸	5.142	28.618	0.902	42.0617	1.0015	0.9883	8.506	18.17±0.55
吸附	5.581	7.129	0.871	31.4882	0.7497	0.9895	7.723	19.72±0.82
吸着	5.269	13.666	0.889	33.7687	0.8041	0.9897	7.641	18.62±0.61

表 3-52 以 $M=f(ERH, T)$ 形式的多项式方程拟合大豆 EMC 数据结果

	A	*B*	*C*	*D*	*E*	*F*	*G*	R^2	*MRE*/%
解吸	123.534	-134.979	50.692	4.431×10^{-2}	5.669×10^{-2}	-1.237×10^{-1}	2.958	0.9971	4.983
吸附	81.609	-77.516	30.668	-4.661×10^{-2}	7.619×10^{-2}	-5.141×10^{-2}	1.861	0.9974	4.174
吸着	102.204	-105.807	40.557	9.464×10^{-4}	6.404×10^{-2}	-8.669×10^{-2}	2.402	0.9978	4.428

以 $M=f(ERH, T)$ 形式，GAB、MGAB、MHAE、多项式、Steele 5 个方程的 *MRE* 分别低于 11.87%，10.84%，19.90%，9.07%，20.53%；以 $ERH=f(M, T)$ 形式，GAB、MGAB、MHAE、Steele 4 个方程的 *MRE* 分别小于 18.88%，16.94%，9.68%，19.70%（表 3-53）。我们认为 $ERH=f(M, T)$ 形式的 MHAE 和 $M=f(ERH, T)$ 形式的 Li-Jiang 方程是我国 10 个大豆品种的最佳平衡水分方程，同时也表明本研究测定方法精确度显著高于 Aviara 等（2004）。

表 3-53　　我国大豆最佳平衡水分方程筛选

函数	方程	类型	RSS	SE	R^2	MRE/%	排序
$M=f(ERH, T)$	GAB	解吸	53.697	1.278	0.9853	9.025	3
	MGAB	解吸	42.913	1.021	0.9883	7.541	2
	MHAE	解吸	122.297	2.912	0.9659	13.483	4
	多项式	解吸	18.949	0.499	0.9950	5.657	1
	Steele	解吸	201.136	4.677	0.9642	13.185	5
	GAB	吸附	41.646	0.992	0.9850	8.359	3
	MGAB	吸附	43.202	1.029	0.9849	7.602	2
	MHAE	吸附	151.497	3.607	0.9477	16.335	4
	多项式	吸附	18.986	0.500	0.9936	5.347	1
	Steele	吸附	258.640	6.016	0.9429	17.235	5
$ERH=f(M, T)$	GAB	解吸	0.163	3.873×10^{-3}	0.9501	15.017	3
	MGAB	解吸	0.092	2.187×10^{-3}	0.9718	12.849	2
	MHAE	解吸	0.052	1.243×10^{-3}	0.9840	7.827	1
	Steele	解吸	0.170	3.948×10^{-3}	0.9499	15.911	4
	GAB	吸附	0.036	8.668×10^{-4}	0.9888	7.039	3
	MGAB	吸附	0.020	4.758×10^{-4}	0.9939	4.658	1
	MHAE	吸附	0.027	6.372×10^{-4}	0.9918	5.209	2
	Steele	吸附	0.042	9.729×10^{-4}	0.9872	7.571	4

表 3-53 所示，以 $M=f$（ERH，T）形式表达的平衡水分方程，对解吸，排列次序为 Li-Jiang>MGAB>GAB>MHAE>Steele；对吸附，排列次序也是 Li-Jiang>MGAB>GAB>MHAE>Steele。以 $ERH=f$（M，T）形式表达的平衡水分方程，对解吸，排列次序为 MHAE>MGAB>GAB>Steele；对吸附，排列次序是 MGAB>MHAE>GAB>Steele。我们认为 Li-Jiang、MGAB、MHAE 均是拟合大豆水分吸着等温线的较佳方程。Li-Jiang 方程可以用于预测大豆含水率随温度、相对湿度的变化；MHAE 用于计算大豆水分吸着等热。

大豆水分吸着等温线呈现 S 型，随着温度增加，平衡水分数值则减少。在 ERH 11%~60%范围内，吸附与解吸之间存在滞后现象（图 3-17）。描述大豆水分吸着等温线的较好方程包括 Li-Jiang、MGAB、MHAE，其中 Li-Jiang 方程拟合精度最高（$R^2>0.993$，$MRE<5.66\%$），可用于粮堆水分即时检测。

二、花生吸湿特性

我国花生总产量大 1400 万 t 左右，居世界第一。花生含油量高，蛋白质丰富，易吸水，导致油脂氧化发热、霉变及蛋白质变性。花生安全储存水分比谷类种子低得多，较其他油料

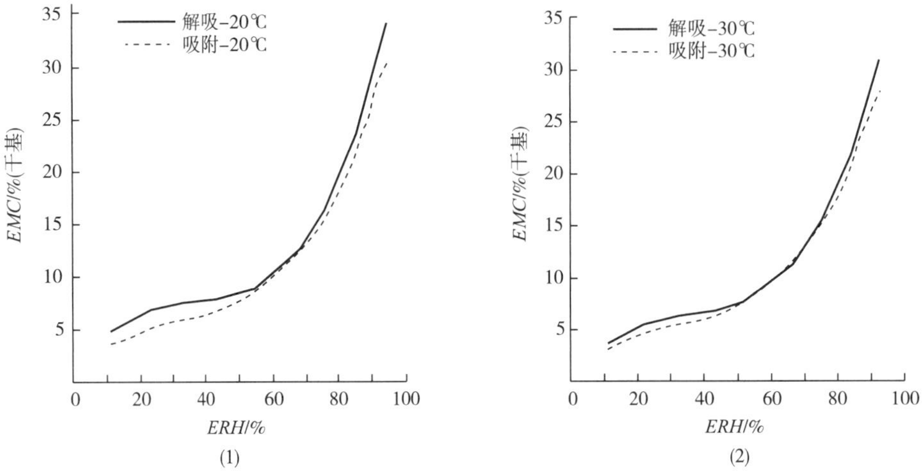

图 3-17 大豆水分吸着等温线

作物低 2%左右。实践证明，花生安全含水率荚果应在 10%以下，种子低于 8%。我国缺乏花生平衡水分测定，国外对花生平衡水分数据报道有限。我们测定了两个花生品种荚果和仁（表 3-54）的吸附和解吸等温线（何靖柳等，2013）。表 3-55 和表 3-56 是 $ERH = f(M, T)$ 表达形式的 7 个方程对两个花生品种仁和荚果水分等温线平均值的拟合结果。

表 3-54 花生样品

编号	花生品种	材料	产地	年份
1	双花	荚果	河北迁安	2011 年
2	双花	花生仁	河北迁安	2011 年
3	海花 20	荚果	河北迁安	2011 年
4	海花 20	花生仁	河北迁安	2011 年

表 3-55 花生仁吸着最佳方程 $ERH=f(M, T)$ 表达式确定

方程	吸着类型	方程系数					拟合度		排序
		A	B	C	D	E	R^2	MRE/%	
CAE	解吸	1.775	2.777	5.831	2.597	194.570	0.9941	4.382	1
MCPE	解吸	639.928	32.863	0.378			0.9777	8.597	4
MGAB	解吸	4.907	0.728	1059.051			0.9599	12.883	6
MHAE	解吸	5.618	-2.058×10^{-2}	2.779			0.9869	7.693	2
MHE	解吸	5.446×10^{-5}	43.887	2.599			0.9545	14.283	7
MOE	解吸	8.596	-5.150×10^{-2}	3.902			0.9807	9.082	5
SYE	解吸	5.718	0.439	17.815	0.397		0.9795	7.613	3
CAE	吸附	2.196	2.127	3.219	2.865	193.315	0.9940	3.767	1

续表

方程	吸着类型	方程系数					拟合度		排序
		A	*B*	*C*	*D*	*E*	R^2	*MRE*/%	
MCPE	吸附	1671.972	256.632	0.359			0.9799	8.645	5
MGAB	吸附	3.466	0.823	1473.137			0.9935	4.421	3
MHAE	吸附	3.445	-4.249×10^{-3}	2.125			0.9960	4.032	2
MHE	吸附	6.348×10^{-5}	286.619	1.971			0.9679	12.813	7
MOE	吸附	6.159	-1.100×10^{-2}	2.995			0.9915	6.030	4
SYE	吸附	0.354	0.360	6.345	0.359		0.9799	8.648	6

表 3-56　　花生荚果吸着最佳方程 *ERH*=*f*（*M*，*T*）表达式确定

方程	吸着类型	方程系数					拟合度		排序
		A	*B*	*C*	*D*	*E*	R^2	*MRE*/%	
CAE	解吸	2.779	3.161	6.349	2.849	197.226	0.9964	3.272	1
MCPE	解吸	405.206	22.743	0.302			0.9921	5.037	3
MGAB	解吸	6.228	0.673	449.457			0.9753	11.098	7
MHAE	解吸	5.515	−0.025	2.521			0.9865	7.871	5
MHE	解吸	7.544×10^{-5}	29.996	2.400			0.9763	10.481	6
MOE	解吸	10.239	−0.078	3.588			0.9909	5.879	4
SYE	解吸	4.301	0.328	13.748	0.311		0.9931	4.786	2
CAE	吸附	2.852	2.554	4.392	3.065	196.286	0.9948	4.242	1
MCPE	吸附	509.380	51.743	0.320			0.9907	5.719	3
MGAB	吸附	4.658	0.749	634.194			0.9882	5.409	4
MHAE	吸附	4.307	−0.014	2.255			0.9903	7.493	6
MHE	吸附	1.187×10^{-4}	59.865	2.150			0.9805	9.705	7
MOE	吸附	8.057	−0.043	3.207			0.9942	4.181	2
SYE	吸附	1.369	0.309	8.242	0.317		0.9902	6.065	5

对花生仁解吸样品，拟合度排序是 CAE>MHAE>SYE>MCPE>MOE>MGAB>MHE；对吸附样品，拟合度排序是 CAE>MHAE>MGAB>MOE>MCPE>SYE>MHE。对花生果解吸样品，拟合度排序是 CAE>SYE>MCPE>MOE>MHAE>MHE>MGAB；对吸附样品，拟合度排序是 CAE>MOE>MCPE>MGAB>SYE>MHAE>MHE。

通过上述比较分析，可以看出 CAE、SYE、MHAE、MCPE、MOE 均适合拟合花生仁和荚果的水分吸着等温线。CAE、SYE 是不可逆的分别为 5 个和 4 个系数的 $ERH=f(M,T)$ 方程，而 MHAE、MCPE、MOE 是可逆的 3 个参数方程，可作为花生仁和荚果拟合的较佳等温线方程。

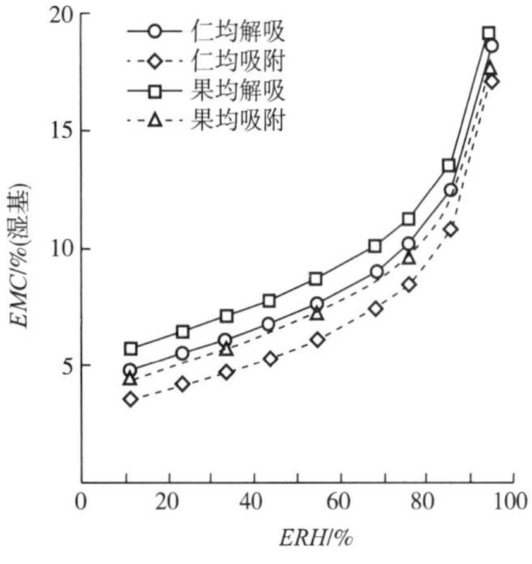

(1)20℃

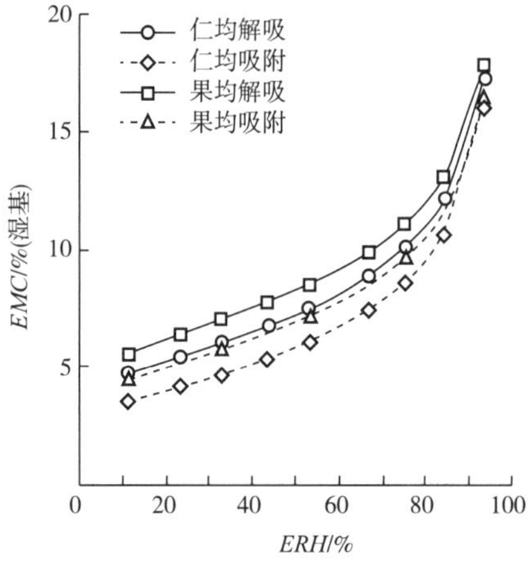

(2)25℃

图 3-18 MHAE 方程预测的花生仁和果 20℃和 25℃等温线

花生仁和荚果的解吸等温线与吸附等温线之间在 *ERH* 11%~90%范围内均存在滞后现象（图 3-18）。在 *ERH* 11%~90%范围内花生荚果的解吸值、吸附值均高于花生仁对应值。

三、 油菜籽吸湿特性

油菜籽安全储存水分比谷类种子低得多，长期储存的油菜籽水分保持在 9%以下。Sun 和 Byrne（1998）对国际上发表的 21 组油菜籽 *EMC/ERH* 试验数据点 668 个，其中吸附 291 点，解吸 377 点，采用 MHE、MCPE、MHAE、MOE 进行拟合等温，发现 MHAE 最适合。我们采用静态称重法测定了国产 8 个油菜籽（表 3-57）的平衡水分，确定了最佳吸着方程，并用于计算吸着等热、相对与绝对安全储存水分值（李兴军等，2013）。

表 3-57 油菜籽样品

编号	品种	类型	籽粒大小	产地	收获年份
1	庆阳品种	冬油菜	小型	甘肃	2011 年
2	GS02	冬油菜	中型	甘肃	2011 年
3	浩油	春油菜	中型	青海	2011 年
4	HB26	冬油菜	中型	湖北	2011 年
5	秦杂油	冬油菜	大型	陕西	2011 年
6	SC12	冬油菜	大型	四川	2011 年
7	JX07	冬油菜	大型	江西	2011 年
8	CQ-08	冬油菜	大型	重庆	2011 年

采用的 8 个方程（BET、CAE、MCPE、3-MGAB、MHAE、MHE、MOE 及 SYE）均适合拟合所有油菜籽水分吸着等温线数据。按照平均统计参数（*RSS*、*SE*、R^2、*MRE*）对比排序，以 $ERH=f(M, T)$ 形式表达的方程（表 3-58），对解吸，CAE>MOE>MHAE>MGAB>SYE>MCPE>MHE；对吸附：MGAB>MHAE>CAE>MOE>SYE>MCPE>MHE。以 $M=f(ERH, T)$ 形式表达的方程（表 3-59），对解吸和吸附均是 BET>MGAB>MOE>MHAE>MCPE>MHE。

表 3-58　以 $ERH=f(M, T)$ 形式的油菜籽最佳水分吸着方程确定

模型	吸着类型	统计参数				排序
		RSS	*SE*	R^2	*MRE*/%	
CAE	解吸	237.376	5.897	0.9927	4.351	1
MCPE	解吸	0.066	1.566×10^{-3}	0.9797	8.501	6
MGAB	解吸	0.057	1.359×10^{-3}	0.9823	7.678	4
MHAE	解吸	0.035	7.200×10^{-4}	0.9891	7.112	3
MHE	解吸	0.108	2.559×10^{-3}	0.9668	12.384	7
MOE	解吸	0.039	9.400×10^{-4}	0.9878	6.351	2
SYE	解吸	0.065	1.595×10^{-3}	0.9798	8.486	5
CAE	吸附	248.396	6.210	0.9923	5.912	3
MCPE	吸附	0.065	1.547×10^{-3}	0.9799	9.852	6
MGAB	吸附	0.022	5.240×10^{-4}	0.9932	5.041	1
MHAE	吸附	0.023	5.500×10^{-4}	0.9929	5.349	2
MHE	吸附	0.087	2.074×10^{-3}	0.9731	12.070	7
MOE	吸附	0.027	6.430×10^{-4}	0.9917	6.543	4
SYE	吸附	0.064	1.571×10^{-3}	0.9801	9.800	5

表 3-59　以 $M=f(ERH, T)$ 形式的油菜籽最佳水分吸着方程确定

模型	吸着类型	统计参数				排序
		RSS	*SE*	R^2	*MRE*/%	
BET	解吸	0.683	0.038	0.9704	3.156	1
MCPE	解吸	40.528	0.096	0.9558	11.521	5
MGAB	解吸	10.313	0.025	0.9884	5.287	2
MHAE	解吸	19.434	0.046	0.9791	7.871	4
MHE	解吸	43.566	1.036	0.9525	13.219	6
MOE	解吸	15.373	0.037	0.9834	6.402	3
BET	吸附	0.452	0.025	0.9726	3.052	1
MCPE	吸附	37.026	0.882	0.9567	12.491	5

续表

模型	吸着类型	统计参数				排序
		RSS	*SE*	R^2	*MRE*/%	
MGAB	吸附	5. 030	0. 120	0. 9941	3. 761	2
MHAE	吸附	14. 804	0. 353	0. 9825	7. 121	4
MHE	吸附	31. 293	0. 745	0. 9631	13. 129	6
MOE	吸附	9. 619	0. 229	0. 9888	5. 403	3

牛智有等（1998）采用改良静态称重法测定了我国“华杂三号”和“秦油二号”两个油菜籽品种的10℃，20℃，25℃，30℃等温线，认为MHE方程很好地描述了油菜籽的平衡水分等温线。我们根据方程的参数数目、温度的依赖性、适合湿度范围、是否易互逆表达等因素，我们认为MGAB、MOE、MHAE均是较适合的油菜籽平衡水分方程。

如图3-19所示，油菜籽水分解吸等温线与吸附等温线之间在*ERH* 11%~90%范围内均存在滞后现象，尽管温度对解吸或吸附等温线的影响较小。

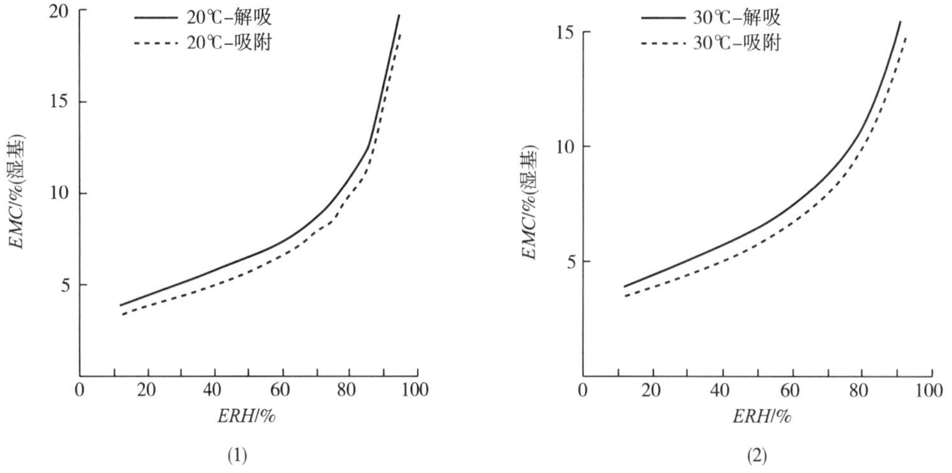

图3-19 MHAE拟合的油菜籽水分解吸和吸附等温线

四、 芝麻吸湿特性

我国是继印度、苏丹、缅甸之后的芝麻种植第四大国，产区主要分布在河南、安徽、湖北及江西等省。我国芝麻总产量曾经一直处于世界首位，2002年高达89.5万t。2008年我国芝麻播种面积减至47.2万hm^2，总产量仅为58.6万t，总产量开始低于印度、缅甸，降至世界第3位。2011年我国芝麻产量为58.0万t，进口量高达38.9万t。

国外对芝麻水分吸附/解吸（平衡水分）等温线数据报道有限（Aviara et al. 2002），我国缺乏芝麻平衡水分测定。我们采用静态称重法测定了国产芝麻的平衡水分，并计算芝麻的吸着等热、相对与绝对安全储存水分（李兴军等，2014），以期对我国芝麻安全储藏调控技术制定有参考意义。

表 3-60 是用于平衡水分测定的芝麻样品的产地。

所选的 7 个等温线方程均能够拟合测定的芝麻水分吸附和解吸等温线（表 3-61~表 3-62）。就 $ERH=f(M, T)$ 方程，解吸方程优劣排序 CAE>SYE>MCPE>MOE>MHE>MGAB>MHAE；吸附方程优劣排序为 CAE>MOE>MGAB>SYE>MCPE>MHAE>MHE。就 $M=f(ERH, T)$ 方程，解吸方程优劣排序 MOE>MHAE>MCPE>MGAB>MHE；吸附方程优劣排序为 MOE>MGAB>MHAE>MCPE>MHE。因此，认为 CAE 和 MOE 均是拟合芝麻等温线的最佳方程。考虑到 CAE 是以含水率为自变量、*ERH* 为因变量的 5 个参数、不可逆转的方程，而 MOE 是 3 个参数、易逆转的方程。因此我们采用 MOE 方程计算芝麻的储运安全水分值和吸着等热。

表 3-63 所示为芝麻水分吸着等温线不同表达形式的方程系数。无论 $ERH=f(M, T)$，还是 $M=f(ERH, T)$，解吸与吸附之间，MOE 或 MCPE 方程系数显著不同；黑芝麻与白芝麻之间，MOE 或 MCPE 方程系数较接近。

表 3-60 芝麻平衡水分测定样品

编号	类型	产地	年份
1	白芝麻	四川雅安	2012 年
2	黑芝麻	四川雅安	2012 年
3	白芝麻	河南信阳	2012 年
4	黑芝麻	河南信阳	2012 年

表 3-61 芝麻水分吸着 $ERH=f(M, T)$ 形式最佳方程确定

方程	类型	拟合度				排序
		RSS	*SE*	R^2	*MRE*/%	
CAE	解吸	201.997	5.050	0.9938	4.716	1
MCPE	解吸	0.045	1.073×10^{-3}	0.9861	5.749	3
MGAB	解吸	0.103	2.460×10^{-3}	0.9680	10.342	6
MHAE	解吸	0.064	1.525×10^{-3}	0.9802	10.366	7
MHE	解吸	0.094	2.228×10^{-3}	0.9710	10.131	5
MOE	解吸	0.041	9.661×10^{-4}	0.9874	6.563	4
SYE	解吸	0.037	8.945×10^{-4}	0.9887	5.060	2
CAE	吸附	82.592	2.065	0.9975	2.042	1
MCPE	吸附	0.032	7.673×10^{-4}	0.9901	5.391	5
MGAB	吸附	0.015	3.664×10^{-4}	0.9952	3.828	3
MHAE	吸附	0.025	5.843×10^{-4}	0.9924	7.228	6

续表

方程	类型	拟合度				排序
		RSS	*SE*	R^2	*MRE*/%	
MHE	吸附	0.057	1.352×10^{-3}	0.9824	8.643	7
MOE	吸附	9.055×10^{-3}	2.156×10^{-4}	0.9972	2.770	2
SYE	吸附	0.032	7.789×10^{-4}	0.9901	5.308	4

表 3-62　芝麻水分吸着 $M=f$（ERH，T）形式最佳方程确定

方程	类型	拟合度				排序
		RSS	*SE*	R^2	*MRE*/%	
MCPE	解吸	11.587	0.276	0.9693	7.168	3
MGAB	解吸	12.232	0.291	0.9676	7.187	4
MHAE	解吸	7.252	0.173	0.9808	6.544	2
MHE	解吸	20.154	0.480	0.9466	10.206	5
MOE	解吸	5.682	0.135	0.9849	5.179	1
MCPE	吸附	11.316	0.269	0.9689	9.182	4
MGAB	吸附	2.627	0.062	0.9928	4.293	2
MHAE	吸附	4.965	0.118	0.9864	6.197	3
MHE	吸附	12.460	0.297	0.9659	11.175	5
MOE	吸附	2.214	0.053	0.9939	3.242	1

表 3-63　芝麻水分吸着形式最佳方程系数

方程	样品	类型	方程系数			拟合度	
			A	*B*	*C*	R^2	*MRE*/%
$ERH=f(M, T)$	解吸	MOE	6.572	-5.112×10^{-2}	3.434	0.9874	6.563
	吸附	MOE	4.589	-1.246×10^{-2}	2.826	0.9972	2.770
	吸着	MOE	5.582	-3.174×10^{-2}	3.135	0.9935	4.651
	解吸	MCPE	386.709	25.643	0.451	0.9861	5.750
	吸附	MCPE	973.462	161.504	0.463	0.9901	5.391
	吸着	MCPE	488.699	51.768	0.458	0.9895	5.027
	黑芝麻	MOE	5.614	-2.960×10^{-2}	3.214	0.9929	4.443
	白芝麻	MOE	5.557	-3.410×10^{-2}	3.058	0.9923	5.628
	黑芝麻	MCPE	547.741	56.002	0.462	0.9881	5.933
	白芝麻	MCPE	434.519	47.470	0.453	0.9896	4.793

续表

方程	样品	类型	方程系数			拟合度	
			A	*B*	*C*	R^2	*MRE*/%
$M = f(ERH, T)$	解吸	MOE	5.956	-2.480×10^{-2}	3.227	0.9849	5.179
	吸附	MOE	4.359	-1.973×10^{-3}	2.728	0.9939	3.242
	吸着	MOE	5.143	-1.276×10^{-2}	2.975	0.9910	4.1574
	解吸	MCPE	330.041	36.546	0.375	0.9693	7.168
	吸附	MCPE	659.377	148.501	0.376	0.9689	9.182
	吸着	MCPE	405.405	64.701	0.375	0.9703	7.923
	黑芝麻	MOE	5.189	-1.079×10^{-2}	3.008	0.9853	4.084
	白芝麻	MOE	5.101	-1.494×10^{-2}	2.941	0.9911	4.668
	黑芝麻	MCPE	461.194	73.167	0.375	0.9669	8.145
	白芝麻	MCPE	356.215	56.944	0.375	0.9719	7.799

如图 3-20 所示，芝麻的解吸等温线与吸附等温线在 *ERH* 11%～90% 范围内存在滞后现象，解吸值大于吸附值。随着温度增加，滞后环变小。

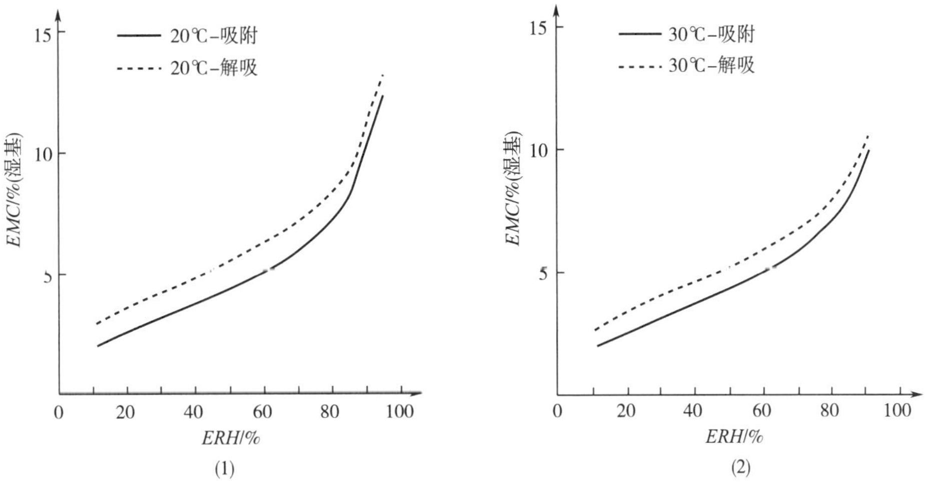

图 3-20　MOE 方程预测的芝麻 20℃和 30℃等温线

从油料的水分吸着等温线研究看出，同一温度下平衡含水率随着平衡相对湿度的增加而增加，在低平衡相对湿度区间上升缓慢，在高水分活度区间有一个陡峭的上升，等温线的形状为 S 型属于Ⅱ型等温线。这主要是由于水分结合方式先通过氢键与相邻的水分子和溶质分子缔合，然后是物理截留。在一定的水分活度下，随温度升高，平衡含水率下降，油料的吸水性下降。这种趋势是由于温度引起物质内部的化学、物理变化而导致水的亲合活性点减少的结果。随着温度的变化，分子的激发态、分子之间的距离会变化，因而分子间的引力也会变化，导致在一定水活度下，随着温度的变化油料吸收的水分子数量也会发生变化。

第六节 粮食吸湿等温线拟合的多项式方程

随着计算机软件技术的发展，国内外开始研发多项式平衡水分方程，这些方程属于经验性质的。

一、 含有 11 个参数的多项式平衡水分方程

史钢强（2011）提出 11 个参数的多项式平衡水分方程［式（3-2）］，对我国 LS/T 1202—2002《储粮机械通风技术规程》中的四大粮种吸附和解吸等温线进行拟合，结果见表 3-64。

$$M = C_1 + C_2T + C_3T^2 + C_4T^3 + C_5T^4 + C_6T^5 + C_7ERH + C_8ERH^2 + C_9ERH^3 + C_{10}ERH^4 + C_{11}ERH^5 \tag{3-2}$$

式中 M——平衡水分，%（湿基）；

T——温度；

ERH——平衡相对湿度，%。

表 3-64 多项式平衡水分式（3-2）对 LS/T 1202—2002 数据拟合

	小麦		稻谷		玉米		大豆	
	解吸	吸附	解吸	吸附	解吸	吸附	解吸	吸附
C_1	7.087	−0.8359	1.886	1.399	6.607	6.556	0.416	2.209
C_2	-9.731×10^{-2}	-6.509×10^{-2}	-7.234×10^{-2}	-5.164×10^{-2}	-5.464×10^{-2}	-5.951×10^{-2}	-7.489×10^{-2}	-4.501×10^{-2}
C_3	2.122×10^{-3}	1.449×10^{-3}	-3.223×10^{-3}	4.315×10^{-4}	-5.127×10^{-3}	1.617×10^{-3}	1.191×10^{-3}	1.518×10^{-3}
C_4	-1.575×10^{-4}	-1.294×10^{-4}	2.477×10^{-4}	-3.138×10^{-5}	3.650×10^{-4}	-9.542×10^{-5}	-5.727×10^{-5}	-1.773×10^{-4}
C_5	4.790×10^{-6}	4.410×10^{-6}	-7.523×10^{-6}	1.323×10^{-6}	-1.020×10^{-5}	2.069×10^{-6}	9.946×10^{-7}	7.109×10^{-6}
C_6	-5.128×10^{-8}	-5.127×10^{-8}	7.949×10^{-8}	-1.923×10^{-8}	9.872×10^{-8}	-1.282×10^{-8}	-3.792×10^{-9}	-9.358×10^{-8}
C_7	0.210	0.916	0.743	0.622	0.244	6.289×10^{-2}	0.749	0.350
C_8	-4.690×10^{-3}	-3.889×10^{-2}	-2.564×10^{-2}	-2.318×10^{-2}	-5.433×10^{-3}	7.516×10^{-4}	-3.198×10^{-2}	-1.584×10^{-2}
C_9	1.366×10^{-4}	9.032×10^{-4}	5.248×10^{-3}	5.093×10^{-4}	1.364×10^{-4}	2.258×10^{-5}	7.288×10^{-4}	4.432×10^{-4}
C_{10}	-1.853×10^{-6}	-9.853×10^{-6}	-5.231×10^{-6}	-5.322×10^{-6}	-1.710×10^{-6}	-6.372×10^{-7}	-7.872×10^{-6}	-5.523×10^{-6}
C_{11}	9.535×10^{-9}	4.111×10^{-8}	2.043×10^{-8}	2.160×10^{-8}	8.454×10^{-9}	4.727×10^{-9}	3.409×10^{-8}	2.680×10^{-8}
MRE/%	0.201	0.337	0.253	0.244	0.208	0.326	0.390	0.439

注：拟合的决定系数为 0.9999。

采用式（3-2）和式（3-3）对我们近年测定的我国 11 个大米、17 个稻谷、14 个小麦、16 个玉米、10 个大豆解吸和吸附等温线的拟合结果见表 3-65～表 3-66。

表 3-65 式（3-2）对 *EMC* 数据拟合

	大米		稻谷		小麦		玉米		大豆	
	解吸	吸附	解吸	吸附	解吸	吸附	解吸	吸附	解吸	吸附
C_1	4083.722	-8360.751	22686.608	7733.181	9830.596	-26327.695	6376.624	-16364.603	-16450.894	-10996.299
C_2	-1027.519	2107.414	-5713.184	-1947.325	-2475.367	6633.082	-1604.463	4123.604	4146.587	2772.017
C_3	96.757	-198.362	573.846	183.347	233.068	-624.409	151.029	-388.191	-390.369	-260.945
C_4	-4.334	8.881	-24.085	-8.211	-10.439	27.959	-6.763	17.382	17.480	11.684
C_5	0.093	-0.191	0.518	0.177	0.225	-0.602	0.146	-0.374	-0.376	-0.251
C_6	-7.779×10^{-4}	1.592×10^{-3}	-4.320×10^{-3}	-1.473×10^{-3}	-1.873×10^{-3}	5.010×10^{-3}	-1.213×10^{-3}	3.118×10^{-3}	3.135×10^{-3}	2.095×10^{-3}
C_7	-6.865×10^{-2}	-2.380×10^{-2}	-8.698×10^{-2}	5.173×10^{-2}	-9.882×10^{-2}	-0.160	-5.554×10^{-2}	-0.196	-0.7516	-0.824
C_8	1.263×10^{-2}	1.236×10^{-2}	1.370×10^{-2}	5.873×10^{-3}	3.443×10^{-3}	1.579×10^{-2}	1.093×10^{-2}	1.886×10^{-2}	4.677×10^{-2}	5.027×10^{-2}
C_9	-3.129×10^{-5}	-3.265×10^{-4}	-3.354×10^{-4}	-1.413×10^{-4}	-7.617×10^{-5}	-3.370×10^{-4}	-2.536×10^{-4}	-4.532×10^{-4}	-1.134×10^{-3}	-1.212×10^{-3}
C_{10}	3.159×10^{-6}	3.440×10^{-6}	3.394×10^{-6}	1.211×10^{-6}	3.798×10^{-7}	2.966×10^{-6}	2.404×10^{-6}	4.681×10^{-6}	1.213×10^{-5}	1.308×10^{-5}
C_{11}	1.049×10^{-8}	-1.206×10^{-8}	-1.149×10^{-8}	-2.372×10^{-9}	1.609×10^{-9}	-8.018×10^{-9}	-7.197×10^{-9}	-1.666×10^{-8}	-4.507×10^{-8}	-4.507×10^{-8}
R^2	0.9984	0.9973	0.9983	0.9931	0.99563	0.9981	0.9972	0.99793	0.9946	0.9975
MRE/%	1.175	1.355	1.165	1.305	1.779	1.468	1.657	1.634	3.866	3.246

注：大米 11 个品种；稻谷 17 个品种；小麦 14 个品种；玉米 16 个品种；大豆 10 个品种。

表 3-66　式（3-3）对我国粮食种类 *EMC* 数据拟合

种类	吸着	式（3-3）的系数							拟合度	
		C_1	C_2	C_3	C_4	C_5	C_6	C_7	R^2	MRE/%
稻谷	解吸	36.953	-48.528	30.791	3.859×10^{-2}	6.744×10^{-3}	-8.611×10^{-2}	5.089	0.9981	1.501
	吸附	43.811	-58.621	36.409	9.066×10^{-2}	-9.543×10^{-2}	-1.221×10^{-2}	1.245	0.9967	2.273
大米	解吸	39.719	-57.826	38.045	1.754×10^{-1}	-1.271×10^{-1}	-6.472×10^{-2}	4.083	0.9978	1.479
	吸附	39.944	-53.511	33.512	8.649×10^{-2}	-7.188×10^{-2}	-2.339×10^{-2}	3.041	0.9975	1.775
小麦	解吸	54.471	-72.691	40.379	8.019×10^{-2}	-2.188×10^{-2}	-8.127×10^{-2}	3.793	0.9941	2.614
	吸附	48.637	-62.683	38.099	9.725×10^{-2}	-1.031×10^{-1}	-6.445×10^{-3}	0.981	0.9957	3.084
玉米	解吸	38.897	-48.531	29.115	-7.257×10^{-3}	6.552×10^{-2}	-1.157×10^{-1}	5.476	0.9969	1.932
	吸附	35.361	-45.667	31.522	1.423×10^{-1}	-1.525×10^{-1}	3.503×10^{-2}	1.480	0.9974	2.142
大豆	解吸	77.026	-87.663	36.807	3.035×10^{-1}	-1.524×10^{-1}	-8.095×10^{-2}	3.412	0.9965	3.459
	吸附	51.079	-50.017	23.645	1.663×10^{-1}	-9.633×10^{-2}	-2.299×10^{-2}	2.037	0.9961	3.307

二、 含有 7 个参数的多项式平衡水分方程

我们假定粮食平衡水分（*EMC*）是平衡相对湿度（*ERH*）的多项式函数，也是温度（*T*）的线性函数，提出了式（3-3）（李兴军和姜平 2015），简称 Li-Jiang 方程

$$M = C_1\,ERH^3 + C_2\,ERH^2 + C_3ERH + C_4\,ERH^2T + C_5ERH \cdot T + C_6T + C_7 \qquad (3\text{-}3)$$

式中　*M*——平衡水分,%（湿基）；

ERH——平衡相对湿度，小数表示；

T——温度,℃；

$C_1 \sim C_7$——方程参数。

从表 3-66 看出，式（3-3）对我国主要粮种水分吸着等温线的拟合度指标均为 $R^2>0.994$，$MRE<3.46\%$，这表明拟合度指标较好。我国主要粮食种类水分吸着等温线特性比较如下（图 3-21）。

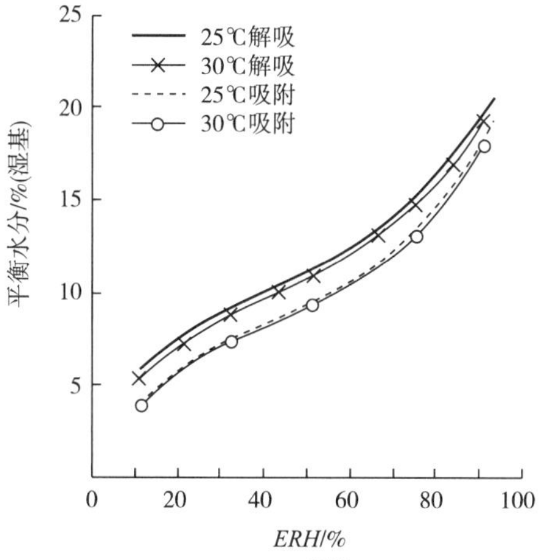

(1)稻谷

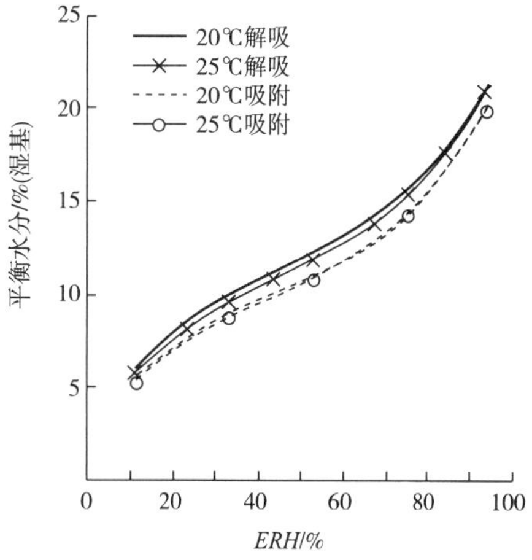

(2)大米

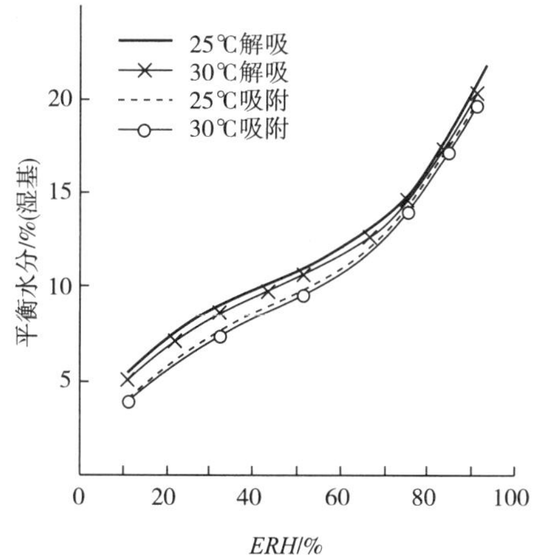

(3)小麦

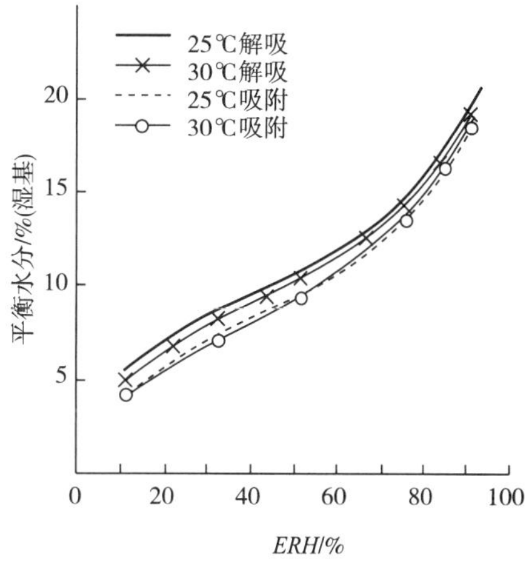

(4)玉米

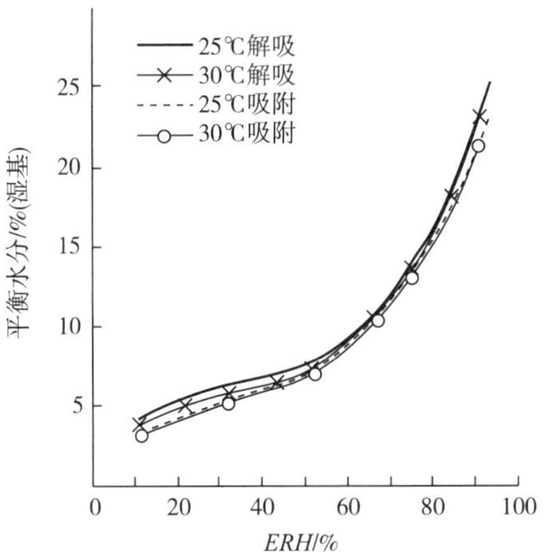

(5)大豆

图 3-21　我国主要粮种水分吸着等温线

从图 3-21 看出，谷物解吸与吸附等温线之间存在显著的滞后现象，随着温度增加，滞后环变小。而大豆解吸与吸附之间滞后现象不明显。

第四章

粮食平衡水分应用基础

第一节 粮食籽粒湿膨胀系数

稻米籽粒在成熟、收割、脱粒、干燥、储存及加工过程中都有可能置于吸湿或解吸环境。由于环境相对湿度的变化，籽粒外形尺寸会发生变化，引起应力场的产生，导致应力裂纹，造成经济损失。湿应力场的分布与籽粒内部水分分布、稻米籽粒的尺寸变化有关。稻米籽粒尺寸变化的大小，由物料本身固有的物理特性——湿膨胀系数决定。

一、稻米籽粒湿膨胀系数测定图像法

湿膨胀系数的相关报道较少，早期 Reyes 将不同水分的稻米放入塑料袋中密封一段时间后，将其放在投影仪上，投影出外形轮廓，并记录下稻米的外形，最后通过统计分析得出稻米籽粒的尺寸变化值，计算出湿膨胀系数。这种计算方法不十分准确，所得数值有一定误差性。肖威（2010）利用图像分析方法，配置了测试系统进行试验研究，得出了两个水稻品种籽粒的湿膨胀系数。该方法操作较简单，水分控制理想，计算结果较准确。

理论分析：在吸湿和解吸条件下，稻米籽粒尺寸变化会引起籽粒内部的湿应变场，湿应变 ε 取决于含水率变化 ΔM 及籽粒自身的湿膨胀特性。湿膨胀系数分为体积湿膨胀系数（α）和线性湿膨胀系数（β），它们的计算公式分别表示为：

$$\alpha = \frac{1}{V}\frac{\Delta V}{\Delta M} \tag{4-1}$$

$$\beta = \frac{1}{L}\frac{\Delta L}{\Delta M} \tag{4-2}$$

式中 V——单个籽粒的体积，m^3；

ΔV——体积增加量，m^3；

ΔM——水分增加量,%（干基）；

L——特征长度、宽度或厚度，m；

ΔL——特征尺寸变化量（长度、宽度或厚度），m。

$$\varepsilon_x = \beta_x \Delta M \tag{4-3a}$$

$$\varepsilon_y = \beta_y \Delta M \tag{4-3b}$$

$$\varepsilon_z = \beta_z \Delta M \tag{4-3c}$$

式中 x，y，z——稻米长、宽、高 3 个方向主轴；

ΔM ——籽粒材料微线段吸湿前后水分差,%；

β_x、β_y、β_z ——籽粒材料 3 轴方向的线性湿膨胀系数。

将湿应力、应变关系近似成线弹性关系，代入弹性力学物理方程，得到籽粒内部的

湿应力 σ_x、σ_y、σ_z 与含水率的关系，可表示为

$$\sigma_x = \frac{E}{1-\mu^2}[\beta_x + \mu(\beta_y + \beta_z)]\Delta M \tag{4-4a}$$

$$\sigma_y = \frac{E}{1-\mu^2}[\beta_y + \mu(\beta_x + \beta_z)]\Delta M \tag{4-4b}$$

$$\sigma_z = \frac{E}{1-\mu^2}[\beta_z + \mu(\beta_x + \beta_y)]\Delta M \tag{4-4c}$$

式中 E——稻米的弹性模量；

μ——稻米的泊松比。

其中，机械特性常数 E 和 μ 可由试验方法测定。确定了稻米组织的线性湿膨胀系数 β_x、β_y、β_z 及谷粒初始含水率和边界湿度条件，即可以决定谷物内任意时刻、任意点处因环境湿度变化引起的湿应力场。可见，线性湿膨胀系数的确定对于稻米籽粒的应力和应变场的确定是至关重要的。由于试验条件所限，这里主要测定稻米的线性湿膨胀系数 β，包括长方向和宽方向的湿膨胀系数，表示为

$$\beta_L = \frac{1}{x}\frac{\Delta x}{\Delta M} \tag{4-5a}$$

$$\beta_W = \frac{1}{y}\frac{\Delta y}{\Delta M} \tag{4-5b}$$

式中 β_L——长方向的线性湿膨胀系数；

β_W——宽方向的线性湿膨胀系数；

x——长方向的原始尺寸，mm；

y——宽方向的原始尺寸，mm；

Δx——长方向的尺寸变化量，mm；

Δy——长方向的尺寸变化量，mm；

ΔM——含水率的变化量,%（干基）。

肖威（2010）采用图像分析，在常温下对稻米吸附和解吸过程进行图像动态采集的方法，获得稻米在吸湿过程中籽粒的外形尺寸，得出稻米在不同水分条件下的线性湿膨胀系数（表 4-1 和表 4-2）。

表 4-1 东农 419 稻谷不同水分范围内的线性湿膨胀系数

含水率/%（湿基）	ΔM/%	β_W（$\times10^{-3}$）	β_L（$\times10^{-3}$）
10.7~12.8	2.1	0.0882	0.1685
10.7~13.3	2.6	0.0811	0.1400
10.7~13.8	3.1	0.0753	0.1213
10.7~16.7	6.0	0.0509	0.1025
10.7~17.5	6.8	0.0495	0.0926
10.7~18.0	7.3	0.0464	0.0605

在同一含水率变化范围内，稻米籽粒长度方向的膨胀率大于宽方向，即 $\beta_L>\beta_W$。不同吸湿阶段，稻米线性湿膨胀系数也不相同。在吸湿的初始阶段，籽粒表层与环境水分差较大，吸湿速率较快，湿膨胀量较大，线性湿膨胀系数较大；随着吸湿过程的继续，在吸湿后期阶段，稻米籽粒水分梯度减小，湿膨胀量较少，因此稻米在这一阶段内的线性湿膨胀系数值有所减小。

表 4-2　　东农 423 稻谷不同含水率范围内的线性湿膨胀系数

含水率/%（湿基）	ΔM/%	β_W（$\times10^{-3}$）	β_L（$\times10^{-3}$）
9~10	1.0	0.293	3.251
9~11	2.0	0.242	2.937
9~11.5	2.5	0.184	2.826
9~12.7	3.7	0.161	2.472
9~14.2	5.2	0.153	1.358
9~17.2	8.2	0.110	0.990

注：引自肖威（2010）。

对于不同品种都存在着相同的规律，稻米长宽方向的线性湿膨胀系数不同，长方向的线性湿膨胀系数要大于宽方向，且其均随着含水率的增加而减小。这是因为在吸湿初期稻米籽粒外表层迅速吸湿膨胀，籽粒内部没有产生对表层的抵抗作用，此阶段稻米线性湿膨胀系数较大，籽粒尺寸增长较快。吸湿一段时间后，稻米籽粒的表层带动着籽粒心部膨胀，表层对籽粒心部产生拉应力作用，而此时稻米心部产生对表层的抵抗作用，表层膨胀量随着含水率的增加而增加，同时对心部作用的拉力越来越大，而心部产生的抵抗作用也加大。因此，稻米膨胀量相对减小，线性湿膨胀系数增长缓慢，回归曲线呈现出下降趋势。

二、 粮粒吸湿膨胀系数测定游标卡尺法

米粒的破碎是大米加工面临的主要问题。在加工过程中，米粒中形成的不同外部和内部胁迫导致米粒裂纹，最终引起米粒易破碎。举例来说，米粒内部普遍存在的水分和温度梯度导致籽粒的膨胀和收缩，从而引起内部胁迫地增长。如果可计算这些胁迫，就可设计出更优的加工流程以减少裂纹的发展，增加整粒米产量。为了更好地理解内部应力，需要知道一些基本特性的信息，如米粒线性和体积吸湿膨胀系数、体积热膨胀系数等。任强（2015）和李阳（2016）建立了粮食籽粒吸湿过程籽粒长度、宽度、体积随含水率的变化规律，并对玉米、大豆、稻谷、糙米、精米样品进行测定。

1. 粮粒吸湿膨胀系数的测定方法

粮食样品水分随时间的变化采用静态称重方法收集。称取约 5g（精确至 0.0001g）样品于由铜网制成的小桶内，将样品置于 9 种饱和盐溶液的广口瓶橡胶筛下方的铜丝勾

上，旋紧瓶塞，置于25～35℃的人工气候箱内。每个样品平行测定3次。样品平衡后，取样测定含水率、籽粒长度、宽度、厚度及体积参数。籽粒长度、宽度及厚度测定采用电子游标卡尺和大米外观品质扫描仪，体积采用排水法。然后建立籽粒长度、宽度、厚度及体积与含水率的线性方程。

2. 玉米和大豆籽粒吸附过程中体积湿膨胀

一些国外学者对稻米籽粒的吸湿膨胀进行了测定，Reyes用高射投影仪测定了米粒的线性特征（长度、宽度和厚度），投影图像是米粒真实尺寸的30倍。由于玉米和大豆籽粒相对较大，我们采用数显卡尺（精确度1μm）对籽粒直接进行测量。以25℃下正常水分（9.02%，湿基）垦玉黄玉米和35℃下低水分（7.39%，湿基）澄豆大豆在吸附过程中的体积湿膨胀为例。由于在计算线性湿膨胀系数和体积湿膨胀系数时需要将样品籽粒的湿基含水率转化为干基含水率，以方便比较与分析，所以用籽粒的干基含水率与籽粒线性特征和体积作变化曲线。

从表4-3中直观地看出，在吸附过程中玉米和大豆籽粒的线性特征（长度、宽度和厚度）及体积与含水率（干基）之间呈线性相关关系，随着含水率的增加籽粒的线性特征及体积呈增长趋势，即在一定含水率（玉米，5.79%～47.20%，干基；大豆，4.31%～46.18%，干基）范围内，吸附过程中随着籽粒水分吸附的不断进行，籽粒体积随之增大。

表4-3　玉米和大豆籽粒吸附过程中线性特征及体积随含水率（干基）的变化

粮食种类	条件	方向	方程	R^2
垦玉米	25℃	长	$y = 0.0316x + 12.3902$	0.8208
	初始9.02%（湿基）	宽上	$y = 0.0260x + 8.4199$	0.9170
		宽中	$y = 0.0223x + 8.3058$	0.8244
		宽下	$y = 0.0208x + 7.9438$	0.7374
		厚	$y = 0.0130x + 4.1838$	0.5379
		体积	$y = 0.0035x + 0.2074$	0.9717
澄豆	35℃	长	$y = 0.0323x + 8.5923$	0.9157
	初始7.39%（湿基）	宽	$y = 0.0103x + 8.2506$	0.8085
		厚	$y = 0.0062x + 7.6190$	0.6856
		体积	$y = 0.0032x + 0.2704$	0.7716

3. 玉米和大豆籽粒解吸过程中体积湿膨胀

分析了在30℃下高水分（19.14%，湿基）垦玉玉米和35℃下高水分（19.02%，湿基）澄豆在解吸过程中的体积湿膨胀，从表4-4可看出，在解吸过程中玉米和大豆籽粒的线性特征（长度、宽度和厚度）及体积与含水率（干基）的变化呈线性相关关系，随着含水率的增加，籽粒的线性特征及体积呈增长趋势，即在（垦玉米，5.17%～

30.67%，干基；澄豆，4.17%~50.11%，干基）解吸过程中随着籽粒水分解吸的不断进行，籽粒体积随之减小。

表 4-4　　籽粒解吸平衡中线性特征随含水率（干基）的变化

粮食种类	条件	方向	线性方程	R^2
垦玉米	30℃-19.14%（湿基）	长	$y = 0.0266x + 12.5330$	0.6750
		宽上	$y = 0.0163x + 9.0731$	0.5598
		宽中	$y = 0.0142x + 8.9167$	0.5950
		宽下	$y = 0.0112x + 8.6223$	0.3339
		厚	$y = 0.0043x + 4.3798$	0.2337
		体积	$y = 0.0042x + 0.2356$	0.9380
澄豆	35℃-19.02%（湿基）	长	$y = 0.0212x + 8.6435$	0.9131
		宽	$y = 0.0111x + 8.0680$	0.9690
		厚	$y = 0.0035x + 7.5392$	0.5216
		体积	$y = 0.0030x + 0.2351$	0.9361

4. 玉米和大豆籽粒的体积湿膨胀系数

通过上面对玉米和大豆样品的研究证明，玉米和大豆籽粒的线性特征及体积受含水率变化的影响。Muthukumarappan 和 Gunasekaran（1990）提到了两个玉米品种 K6400 和 Dekalb 547 的线性吸湿膨胀系数，并对这两个品种拟合了吸附过程中长、宽、厚的线性吸湿膨胀模型。我们也通过籽粒的湿膨胀系数对玉米和大豆籽粒的线性特征及体积变化进行了分析。

方程 $y = ax + b$ 中，y 代表籽粒的线性特征（长度、宽度和厚度）或体积，m 或 m^3；x 代表干基含水率，%；a/b 比值为湿膨胀系数，线性湿膨胀系数的单位为 10^{-3}m/m，体积湿膨胀系数的单位为 $10^{-2}m^3/m^3$。

为方便分析，测定湿膨胀系数所用的样品信息见表 4-5，籽粒线性特征（长、宽、厚）及体积随含水率变化曲线的线性相关系数见表 4-6，籽粒线性湿膨胀及体积湿膨胀系数见表 4-7。从表 4-7 可看出，总体看，籽粒的体积相关系数要比线性特征相关系数高，这可能是因为线性特征是通过数显卡尺直接测量，籽粒体积是由排水法测出的，由于方法不同造成的。线性特征中长度、宽度的相关系数比厚度高。大豆籽粒的相关系数要比玉米籽粒的相关系数高，这可能因为大豆的粒形呈椭球形，玉米籽粒呈马牙形（梯形），大豆籽粒比玉米籽粒规则更有利于测量引起的。

表 4-5 测定湿膨胀系数的籽粒样品

样品	品种	产地	水分梯度产生方法	含水率/%（干基）
玉米	垦玉 10 号	甘肃	25℃吸附	6.61~31.49
			30℃解吸	30.67~6.38
			调质	6.39~39.08
	郑单 958	河北	30℃吸附	5.79~47.20
			35℃解吸	26.61~5.17
			调质	5.84~36.91
	大马牙	辽宁	25℃吸附	5.61~24.50
大豆	中黄 37	北京	25℃吸附	4.31~46.18
			35℃解吸	37.16~4.43
			调质	4.17~44.18
	澄豆 39	甘肃	35℃吸附	4.88~36.48
			35℃解吸	50.11~4.17

表 4-6 玉米和大豆籽粒长宽厚和体积随含水率的线性相关系数

粮种	水分梯度产生方法	含水率/%（干基）	线性湿膨胀 R^2/（10^{-3}m/m）					体积湿膨胀 R^2/（$10^{-2}m^3/m^3$）
			长	宽上	宽中	宽下	厚	
玉米								
垦玉	25℃吸附	6.61~31.49	0.8208	0.9170	0.8244	0.7374	0.5379	0.9717
	30℃解吸	30.67~6.38	0.6750	0.5598	0.5950	0.3339	0.2337	0.9380
	调质	6.39~39.08	0.6002	0.7609	0.7770	0.7365	0.5239	0.8099
郑单	30℃吸附	5.79~47.20	0.4905	0.6536	0.7462	0.4352	0.3416	0.2241
	35℃解吸	26.61~5.17	0.8121	0.7835	0.7193	0.4693	0.7655	0.8975
	调质	5.84~36.91	0.1868	0.2170	0.1239	0.1147	0.5633	0.8099
大马牙	25℃吸附	5.61~24.50	0.7082	0.1478	0.3567	0.2059	0.5266	0.9557
大豆								
中黄	25℃吸附	4.31~46.18	0.9333		0.9332		0.9181	0.9056
	35℃解吸	37.16~4.43	0.7842		0.6925		0.2633	0.7038
	调质	4.17~44.18	0.9869		0.9928		0.7797	0.9755
澄豆	35℃吸附	4.88~36.48	0.9157		0.8085		0.6856	0.7716
	35℃解吸	50.11~4.17	0.9131		0.9690		0.5216	0.9361

表 4-7　　玉米和大豆样品籽粒线性及体积湿膨胀系数

样品	品种	水分梯度产生方法	含水率/%（干基）	线性湿膨胀系数/（10^{-3}m/m）					体积湿膨胀系数/（$10^{-2}m^3/m^3$）
				长	宽上	宽中	宽下	厚	
玉米	垦玉	25℃吸附	6.61~31.49	2.502	3.088	2.649	2.518	3.108	1.449
		30℃解吸	30.67~6.38	2.075	1.763	0.999	1.275	0.913	1.702
		调质	6.39~39.08	2.792	3.199	3.110	2.996	4.343	1.068
	郑单	30℃吸附	5.79~47.20	1.228	0.321	0.445	0.607	0.389	0.331
		35℃解吸	26.61~5.17	2.491	2.664	2.156	1.162	3.085	1.666
		调质	5.84~36.91	0.759	1.164	0.862	0.792	2.024	1.068
	大马牙	25℃吸附	5.61~24.50	3.657	3.499	3.650	2.101	6.053	9.301
大豆	中黄	25℃吸附	4.31~46.18	4.118		1.880		1.576	1.071
		35℃解吸	37.16~4.43	3.500		2.611		1.010	0.764
		调质	4.17~44.18	5.480		2.485		2.051	1.692
	澄豆	35℃吸附	4.88~36.48	3.724		1.212		0.788	1.111
		35℃解吸	50.11~4.17	2.430		1.363		0.398	1.345

本实验所测出的籽粒样品线性湿膨胀系数，数量级与 Muthukumarappan 和 Gunasekaran（1990）对玉米粒的测定结果一致。从表 4-7 可以看出，样品籽粒在吸附过程中的线性湿膨胀系数和体积湿膨胀系数，高于解吸过程。在吸附、解吸过程中，样品籽粒线性湿膨胀系数中长度和宽度的湿膨胀系数高于厚度的。对调质的玉米和大豆籽粒样品，籽粒长、宽、厚及体积也随水分增加而线性增加。

在一定含水率（玉米，5.17%~47.20%，干基；大豆，4.17%~50.11%，干基）范围内，吸附过程中随着玉米和大豆籽粒水分吸附的不断进行，籽粒体积随之增大；解吸过程中随着籽粒水分解吸的不断进行，籽粒体积随之减小。在吸附、解吸过程中，玉米和大豆样品籽粒的线性特征（长度、宽度和厚度）和体积与含水率的变化是线性相关的。总体来看，样品籽粒的体积平均相关系数（玉米 0.801，大豆 0.875）要比线性特征平均相关系数（玉米 0.543，大豆 0.807）高，大豆籽粒的平均相关系数要比玉米籽粒的平均相关系数高。玉米和大豆样品籽粒在吸附过程中的湿膨胀系数，高于解吸过程。在吸附、解吸过程中，玉米和大豆样品籽粒长度和宽度的湿膨胀系数高于厚度的湿膨胀系数。

三、 稻谷和糙米样品湿膨胀系数测定

1. 吸湿平衡后单籽粒线性特征尺寸与其含水率的关系

样品籽粒在吸附、解吸及调质过程中线性特征尺寸会随着含水率变化，达到平衡后其变化曲线拟合为表 4-8。从整体上来看，样品达到平衡水分后单籽粒的线性特征尺寸（长度和宽度）与其含水率是呈线性关系的，单籽粒的长度和宽度会随着含水率的增加

而呈现出增长趋势，即籽粒在吸附过程中其长度和宽度会增大，反之，在解吸过程中线性特征尺寸则会减小。Muthukumarappan 等（1992）研究发现，稻谷、糙米和精米的体积与其所处的温、湿度变化是线性相关的。

通过比较趋势线的相关系数可知，两个品种的稻谷和糙米样品籽粒平衡后长度与含水率的线性关系最好，宽度与含水率的线性关系次之。同时，就同一品种的稻谷和糙米而言，糙米的长度和宽度与含水率的线性关系普遍比稻谷的好。这可能是由于稻谷受稻壳的影响，在扫描测量其长宽尺寸时产生了误差，而去掉稻壳加工成的糙米则会更有利于长宽的测量。

2. 稻谷样品平衡后单籽粒体积与其含水率的关系

就整体而言，样品达到平衡水分后单籽粒的体积与其含水率是呈线性关系的，单籽粒的体积会随着含水率的增加而呈现出增长趋势，即籽粒在吸附过程中其体积会增大，反之，在解吸过程中体积则会减小。

通过对比趋势线的相关系数可知，同一品种的糙米体积与含水率的线性关系比稻谷的好，并且正常水分样品平衡后的体积与含水率的线性关系比高水分样品的好。与之前长宽与含水率的线性关系相比，体积与含水率的线性关系要差一些。

表 4-8　　籽粒水分平衡后线性特征随含水率的变化

粮食种类	方法	含水率/%（干基）	方向	方程	R^2
龙洋稻谷	吸附	6.56~27.29	长	$y = 1.053 \times 10^{-4}x + 8.439 \times 10^{-2}$	0.7839
			宽	$y = 6.206 \times 10^{-5}x + 2.627 \times 10^{-2}$	0.6182
			体积	$y = 1.437 \times 10^{-8}x + 1.978 \times 10^{-6}$	0.4607
龙洋稻谷	解吸	33.08~6.75	长	$y = 1.154 \times 10^{-5}x + 8.557 \times 10^{-2}$	0.02567
			宽	$y = 4.307 \times 10^{-5}x + 2.652 \times 10^{-2}$	0.4340
			体积	$y = 8.708 \times 10^{-10}x + 2.128 \times 10^{-6}$	0.003827
龙洋糙米	吸附	5.85~29.07	长	$y = 2.248 \times 10^{-4}x + 6.053 \times 10^{-2}$	0.9777
			宽	$y = 8.138 \times 10^{-5}x + 2.274 \times 10^{-2}$	0.8173
			体积	$y = 2.133 \times 10^{-8}x + 1.134 \times 10^{-6}$	0.8212
龙洋糙米	解吸	34.52~6.97	长	$y = 2.162 \times 10^{-4}x + 5.977 \times 10^{-2}$	0.9653
			宽	$y = 1.046 \times 10^{-4}x + 2.206 \times 10^{-2}$	0.9233
			体积	$y = 1.686 \times 10^{-8}x + 1.195 \times 10^{-6}$	0.8113
龙洋糙米	调质	6.94~33.61	长	$y = 1.737 \times 10^{-4}x + 6.036 \times 10^{-2}$	0.9505
			宽	$y = 9.999 \times 10^{-5}x + 2.233 \times 10^{-2}$	0.9564
			体积	$y = 1.540 \times 10^{-8}x + 1.265 \times 10^{-6}$	0.7927
准两优稻谷	吸附	6.51~25.03	长	$y = 1.366 \times 10^{-4}x + 9.674 \times 10^{-2}$	0.6031
			宽	$y = 7.008 \times 10^{-5}x + 2.568 \times 10^{-2}$	0.6504
			体积	$y = 1.629 \times 10^{-8}x + 2.385 \times 10^{-6}$	0.2018

续表

粮食种类	方法	含水率/%（干基）	方向	方程	R^2
准两优稻谷	解吸	34.48~6.38	长	$y = 6.402 \times 10^{-5}x + 9.733 \times 10^{-2}$	0.4983
			宽	$y = 6.011 \times 10^{-5}x + 2.553 \times 10^{-2}$	0.7931
			体积	$y = 9.669 \times 10^{-9}x + 2.458 \times 10^{-6}$	0.1803
准两优糙米	吸附	5.99~27.78	长	$y = 2.719 \times 10^{-4}x + 6.991 \times 10^{-2}$	0.9028
			宽	$y = 7.992 \times 10^{-5}x + 2.195 \times 10^{-2}$	0.9219
			体积	$y = 1.524 \times 10^{-8}x + 1.550 \times 10^{-6}$	0.7516
准两优糙米	解吸	35.83~8.05	长	$y = 1.814 \times 10^{-4}x + 7.009 \times 10^{-2}$	0.9253
			宽	$y = 4.845 \times 10^{-5}x + 2.234 \times 10^{-2}$	0.7035
			体积	$y = 1.495 \times 10^{-8}x + 1.573 \times 10^{-6}$	0.7422
准两优糙米	调质	7.19~32.78	长	$y = 2.394 \times 10^{-4}x + 6.975 \times 10^{-2}$	0.9481
			宽	$y = 8.102 \times 10^{-5}x + 2.274 \times 10^{-2}$	0.8478
			体积	$y = 2.529 \times 10^{-8}x + 1.333 \times 10^{-6}$	0.8368

3. 稻谷和糙米籽粒的湿膨胀系数

通过分析稻谷和糙米籽粒线性特征尺寸、体积与含水率的关系，计算出线性湿吸湿膨胀系数和体积湿膨胀系数，见表4-9。同一品种的糙米的湿膨胀系数比稻谷的湿膨胀系数大，线性湿膨胀系数要比体积湿膨胀系数大，两个稻谷品种的吸湿膨胀系数无显著差异。由此推知，由于缺少了稻壳的保护，糙米的吸湿膨胀作用要高于稻谷的吸湿膨胀作用，使得糙米的储藏期缩短。稻谷和籽粒以线性吸湿膨胀作用为主，体积吸湿膨胀的作用要小一些。同时，吸湿膨胀会造成粮粒表面和内部出现裂纹甚至破碎，造成整米率降低。储藏稻谷和糙米应采用适宜的温度和湿度，以抑制和减少籽粒的吸湿膨胀作用。

表4-9　稻米籽粒长宽和体积与含水率的线性湿膨胀系数

粮种	品种	方法	含水率/%（干基）	长/（$\times10^{-3}$m/m）	宽/（$\times10^{-3}$m/m）	体积/（$\times10^{-2}m^3/m^3$）
稻谷	龙洋	吸附	6.56~27.29	1.248	2.362	0.727
稻谷	龙洋	解吸	6.75~33.08	0.135	1.624	0.041
糙米	龙洋	吸附	5.85~29.07	3.713	3.578	1.880
糙米	龙洋	解吸	6.97~34.52	3.617	4.739	1.411
糙米	龙洋	调质	6.94~33.61	2.878	4.478	1.218
稻谷	准两优	吸附	6.51~25.03	1.412	2.729	0.683
稻谷	准两优	解吸	6.38~34.48	0.6577	2.355	0.394
糙米	准两优	吸附	5.99~27.78	3.889	3.641	0.983
糙米	准两优	解吸	8.05~35.83	2.587	2.169	0.951
糙米	准两优	调质	7.19~32.78	3.432	3.563	1.898

四、大米和小麦调质样品的湿膨胀系数

采用调质的方法对大米和小麦建立了水分梯度样品，发现长宽及体积与含水率之间具有很好的线性关系（表4-10），决定系数是0.736~0.972。这些样品的长和宽湿膨胀系数在测定的数据范围内，而小麦的体积湿膨胀系数偏低（表4-11）。

表4-10 大米和小麦调质样品长宽和体积与含水率线性关系

粮种	品种	含水率/%（干基）	方向	方程	R^2
大米	吉林双辽	10.85~26.53	长	$y = 1.600 \times 10^{-4}x + 3.945 \times 10^{-2}$	0.8559
			宽	$y = 1.040 \times 10^{-4}x + 2.354 \times 10^{-2}$	0.8642
			体积	$y = 9.549 \times 10^{-9}x + 4.361 \times 10^{-7}$	0.9500
	中优	11.42~25.09	长	$y = 2.250 \times 10^{-4}x + 5.646 \times 10^{-2}$	0.7879
			宽	$y = 7.300 \times 10^{-5}x + 2.409 \times 10^{-2}$	0.7908
			体积	$y = 1.450 \times 10^{-8}x + 4.329 \times 10^{-7}$	0.9335
	福优	11.75~21.38	长	$y = 2.960 \times 10^{-4}x + 5.631 \times 10^{-2}$	0.8561
			宽	$y = 1.090 \times 10^{-4}x + 2.300 \times 10^{-2}$	0.8319
			体积	$y = 6.831 \times 10^{-9}x + 7.199 \times 10^{-7}$	0.6392
	成都籼米	10.08~21.93	长	$y = 2.970 \times 10^{-4}x + 5.407 \times 10^{-2}$	0.8702
			宽	$y = 1.110 \times 10^{-4}x + 2.370 \times 10^{-2}$	0.8555
			体积	$y = 1.950 \times 10^{-8}x + 1.249 \times 10^{-6}$	0.7361
小麦	周麦	6.95~23.61	长	$y = 3.314 \times 10^{-4}x + 5.953 \times 10^{-2}$	0.9433
			宽	$y = 1.694 \times 10^{-4}x + 3.057 \times 10^{-2}$	0.8898
			体积	$y = 5.818 \times 10^{-8}x + 2.833 \times 10^{-2}$	0.9318
	众麦	8.00~19.31	长	$y = 3.439 \times 10^{-4}x + 5.714 \times 10^{-2}$	0.9716
			宽	$y = 2.146 \times 10^{-4}x + 2.961 \times 10^{-2}$	0.9457
			体积	$y = 6.742 \times 10^{-8}x + 2.581 \times 10^{-2}$	0.9435

表4-11 大米和小麦调质样品的湿膨胀系数

粮种	品种	含水率/%（干基）	长/（$\times 10^{-3}$m/m）	宽/（$\times 10^{-3}$m/m）	体积/（$\times 10^{-2}m^3/m^3$）
大米	吉林双辽	10.85~26.53	4.056	4.417	2.190
	中优	11.42~25.09	3.985	3.030	3.348
	福优	11.75~21.38	5.257	4.739	0.949

续表

粮种	品种	含水率/%（干基）	长/（$\times 10^{-3}$m/m）	宽/（$\times 10^{-3}$m/m）	体积/（$\times 10^{-2}$m^3/m^3）
大米	成都籼米	10.08~21.93	5.493	4.684	1.562
小麦	周麦	6.95~23.61	5.566	5.541	2.054×10^{-4}
	众麦	8.00~19.31	6.019	7.249	2.612×10^{-4}

不同粮种湿膨胀系数测定结果总结见表4-12。本研究通过静态称重的方法获得了玉米、大豆、稻谷、糙米的吸附和解吸线性湿膨胀系数和体积湿膨胀系数，数量级与美国学者Muthukumarappan和Gunasekaran（1990）对两个品种玉米粒、Muthukumarappan等（1992）对稻谷、糙米及精米的测定结果一样。在温度范围25~35℃，水分范围4%~45%（干基），吸附的线性湿膨胀系数和体积湿膨胀系数大于解吸。线性湿膨胀系数趋向于大于体积湿膨胀系数。糙米的线性湿膨胀系数和体积湿膨胀系数大于稻谷。对小麦、玉米、大豆、糙米、大米采用调质的方法能够获得籽粒线性和体积湿膨胀系数，大米的湿膨胀系数大于糙米。小麦的体积湿膨胀系数较小。

表4-12　不同粮种平均吸湿膨胀系数比较

粮种	方式	含水率/%（干基）	决定系数				湿膨胀系数			
			长	宽	厚	体积	长/（$\times10^{-3}$ m/m）	宽/（$\times10^{-3}$ m/m）	厚/（$\times10^{-3}$ m/m）	体积/（$\times10^{-2}$ m^3/m^3）
玉米	吸附	6.0~34.4	0.673	0.558	0.469	0.715	2.462	2.098	3.183	3.694
	解吸	5.8~23.3	0.744	0.577	0.501	0.918	2.283	1.671	1.999	1.684
	调质	6.1~38.0	0.394	0.455	0.544	0.811	1.776	2.021	3.184	1.068
大豆	吸附	4.6~41.3	0.925	0.871	0.802	0.839	3.921	1.546	1.182	1.091
	解吸	4.3~43.6	0.849	0.831	0.392	0.821	2.965	1.987	0.704	1.055
	调质	4.2~44.2	0.987	0.993	0.779	0.976	5.481	2.485	2.051	1.692
稻谷	吸附	6.53~26.2	0.694	0.634		0.331	1.331	2.546		0.705
	解吸	6.6~33.8	0.262	0.614		0.092	0.396	1.989		0.217
糙米	吸附	5.92~28.4	0.941	0.869		0.786	3.801	3.609		1.432
	解吸	7.5~35.2	0.945	0.813		0.777	3.102	3.454		1.181
	调质	7.1~33.2	0.949	0.902		0.815	3.155	4.021		1.558
大米	调质	11.03~23.7	0.843	0.836		0.815	4.698	4.218		2.012
小麦	调质	7.5~21.5	0.957	0.918		0.938	5.793	6.395		2.333×10^{-4}

第二节
粮食水分扩散

测定粮粒扩散系数的 5 个通用方法：①渗透方法；②吸附和解吸方法；③浓度-距离曲线方法；④放射活性示踪方法；⑤核磁共振和自我扩散方法。最常用的确定粮食水分扩散系数方法是采用扩散基于的干燥方程拟合干燥速率降低期间的试验数据。

一、　水分扩散概念

湿固体物质是两个成分的系统，其中水分子在固体边界内能够运输。热扩散影响固体或多孔层内温度的均衡化，而质量扩散调控水分浓度均衡的速率（假设其他所有重要的参数保持恒定）。通常认为，粮食干燥降速期间水分运动的机制是通过扩散方式，用 Fick 定律描述。水分运动是以液态，还是水蒸气状态运动？还没有结论性证据。干燥可能通过液体、水蒸气形态或二者的扩散引起。这其中的一个现象在干燥的一定阶段是主导的。就质量扩散情况，单分子以它们的随机、单一运动方式移动穿过湿固体。分子仅以直线行进，当它们从其他分子反弹，就改变行进方向。这种运动被称为分子扩散，或称随机漫步过程。与孔的大小、形状、连接有关，多孔固体里的水分扩散通过非分子扩散的机制发生。与液体和水蒸气扩散模型比较，花生仁和壳的扩散被认为是绝对干球温度倒数的指数函数，在理论上可预测。水蒸气扩散、液体扩散均不被露点温度的变化所影响。

对不同粮食种类模拟薄层干燥，基于 Fick 扩散定律解方程。20 世纪 50~70 年代提出了玉米、小麦、花生籽粒的水分扩散模型。在大多数情况下，由于花生仁较荚果更加均质，扩散方程对花生仁预测的指数干燥速率更准确。扩散方程是否能够定性复合材料中的水分子运动需要深入研究。

通过解无限圆柱体的扩散方程获得长粒大米和糙米浸泡期间的扩散系数。利用 Arrenius 类型方程描述扩散系数 D（m^2/s）与温度 T_a（K）之间的关系：

$$D = D_0 \exp\left(-\frac{E}{RT_a}\right) \qquad (4-6)$$

式中　D_0——参考温度的扩散系数，m^2/s；

E——扩散系数的活化能，kJ/mol；

R——理想气体常数，8.314kJ/（mol·K）。

在气温 30~50℃ 和含水率 14%~35%（干基），对大米采用线性回归测定常数 D_0 和活化能 E（相关系数是 $r=0.998$）。认为糙米籽粒是一个两层系统（壳和胚乳），胚乳的扩散系数等于大米的扩散系数，壳的扩散又以 Arrenius 类型［式（4-6）］表示。长粒大米和糙米胚乳的常数 D_0 和 E 分别是 $4.01\times10^{-7}m^2/s$ 和 22.5kJ/mol，外种皮的常数 D_0 和 E 分别是 205.0m^2/s 和 64.6kJ/mol。

对中粒稻谷提出扩散类型方程，对胚乳、麸皮、稻壳采用 3 个不同的扩散系数。温度范围是 35~55℃，稻谷最初含水率 27%~31%（干基），最终含水率高于 15.6%（干基）。计算的扩散系数值采用式（4-6）的修正形式，扩散系数与温度相关，E 和 R 被系数 B 所取代，

$$D_m = A\exp\left(-\frac{B}{T_a}\right) \tag{4-7}$$

中等粒长稻谷中米粒成分的系数，对淀粉 $A=7.13\times10^{-7}m^2/s$，$B=2.88\times10^3K$；对麸皮 $A=2.2\times10^{-4}m^2/s$，$B=5.11\times10^3$ K；对稻壳 $A=0.13m^2/s$，$B=7.38\times10^3K$。

根据式（4-7）和经验确定的 A 和 B 系数，可以看出麸皮和稻壳对水分运动的阻力较淀粉胚乳大，壳较麸皮更限制水分扩散。

Husain 等（1973）假设稻谷籽粒是一个无限圆柱体，解出了偶联的热和水分扩散方程，扩散系数（D_m）是温度（T_a）和含水率（M）的函数，

$$D_m = D_0(T_a)\exp[P(T_a)M] \tag{4-8}$$

式中，函数 $D_0(T_a)$ 和参数 $P(T_a)$ 以回归方程表示，函数 $D_0(T_a)$ 符合 Arrenius 方程。

Arrenius 类型方程用于表达扩散系数，在一些情况预测效果并不好。如在马铃薯厚片干燥第一次降低速率期间，预测水分独立的扩散系数，与试验结果一致。当干燥进入第二个降低速率期间，相关性变差。这个期间的扩散系数是水分和温度的函数，

$$D(M, T_a) = a\exp(bT_a)\exp(ct_a - dM) \tag{4-9}$$

式中　a、b、c、d——系数。

一个想法是对粮食水分扩散提出一个单一指数函数，能够预测整个干燥期间的干燥行为。但是试验结果和预测结果之间的相关性显示，不如上面 Husain 等人提出的两个扩散系数模型获得的结果好。

农产品干燥期间，收缩随水分扩散同时发生。收缩对质量扩散系数具有显著影响，影响水分除去速率。在分析体积收缩对大豆水分扩散的影响中，引入一个表观液体扩散系数 D_F 描述水分扩散：

$$D_F = D_0\left(\frac{\rho_0}{\rho}\right)^n \exp[n_1(C - C_1)] \tag{4-10}$$

式中　D_0——给定干球温度的恒定质量扩散系数，m^2/s；

ρ_0——最初干物质密度，kg/m^3；

ρ——即时的干物质密度，kg/m^3；

C——即时液体质量浓度，kg/m^3；

C_1——最初液体质量浓度，kg/m^3；

n、n_1——合适尺度的常数。

干球温度对大豆恒定扩散率 D_0 具有显著影响，而露点温度没有显著影响。在不同干球温度条件，采用 Arrhenius 类型关系［式（4-7）］模拟 D_0，D_m 被 D_0 所取代，大豆的

常数被估计为 $A=1.3\times10^{-7}m^2/s$，$B=3437K$。

当果皮的阻力作为外部阻力的部分被纳入，Fick 扩散方程满意地描述在有限 Biot 数目的玉米籽粒的干燥行为。采用扩散模型拟合试验干燥曲线，从傅里叶数目计算了质量扩散系数。在 50℃ 和 60℃ 籽粒（胚乳和胚芽）内部的质量扩散系数 D_m 分别是 $7.7\times10^{-11}m^2/s$ 和 $9.8\times10^{-11}m^2/s$，果皮的 D_m 各是 $1.11\times10^{-11}m^2/s$ 和 $1.14\times10^{-11}m^2/s$。

还采用热重分析测定玉米成分（胚芽、胚乳、果皮）的扩散系数，采用指数方程，扩散系数 $D_m(M)$ 被计算为含水率的函数：

$$D_m(M) = A_0\exp(0.086M) \tag{4-11}$$

式中　M——含水率,%（干基）；

A_0——对胚芽 $6.4\times10^{-11}m^2/s$，对粉质胚乳 $1.8\times10^{-11}m^2/s$，对角质胚乳 $1.3\times10^{-11}m^2/s$。

胚芽的扩散系数是粉质胚乳的 3.6 倍，是角质胚乳的 4.9 倍。果皮的 A_0 随位点有变化，在胚芽（$6.5\times10^{-12}m^2/s$），在粉质胚乳（$5.6\times10^{-12}m^2/s$），在角质胚乳（$3.8\times10^{-12}m^2/s$）。这是由于果皮厚度随玉米粒的位置而变化，覆盖玉米粒非胚芽端的果皮较胚芽端的厚。由于玉米粒果皮的不同物理结构，果皮的渗透性在玉米品种之间有变化。

Pabis（1982）年给出的小麦籽粒质量扩散系数计算的经验公式：

$$D_m(M,\ t_a) = 10^{-11}(-0.88 + 18.7M - 64.6M^2)\exp(0.033T_g) \tag{4-12}$$

M 是含水率（干基），式（4-12）的条件是含水率 $6\% \leqslant M \leqslant 23\%$，籽粒温度 $30℃ \leqslant T_g \leqslant 72℃$。$D_m-M$ 和 D_m-T_g 之间的相关系数各是 0.989 和 0.998。

Pabis 对式（4-12）两个重要的观点是：第一，基于干燥试验数据确定小麦籽粒质量扩散系是间接的方法，这个方法确定的扩散系数在应用干燥理论方面具有实践重要性，但是公式是经验式的，不能够用于结构不同的其他材料；第二，经验公式具有逻辑推理，但是模型不是基于统一理论。这个公式仅适合进行试验所采用的水分和温度范围。

从不同公式计算的扩散系数的差异是巨大的。小麦颖果在 50℃、含水率 16%~25%（干基），Pabis（1967）给出的平均扩散系数 D_m 是 $8.3\times10^{-11}m^2/s$，而 Zaremba（1977）报道的 D_m 是 $2.5\times10^{-11}m^2/s$，后者是前者的三分之一。这种个差异的解释是，在确定粮食籽粒扩散系数时，籽粒的几何学形状也影响预测结果。假定玉米籽粒是砖块形状，在干燥温度约 38℃、含水率 30%（干基）的 D_m 是 $2.17\times10^{-9}m^2/s$，而同样干燥条件，如果假定为球形，扩散系数 D_m 是 $6.70\times10^{-10}m^2/s$。

在干燥速率降低期间，与粮食籽粒几何学形状有关的质量扩散系数计算是，假定在时间 t 的水分比率（MR）对质量迁移的傅里叶数目 Fo_m 的函数，

$$MR = \frac{M_t - M_e}{M_0 - M_e} = f(Fo_m) \tag{4-13}$$

上式中，$f(Fo_m)$ 的 3 个基本几何学形状：球形、无限圆柱体、无限平板。

Jaros 等（1992）确定了扩散（液体和蒸气）的总系数是温度和含水率的函数。他们假定单粒小麦是一个球形，采用扩散方程的系列解，提出了含水率 5.5%~33.0%（干

基）范围内的 D_m 的经验公式：

$$D_m = AM^B \exp[CM] \tag{4-14}$$

式（4-14）中 M 是含水率（干基），A、B、C 系数相关于空气温度 T_a（52~82℃）。

$$A = 0.99 \times 10^{-11} \exp(0.064\ T_a) \tag{4-14a}$$

$$B = -0.05C \tag{4-14b}$$

$$C = -(0.124T_a + 0.09) \tag{4-14c}$$

尽管 Jaros 等人没有区分液体和水蒸气扩散，认为单一小麦籽粒干燥的降低速率中，水主要以水蒸气的形态运动，以蒸气形态运动的水比例在较低含水率时较高。这个结论基于扩散的曲线形状和扩散系数是含水率的函数。还不清楚支配扩散系数的所有因子，需要一个统一理论作为基础来发展扩散过程的综合模型。

二、 储藏条件下糙米籽粒水分扩散模型

1. 水分扩散方程的建立

谷物籽粒传质模型常常是将稻谷籽粒简化为球体建立的（王剑平和王成芝，1996）。稻谷籽粒实际上为两端呈圆锥形的扁圆柱体，试验测得糙米籽粒其等效半径为 1.35mm。由于糙米两端表面积远小于圆柱体表面积，可将糙米视为圆柱体，建立其沿径向一维传质模型更为切合实际。根据 Fick 扩散定律，糙米籽粒内部的水分扩散方程为

$$\frac{\partial \bar{M}}{\partial t} = D\left(\frac{\partial M}{\partial r^2} + \frac{1}{r}\frac{\partial M}{\partial r}\right) \tag{4-15}$$

式中 $\bar{M}$——t 时刻糙米籽粒平均含水率，%；

t——水分扩散时间，s；

r——等效半径，mm；

D——水分扩散系数。

式（4-15）即为圆柱坐标下的糙米籽粒水分扩散模型。

初始条件为： $M(r,\ 0) = M_0$，$0 \leqslant r \leqslant R$，$t=0$

式中 M_0——糙米初始含水率；

R——糙米籽粒半径。

边界条件：$\bar{M} = M_e$，$r = R$，$t>0$。

糙米在水分传递过程中，籽粒表面水分等于其对应条件下的平衡水分，该平衡水分值由实验测得。由于对称性在籽粒轴心则有

$$\frac{\partial \bar{M}}{\partial r} = 0\ (r = R, t > 0)$$

2. 水分扩散系数 D 的确定

对偏微分方程［式（4-15）］进行积分并代入初始和边界条件可得到：

$$MR = 2\sum_{n=1}^{\infty} \frac{J_0[B_n(r/R)]}{B_n J_1(B_n)} \exp(-B_n^2 F_0) \tag{4-16}$$

式中　B_n——方程 $J_0(x)=0$ 的第 n 阶根，查表得到其值，取其五阶根，$B_1=2.405$，$B_2=5.520$，$B_3=8.654$，$B_4=11.792$，$B_5=14.931$。

$$F_0 \text{为傅里叶准数}, F_0 = Dt/R^2 \tag{4-17}$$

对其求平均浓度解，式（4-16）的解可表示为

$$MR = \sum_{n=1}^{\infty} \frac{4}{B_n^2} \exp(-B_n^2 F_0) \tag{4-18}$$

将式（4-17）和式（4-18）联立，在水分扩散过程中，任意 t 时刻糙米籽粒的平均含水率 M 和水分扩散系数 D 有明确的函数关系，可以在不同时刻、不同环境温湿度条件下测定糙米籽粒的含水率，将糙米籽粒扩散系数与储藏环境温湿度、糙米水分之间的函数关系表示出来，并求得不同水分和不同环境温湿度下糙米籽粒的水分扩散系数。

贾富国和周玉龙（2012）将糙米储藏在5℃，15℃，25℃和 ERH 15%，35%，55%，75%，95%组合的恒定温度湿度箱中，每隔12h取样测定含水率。他们应用SAS9.1软件对所得试验数据进行处理，得到环境温湿度及含水率对吸附水分扩散系数的回归模型（$R^2=0.92$）为：

$$D = [62.296 - 11.615M + 0.112T + 55.925ERH - 0.122M \cdot T + 5.217M \cdot ERH + 1.510T \cdot ERH + 0.219M^2 + 0.018T^2 - 64.96ERH^2) \tag{4-19}$$

式中　D——水分扩散系数，m^2/h；

M——含水率，%（湿基）；

T——环境温度，℃；

ERH——环境相对湿度，小数表示。

环境温湿度及含水率对糙米解吸水分扩散系数的回归模型（$R^2=0.93$）为：

$$D = [52.033 - 9.019M - 1.74T + 74.268ERH + 0.099M \cdot T - 3.398M \cdot ERH - 0.832T \cdot ERH + 0.376M^2 + 0.032T^2 - 29.419ERH^2] \tag{4-20}$$

在试验参数范围内，糙米籽粒吸附水分扩散系数随糙米水分增加呈递减趋势，水分接近平衡含水率时，扩散系数也接近零。它随环境相对湿度和温度的增加呈递增趋势。糙米籽粒解吸水分扩散系数随糙米水分、环境温度的增加呈递增趋势，随环境相对湿度的增加呈递减趋势。

三、粮粒水分扩散方程

单一粮粒或粮堆的解吸或吸附行为，依赖于不同种类粮食的物理特征。

1. 理论干燥方程

Luikov模型和Philip-DeVries模型解释了粮食籽粒干燥过程。解释吸湿毛细管、多孔非收缩产品如粮食的水分传递，包括多种物理和热机制：①毛细管作用的液体运动；②水分浓度差异引起的液体运动（液体扩散）；③渗透力的液体运动；④重力的液体运

动；⑤水分浓度差异的蒸汽运动（蒸汽扩散）；⑥温度差异的蒸汽运动（热扩散）。

苏联 Luikov 等 1966 年基于物理原理提出的数学模型描述粮食的干燥（Brooker et al. 1992），假定籽粒不收缩，总压强差异引起水分流动。采用两个稳定态通量方程描述水分和能量传递，

$$M = -\rho\left(D_M \frac{\partial M}{\partial x} + D_T \frac{\partial T}{\partial x}\right) \tag{4-21a}$$

$$q = -\left(k_T \frac{\partial T}{\partial x} + k_M \frac{\partial M}{\partial x}\right) \tag{4-21b}$$

式中 M——含水率；

q——热流动速率，J/(h · m^2)；

D——液体和蒸汽水分传递系数，m^2/h；

T——产品温度，℃；

x——床坐标，m；

k——能量传递系数；

ρ——籽粒干物质密度 kg/m^3。

下标 M 是由于水分梯度引起的传递，下标 T 是由于温度梯度引起的传递。

根据质量和能量守恒定律，在一维干燥颗粒中获得含水率和温度两个不稳定态微分方程。

$$\frac{\partial M}{\partial t} = \nabla^2 K_{11} M + \nabla^2 K_{12} T \tag{4-21c}$$

$$\frac{\partial T}{\partial t} = \nabla^2 K_{21} M + \nabla^2 K_{22} T \tag{4-21d}$$

K_{11} 和 K_{22} 是现象学系数，即 $K_{11} = D$，$K_{22} = 1/\alpha$；α 为热扩散率，m^2/s；其他 K 表示偶联系数。偶联结果来自水分和温度梯度对水分和能量传递的合并影响。大多数粮食的偶联系数是不清楚的。

人工干燥粮食的微环境允许将 Luikov 方程简化将式（4-21c）和式（4-21d）用于玉米干燥，对工程设计准确性来说，在粮食干燥分析中考虑温度和水分的偶联影响。因此，不稳定态 Luikov 方程变为

$$\frac{\partial M}{\partial t} = \nabla^2 K_{11} M \tag{4-22a}$$

$$\frac{\partial T}{\partial t} = \nabla^2 K_{22} T \tag{4-22b}$$

式（4-22a）和式（4-22b）很好地描述了粮食干燥和热行为。实践中的设计问题是，由于 $K_{11} \ll K_{22}$，即 $D \ll 1/\alpha$，对湿粮食不得不考虑温度梯度。而粮食籽粒尺度在干燥期间可以忽略温度梯度，Luikov 不稳定状态干燥方程的最终简化为

$$\frac{\partial M}{\partial t} = \nabla^2 K_{11} M \text{ 或 } \frac{\partial M}{\partial t} = \nabla^2 DM \tag{4-23}$$

采用式（4-23）解答了不同粮食种类多种干燥条件和粮粒形状问题。采用该方程分

析时，必须先要假定粮食种类的几何形状。通常认为，一个粮食籽粒内的水分流动采用液体或蒸汽的扩散方式。传递系数 K_{11} 被称为扩散系数 D，单位是 m^2/h。式（4-23）的解用于预测粮食的干燥行为。如果 D 作为恒定值，式（4-23）可以写成

$$\frac{\partial M}{\partial t} = \left[D\frac{\partial^2 M}{\partial r^2} + \frac{c}{r}\frac{\partial M}{\partial r}\right] \tag{4-24}$$

式中，c 对平板对称的粮粒是零，对圆柱体粮粒是1.0，对球体粮粒是2.0。在粮食籽粒尺度的干燥中，通常假定最初和边界条件是

$$对\ r < R, M(r, 0) = M_0 \tag{4-25a}$$

$$对\ t > 0, M(r_0, t) = M_e \tag{4-25b}$$

$M(t)$ 是 t 时刻的含水率；M_0是最初含水率；M_e是平衡含水率。对各种规则形状的物体平均含水率，从热传递和扩散的专著中可直接获得式（4-24）的分析解。对径向对称的球形粮粒，具有上述最初和边界条件，解为

$$MR = \frac{6}{\pi^2}\sum_{n=1}^{\infty}\frac{1}{n^2}\exp\left[-\frac{n^2\pi^2}{9}X^2\right] \tag{4-26}$$

对无限圆柱体的籽粒，则

$$MR = \sum_{n=1}^{\infty}\frac{4}{\lambda_n^2}\exp\left[-\frac{\lambda_n^2}{4}X^2\right] \tag{4-27}$$

λ_n 是零阶 Bessel 函数的根；水分比率和时间 x 分别表达为

$$MR = \frac{\overline{M}(t) - M_e}{M_0 - M_e} \tag{4-28}$$

$$X = \frac{A}{V}(Dt)^{\frac{1}{2}} \tag{4-29}$$

式中　t——时间，h 或 s；

A——单籽粒表面积，m^2；

V——籽粒体积，m^3。

对球体，$A/V=3/$弧度；对圆柱体，$A/V=2/$弧度。

式（4-26）和式（4-27）假定干燥过程中粮食扩散系数是恒定的。由于 D 是温度和含水率的函数，式（4-24）的解即式（4-26）和式（4-27），近似地预测一个粮粒的干燥速率。以有限差异和有限元件方法分析该微分方程的数值解。

假定粮粒是球体或圆柱体形式，采用式（4-24）计算的干燥速率可满足工程的需要。球体形式足够描述大豆和玉米的干燥行为，而圆柱体形式可以描述大麦和燕麦的干燥行为。对一些粮食种类，式（4-24）的球体或圆柱体形式同等利用。对球体的油菜籽采用式（4-24）是个例外。一个真实粮粒的非理想形状可以结合到试验干燥数据计算的 D。

2. 半经验和经验干燥方程

球体坐标中，扩散方程解的简化形式式（4-26）被用于预测粮粒的干燥。当 $n=1$ 时，计算干燥速率的半经验方程为：

$$MR = \frac{\overline{M}(t) - M_e}{M_0 - M_e} = \frac{6}{\pi^2}\exp\left(-\frac{D\pi^2 t}{r_o^2}\right) = \frac{6}{\pi^2}\exp(-Kt) \tag{4-30}$$

式中 $\bar{M}$——t 时刻籽粒平均含水率；

r_o——籽粒等效半径，mm。

当 t 很小时，式（4-26）和式（4-30）给出显著不同的结果。当无量纲比率 $D\pi^2/r_o^2 > 1.2$，式（4-26）的系列解和式（4-30）一项解之间的差异小于5%。类似式（4-30）、类似 Newton 第二冷却法则的关系用于粮食干燥分析。空气围绕的粮粒水分丧失速率，与籽粒即时平均含水率和它的平衡含水率之间的差异成比例。因此，

$$\frac{d\bar{M}}{dt} = k(\bar{M} - M_e) \tag{4-31}$$

分离变量，在本来的边界之间积分，采用式（4-25a）和式（4-25b），作为最初和边界条件，则有

$$\frac{\bar{M}(t) - M_e}{M_0 - M_e} = \exp(-kt) \tag{4-32}$$

在粮食干燥文献中，式（4-32）称为指数或对数干燥模型，式（4-30）和式（4-32）被称为“干燥方程”。K 和 k 是“干燥常数”，它们唯一的差别是式（4-30）中含有常数 0.61（$=6/\pi^2$）。K 和 k 的单位是h^{-1}或s^{-1}。式（4-30）和式（4-32）模拟粮粒干燥曲线的形状经常很差，初始干燥速率太低，接近平衡含水率太快。修正的经验式（4-33）描述玉米、稻谷等粮粒的干燥效果很好。即，

$$\frac{\bar{M}(t) - M_e}{M_0 - M_e} = \exp(-k't^n) \tag{4-33}$$

式中 n——常数；

k'——修正的干燥常数。

式（4-33）被称为 Page 方程。式（4-33）较式（4-32）更好地预测粮粒干燥，但是干燥速率最初太高。项 k、K、k'、n 依赖于粮食类型、粮温、粮食品种及空气湿度。

纯经验的薄层干燥方程经常用于粮食，它们表示的干燥行为优于理论和半理论方程［式（4-24）~式（4-33）］。有学者提出的玉米经验干燥方程为，

$$t = A\ln MR + B(\ln MR)^2 \tag{4-34}$$

A 和 B 是经常表达为温度和含水率的函数；t 是干燥时间，MR 是水分比率。在温度 50~120℃范围干燥玉米的时间为，

$$A = -0.529 + 4.88 \times 10^{-3}T \tag{4-34a}$$

$$B = 427.364\exp(-3.301 \times 10^{-2}T - 9.017) \tag{4-34b}$$

式中 T——籽粒平均温度，℃。

对中粒稻谷，推荐经验干燥方程，

$$MR = 1 + at + bt^2 \tag{4-35}$$

a 和 b 是粮食温度和空气相对湿度的函数。

3. 扩散系数和干燥常数

在一定的温度和含水率范围，对多种粮食确定了扩散系数和干燥常数值，每个系数和常数仅对应一个特定的干燥方程。扩散系数或干燥常数与粮食温度之间的关系属于 Arrhenius 类型。

$$D = C_1 \exp\left(\frac{-C_2}{T + 273.15}\right) \tag{4-36a}$$

或

$$D = C_3 \exp\left(C_4 - \frac{C_5}{T + 273.15}\right) \tag{4-36b}$$

文献报道的方程类型，对玉米给出了 4 个干燥方程，即 1 个扩散型方程，2 个干燥常数方程，1 个经验方程。在球体坐标中，式（4-24）用于玉米粒干燥，粒直径设定为 9.02mm，则 D 为

$$D = 1.513 \times 10^{-4} \exp\left(6.82\bar{M} + 0.045T + 273.15\bar{M} - \frac{2513}{T + 273.15}\right) \tag{4-37}$$

式中　$\bar{M}$——籽粒平均含水率，小数干基表示；

T——籽粒平均温度，℃。

D 单位为 m^2/h。

基于式（4-34）的玉米干燥常数 k，

$$k = 5.4 \times 10^{-1} \exp\left(-\frac{5023}{0.556T + 527.69}\right) \tag{4-38}$$

k 单位为 s^{-1}，T 单位为℃。

对干燥方程（4-33），黄玉米的 k' 和 n 为，

$$k' = 3.47 \times 10^{-2} + 2.87 \times 10^{-3} T$$

$$n = 0.54 + 3.24 \times 10^{-3} RH \tag{4-39}$$

式中　RH——相对湿度，小数表示；

T——粒籽平均温度，℃；

t——时间，h。

4. 玉米、稻谷及小麦单籽粒干燥行为

玉米、稻谷及小麦每种谷物都需要干燥。以单籽粒干燥方式比较它们的干燥行为，并以球体形式的扩散方程即式（4-23）进行描述。

$$\frac{\partial M}{\partial t} = \nabla^2 DM \tag{4-23}$$

其中

$$D = A \exp\left(C - \frac{B}{T + 273.15}\right) \tag{4-36b}$$

最初和边界条件各是：

$$\text{当 } r < R,\ M(r,\ 0) = M_0 \tag{4-25a}$$

$$\text{当 } t > 0,\ M(r_0,\ t) = M_e \tag{4-25b}$$

以有限差异方法解式（4-23），建立了籽粒内含水率分布，以含水率分布积分计算平均含水率。黄玉米、中粒稻谷和软麦干燥特性参数见表 4-13。在绝对湿度 0.0065kg 水/kg 空气干燥 3h，干燥温度范围 27~71℃。对比 3 种粮食的干燥速率，前 4h 干燥期间，小麦干燥速率最大，马齿玉米最低，中粒稻谷介于之间。影响粮食籽粒干燥速率的主要因素是等效半径 r_0、籽粒覆盖物。玉米籽粒等效半径 4.5mm，稻谷 1.6mm，小麦 2.0mm。籽粒小则干燥速率大，带壳的籽粒干燥慢于裸露籽粒。玉米干燥速率慢于稻谷和小麦；小麦干燥速率大于稻谷。

表 4-13　　黄色马齿玉米、中粒稻谷、软麦的干燥特性参数

参数	马齿玉米	中粒稻谷	软麦
$A/m^2 \cdot h^{-1}$	1.513×10^{-4}	33.6	71.4
B/K	2513.0	6420	6155.6
C	$(6.822 + 0.045T)M$	0	0
等效半径 r_0/mm	4.51	1.56	2.01
比表面积 α/（m^2/m^3）	784	2361	1181
籽粒密度 ρ/（$kg \cdot m^{-3}$）	650	554	769
比热容 c_p（$kJ \cdot kg^{-1} \cdot ℃^{-1}$）	$1.465+3.56M$	$1.109+4.48M$	$0.285+0.27M$

注：$D = A\exp[C - B/(T + 273.15)]$，单位 m^2/h；引自 Brooker 等（1992）。

四、干燥方程的讨论

1. 扩散型和经验型干燥方程的局限性

在所有含水率范围，扩散型、经验型干燥方程不能准确描述粮食的干燥过程。基于干燥理论的干燥方程，不能准确描述粮食干燥行为的原因包括：①解方程时边界条件选择不准确；②错误地认为 D 和 k 与含水率无关；③错误地选择籽粒几何学形状。

如边界条件方程，式（4-25a）暗示，粮食表面含水率（M_s）瞬间达到平衡含水率（M_e），这是一种简化的假设。更理想地解扩散方程，是采用对流类型边界条件方程。

$$D\frac{\partial M}{\partial r}\bigg|_{r=r_0} = h_D[M_s - M_e] \tag{4-40}$$

对流质量传递系数 h_D 是限定的，在干燥过程的开始，粮食表面含水率（M_s）不是瞬间达到平衡，如式（4-26）、式（4-27）、式（4-30）、式（4-32）及式（4-33）暗示是以指数形式到达平衡。具有对流边界条件方程［式（4-40）］的扩散方程［式（4-24）］的解，在热传递专著中能找到，如所谓的 Heisler 图。采用对流边界条件方程［式（4-40）］，与边界条件方程［式（4-25b）］比较，预测单籽粒或粮食薄层干燥速率效果改进不明显。

提出单籽粒或薄层干燥方程，通常假定扩散系数 D 或干燥常数 k 和 K 均是常数，由于干燥过程是等热的、不依赖于粮食含水率。如果干燥在显著含水率范围发生，这个假说导致计算含水率时产生严重误差。

粮食各种温度和水分管理体制中 D、K、k 是不完善的。粮食杂交品种及破碎率对单粮粒干燥速率的影响是未知的。已经明确玉米不同杂交品种、同一玉米杂交品种高水平与低水平破碎率之间，干燥速率差异巨大。在 60℃将两个玉米杂交品种从 26.5%干燥到 15.5%（湿基），一个品种需要 2.9h，另一品种需要 1.5h，即干燥时间差异是 48%。破碎率严重的玉米较轻度破碎的玉米干燥时间少 33%。除玉米外，其他粮食杂交品种类

型、破碎程度对干燥速率的定量研究有限。已经给出了计算谷物籽粒干燥速率的不同表达式，针对特定粮种，哪一个方程用于预测干燥行为？答案是这个方程依赖于获得数据的准确性。如果 D、K、k 都已知，在限定的含水率范围干燥，式（4-26）、式（4-27）、式（4-30）、式（4-32）及式（4-33）给出满意的结果。如果预测干燥速率要更准确，如模拟深床干燥，对流边界条件方程［式（4-40）］要结合到式（4-24）。在应力导致的裂纹分析中，需要包括籽粒内温度梯度［式（4-22b）］的影响。对干燥炉设计，推荐式（4-23），并带有边界和最初条件方程［式（4-25a）、式（4-25b）］和扩散系数方程［式（4-36a）、式（4-36b）］。

2. 经验性扩散方程描述粮粒水分吸附过程

粮粒解吸或吸附过程中描述水分比率随时间变化的方程，总结如下。

①指数干燥方程（内部阻力为零的扩散方程）：$MR = \exp(-kt)$

②Page 方程：$MR = \exp(-kt^n)$

表 4-14 列出了经验或半经验指数干燥模型。

③粮粒表面阻力有限的球形扩散方程：

$$MR = 6\sum_{n=1}^{\infty} A_n \exp[-(D'/r^2)(\lambda_n r)^2 t]$$

$\lambda_n r$ 的计算采用 $\lambda_n r \cdot \cos(\lambda_n r) = (1 - Bi_m) \cdot \sin(\lambda_n r)$

D' 是修正的质量扩散系数，r 是球体的等效半径，λ_n 是特征值，Bi_m 是质量传递修订的毕渥（Biot）数。

④粮粒表面阻力有限的圆柱体扩散方程：

$$MR = 4\sum_{n=1}^{\infty} B_n \exp[-(D'/r^2)(\lambda_n r)^2 t]$$

$\lambda_n R$ 的计算采用 $\lambda_n r \cdot J_1(\lambda_n r) = Bi_m \cdot J_0(\lambda_n r)$ 。

⑤粮粒表面阻力为零的球形扩散方程：

$$MR = \frac{6}{\pi^2}\sum_{n=1}^{\infty} \frac{1}{n^2} \exp[-(D'/r^2)\, n^2 \pi^2 t]$$

$$MR = \frac{6}{\pi^2}\sum_{n=1}^{\infty} \frac{1}{n^2} \exp\left[-\frac{n^2\pi^2}{9}X^2\right]$$

⑥粮粒表面阻力为零的圆柱体扩散方程：

$$MR = 4\sum_{n=1}^{\infty} \frac{1}{(\lambda_n r)^2} \exp[-(D'/r^2)(\lambda_n r)^2 t]$$

从方程 $J_0(\lambda_n r) = 0$ 解 $\lambda_n r$。

表 4-14　经验或半经验粮食水分扩散模型

方程名称	表达式
Newton	$MR = \exp(-kt)$
Page	$MR = \exp(-kt^n)$

续表

方程名称	表达式
Overhults	$MR=\exp[-(kt)^{n}]$
修正 Page	$MR=\exp[(-kt)^{n}]$
修正 Page	$MR=\exp\left[-k\,t^{n}\exp\left(-\frac{a}{273.15+T}\right)\right]$
修正 Page	$MR=a\exp\left[-kt\exp\left(-\frac{b}{273.15+T}\right)\right]$
Midilli	$MR=a\exp(-kt^{n})+bt$
Henderson-Pabis	$MR=a\exp(-kt)$
Logarithmic	$MR=\exp(-kt)+c$
Two-term	$MR=a\exp(-k_{0}t)+b\exp(-k_{1}t)$
修正 Two-term	$MR=a\exp\left[-k_{0}t\exp\left(-\frac{b}{273.15+T}\right)\right]+b\exp\left[-k_{1}t\exp\left(-\frac{b}{273.15+T}\right)\right]$
Two-term exponential	$MR=a\exp(-kt)+(1-a)\exp(-kat)$
Diffusion approach	$MR=a\exp(-kt)+(1-a)\exp(-kbt)$
Wang-Singh	$MR=1+at+bt^{2}$
Verma-Bucklin-Endan-Wratten	$MR=a\exp(-kt)+(1-a)\exp(-gt)$
修正 Henderson-Pabis	$MR=a\exp(-kt)+b\exp(-gt)+c\exp(-ht)$
Thompson	$MR=a\exp\left[\frac{-a-(a^{2}+4bt)^{0.5}}{2b}\right]$

注：t 是干燥时间，h；k，k_0，k_1 是经验系数，h^{-1}；a，b，c，g，h，n 是经验常数；MR 是水分比率，无量纲。

从上面讨论看出，谷物干燥过程中水分从籽粒解吸，几乎总是在没有游离水的干燥速率降低期间发生。水分吸附是这一过程的逆过程。由于产品中细胞吸附和解吸之间的差异，吸附以不同速率发生。由于干燥过程中传热与传质速率不同，通常分开了描述热和水分扩散的两个偶联偏微分方程，这就产生了薄层干燥方程，这里称为扩散方程。

与理论方程相比，在应用方面，经验方程（表 4-14）拟合精度更高，而且减少了计算量。指数干燥方程在某些情况下描述薄层干燥，它描述干燥过程最初阶段欠佳。与干燥相比，粮食储藏具有较多的边界层阻力，导致储存情况下空气运动缓慢甚至停滞。指数干燥方程用于描述粮食储存更准确，ASABE 标准 S448—1999 指出，Page 方程是干燥的首选经验方程，比指数干燥方程更准确。

使用扩散方程时，通常假定粮粒是均质的。基于植物叶片材料内部细胞结构的真实非均质性，Walton 和 Casada（1986）提出了基于细胞扩散的方程，这一方程解释了生物材料内水分扩散的阻力不同，在叶片表面对水分是有限的阻力。他们将细胞扩散基础的干燥模型应用于玉米粒的系列干燥数据，发现它比 Page 方程更适合（Walton 等，1988）。再将这个细胞扩散模型应用于大豆水分吸附，发现 Page 方程拟合试验结果，略好于这个细胞扩散模型。

在基于细胞的有限表面阻力扩散模型中，通过实验确定两个参数：扩散系数（D'）和质量传递修正的 Biot 数（Bi_m）。参数 D' 基本上是内部阻力的倒数，Bi_m 是内部阻力与外部阻力的比率。这些有限表面阻力的模型，截然不同于常用的其他谷物干燥模型，因为它们模拟了内部组织（胚乳和胚）的水分向外扩散，并考虑到周围组织（如麸皮、壳）产生的外部阻力。修正的 Biot 数包括麸皮和壳产生的阻力，以及在表面的对流传质阻力。

零表面阻力的扩散方程只包含一个参数 D'，根据假设，在均质颗粒内对扩散只有一个阻力的成分（内部）。因此，Bi_m 被认为是无限的，而不是一个要确定的参数。被忽略的外部阻力被假定为只是对流阻力，这一阻力并不包括在细胞内阻力，如麸皮层的阻力。这种假设在干燥的情况下被接受，与内部阻力相比，对流阻力通常是忽略不计的，但如果纳入麸皮和外壳的阻力，它就不是精确的。这些零表面阻力扩散方程，不能解释在表面存在水分的阻力，由于储粮情况下存在适当的 Biot 数，它们不能解释内部细胞结构的不均质性。

第三节
粮堆水分迁移

一、粮堆水分迁移影响因素

直接影响粮堆水分迁移过程的外部因素包括风速、空气压强及粮仓结构参数。这些因素的作用和影响很小。与粮仓结构迎风面比，风速在下风处引起低压。如果粮仓具有开孔，当气压被平衡时，粮仓的内部和外部之间具有空气交换。水分从粮堆迁出或迁入，与粮仓内部和外部空气团之间的水蒸气浓度差异有关。仓壁和仓顶会合处的开孔，提供了表层粮食直接接触到外部空气，导致表层粮食与大气空气之间发生了一些水分迁移。仓顶的开孔导致风吹的雨或雪进入粮仓，这些外来的水分如果引起粮堆局部区域高水分，将对粮堆产生巨大的破坏。

影响储粮水分迁移最显著的内部因素是温度梯度。温度梯度通常在大粮堆具有重要意义。空气密度依赖于气温，阴凉空气较暖空气密度大。在秋季（8 月底~9 月初），6m 直径的钢板筒仓内装入小麦，储藏的小麦温度能达到 35℃。当冬天临近，粮堆开始冷却，在仓中心线降温非常慢。在冬季（12 月~次年 1 月），平均气温约-20℃，靠近仓壁的粮食接近气温，但是仓中心粮食仍然是最初的粮温。仓壁附近的冷空气通过重力向下拉，将仓中心密度较小的暖空气向上推。当空气移动通过粮堆时，它与粮食发生水分交换。当它与粮堆顶部附近的阴凉粮食接触时，仓中心向上移动的暖空气将释放水分。这个相反情况在夏季可发生，粮堆底部附近的水分增加。

影响储粮水分迁移的其他内部因素，是粮食及其中活的寄居生物产生的水分。温度和 CO_2 浓度影响粮堆内部产生的水分。增大粮堆温度到生物如昆虫、螨类、真菌热致死的温度点，由于增加了生物体的呼吸速率，导致水分产生增加。当温度增加在生物体生存和发育范围内，它们的呼吸速率通常随温度增加 10℃ 而加倍。高 CO_2 浓度通常减少粮食和其他生物体产生的水分。

二、 粮堆水分迁移模型

1. 粮堆水分运动的机制

储粮水分运动发生的方式：①通过颗粒间接触发生水分扩散；②通过粮仓顶部和仓壁的开孔漏进的水或雪；③在粮堆表层水蒸气与大气之间发生交换；④由于粮堆水蒸气梯度导致的水分扩散；⑤由于对流发生的水分移位。

通过颗粒之间接触发生水分迁移非常慢。如果仓房设计很好、建造和维护正确，水分通过开口漏入可忽略，前 3 种方式引起的水分运动可忽略不计。在等热条件下，通过粮堆籽粒之间的空隙进行水蒸气扩散也是一个缓慢的过程。在非等热条件，温度梯度引发的对流作用，主导了粮食水分运动。储粮水分迁移的大多数文献针对粮食的非等热储藏。

2. 在等热条件下的粮堆水分运动

在等热条件下水分运动穿过粮堆的报道，非常有限。为了预测粮食的干燥和加湿，大量的研究是针对水分从单一籽粒迁移到周围空气。

粮堆水分运动的数学模型，用于预测装入含水率不同的粮食批次的仓中水分平衡的时间。如果粮温是均匀的，水分运动是由于水蒸气扩散通过粮堆中籽粒间隙而发生的。在缺乏对流的情况下，高温或低温小块区域也贡献粮堆水蒸气扩散。在粮堆某个点，粮粒周围空气的 *RH* 与粮堆平衡，采用粮食的平衡水分等温线可以计算这个 *RH*。采用湿度测定关系中的温度和平衡相对湿度，在粮堆的不同点，空气的水分含量可以计算，表达为每单位体积水的质量。空气水分含量或水蒸气压的梯度是运动水分穿过颗粒材料空隙的驱动力。

在试验中，Pixton 和 Griffiths（1971）将一小包 120g 湿小麦［含水率 22.1%（湿基）］埋在 500g 干小麦（含水率 13.7%）堆中，分别保持在恒温 5℃ 和 22.5℃ 下。在低温下水分变化速率很慢。在 22.5℃，在 65d 后水分变化停止；在 5℃ 水分缓慢变化进行到试验结束的第 140d。这说明粮堆中水分扩散缓慢。由于滞后现象，没有达到干、湿粮食的含水率完全同等。

在另一试验中，他们将含水率 8.7%（湿基）小麦装入顶部开口的直径 3cm、长 19cm 的管中，然后将管浸入到均匀含水率 17.5%的大量小麦堆，再将大粮堆分别保持在5℃和22.5℃，空气*RH*各是恒定的65%和69.5%。测定管中小麦的水分吸附情况。为了测定水分的解吸，管中小麦含水率是18.1%（湿基），*RH*被含水率8.7%的小麦所控制。采用式（4-24），按照一维情况解扩散方程，计算了水分扩散系数。扩散系数在5℃是$2.5\times10^{-4}mm^2/s$，在22.5℃是$8.0\times10^{-4}mm^2/s$，而水蒸气在8℃空气中的扩散系数是$23.9mm^2/s$。水蒸气迁移穿过空气的速率，比迁移过颗粒空隙快5万倍。Thorpe等（1991）从理论估算了水蒸气穿过吸湿材料如粮食的扩散系数，解释了上述Pixton和Griffiths试验的扩散过程。与其他迁移方式比较，水分扩散穿过粮堆颗粒空隙是可忽略的，对水分通过扩散方式发生迁移仅提出了有限的数学模型。

3. 组合的热和水分迁移模型

大量研究针对惰性多孔介质的自然对流提出数学模型，这些研究从理论上了解多孔介质同时发生的热和水分迁移，这些成果与储粮不是直接相关的。提出了许多模型预测温度梯度引发的储粮中水分迁移，这些水分迁移预测模型缺乏确认。一些试验研究量化粮堆水分迁移，大多数研究者基于物理科学和流体力学的基本原则进行简单的计算，以解释试验结果。

有学者于1975年在直径30.5cm玻璃坛子装入35.6cm高度的饱满、含水率30%（湿基）的玉米粒，创造温度梯度驱使水分运动，表明对流和扩散作用是水分迁移的驱动力。另一研究于1990年在温度各是25℃和35℃、相距20.3cm的两个金属板之间放置初始水分含量11.9%（湿基）的小麦，模拟了小粮堆的水分再分布，7个月储藏后冷板附近小麦水分含量是14.4%，而热板附近的小麦水分含量是10.1%。对流是高、低水分粮堆中水分迁移的主要机制。

一些数学模型模拟了粮仓粮堆的水分迁移，预测水分可增加2%。观察到当外界气温低于粮堆温度，水分在粮堆顶部表层积累。在坦桑尼亚恩琼贝（S9°20′，E34°47′）的装满仓中，储藏3个月后，测定的粮堆顶部10cm处的水分平均值增加了1.3%。有学者在1990年在直径4.3m的筒仓，装入水分含量13%（湿基）小麦，装粮高度2.4m，储藏30个月，发现粮堆顶部中心附近水分增加了。在1992年在美国堪萨斯州农场3个圆形金属仓装入各270t的小麦，测定秋冬期间粮堆水分运动，水分在自然冷却的粮堆表面或多或少均匀地积累，而不是粮堆中心线的表层粮面（Jayas et al. 1995）。Nguyen（1987）年对房式仓和地堡仓模拟试验，流线不穿过粮堆顶部粮面，粮面被不透气的膜覆盖。对不覆膜的粮面，气流沿着粮堆中心线上升，它更容易直接上升到顶空，而不是向旁边弯曲产生一个环形流（覆膜情况下）。在长方形仓中，初始水分含量14%的玉米，入仓温度30℃，粮堆高度6m、宽度3m，在15℃环境下储藏75d，在粮堆顶层水分增加2%，在粮堆底部水分可降低1%。在地堡仓中，初始水分含量12%的玉米，入仓温度40℃，在10℃环境下储藏1年，水分沿着每边屋面下从两个较低区域迁移到屋脊下面的粮堆区域。地堡仓粮堆顶层区域水分积累，沿着屋脊发现粮食结块和霉变。

有学者1990年指出，玉米筒仓内粮堆中空气对流的形状未必是环形的。靠近仓壁，空气运动下沉，推动粮堆中心线空气上移，不形成闭环。粮堆中心线升起的空气，在粮面释放它携带的水分，通过扩散分散在顶空，同一空气未必返回到仓壁。

当仓外气温高于粮堆温度，气流在粮堆内或者粮仓顶空不形成闭环，粮仓内测定的温度等温线在北-南垂直平面上沿着垂直轴线几乎是对称的。在 1987 年发现韩国汉城（现称首尔）水分含量 13%~15%小麦仓的北边粮堆水分增加了 5%。粮仓一边粮堆水分增加不能够被对流或扩散模型所解释。在 1990 年采用实验室仓单元模拟玉米粮堆水分迁移过程，250t 的筒仓直径 7.4m，到屋檐高度 7.6m，在两个位点测定的气流速率范围在 $2\times10^{-4}\sim6\times10^{-4}$m/s（0.72~2.16m/h），与粮堆温度梯度有关。

综上所述，粮堆水分迁移模拟试验和实仓试验周期长，工作量大，报道的数据不多。根据我国不同仓型，合理设计试验，测定和解释储粮水分迁移，并发展储粮这种水分迁移行为的数学模型。

第四节 粮食干燥表现

粮食在气流加热的干燥炉中，干燥的进度受几个变量的相互作用所影响。一些变量发生不可调控的显著变异，如周围环境温度持续变化引起被加热空气的温度波动。干燥炉进粮口粮食的初始水分通常是变化的。因此，干燥炉很少以恒定状态运行，单独基于试验了解它们的行为从不成功。20 世纪 60 年代中期取得的巨大成就是，提出描述粮食干燥床热量和水分变化的微分方程，采用计算机以数值方法解方程。

一、 热和水分传递方程

描述通风的颗粒物料床中对流热和水分传递的 4 个偏微分方程如下。

水分（质量）平衡：
$$G\frac{\partial H}{\partial x} = -\rho_g\frac{\partial M}{\partial t} - \varepsilon\rho_a\frac{\partial H}{\partial t} \tag{4-41}$$

热量平衡：
$$G(c_a + c_v H)\frac{\partial T}{\partial x} = \rho_g c_v(T-\theta)\frac{\partial M}{\partial t} - h_a(T-\theta) - \varepsilon\rho_a(c_a + c_v H)\frac{\partial T}{\partial t} \tag{4-42}$$

热量传递：
$$\rho_g(c_g - c_w M)\frac{\partial \theta}{\partial t} = h_a(T-\theta) + L_b\frac{\partial M}{\partial t}\rho_g \tag{4-43}$$

水分（质量）传递：
$$\frac{\partial M}{\partial t} = -k(M - M_e) \tag{4-44}$$

式中 c_a——干空气比热容，J/kg · K；

c_g——干粮食比热容，J/kg · K；

c_v——水蒸气比热容，J/kg · K；

c_w——水比热容，J/kg · K；

G——空气质量流动速率，kg/m^2 · s；

H——空气绝对湿度，kg/kg 干空气；

h_a——粮食床热量传递系数，J/（kg·K）；

k——干燥速率常数，s^{-1}；

L_b——结合水的汽化潜热，J/kg；

M——粮食水分，kg/kg 干物质；

M_e——粮食平衡水分，kg/kg 干物质；

T——空气温度，℃；

t——时间，s；

x——从空气入口处的粮食床深度，m；

ε——空隙比率（小数）；

ρ_a——空气密度，kg/m^3；

ρ_g——粮堆密度，kg/m^3；

θ——粮食温度，℃。

偏微分项 $\partial T/\partial t$ 和 $\partial H/\partial t$ 数值很小，可忽略不计，式（4-41）和式（4-42）就写成式（4-45）和式（4-46），

$$G\frac{\partial H}{\partial x} = -\rho_g\frac{\partial M}{\partial t} \tag{4-45}$$

$$G(c_a + c_v H)\frac{\partial T}{\partial x} = \rho_g c_v (T - \theta)\frac{\partial M}{\partial t} - h_a (T - \theta) \tag{4-46}$$

上述方程组的各种数值解法较成熟。解方程组的方法很重要，尤其是极端情况，如果假定模型中采用的湿度分析和材料特性都是一样的，不同模型获得的结果之间就无差异。

二、 质量传递速率

在需要的粮食特性中，式（4-44）给出了粮食水分损失速率。长期认为，水分从湿、多孔物料进入干燥空气的损失，类似于热物体的热量损失，遵循指数形式的衰减法则。在简化情况下，干燥的所有阻力存在于粮粒表面，与热传递比较分析，单一粮粒的干燥速率以牛顿方程表达为式（4-44）。干燥试验证明真实的粮食干燥速率不是式（4-44）那种理想的描述，但是不易替换这个常用而被认可的修正方程。在实践中，仍然广泛地使用式（4-44），同时研究粮食薄层干燥速率持续了半个多世纪。式（4-44）的积分是

$$M = (M_0 - M_e)\exp(-kt) + M_e \tag{4-47}$$

式中　M_0——粮食初始水分，kg/kg（干基）。

式（4-47）被写为

$$MR = \exp(-kt) \tag{4-48}$$

式中　MR——水分比率，$MR = \dfrac{M - M_e}{M_0 - M_e}$。

式（4-47）是物质 Fick 法则扩散的特定解，假定所有扩散的阻力都集中在籽粒表面。在理想化的解中，考虑了水分穿过粮粒固体内部的扩散，单一的指数项被系列指数所取代。这些解解释了最初较高的干燥速率，同时建立了穿过粮粒的水分梯度，而不考虑粮粒内水分扩散率随含水率的降低而减少（k 减少）。

式（4-32）有几个修正的经验表达式，其中 Page 方程最有效和简单：

$$MR = \exp(-kt^n) \tag{4-49}$$

式中 n 是试验测定的一个指数。对玉米，有时采用 Thompson 等人的干燥方程：

$$t = a\ln(MR) + b\ln(MR)^2 \tag{4-50}$$

式中　a、b——试验测定的系数。

解释水分扩散率随含水率减少而降低的一个方法是，假定粮粒是许多同心壳，每个同心壳具有依赖水分的扩散率，以数值方法解扩散方程。随着计算机能力的显著提高，计算这些模型不再需要大量的时间。仿真带有缓苏工段的干燥炉。Cenkowski（1990）总结了重要粮食薄层干燥方程的系数值。

干燥速率常数 k 依赖于气流温度，通常以 Arrhenius 方程表达为：

$$k = A\exp\left(-\frac{B}{T+273}\right) \tag{4-51}$$

式中　A、B——试验测定的系数。

这个方程有理论基础，不考虑对其他变量尤其相对湿度的依赖性。大多数暴露试验或薄层试验，通常采用的空气流速超过除去表面水分所需要的，因而测定的 k 独立于空气流速。式（4-50）的一个缺点是，以绝对温度（K）表示时，干燥温度范围就很小，k 的微小变化可引起 A 和 B 的很大变异。表达 k 作为摄氏温度的函数通常相关性较好，有时把 RH 作为一个独立项纳入。通常认为干燥的驱动力是，通风气流与粮粒表面之间的蒸气压差，k 是蒸气压或蒸气压亏损的近线性函数。

许多研究者以多重线性回归分析表达 k 为几个变量的函数，加入项表示变量相互作用或对数转化值。修正的方程对试验数据拟合很好，但是在理论上没有真实的基础。

将薄层干燥速率的许多研究综合起来，对每一粮食作物种类推导单一表达式。难度是需要从干燥曲线的最初数据开始，采用统一的方法拟合曲线，依赖于表达式系数。然而发表的大量论文数据中很少提供这种统一化需要的数据。更好的方法是深入研究籽粒内的干燥过程，获得的籽粒内扩散率的信息，允许从形状和结构信息计算任何粮粒的干燥速率。

一个争议是，采用加湿粮食法研究暴露层干燥和全尺度干燥试验是否合理？如果不采用人工加湿的粮食，就不方便进行试验研究。证据表明，对成熟粮粒，正确加湿平衡后，自然湿化和人工加湿粮食的干燥速率通常是一样的。成熟粮粒的一个特点是，完成了可溶糖向淀粉转化，而不成熟粮粒含有液体成分，不成熟粮粒一旦干燥就不能够再生。再就是加湿粮食在使用之前要有足够的平衡时间。有研究（1981）在基于非平衡热动力学对小麦籽粒干燥提出了一个模型，采用液体和水蒸气传导率概念，而不是液体扩散。采用从干燥曲线推导的材料特性，模型准确地预测了加湿曲线；模型使用的含水率上限是28.5%（湿基），超过这个上限，麦粒则是不成熟的。

许多研究者描述干燥速率是干燥条件的函数，没有考虑热传递的速率［式（4-42）、式（4-43）、式（4-46）中的h_a项］。理由是热传递较水分传递更加快速，他们假定籽粒温度均匀，采用了热传递系数的平均值。在小麦、大麦、油菜籽的暴露层试验中，Bruce等（1985）测定了质量损失和表面温度，Sokhansanj和Bruce（1987）随后发展了一个新模型，能够计算籽粒内的温度梯度。类似水分扩散模型，这个模型给出籽粒是系列同心球体，采用水分依赖的热扩散率。从20世纪90年代开始采用有限元方法模拟单一籽粒内水分和温度的变化。

三、 干燥中的平衡含水率

式（4-44）中平衡含水率（M_e）是一重要的粮粒特性。它指在特定RH和温度下干燥无限时间，粮粒要达到的含水率。质量传递速率强烈依赖温度或水蒸气压，平衡含水率则更强烈地依赖于RH。有许多方程描述粮食含水率、气流温度及相对湿度之间的平衡关系。粮食干燥过程中采用的平衡水分方程系数与储藏管理采用的平衡水分方程系数是不同的。van den Berg和Bruin（1981）收集的77个理论、半理论、纯经验的方程中，对玉米最初分析了5个平衡水分方程，3个系数的方程对数据描述很好，较4个系数的方程更容易应用，Pfost等（1976）选择了修正Henderson方程（MHE）和修正Chung-Pfost方程（MCPE），拟合了20种粮食数据。Nellist和Dumont（1979）采用MHE和MCPE方程拟合了13组小麦数据（Nellist 1981），并在Smith方程（1947）中引入一个温度项：

$$M_e = A - B\ln(1 - RH) - C\ln t \tag{4-52}$$

式（4-52）拟合度稍高于MHE和MCPE，式（4-52）用于气流加热的干燥炉模型。Chen和Morey（1989）采用MCPE、MHE、MHAE、MOE 4个方程拟合了18个粮食作物的36组数据。他们发现修正Henderson和修正Chung-Pfost方程对淀粉粮食和纤维材料拟合最好；对高油和高蛋白的种子，选择修正Halsey方程。

这些方程拟合的数据通常来自两类静态试验。第一类是，粮食与已知RH的环境平衡；第二类是测定已知含水率的粮食样品产生的RH。考虑样品的平衡速率，第二个方法受到欢迎，但是第一个方法密切关注了干燥（解吸）或加湿（吸附）的过程，等效于暴露层干燥试验持续的时间长，而实践中，暴露层干燥试验（尤其是在气流加热的温度下）很少持续到平衡，由于含水率远低于经济效益考虑的水分值。当数据用薄层方程拟合时，平衡含水率M_e可以用曲线拟合的方法所估算。沿着干燥曲线的所有长度，大多数薄层方程不能够准确地描述它，M_e的这些值经常高于真实的、长时间测定的静态值。在仿真中采用这些所谓的“动态”平衡含水率，尤其是包含冷却的干燥工艺，可影响获得目标水分值。如果可能，用于薄层试验的同一物料，它的M_e最好在单独的静态试验中测定。

四、 净解吸等热

基于热质传递方程的不同公式，从计算机模型获得的结果是相似的，理由是这个过程被汽化潜热所主导。结合水的汽化潜热（L_b）超过自由水的汽化潜热（L_f）的数量，这个差值（$L_b - L_f$）称为净解吸热，经常以比率 L_b/L_f 或 $[(L_b/L_f) - 1]$ 表示。粮粒中分蒸气压随温度的变化，从吸着等温线给出的 RH 和 M_e 之间的关系可以计算。Gallaher（1951）表达了 L_b/L_f 的对含水率的方程：

$$L_b = L_f[1 + a\exp(bM)] \tag{4-53}$$

式中 L_b——结合水的汽化潜热，J/kg；

L_f——自由水的汽化潜热，J/kg；

a、b——经验系数，对小麦分别为 23 和-40。

Cenkowski 等（1990）采用同一方法推导了系列粮食作物的系数 a 和 b（表 2-13）。分蒸气压从 Chung 方程和 ASAE 标准 D245.4—1991 推荐的这个方程的系数计算。$[(L_b/L_f) - 1]$ 对含水率的曲线（图 4-1）表明，粮食之间具有差异；但在每一种情况，解吸净热都随含水率减少［低于 13%（湿基）］而快速增加。

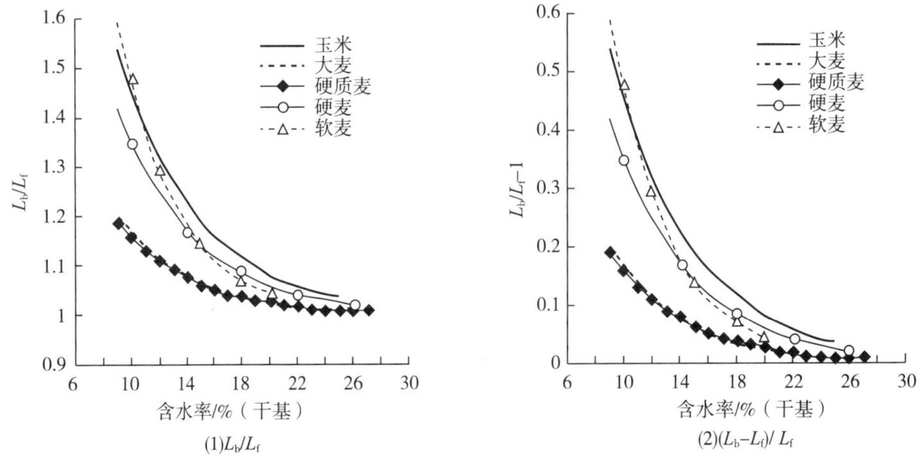

图 4-1 粮食水分影响解吸净热（L_b-L_f）与自由水汽化潜热（L_f）比率

在潜热比率的另一个表达式中，Hunter 在 1987 年采用多种来源的吸着等温线数据推导系数值：

$$(L_b/L_f) - 1 = \frac{a\ln(bM) - (m/M_z)^n c\ln(dM)}{1 - (M/M_z)^n} \tag{4-54}$$

$$M_z = \left(\frac{b^a}{d^c}\right)^{1/(c-a)} \tag{4-55}$$

式中　a、b、c、d——系数（表4-15）。

表4-15　式（4-55）的系数值

作物	n	m	a	b	c	d	P_0	M_z
大麦	8.478	1.779	−0.2625	4.610	−0.0091	1.249	6.918×10^5	0.207
玉米	11.476	3.788	−0.5016	5.632	−0.09832	3.104	1.158×10^5	0.154
花生	11.295	4.446	−0.3040	7.490	−0.0712	3.997	1.212×10^5	0.110
油菜籽	7.336	2.647	−0.2298	10.589	−0.01706	2.446	6.518×10^6	0.084
稻谷	12.056	4.967	−0.2991	5.143	−0.14485	3.811	9.748×10^5	0.147
高粱	56.381	9.715	−0.1766	5.187	−0.06118	4.282	7.403×10^7	0.174
大豆	10.358	5.665	−0.2230	8.166	−0.04524	2.896	8.538×10^6	0.094
葵花籽	6.072	3.045	−0.2780	12.673	−0.04931	4.479	5.053×10^6	0.063
小麦	17.671	4.968	−0.2113	4.740	−0.03483	2.621	4.457×10^6	0.188

注：P_0 是从 Hunter 提出的方程计算的 RH 的截距压，pa；M_z 从式（4-55）计算；引自 Hunter（1987）。

基于测定的澳大利亚稻谷等温线方程，Hunter（1989）发展了［$(L_b/L_f)-1$］的一个表达式。这个方法与其他等温线方程一样奏效，条件是它们在恒定含水率对温度微分。依据等温线方程的系数可直接书写［$(L_b/L_f)-1$］方程。

五、其他物理特性

在参考书中可找到粮食重要的其他物理参数如比热容、粮堆密度。在空气加热的干燥炉中，不经常讨论的粮食特性是粮食对气流的阻力。在人多数空气加热的十燥炉中，气流途径短，需要的风机压强低，与热能消耗相关的能量损耗低，通常小于3%。许多干燥炉不配备气流，或者仅对气流粗控制。在这种干燥炉中，粮食种类之间如小麦和油菜籽的阻力差异，引起流速和蒸发容量的显著差异。大多数（不是所有）可利用的数据，在静态床测定，而在连续流干燥炉中，粮食被增加了运动，阻力就较小。在混合流类型的干燥炉中，气流途径是复杂的，如果足够准确的预测粮食温度就能够估算粮食破损率，描述空气流动和粮食的流动很重要。利用有限元方法模拟混合流干燥炉中空气的流动，发现填集密度随位置变化，压强阻力是非均质的。空气加热干燥炉的设计，要借助三维气流仿真，这是粮堆储藏干燥的一个重要课题。

六、粮食品质

1. 籽粒活力

设计粮食干燥炉的要求是能够保持各种末端用途的粮食品质。粮食通过干燥炉被快速除去水分，否则微生物生长引起劣变。空气加热干燥炉的缺点是，干燥热量和速率可引起粮食破损。加热空气的干燥炉影响粮食最敏感的品质指标是，以发芽率表示的粮粒活力。发芽力降低反映了对籽粒内生化系统的破坏，末端利用的相关品质指标如小麦烘焙品质就降低了。其他品质指标如油品质不立刻被干燥所影响，但是死种子较活种子随后劣变要快。

了解粮食籽粒活力破坏的机制，始于 1917 年进行的种子加热处理试验，而不是干燥。由于粮食含水率和温度通常保持恒定，唯一可变的因素是暴露时间。与干燥试验比较，这种减少变量数目的试验给出的结果易重复易解释，干燥试验中上述 3 个因素同时变化。可以从方程推导临界温度，在临界温度之上发生粮粒不可接受的破坏水平。对粮粒温度和含水率几乎保持恒定的情况如储藏过程，临界温度可以直接利用。而在干燥条件下，粮粒含水率和温度是连续变化的，变量的简单组合不能代表所有批次粮食经历的条件。为了将实验室干燥试验的发芽率丧失与“密封加热”的结果联系起来，Nellist（1978）表明，干燥处理中通常发生的粮粒破坏，是最终的粮食温度超过临界粮食温度（从干燥时间和最终含水率计算），这种研究未能指示粮粒破坏的程度（Nellist，1981）。

积分“密封加热”方程的方法，类似于所谓的低温干燥的“败坏指数”概念。“密封加热”方程用于计算在每个时间步长、每层的最长暴露时间。这个时间被划分为时间步长的长度，给出时间步长耗尽的层分最大值。当安全暴露时间的连续层分积累到统一体，那个层注定就超过了阈值。问题是，破损层能够鉴定，而发芽率的全部抑制不可以评价。

Roberts 等（1960）从粮粒加速老化试验提出一个方法，积累的破坏以籽粒发芽率降低表示。粮粒发芽力丧失的时间随温度和含水率变化，在恒定条件下籽粒死亡的模式总是一致的。首先籽粒死亡率很低，以致籽粒活力的变化难以检测。逐渐地，更多的籽粒死亡，死亡率加速到最大值，此时是半数种子已经死亡。如果种子死亡率降低到一个非常低的水平，种子死亡在研究时间内是正态分布。死亡积累百分率（或种子保持活力的百分率，即发芽率）对时间作图，是正态概率积分的 S 型曲线。发芽率（G_s）写为

$$G_s = \frac{1}{\sqrt{2\pi}}\int_{-\infty}^{x=(\bar{t}-t)/\sigma} \exp\left(-\frac{1}{2}X^2\right) \mathrm{d}X \tag{4-56}$$

式中 t——暴露时间，s；

$\bar{t}$ —— $G_s = 0.5$ 的暴露时间，s，即 50%发芽率，种子样品的半寿命，s；

σ——正态分布的标准偏差；

X——正态偏差的值，在点 $G_s = 0.5$ 是以零对称的，即 $\bar{t} = t$ 。

X 依赖 $\bar{t}$ 、t 、σ，对任何 X，仅有一个 G_s 。X 随 t 线性变化。如果 $t = 0$，X 就是 X_0，则

$$X = X_0 - \frac{t}{\sigma} \tag{4-57}$$

概率单位分析（probit analysis）是基于式（4-56）、式（4-57），它转化为 X 取代了概率尺度。Ellis 和 Roberts（1980）用“概率单位活力（probit viability）”概念以描述 X。标准偏差 σ 是测定平均暴露时间，指小麦发芽率从 84%减少到 50%的时间。

对一定的含水率和温度，籽粒死亡率 $\frac{1}{\sigma}$ 应用到概率单位曲线的所有点。对暴露在给定条件，X 的最终值依赖初始值 X_0。这解释了初始发芽率低的粮食较品质好的粮食更容易被破坏。例如概率单位破坏一个单位或标准偏差，将降低初始发芽率 99%（X_0 = 2.33）和 90%（X_0 = 1.28）各 8%和 29%。

标准偏差 σ 是种子含水率和温度的函数，不受种子最初品质所影响。可以将连续干燥环境中概率单位的减少加起来，以估计总概率单位的丧失。计算的最终概率单位活力，是从最初概率单位值减去这个丧失；转化概率单位到粮食发芽率，得到最终的活力。

批量和连续流干燥技术的计算机模拟，结合了计算发芽率概率单位的丧失。由于粮食温度和含水率预测得好，这个方法对交叉流干燥和批量干燥模型很适合。但是它不适合混合流干燥模型，由于还没有建成粮食和气流的复杂模型。为了避免要测定最初粮粒发芽率，在给定操作条件下粮食干燥炉引起的发芽率破坏数量，采用概率单位损失来定性，而不是发芽率损失。一系列干燥炉的试验结果表明，65.5℃是交叉流干燥炉干燥小麦水分从 20%到平均 15%的安全干燥气流温度。对 Nellist（1987）采用的干燥炉，干燥与冷却比率是 3∶1，在这个操作条件下，预测的概率单位损失是 0.028。其他条件如干燥气流温度、粮食初始和最终含水率，它们产生同样概率单位损失的，用于绘制等概率单位（Isoprobit）曲线。这些曲线显示，安全干燥温度随初始含水率的增加而减少，也随最终含水率的减少而减少。这是由于需要增加滞留时间以除去额外水分。在深入研究中，除小麦外，还要测定其他粮食种类的死亡速率，在混合流干燥炉中提高粮食温度预测。等概率单位曲线也用于玉米种子的平行流干燥炉，也用于昆虫死亡速率研究，如在潮湿气候，对谷物粮食利用空气加热的干燥炉进行热驱除昆虫。

2. 烘焙品质

利用密封加热试验减少了影响变量数目的概念，评价了干燥的小麦烘焙品质的损失。热处理后，小麦烘焙的面包相对体积减小，遵循随时间的指数衰减法则。采用密封热处理的小麦数量不能够满足面包烘焙试验评价，而可行的方法是直接进行小麦薄层干燥试验。采用薄层干燥试验分析了粮食温度、水分、暴露时间对小麦发芽率和烘焙品质的影响，见表 4-16，在粮食温度 70~80℃，发芽率随粮食温度提高而快速降低，在水分 18%~22%（湿基），干燥破坏速率随含水率缓慢地增加。Schreiber 等（1981）采用一个模型拟合数据，预测在给定粮食温度和水分条件，相对面包体积损失的恒定速率：

$$-\frac{\mathrm{d}V_s}{\mathrm{d}t} = k_0\exp(aT + bM) \tag{4-58}$$

式中　V_s——相对面包体积，cm^3/g；

T——温度，℃；

M——粮食含水率，%（湿基）；

t——时间，min；

k_0、a、b——系数。

Bruce（1992）采用的扩散模型包括了10个同心球形壳，以表示单一籽粒的干燥行为，采用下面方程计算了每个壳的相对面包体积的损失速率。

$$-\frac{dV_r}{dt}=V_r\exp\left[130+41.4M_s-\frac{427000}{R(T_s+273)}\right] \tag{4-59}$$

式中 V_r——粮粒10-壳模型中一个壳对相对面包体积的贡献，V/V_c；

V——面包体积，cm^3；

V_c——对照样品（不加热）的面包体积，cm^3；

M_s——粮粒10-壳模型中一个壳的含水率，%（干基）；

T_s——粮粒10-壳模型中一个壳的温度，℃；

R——理想气体常数，8.314J/（mol·K）。

式（4-59）的系数从112个薄层干燥试验中进行非线性优化和验证。

按照表4-16中的试验结果取粮食样品进行烘焙面包试验，计算10-壳模型的平均相对面包体积，数据见表4-17。式（4-59）预测的相对面包体积随时间的变化，与采用初始含水率21.6%（湿基）的小麦在28个干燥检验中的试验数据是一致的。

表4-16 干燥时间和气流温度、初始水分对薄层干燥小麦发芽率及相对面包体积的影响

干燥时间/min	发芽率/%				相对面包体积/%			
	初始含水率19.0%		初始含水率21.6%		初始含水率19.0%		初始含水率21.6%	
	70℃	80℃	70℃	80℃	70℃	80℃	70℃	80℃
0	100	100	100	100	100	100	100	100
2.5	98.9	87.1		82.8	95.8	87.4		87.4
5	98.9	67.7	93.5	57.0	95.8	81.1	87.4	81.1
10	98.9	65.6	87.1	41.9	95.8	74.7	78.9	64.2
15	98.9	61.3		33.3	96.8	66.3		62.1
20	96.8	50.5	82.8	39.8	96.8	62.1	95.8	60.0
30	96.8	48.4	86.0	24.7	94.7	60.0	76.8	57.9
40	96.6	37.6	87.1	9.7	91.6	57.9	81.1	53.7
60	93.5		84.9		91.6		80.0	
80	97.8		91.4		92.6		92.6	
100	93.5		83.9				89.5	

注：引自Wassermann等（1983）。

表4-17 式（4-59）预测与薄层干燥样品的相对面包体积

干燥时间/s	干燥温度/℃			
	65	70	75	80
	相对面包体积			
10	1.00	1.00	1.00	1.00

续表

干燥时间/s	干燥温度/℃			
	65	70	75	80
	相对面包体积			
45	1.00	1.00	1.00	0.99
68	1.00	1.00	0.99	0.98
100	1.00	1.00	0.99	0.96
175	1.00	1.00	0.98	0.89
450	1.00	0.99	0.96	0.80
625	1.00	0.99	0.92	0.72
1000	1.00	0.99	0.90	0.68
1750	1.00	0.98	0.87	0.66
4500	1.00	0.98	0.86	
6250	1.00	0.98		

注：引自 Bruce（1992）。小麦初始含水率 21.6%（湿基），薄层干燥温度 65℃，70℃，75℃，80℃。

3. 粮粒裂纹与碾磨品质

在玉米和大米的干、湿粉碎时，要避免胁迫裂纹产生，这引起磨粉期间淀粉粒断裂。曾有学者一度认为，快速除去水分引起胁迫裂纹，接着认识到胁迫裂纹最可能由快速冷却引起。解释如下：当粮粒进入干燥炉，在整个胚乳内水分或多或少均匀分布。干燥空气最初除去的水分，位于或者靠近粮粒表面。再深入进行干燥，水分必须从粮粒内部迁移到外部层。这样从粮粒的外部到内部建立了水分梯度，由于干材料围绕湿内部核心而趋于收缩，特别是大籽粒如玉米，这就诱导了严重的胁迫。由于热扩散率远远大于水分扩散率，整个粮粒的温度梯度很小，小到可以忽略不计。然而粮粒的温度确实影响水分扩散率，如果干燥停止，就影响粮粒水分均等化的速率。这样，热空气干燥后快速冷却粮粒，阻止粮粒水分均等化，增加了胁迫，引起粮粒撕裂。另外，如果粮粒保持较热，水分非常快地均等化，减轻了胁迫，随后冷却期间开裂就大大减少。如果整个粮粒的平均含水率相当高［大于 17%（湿基）］，这是一个合理的解释。在稻谷干燥过程中，如果同时允许外部层扩张，水分均等化可以引起籽粒内部核心（正在失去水分）收缩，并忍受增大的胁迫力。这样，快速干燥的稻谷随后储藏期间，或者干燥后的稻谷从空气再吸收水分，裂纹和龟裂就缓慢地发生。

在干燥通风技术中，部分干燥的粮粒从干燥炉（不冷却，较正常粮粒储藏水分高 2%），转移到“浸渍”仓，在这里它被允许“出汗”几小时，然后最终冷却。出汗之后，籽粒的表层温暖，相当湿润，保持的大多数水分被蒸发冷却除去。说明干燥通风工艺不仅阻止稻谷裂纹，而且较常规干燥和快速冷却的热效率更高。

法国喜欢采用干燥通风这个技术干燥水分 40%（湿基）的玉米。将玉米先干燥到

17%~19%（湿基），在50~60℃转移到“出汗”仓保持8~15h。接着在仓中以气流速率每1m^3粮食40~60m^3/h冷却12~14h。通常在冷却仓中以批量方式完成玉米冷却。玉米缓苏至少需要4个仓，每个批量需要32h，包括装粮8h，缓苏4h，冷却15h，出仓5h。另一个方法是使用连续流动冷却仓，仅仓下半部分进行逆流通风，而从仓上半部分下降的粮食在静止空气中缓苏。

胁迫裂纹对小籽粒粮食如小麦、大麦、燕麦、油菜籽就不是一个大问题。就仓逆流干燥炉这种干燥通风技术，采用计算机模拟分析表明，这个技术干燥小麦水分从20%到15%（湿基），热效率高，干燥炉的容量大。确定缓苏次数和最低粮食温度是基于发芽率不要低于0.2个活力单位。

通风干燥技术对大型干燥设施不是很实用。Gustafson等（1983）探讨了减少缓苏次数的可能性，玉米干燥后冷却推迟30 min，玉米破碎率降低96%，这随后冷却期间水分再除去70%。先采用加热的空气进行部分干燥，接着以接近环境温度的空气再深入干燥，这个系统称为“组合干燥”。这个组合干燥系统节省了更多的能量，减少了玉米干燥通风的破碎率。与常规加热空气干燥比较，小麦组合干燥技术节省能量，但对小麦胁迫裂纹的影响没有分析。这个组合干燥技术很实用，由于在强加的籽粒过度胁迫的水分之上，将干燥从快速转变到缓慢干燥。模拟单一粮粒的胁迫裂纹，是基础研究很重要的研发方向。

4. 饲料品质

粮食的“最低要求”是作为家畜的饲料，就反刍动物来说，为它们提供的粮食不是烧焦的，如果粮食被稍微干烤，在瘤胃里它更加味美，易消化。作为非反刍家畜的口粮，粮食是蛋白质的重要来源，干燥期间要抑制蛋白质的变性。可利用蛋白质赖氨酸的减少是测定粮食干燥破坏率的一种方法，可接受的上限是10%。考虑粮食暴露的干燥温度和时间，将赖氨酸的减少量与时间作成点线图。这个点线图区分了籽粒破坏的试验处理与籽粒不破坏的试验处理。结论是，在气流温度120℃，粮食能容忍1h，100℃则粮食能容忍3h。在实践中，饲料粮的破坏不是一个大问题，大多数干燥炉不可能升高粮温到这些温度。

5. 粮食污染

在空气加热的干燥中反对采用直接点火，由于燃烧产物穿过粮食，产生的污染危害人体健康。燃烧气体中几个成分中，最关注的是多环芳香烃（PAH）和氮氧化物（NO_x）。PAH是致癌的，其中的苯并［a］芘（BaP）是常见的危险物。燃油加热炉干燥的粮食中BaP含量增大，但是其水平低于在工业中心附近种植粮食的BaP含量。在直接燃油干燥炉中，也有报道干燥后的小麦BaP含量并没有增加；当燃烧器未调整好时，观察到干燥后的粮食PAH含量增加。燃烧工业气体的干燥炉中粮食PAH增加量，低于烧油的干燥炉。采用天然气为干燥燃料，有试验发现粮食PAH含量没有显著增加。天然气是一个非常纯的燃料，对粮食不产生PAH，然而天然气燃烧能够产生NO_x，NO_x与一些粮食成分结合形成亚硝胺类，这是个问题。就湿发芽大麦，在麦芽工业用天然气直接点火燃料进行干燥，研发的低 NO_x 量燃烧器，对发芽大麦中亚硝胺水平不增加。因此，在调整好的燃炉器中采用燃油或天然气，直接点火干燥中，粮食没有污染风险。但是随着检测方法改进和食品标准严格化，采用直接点火干燥粮食受到限制。

七、 干燥炉模拟

上面详述了干燥方程和粮食特性的基础理论，满足干燥和冷却过程需要的计算。一旦这些计算呈现在计算机程序中，可改编程序进行模拟真实粮食干燥炉的行为，探讨粮食干燥炉的表现。这种评价靠单独的干燥试验是不可能回答的。大量文献描述了粮食干燥的计算机模拟。

最初，这些模型从记录的输入变量模拟试验结果，使用它们促进了了解深床干燥。下一步是利用它们解决设计和操作的问题。表 4-18 所示计算交流干燥炉的试验结果，优点是与一个通道干燥比较，在 3 个通道干燥增加了玉米流通量，非常湿的玉米（40%，湿基）干燥的最高粮温降低了。

表 4-18　　采用计算机模拟粮食干燥的例子

参数	三通道			单通道
	第一	第二	第三	
流通量/（t/h）	2.5	2.5	2.5	0.3
滞留时间/h	0.28	0.28	0.28	2.27
M_0 /%（湿基）	40	32.4	23.6	40.0
M_t /%（湿基）	32.4	23.6	14.0	14.0
水分抽出率/（t/h）	0.32	0.33	0.30	0.13
最高粮食温度/℃	64	74	78	80

注：在交流干燥炉干燥，玉米含水率从 40%到 14%，干燥气流 80℃，气流速率 1500m^3/（m^2·h），显示了采用三通道的优点；引自 Meiering and Hofkes（1977）。

这类研究利用模拟定义了交流干燥炉在水分很宽范围内干燥玉米操作条件的表现，在两维绘图中有 4 个变量。见图 4-2，增大干燥气流温度则是增加了粮食流速，减少了能耗。尤其是在低温干燥，气流速率和能耗均降低。

当 Pierce 和 Thompson（1981）把小麦的粮粒特性纳入到 Nellist（1987）干燥模型中，预测结果非常一致，说明粮食的特性比模型公式更重要。当干燥炉的表现纳入小麦特性再计算时，能量消耗范围对同样操作条件更窄。小麦比玉米籽粒小，导致小麦较玉米干燥速率大。Nellist（1989）模拟的交流干燥炉的表现见图 4-3，初始含水率作为一个变量取代了气流速率。在任何温度，增加小麦初始含水率，比能耗和粮食流动速率均减少。而且，增加气流温度则增大了粮食流动速率，减少了比能耗。小麦含水率 16%，除去 1%，在干燥气流温度 70℃时比能耗最小，高于这个温度则比能耗增加。初始含水

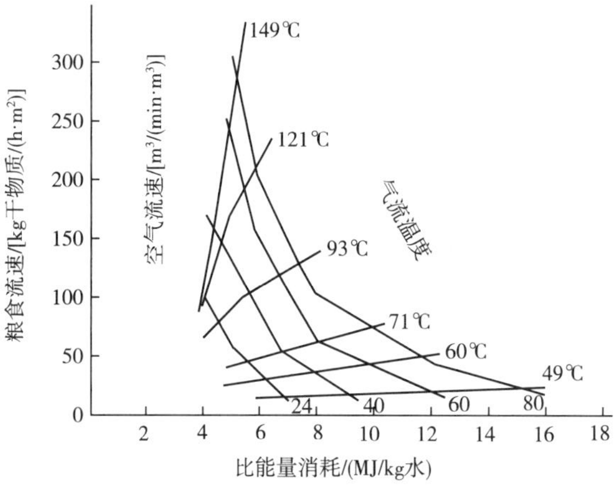

图 4-2 干燥空气温度和气流速率对粮食流动速率和比能耗的影响

注：交流干燥炉干燥玉米含水率从 25%（湿基）到最终 15%（湿基），引自 Pierce and Thompson（1981）。

率与干燥温度发生相互作用，除去这个较小的水分，粮食流动速率高；在高温干燥则空气利用率低而被排走；所需要的热量与粮食水分去除量不成比例。在冷却工艺段通常没有干燥发生，如果滞留时间太短，冷却就无效果。在图 4-4，对如图 4-3 的同样交流干燥炉，增大了干燥空气温度，降低了能量消耗和干燥成本；如果干燥到含水率非常低则招致惩罚。在人工控制干燥炉时经常发生粮食过度干燥，减少过度干燥的粮食数量是改进干燥炉调控的动机。上述干燥模拟图说明了增加干燥气流温度的优点，而增加到什么程度，是受粮食品质设置的界限所约束的。对同一干燥炉，粮食初始含水率、最终含水率、干燥温度要科学组合。

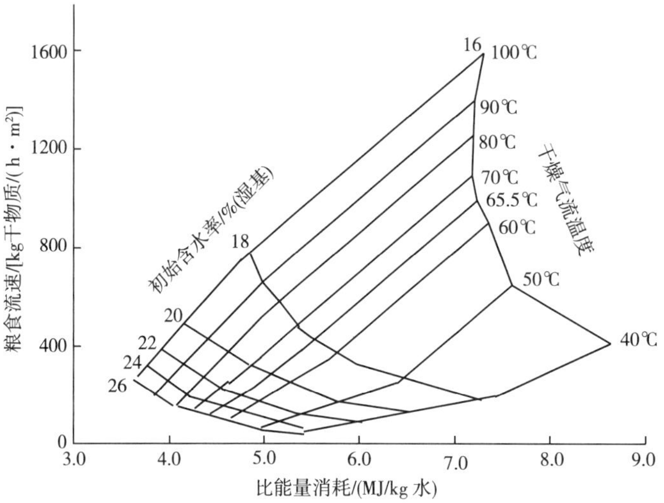

图 4-3 干燥温度和初始含水率对粮食流动速率和比能耗的影响

注：交流干燥器干燥小麦到最终含水率 15%（湿基）；引自 Nellist（1989）。

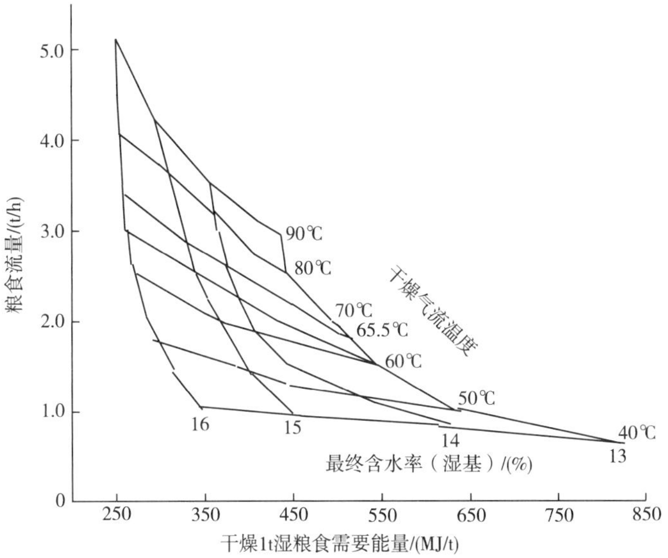

图 4-4　干燥温度和最终含水率对湿粮食流量和每吨湿粮食需要的能耗影响

注：交流干燥炉干燥初始含水率 20%（湿基）的小麦；引自 Nellist（1989）。

第五节
稻谷烘干性能

长期以来，稻谷一直以自然晾晒为主，用机械方法干燥量非常少，所以在收获季节，因气候变化无常，部分稻谷不能及时干燥降水就发生霉烂。在储藏过程中，由于高水分稻谷也常发生霉烂、变质问题，造成巨大损失。进行稻谷干燥技术和特性研究，具有重要意义。另外，稻谷收获后及时干燥降水，除可安全储藏外，还可改善大米的食用品质，提高经济效益。

一、　稻谷收获及干燥

收获主要的考虑是谷粒成熟度，采用测定水分确定。稻谷平均收获水分 16%~28%（湿基），取决于收获方法、稻谷类型、品种、收获次数及种植地区。最佳的收获水分是 21%~24%，由图 4-5 看出，此时稻谷总产量、出糙米率、出精米率最高。在热带地区这个时间是开花后 28~32d。如果稻谷在田间达到完全成熟，则总产量和出精米率最低。如果在田间稻谷含水率降低到 15%，则产量减少 20%。这主要由于收获前米粒散落到地中，鸟类和啮齿动物为害。而且收割期间米粒从穗散落。较早收割，减少损失，加工的精米品质较好。当然较早收割籽粒水分较高，需要干燥，脱壳难。通常田间收获的稻谷含水率 20%~24%，很快干燥到含水率 14%以防止霉变。这样的完整粒稻谷可以储藏 3

个月，对于长期储藏稻谷，含水率降低到 12.5%～13%。在湿季，难以保持这样低水分的稻谷，由于稻谷从空气吸附水分。许多现代稻谷品种较传统品种生长期短，成熟期在雨季，没有种子休眠期，在穗上容易萌发，因此，收获后必须采取机械干燥设备。

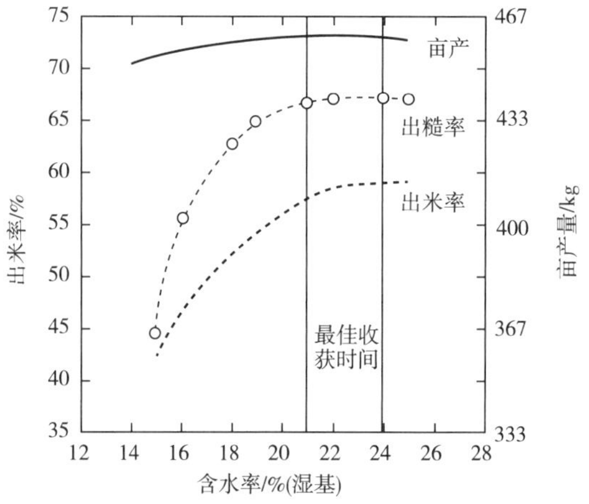

图 4-5 稻谷最佳收获时间确定

注：产量以稻谷含水率 14%计算。

稻谷一般分为长粒、中粒、短粒 3 类型。长粒品种蒸煮时干而蓬松，中粒和短粒品种是蒸煮过程中湿润的，蒸煮后聚在一起。这 3 类型稻谷干燥特性不同，主要是由于单一籽粒的不同尺度。表 4-19 是联合国粮农组织（FAO）的稻谷籽粒术语。

表 4-19 联合国粮农组织（FAO）的稻谷籽粒术语

籽粒大小	籽粒长度/mm	籽粒形状	籽粒长宽比率	籽粒质量	精米千粒重/g
超长粒	>7	细长	>3	非常大	
长粒	6～6.99	中细	2.4～3.0	大	>28
中粒	5～5.99	较粗	2.0～2.39	小	22～28
短粒	<5	短圆	<2	较小	<22

二、稻谷烘干的性能特性

1. 稻谷烘干的理化特性

稻谷籽粒主要由稻壳和糙米 2 部分组成。由于稻壳与糙米之间连接松散，存在明显的分界面，在稻谷与糙米的分界处易成为传热、传湿过程的间断面。所以稻谷干燥降水过程，需先加热稻壳，再由稻壳将热量传递给糙米。当糙米获得热量后，颗粒内部水分动能增加，加快蒸发和扩散速率，最后透过稻壳，被干燥介质带走，完成降水过程。

目前，国内外烘干粮食应用最广的方式是对流烘干。多数研究者将稻谷籽粒作为一个球体，当空气分子碰撞在稻谷表面时，依靠它们之间的吸附作用，使一些分子（单层或多层）停留在稻谷表面上，造成这些分子在谷粒表面上的浓度比空气中的浓度大。被稻谷吸附和未被吸附的空气分子互相碰撞和交换热量、质量，并处于平衡系统中。在等温过程中，稻谷-水-水蒸气组成一个系统。在空气环境中，若稻谷籽粒表面的水蒸气压 $P_{物}$ 小于空气中水蒸气压 $P_{空}$ 时，稻谷就吸附水分而吸潮增湿。若 $P_{物}$ 大于 $P_{空}$ 时，物料就解吸水分。当 $P_{物}$ 等于 $P_{空}$ 时，物料处于平衡状态。达到平衡状态后，若还要对稻谷降水，只要增加空气温度，提高谷粒表面的 $P_{物}$ ，降低空气中 $P_{空}$ ，或降低空气的相对湿度，使谷粒表面的 $P_{物}$ 不变，而降低空气中的 $P_{空}$ ，使解吸过程继续进行。

通过稻谷在40℃，50℃，60℃环境下进行吸附和解吸实验，然后以水分和相对湿度为坐标，绘制平衡水分与相对湿度的等温线，此曲线为S型，两端变化较大，中间较平缓。等温线在含水率0~7%时，对应的相对湿度在35%之内。在这一阶段，稻谷对水分子吸附是单分子层吸附，所吸附的水分子均为稻谷的活性基团束缚，为化学结合水，微生物无法利用。因此，在低湿度的环境下，干燥的稻谷是稳定的。在等温线中间部分即单分子层饱和吸附之后，水蒸气被吸附到已经存在的第一层水分子上，并有一些水分子吸附到对水的性质没有什么影响的非极性部位。由于这一范围发生的吸附属于物理吸附，所以吸附量的大小主要取决于蒸气压强、初始含水率和温度。等温线的最后一段，相对湿度比较高。多孔的稻谷吸附了多层水分子后，孔径变细，空气中的水蒸气进入毛细管变成过饱和而凝结成水。这一范围内的水分称极性结合水分。

2. 稻谷籽粒特性

稻谷干燥行为依赖于单一籽粒和籽粒床的物理和热特性。进行稻谷干燥计算，需要知道籽粒尺寸、堆密度、床空隙度、籽粒比表面积、籽粒扩散系数、床压强降、稻谷平衡水分方程。含水率13%的长粒、中粒及短粒稻谷尺寸、长宽比率和千粒重见表4-20。堆密度和比表面积见表4-21。含水率对堆密度和孔隙度影响见表4-22。

表4-20 含水率13%（湿基）的稻谷籽粒尺寸

籽粒类型	长度/mm	宽度/mm	厚度/mm	长宽比	千粒重/mg
长粒	8.9~9.6	2.3~2.5	1.8~1.9	3.8~3.9	21~24
中粒	7.9~8.2	3.0~3.2	1.9~2.1	2.5~2.6	23~25
短粒	7.4~7.5	3.1~3.6	2.1~2.3	2.1~2.4	26~30

注：引自Steffe和Singh（1982）。

表4-21 稻谷堆密度和比表面积

籽粒类型	堆密度/（kg/m^3）	比表面积/（m^2/m^3）
长粒	541~579	2437

续表

籽粒类型	堆密度/（kg/m^3）	比表面积/（m^2/m^3）
中粒	566～605	2361
短粒	579～－618	2050

注：引自 Brooker et al.（1992）。

表 4-22 稻谷堆密度和孔隙度

含水率/（湿基）/%	堆密度/（kg/m^3）			孔隙度/%	
	长粒	中粒	短粒	长粒	中粒
0	519	500	584		
10	572	583	626	61	60
15	599	625	648	58	56
20	625	666	669	56	51
25	652	708	690	54	47

注：引自 Brooker et al.（1992）。

稻谷薄层干燥速率表达为经验薄层方程或半理论扩散方程。对中粒稻谷，推荐采用 Wang 和 Singh（1978）提出的经验方程：

$$MR = \exp(-X t^Y) \tag{4-60}$$

$$X = 1.579 \times 10^{-2} + 1.746 \times 10^{-4}T - 1.413 \times 10^{-2}RH \tag{4-60a}$$

$$Y = 0.6545 + 2.425 \times 10^{-3}T - 7.887 \times 10^{-2}RH \tag{4-60b}$$

式中 t——时间，min；

RH——相对湿度，小数表示；

T——温度，℃；

MR——水分比率，$MR = (M - M_e)/(M - M_0)$；

M——水分含量（干基），小数表示。

式（4-60）不允许计算缓苏期间水分梯度。扩散类型方程能够用于计算干燥和缓苏过程中含水率分布。Wang 和 Singh（1978）推荐球形扩散方程的解为

$$MR = \frac{6}{\pi^2}\sum_{n=1}^{\infty}\frac{1}{n^2}\exp\left[\frac{-D\pi^2 n^2 t}{R^2}\right] \tag{4-61}$$

式中 D——扩散系数，m^2/h；

R——稻谷籽粒等效半径，m；

t——干燥时间，h；

MR——水分比率。

稻谷单一籽粒的干燥速率依赖于它的尺度、形状和扩散系数。3 类稻谷类型的等效半径见表 4-23。

表 4-23　　三类稻谷胚乳球体、麸皮与稻谷壳层厚度的等效半径

产品	等效半径/mm		
	长粒	中粒	短粒
胚乳	0.88	1.38	1.58
麸皮	0.05	0.08	0.08
稻谷壳	0.07	0.10	0.11
稻谷	1.00	1.56	1.77

注：引自 Brooker et al.（1992）。

由于长粒、中粒、短粒稻谷品种之间干燥速率的差异（在粮食工程准确度范围内），主要由于它们籽粒尺寸与形状、扩散系数被认为是一样的。稻谷的扩散系数 D 从下列表达式计算

$$D = A\exp\left(\frac{B}{T_g}\right)\ (\mathrm{m^2/h}) \tag{4-62}$$

式中　T_g——稻谷绝对温度，K；

A、B——稻谷和蒸煮稻谷的产品常数，见表 4-24。

式（4-62）对 0~60℃温度范围是有效的。

表 4-24　　稻谷、蒸煮稻谷及稻谷组分的扩散方程系数

稻谷类型	*A*	*B*
稻谷	33.60	-6420
胚乳	0.00257	-2880
麸皮	0.797	-5510
稻壳	484.00	-7380
蒸煮稻谷	411.86	-6978

注：假定为球形籽粒；引自 Steffe and Singh（1982）。

式（4-59）组成了球形坐标系中扩散方程的分析解。它合理地模拟了稻谷的干燥速率。认为稻谷籽粒由球形淀粉胚乳被一个同心的米糠壳和一个稻壳围绕。胚乳、麸皮、壳每个材料具有不同的扩散系数。表 4-24 所示为稻谷主要组分的扩散方程系数 A 和 B。表 4-23 数据是 3 类稻谷类型的球形胚乳半径、麸皮与壳层厚度的半径，用于式（4-59）分析。

通过粮堆的气流速率依赖于粮食的气流阻力。稻谷类型的形状不同，显示不同的粮层阻力特征。下列方程用于计算通过稻谷粮堆的压强降：

$$\Delta P = a\,Q^b \tag{4-63}$$

式中　a、b——参数，由表 4-25 给出；

Q——气流速率，$\mathrm{m^3/(m^2 \cdot s)}$；

ΔP——压强降，Pa/m。

采用式（4-61）计算的压强降对含水率、粉尘浓度、堆密度平均的稻谷床。这些参数对长粒稻谷的静态压强降的影响，在1987年表达为

$$\Delta P = Q(25.86F - 90.06M + 5.59\rho + 9133.7Q) \tag{4-64}$$

式中 F——粉尘含量，%；

M——含水率，%（湿基）；

ρ——堆密度，kg/m^3。

从式（4-64）看出，通过稻谷床的静态压强降在高气流、高粉尘浓度、高堆密度、低含水率时较高。例如，气流速率$0.105m^3/(m^2 \cdot s)$，干净、中等密度长粒稻谷在含水率24%时具有静态压强降216Pa/m；在同样空气流速，对高密度稻谷含水率12%、30%粉尘含量，静态压强降增加到376Pa/m。正确混合的稻谷粉尘含量为2%～4%，因此推荐干燥之前吸出和过筛清理稻谷。高浓度的粉尘发生在装粮喷射口下的仓心，约30%，在这个区域高气流阻力，气流速率低，导致干燥缓慢。

表4-25 含水率13%（湿基）长粒、中粒、短粒稻谷静态压强方程的参数

稻谷类型	气流速率/[$m^3/(m^2 \cdot s)$]	静态压强方程	
		a	*b*
短粒	0.08～0.41	7319	1.5006
中粒	0.08～0.41	9261	1.4628
长粒	0.01～0.15	4832	1.1671

注：引自Calderwood（1973）。

稻谷平衡含水率（M_e）与稻谷类型无关，修正Henderson和Chung方程的稻谷产品常数已经给出。对稻谷粮堆温度低于50℃，对M_e推荐下列经验方程，

$$M_e = \left(\frac{A}{B}\right)^C \tag{4-65}$$

$$A = -\ln(1.0 - RH)T_g \tag{4-65a}$$

$$B = 2.667 \times 10^{-7}\left(1.0 - \frac{T_g}{641.7}\right)^{-23.438} \tag{4-65b}$$

$$C = \frac{1}{4.0 \times 10^5 (T_g)^{-2.1166}} \tag{4-65c}$$

式中 T_g——稻谷绝对温度，K；

RH——相对湿度，小数表示；

M_e——平衡水分含量（干基），小数表示。

采用式（4-63），我们绘制了在不同温度下稻谷M_e等温线。

稻谷单一籽粒的干燥行为从给出的方程和物理特性可以计算。图4-6是采用式（4-65）绘制的稻谷平衡水分等温线。图4-7采用式（4-60）绘制的RH 20%的中粒稻谷的干燥曲线。图4-8显示在同样条件采用式（4-61）产生的中粒稻谷干燥曲线。比较中粒稻谷与玉米、小麦的干燥速率，稻谷干燥快于玉米，但是慢于小麦。

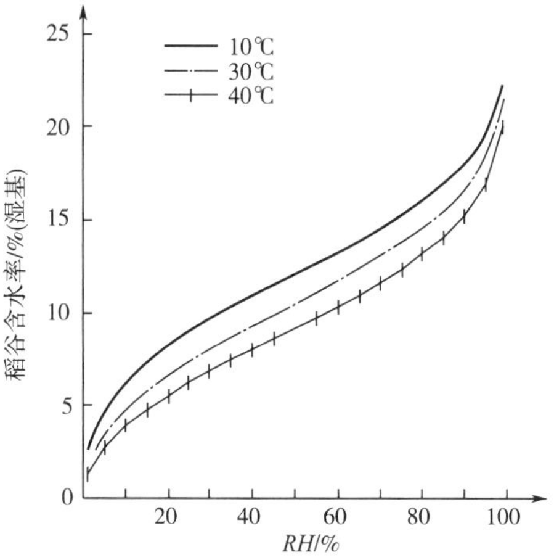

图 4-6　采用式（4-65）计算稻谷的平衡含水率

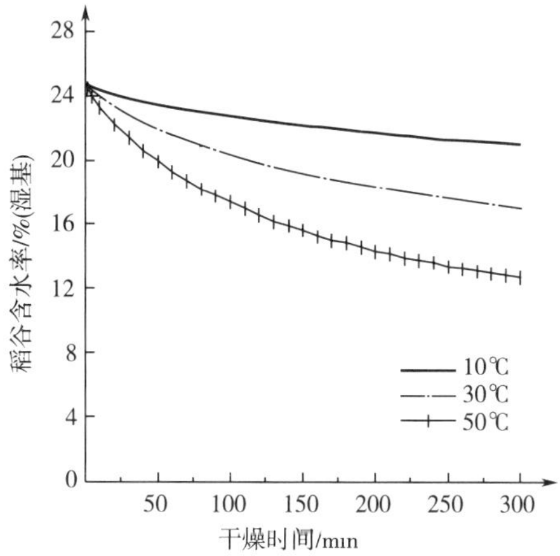

图 4-7　采用式（4-60）计算中粒稻谷的干燥含水率随时间的变化

注：相对湿度 20%；R=1.56mm。

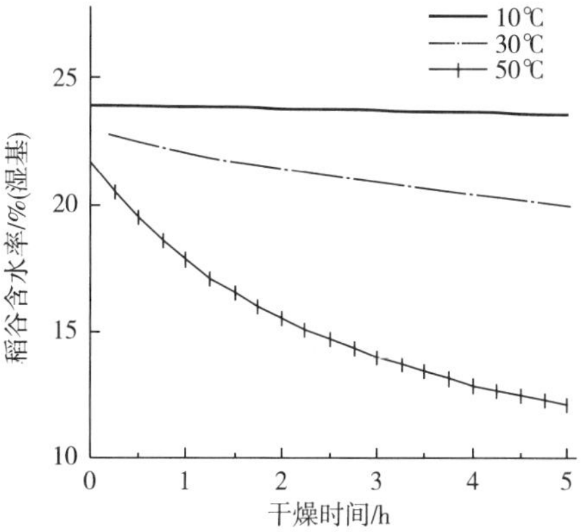

图 4-8　采用式（4-61）计算中粒稻谷的干燥含水率随时间的变化

注：相对湿度 20%；式（4-61）中，n 取（1，2），R=1.56mm。

三、 稻谷太阳干燥

在硬地面、水泥板、草席上，人工摊开湿稻谷，薄层厚度 3~5cm，暴露到太阳光。这个过程叫稻谷太阳干燥或晒干。稻谷薄层晒干期间每小时或半小时搅动 1 次，提高干燥速率和太阳能干燥的均匀性。在夜间或下雨期间，堆起稻谷并覆盖。在热带于 3d 内，稻谷含水率从 20%~22%降低到 13%~14%。

稻谷太阳能干燥的试验数据有限。如果稻谷温度升高到 60~70℃，则导致籽粒裂纹。影响稻谷太阳干燥的主要参数可以采用数学分析干燥过程获得。对太阳干燥的厚度 $x=L$ 稻谷层，写出能量守恒方程。在 $X=0$ 处稻谷薄层吸附的太阳能等于：在 $X=L$ 处对流到周围空气和传导到地面的损失能量，加上水分蒸发需要的能量：

$$H(t)\alpha A\Delta t = hA[(T_g)_{x=0} - T_\infty]\Delta t - \frac{\partial T_g}{\partial x}kA|_{x=L}\Delta t + h_{fg}h_D A(C_{x=0} - C_\infty)\Delta t \tag{4-66}$$

式中 A——稻谷粮堆摊开的面积，m^2；

L——稻谷薄层的深度，m；

T_g——稻谷粮堆温度,℃；

x——维数方向的尺寸，m；

$H(t)$——光束和扩散的太阳照射率，W/m^2；

Δt——晒干时间，h；

h——对流热传递系数，W/（m·℃）；

h_D——对流水分传递系数，m/s；

h_{fg}——蒸发潜热，J/kg；

k——有效热传导率，W/（m·℃）；

α——光吸收系数，小数表示；

T_∞——环境空气温度,℃；

C_∞——环境空气的水分含量，kg/m^3。

由于环境条件连续变化，式（4-64）的一些项是时间的函数。白天的时间影响：①光束和扩散的太阳照射发生率［$H(t)$］；②风速、对流热传递系数（h）和质量传递系数（h_D）；③环境空气温度（T_∞）和湿度（C_∞）。另外，式（4-64）右边的第二项表示地面温度每日地变化。$C_{x=0}$ 表示稻谷表面层的水分含量，kg/m^3，C_∞ 是环境空气的水分含量，kg/m^3。

除了式（4-66），太阳能干燥模型需要稻谷薄层温度和水分分布的方程：

$$\frac{\partial}{\partial x}\left(k\frac{\partial T_g}{\partial x}\right) = \rho C\frac{\partial T_g}{\partial t} \tag{4-67}$$

$$\frac{\partial}{\partial x}\left(D\frac{\partial C}{\partial x}\right) = \rho C\frac{\partial C}{\partial x} \tag{4-68a}$$

式中 T_g——稻谷粮堆温度,℃；

C——稻谷堆的水分含量，kg/m^3；

k——有效热传导率，W/（m·℃）；

D——扩散系数，m^2/h；

ρ——有效稻谷堆密度，kg/m^3。

式（4-67）~式（4-68a）的边界条件是

$$k\frac{\partial T_g}{\partial x}\bigg|_{x=L} = k\frac{\partial T_g^1}{\partial x^1}\bigg|_{x^1=0} \tag{4-68b}$$

$$T_g(L,\ t) = T_g^1(0,\ t) \tag{4-68c}$$

$$T_g(x,\ 0) = [T_g]_{初始} \tag{4-68d}$$

$$M(x,\ 0) = M_{初始} \tag{4-68e}$$

上标 1 表示地面。边界条件式（4-66b）需要地面温度，需要纳入土壤热传导方程：

$$\frac{\partial}{\partial x^1}\left(k\frac{\partial T_g^1}{\partial x^1}\right) = \rho^1 c^1 \frac{\partial T_g^1}{\partial t^1} \tag{4-69}$$

式中　k——有效热传导率，W·m^{-1}·℃$^{-1}$；

c——比热容，J/（kg·℃）；

ρ——有效稻谷堆密度，kg/m^3。

太阳能干燥模型式（4-66）~式（4-69）的数值解，提供了稻谷薄层的含水率是薄层深度 x 和时间 t 的函数，就可计算稻谷薄层的平均含水率。如果稻谷薄层间歇地搅动，这些方程需要修正。

四、稻谷烘干的工艺特性

稻谷胚乳因其结构和淀粉粒排列的差异，可分为粉质胚乳和角质胚乳。因为粉质部分多位于糙米的腹部或心部，心腹部粉质胚乳较多的糙米就被称为腹心白粒。由于粉质粒的强度和硬度均小于角质粒（表 4-26 和表 4-27），所以在外力或内力作用下，糙米的心部和腹部易受到破坏。另外，当稻谷含水率增加时，谷粒的强度也会下降。

表 4-26　不同含水率糙米籽粒的强度

胚乳结构	角质粒	粉质粒	腹白粒	心白粒	爆腰粒
强度/（kg/粒）	4.89~6.29	3.22~5.51	4.51~5.60	4.20~4.82	3.92~5.18

表 4-27　不同含水率糙米的强度

含水率/%（湿基）	抗压强度/（kg/粒）		抗弯强度/（kg/粒）		抗剪强度/（kg/粒）	
	角质粒	腹心白粒	角质粒	腹心白粒	角质粒	腹心白粒
15.3	5.94	5.89	3.80	3.39	2.69	0.91

续表

含水率/%（湿基）	抗压强度/（kg/粒）		抗弯强度/（kg/粒）		抗剪强度/（kg/粒）	
	角质粒	腹心白粒	角质粒	腹心白粒	角质粒	腹心白粒
17.4	5.34	5.02	3.18	3.05	2.10	1.04
19.0	3.54	2.91	2.37	2.15	1.52	1.30
21.5	2.86	2.63	2.17	2.02	1.49	1.46
23.3	2.35	2.05	1.61	1.42	1.15	2.02

注：引自刘启觉（2001）。

稻谷烘干时，谷粒获得热量，温度升高，水分从内向外扩散、蒸发。若气流温度较高，降水速率较大，会使谷粒表面的水分蒸发过快，而内部补充的水分跟不上。在这种情况下，将造成谷粒表层收缩较快，内部收缩较慢，使表层毛细管收缩变窄、变细，从而导致内部水分扩散困难。更严重的是，还会使糙米表层的某些局部产生水分扩散和蒸发的间断面，并在此处产生较大的应力集中现象。当应力大于米粒所承受的强度极限时，会产生微细裂纹。由表 4-26 和表 4-27 可知，某些糙米颗粒的心腹部粉质胚乳较多，强度较低，则微细裂纹多产生于强度较低的部位，并在此处易产生应力集中的现象，使微细裂纹扩展、延伸，最严重的情况是产生爆腰。米粒爆腰后，强度大大降低，加工时米粒易被折断，产生碎米，出米率降低。

在稻谷冷却时，若温差过大，也会使稻谷表层降温过快收缩也快。内部降温较慢，收缩也慢。由于谷粒表层水分较低，依据水分吸附理论，谷粒将从空气中吸附水分。同时，由于水分梯度存在，内部的水分将继续向表层转移。米粒表层重新获得水分后，体积膨胀。米粒内部失水后，体积收缩。所以米粒表层从受拉状态逐步转变为受压状态，而中心部分从受压状态逐步转变成受拉状态。当内部拉应力超过抗拉强度后，便产生微细裂纹，严重时则形成爆腰。所以，稻谷干燥降水工艺，应使稻谷缓慢升温和缓慢降温，并要有一定的缓苏时间，让谷粒内部和表层水分达到新的平衡。

五、 稻谷烘干的技术措施

表 4-28 所示为稻谷烘干相关参数测定数据，在试验和测试中采取了以下措施。

表 4-28　　稻谷烘干相关参数测定

热风温度/℃	降水幅度/%	降水速率/（%/h）	原粮爆腰率/%	烘后爆腰率/%	排粮温度/℃
65	3.50	1.50	6.31	8.30	21.0
60	3.52	1.10	6.23	7.71	20.5
55	3.54	1.05	6.21	7.48	20.5

续表

热风温度/℃	降水幅度/%	降水速率/（%/h）	原粮爆腰率/%	烘后爆腰率/%	排粮温度/℃
50	3.62	1.00	6.25	7.41	20.0
45	3.53	0.95	6.27	7.32	19.5
40	3.36	0.90	6.28	7.31	19.0

注：引自《中国粮食储藏大全》（1994）；大气温度为15℃，大气相对湿度75%，进机粮温15℃，原粮含水率18.0%。

1. 干燥介质和冷却介质温度应可调节

干燥介质温度是稻谷烘干的重要工作参数，根据原粮品质和水分加以调节。一般在50~60℃较好。若烘干种子粮，为保持发芽率，干燥介质温度在40~50℃较好。稻谷冷却时，应逐渐降温，冷却介质温度也应调节。

2. 控制烘干过程中的降水速率

当原粮含水率较高时（大于18%），极性结合水较多，可采用较高的降水速率，一般控制在1.0~1.4%/h的范围内。当原粮含水率小于18%时，降水速率可低一些，一般控制在0.5~1.0%/h的范围内。此外，依据原粮品种和品质不同，可适当调整降水速率。

3. 合理选择烘干与缓苏时间

稻谷烘干过程，应留有缓苏时间，让谷粒内部和表层水分达到平衡。缓苏时间一般为烘干时间的3~5倍，且每次烘干时间应控制在30min以内。

第六节 干物质玻璃化转变温度

一、玻璃化转变温度与粮粒裂纹

玻璃态物质，就是一种非晶体，其黏度一般在10^{12}Pa·s以上，具有固体的一些性质如易碎、透明。食品的玻璃化转变温度与食品组成成分有关，低相对分子质量食物组分（如糖）的玻璃化转变明显，一般在20℃左右；高相对分子质量食物组分（如蛋白质、淀粉等）的玻璃化转变温度范围比较宽（卞科，2006）。通常分子的旋转和振动可以发生在玻璃态温度内，而平动则发生在玻璃化转变温度以上。处于玻璃态的食品具有易碎、热容量低、自由体积小、反应速率慢、黏度高和储能模量高的特点；处于橡胶态的食品具有柔软、易弯曲、自由体积较大、黏度低和弹性模量低的特点。

水是一种广泛的溶剂，在食品系统中作为一种常见的添加剂和塑化剂。添加热能也能够塑化食品，通过增加食品系统分子能量和熵来减少食品系统的玻璃化转变温度

(T_g)。食品中塑化剂减少 T_g 能力的程度依赖于塑化剂的浓度、分子质量、玻璃化转变温度、黏度，以及与食品固形物的兼容性。水的塑化剂作用，归因它的介电常数大，在塑化期间能够促进亲水分子之间形成氢键。在干燥和中等含水率的食品系统中，食品系统的 T_g 随含水率的增加急剧减少。添加水增加食品中分子之间的游离体积，引起食品系统中分子松弛。与食品固形物（干物质）比较，水显示分子质量小和玻璃化温度 T_g 低(-135℃)，总是压低食品系统的总 T_g。水的塑化作用影响食品加工和储藏期间的稳定性。

传统理论认为，干燥过程中稻谷籽粒内外层水分解吸速率不同，产生了水分梯度，引起内部应力，应力超过稻谷的张力强度则导致裂纹出现。但是1999年有报道，在干燥过程中并没有裂纹出现，所有裂纹都是在干燥停止后的冷却过程出现的，大多数裂纹在停止干燥后 2h 或更长时间（9h）后出现的，所有裂纹均在 24h 内出现。Cnossen 等(2000) 为了解释稻米裂纹的形成，提出了玻璃化转变的概念。国内外均建立了稻谷干燥过程中 T_g 与含水率之间的线性方程（表4-20）。另外，在20世纪30年代曾报道稻米籽粒裂纹发生由于水分吸附作用，我们采用不同水分的糙米样品进行吸附速率测定，发现与 *RH* 65%、86%环境比较，在 *RH* 100%下，糙米样品发生吸附作用而破碎粒严重。

二、 谷物中干物质玻璃化转化温度计算

水的塑化作用引起食品材料的 T_g 变化，采用 Gordon-Taylor 方程模拟。

$$T_g = \frac{w_1 T_{g1} + kw_2 T_{g2}}{w_1 + kw_2} \tag{4-70}$$

式中　w_1、w_2——组分 1、2 的质量分数，%；

T_{g1}、T_{g2}——组分 1、2 的玻璃化转变温度，℃；

k——常数。

我们假定谷物由两部分组成，即水分和干物质。水的玻璃化转变温度 T_g =-135℃，设 w_1 为谷物中的水分质量，w_2 为干物质的质量，M 为谷物的干基含水率（小数表示），则

$$M = \frac{w_1}{w_2} \tag{4-71}$$

式（4-70）转变为

$$T_g = \frac{-135M + kT_{gs}}{M + k} \tag{4-72}$$

式中　T_g——谷物籽粒玻璃化转变温度，℃；

T_{gs}——谷物籽粒中干物质的玻璃化转变温度，℃。

玻璃化转变温度-固形物（干物质）含量关系的曲线描述，指示了水和食品固形物之间相互作用的强度。在含水率相似的食品二元混合物中，与较小 k 比较，较大的 k 说明固形物被水更加塑化。Gordon-Taylor 模型中，在含水率一样情况下，k 增大，塑化作用则增大，玻璃化转变温度则减少。当 k=1 时，玻璃化转变温度-固形物含量关系是直

线的。当 $k>1$ 时，玻璃化转变温度与固形物含量之间的关系图形是更加凹陷的（图 4-9），当 $k<1$ 时，图形是凸起的。

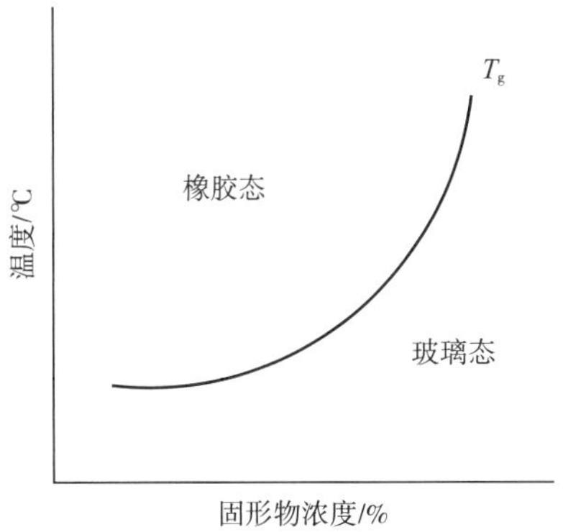

图 4-9 玻璃化转变温度与食品干物质含量的关系

三、 文献稻米玻璃化转变温度线性方程

表 4-29 给出了稻谷 T_g 与含水率（M）之间的线性方程，本节以这些线性方程解析含水率 8%~25%范围所对应的 T_g 数据组，然后以式（4-72）拟合出稻谷干物质玻璃化转变温度 T_{gs} 和常数 k。

表 4-29 文献报道的稻谷玻璃化转变温度与含水率线性方程

稻谷品种	粒型	测定仪器	含水率/%（湿基）	T_g与M线性方程	参考文献
Begal	中粒	TMA	3~27	T_g = 53.63 - 0.88M	Perdon et al.（2000）
Cypress	长粒	TMA	3~27	T_g = 56.27 - 1.08M	Perdon et al.（2000）
Drew	长粒	TMA	4~21.5	T_g = 59.47 - 1.17M	Sun et al.（2002）
Bengal	中粒	DMTA	7~22	T_g = 100.71 - 3.25M	Siebenmorgen et al.（2004）
Drew	中粒	DMTA	7~22	T_g = 100.51 - 3.34M	Siebenmorgen et al.（2004）
Akitakomachi	中粒	DSC	12~25	T_g = 81.19 - 2.39M	Cao et al.（2004）
L201	长粒	DSC	12~25	T_g = 65.46 - 1.33M	Cao et al.（2004）
Delta	长粒	DSC	12~25	T_g = 60.62 - 1.22M	Cao et al.（2004）
桂 99	长粒	DSC	10~28	T_g = 77.11 - 1.71M	李栋（2001）
湘晚稻	长粒	DSC	9~19	T_g = 52.17 - 0.77M	周福阳（2004）
京稻 3 号	短粒	DSC	9~19	T_g = 53.85 - 0.86M	周福阳（2004）

注：M 是稻谷含水率,%（湿基）；以糙米形态测定 T_g；TMA 是热机械分析；DMTA 是动态机械热分析；DSC 是差异量热扫描仪。

表 4-30 所示，在含水率 8%~25%（湿基）范围，式（4-72）很好地拟合了国内外 9 个稻谷品种的 T_{gs} 与干基含水率之间关系，$R^2>0.994$，$MRE<0.08\%$。常数 $k>1$，说明稻谷中干物质被水更加塑化，玻璃化转变温度与固形物含量之间的关系图形是凹陷的。比较 3 种仪器方法测定的干物质玻璃化转变温度（T_{gs}）和 k，对同样稻谷品种，DMTA 测定的数据与 TMA 的差异非常大，而 TMA 测定的 3 个稻谷品种数据与 DSC 测定 6 个稻谷品种的数据较接近。因此，可以认为 9 个稻谷品种的 T_{gs} 范围是 52.28~82.11℃，平均值（61.10±11.07）℃，k 的范围 0.86~3.09，平均值 2.04±0.70。

表 4-30　式（4-72）对稻谷籽粒 T_g 与含水率之间关系拟合的结果

稻谷品种	测定仪器	含水率/%（湿基）	式（4-72）		统计学参数	
			k	T_{gs}	R^2	MRE/%
Begal	TMA	8~25	2.65	52.28	0.9991	0.02
Cypress	TMA	8~25	2.12	54.86	0.9992	0.02
Drew	TMA	8~25	1.96	58.05	0.9941	0.02
Bengal	DMTA	8~25	0.61	105.62	0.9993	0.06
Drew	DMTA	8~25	0.58	105.17	0.9991	0.07
Akitakomachi	DSC	8~25	0.86	82.11	0.9999	0.01
L201	DSC	8~25	1.73	64.08	0.9996	0.02
Delta	DSC	8~25	1.87	59.22	0.9994	0.02
桂 99	DSC	8~25	1.36	75.99	0.9998	0.01
湘晚稻	DSC	8~25	3.09	50.85	0.9988	0.02
京稻 3 号	DSC	8~25	2.72	52.51	0.9989	0.02

四、 实测干燥过程谷物干物质的玻璃化转变温度

我们研究采用的稻谷品种包括粳稻（龙洋、香稻、盐丰）、籼稻（中加早、准两优、垫江），加水调至含水率 25%的样品，在 13℃平衡 10d，每天混匀 1 次。在电热恒温鼓风干燥箱分别以 45℃，55℃，65℃干燥，或者 50℃，60℃，70℃，样品置于孔径 2mm 的圆底筛（筛子直径 22cm，高度 5cm）。每个品种用样品约 500g，每个干燥温度每次取样 15g，其中 10g 粉碎测定含水率，另外 5g 测定 T_g 及其他指标。样品 65（70）℃和 55（60）℃干燥取样时间均为 0min，10min，20min，40min，60min，80min，100min，120min，150min，180min；45（50）℃干燥取样时间增加到 210min。干燥后样品室温放置 4h，然后 4℃保存。高水分龙江黄玉米品种 65℃干燥每 15min 取样一次，直到 135min。挑选饱满籽粒，用刀片切取胚乳部分 10mg，轻轻放置到 DSC 样品小坩埚中，密封。上机测定，温度扫描范围 0~250℃，升温速度 10℃/min。采用耐驰公司 NETZSCH—TA4_5 软件对样品热容量随温度的变化曲线求一级导数，然后在曲线上寻找

玻璃相态向橡胶相态转变的温度点（张龙等，2015，李兴军等，2018）。

从表4-31看出，式（4-72）较好地拟合了实测的5个稻谷品种和1个玉米品种干燥过程中玻璃化转变温度 T_{gs} 与干基含水率之间的关系，R^2 在0.882~0.987，MRE在0.06%~0.58%。随着干燥温度升高，稻谷样品 k 增加，而 T_{gs} 减少。5个稻谷品种的 T_{gs} 范围是57.34~84.80℃，平均值（63.43±7.57）℃，k 范围1.21~3.62，平均值2.26±0.73。一个玉米品种65℃干燥过程中 T_{gs} 和 k 均在5个稻谷品种的 T_{gs} 和 k 范围内。

表4-31 实测干燥过程谷物样品中干物质玻璃化转变温度

稻谷品种	干燥温度/℃	降水范围/%（湿基）	式（4-72）		统计学参数	
			k	T_{gs}	R^2	MRE/%
准两优	45	24.47~10.98	3.12	60.10	0.9890	0.06
（晚籼）	55	24.47~9.61	3.12	58.18	0.9145	0.21
	65	24.47~7.31	3.62	58.33	0.9837	0.08
中加早	45	21.07~11.45	1.98	62.96	0.9539	0.13
（晚籼）	55	21.07~9.75	1.86	62.04	0.9809	0.12
	65	21.07~7.91	2.50	59.15	0.8736	0.24
垫江	50	22.59~9.91	2.04	61.24	0.9866	0.09
（晚籼）	60	22.59~8.61	2.36	57.79	0.9729	0.13
	70	22.59~7.27	2.82	57.34	0.9029	0.24
龙洋	45	23.29~11.46	1.10	84.80	0.8987	0.32
（粳稻）	55	20.27~10.51	1.21	75.34	0.8951	0.43
	65	20.81~8.26	1.82	66.24	0.9311	0.19
盐丰	45	22.01~12.71	2.13	63.07	0.8878	0.21
（粳稻）	55	22.71~10.63	1.57	66.61	0.8288	0.58
	65	21.29~7.95	2.71	58.21	0.9022	0.22
龙江玉米	65	32.11~12.71	1.81	67.75	0.8819	0.43

注：准两优、中加早、垫江稻谷的玻璃化转变温度均测定3个平行样品；龙洋、盐丰稻谷、龙江玉米玻璃化转变温度均测定2个平行样品。以脱壳的稻谷测定 T_g。

五、实测调质谷物干物质玻璃化转变温度

在35℃条件下将样品脱水到8%以下，称取约10g（精确至0.0001g）样品于50 mL离心管，加蒸馏水调制不同水分梯度的样品。在4℃冰箱平衡10d后，挑选饱满籽粒，用刀片切取胚乳部分10mg，轻轻放置到DSC样品小坩埚中，密封，上机测定。玉米淀粉、玉米支链淀粉、小麦淀粉、大米淀粉样品加蒸馏水调制不同水分梯度的样品，在4℃冰箱平衡10 d后，然后密封到DSC样品小坩埚，上机测定。

从表 4-32 看出，式（4-70）较好地拟合了实测的 8 个稻谷品种中稻谷、糙米、精米样品玻璃化转变温度 T_{gs} 与干基含水率之间的关系，R^2 在 0.539~0.921。稻谷样品的 T_{gs} 平均值（62.65±4.05)℃，k 平均值 1.69±0.46。脱壳稻谷样品的 T_{gs} 平均值（69.35±0.39)℃，k 平均值 1.32±0.11。糙米样品的 T_{gs} 平均值（62.51±6.24)℃，k 平均值 2.19±0.61。精米样品的 T_{gs} 平均值（59.45±7.09)℃，k 平均值 2.53±0.81。

如表 4-33 所示，式（4-70）较好地拟合了实测的 8 个玉米品种中干物质玻璃化转变温度 T_{gs} 与干基含水率之间的关系，R^2 在 0.482~0.785。玉米样品的 T_{gs} 平均值（57.60±6.76)℃，k 平均值 4.06±1.92，其中黄玉米样品的 T_{gs} 平均值（60.26±6.28)℃，k 平均值 3.42±1.47，白玉米样品的 T_{gs} 平均值（55.09±6.96)℃，k 平均值 4.66±2.36。

表 4-32　调质稻谷样品中干物质玻璃化转变温度

稻谷类型	形态	含水率/%（湿基）	式（4-70）		统计学参数	
			k	T_{gs}	R^2	MRE/%
刚优	带壳	7.78~25.82	2.36	57.26	0.6067	0.68
（籼稻）	脱壳	7.78~25.82	1.43	68.91	0.9022	0.66
	糙米	7.29~25.55	2.54	57.06	0.9342	0.26
龙洋	带壳	5.58~20.03	1.33	67.04	0.9071	0.61
（粳稻）	糙米	5.58~25.98	1.84	66.95	0.5392	0.69
尖尖糯	带壳	6.92~24.99	1.47	63.56	0.7841	0.92
（糯稻）	脱壳	6.92~24.99	1.20	69.51	0.9207	0.41
	糙米	7.53~25.82	1.34	72.77	0.9188	0.49
香稻	带壳	6.23~26.21	1.62	62.75	0.8543	0.78
	脱壳	6.23~26.21	1.32	69.63	0.8843	0.61
	糙米	6.39~27.02	1.93	60.32	0.9035	0.48
稻花香	糙米	13.01~23.01	3.07	56.74	0.9066	0.11
秋田	糙米	14.01~24.01	2.43	61.22	0.6649	0.41
准两优	精米	7.29~33.11	3.09	54.44	0.9594	0.46
团团糯	精米	8.19~31.21	1.96	64.46	0.8039	1.81

表 4-33　调质玉米样品中干物质玻璃化转变温度

类型	品种	含水率/%（湿基）	式（4-70）		统计学参数	
			k	T_{gs}	R^2	MRE/%
黄玉米	龙江	4.19~35.14	1.99	68.70	0.7705	1.12
	京单	5.02~34.68	5.12	55.02	0.6435	0.51
	郑单	5.07~32.09	4.15	55.96	0.7846	0.44
	先玉	3.94~31.65	2.42	61.36	0.6201	1.18

续表

类型	品种	含水率/%（湿基）	式（4-70）		统计学参数	
			k	T_{gs}	R^2	MRE/%
白玉米	大马牙	4.35~34.09	4.59	50.66	0.5415	0.78
	承玉	4.83~34.39	2.48	64.68	0.7581	0.94
	唐抗	5.31~33.86	7.88	49.31	0.4824	0.52
	中糯	5.09~35.15	3.68	55.72	0.6618	0.61

六、实测的谷物淀粉玻璃化转变温度

从表4-34看出，在不同种类纯的谷物淀粉与水的二元系统中，小麦淀粉和大米淀粉T_{gs}分别是102.43℃和102.29℃，高于玉米淀粉（73.66℃）和玉米支链淀粉（63.13℃）。

表4-34 谷物淀粉玻璃化转变温度

种类	含水率/%（湿基）	式（4-70）		统计学参数	
		k	T_{gs}	R^2	MRE/%
小麦淀粉	12.35~30.01	0.64	102.43	0.8048	2.68
玉米支链淀粉	7.01~30.01	1.35	73.66	0.8876	1.02
玉米淀粉	12.30~30.01	1.43	63.13	0.7156	2.82
大米淀粉	12.30~30.01	0.69	102.29	0.8472	2.47

七、稻谷玻璃化转变温度线与储藏温度线的关系

图4-10所示，干燥稻谷样品干物质玻璃化转变温度（63.43±7.57）℃与调质稻谷样品干物质玻璃化转变温度（62.51±6.24）℃所对应的样品玻璃化转变温度线（最低、平均、最高）是相似的，随含水率的增加，它们的斜率明显低于稻谷储藏温度线斜率。当含水率10.5%的稻谷储藏在40℃，其最低玻璃化转变温度为41.5~42.4℃；当含水率14.5%的稻谷储藏在20℃，其最低玻璃化转变温度为37.5~38.4℃。说明在准低温储藏条件下，稻谷玻璃化转变温度与储藏温度的差值较大，有利于稻谷保持新鲜度。

八、稻米与玉米干物质玻璃化转变温度小结

最近20年发展的基于植物和动物材料的食品系统状态图，用于鉴定食品系统合适的加工和储藏条件。状态图给出了食品成分与温度、浓度相关的不同物理状态/相态及转变。淀粉中直链淀粉基本显示无定形结构，而支链淀粉显示它的晶体和半晶体结构。在加热期间淀粉无定形部分经历玻璃态到橡胶态转变，淀粉的晶体部分发生熔化，玉米

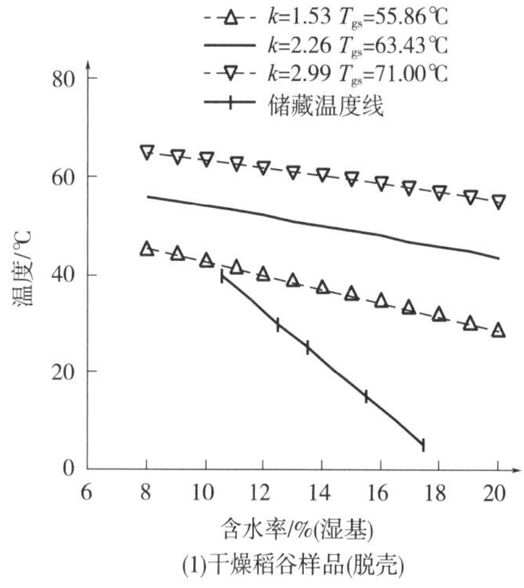

图 4-10 稻谷样品玻璃化转变温度与储藏温度线的关系

支链淀粉 T_{gs}（73.66℃）显著高于玉米淀粉 T_{gs}（63.13℃），见表 4-34。直链淀粉较支链淀粉显示较低的 T_{gs}，原因在于直链淀粉较小的分子质量和较小的聚合度。Sablani 等（2010）综述文章中列举的 9 种淀粉的 Gordon-Taylor 方程参数 T_{gs} 变化范围从 75~281℃，受到作物淀粉的来源、预糊化处理、测定的仪器方法所影响，如挤压淀粉的 T_{gs} 高于原有淀粉的 T_{gs}。DMTA 测定的 Bengal 和 Drew 品种糙米的 T_{gs} 几乎是 TMA 测定方法的两倍（表 4-30）。刘木华等（2001）观察到 22.5%（干基）的稻谷有 4 个玻璃化转变的吸热峰，分别在<7℃，20~35℃，40~60℃，>80℃。Perdon 等（2000）也观察到含水率 12%（湿基）的中粒 Bengal 糙米 3 个明显的玻璃化转变温度（-5℃，55℃，70℃）。这是由大米异质淀粉的分子结构特征、分子中共存的淀粉晶体/半晶体态及无定形区域引起的。淀粉的高玻璃转变温度（T_{gs}）可以归因于生物聚合物相互作用、限制分子运动、增加分子刚性和黏度。T_{gs} 随分子质量、占据体积、刚性、侧链基团的极性、生物聚合物之间的共价和非共价键、交联增加而增加。而且，当分子质量增加，生物聚合物的交联密度增加生物聚合物的刚度，减少迁移率，增加淀粉的 T_{gs}。据报道，蜡质玉米淀粉玻璃转变温度与峰值糊化温度重叠原因在于丧失了晶体度。由于大分子质量和组分的不兼容性，糙米等富含淀粉食品显示较宽的玻璃转变温度范围或多重玻璃转变温度。值得深入探索稻米多重玻璃转变温度、峰值糊化温度与干燥、储藏工艺环节品质劣变的关系。

储藏期间淀粉的半晶体部分随时间发生晶体化。在玻璃化转变温度之下储藏富含淀粉的食品，可以减少晶体化速率，在于淀粉的黏度较大。淀粉晶体化程度主要依赖于储藏温度与特定淀粉玻璃化转变温度之间的差异。经过测定给出了以干燥稻谷样品脱壳形态干物质玻璃化转变温度（T_{gs}）为（63.43±7.57）℃，类似文献报道值（61.10±11.07）℃（表 4-30）；调质的稻谷以带壳形态测定的 T_{gs} 为（62.65±4.05）℃，脱壳形态 T_{gs} 为（69.35±0.39）℃，糙米形态 T_{gs} 为（62.51±6.24）℃。调质的黄玉米 T_{gs} 为（60.10±6.43）℃，白玉米 T_{gs} 为（55.09±6.96）℃。当含水率 14.5%的稻谷储藏在 20℃，其最低玻璃化转变温度为 37.5~38.4℃，有利于品质保持。

第七节
干燥速率及水分扩散系数

一、 稻谷干燥速率及水分扩散系数

随着农业机械化程度的提高，收获的稻谷杂质多，对高水分稻谷需要研究高效的干燥工艺。严谨分析稻谷干燥现象，以精确的方法检测水分除去，可以提高干燥系统的效率。许多研究模拟分析稻谷干燥过程，还没有明确水分是以液态还是蒸气态移动。1972 年对稻谷偶联的不稳定热和液态扩散方程分析数值解，认为扩散系数与温度和初始含水率有关。在 1982 年假定稻谷籽粒为球形几何体，有人提出了稻谷干燥不稳定液态扩散方程的分析解。扩散系数以 Arrhenius 类型关系与温度有关，通过比较预测值与气流速度从 12~18m/s 的试验测定值，认为这个范围内，气流速度的变化不影响稻谷籽粒的干燥速率，可能是由于试验中采用了特别大的气流速度。通过除去到达粮食表面的水分，进而加快干燥。即米粒水分除去速率随着气流速率增加而增大，达到一定气流速度，则保持不变。到 1993 年研究又表明，气流温度是干燥过程水分比率随时间变化的重要因子；气流速度和初始含水率也对米粒水分除去具有显著影响。我国稻谷干燥过程水分有效扩散系数报道有限。

传统理论认为，干燥过程中稻谷籽粒内外层水分解吸速率不同，产生了水分梯度，引起内部应力，应力超过籽粒张力则导致米粒裂纹出现。但是观察到在干燥过程中没有裂纹出现，所有裂纹都是在干燥停止后的冷却过程出现的，大多数裂纹在停止干燥后 2h 或更长时间后出现的。最近 20 年采用玻璃化转变理论解释干燥导致的稻谷裂纹。我们研究了稻谷干燥过程玻璃化转变温度及裂纹破碎检测方法。

1. 籽粒水分解吸速率

采用扩散方程，假定粮粒是均质的。在恒定温度下，粮粒内发生扩散，水分扩散方程单独足以描述水分运动。Page 方程 $MR = \exp(-kt^n)$ ，是速率常数 k 为反应级数 n 的动力学方程，本研究考虑温度影响，对其修正为

$$MR = a\exp[-kt^n\exp(-b/(T+273)] \tag{4-73}$$

式中 MR——水分比率；

T——温度,℃；

t——时间，min；

a、b、k、n——方程系数。

式（4-73）在本节称为 MPase 方程，对式（4-73）求出 $\mathrm{d}(M_t)/\mathrm{d}t$ ，分析稻谷粮粒水分吸附/解吸速率（10^{-5}/min）。

$$\mathrm{d}(M_t)/\mathrm{d}t = (M_0 - M_e)\cdot a\cdot\exp\{-k\cdot t^n\exp[-b/(T+273)]\}\cdot\{-k\cdot n\cdot t^{n-1}\exp[-b/(T+273)]\} \tag{4-74}$$

式中 M_t——粮食 t 时刻的含水率，%；

M_0——粮食初始含水率，%；

M_e——一定相对湿度和温度下的平衡含水率，%。

2. 干燥过程稻谷水分扩散系数和活化能分析

通常认为粮食籽粒内水分流动采用扩散方式（液体或蒸汽）。我们将稻谷籽粒假定为圆柱体状，其水分扩散偏微分方程可以写成

$$\frac{\partial M}{\partial t} = D_{\text{eff}}\left[\frac{\partial^2 M}{\partial r^2} + \frac{1}{r}\frac{\partial M}{\partial r} + \frac{\partial^2 M}{\partial z^2}\right] \tag{4-75}$$

式中 M——水分含量，小数表示；

t——时间，h；

D_{eff}——有效水分扩散系数，m^2/min；

r——沿着圆柱体半径 R 的坐标点，m；

z——沿着圆柱体的半长度的坐标点，m。

在稻谷籽粒吸附试验中，假定最初的和边界条件：

当 $t = 0$，$0 \leqslant r \leqslant R$，$-L \leqslant z \leqslant L$ 时，则 $M(r, 0) = M_0$

当 $t > 0$，$r = R$，$z = \pm L$ 时，则 $M(R, t) = M_e$

当 $t > 0$，$r = 0$，$-L \leqslant z \leqslant L$ 时，则 $\frac{\partial M}{\partial t} = 0$

由于无限圆柱体的稻谷籽粒满足上述最初和边界条件，单一籽粒内水分均匀分布，式（4-75）的分析解为，

$$MR = \left(\frac{8}{\pi^2}\right)\sum_{n=1}^{\infty}\frac{4}{\lambda_n^2}\exp\left[-\frac{\lambda_n^2}{R^2}D_{\text{eff}}t\right]\sum_{m=1}^{\infty}\frac{1}{(2m+1)^2}\exp\left[-\frac{\pi^2(2m+1)^2}{4L^2}D_{\text{eff}}t\right] \tag{4-76}$$

式中 MR——水分比率；

λ_n——一类和零阶 Bessel 函数的根；

R——籽粒半径；

L——籽粒半长度。

取 $n=(1, 2)$，$m=(0, 1)$，则式（4-76）表达为

$$\begin{aligned}MR = {} & 0.5609\exp(-5.7802N_{Fi} - 2.4649N_{Fo}) + 0.0623\exp(-5.7802N_{Fi} - 22.207N_{Fo}) + \\ & 0.1064\exp(-30.47N_{Fi} - 2.4649N_{Fo}) + 0.0118\exp(-30.47N_{Fi} - 22.207N_{Fo})\end{aligned} \tag{4-77}$$

式中 N_{Fi}——Fick 数，等于 $(D_{\text{eff}}t)/R^2$；

N_{Fo}——傅里叶数，等于 $(D_{\text{eff}}t)/L^2$。

在式（4-77）中，右边系列解中第一项占主导地位，于是式（4-77）两边取自然对数，则为，

$$\ln(MR) = \ln(0.5619) - \left(\frac{5.7802}{R^2} + \frac{2.4649}{L^2}\right)D_{\text{eff}}t \tag{4-78}$$

有效水分扩散系数（D_{eff}）采用斜率方法计算，就 $\ln(MR) - t$ 试验数据作图，采用线性回归方程 [$\ln(MR) = -0.5782 - Bt$] 分析，求出线性方程斜率为 B，

$$D_{\text{eff}} = \frac{-B}{\left(\frac{5.7802}{R^2} + \frac{2.4649}{L^2}\right)} \qquad (4-79)$$

式中　D_{eff}——有效水分扩散系数，m^2/h；

B——线性方程斜率。

以式（4-79）计算不同温湿度下稻米籽粒水分扩散系数。

以 Arrhenius 关系表示有效水分扩散系数（D_{eff}）对绝对温度（T）的依赖性，则为

$$D_{\text{eff}} = D_0 \exp\left(-\frac{E_a}{RT}\right) \qquad (4-80)$$

式中　D_0——Arrhenius 方程的预指数因子；

E_a——活化能，kJ/mol；以 ln（D_{eff}）-1/T 作图的斜率获得；

R——理想气体常数，8.314J/（mol·K）；

T——空气绝对温度，K。

3. 稻谷 MPage 方程系数

高水分稻谷样品（表 4-35）在电热恒温鼓风干燥箱分别以 45℃，55℃，65℃干燥，或者 50℃，60℃，70℃干燥，样品置于孔径 2mm 的圆底筛（筛子直径 22cm、高度 5cm）。每个品种用样品约 500g，每个干燥温度每次取样 15g，其中 10g 按照国标粉碎测定含水率，另外 5g 测定籽粒厚度。样品 55℃，60℃，65℃，70℃ 干燥取样时间均为 0min，10min，20min，40min，60min，80min，100min，120min，150min，180min；45℃，50℃干燥取样时间增加到 210min。干燥后样品室温放置 4h，然后 4℃保存。

表 4-35　稻谷样品

编号	样品	产地	类型	初始含水率/%	干燥温度/℃
1	龙洋	黑龙江	中粒粳稻	23.29	45，55，65
2	盐丰	吉林	长粒粳稻	22.01	45，55，65
3	准两优 1	湖南	中粒籼稻	24.47	45，55，65
4	中加早 1	湖南	长粒籼稻	21.07	45，55，65
5	准两优 2	湖南	中粒籼稻	24.35	50，60，70
6	垫江	重庆	中粒籼稻	22.59	50，60，70

采用 MPage 方程，拟合本研究测定的高水分稻谷样品干燥过程水分比率（MR）随时间的变化曲线，结果显示 R^2>0.96，MRE<4.75%（表 4-36）。因此，MPage 方程系数用于分析稻谷干燥过程水分解吸速率随时间的变化。

表 4-36　稻谷干燥过程 *MR* 随时间变化曲线的拟合系数及生物统计参数

样品	方程系数				统计学参数	
	A	K	N	B	R^2	MRE/%
龙洋	0.9664	1.7872	0.9812	1564.8869	0.9679	4.483

续表

样品	方程系数				统计学参数	
	A	*K*	*N*	*B*	R^2	*MRE*/%
盐丰	0.9886	15.6025	1.0718	2385.0371	0.9811	3.601
准两优 1	0.9766	5.5721	1.0127	1919.2483	0.9903	2.736
中加早 1	0.9789	402.2239	1.1272	3556.2249	0.9827	3.506
准两优 2	0.9636	0.0165	0.8664	−193.5685	0.9647	4.740
垫江 1	0.9818	5.0907	0.9562	1824.2271	0.9885	2.902

4. 稻谷干燥过程解吸速率变化

从图 4-11 看出，在 45~70℃条件下干燥，稻谷样品均显示随着温度增加，水分解吸速率增大，干燥时间缩短。在 45℃下干燥，水分解吸速率曲线变化平缓，干燥时间较长。在 45~65℃条件下干燥，准两优稻谷水分解吸速率最高，而龙洋、盐丰两个品种水分解吸速率较低且相似。在 50~70℃条件下干燥，垫江水分解吸速率低于准两优（Li et al. 2016）。

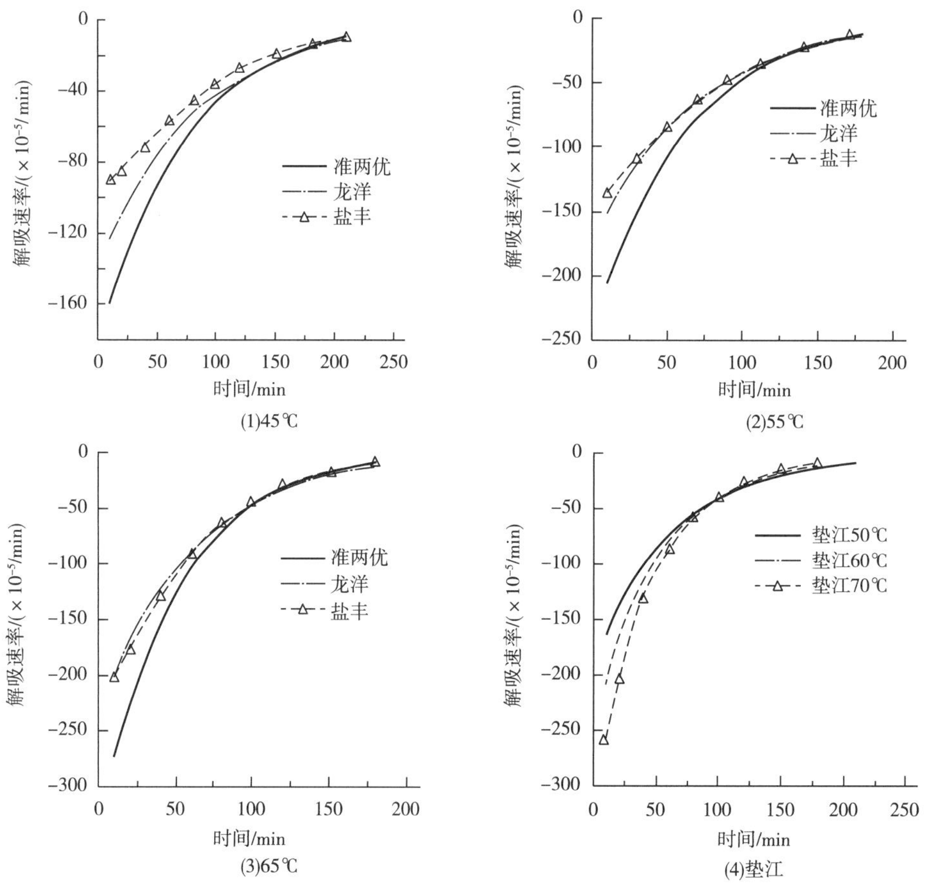

图 4-11 不同稻谷品种干燥过程水分解吸速率比较

5. 干燥过程稻谷籽粒水分扩散系数、活化能及破碎率

从表 4-37 看出，对 6 个稻谷样品，随着干燥温度增加，籽粒长度和宽度趋于减少，而水分有效扩散系数增加。稻谷在 45～70℃干燥温度有效水分扩散系数则为 2. 638×10^{-9}～2. 514×10^{-8} m^2/min。在 45～70℃，6 个稻谷样品籽粒活化能变化范围 6. 547～36. 913kJ/mol，D_0变化范围为 4. 770×10^{-8}～2. 306×10^{-3} m^2/min，其中龙洋品种的籽粒活化能和 D_0最大（表 4-38）。

表 4-37　　稻谷籽粒水分有效扩散系数（D_{eff}）

品种	温度/℃	长度/mm	宽度/mm	长宽比率	D_{eff}/（m^2/min）
龙洋	45	8. 63±0. 73^{b}	2. 77±0. 49^{ab}	3. 12	3. 401×10^{-9}
	55	8. 61±0. 58^{b}	2. 71±0. 27^{ab}	3. 18	4. 259×10^{-9}
	65	8. 55±0. 65^{c}	2. 64±0. 42^{ab}	3. 24	4. 560×10^{-9}
盐丰	45	6. 87±0. 43^{d}	3. 24±0. 29^{a}	2. 12	2. 040×10^{-8}
	55	6. 83±0. 45^{d}	3. 17±0. 28^{a}	2. 15	2. 514×10^{-8}
	65	6. 68±0. 41^{d}	3. 14±0. 43^{ab}	2. 13	3. 419×10^{-9}
准两优 1	45	9. 79±0. 70^{ab}	2. 69±0. 41^{ab}	3. 64	4. 033×10^{-9}
	55	9. 80±0. 65^{ab}	2. 66±0. 33^{ab}	3. 68	4. 273×10^{-9}
	65	9. 72±0. 61^{ab}	2. 63±0. 46^{ab}	3. 70	4. 671×10^{-9}
中加早 1	45	7. 57±0. 41^{cd}	3. 21±0. 27^{a}	2. 36	2. 691×10^{-9}
	55	7. 43±0. 42^{cd}	3. 16±0. 22^{a}	2. 35	3. 649×10^{-9}
	65	7. 44±0. 37^{cd}	3. 19±0. 33^{ab}	2. 33	5. 428×10^{-9}
准两优 2	50	9. 87±0. 45^{a}	2. 69±0. 22^{b}	3. 64	2. 638×10^{-9}
	60	9. 85±0. 47^{a}	2. 66±0. 31^{ab}	3. 68	4. 480×10^{-9}
	70	9. 71±0. 65^{ab}	2. 63±0. 49^{ab}	3. 70	4. 555×10^{-9}
垫江 1	50	8. 61±0. 66^{bc}	2. 75±0. 36^{ab}	3. 13	3. 291×10^{-9}
	60	8. 51±0. 77^{bc}	2. 70±0. 41^{ab}	3. 15	3. 960×10^{-9}
	70	8. 11±0. 68^{bc}	2. 78±0. 38^{ab}	2. 91	6. 461×10^{-9}

注：同列不同小写字母表示差异显著。

表 4-38　　稻谷籽粒活化能

品种	温度/℃	E_a/（kJ/mol）	D_0/（m^2/min）
龙洋	45～65	36. 913	2. 306×10^{-3}
盐丰	45～65	13. 173	5. 080×10^{-7}
准两优 1	45～65	6. 547	4. 770×10^{-8}
中加早 1	45～65	31. 309	3. 671×10^{-4}

续表

品种	温度/℃	E_a/（kJ/mol）	D_0/（m^2/min）
准两优 2	50~70	25.383	3.640×10^{-5}
垫江 1	50~70	30.920	3.126×10^{-4}

从表 4-39 看出，在温度范围 50~70℃恒温干燥，干燥温度越高，同一原始样品含水率降低越快。相似初始含水率的三个稻谷品种含水率降低速率相似。当含水率降低到13%时，籽粒裂纹破碎率大约在 5%左右，而在同一温度下继续干燥，则破碎率随着含水率降低而快速增加。依据破碎率不超过 10%，在 50℃，60℃，70℃温度下干燥，准两优品种干燥时间应该分别小于 100min，80min，80min；中加早品种干燥时间则分别小于 100min，100min，80min；垫江品种干燥时间则分别小于 80min，100min，40min。

表 4-39　　籼稻样品干燥过程中其糙米样品破碎率

品种	干燥时间/min	50℃		60℃		70℃	
		含水率/%	破碎率/%	含水率/%	破碎率/%	含水率/%	破碎率/%
准两优	0	19.9	0.33±0.31^{d}	19.9	0.33±0.31^{e}	19.9	0.33±0.31^{e}
	10	18.6	1.14±0.78^{d}	19.90	4.75±0.96^{d}	19.3	0.27±0.13^{e}
	20	17.8	3.23±0.84^{c}	19.70	3.95±1.08^{d}	18.3	0.19±012^{e}
	40	15.4	4.04±1.57^{c}	17.90	7.75±0.53^{c}	15.7	0.16±0.08^{e}
	60	13.8	3.53±1.55^{c}	15.10	8.14±0.75^{c}	12.7	6.49±1.92^{d}
	80	13.1	3.15±0.42^{c}	14.40	7.81±0.47^{c}	10.3	6.01±3.12^{d}
	100	11.6	7.83±0.82^{b}	12.90	19.36±0.39^{a}	9.1	16.98±3.37^{c}
	120	10.9	8.26±1.74^{ab}	11.40	17.12±4.54^{ab}	8.1	15.78±3.43^{c}
	150	9.8	13.99±4.02^{a}	10.30	24.67±5.31^{a}	6.7	37.79±2.85^{b}
	180	8.7	12.83±5.76^{ab}	8.70	15.67±2.54^{b}	6.2	59.31±2.72^{a}
中加早	0	19.8	1.79±0.29^{d}	19.8	1.79±0.29^{c}	19.8	1.79±0.29^{e}
	10	18.8	1.33±0.31^{d}	17.7	1.37±0.66^{c}	19.4	0.81±0.71^{e}
	20	17.8	1.47±0.23^{d}	17.1	0.71±0.68^{c}	18.6	0.62±0.44^{f}
	40	15.7	3.95±0.85^{c}	15.9	1.23±0.96^{c}	15.8	2.39±0.43^{e}
	60	13.6	4.48±0.63^{c}	13.3	2.13±0.97^{c}	13.1	4.89±0.47^{d}
	80	13.1	5.17±0.96^{c}	11.9	6.90±1.61^{b}	11.6	8.15±0.48^{d}
	100	12.9	9.51±1.46^{b}	10.9	7.81±1.49^{b}	9.8	14.64±2.20^{c}
	120	11.9	11.96±1.84^{b}	9.4	17.02±4.80^{a}	8.9	26.18±4.42^{b}
	150	10.8	17.04±7.88^{ab}	8.5	21.94±5.11^{a}	7.4	38.15±3.75^{a}
	180	10.3	23.51±7.74^{a}	7.7	26.12±6.09^{a}	6.7	42.04±6.98^{a}

续表

品种	干燥时间/min	50℃		60℃		70℃	
		含水率/%	破碎率/%	含水率/%	破碎率/%	含水率/%	破碎率/%
垫江	0	19.6	1.68±0.49[d]	19.6	1.68±0.49[c]	19.6	1.68±0.49[d]
	10	18.9	4.63±3.06[d]	18.2	1.18±0.99[c]	19.3	4.55±2.92[d]
	20	18.2	4.44±2.44[d]	16.9	4.87±2.59[bc]	17.5	4.17±3.31[d]
	40	14.8	5.38±1.68[d]	14.4	3.72±2.35[c]	14.2	9.57±3.86[cd]
	60	13.9	3.78±1.68[d]	12.9	3.29±2.82[c]	11.9	14.12±1.61[c]
	80	12.5	10.09±0.63[c]	11.6	3.78±2.59[c]	9.9	17.39±4.52[c]
	100	11.3	15.11±2.54[ab]	10.5	8.22±1.34[b]	8.1	16.67±3.71[c]
	120	10.9	13.16±1.14[b]	8.6	8.96±3.10[b]	8.1	20.96±6.17[bc]
	150	9.8	18.57±2.34[a]	8.7	20.34±1.53[a]	7.1	24.29±0.44[b]
	180	9.0	16.68±2.24[a]	7.2	21.94±2.29[a]	6.2	56.45±7.91[a]

注：平均值±标准差后的不同小写字母表示同一品种在一种干燥温度下差异显著。底部画线的平均值是破碎率小于10.5%的干燥时间。

二、 玉米干燥速率及有效水分扩散系数

干燥是热和质量同时传递的过程。粮食干燥期间，水分从粮食转移到空气，干燥空气供给的潜热蒸发水分。了解干燥过程粮食温度和含水率的变化及干燥条件的影响，有利于科学设计干燥工艺、提高干燥效率。数学模型用于模拟干燥过程。描述深床干燥的对数模型（第1类）处理干燥速率与跟粮层深度有关的粮食温度之间的关系，计算简便，但是预测准确性差。平衡模型（第2类）假定空气和粮食温度是平衡的，粮食含水率总是平衡状态，仅解出空气湿度和温度，该类模型适合非常慢的干燥过程。第3类干燥模型是非平衡模型，也称为偏微分方程模型，遵守一定体积内的热和质量守恒法则，具有合理的热力学基础。这类模型原理上用于高温干燥，但是用于所有干燥与冷却理论。本部分内容对Page干燥方程进行修正，纳入了温度项，采用修正了Page方程描述了薄层干燥过程玉米水分变化速率及有效扩散系数，进而比较了低温（45~75℃）干燥过程中玉米破碎率及热特性的变化。

1. 玉米籽粒水分扩散系数和活化能分析

将玉米籽粒假定为平板状，其水分扩散偏微分方程可以写成

$$\frac{\partial M}{\partial t}=\frac{\partial}{\partial x}\left[D_{\mathrm{eff}}\frac{\partial M}{\partial x}\right] \tag{4-81}$$

式中 M——水分含量，小数表示；

t——时间，h；

D_{eff}——有效水分扩散系数，m^2/min；

x——沿着平板半厚度 L 水分扩散的位点，m。

假定最初和边界条件：

当 $t=0$，$-L \leqslant x \leqslant L$，$M(x, 0)=M_0$；

当 $t>0$，$x=\pm L$，$M(x, t)=M_e$；

当 $t>0$，$x=0$，$\frac{\partial M}{\partial t}=0$。

对以半厚度对称的板状玉米籽粒，具有上述最初和边界条件，按照 Crank 方法对平板进行平均化处理，就单一籽粒内平均水分获得了式（4-81）的分析解法为

$$MR=\left(\frac{8}{\pi^2}\right)\sum_{n=0}^{\infty}\frac{1}{(2n+1)^2}\exp\left[-\frac{\pi^2(2n+1)^2}{4L^2}D_{eff}t\right] \quad (4-82)$$

式中　MR——水分比率，$MR=(M_t-M_e)/(M_0-M_e)$；

M_t——样品 t 小时的含水率；

M_0——样品初始含水率；

M_e——平衡含水率；

L——玉米籽粒半厚度，m。

含水率均以湿基、小数表示。

当 $n=(0, 2)$，式（4-82）展开为

$$MR=0.8106\exp\left(-\frac{2.4674D_{eff}}{L^2}t\right)+0.0901\exp\left(-\frac{22.2066D_{eff}}{L^2}t\right)+0.0324\exp\left(-\frac{61.685D_{eff}}{L^2}t\right) \quad (4-83)$$

在式（4-83）系列解中，右边第一项占主导地位，因此将式（4-83）的自然对数形式写成

$$\ln(MR)=\ln(0.8106)-\left(\frac{2.4674}{L^2}\right)D_{eff}t \quad (4-84)$$

本研究中就 ln（MR）$-t$ 试验数据作图，采用斜率方法计算不同温度下玉米籽粒有效水分扩散系数 D_{eff}。B 是线性方程的斜率。

$$\ln MR=-0.2900-Bt \quad (4-85)$$

$$D_{eff}=\frac{-B}{\left(\frac{2.4674}{L^2}\right)} \quad (4-86)$$

以 Arrhenius 关系表示有效水分扩散系数（D_{eff}）对绝对温度（T）的依赖性，则为

$$D_{eff}=D_0\exp\left(-\frac{E_a}{RT}\right) \quad (4-87)$$

式中　D_0——Arrhenius 方程的预指数因子；

E_a——活化能，kJ/mol；以 ln（D_{eff}）$-1/T$ 曲线的斜率获得；

R——理想气体常数，8.314J/（mol·K）；

T——绝对空气温度，K。

2. 玉米 MPage 方程系数

高水分玉米样品在电热恒温鼓风干燥箱分别以 45℃，55℃，65℃，75℃干燥，样品置于孔径 4.05mm 的圆底筛（筛子直径 22cm、高度 5cm）。每个品种用样品约 500g，每个干燥温度每次取样 15g，其中 10g 粉碎测定含水率，另外 5g 测定籽粒厚度。龙江高水分玉米 45℃干燥每 30min 取样一次，直到 270min；55℃干燥每 20min 取样一次，直到 180min；65℃干燥每 15min 取样一次，直到 135min；75℃干燥每 15min 取样一次，直到 150min。郑单、先玉、唐抗、中糯样品 45℃干燥取样时间 0min，60min，120min，180min，240min，300min，360min；55℃ 干燥则 0min，50min，100min，150min，200min，250min，300min；65℃干燥每 30min 取样一次，直到 210min；75℃干燥每 20min 取样一次，直到 140min。所有干燥的样品在 25℃缓苏 4h。籽粒长度、宽度（宽上、宽中、宽下）、厚度采用电子游标卡尺测定，每粒玉米测定 2 次。

采用 MPage 方程，拟合本研究测定的高水分玉米样品干燥过程水分比率（*MR*）随时间的变化曲线，结果显示 R^2>0.94，*MRE*<6.23%（表 4-40）。因此，Mpage 方程系数用于分析玉米干燥过程水分解吸速率随时间的变化。

表 4-40　玉米干燥过程 *MR* 随时间变化曲线的拟合系数及生物统计参数

品种	方程系数				统计学参数	
	A	*K*	*N*	*B*	R^2	*MRE*/%
龙江高	0.9816	638.5383	1.1176	3721.8994	0.9472	6.224
郑单	0.9953	376.3136	0.8539	3183.5072	0.9829	3.279
先玉	0.9941	479.3835	0.9092	3343.1111	0.9863	2.903
唐抗	0.9961	502.6957	0.8442	3275.6408	0.9672	4.294
中糯	0.9977	292.7952	0.9265	3221.1418	0.9837	2.845

3. 玉米干燥过程解吸速率变化

从图 4-12 看出，在 45~75℃条件下干燥，3 个玉米品种均显示随着温度增加，水分解吸速率增大，干燥时间缩短。在 45℃下干燥，水分解吸速率曲线变化平缓，干燥时间较长。在 45~55℃条件下干燥，龙江高水分玉米水分解吸速率最低，而其他两个品种水分解吸速率较高，尤其是在 55℃条件下水分解吸速率接近。在 65~75℃条件下干燥，唐抗水分解吸速率最低，其他两个品种水分解吸速率较高且接近（姜平和李兴军，2016）。

4. 干燥过程玉米籽粒有效扩散系数与活化能

从表 4-41 看出，对 5 个玉米品种，随着干燥温度增加，籽粒水分有效扩散系数增加；45~55℃水分有效扩散系数较接近，65~75℃水分有效扩散系数是 45℃的 2~3 倍。在干燥温度 55℃，龙江高水分玉米的有效扩散系数最大，为 $3.08\times10^{-8}m^2/min$，在 65~75℃则为 $5.56\sim5.82\times10^{-8}m^2/min$，在 5 个玉米品种中居中。唐抗品种在 45~55℃干燥温度有效水分扩散系数则为 $2.17\sim2.88\times10^{-8}m^2/min$，在 75℃则为 $8.33\times10^{-8}m^2/min$，最大。

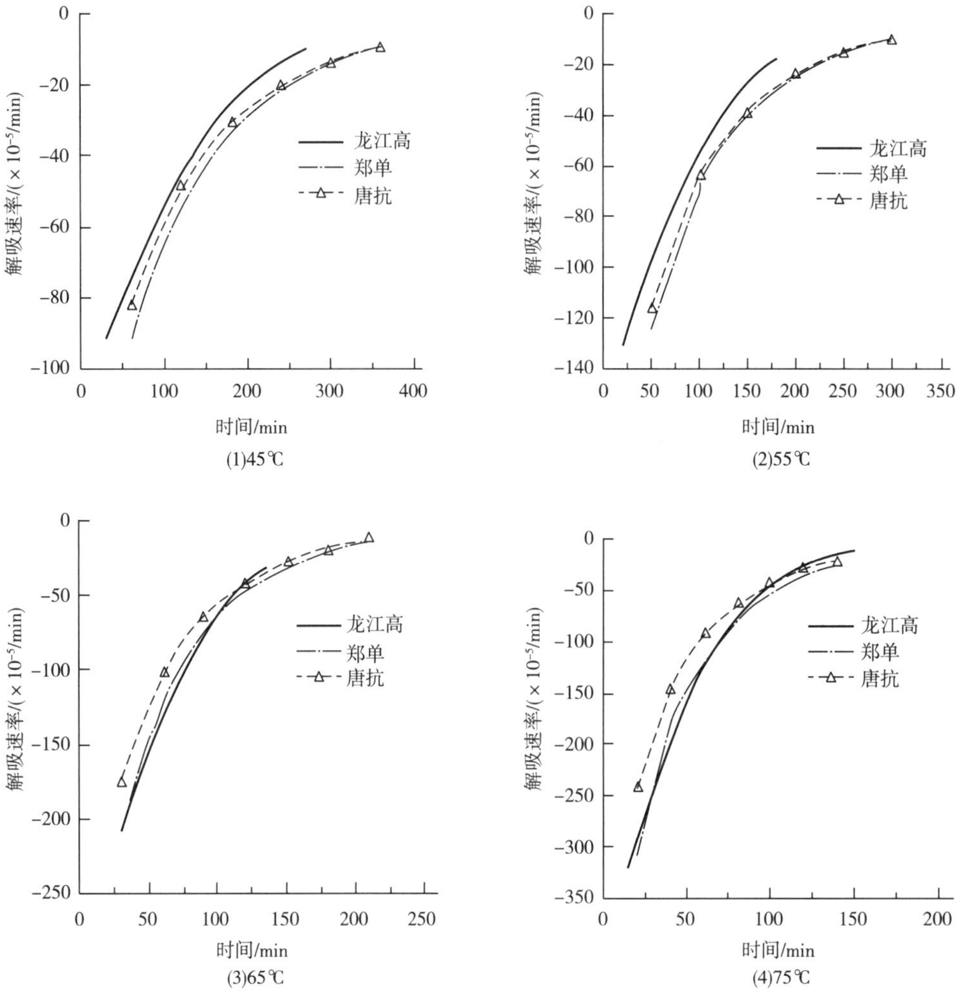

图 4-12 不同玉米品种干燥过程水分解吸速率比较

在 45~75℃，五个玉米品种籽粒活化能变化范围 27.35~36.78kJ/mol，D_0 变化范围为 7.332×10^{-4}~2.406×10^{-2}m²/min，其中唐抗品种的籽粒活化能和 D_0最大（表 4-42）。

表 4-41 玉米籽粒水分有效扩散系数（D_{eff}）

品种	温度/℃	厚度/mm	D_{eff}/（m²/min）
龙江高	45	4.46	2.16×10^{-8}
	55	4.46	3.08×10^{-8}
	65	4.46	5.56×10^{-8}
	75	4.46	5.82×10^{-8}
郑单	45	5.44	2.58×10^{-8}
	55	5.41	2.43×10^{-8}

续表

品种	温度/℃	厚度/mm	D_{eff}/（m^2/min）
	65	5.64	5.91×10^{-8}
	75	5.25	5.17×10^{-8}
先玉	45	4.94	2.15×10^{-8}
	55	5.02	2.83×10^{-8}
	65	5.02	3.98×10^{-8}
	75	5.21	6.11×10^{-8}
唐抗	45	5.78	2.88×10^{-8}
	55	5.78	2.17×10^{-8}
	65	5.78	5.11×10^{-8}
	75	5.78	8.33×10^{-8}
中糯	45	5.44	2.28×10^{-8}
	55	5.44	2.85×10^{-8}
	65	5.44	4.17×10^{-8}
	75	5.44	6.33×10^{-8}

表 4-42　玉米籽粒活化能

品种	温度/℃	E_a/（kJ/mol）	D_0/（m^2/min）
龙江高	45~75	33.01	5.839×10^{-3}
郑单	45~75	27.35	7.332×10^{-4}
先玉	45~75	31.82	3.472×10^{-3}
唐抗	45~75	36.78	2.406×10^{-2}
中糯	45~75	31.56	3.273×10^{-3}

5. 玉米干燥过程籽粒破碎率

从表 4-43 看出，在 75℃干燥 140min 和 65℃干燥 170min，龙江高水分玉米裂纹破碎率明显增加，而郑单、先玉、唐抗三个玉米品种的 D_{610} 显著增加。粮食籽粒干燥速率的主要决定因素是等效半径和籽粒覆盖物类型。较小籽粒干燥速率大，表面覆盖的籽粒较裸露籽粒干燥慢。

表 4-43　玉米品种不同干燥时间的裂纹破碎率

干燥样品及干燥条件	含水率%	D_{610nm}	破碎率/%
龙江高原始	27.13	0.281 ± 0.034^d	0
45℃　130min	18.28	0.310 ± 0.014^d	0

续表

干燥样品及干燥条件	含水率%	D_{610nm}	破碎率/%
45℃ 260min	13.68	0.420±0.040^{c}	3.07±1.22^{d}
55℃ 100min	15.84	0.281±0.037^{d}	0
55℃ 200min	12.99	0.561±0.059^{b}	7.21±1.77^{b}
65℃ 85min	14.87	0.475±0.048^{bc}	4.68±1.41^{c}
65℃ 170min	12.01	0.801±0.166^{a}	14.25±4.87^{a}
75℃ 70min	14.71	0.314±0.034^{d}	0
75℃ 140min	10.25	0.708±0.002^{a}	11.53±0.06^{a}
郑单原始	34.52	0.051±0.002^{c}	0
45℃ 130min	20.39	0.085±0.001^{b}	0
45℃ 260min	15.47	0.088±0.001^{b}	0
55℃ 100min	19.43	0.093±0.009^{b}	0
55℃ 200min	15.08	0.096±0.009^{ab}	0
65℃ 85min	18.31	0.087±0.004^{b}	0
65℃ 170min	13.81	0.100±0.005^{a}	0
75℃ 70min	16.91	0.098±0.009^{ab}	0
75℃ 140min	12.46	0.108±0.013^{a}	0
先玉原始	34.36	0.059±0.008^{c}	0
45℃ 130min	20.03	0.077±0.013^{c}	0
45℃ 260min	16.37	0.117±0.013^{b}	0
55℃ 100min	19.23	0.067±0.004^{c}	0
55℃ 200min	15.41	0.114±0.006^{b}	0
65℃ 85min	17.91	0.062±0.002^{c}	0
65℃ 170min	13.52	0.195±0.013^{a}	0
75℃ 70min	17.53	0.103±0.027^{bc}	0
75℃ 140min	12.92	0.163±0.025^{a}	0
唐抗原始	24.59	0.065±0.007^{e}	0
45℃ 130min	13.48	0.060±0.002^{e}	0
45℃ 260min	11.23	0.083±0.005^{d}	0
55℃ 100min	15.04	0.072±0.007^{de}	0
55℃ 200min	10.94	0.087±0.008^{cd}	0

续表

干燥样品及干燥条件	含水率%	D_{610nm}	破碎率/%
65℃　85min	10. 36	0. 092±0. 006[cd]	0
65℃　170min	8. 79	0. 123±0. 008[b]	0
75℃　70min	15. 40	0. 098±0. 006[c]	0
75℃　140min	10. 36	0. 174±0. 007[a]	0

注：同一列不同字母表示差异显著。

随着我国粮食收割机械化程度的不断加快，收获粮食水分普遍偏高，快速降低粮食含水率而不产生籽粒裂纹破碎的技术值得研究。

第五章
粮食平衡水分与储粮安全

第一节
储粮水分与真菌

一、 真菌

已报道的粮食中常见的真菌有150多种。分离方法是将粮粒先用消毒剂振荡以杀死其表面的有机体，然后接种在琼脂培养基上培养几天至一周分离真菌。这些真菌大多是由种子内或表皮下的菌丝或孢子长出来的。由植物种子传播的病原菌，选用琼脂培养基可检查这些真菌。大多数谷物种子发育过程中暴露于空气中，在粮粒上能找到以风力传播的各种微生物群，包括真菌、细菌、藻类和原生动物，达几千种。从风干的发芽大麦上鉴定了黏菌和原生动物。真菌是许多植物材料（尤其是含纤维素）和动物材料霉坏的主要危害物。它们几乎能在各样物质（除金属外）上生长和摄取营养，如纸张、麻线、纤维、木材、植物残留，以及动物产品如肉、皮毛、皮革、胶等。它们能在仓房、立筒库、面粉厂、加工厂、家庭及露天等处存放的物料中蔓延。能导致储藏物变质的真菌主要是发生在仓库、面粉厂和家庭内，室外较少发现。许多真菌，包括引起储粮霉变的真菌，产生孢子的数目近于天文数字，且随空气流动而到处存在。当环境条件适合，这些真菌就生长，且无所不在。一般在种子上或种子内生长的真菌可分为田间真菌、储藏真菌两类，是依据真菌的生态学，按照水分需求量划分的。

1. 田间真菌

田间真菌的数量很多，代表属有交链孢霉、枝孢霉、镰刀霉和长蠕孢霉。它们危害收获前生长在田间的作物种子或已收割而未脱粒的种子，称为田间真菌。特殊情况是，潮湿的玉米果穗储存于仓棚内可被典型的田间真菌侵害而霉烂。所有的田间真菌需要较高的水分才能生长，这个水分与*ERH* 90%~100%相平衡，相当于粮食22%~23%（湿基）的水分。这些真菌可使粮粒变色、胚部损伤，造成种子萎缩、幼苗枯萎和根腐，或使长成的植物体发生其他病害。少数田间真菌可以产生毒素。它们还可影响粮食种子的品质指标。储存于仓棚内的高水分玉米果穗发生损害，是由收获前感染的田间真菌所造成，用常规方法能检测出，它们在储藏中不再继续增长。田间真菌在干燥粮粒上可存活多年，但粮粒水分保持在与*ERH* 70%~75%相平衡的水分时它们则迅速死亡。

将表面消毒的种子在洋菜平面培养基上培育，新收获的小麦、大麦、燕麦、高粱和葵花籽都100%长出交链孢霉。如果一个粮堆的样品进行表面消毒后，用琼脂培养所生长的交链孢霉接近100%，从生物学上就肯定，种子是处在与收获时相同的状况下，未发生质变。在储藏过程中种子上的交链孢霉如果随时间而逐渐减少，说明事故即将发生。定期扦样测定水分和真菌，可提供粮情测温电缆所不能提供的情况。有些镰刀菌种在种子发育过程中侵染种子，造成大麦和小麦上的“斑点”、使玉米果穗霉坏，对人畜有毒。

2. 储藏真菌

储藏真菌大致包括曲霉属的 10~15 个种群，其中 5~6 种曲霉再加上几种青霉，在严重变质前是常见的。有些青霉是田间真菌，其他是储藏真菌。所有储藏真菌在基质水分与 *ERH* 70%~90%相平衡时（在此 *RH* 下不出现游离水）可生长。1959 年从小麦上分离出的一种曲霉叫嗜盐曲霉，这种真菌需要洋菜培养基中含有 10%~15%的氯化钠或 55%蔗糖才能生长，且盐和糖能够结晶析出。之后从储藏在水分含量约与 *ERH* 70%相平衡的豆类和高粱种子中分离到这种嗜盐曲霉。这种真菌可能是普遍存在的。

储藏真菌普遍存在于大量植物和动物性物料上，只要这些物料经常地或间接地处于 *ERH* 70%~90%中。它们有些能在家庭中的家具垫料、床垫和枕芯中生长，它们能发生变态型呼吸。室内空气中含有数量巨大的孢子，1g 家庭尘埃的菌落数高达 300 万个，主要是曲霉和青霉。它们在粮库中也很普遍。据报道，在成熟小麦田地的空气中储藏真菌是不普遍的，在新粮入仓的乡下仓房空气中，储藏真菌数量中等，而在机械化筒仓的空气中则大量存在。曾在机械化筒仓中收集的 1g 尘埃中有几百万个储藏真菌的孢子。储藏霉菌最初的来源是仓库内的霉变物料。

通过分析商品粮库中的粮食（小麦、大麦、燕麦、稻谷、高粱及玉米）样品，发现粮食开始变质时，局限曲霉和灰绿曲霉这两个真菌总是有的。粮食水分低于与 *ERH* 78%~80%相平衡的水分时，只有这些菌种能够生长，如水分高于上述水平，这两个菌群几乎总是首先出现，接着出现亮白曲霉、赭曲霉、杂色曲霉、黄曲霉和青霉。这是有规则的生态体系。在变质的第一阶段，首先是局限曲霉和灰绿曲霉缓慢或稍快地增长，接着是亮白曲霉和黄曲霉。当 5%~10%的粮粒为亮白曲霉和黄曲霉侵染时，粮食正在变质，即使当时没有发热也很快将发热。以上列举的每一种霉菌都有自己严格的最低水分界限，低于此界限不能生长。所有这些真菌都是先侵染种子的胚部。粮食种子的胚部脂肪含量较胚乳多，在一定的湿度下较胚乳平衡水分低。通常说粮食的水分为 14%，是指全粒的平均水分，并不知道胚部的水分是多少。

二、 主要储藏真菌的特性及实践意义

1. 局限曲霉

生长所需的水分下限：玉米和小麦 13.5%~14.5%，高粱 14.0%~14.5%，大豆 12.0%~12.5%。

影响：局限曲霉能杀死胚芽并使之变色，造成“病”麦并使水分 14.0%~14.5%的玉米储藏数月后发生“点翠”，因生长缓慢而不引起发热。

毒性：没有发生对动物产生有毒物质。用经高温灭菌后再接种的潮湿粮饲养白鼠，或用被局限曲霉和灰绿曲霉的不同菌株严重危害的小麦样品饲养白鼠，均未发现病状或组织损伤。

意义：局限曲霉是上述水分的粮食储存数月到一年以上发生胚损伤和霉坏的主导因素，在较高水分时它不能与其他储藏真菌竞争。

2. 灰绿曲霉

生长所需的水分下限：玉米和小麦 14.0%~14.5%，高粱 14.5%~15.0%，大豆 12.5%~13.0%。

影响：灰绿曲霉能侵染胚并使之变色，在水分接近下限时生长很缓慢，在水分较高时生长迅速，使水分 14.5%~15.0%玉米在储藏中发生“点翠”并导致霉坏和结块。正常情况下，灰绿曲霉不会引起粮温大幅度上升，它的增长不能用感温系统测定。能使它在其中生长的粮粒水分逐渐增加。如果水分增加到亮白曲霉迅速增长的程度，数天内就会发热和霉坏。灰绿曲霉本身的增长不会造成大量损害，但这种增长说明即将出现问题。

毒性：灰绿曲霉群中的一些个别种的分离物在实验室进行纯培养时，能产生对实验动物有毒的物质。有证据表明，遭受一种以上的灰绿曲霉侵染的饲料成分，与某些中毒事件有牵连。然而用混有被灰绿曲霉严重危害的粮食喂养白鼠和鸡雏，未发现任何病状。

意义：灰绿曲霉在霉变早期是肉眼看不见的，必须用显微镜检查或用表面消毒的籽粒培养，或者两种方法并用才看到。储存数月的小麦、玉米或高粱进行表面消毒后，通常有 10%~20%的籽粒产生灰绿曲霉。如果表面消毒的籽粒有 20%~50%产生灰绿曲霉，就应考虑储藏稳定性是否有问题，尤其是水分如接近或达到灰绿曲霉和局限曲霉能继续生长的标准时。如果表面消毒的籽粒在洋菜上培养时有 50%~100%籽粒产生灰绿曲霉，不论感官检验是否看出劣变，表明这批粮食已部分霉坏。如一个仓房的样品表面消毒后产生灰绿曲霉的百分率从一个采样期到下一采样期有所增加，表明变质已经开始并将导致迅速地发热和霉变。这样的粮堆应每隔数周采样分析真菌的种类、数量、水分及损伤粒。用此方法，任何可能造成的严重损害在还没有实际意义之前即可测出，在粮食发热霉变之前可进行通风、翻倒、干燥或加工等处理。

3. 亮白曲霉

生长所需的水分下限：玉米和小麦 15.0%~15.5%；高粱 16.0%~16.5%；大豆 14.5%~15.0%。

影响：亮白曲霉能迅速侵染种子的胚并使之变色，可使粮堆发热到 55℃，整粒变色并全部霉坏。亮白曲霉和黄曲霉是造成商品粮库各种粮食和种子发热的主要因素。一旦亮白曲霉开始在粮堆内生长，多半在几天到几周内就会发热霉变。如果表面消毒的粮粒上出现亮白曲霉表明已往的储藏条件是恶劣的。它的增长是出现紧急情况的一个指标。

毒性：与上述灰绿曲霉一样，在实验室条件下，一些亮白曲霉的分离物对实验动物能产生有毒物质（大多数分离物不产生），但这可能仅是一种实验室现象，很少有实际意义。在一些试验中曾用已被真菌（包括亮白曲霉）侵染而变质的玉米（与完好玉米粒混合比例为 10%）喂饲白鼠与小鸡，所得个体增重值与用完好的食品级玉米喂饲的大致相同。

意义：如两次取样期间亮白曲霉增加，可作为警报，即某些粮食正在霉变，应扦取样品检查真菌，确定危险部分的位置和范围。

4. 赭曲霉

生长所需的水分下限：同亮白曲霉。

影响：赭曲霉能侵染胚并使之变色。

毒性：一些赭曲霉的分离物能产生赭曲霉毒素，毒性与黄曲霉毒素一样。赭曲霉毒素在美国和我国粮食中并没有重要意义。

意义：根据经验，赭曲霉在粮堆内不起主导作用，甚至粮堆已霉变或正在霉变也如此。在美国霉变的小麦和玉米，经表面消毒后赭曲霉检出率很少在5%以上。在墨西哥商品仓库中一些部分霉变的玉米，赭曲霉检出率在20%~40%。如果我们从一个粮堆的表面消毒的籽粒上发现赭曲霉检出率超过5%，表明这堆粮食过去曾混入了部分已变质的粮食，或者正在发生变质。

5. 黄曲霉

生长所需的水分下限：玉米和小麦18.0%~18.5%；高粱19.0%~19.5%；大豆17.0%~17.5%。

影响：黄曲霉能杀伤胚和使之变色，并使整个粮粒变色霉坏，使粮堆迅速发热到55℃。黄曲霉和亮白曲霉是使储藏中的粮食发热到55℃的主要真菌。

毒性：在某些生长条件下，有些分离物能产生黄曲霉毒素。美国农业部北方地区研究人员提出，黄曲霉毒素在小麦、玉米、高粱和大豆上似乎含量不很大。花生和花生粉、棉籽和棉籽粉以及鱼粉含黄曲霉毒素比谷物类粮食和大豆要多。

意义：经表面消毒的粮粒上出现黄曲霉，表明过去储藏不好或现在已开始霉变。如果两次采样期间黄曲霉增长，说明此仓内某处已霉变，并将迅速发热和进一步霉变。与亮白曲霉一样，如果发现黄曲霉在一堆粮食中有任何增加，应立即采取措施如通风、翻倒、干燥或加工利用。如果粮食水分高到黄曲霉可以生长的程度，就需通入低温空气以阻止黄曲霉毒素产生。

6. 青霉

生长所需的水分下限：玉米和小麦16.5%~19.0%；高粱17.0%~19.5%；大豆16.0%~18.5%。影响：青霉能侵染种子的胚并使种子的胚或整粒变色，造成霉臭、结块和早期发热，但不能如亮白曲霉、黄曲霉一样使粮堆迅速升至较高温度。它能使水分在18.5%以上储存于低温中的玉米发生“点翠”（局限曲霉和灰绿曲霉使水分14.0%~15.5%的玉米在储藏中发生“点翠”）。

毒性：有几个青霉菌种的分离物在实验室内进行纯培养时能产生对各种动物有毒的物质。小鸡的烦躁症和火鸡偶尔发生的肝损伤，推测是食用了被某种青霉严重感染的饲料所致。被青霉和一些其他真菌侵害的饲料比完好的饲料增重效率要差。

意义：一般危害种子的青霉能在1~4.5℃生长，有些能在低于冰点的温度下缓慢生长。虽然如此，低温仍然是保持高水分粮食品质的有效措施。

三、 储藏真菌生长需要的条件

储藏真菌需要食物、水分、合适的温度、气体及时间。实际上在田间与储藏中的临界因子通常是水分，但温度和时间也很重要。仓储粮食中储藏真菌发展的速率和粮食损伤的程度则受这类真菌的数量和范围（二级玉米或小麦被储藏真菌感染的范围可从 0 到 100%）、籽粒破损程度，以及害虫和螨类的种类和数量等因素所影响。各个影响因子是相互关联和相互作用的。

1. 水分

真菌侵染所需的水分下限数据仅是近似值，因为一定种类的粮食与一定相对湿度相平衡时的水分有相当大的变动（表 5-1 和表 5-2）。如果将部分玉米水分干燥到 15.5% 以下，符合二级标准，然后与另一部分或几部分较高水分玉米混合，使平均水分达到 15.5%。经过 3~6 个月的储藏，这个玉米粮堆可能进行过多次混合。在粮食干燥和混合前，随储藏时间和温度的不同，这批粮食可能一部或全部已遭受储藏真菌的侵染，因而储藏风险较大。也就是说，同样都是二级的玉米中，可能储藏真菌的侵染程度有很大差别，从而储藏稳定性或变质的风险性也有很大差别。

表 5-1　储藏真菌在适合温度（26～30℃）下生长所需的最低 *ERH*

储藏真菌	最低 *ERH*/%
嗜盐曲霉（*Aspergillus halpophilicus*）	68
局限曲霉（*A. restrictus*）	70
灰绿曲霉（*A. glaucus*）	73
亮白曲霉（*A. candidus*），赭曲霉（*A. ochraceus*）	80
黄曲霉（*A. flavus*）	85
青霉（*Penicillium*）	80~90

注：引自 Christensen（1982）。

表 5-2　不同粮食在 25～30℃下与不同 *ERH* 相平衡的水分

ERH/%	平衡水分/%（湿基）					
	小麦、玉米、高粱	稻谷	大米	大豆	葵花籽	葵花仁
65	12.5~13.5	12.5	14.0	12.5	8.5	5.0
70	13.5~14.5	13.5	15.0	13.0	9.5	6.0
75	14.5~15.5	14.5	15.5	14.0	10.5	7.0
80	15.5~16.5	15.0	16.5	16.0	11.5	8.0
85	18.0~18.5	16.5	17.5	18.0	13.5	9.0

注：引自 Christensen（1982）。

美国谷物标准（USDA 1964）曾经规定了每一等级的粮食和种子的最大水分限度。这些规定只适合贸易的需要，不能代表储藏的安全水分。二级和三级玉米的水分上限（分别为15.5%和17.5%），二级和三级大豆的水分上限（分别为14.0%和16.0%）对于安全储藏，甚至是短期储藏都太高，除非温度很低使储藏真菌不能生长。

粮堆不同部位之间的温度差异能导致水分转移，粮堆水分越高和温度差异越大，转移越大。有学者曾测定在一较大的玉米仓内，水分为14.5%，粮堆表层和内部之间在20d内温度差异达22℃，表层15.18cm深处的水分上升到20%。另一学者报道，1942年11月储存的大豆平均水分是12%~13%，到1944年2月，经过15个月的储藏，粮堆上层中心部位水分为20%~24%。Christenson（1970）曾将水分14.3%的高粱种子储存于3.785L的玻璃罐中，使温度相差10~15℃，仅在3d后较冷区的粮食水分比较热区的高1.4%；6d后高2.0%。试验说明，只要粮堆内保持有温度差异，将使水分从粮堆的高温度部位迅速转移至冷凉部位。粮堆内如已感染害虫、螨类或储藏真菌，会更快地引起水分转移。这些有机体的活动会使温度上升并产生代谢水。通风的一个作用就是使粮堆温度全面保持均匀并使水分转移降低至最小。

2. 温度

在一定限度内，低温与低湿一样能有效地防止储藏真菌的侵害和保持品质。水分15.0%~15.5%的白皮小麦储藏于5℃和10℃，12个月内没有发现储藏真菌侵害和发芽率降低；但水分为16.0%~16.5%的小麦在5~10℃储藏12个月，发芽率明显降低。一般储藏真菌生长所需的最低、最适、最高温度见表5-3。温度对储藏真菌生长的影响也很复杂。未受真菌严重侵染的或质量完好的玉米和小麦，即使水分达到15%，温度为7~10℃，能储藏9个月到一年；但是，已经中度或严重地被储藏真菌侵害粮食，虽然同样是水分15%，温度7~10℃，真菌仍继续增长并在6个月内发生相当普遍的霉变。这说明，了解储藏过程中粮食上真菌的种类和数量，可以帮助管理员鉴定粮食的储藏稳定性。

表5-3 常见储藏真菌生长的最低、最适和最高温度

真菌	生长所需的温度/℃		
	最低	最适	最高
局限曲霉	5~10	30~35	40~45
灰绿曲霉	0~5	30~35	40~45
亮白曲霉	10~15	45~50	50~55
黄曲霉	10~15	40~45	45~50
青霉	-5~0	20~25	35~40

注：引自Christensen（1982）。

3. 氧和二氧化碳

文献中大都指出所有真菌是严格需氧的，这是谬误。Taibake和Cook（1968）在实验室内低氧和缺氧条件下，培养从下水道污泥中分离出的一系列真菌。所有被测定的真

菌，包括镰刀菌，在实验室能保持的缺氧条件下都能生长到一定程度。根据产生的细胞群体质量来判断，在严格缺氧条件下真菌的生长速率为有氧条件下的20%～50%。酵母，包括假丝酵母，在一般玉米青贮饲料中以及在接近缺氧条件下的潮粮中是很普遍的。在玉米青贮饲料中丝状真菌不明显发展，可能是由于占优势的产酸细菌竞争的结果，而不是它们没能力在高 CO_2 和低氧的浓度下生长。20 世纪 50 年代有学者报道，小麦在水分18%、温度 30℃条件下，储藏真菌的生长随氧浓度的降低而降低，但在 0.2%氧浓度下仍有一定的生长；CO_2 浓度增加到 14%以上时真菌生长也降低。

4. 储藏真菌侵染程度

受到储藏真菌一定程度侵染的种子，如果储存到适合真菌增长的条件，会比储存于同样条件下的完好种子受害更严重（表 5-4）。从 2540t 的玉米仓中扦取了一些二级黄玉米样品进行检查，每一份样品的水分都没有超过 14.2%，没有胚损伤，没有受储藏真菌侵害的籽粒，发芽率都在 95%以上。这种玉米实质上是种子等级，储藏了 4 年没有任何损伤或任何降等的情况。但也检查过另一些二级黄玉米，水分为 15.2%，稍低于允许的最大值，80%～90%表面消毒的籽粒产生储藏真菌，胚损伤是 5%（二级中允许的最大值），还有20%～30%籽粒的胚轻度变色（胚死），在温度超过 15.5℃时，这种高水分的变色胚很快变为棕色，发芽率为 40%。这批玉米在 25℃下储藏几个月，真菌发展严重，胚部因灰绿曲霉产生大量孢子而造成“点翠”。保存在 20℃的样品发展较慢，但仍有较大程度的损伤。上述的一个粮堆是完好的，另一个已部分变质。同样是二级黄玉米，价格相同，一个在储藏中没有变质的危险，另一个就不是。这些粮食用实验室的简单测定方法是很容易区分的。

表 5-4　玉米储藏期间带菌量

样品	储藏时间/月数	发芽率/%	胚变色比例/%		表面消毒籽粒产生灰绿曲霉比例/%	带菌量/万个
			淡棕色	深棕色		
二级 A	0	50	1	16	40	7.5
	2	12	2	14	80	60
	4	0	16	26	100	442
二级 B	0	62	2	11	55	11.5
	2	1	6	28	100	350
	4	0	18	46	100	960
二级 C	0	48	5	22	46	81
	2	6	10	36	100	700
	4	0	28	58	100	1200
种子级	0	98	0	0	4	4
	2	98	0	2	48	48
	4	69	4	14	100	92

注：引自 Qasem 和 Christensen（1958）；3 品种二级马齿黄玉米和 1 品种种子级马齿黄玉米，在水分 16%、温度25℃储藏。

5. 杂质

杂质包括种子碎片和外来的物质如草籽、碎屑等。这些碎屑很易携带一些害虫、螨类和储藏真菌，并为它们提供良好发育基地。当粮食从仓顶进粮口入仓时，这些细小物质积聚在进粮口下面的粮柱内形成“喷落线”。含杂质2%~3%的玉米进仓后，喷落线中杂质超出50%。如将空气压入这种仓房内，空气就绕着中间被杂质填塞的粮柱周围通过，这一部分的通风效果很差或根本无效。

6. 害虫和螨类

粮食如感染象鼻虫一类的害虫，幼虫和蛹就在被害粮粒内发育，带来大量储藏真菌的孢子，使温度和水分增高，促使储藏真菌迅速生长据报道，水分14.6%~14.8%的小麦被谷象感染后，3个月内水分增加到17.6%~23%；而未感染谷象的样品，水分没有增加。由虫害引起的发热点粮食的水分以及在发热点以上粮食的水分比同一仓内未感染害虫的粮食水分要高不少。有学者报道，感染螨类的面粉，在18个月内水分由15.4%上升到28.1%。感染螨类的粮食也感染真菌。在一些储存的商品小麦样品中发现大量粉螨和卡氏长螨，样品水分为13.5%~15.0%，在此水分范围内，通常灰绿曲霉群占优势；这些螨类可以在霉粮上发展，取食储藏真菌的孢子并将这些孢子随排泄物排出体外。当它们进入洁净的粮食内也就接种了这些真菌孢子，以后它们又在相当程度上以这些发展起来的真菌为食。

四、 真菌侵染的影响

储藏真菌对储粮和种子的侵染能导致发芽力降低、变色，产生真菌毒素，发热，霉变及全部腐烂。

1. 发芽率降低

储藏真菌的危害可使种子的发芽能力遭受损失。储藏在30℃、*RH* 85%条件下，没有感染储藏真菌的豌豆样品在整个试验期间发芽率仍保持98%，而所有接种不同储藏真菌的豌豆发芽率降至零（图5-1）。许多不适当的措施也能造成发芽力的损失，在储藏真菌侵害种子的条件下，发芽能力降低更显著。

2. 变色

田间真菌和储藏真菌都能使种子全部或部分变色，尤其是胚和胚芽易于受害的部位。按照谷物标准，损伤粒是指玉米的籽粒或籽粒的一部分受伤、生芽、冻害、恶劣气候伤害、生霉、带病或其他实质性损伤。除发芽和受冻外，上述情况都有不同程度的籽粒变色。以上用来描述的字眼意味着检验人员能区别变色的原因，实际或许是做不到的。Christenson等（1971）检查了美国农业部谷物检验局的上百批100%损坏的玉米粒，发现所有损坏粒的胚部都由于真菌而有一定的霉腐，其中田间和储藏真菌都有。Schroeder和Sorensen（1961）提到稻谷的“热伤”可以在没有明显升温的情况下发生，他们推测热伤粒的变色是储藏真菌所造成的。稻谷的热伤和粮堆温之间没有相关性，热

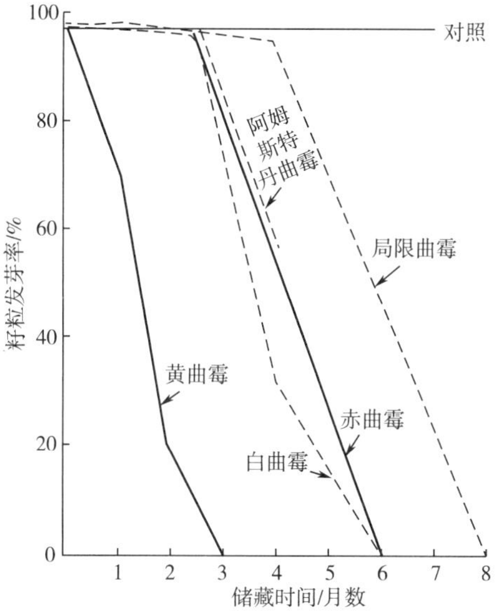

图 5-1 接种的不同曲霉种类对豌豆发芽率的影响

注：引自 Christensen（1982）。

伤的发生与稻谷的发热无关而是受储藏真菌侵染的结果。有学者从污染的大麦上分离出一种细菌（草生杆菌），接种在水分 40%~45%的大麦上，几天内使籽粒变成漆黑。这些籽粒干燥后变脆，在色泽和质地上类似于因发热而部分碳化的籽粒。

小麦在储藏期间，胚部往往变为深棕到黑色，即为胚损粒或病麦。变色胚含有很高的脂肪酸并且很脆（这是植物组织被真菌破坏的两个特征）。当磨粉时，这种胚破碎，进入粉中并带来不良影响。在实验室可用各种方法使胚部变成棕色，如热处理、高温结合水蒸气处理、有毒气体或液体处理、真菌和细菌侵染等，试验证明，变色的主要原因很可能在于储藏真菌的侵害。

有学者从 26 份商品粮样品（有的含有 5%~55%的病麦，有的是未变质粮堆中的完好小麦）中拣出病麦和完善粒，测定其发芽率和霉菌的种类和数量。病麦的发芽率总是为零，它们的胚部可用显微镜观察到霉菌，平均霉菌量为 40.2 万个/g，94%表面消毒的籽粒产生储藏真菌。从变质粮堆中拣出的完善粒，平均发芽率为 43%，平均霉菌量为 3.2 万个/g，84%表面消毒的籽粒产生储藏真菌。从未变质粮堆中拣出的真正完好种子，平均发芽率为 91%，平均霉菌量少于 1000 个/g，27%表面消毒过的籽粒产生储藏真菌。病麦粒上出现的主要真菌是局限曲霉、匍匐曲霉、亮白曲霉和黄曲霉；根据各种镜检和培养技术判断，所有病麦样品都已严重感染储藏真菌；证据表明这些霉菌侵染种子的胚部是发芽率降低和病麦增加的前奏。在商业储存库中，常见的曲霉菌种危害种子的胚部很可能是造成病麦的普遍原因。Christenson 等 1971 年报道在 Cargill 谷物研究实验室从 1952 年起分析了美国商业储存库中几千个小麦样品，都未见到不包含储藏真菌的胚损粒或病麦。

3. 粮堆发热

曾经认为潮湿粮食本身的呼吸作用是发热（有时伴随霉变）的主要原因。实际上没有证据说明种子本身的呼吸或种子的酶在发热过程中起显著作用。将水分和呼吸率均高于储藏种子的发芽种子放入保温瓶内，瓶内温度仅上升 1～3℃，而长满真菌的种子在 4～5d 内使瓶内温度增高 10℃。没有储藏真菌感染的小麦，水分为 14%～18%，保持在 35℃时的呼吸作用低到检测不出。无论是不带储藏真菌的或被储藏真菌侵染的粮食，没有关于水分与 *ERH* 70%～80%相平衡时的粮食呼吸作用的报道，在实际储藏中这种水分的粮食已发生变质。真菌产生的代谢水加上真菌生长蒸发出的水分，使粮食水分增加到种子发生呼吸作用的时候，种子已霉烂和死亡。种子呼吸不可能使粮食温度高于发芽种子所能忍受的温度。一般谷类种子当水分高到足够发生呼吸时，种子呼吸所升高的温度大致不高于 30℃，死种子不能呼吸。许多试验均一致表明，微生物是潮粮和其他潮湿植物材料发热的主要原因，并经常是唯一原因。

粮食在商业仓库中发热的过程大致如下：在储藏时有些粮食是潮湿的，或粮堆经过水分转移最终达到的水分足够使局限曲霉和灰绿曲霉生长。局限曲霉生长很缓慢，不能使粮食温度或水分明显增加。一直无人试图测量这个重要的、无所不在的局限曲霉在与 *ERH* 70%～75%相平衡的粮食上的呼吸作用。如果灰绿曲霉迅速生长，能增加粮堆的温度，至少达到 35～40℃，并使它所生长的部位粮食水分有些增加，而紧靠其之上的部位，水分增加更多。当水分超过 15.0%～15.5%时，亮白曲霉生长，在适宜条件能使粮食水分和温度迅速增加。当水分达到与 *ERH* 85%平衡时（谷类水分为 18.5%），黄曲霉生长。亮白曲霉与黄曲霉联合一起能使粮温增加到 55℃并持续数周。随着这些真菌活动的代谢水和蒸发水是散失或是在粮食中积聚，发热可逐渐消失或进入下一阶段。这时会发展嗜热性细菌或嗜热性的真菌，这些生物体需要游离水。这些需游离水的微生物在早期发热阶段不大可能活动，那时无游离水可利用。它们能使温度升至 75℃，此后可能发生纯化学反应而使温度达到燃点。在审查粮堆火险事故时经常遇到这个问题，需要判定是仓内燃烧，还是引火燃烧。

4. 霉变结块和全部霉烂

这些现象是由真菌造成霉变的最后阶段，其中涉及的生物体可用肉眼见到或鼻子闻到。许多仓库管理员认为这些现象是霉烂的第一阶段，这是错误的。

五、 储藏真菌的控制

1. 低水分和低温

常用的保存储粮和种子品质的方法就是使水分降得很低，以抑制真菌的生长。不论是低温或低水分都能有效地长期保持大多数作物种子的生活力和品质，两者结合应用则更好。低而均匀的水分和低而均匀的温度可减少粮堆内水分转移的可能性，显著地延长储藏期。

2. 杀菌剂

植物病害和许多物料的腐烂可用适当的杀菌剂加以防止，这些药剂也可应用于种子上的储藏真菌。要考虑的是，储藏真菌生长在水分与 *RH* 70%～90%相平衡的种子和其他物料上，没有游离水可以利用。大多数杀菌剂的有效性决定于能否溶解于水。有人曾用防治种子在潮湿土壤中腐败的杀菌剂处理种子，储存于 *RH* 75%，看到种子上长出曲霉孢子囊，每一孢子囊上还附着杀菌剂。有人曾经为了防治小麦的储藏真菌，曾测定过一百种以上的药剂，没有一种可有效地抑制真菌而不杀死种子。

所有储粮真菌抑制剂，都有这种或那种缺陷，如对动物有毒，价值昂贵，操作麻烦，影响粮食品质，以及对储藏真菌缺乏毒性。许多杀菌剂在一种水分、温度、时间的组合条件有效，但在另一种组合就无效。实际上，整个水分、温度的组合范围在一定时间内都能在粮仓内发生，一种杀菌剂除非在全部储藏期间的所有条件下都保证有防护作用，否则其价值是很小的。丙酸和丁酸、乙酸结合使用可有效地保存作为饲料用的高水分粮食。这种用酸处理的高水分粮食比干燥的粮食或干燥后再潮湿的粮食对肉用或乳用牛有较高的饲料价值，但不适用非饲用粮。

六、 储粮状况和稳定性的评价

用生物化学法测定储粮变质程度，这些方法没有一个被用于商业仓库储粮状况的常规鉴定。有用的可用的方法如下：从装有粮食的仓库、车辆或船上取几份样品，放入防潮容器中送到实验室。根据实验室测定的样品特性和对主要储藏条件的了解，确定以后取样时间。

样品到达实验室后，立即测定水分（常用快速水分测定仪和烘箱）、发芽率、表面消毒籽粒产生田间真菌和储藏真菌的百分比。有时进行加速陈化试验，称取每份约 300g 的样品储存在密闭容器中，保持 30℃，使样品维持原来的水分。有时使水分达到与 *ERH* 75%平衡，随后再进行检查和测定。

连续采样期间储藏真菌增加即为变质已开始发生，这种增加在造成有实际意义的损害前很早就能够测出。储藏真菌的增加伴随田间真菌的减少，并接着降低种子的生活力和发芽率。当然在解释测定结果时需要加以判断，有 20%表面消毒的籽粒产生灰绿曲霉可作为注意的信号，但还不作为警报（随粮食用途而定）。当发展到 20%表面消毒的籽粒产生亮白曲霉则可肯定作为警报信号，即表明变质已在进行，如尚未发生也将很快发生。这些技术的应用需要有适合微生物化验设备的实验室，并要有识别真菌和分析结果的人员。

第二节
高水分小麦的安全储藏时间

在多雨的收获年份，无法将粮食烘干或冷却。如果计算出粮食安全储藏界限值，就可以预测出粮食在变质之前能够存储多长时间。在一般条件下，劣变主要由霉菌的入侵引起，因此测定霉菌出现的数量，就可定性安全储藏期限。在早期的研究中，分析了种子被霉菌感染的百分比，以及由霉菌引起的脂肪分解、游离脂肪酸增加。然而，这些因素影响的结果不一致。采用发芽率来预测储藏期限，因为其重复性好。籽粒高发芽率对粮食连续生产是很重要的，发芽率也是粮食品质劣变的一个敏感指标。

在田间，为了防止谷物在湿润的季节风化和感染霉菌，通常收获高水分小麦。高水分谷物受微生物影响而易发生劣变，必须在品质劣变发生之前进行干燥。了解不同储藏条件下高水分小麦的劣变速率，可以帮助农民和粮食收购企业知道怎样迅速干燥谷物，或调整储藏条件以阻止品质进一步损失。现存的谷物分级系统不能提供同一等级籽粒的储藏特性。检测同一等级谷物储藏性能的方法，帮助粮食收购企业根据粮堆的储藏特性来分类谷物。这样的检测系统应当简化为农民所接受，谷物处理车间快速判定新进谷物的状况。小麦的劣变速率已经测量，建立了发芽率、可见霉菌生长、谷物与微生物的呼吸速率的模型。

对太阳光晒干的小麦，Fraser 在 1979 年采用已经发表的发芽率数据，建立了小麦储藏时间的两步模型（Karunakaran et al. 2001）：

$$\text{当 } 12\% < M < 19\% \text{ 时}, \; t = 10^{6.234 - 0.2118M - 0.0527T} \tag{5-1a}$$

$$\text{当 } 19\% < M < 24\% \text{ 时}, \; t = 10^{4.129 - 0.0997M - 0.0576T} \tag{5-1b}$$

式中 t——发芽率降至 90%~95%之前的时间，或霉菌生长可见的储藏时间，d；

M——含水率，%（湿基）；

T——储藏温度，℃。

Fraser 定义的安全储藏期限为，小麦发芽率降至 90%~95%的时间，或霉菌生长变得可见之前的时间。这个模型是根据静态储藏条件建立的，将其应用于近地面空气干燥小麦的变工况，需要改进。由 Fraser 建立的小麦劣变速率模型，已被用于验证小麦干燥的计算机模拟研究。事实上，小麦的劣变速率比模型预测滞后，这个模型不够精确。

Sanderson 等（1989）用上述两公式计算了劣变指数（DI）。他们计算出了粮堆在不同静态储藏条件下，每个时期的允许储藏期限。处于那种条件的实际储藏时间以可允许期限来划分，将这一分数加到已流失的允许期限的份额中。一旦这个值记录到 1.0，他们则认为预测的允许储藏时间已经流逝。然而，将劣变指数应用于几个近地面干燥试验得到的数据时，他们发现这个模型太保守，需要进一步修订。他们建议 $DI=1.5$ 时，能够提供更精确的结果。Sinicio 和 Muir（1996）应用这个模型检验仓房通风，发现其结果有较高的不确定性。他们也建议，需要一个更加精确的模型来预测储藏期间小麦的品质劣变。Karunakaran 等（2001）对高水分（15%~19%）小麦的储藏时间进行了预测。

一、 恒温储藏的小麦

Schroth 等（1998）将水分 17%的小麦储藏在 20℃，25℃，30℃，35℃恒温条件。储藏

在恒温条件下的小麦发芽率降低，呈现S型不对称图形。小麦初始发芽率为94%~100%，储藏几天之后，几个样品似乎增加到99%（可能是计数方式的自然差异造成的）。采取保守的做法，初始发芽率定为99%。发芽率降至90%时定义为小麦安全储藏界限（图5-2）。Fraser（1979）和Wallace（1983）选择小麦安全储藏界限发芽率分别为90%~95%和85%。如果试验测定的小麦发芽率数据为70%~80%时，推导发芽率丧失方程是：

$$G = \frac{G_0}{[1+(t/a)^b]^c} \tag{5-2}$$

式中　G——发芽率,%；

G_0——初始发芽率，99%；

a、b、c——系数；

t——小麦发芽率降至90%~95%和85%的时间，或霉菌可见的储藏时间，d。

每个温度下拟合方程的决定系数（R^2）表示曲线拟合精确度。方程系数见表5-5。

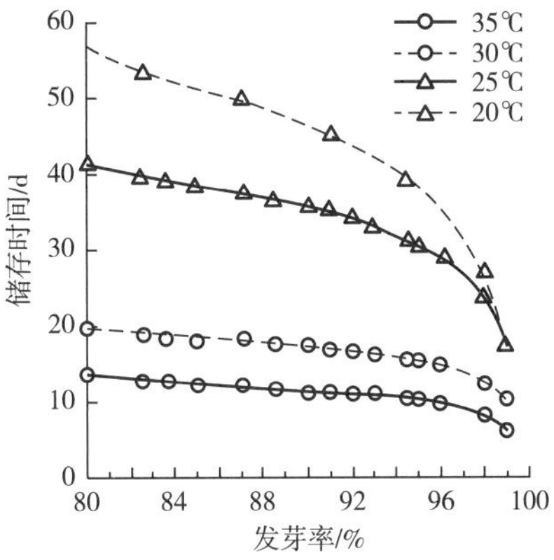

图5-2　水分17%的小麦储藏在恒定温度下的发芽率

注：引自 Schroth et al.（1998）。

表5-5　小麦发芽率方程［式（5-2）］的系数

温度	a	b	c	R^2
35℃	12	8.9	0.16	0.996
30℃	28	7.8	3.2	0.972
25℃	61	6.3	2.5	0.870
20℃	97	4.6	2.5	0.991

图5-2显示，35℃和30℃的小麦劣变率模式相似，它们之间相差约6d。25℃和20℃的劣变率与高温下比较显得平稳，较长的滞后时间在初始阶段。当发芽率由99%降至97%时，在35℃是第10d，30℃是第15d，25℃是第29d，20℃是第34d。Lacey等（1994）肯定了小麦劣变参数这个模型，他们认为呼吸-时间关系也是S型（与发芽率S

型曲线相反），粮食的劣变转变开始于最初停滞阶段。对微生物来说，正是孢子在粮粒中适应阶段，在此环境条件下能够繁殖的孢子开始生长。接着是微生物指数生长阶段，它们大量繁殖。最后是缓慢或者下降阶段，储存的营养耗尽，导致微生物进一步生长则受阻。在高温下初始停滞阶段不明显，是由于在这个条件下劣变开始较迅速，因此显示不对称曲线。

Wallace 等（1983）做了相似的试验，他们评价小麦籽粒质量指标，包括微生物、发芽率、脂肪酸值及小麦等级。当粮粒发芽率降至 85%时，劣变已非常明显。对于水分 15.9%~16.6%小麦的安全储藏时间范围，他们所得的结果与在 Schroth（1998）对水分 17%的小麦预测的结果相似（图 5-3）。Mills 等（1992）分析其他学者的研究结果，提出了水分 17%的小麦较宽范围的安全储藏时间，Schroth 得出的水分 17%的小麦安全储藏时间较窄，位于 Mills 等人提出的范围内。

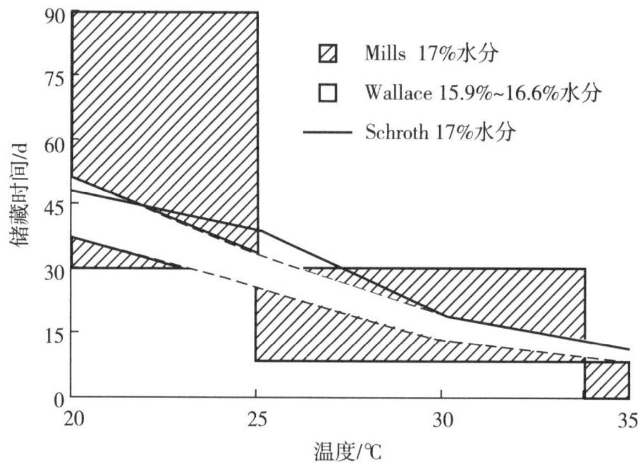

图 5-3 不同研究者预测的高水分小麦储藏时间比较

注：引自 Schroth 等（1998）。

二、 可变温度储藏时间的预测

Schroth 等（1998）将 17%水分的小麦储藏在可变温度条件，将式（5-2）成功地应用于每个小麦储藏可变温度次序，发芽率降至 90%的时间模拟结果见图 5-4。如果小麦在 30℃（曲线 *a-b-c*）存放 13d，然后将温度下降到 20℃（曲线 *a-e-f*），根据曲线 *a-b-d* 可以预测发芽率的降低。曲线 *e-f* 的转变依次紧跟曲线 *a-b*。这种 30-20℃变温储藏界限是 33d，比一直在 30℃预期的 18d 长很多，但比起始温度为 20℃的 48d 短。不过，Sanderson 等（1989）假定每个温度下，初始发芽率与储藏界限时的发芽率之间呈线性关系。

Schroth 等（1998）研究测定了 17%水分的小麦在五种可变储藏温度的时间变化模型：35-30℃、35-25℃、35-20℃、30-25℃、30-20℃。由 35-30℃温度模型预测的小

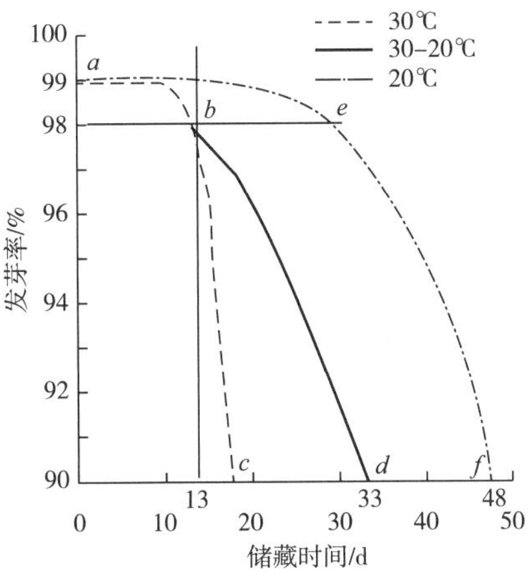

图 5-4　17%水分小麦及其在 30-20℃变温储藏预测

麦劣变结果很差。这个模型所得的平均储藏界限为 12d，与储藏在 35℃恒温下样品的结果一样。在 35-30℃和 35℃这样的高温下，温度的小幅下降似乎无效果，因为 5℃的降温幅度对于制止霉菌的快速生长是微不足道的。对 17%水分小麦、初始储藏温度为 35℃，降到 30℃，设想其储藏界限约为 12d。

对其他四个可变储藏温度模型来说，降低小麦储藏温度可使安全储藏时间增加。当温度下降至 20℃时，测量值与预测值间的差别最大，是因为这个温度（20℃）比储藏霉菌生长的最佳温度低，霉菌生长进入了调整期。但是在 Schroth（1996）的同类研究中，每一种储藏霉菌（交链孢霉、灰绿曲霉组、青霉）感染种子的百分比，并未受储藏温度下降所影响。

比较 17%水分小麦储藏界限的实测值与模型的预测值，绘制了散点图，并拟合了线性相关性。将温度由 35℃降至 30℃的排除在外。这个线性相关的 R^2 为 0.867，肯定了模型能够预测试验的测定储藏界限值。采用式（5-1a）与 Sanderson 等（1989）提出的修正 *DI* 值 1.5，正确预测了高水分小麦的储藏界限值。

三、　可见霉菌作为高水分小麦临时储藏指标

加拿大谷物委员会在对谷物进行分级时，将可见霉菌作为安全性的指标。对农民和粮库保管员来说，它是一个有价值的劣变率指标。然而是一个主观性指标，它不是唯一可靠的。可见霉菌的第一次出现遍及小麦籽粒表面，被记录下来。虽然出现时间变异大，其通常发生在安全储藏界限之前约 4d，此时平均发芽率为 92%。在多数情况下，下次扦样小麦样品，未见表面霉菌，可能是它在样品混合过程中被擦掉了。实践中，如果处理大堆高水分小麦大粮堆，并且在下周即将运送到粮库，可能在转移过程中，大部分表面霉菌会被擦掉。如果检测到这些霉菌的初期病征，且小麦继续存放在这些条件下，需要立即采取预防措施，以减少劣变。

四、 水分 15%~19%小麦的储藏时间

1. 水分 19%的小麦劣变速率和安全储藏时间

提出式（5-3）来处理高水分小麦劣变速率数据，计算储藏时间。

$$G = \frac{G_0}{[1 + (t/a)^b]^c} \quad (5\text{-}3)$$

式中 G——发芽率，%；

G_0——初始发芽率，98%；

t——储藏时间，d；

a、b、c——每个温度的系数（表 5-6）。

水分 19%的小麦发芽率与储藏时间的关系见图 5-5。

表 5-6 水分 19%小麦的发芽方程的系数

温度/℃	方程系数			R^2
	a	*b*	*c*	
35	2.39	14.40	5.88	0.91
30	1.72	27.89	6.98	0.96
25	3.82	22.22	20.98	0.99
20	3.86	37.59	12.88	0.97
15	3.99	57.82	2.14	0.92
10	4.42	94.46	5.89	0.97

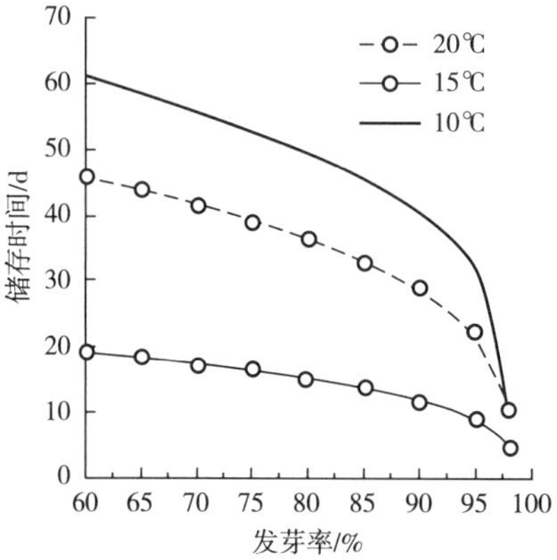

图 5-5 水分 19%的小麦在 3 种温度下的发芽率

当发芽率降至 90%以下时，储藏在 20~35℃下的水分 19%的小麦霉菌生长明显可见。储藏在 15℃和 10℃的小麦，甚至发芽率降至 70%时，其霉菌生长也不可见。在储藏的前几天，在 35℃储藏条件高感染水平的是灰绿曲霉和黄曲霉；在 30℃和 25℃条件是

亮白曲霉；在20℃条件是亮白曲霉和青霉菌。在后来的储藏时间中，在35℃高感染水平的是灰绿曲霉，在30℃和20℃高感染水平的是亮白曲霉，在25℃条件是灰绿曲霉和亮白曲霉。储藏在30℃和25℃下的19%水分小麦籽粒，分别在第9d和第11d出现细菌。储存在高温下的小麦游离脂肪酸值很高，如储存在30℃，25℃，20℃条件下的小麦游离脂肪酸值在第4d、5d及12d时，分别达到23mg KOH/100g干重，15mg KOH/100g干重，11mg KOH/100g干重。当种子被微生物侵染的比例低时，其游离脂肪酸值也低；当侵染比例高时，游离脂肪酸值也随着储藏时间增加。

将水分19%小麦置于储藏温度逐步降低的四种温度条件下，测定其发芽率：将初始储藏温度35℃和30℃在36h后降低至25℃和20℃；将初始储藏温度为25℃和20℃分别在3d和7d后，降低至20℃和15℃。在所有这些温度条件下，只有当发芽率降至90%以下时，才观察到霉菌生长。除了20℃的初始温度条件以外，灰绿曲霉是优势的真菌；当灰绿曲霉感染较高时，黄曲霉浸染水平较高，游离脂肪酸值也高（表5-7）。

表5-7　　水分19%的小麦微生物感染比例和脂肪酸值

温度/℃	储藏时间/d	籽粒感染率/%				游离脂肪酸/（mg KOH/100g干重）
		灰绿曲霉	亮白曲霉	黄曲霉	青霉	
35	5	21	9	25	1	未检测
35	10	47	36	15	9	65
30	4	9	21	0	9	23
30	9	12	56	0	15	35
25	5	5	10	0	3	15
25	11	32	33	0	21	24
20	12	12	23	3	20	11
20	20	16	37	0	41	27
35-25	6	47	21	11	9	27
30-20	13	63	21	12	7	15
25-20	11	32	20	8	16	未检测
20-15	17	25	4	31	12	未检测

注：35-25和30-20指将初始储藏温度35℃和30℃在36h后降低至25℃和20℃；25-20和20-15指将初始储藏温度为25℃和20℃分别在3d和7d后，降低至20℃和15℃。引自Karunakaran等（2001）。

通常当水分19%小麦发芽率降至85%时，标志着谷物等级降低。当小麦发芽率降至90%以下时，霉菌生长可见。小麦的安全储藏时间被定义为发芽率降至90%时的储藏时间。对水分19%小麦在10~35℃建立的储藏时间预测方程为：

$$\lg t = 2.057 - 0.049\theta \quad (R^2 = 0.97) \tag{5-4}$$

式中　t——安全储藏时间，d；

　　θ——储藏温度，℃。

由式（5-4）预测的安全储藏时间与 Fraser（1979）预测的差别不显著。

储藏温度在逐步降低条件下的小麦安全储藏时间，采用 Schroth 等（1998）方法预测。在储藏温度逐步降低的时间，较低温度下发芽率曲线发生转折，与高温条件下的发芽率曲线重合。除了当温度从 30℃降到 20℃外，式（5-4）预测安全储藏时间很好。

2. 水分 17%小麦的安全储藏时间

水分 17%小麦的发芽率拟合方程系数见表 5-8。水分 17%的小麦在 35℃，30℃，25℃的安全储藏时间分别为 5d，7d，15d。在 35℃，30℃，25℃下，可见霉菌生长分别在第 7d，13d，24d。在霉菌生长变得明显时，优势菌群在 35℃和 30℃下是灰绿曲霉，在 25℃下是亮白曲霉。对储藏在 35℃，30℃，20℃的小麦在第 7d，13d，24d，游离脂肪酸分别为 28mg KOH/100g 干重，22mg KOH/100g 干重，18mg KOH/100g 干重。

表 5-8　水分 17%的小麦发芽方程［式（5-3）］系数

温度/℃	发芽率方程			R^2
	a	*b*	*c*	
35	3.18	5.63	0.20	0.99
30	1.67	165.68	31.88	0.99
25	3.26	112.10	76.07	0.99

3. 水分 15%~19%的小麦基于呼吸速率的劣变速率

小麦水分由 12.7%升高至 19%后的 6h 内，由粮粒和微生物产生的 CO_2 量从 23mg/（d·kg 干重）升高至 463mg/（d·kg 干重）。水分 15%，18%及 19%的小麦氧气消耗量较 Lacey 等（1994）预测的高，但是水分 16%和 17%的小麦氧气消耗量相等。

水分 15%和 16%的小麦储存在 25℃的呼吸速率 45d 保持不变，之后呈现微小的下降趋势，然而水分 17%，18%及 19%小麦的呼吸速率随储藏时间呈线性升高（表 5-9）。水分 16%小麦在 25℃的呼吸速率在第 10d 和第 30d，分别为 21mg/（d·kg 干重）和 18mg/（d·kg 干重），明显高于 Hummel 等（1954）在 35℃下储藏 15d 后测定的 10mg/（d·kg 干重）的 CO_2 产生量。

水分 17%~19%的小麦在 25℃储藏期间 CO_2 产生量，可以拟合下列公式：

$$\ln X = -15.56 + 0.21t - 0.004t^2 + 1.08M \quad (R^2 = 0.95) \tag{5-5}$$

式中　X——CO_2 产生速率，mg/（d·kg 干重）；

t——储藏时间，d；

M——含水率，%（湿基）。

在推算粮食的状态分析中，呼吸速率与发芽率之间的关系，对 25℃储藏的水分 17%~19%的小麦，方程为：

$$G = 100 - 0.1X + 0.093M \quad (R^2 = 0.77) \tag{5-6}$$

式中　G——小麦发芽率，%；

X——CO_2 产生量，mg/（d·kg 干重）。

式（5-6）这种关系对于确定运小麦送到企业的小麦状态，是高效的，在储藏条件（时间和温度）不确定的情况下，小麦的水分和呼吸速率能够在 2h 内检测，而发芽率则需要 7d。对于水分 17%~19%的小麦在 25℃储藏一定时间，其发芽率可通过储藏时间、含水率及 CO_2 产生量来预测：

$$G = 54.56 - 1.213t - 0.076X + 2.832M \qquad (R^2 = 0.94) \qquad (5-7)$$

表 5-9 水分 15%~19%小麦在 25℃储藏指标

水分/%	储藏时间/d	CO_2 产生量/[mg/（d·kg 干重）]	干物质损失[a]/%	呼吸商数（RQ）	发芽率/%
15	15	23	0.02	0.93	95
	30	32	0.05	2.35	91
	47	15	0.08	1.46	93
	77	10	0.10	0.53	92
16	10	21	0.02	0.99	96
	30	18	0.04	0.63	98
	41	19	0.06	2.16	96
	73	8	0.07	1.09	92
	94	11	0.11	1.49	90
17	6	72	0.02	1.13	96
	12	37	0.04	1.48	91
	24	278	0.17	1.21	61[b]
	30	372	0.30	1.08	34[b]
18	5	111	0.02	1.36	92
	11	326	0.11	1.32	73[b]
	14	479	0.19	1.29	39[b]
	20	598	0.42	1.08	27[b]
19	2	197	0.02	1.39	92
	4	267	0.05	1.41	89
	6	460	0.10	1.30	78[b]
	8	829	0.18	1.19	73[b]
	10	822	0.30	1.09	32[b]

注：[a] 每千克干粮食中 1%干物质损失可产生 14.7g CO_2；[b] 这些样品出现可见霉菌。引自 Karunakaran et al.（2001）。

对水分 17%~19%的小麦，当发芽率降至 90%以下时，其干物质损失约为 0.05%

(表5-9)。对水分15%和16%的小麦发芽率保持在90%以上，其干物质损失增加到0.1%，是水分17%~19%小麦的2倍。对储藏在25℃水分17%，18%，19%的小麦，观察到霉菌分别在第24d，11d，6d。储藏期间，水分15%和16%的小麦未观察到霉菌生长。对储存温度≥25℃、水分≥18%的小麦，可见霉菌生长在第7d观察到。Harmer等(1991)观察到在25℃下，水分19%的小麦可见霉菌在第7d出现。表5-9中，水分17%小麦在25℃下，可见霉菌发生在第12d和24d。当呼吸速率约为300mg/(d·kg干重)，霉菌生长可见，干物质损失积累到1.0%。水分17%~19%小麦的干物质损失，当发芽率降至95%~90%时，干物质损失0.045%；当可见霉菌出现时，干物质损失是0.13%。Lacey等(1994)曾报道，对初始发芽率降至90%，0.087%的干物质损失是可接受的。这么高的值归结于他们假定呼吸商(RQ)为1，从测定的O_2消耗速率来预测CO_2积累量。除了储藏在15℃的谷物，已经报道的RQ均小于1。因此，小麦可以储藏到干物质损失约0.1%，这对种子来说不应该，表5-9所有情况下，在这个值之后发生了可见霉菌。

水分17%的小麦样品储藏期间，微生物群导致小麦劣变速率是在第12d鉴别到，而水分19%小麦样品则在第6d。水分17%和19%小麦样品中，占优势的菌群是灰绿曲霉、黄曲霉、亮白曲霉和青霉菌。

水分17%小麦的游离脂肪酸，从第12d的18mgKOH/100g干重增加到第30d的44mgKOH/100g干重；而水分18%的小麦，从第11天的17mgKOH/100g干重增加到第20天的48mgKOH/100g干重。水分19%小麦的游离脂肪酸从第6d的21mgKOH/100g干重增加到第10d的51mgKOH/100g干重。游离脂肪酸并不像呼吸速率那样随着含水率的增加而迅速增加。

呼吸商能够反映被氧化的底物类型。水分12.7%干粮食的呼吸商为0.49。当小麦水分增加至15%~19%后6h，RQ从0.60增加到1.78。RQ随着小麦水分增加而增加，可能是碳水化合物的分解所致。水分17%~19%的小麦RQ随着储藏时间而减少(除了水分17%和19%小麦在第12d、第4d分别为1.48和1.41)，表明脂肪和蛋白质被微生物分解。

4. 不同年份收获的水分17%的小麦安全储藏时间

将品质相同、初始发芽率为98%~99%的三个硬质红春小麦品种Barrie、Katepwa和Domain在不同的年份收获与检测。在25℃，30℃，35℃下，水分为17%的这三个品种的安全储藏时间显著地不同。在25℃下Barrie的储藏时间为15d，Katepwa为24d，而Domain为38d。

第三节 高水分玉米和稻谷的储藏时间

粮食温度和含水率影响储藏中粮食品质，影响霉菌、昆虫、螨类生长和发育，以及干物质丧失。粮食储存技术对储粮品质具有直接的影响。在玉米储存生态系统中，影响霉变和昆虫感染的最重要因子是水活度、温度及空气。

一、 高水分玉米粒货架期预测

黄玉米达到生理成熟期后，籽粒水分减少直到收获后。收获通常在籽粒水分是15%~30%（湿基）。收获后由于储藏真菌感染玉米粒引起品质劣变，劣变速率是取决于储藏时间、籽粒水分、温度及机械损伤水平、对储藏真菌感染的遗传敏感性等因素。在品质劣变出现之前，预测劣变速率和储藏时间，对设计和管理玉米储藏与干燥系统很重要。湿玉米粒干物质丧失直接相关于 CO_2 生成，玉米允许储藏时间是指直到 0.5%干物质分解达到的时间。Steele 等（1969）年研究有氧条件下高水分玉米粒的品质劣变，分析了玉米含水率、储藏温度、机械损伤的影响。他们以 CO_2 生成量指示品质劣变，参照条件是粮温 $T=15.6$℃，粮堆水分 $M=25\%$（湿基），玉米机械损伤率 $D=30\%$。其中 CO_2 生成量 y 与储藏时间 t 的关系是，

$$y = 1.3(e^{0.006t_s} - 1) + 0.15 \tag{5-8}$$

式中　y——每千克干物质生成的 CO_2 量，g；

t_s——参照储藏时间，h。

在有氧条件下，当葡萄糖氧化时玉米粒呼吸方程式为

$$C_6H_{12}O_6+6O_2=6CO_2+6H_2O+2835kJ \tag{5-9}$$

假定玉米粒干物质丧失直接相关于 CO_2 生成，Bern 等（2002）发现干物质损失0.5%，对应 1kg 原有干物质生成 7.32g CO_2，即对 0.5%干物质损失，$y=7.32g\ CO_2/kg$ 干重，则 t_s 是 9.583d。

在非参照条件下，计算储藏时间采用

$$t_n = 9.583M_M M_T M_D M_H M_F \tag{5-10}$$

式中　t_n——0.5%干物质损失的储藏时间，d；

M_M——水分乘数；

M_T——粮堆温度乘数；

M_D——机械损伤乘数；

M_H——遗传杂交品种抗性乘数；

M_F——杀菌剂处理乘数。

在参照条件下，$M_M = M_T = M_D = M_H = M_F = 1$ 时，$t_s = 9.583d$ 。

采用上述方程，在任何条件下 td 内 CO_2 生成量可以预测，

$$y = 1.3(e^{0.006t/m} - 1) + 0.15t/m \tag{5-11}$$

m 是组合乘数，$m = M_M M_T M_D M_H M_F$ 。

1. 温度乘数的影响

玉米粮堆温度满足：

①当 15.6 < $T \leqslant$ 48.9℃，含水率 $M \leqslant 19\%$ 时，温度乘数则是

$$M_T = 32.3\,e^{-0.1044T-1.856} \tag{5-12}$$

②当 15.6 < $T \leqslant$ 26.7℃，19% < $M \leqslant 28\%$ 时，

$$M_T = e^{-0.00493277+(0.09T-1.4)[\ln(0.0795012+0.012315M)]} \tag{5-13}$$

③当 15.6 < $T \leqslant$ 26.7℃，M > 28% 时，

$$M_T = e^{-0.07715304T+1.1952204} \tag{5-14}$$

④当 26.7 < $T \leqslant$ 48.9℃，19% < $M \leqslant 28\%$ 时，

$$M_T = 32.3\,e^{-0.1044T-1.856} + \frac{M-19}{100}e^{0.0183T-0.2847} \tag{5-15}$$

⑤当 26.7 < $T \leqslant$ 48.9℃，M > 28% 时，

$$M_T = 32.3\,e^{-0.1044T-1.856} + 0.09\,e^{0.0183T-0.2847} \tag{5-16}$$

⑥当 0 < $T \leqslant$ 15.6℃，

$$M_T = 128.389\,e^{-0.1458T-2.592} \tag{5-17}$$

2. 水分乘数的影响

当玉米粮堆含水率满足 13% $\leqslant M \leqslant$ 35% 时，水分乘数则是

$$M_M = 0.103\{e^{455/\left(\frac{100M}{100-M}\right)^{1.53}} - 0.845M/(100-M) + 1.558\} \tag{5-18}$$

3. 玉米机械损伤乘数的影响

当玉米粮堆机械损伤率满足 2% $\leqslant D \leqslant$ 41%，机械损伤乘数则是

$$M_D = 2.08\,e^{-0.0239D} \tag{5-19}$$

式中，D 是玉米的机械损伤率,%；M_D变化范围为 2（D=2%）到 0.78（D=41%）。Ng 等（1998）观察到机械损伤对品质劣变影响较小，定义 M_D范围为 0.97~1.3。

对联合收割机收获的玉米粒，M_D = 1，即 D=30%。对手工脱粒的玉米，M_D = 1.9，D=3%。对收获严重破坏的玉米粒，M_D = 0.8，D=40%。

4. 遗传杂交品种抗性乘数的影响

对普通杂种，M_H = 1。

对抗性杂交品种 FR35×FR20，M_H = 1.25。

当 T=20℃，18% $\leqslant M \leqslant$ 24%，玉米损伤率 D=3%时，

对杂交玉米品种 DF20×DF12，M_H = 0.91。

5. 杀菌剂处理乘数的影响

不使用杀菌剂，M_F = 1。

当 T=20℃，18% $\leqslant M \leqslant$ 24%，3% $\leqslant D \leqslant$ 30% 时，对玉米采用 20mg/L 异菌脲处理，M_F = 1.2。

当 T=20℃，M = 22%，D = 3% 时，对玉米采用 80mg/L 大豆油处理，M_F = 1.1。

Bern 等（2002 年）列出了不同温度和含水率组合下玉米允许储藏时间。表 5-10 所示为玉米粒粮堆含水率 16%~34%，0.5%干物质损失预测的储藏时间，玉米粒粮堆温度 2~49℃；所有预测的时间是恒定和平衡通风条件，对普通杂交玉米品种（M_H=1），没

有杀菌剂处理（$M_F=1$），可见的机械损伤破碎是 $D=30\%$（$M_D=1$），还假定玉米粒粮堆中没有粉尘，粉尘会减少玉米粒储藏时间。

玉米粒储藏时间开始于收获时，收获后所有时间是玉米粒储藏时间的一部分。玉米粒储藏时间决定于粮堆温度，而不是环境空气的温度。没有通风的湿玉米粮堆，由于储藏真菌呼吸导致发热，引起粮堆温度快速升高。采用环境空气通风玉米湿粮堆，则粮温小于等于环境空气的温度，这取决于粮堆含水率。如果粮堆含水率≥25%，通风的湿玉米粮堆的温度则低于环境空气的湿球温度。表 5-10 对湿玉米粒含水率 18%~31%，粮堆温度 2~27℃经常使用，也最可靠。

表 5-10　玉米干物质丧失 0.5%的允许储藏时间　单位：d

温度/℃	含水率/%									
	16	18	20	22	24	26	28	30	32	34
1.7	1144	437	216	128	86	63	50	41	35	31
4.4	763	291	144	85	57	42	33	27	24	21
7.2	509	194	96	57	38	28	22	18	16	14
10.0	339	130	64	38	26	19	15	12	10	9
12.8	226	86	43	25	17	13	10	8	7	6
15.6	151	58	29	17	11	8	7	5	5	4
18.3	113	43	22	13	9	7	5	4	4	3
21.1	85	32	16	10	7	5	4	4	3	3
23.9	63	24	12	8	5	4	3	3	2	2
26.7	47	18	9	6	4	3	3	2	2	2
29.4	35	14	7	5	3	3	2	2	2	1
32.2	26	10	5	4	3	2	2	2	1	1
35.0	20	8	4	3	2	2	2	1	1	1
37.8	15	6	3	2	2	2	2	1	1	1
40.6	11	4	3	2	2	2	1	1	1	1
43.3	8	3	2	2	2	1	1	1	1	1
46.1	6	2	2	2	1	1	1	1	1	1
48.9	5	2	1	1	1	1	1	1	1	1

注：假定 $D=30\%$，$M_D=M_H=M_F=1$；引自 Bern et al.（2002）。

查表 5-10，玉米在含水率 20%、15.6℃允许储藏时间 29d。5d 后，玉米干燥到 18%，在含水率 18%、15.6℃允许储藏时间为 $\frac{29-5}{29}\times 58=48$（d）。

举例说明如何利用两表。

例题 1：玉米粒是联合收割机收获，含水率 20%，储藏在 10℃。9d 后，玉米降水到 18%含水率，储藏在 7℃。干物质损失是 0.5%，玉米粒储藏时间是多少？

解：从表 5-10 看出玉米含水率 20%，储藏在 10℃，干物质损失 0.5%的总储藏时间是 64d。含水率 18%的玉米粒储藏在 7℃干物质损失 0.5%的总储藏时间是 194d。9d 后，总储藏时间流失了 9/64，剩余了 55/64。

$$\frac{55}{64} \times 194 = 167(\mathrm{d})$$

含水率 18%的玉米在 7℃储藏 167d，储藏中干物质损失 0.5%。这个简单的推理方法解释了玉米储藏条件的变化，很有用，也很保守。

例题 2：玉米粒是联合收割机收获，含水率 24%，储藏在 15.6℃。干物质损失 1.0%和 0.25%的储藏时间各是多少？

解：从表 5-10 看出玉米含水率 20%储藏在 10℃，干物质损失 0.5%的总储藏时间是 11d。再从表 5-11 看出，干物质损失 1.0%和 0.25%的乘子各是 1.53 和 0.59，于是，1.53×11=17d 和 0.59×11=6d，即储藏时间各是 17d 和 6d。

表 5-11　计算不同干物质损失水平的储藏时间乘数

干物质损失/%	表 5-10 的乘数
0.25	0.59
0.50	1.00
0.75	1.30
1.0	1.53

例题 3：含水率 20%的玉米粒在 10℃储藏，如果 0.5%干物质损失，储藏时间是多少天？如果 0.75%干物质损失，储藏时间是多少天？

解：在缺乏其他信息情况下，玉米粒的机械损伤是 30%，即 $D=30$，玉米损失率乘数 $M_D = 1$；属于普通杂交种，$M_H = 1$；没有杀菌剂处理 $M_F = 1$。

从表 5-10 看出，0.5%干物质损失的储藏时间是 64d。根据表 5-11，0.75%干物质损失乘子 1.30，计算 0.75%干物质损失的储藏时间为 1.30×64=83（d）。

也可以采用方程计算这些储藏时间。

①注意 1%干物质损失对应 14.66g CO_2/kg 原有干物质，0.5%干物质损失则对应 7.33g CO_2/kg 原有干物质，那么，0.75%干物质损失则对应 11.0g CO_2/kg 原有干物质。

②采用式（5-8），对 0.5%干物质损失，则 $t_s=230$h；对 0.75%干物质损失则 $t_s=299$h。

③接着式（5-11）计算时，M_M 采用式（5-18），M_T 采用式（5-17），M_D 采用式（5-19），M_D 必须计算 4 个有效数字以匹配计算机计算储藏时间的表 5-10 中的值。$M_H = M_F = 1$，对 $t_s=230$h，$t_s=299$h 计算 t_n；

④对 0.5%干物质损失，

$t_n=230×2.945×2.237×1.015×1×1=1538$（h）$=64$（d）。

对 0.75%干物质损失，

$t_n = 299\times2.945\times2.237\times1.015\times1\times1 = 1999$（h）$= 83$（d）。

通过式（5-11）用于预测在 $0\leqslant T\leqslant49$℃、$15\%\leqslant M\leqslant34\%$、$2\leqslant D\leqslant41\%$条件下，湿玉米粒给定干物质丧失的 CO_2 生成量和储藏时间，说明玉米杂交品种对霉菌危害的抗性和杀菌剂使用效果。

表 5-10 是对普通玉米杂交品种在没有杀菌剂处理、籽粒机械损伤率 30%以及储藏过程中干物质损失 0.5%条件下的储藏时间的预测。表 5-11 允许计算干物质损失分别是 0.25%、0.75%、1%条件下的储藏时间。

二、 温度和含水率对稻谷货架期的影响

Kaliyan 等（2006）年在美国明尼苏达大学确定高水分稻谷的货架期，依据是谷粒上出现可见的第一个霉菌生长的时间（表 5-12）。由于含水率≤14%的稻谷可以长期安全储藏，他们试验稻谷含水率 5 个水平 15%，18%，21%，24%，27%（湿基），储藏在 5 个温度 20℃，27℃，35℃，40℃，45℃。

针对温度 20~45℃、稻谷含水率 15%~27%范围，采用的数学模型为：

$$\lg D = a + bM + cT \tag{5-20}$$

式中　D——货架期，d；

M——稻谷含水率，%（湿基）；

T——储藏温度，℃；

a、b、c——系数。

将稻谷含水率分成 3 个范围：15%~27%、15%~21%、21%~27%。

表 5-12　高水分稻谷货架期　单位：d

储藏温度/℃	稻谷含水率/%（湿基）				
	15	18	21	24	27
20	72*	29	11	6	4
27	72	13	6	3	3
35	16	10	5	3	2
40	11	8	3	2	2
45	10	7	2	1.5	1.5

注：* 观察到 72d 结束，未见霉菌；引自 Kaliyan et al.（2006）。

稻谷货架期随储藏温度从 20℃增加到 45℃而减少。温度越高，稻谷的货架期越短，反之亦然。高温加热稻谷，有利于加快霉菌生长。在含水率 18%~24%范围，20℃稻谷货架期比 27℃货架期高 50%。在含水率高于 15%，在 27℃和 35℃稻谷货架期几乎是一样的。对所有含水率稻谷在 40℃和 45℃，稻谷货架期几乎是一样的。

稻谷货架期随含水率从 15%增加到 27%而减少，这个趋势出现在所有试验的温度

(20~45℃)。含水率越高，稻谷的货架期越短，反之亦然。由于高含水率的稻谷高呼吸产生更多的热，这帮助霉菌快速生长。含水率 15%~21%范围稻谷货架期变异大。在含水率 24%和 27%，在所有测定的温度稻谷货架期几乎是一样的。在含水率 15%、温度 20℃，稻谷货架期为 72d，由于低温和低含水率降低粮食和霉菌的生物活性。在含水率 24%或 27%、储藏温度 45℃，稻谷最短储藏寿命为 1.5d。在所有测试温度，含水率从 21%减少到 18%，从 24%减少到 21%，稻谷货架期平均增加分别为 160%和 67%。稻谷货架期模型为温度和含水率的函数。对含水率和温度，

当 $15\% \leqslant M \leqslant 27\%$，$20℃ \leqslant T \leqslant 45℃$，

$$\lg D = 3.520 - 0.089M - 0.026T \quad (R^2 = 0.912) \tag{5-21}$$

当 $15\% \leqslant M \leqslant 21\%$，$20℃ \leqslant T \leqslant 45℃$，

$$\lg D = 4.261 - 0.122M - 0.031T \quad (R^2 = 0.932) \tag{5-22}$$

当 $21\% \leqslant M \leqslant 27\%$，$20℃ \leqslant T \leqslant 45℃$，

$$\lg D = 2.377 - 0.048M - 0.022T \quad (R^2 = 0.911) \tag{5-23}$$

式中 D——稻谷货架期，d；

M——含水率，%（湿基）；

T——温度，℃。

结论是，稻谷含水率 15%、储藏温度 20~27℃可以安全储藏 2 个月以上，没有霉菌生长；稻谷含水率大于 21%，储藏温度大于 27℃，霉菌产生较快，在 1.5~6d 内发生。

第四节 谷物油料安全水分估算

粮食安全储存水分是指在当地常规储存条件下，粮食安全过夏、不发热、不发霉的最高含水率。由于缺乏系统研究，各地粮食收购企业都是凭经验掌握，宽严并存，对我国粮食储存安全和储存经济效益都有较大影响。研究谷物安全储存水分的控制标准，对于指导和规范谷物收购、储存、运输及加工各环节的管理工作，具有重要的意义。徐红梅和宗力（2010）根据河南、安徽、湖北、湖南、江西等地的统计数据，得到各种稻谷在不同温度下的安全水分。余昆（2010）根据 LS/T 1202—2002《储粮机械通风技术规程》推导了不同温度下的粮食安全水分。我们在我国主要谷物和油料的水分解吸等温线测定基础上分析不同温度下安全储藏水分，以期对国家粮食收购、储藏、流通及机械通风有指导意义。

一、 粮食安全水分估算的原理

谷物储藏技术主要是通过调控粮堆含水率和温度来进行操作的。谷物籽粒吸附水分的数量是一定温度下相对湿度（RH）的函数，通常是光滑的连续 S 型曲线。我们根据

籽粒内水分存在形式随相对湿度的变化，将水分状态分为结合水、单分子层水、多分子层和浓缩膜水（安全水）及代谢水。等温线的形状受籽粒内水分的结合能量调控。最低部分的等温线表示结合水，凹陷到相对湿度坐标轴。当含水率增加，水分子连接在一起形成单分子层，当单分子层完全形成时 *RH* 约等于 20%。水分子接着形成第二层、第三层及连续层，每层不是紧密地结合到吸附物质。当结合能量减少，则 *RH* 增加。这部分曲线是几乎线性的，平缓而稳定。高于 *RH* 75%，曲线的最后部分凹陷到含水率坐标轴。在这些湿度条件，籽粒的毛细管逐渐充满水分子并达到饱和。在这个区域，大量的含水率来自 *RH* 较小的增加。因此相对地看，大量水被籽粒本身或者带有的微生物代谢利用，这导致储藏期间的品质劣变过程。一般地，霉菌生长要求的水分活度要在0.70以上，少数霉菌可以在水分活度为0.65时生长，这类霉菌称作嗜干性霉菌，如灰绿曲霉、薛氏曲霉、赤曲霉、阿姆斯特丹曲霉等。水分活度在0.60以下时，所有霉菌都不能生长。因此，物料水分活度为0.60时所对应的水分为绝对安全水分，水分活度为0.70时所对应的水分为相对安全水分。大多数谷物和油料在 *RH* 20%~70% 条件下储藏是安全的，既不发霉，也不发生脂肪过氧化作用（李兴军等，2014）。于是，根据测定的谷物和油料水分吸着等温线及70%是霉菌显著生长的界限，我们拟合出 *EMC-ERH* 关系最佳等温线方程，然后在 *RH* 70%下分析不同温度下安全储藏水分。

二、 我国粮油样品收集与平衡水分数据拟合

2007—2015年从我国粮食主产区收集小麦品种（14）、稻谷（17）、玉米（16）、大米（11）、大豆（10）分别见表3-11、表3-1、表3-26、表3-38、表3-47；花生品种（2）、油菜籽（8）、芝麻（4）分别见表3-54、表3-57、表3-60。

对小麦解吸平衡水分数据采用9个模型 Brunauer-Emmett-Teller（BET）、CAE、Chen-Clayton（CCE）、3参数 Guggenheim-Anderson-deBoer（3-MGAB）、Modified-Chung-Pfost（MCPE）、Modified-Henderson（MHE）、Modified-Oswin（MOE）、Strohman-Yoerger（SYE）及我们提出的多项式方程（Li-Jiang）进行拟合（李兴军等，2009；2017）。对稻谷的解吸平衡水分数据采用8个模型 BET、CAE、3-MGAB、MCPE、MHE、MOE、SYE 及 Li-Jiang 进行拟合（李兴军和吴子丹，2010；Li et al. 2014）。对玉米解吸平衡水分数据采用7个模型 CAE、MCPE、3-MGAB、MHE、MOE、SYE、Li-Jiang 进行拟合（王双林等，2010；李兴军等，2012）；对大米则采用8个模型 BET、CAE、3-MGAB、MCPE、MHE、MOE、SYE、Li-Jiang 进行拟合（盛岩和李兴军，2013）。对大豆、油菜籽、花生及芝麻主要考虑 Modified Halsey（MHAE）和3-MGAB（吴子丹和李兴军，2013；李兴军等，2013；何靖柳等，2013；李兴军等，2014）。

三、 小麦安全水分估算

MCPE方程被用于计算小麦安全水分（表5-13）。从表5-14看出，在 *ERH* 70%条

件下，随着温度升高，解吸平衡水分值降低。14 个小麦品种在 *ERH* 70%、20℃条件的解吸平衡水分变化范围是 12. 96%~15. 50%，解吸平均是 14. 21%，品种平均是（14. 26±0. 70)%。考虑水分测定方法标准规定，不同方法之间的偏差不超过 0. 5%，该解吸均值与我国规定的小麦安全水分 13. 0%接近。在同一温度下，不同产区小麦在 70%条件的解吸平衡水分值差异不明显；另外在同一温度下，小麦不同类型如冬麦与春麦、硬麦与软麦、红麦与白麦之间解吸平衡水分差异不明显（Li，2012）。这些结果说明小麦的解吸特性受产地、小麦类型影响很小，收获后可以同时处理。

表 5-13　　小麦解吸 MCPE 方程系数

品种编号	*M=f（ERH，T）*形式 MCPE 方程		
	C_1	C_2	C_3
1	689. 488	53. 566	0. 224
2	1006. 036	109. 277	0. 224
3	438. 700	51. 009	0. 220
4	585. 597	52. 761	0. 216
5	2394. 201	296. 777	0. 219
6	744. 465	45. 296	0. 228
7	521. 849	48. 853	0. 220
8	475. 356	36. 445	0. 204
9	665. 515	55. 459	0. 221
10	987. 527	75. 072	0. 231
11	722. 930	55. 033	0. 220
12	688. 704	63. 555	0. 231
13	385. 071	39. 355	0. 214
14	478. 517	45. 377	0. 214
解吸平均	635. 479	57. 093	0. 221

注：方程系数由解吸水分数据（湿基）计算；解吸平均指 14 个品种的解吸平均值。

四、 稻谷安全水分估算

MCPE 方程用于估算稻谷安全水分，见表 5-15 和表 5-16。在 *ERH* 70%条件下，随着温度升高，解吸平衡水分值降低。17 个品种在 *ERH* 70%、30℃条件下的解吸平衡水分变化范围是 12. 14%~14. 23%，解吸平均是 13. 84%，而品种平均是（13. 60±0. 64)%。这个结果与我国规定的安全水分籼稻 13. 5%、粳稻 14. 5%类似。在同一温度下，糯稻解吸平衡水分较粳稻、籼稻的低，粳稻解吸平衡水分与籼稻的差异不明显。而且，在同一温度下，稻谷产区由北到南，稻谷解吸平衡水分变化不明显（Li et al. 2014；2020）。

表 5-14　　小麦相对安全水分

品种编号	RH 70%条件下平衡水分/%（湿基）					
	10℃	15℃	20℃	25℃	30℃	35℃
1	15.24	14.91	14.59	14.30	14.02	13.76
2	14.12	13.94	13.76	13.59	13.43	13.27
3	13.65	13.30	12.96	12.65	12.36	12.09
4	15.11	14.76	14.43	14.12	13.83	13.56
5	14.09	14.02	13.94	13.87	13.80	13.73
6	15.92	15.55	15.20	14.87	14.57	14.29
7	14.61	14.24	13.89	13.57	13.28	13.00
8	16.45	15.95	15.50	15.08	14.70	14.34
9	15.16	14.83	14.52	14.23	13.95	13.69
10	15.08	14.83	14.60	14.37	14.16	13.96
11	15.63	15.30	14.98	14.69	14.41	14.15
12	14.15	13.86	13.59	13.34	13.10	12.88
13	14.42	13.97	13.56	13.18	12.83	12.50
14	14.89	14.49	14.12	13.77	13.45	13.15
解吸平均	14.84	14.51	14.21	13.93	13.66	13.41
品种平均	14.90	14.57	14.26	13.97	13.71	13.46

注：品种平均是 14 个品种的平均值，在 6 种温度下的标准差范围是 0.67~0.75，平均 0.70。

表 5-15　　稻谷解吸 MCPE 方程系数

品种编号	$M=f(ERH, T)$ 形式 MCPE 方程		
	C_1	C_2	C_3
1	732.817	81.212	0.176
2	301.996	21.857	0.174
3	357.318	30.892	0.184
4	896.872	82.869	0.188
5	471.878	51.620	0.181
6	498.416	57.938	0.180
7	375.136	24.190	0.180
8	510.545	44.689	0.178
9	534.653	40.067	0.190
10	416.948	45.952	0.167

续表

品种编号	$M=f(ERH, T)$ 形式 MCPE 方程		
	C_1	C_2	C_3
11	726. 458	92. 560	0. 183
12	561. 385	58. 122	0. 179
13	448. 708	26. 574	0. 191
14	536. 344	34. 341	0. 228
15	1883. 699	160. 153	0. 239
16	461. 791	57. 791	0. 173
17	616. 202	65. 907	0. 179
解吸平均	489. 459	47. 419	0. 179

注：方程系数由解吸水分数据（干基）计算。解吸平均指 17 个品种的解吸平均值。

表 5-16　　稻谷相对安全水分

品种编号	RH 70%条件平衡水分/%（湿基）					
	10℃	15℃	20℃	25℃	30℃	35℃
1	15. 04	14. 82	14. 61	14. 41	14. 21	14. 03
2	15. 86	15. 26	14. 74	14. 26	13. 83	13. 44
3	14. 81	14. 35	13. 94	13. 56	13. 21	12. 89
4	14. 93	14. 72	14. 53	14. 35	14. 17	14. 00
5	14. 49	14. 17	13. 88	13. 60	13. 34	13. 09
6	14. 38	14. 09	13. 82	13. 56	13. 32	13. 09
7	15. 99	15. 45	14. 97	14. 54	14. 15	13. 78
8	15. 50	15. 15	14. 82	14. 52	14. 23	13. 96
9	15. 18	14. 81	14. 48	14. 17	13. 88	13. 61
10	15. 40	15. 03	14. 69	14. 37	14. 07	13. 78
11	14. 04	13. 85	13. 66	13. 48	13. 31	13. 15
12	14. 92	14. 64	14. 37	14. 11	13. 87	13. 64
13	15. 63	15. 15	14. 72	14. 33	13. 97	13. 64
14	13. 39	13. 03	12. 71	12. 42	12. 14	11. 89
15	12. 57	12. 47	12. 38	12. 30	12. 21	12. 13
16	14. 57	14. 26	13. 98	13. 71	13. 46	13. 22
17	14. 86	14. 60	14. 36	14. 13	13. 91	13. 69
解吸平均	15. 06	14. 72	14. 41	14. 11	13. 84	13. 58
品种平均	14. 80	14. 46	14. 16	13. 87	13. 60	13. 35

注：品种平均是 14 个品种的平均值±标准差；在 6 种温度下的标准差范围是 0. 61~0. 87，平均 0. 72。

五、 玉米安全水分估算

我们选择 MCPE 方程为玉米解吸最佳拟合方程，见表 5-17。在 *ERH* 70%条件下，随着温度升高，玉米解吸平衡水分值降低（表 5-18）。16 个品种玉米在 *ERH* 70%、20℃条件下的解吸平衡水分变化范围是 12.79%~14.83%，解吸平均是 13.91%，而品种平均是 14.05%±0.59%。这个结果与我国规定的玉米安全水分 14.0%非常类似。在同一温度下，17 个玉米品种的解吸平衡水分差异不明显。而且，在同一温度下，从产区由北到南，玉米解吸平衡水分变化不明显。

表 5-17　　玉米解吸 MCPE 方程系数

品种编号	*M*=*f*（*ERH*，*T*）形式 MCPE 方程系数		
	C_1	C_2	C_3
1	451.414	20.523	0.232
2	438.964	23.251	0.228
3	392.426	14.968	0.235
4	304.354	17.503	0.227
5	281.105	14.087	0.232
6	619.162	43.502	0.232
7	571.718	33.781	0.235
8	417.924	17.151	0.235
9	678.260	49.807	0.238
10	775.058	54.483	0.240
11	557.906	38.164	0.238
12	499.908	31.055	0.238
13	280.239	13.758	0.217
14	309.477	20.56	0.222
15	454.261	45.562	0.232
16	260.112	13.297	0.235
解吸平均	505.554	35.428	0.233

注：方程系数由解吸水分数据（湿基）计算。解吸平均指 16 个品种的解吸平均值。

表 5-18　　玉米解吸 MCPE 方程与稻谷安全水分

品种编号	*RH* 70%条件平衡水分/%（湿基）					
	10℃	15℃	20℃	25℃	30℃	35℃
1	16.06	15.40	14.83	14.33	13.88	13.48

续表

品种编号	*RH* 70%条件平衡水分/%（湿基）					
	10℃	15℃	20℃	25℃	30℃	35℃
2	15. 84	15. 22	14. 69	14. 21	13. 77	13. 38
3	16. 11	15. 33	14. 68	14. 11	13. 61	13. 16
4	15. 13	14. 40	13. 77	13. 21	12. 72	12. 28
5	15. 03	14. 22	13. 54	12. 95	12. 43	11. 97
6	15. 00	14. 61	14. 26	13. 93	13. 63	13. 35
7	15. 32	14. 86	14. 45	14. 07	13. 72	13. 40
8	16. 02	15. 30	14. 69	14. 15	13. 67	13. 24
9	14. 54	14. 20	13. 89	13. 59	13. 32	13. 07
10	14. 66	14. 34	14. 06	13. 78	13. 53	13. 29
11	14. 62	14. 21	13. 83	13. 48	13. 16	12. 87
12	14. 83	14. 35	13. 92	13. 53	13. 17	12. 84
13	16. 12	15. 24	14. 50	13. 87	13. 31	12. 81
14	15. 07	14. 39	13. 80	13. 27	12. 80	12. 38
15	13. 50	13. 13	12. 79	12. 47	12. 18	11. 90
16	14. 65	13. 83	13. 13	12. 54	12. 02	11. 55
解吸平均	14. 77	14. 32	13. 91	13. 54	13. 20	12. 88
品种平均	15. 16	14. 57	14. 05	13. 59	13. 18	12. 81

注：品种平均是 16 个品种的平均值±标准差，在 6 种温度下的标准差范围是 0. 61～0. 73，平均 0. 62。

六、 大米安全水分估算

利用参数已知的 MCPE 估算大米安全储存水分（表 5-19）。从表 5-20 看出，在 *ERH* 70%条件下，随着温度升高，大米解吸平衡水分值降低。11 个大米样品在 *ERH* 70%、25℃条件的解吸平衡水分变化范围是 12. 33%～15. 25%，解吸平均是 14. 12%，品种平均是（14. 13±0. 81)%。考虑水分测定方法标准规定，不同方法之间的偏差是 0. 5%，该解吸平均与 GB/T 1354—2018《大米》规定的大米限量水分对粳米≤15. 5%、籼米≤14. 5%一致。在同一温度下，不同大米样品在 *RH* 70%条件的解吸平衡水分值差异不明显。这些结果说明大米的解吸特性受产地影响很小。

表 5-19　　大米 MCPE 方程系数

品种编号	$M=f(ERH, T)$ 形式 MCPE 方程系数		
	C_1	C_2	C_3
1	617. 445	28. 519	0. 231

续表

品种编号	M=f(ERH，T)形式 MCPE 方程系数		
	C_1	C_2	C_3
2	677.876	30.833	0.241
3	1771.807	95.133	0.244
4	704.681	40.338	0.239
5	547.736	36.121	0.237
6	653.493	51.252	0.235
7	389.851	45.779	0.222
8	978.693	56.642	0.249
9	1109.305	60.213	0.248
10	717.532	58.217	0.231
11	1035.961	80.194	0.232
解吸平均	741.425	48.187	0.237

注：方程系数由解吸水分数据（湿基）计算；解吸平均指 11 个品种的解吸平均值。

表 5-20　大米解吸 MCPE 方程安全水分

品种编号	RH 70%条件下平衡水分/%（湿基）					
	10℃	15℃	20℃	25℃	30℃	35℃
1	16.47	15.95	15.47	15.05	14.66	14.31
2	15.94	15.46	15.03	14.64	14.28	13.95
3	15.80	15.61	15.43	15.25	15.09	14.93
4	15.36	14.96	14.60	14.26	13.96	13.67
5	14.79	14.36	13.96	13.60	13.27	12.96
6	14.46	14.13	13.82	13.53	13.26	13.00
7	13.40	13.02	12.66	12.33	12.02	11.73
8	14.93	14.64	14.37	14.12	13.88	13.65
9	15.29	15.01	14.75	14.51	14.28	14.06
10	14.65	14.34	14.06	13.79	13.54	13.30
11	14.97	14.73	14.51	14.30	14.10	13.91
解吸平均	15.09	14.74	14.42	14.12	13.84	13.58
品种平均	15.11	14.75	14.42	14.13	13.85	13.59

注：品种平均是 11 个品种的平均值，在 6 种温度下的标准差范围是 0.80~0.84，平均 0.82。

七、 大豆安全水分

对大豆水分解吸等温线采用 MGAB 方程（表 5-21）。根据表 5-22，在 *ERH* 70%、

25℃条件下，11 个品种大豆安全水分是 11.16%~12.62%，平均值（12.13±0.48）%。

表 5-21 大豆解吸 MGAB 方程系数

品种编号	M=f（ERH，T）形式 MGAB 方程系数		
	C_1	C_2	C_3
1	5.124	0.842	758.702
2	4.846	0.862	348.761
3	5.322	0.842	648.212
4	5.197	0.848	567.413
5	5.108	0.847	744.112
6	5.171	0.861	477.615
7	4.782	0.881	436.591
8	4.444	0.882	382.941
9	4.864	0.862	373.591
10	5.336	0.842	541.351
解吸平均	5.003	0.858	515.168

注：方程系数由解吸水分数据（湿基）计算。解吸平均指 10 个品种的解吸平均值。

表 5-22 大豆相对安全水分

品种编号	RH 70%下平衡水分/%（湿基）					
	10℃	15℃	20℃	25℃	30℃	35℃
1	12.37	12.31	12.25	12.20	12.14	12.09
2	11.99	11.88	11.78	11.67	11.56	11.46
3	12.82	12.76	12.69	12.62	12.56	12.49
4	12.64	12.56	12.49	12.41	12.34	12.27
5	12.43	12.38	12.32	12.26	12.21	12.15
6	12.84	12.75	12.67	12.58	12.50	12.42
7	12.30	12.22	12.13	12.05	11.96	11.88
8	11.43	11.34	11.25	11.16	11.08	10.99
9	12.05	11.95	11.85	11.75	11.65	11.55
10	12.83	12.75	12.67	12.59	12.51	12.44
解吸平均	12.37	12.29	12.21	12.13	12.06	11.98
品种平均	12.37	12.29	12.21	12.13	12.05	11.97

注：品种平均是 10 个品种的平均值，在 6 种温度下的标准差范围是 0.45~0.50，平均 0.48。

八、油菜籽安全水分

油菜籽安全水分分析采用解吸 MGAB 方程（表 5-23 和表 5-24），在 *ERH* 70%、25℃，8 个油菜籽品种安全水分是则是 7.98%~10.18%，平均值（8.95±0.88）%。

表 5-23　　油菜籽解吸 MGAB 方程系数

品种编号	*M*=*f*（*ERH*，*T*）形式 MGAB 方程系数		
	C_1	C_2	C_3
1	3.177	0.873	1749.699
2	3.679	0.843	2229.514
3	4.268	0.841	917.480
4	4.239	0.839	1953.964
5	3.601	0.863	783.795
6	3.608	0.876	1278.766
7	3.289	0.864	781.743
8	3.174	0.867	1366.192
解吸平均	3.622	0.858	1243.202

注：方程系数由解吸水分数据（湿基）计算；解吸平均指 8 个品种的解吸平均值。

表 5-24　　油菜籽安全水分

品种编号	*RH* 70%条件下平衡水分/%（湿基）					
	10℃	15℃	20℃	25℃	30℃	35℃
1	8.14	8.12	8.11	8.10	8.08	8.07
2	8.95	8.93	8.92	8.91	8.89	8.88
3	10.30	10.26	10.22	10.18	10.15	10.11
4	10.23	10.22	10.20	10.18	10.16	10.14
5	9.02	8.98	8.95	8.91	8.87	8.84
6	9.28	9.26	9.24	9.21	9.19	9.17
7	8.25	8.22	8.19	8.15	8.12	8.09
8	8.04	8.02	8.00	7.98	7.96	7.94
解吸平均	9.02	9.00	8.97	8.95	8.93	8.90
品种平均	9.03	9.00	8.98	8.95	8.93	8.90

注：品种平均是 8 个品种的平均值，在 6 种温度下的标准差范围是 0.87~0.89，平均 0.88。

九、 花生和芝麻安全水分

花生仁和荚果安全水分分析采用解吸 MHAE 和 MGAB 方程（表 5-25），在 *ERH* 70%、25℃，两个花生品种的花生仁和荚果安全水分各是 9.27%～9.51%和 10.23%～10.91%（表 5-26）。

表 5-25　　花生解吸 MHAE 和 MGAB 方程系数

方程	类型	*M*=*f*（*ERH*，*T*）形式方程系数		
		C_1	C_2	C_3
MHAE	仁均	5.011	-2.654×10^{-3}	2.684
MHAE	果均	6.242	-8.114×10^{-3}	3.040
MGAB	仁均	4.079	0.816	1.812×10^{-9}
MGAB	果均	5.376	0.742	910.345

注：方程系数由解吸水分数据（湿基）计算。

表 5-26　　花生相对安全水分

方程	类型	*RH* 70%条件平衡水分/%（湿基）					
		10℃	15℃	20℃	25℃	30℃	35℃
MHAE	仁均	9.40	9.36	9.31	9.27	9.22	9.18
MHAE	果均	10.65	10.51	10.37	10.23	10.10	9.96
MGAB	仁均	9.51	9.51	9.51	9.51	9.51	9.51
MGAB	果均	11.07	11.02	10.96	10.91	10.86	10.80

从系数已知的芝麻解吸 MOE 方程（表 5-27）推算安全水分，*RH* 70%表示相对安全水分，从表 5-28 看出，随着温度增加，芝麻安全储藏水分值减少。在 25℃，相对安全水分是（6.93±0.19）%。

表 5-27　　芝麻解吸 MOE 方程系数

品种编号	*M*=*f*（*ERH*，*T*）形式 MOE 方程系数		
	C_1	C_2	C_3
1	6.372	-4.429×10^{-2}	3.359
2	6.066	-2.469×10^{-2}	3.239
3	5.367	-1.156×10^{-2}	3.035
4	5.872	-1.333×10^{-2}	3.298
解吸平均	5.917	-2.332×10^{-2}	3.229

注：方程系数由解吸水分数据（湿基）计算；解吸平均指 4 个品种的解吸平均值。

表 5-28 芝麻相对安全水分

样品编号	RH 70%条件平衡水分/%（湿基）					
	10℃	15℃	20℃	25℃	30℃	35℃
1	7.63	7.35	7.06	6.78	6.49	6.21
2	7.56	7.40	7.24	7.08	6.92	6.76
3	6.94	6.87	6.79	6.71	6.64	6.56
4	7.42	7.33	7.25	7.16	7.08	6.99
解吸平均	7.39	7.24	7.09	6.93	6.78	6.63
品种平均	7.39	7.24	7.08	6.93	6.78	6.63

注：品种平均是4个品种的平均值，在6种温度下的标准差范围是0.19~0.29，平均0.23。

就25℃相对安全储藏水分（*RH* 70%），采用MGAB方程推算的我国大豆、油菜籽及花生仁和荚果的相对安全水分分别是12.13%，8.95%，9.51%和10.91%；采用MOE推算的芝麻的相对安全水分是6.93%，这一结果类似油菜籽、葵花籽在25℃、*RH* 70%条件水分解吸值是9%，而大豆在25℃、*RH* 70%条件水分解吸值是12%（Pixton，1982）。

十、 我国主要粮油种类解吸多项式方程及安全水分分析

采用我们提出的 $EMC = C_1ERH^3 + C_2ERH^2 + C_3ERH + C_4ERH^2T + C_5ERHT + C_6T + C_7$ 方程（$C_1 \sim C_7$ 是系数）对我国主要谷物及油料水分解吸等温线进行拟合，拟合度指标决定系数 R^2>0.992，平均相对误差 *MRE*<5.231%（表5-29），这些指标优于修正Chung-Pfost（MCPE）、修正Halsey（MHAE）、修正Henderson（MHE）、修正Guggenheim-Anderson-deBoer（MGAB）及修正Oswin（MOE）的拟合度指标。见表5-30~表5-32，从系数已知的该方程分析安全储藏水分。

表 5-29 多项式方程对我国主要粮油种类解吸等温线的拟合度参数

种类	品种数	统计学参数			
		RSS	*SE*	R^2	*MRE*/%
稻谷	17	1.6874	0.044	0.9981	1.5012
大米	11	2.0715	0.055	0.9978	1.4794
小麦	14	6.2621	0.165	0.9941	2.6143
玉米	16	6.0061	0.079	0.9969	1.9317
大豆	10	6.6159	0.174	0.9965	3.4594
高温豆粕	6	16.3729	0.431	0.9933	3.6686
油菜籽	8	5.4811	0.144	0.9939	4.3481
花生仁	2	6.2297	0.164	0.9908	3.5634

续表

种类	品种数	统计学参数			
		RSS	*SE*	R^2	*MRE*/%
花生果	2	4.2455	0.112	0.9939	2.5178
芝麻	4	3.8546	0.101	0.9897	4.2844

表 5-30　我国主要粮油种类的解吸 Li-Jiang 方程系数

种类	Li-Jiang 方程系数						
	C_1	C_2	C_3	C_4	C_5	C_6	C_7
稻谷	36.953	−48.528	30.791	0.039	6.744×10^{-3}	−0.086	5.089
大米	39.719	−57.826	38.045	0.175	−0.127	−0.065	4.083
小麦	54.471	−72.691	40.379	0.082	−0.022	−0.081	3.793
玉米	38.897	−48.531	29.115	-7.257×10^{-3}	0.066	−0.116	5.476
大豆	77.026	−87.663	36.807	0.304	−0.152	−0.081	3.412
高温豆粕	95.902	−99.795	36.657	−0.175	0.251	−0.156	5.305
油菜籽	68.711	−80.746	33.943	−0.031	0.061	−0.065	1.694
花生仁	67.079	−81.869	33.592	4.553×10^{-3}	0.059	−0.074	3.162
花生果	45.542	−58.897	30.526	0.195	−0.134	−0.064	3.803
芝麻	44.921	−54.905	24.474	−0.054	0.067	−0.061	1.945

表 5-31　主要粮食种类绝对安全储运水分　单位:%（湿基）

种类	10℃	15℃	20℃	25℃	30℃	35℃
稻谷	14.09	13.77	13.44	13.11	12.79	12.46
大米	14.56	14.19	13.82	13.46	13.09	12.73
小麦	13.67	13.36	13.05	12.75	12.44	12.13
玉米	13.82	13.44	13.05	12.67	12.29	11.91
大豆	10.93	10.68	10.42	10.16	9.90	9.64
高温豆粕	12.64	12.31	11.97	11.64	11.31	10.97
油菜籽	8.13	7.93	7.74	7.55	7.36	7.16
花生仁	8.49	8.33	8.16	7.99	7.82	7.66
花生果	10.58	10.24	9.90	9.56	9.22	8.88
芝麻	6.59	6.39	6.18	5.98	5.78	5.58

注：相对湿度 65%。

表 5-32　　主要粮食种类相对安全储运水分　　单位：%（湿基）

种类	10℃	15℃	20℃	25℃	30℃	35℃
稻谷	14. 91	14. 60	14. 29	13. 98	13. 66	13. 35
大米	15. 33	14. 99	14. 65	14. 31	13. 97	13. 63
小麦	14. 68	14. 32	13. 95	13. 58	13. 22	12. 85
玉米	14. 55	14. 26	13. 98	13. 69	13. 40	13. 12
大豆	12. 25	12. 06	11. 86	11. 67	11. 47	11. 28
高温豆粕	14. 30	13. 97	13. 64	13. 31	12. 98	12. 65
油菜籽	9. 08	8. 89	8. 71	8. 52	8. 33	8. 14
花生仁	9. 27	9. 11	8. 96	8. 81	8. 66	8. 51
花生果	11. 31	11. 00	10. 69	10. 39	10. 08	9. 77
芝麻	7. 17	6. 97	6. 77	6. 56	6. 36	6. 16

注：相对湿度 70%。

结论是，平衡相对湿度（*ERH*）70%是霉菌显著生长的界限，从文献报道和我们试验测定的主要谷物和油料水分解吸等温线最佳拟合方程分析 25℃的相对安全水分值，小麦 13. 58%~13. 95%（湿基），其中硬质麦 13. 97%~14. 06%，硬麦 13. 56%~14. 44%，软麦 12. 96%~14. 39%；大麦 12. 76%；稻谷 13. 23%~13. 81%，糙米 14. 59%，大米 14. 31%；玉米 13. 69%~13. 75%，其中黄色马齿玉米 14. 01%，杂交玉米 14. 12%；大豆 11. 67%；油菜籽 8. 52%~9. 12%；花生仁 9. 51%；花生荚果 10. 91%；芝麻 6. 93%。粮食平衡水分数据受测定方法、含水率测定方法、粮食品种等因素影响，从我们测定的我国主要粮食和油料种类的水分解吸等温线分析的相对安全水分值，与国内外发表的数据是相似的。另外，对小麦、稻谷及玉米同一粮种不同类型的水分解吸方程及安全水分进行比较，结果表明这些谷物不同类型之间差异不明显。这进一步表明主要谷物干燥、储藏通风中，同一粮种不同类型可以同时处理。

第五节
种子用粮寿命

在适合粮食种子长期储藏的条件中，最重要的外因是种子周围空气的相对湿度和温度。相对湿度影响种子的含水率。对维持种子的寿命来说，最适合的含水率，是与 15%的空气相对湿度平衡的含水率。在相对湿度 30%~40%，能够获得较高的发芽率。有人认为含水率在 4%~14%范围内，每减少 1%，种子寿命延长一倍。储藏温度在 0~50℃范围内，温度每降低 5℃，种子寿命延长 1 倍，这是一种近似关系，并不是对所有作物种子都适合。小麦、大麦和燕麦种子半生活力期（从收获到发芽率下降到一半时所经历的时间）的对数对含水率的曲线是一个直线下降关系，即

$$\lg p = a - bM - cT \tag{5-24}$$

式中 p——种子半生活力期，周；

M——含水率,%；

T——储藏温度,℃；

a、b、c——系数。

对小麦，$a=4.222$，$b=0.108$，$c=0.05$；对稻谷，$a=5.686$，$b=0.159$，$c=0.069$。这个经验公式，表明了种子发芽率50%的储藏期限。从实用角度考虑，50%的发芽率太低，可以推出小麦和稻谷发芽率为90%的储藏期限见表5-33。

表5-33 稻谷、小麦种子在不同用粮温度、水分及发芽率为90%的储藏时间

种类	水分/%	储藏时间/年									
		-10℃	-5℃	0℃	5℃	10℃	15℃	20℃	25℃	30℃	35℃
稻谷	4	1606	726	328	148	67	30	14	6	3	
	6	772	349	158	71	32	15	7	3	1	1
	8	371	168	76	34	15	7	3	1	1	
	10	179	81	36	16	7	3	2	1	16周	
	12	86	39	18	8	4	2	1			
	14	41	19	8	4	2	1				
	16	20	9	4	2	1					
	18	10	4	2	1						
	20	5	2	1	—						
小麦	4	57	32	18	—	6	—	2	—	30周	
	6	35	19	11	—	3	—	1	—	18周	
	10	13	7	4	—	1	—	21周	—	7周	
	16	3	2	47周	—	15周					
	20	1	31周	18周	—						

注：引自周景星（1981）。

第六章
谷物与油料水分吸着等热计算

第一节
谷物水分吸着等热计算

近年来，利用谷物、油料及食品水分吸附/解吸数据计算热力学函数。Tolaba 等（1997）采用文献报道的稻谷、玉米及高粱籽粒的解吸等温线，采用 GAB 方程拟合，然后以 $q_{st} = \mathrm{R}\frac{T_1 T_2}{T_2 - T_1}\ln\frac{A_{w2}}{A_{w1}}$ 和 $q_{st} = q_0 \mathrm{e}^{(-aM)}$ 计算绘制出解吸等热变化曲线图。Viollaz 和 Rovedo（1999）测定了淀粉和面筋的平衡水分吸附曲线，提出一个新方法计算不同温度下的吸着等热。Öztekin 和 Soysal（2000）比较了小麦、玉米、稻谷及油菜籽的吸附和解吸等热。这些热力学函数能够阐明水分的状态，估算生物系统中热质传递有关的能量需求。本章根据试验测定的我国小麦、稻谷、玉米、大米、大豆、花生、油菜籽等谷物和油料的水分吸着等温线数据，分析水分吸着等热。

一、 粮食水分吸着等热算法

粮食吸着等热（h_s）计算按照方法（Thorpe，2001；Li et al. 2016），由以下 7 个公式计算。

$$\frac{h_s}{h_v} = 1 + \frac{p_s}{ERH}\cdot\frac{\mathrm{d}T}{\mathrm{d}P_s}\cdot\left.\frac{\partial ERH}{\partial T}\right|_M \tag{6-1}$$

$$h_v = 2501.33 - 2.363\cdot T \tag{6-2}$$

$$p_s = \frac{6\times 10^{25}}{(273.15+T)^5}\cdot\exp\left(-\frac{6800}{T+273.15}\right) \tag{6-3}$$

$$\frac{\mathrm{d}P_s}{\mathrm{d}T} = \frac{P_s}{(T+273.15)}\cdot\left(\frac{6800}{T+273.15} - 5\right) \tag{6-4}$$

$$\left.\frac{\partial ERH}{\partial T}\right|_M = \frac{C_1\cdot ERH}{(T+C_2)^2}\exp(-C_3\cdot M) \tag{6-5}$$

$$\left.\frac{\partial ERH}{\partial T}\right|_M = \frac{-1}{\left[1+\left(\frac{C_1+C_2\cdot T}{M}\right)^{C_3}\right]^2}\cdot\left[\frac{C_2\cdot C_3}{M}\cdot\left(\frac{C_1+C_2\cdot T}{M}\right)^{(C_3-1)}\right] \tag{6-6}$$

$$\left.\frac{\partial ERH}{\partial T}\right|_M = -\frac{C_2}{M}\cdot ERH\cdot\exp(C_1+C_2\cdot T) \tag{6-7}$$

式中 h_s——吸着等热，kJ/kg；

h_v——自由水汽化潜热，kJ/kg；

P_s——饱和蒸气压，Pa；

C_1、C_2、C_3——MCPE、MOE、MHAE 方程的参数。

式（6-2）中的自由水 h_v 是温度依赖的，相对湿度对温度的导数 $\partial ERH/\partial T|_M$ 与采用的吸着等温线方程有关。本章采用 MCPE、MOE、MHAE 方程，分别是式（6-5）、式（6-6）、式（6-7）。

二、小麦水分吸着等热

1. 小麦水分解吸与吸附等热

吸着等热（h_s）采用式（6-1）~式（6-7）计算。表 6-1 中 MCPE 和 MOE 方程的参数分别用于式（6-5）和式（6-6）。图 6-1（1）显示小麦含水率在 4%~24%（湿基）时对 MCPE 方程计算的解吸和吸附等热影响。随着含水率增加到 15%，解吸和吸附等热均急剧减少，之后随着含水率增加则接近渐进线。含水率在 15%以下，低温的解吸和吸附等热高于高温的。含水率在 15%以下，解吸等热显著高于吸附等热，含水率在 15%以上二者没有差异。

表 6-1　用于小麦水分吸着热计算的方程参数

方程	样品种类	品种数	*ERH=f（M，T）*方程参数		
			C_1	C_2	C_3
MCPE	解吸	14	635.479	57.093	0.221
	吸附	14	564.602	54.757	0.22
	平均	14	638.063	51.729	0.219
	硬麦	7	1015.397	89.640	0.223
	软麦	5	689.899	60.829	0.222
	混合麦	2	588.872	53.871	0.218
	红麦	7	684.633	60.503	0.221
	白麦	7	428.858	42.234	0.214
	冬麦	12	635.479	57.093	0.221
	春麦	2	564.602	54.757	0.22
MOE	解吸	14	12.638	-0.071	3.529
	吸附	14	10.333	-0.029	2.879
	平均	14	11.492	-0.049	3.191
	硬麦	7	11.288	-0.048	3.134
	软麦	5	11.978	-0.057	3.267
	混合麦	2	10.961	-0.032	3.193
	红麦	7	11.474	-0.048	3.202
	白麦	7	11.507	-0.051	3.181
	冬麦	12	11.456	-0.048	3.191
	春麦	2	11.706	-0.056	3.194

注：表中方程参数计算时含水率采用湿基表示。

图 6-1（2）是采用 MOE 计算小麦吸着等热随含水率的变化。随着含水率从 7.5% 增加到 17.5%，小麦解吸和吸附等热均减少，含水率高于 17.5%，小麦吸着等热随含水率增加则接近渐进线。含水率在 4%~20%，小麦解吸等热显著高于吸附等热。含水率在 15%以下，低温的小麦吸着等热与高温的吸着等热相似，但是含水率高于 15%，低温的吸着等热高于高温的吸着等热。

2. 硬麦与软麦水分吸着等热

图 6-1（3）和图 6-1（4）分别是 MCPE 和 MOE 预测的不同温度硬麦和软麦吸着等热。随着籽粒含水率增加到 17.5%，硬麦与软麦吸着等热均急剧减少，之后随着含水率增加则减少缓慢。在所有含水率范围，给定温度的软麦吸着等热稍高于硬麦吸着等热。对 MCPE 预测的吸着等热，含水率在 17.5%以下，低温下硬麦和软麦的吸着等热均稍高于高温。采用 MOE 方程计算，消除了温度对软麦和硬麦吸着等热的影响。

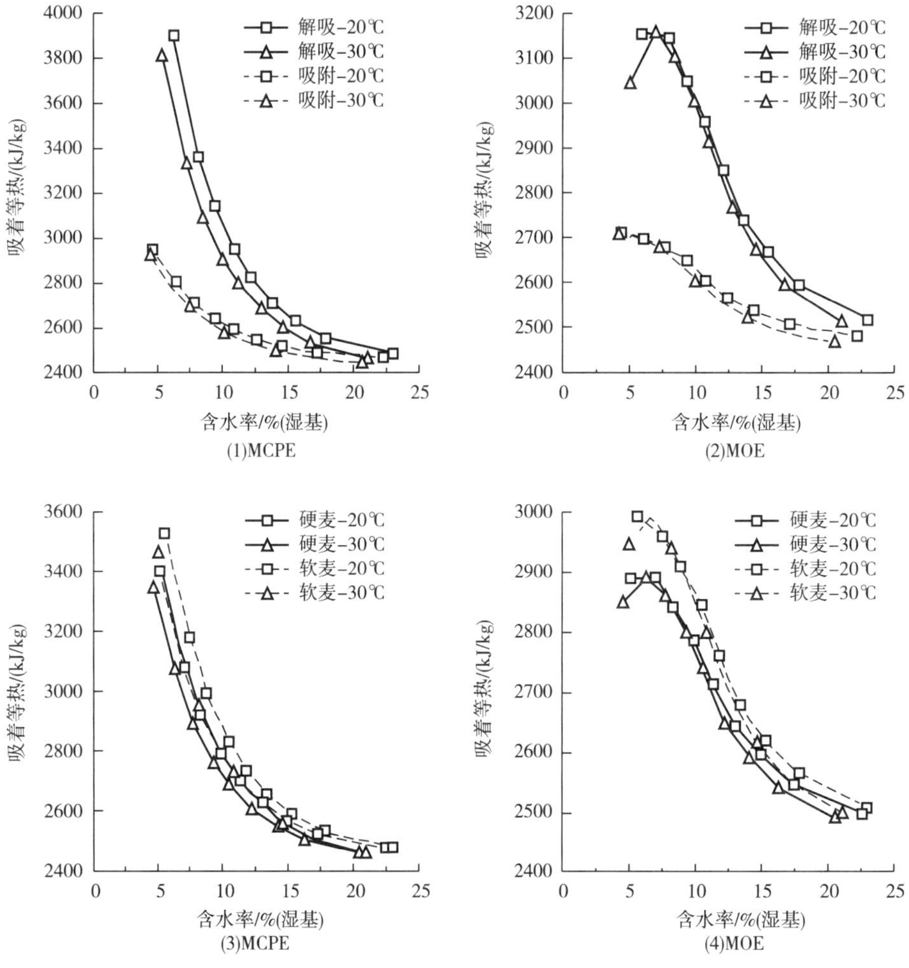

图 6-1 小麦解吸与吸附等热、硬麦与软麦吸着等热随含水率的变化

3. 红麦与白麦水分吸着等热

图 6-2（1）和 6-2（2）分别是 MCPE 和 MOE 预测的红麦和白麦吸着等热。随着籽粒含水率增加到 17.5%，红麦和白麦吸着等热均急剧减少，之后随着含水率增加则缓慢减少。在所有含水率范围，给定温度的红麦吸着等热与白麦吸着等热类似。对 MCPE 预测的吸着等热，含水率在 17.5%以下，低温下红麦和白麦的吸着等热均稍高于高温。采用 MOE 方程计算，消除了温度对红麦和白麦吸着等热的影响。

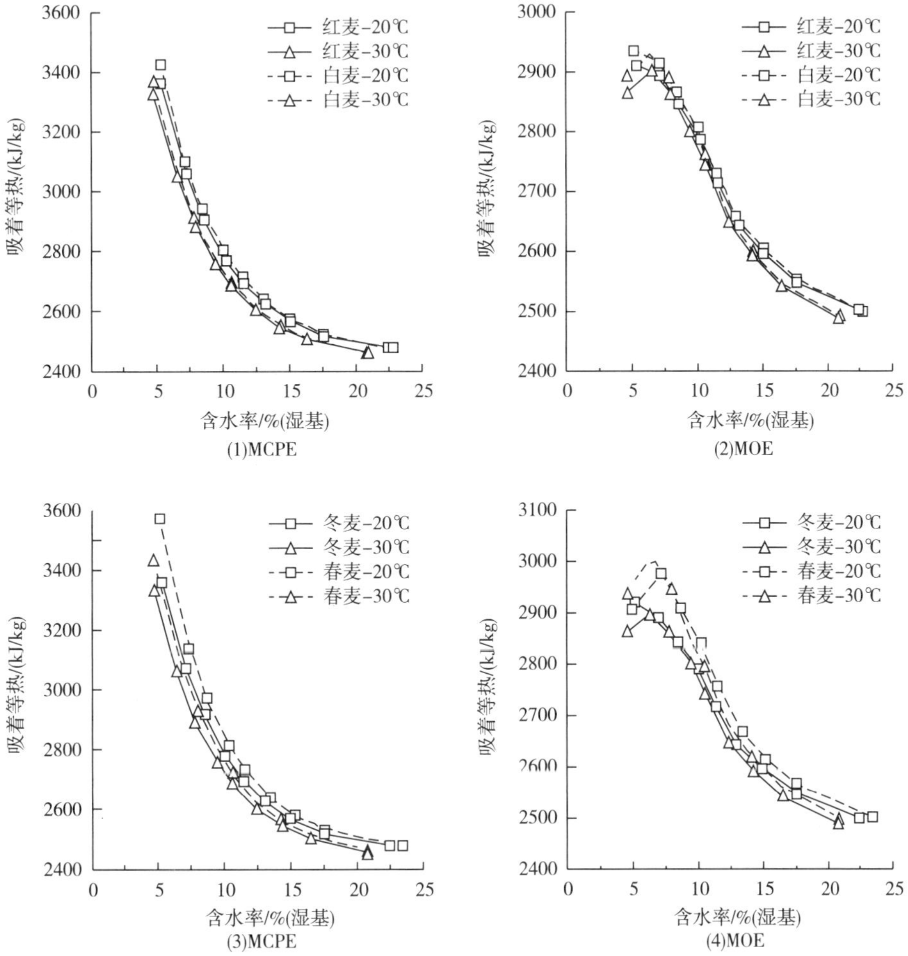

图 6-2　红麦与白麦吸着等热、冬麦与春麦吸着等热随含水率变化

4. 冬麦和春麦水分吸着等热

图 6-2（3）和 6-2（4）分别是 MCPE 和 MOE 预测的冬麦和春麦的吸着等热。随着籽粒含水率增加到 17.5%，冬麦和春麦吸着等热均急剧减少，之后随着含水率增加则缓慢减少。在所有含水率范围，给定温度的春麦吸着等热稍高于冬麦吸着等热。对 MCPE 预测的吸着等热，含水率在 17.5%以下，低温下冬麦和春麦的吸着等热均稍高于

高温。而采用 MOE 方程计算，消除了温度对冬麦和春麦吸着等热的影响。

小麦解吸与吸附等热、硬麦与软麦吸着等热、红麦与白麦吸着等热、冬麦与春麦吸着等热随着含水率增加到15%迅速减少，之后随着含水率的增加而缓慢减少。含水率从4%增加到17.5%，小麦解吸等热显著高于吸附等热，然后随着含水率增加它们之间没有显著差异。这个结果不同于 Öztekin 和 Soysal（2000）报道的含水率在 9.1%~13.0%范围，小麦解吸等热高于吸附等热，但是含水率在 13.1%~20.0%范围解吸等热则低于吸附等热；含水率在 13.0%以下，他们计算的小麦解吸与吸附等热的差异比我们的小。另外，Öztekin 和 Soysal（2000）也比较了 9.1%~16.7%范围内硬麦与软麦的吸着等热。含水率在 9.1%~12.3%范围，软麦的吸着等热高于硬麦吸着等热，但是含水率在 12.31%~16.7%范围，软麦的吸着等热低于硬麦吸着等热。图 6-1 至图 6-2 显示含水率在 4%~15%范围，软麦的吸着等热稍高于硬麦吸着等热，在 15%以上二者没有差异。同样的变化趋势对冬麦与春麦吸着等热、红麦与白麦吸着等热也观察到。含水率在 15%小麦吸着等热接近纯水的吸附等热，对西瓜种子、木薯、苜蓿小球粒、木薯淀粉食品、翼果豆种子、茶叶的含水率分别是 11.5%，26.5%，13.8%，13.0%，13.0%及 13.0%（Aviara et al. 2002；Al-Muhtaseb et al. 2004）。

在较低含水率下，小麦吸着等热急剧增加，可能由于籽粒样品表面存在高度活跃的极性位点，这些极性位点结合水分子形成单分子层吸附。随着吸附水分子数目的增加，吸着等热减少，可以解释为最活跃的极性位点最初发生的吸附产生了高度相互作用的能量。当这些极性位点被占据后，较不活跃的位点发生吸附，导致较低的吸附热。在低含水率下，样品的吸着等热高于水汽化的潜热，这表明水分子与样品吸着位点之间的结合能量，高于纯水分子处于液体状态所需要的能量。在高含水率，吸着等热与水汽化潜热之间的差异在广泛的含水率范围内不明显。相似的发现对西瓜种子和木薯（Aviara et al. 2002）、淀粉（Al-Muhtaseb et al. 2004）、芽甘蓝（Irzyniec 和 Klimczak，2003）的吸着等热均有报道。比较解吸与吸附数据，在特定含水率，解吸等热高于对应的吸附等热，这表明固体表面有更多的极性位点，水分子与固体表面的结合能较高。解吸热量值估测了食品材料脱水需要的能量。

比较春麦与冬麦、红麦与白麦之间的吸着等热，特定温度下冬麦与春麦之间的吸着等热类似软麦与硬麦之间的吸着等热，含水率在 4%~24%，给定温度下红麦吸着等热与白麦吸着等热没有差异。这些结果表明不同小麦类型之间，即硬麦与软麦、红麦与白麦、冬麦与春麦的吸湿特性和吸着等热相似。

当 MCPE 用于计算小麦吸着等热，含水率在 17.5%以下，解吸与吸附等热、硬麦与软麦吸着等热、冬麦与春麦吸着等热、红麦与白麦吸着等热，在低温条件下均高于高温条件下。但是，采用 MOE 计算小麦吸着等热，不管解吸与吸附等热、硬麦与软麦吸着等热、冬麦与春麦吸着等热、红麦与白麦吸着等热，含水率在 15%以下，不同温度的吸着等热没有差异，但是含水率高于 15%，低温下的吸着等热稍高于高温吸着等热。h_s/h_v 计算与温度有关，但是依赖性很小。MOE 可以消除 h_s 对温度的依赖性。与含水率 15%以下小麦解吸等热与吸附等热的显著差异比较，不同小麦类型之间，即硬麦与软麦、红麦与白麦、冬麦与春麦的吸湿特性和吸着等热相似，因此收获后不同小麦类型可以同时处理。

三、 稻谷水分吸着等热

1. 稻谷水分吸附与解吸等热

表6-2的MCPE和MOE方程参数用于计算稻谷吸着等热。从图6-3（1）看出，以MCPE计算吸着等热，稻谷吸附等热与解吸等热在含水率<15%（湿基）条件下，均随着籽粒含水率增加而快速减少，含水率高于15%则随含水率增加而缓慢减少。含水率在<17.5%（湿基）条件下，较低温度下的稻谷吸附等热与解吸等热均高于较高温度。含水率在<17.5%（湿基）条件下，稻谷解吸等热高于吸附等热，但是随着含水率增加则无差异。

表6-2　**稻谷水分吸着等温线MCPE和MOE方程的参数**

模型	吸着	*ERH=f（M，T）* 模型参数		
		C_1	C_2	C_3
MCPE	解吸	566.404	37.997	0.231
	吸附	816.086	110.803	0.229
	吸着平均	627.769	60.407	0.229
	粳稻	564.019	63.041	0.219
	籼稻	635.689	57.149	0.231
	糯稻	669.551	68.175	0.233
MOE	解吸	12.896	-0.071	3.723
	吸附	10.139	-0.033	3.102
	吸着平均	11.521	-0.052	3.412
	粳稻	11.356	-0.052	3.209
	籼稻	11.732	-0.054	3.491
	糯稻	11.104	-0.047	3.371

在图6-3（2），以MOE计算吸着等热，随着含水率从4%增加到17.5%，稻谷解吸和吸附等热均减少，含水率高于17.5%，稻谷吸着等热随含水率增加减少缓慢。含水率在4%~20%范围，稻谷解吸等热显著高于吸附等热。含水率在15%以下，低温的稻谷吸着等热与高温的吸着等热相似，但是含水率高于15%时，低温的吸着等热高于高温的吸着等热。即含水率在15%以下，采用MOE方程计算，消除了温度对稻谷吸着等热的影响。

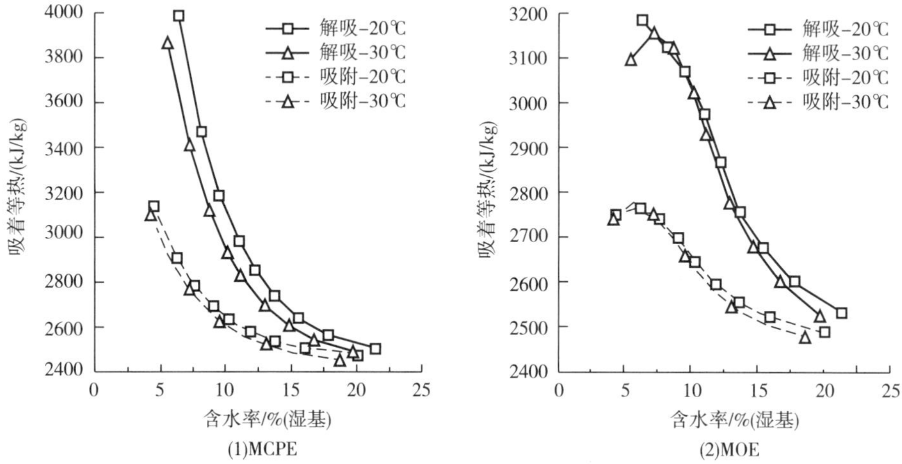

图 6-3 稻谷水分解吸与吸附等热随含水率的变化

2. 稻谷类型水分吸着等热比较

从图 6-4（1）和图 6-4（3）看出，以 MCPE 计算吸着等热，粳稻、籼稻及糯稻籽粒吸着等热在含水率<15%（湿基）条件下，均随着籽粒含水率增加而快速减少，在含水率高于 15%则随含水率增加而缓慢减少。在含水率<17.5%（湿基）条件下，较低温度下的粳稻、籼稻及糯稻籽粒吸着等热均高于较高温度。在恒定温度下籼稻籽粒吸着等热总是稍高于粳稻、糯稻籽粒。

从图 6-4（2）、图 6-4（4）看出，以 MOE 计算吸着等热，随着含水率从 4%增加到 17.5%，三类稻谷吸着等热均迅速减少；含水率高于 17.5%，稻谷吸着等热随含水率增加减少缓慢。含水率在 4%~20%范围，籼稻吸着等热稍高于粳稻和糯稻吸着等热。即含水率在 15%以下，采用 MOE 方程计算，消除了温度对稻谷吸着等热的影响。

稻谷解吸与吸附等热，粳稻、籼稻及糯稻籽粒吸着等热，含水率在<17.5%（湿基）条件下，均随着籽粒含水率增加而快速减少，含水率高于 17.5%（湿基）则随含水率增加而缓慢减少。含水率在<17.5%（湿基）条件下，较低温度下的稻谷吸附等热与解吸等热、粳稻、籼稻与糯稻籽粒吸着等热均高于较高温度。含水率在<17.5%（湿基）条件下，稻谷解吸等热高于吸附等热，但是随着含水率增加则二者无差异。这些结果与 Öztekin 和 Soysal（2000）有点不同，他们表明，含水率<9.9%（湿基）时稻谷解吸等热高于吸附等热，但是随着含水率增加，解吸等热则低于吸附等热。

在恒定温度下，籼稻籽粒吸着等热总是稍高于粳稻、糯稻籽粒。在较低含水率下，稻谷吸着等热急剧增加，可能由于籽粒样品表面存在高度活跃的极性位点，这些极性位点结合水分子形成单分子层吸附。在低含水率下，稻谷样品的吸着等热值高于水汽化潜热值，这表明水分子与稻谷吸着位点之间的结合能量，高于纯水分子处于液体状态所需要的能量。在高含水率，吸着等热与水汽化潜热之间的差异在广泛的含水率范围内不明显。约在稻谷含水率 17.5%（湿基），吸着等热接近纯水汽化潜热。

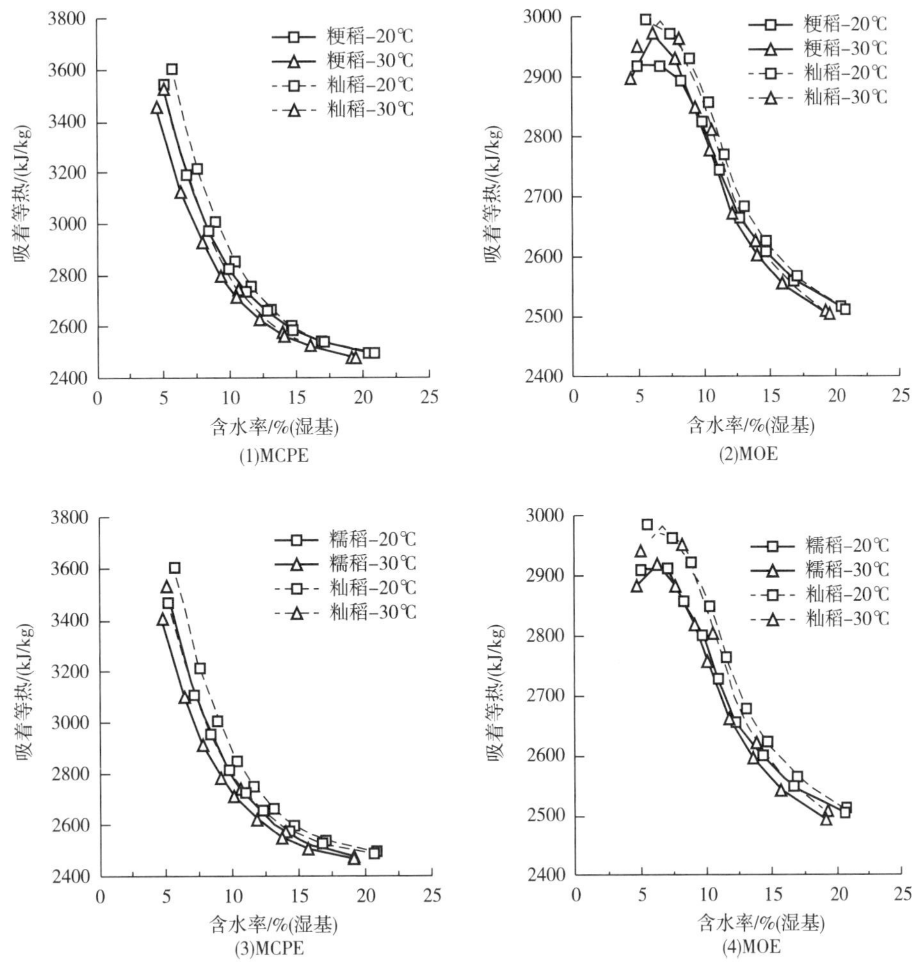

图 6-4　不同温度下粳稻、籼稻、糯稻籽粒水分吸着等热比较

四、 大米水分吸着等热

表 6-3 给出了计算大米吸附/解吸等热的 MCPE 方程参数。

表 6-3　**大米样品 MCPE 方程参数**

样品	*ERH=f(M, T)* 方程系数		
	C_1	C_2	C_3
解吸	549.874	37.034	0.223
吸附	1087.562	102.355	0.238
粳米	830.487	58.256	0.227
籼米	646.661	53.732	0.228
糯米	608.954	55.401	0.237

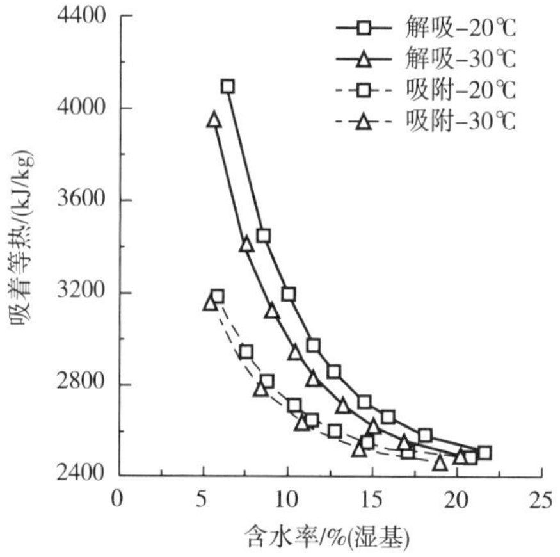

图 6-5 MCPE 预测的大米水分解吸与吸附等热随含水率的变化

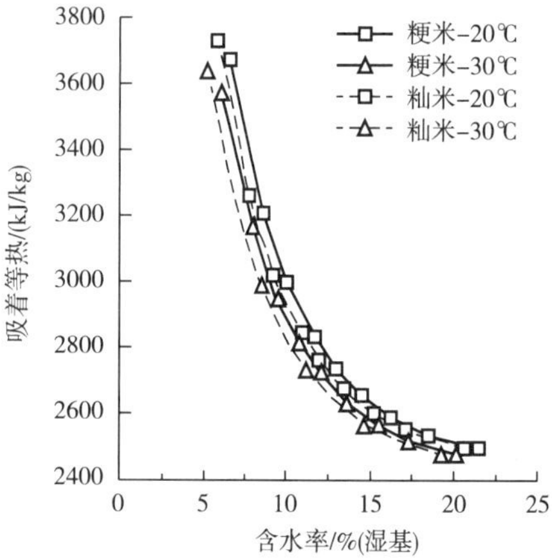

(1)粳米和籼米

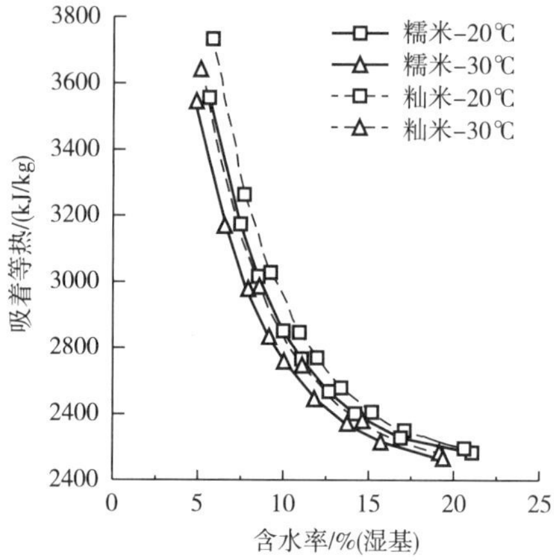

(2)糯米和籼米

图 6-6 MCPE 预测的粳米、籼米、糯米水分吸着等热

表 6-3 的 MCPE 方程参数用于计算大米吸着等热。从图 6-5 看出，大米吸附等热与解吸等热，在含水率<15%（湿基）条件下，均随着籽粒含水率增加而快速减少，含水率高于 15%则随含水率增加而缓慢减少。含水率<17.5%时，较低温度下的大米吸附等热与解吸等热均高于较高温度。含水率<17.5%时，大米解吸等热高于吸附等热，但是随着含水率增加则无差异。

从图 6-6（1）、6-6（2）看出，粳米、籼米、糯米吸着等热在含水率<15%（湿基）下，均随着籽粒含水率增加而快速减少，含水率高于 15%则随含水率增加而缓慢减少。含水率<17.5%下，较低温度下的粳米、籼米、糯米吸着等热均高于较高温度。含水率<17.5%下，大米解吸等热高于吸附等热，但是随着含水率增加则无差异。粳米吸着等热数值接近籼米吸着等热数值，糯米吸着等热数值也接近籼米吸着等热数值。与大米解吸等热与吸着等热之间差异显著相比较，三类大米吸着等热之间差异不明显。

五、 玉米水分吸着等热计算

表 6-4 的 MCPE 和 MOE 方程参数用于计算玉米水分吸着等热。从图 6-7（1）和图 6-8（1）看出，以 MCPE 计算吸着等热，玉米吸附等热与解吸等热、黄玉米与白玉米吸着等热在含水率<15%（湿基）下，均随着籽粒含水率增加而快速减少，含水率高于 15%则随含水率增加而缓慢减少。含水率在<17.5%（湿基）下，较低温度下的玉米吸附等热与解吸等热、黄玉米与白玉米吸着等热均高于较高温度。含水率<17.5%（湿基）下，玉米解吸等热高于吸附等热，但是随着含水率增加则无差异。

表 6-4　　玉米水分吸着等温线的方程参数

模型	吸着	*ERH*=*f*（*M*，*T*）模型参数		
		C_1	C_2	C_3
MCPE	解吸	421.843	28.796	0.229
	吸附	902.249	139.049	0.219
	吸着平均	526.086	55.239	0.223
	黄玉米	537.712	54.817	0.221
	白玉米	493.398	56.827	0.227
MOE	解吸	12.801	-0.0854	3.518
	吸附	10.003	-0.0289	2.957
	吸着平均	11.407	-0.0573	3.233
	黄玉米	11.626	-0.058	3.278
	白玉米	10.752	-0.055	3.099

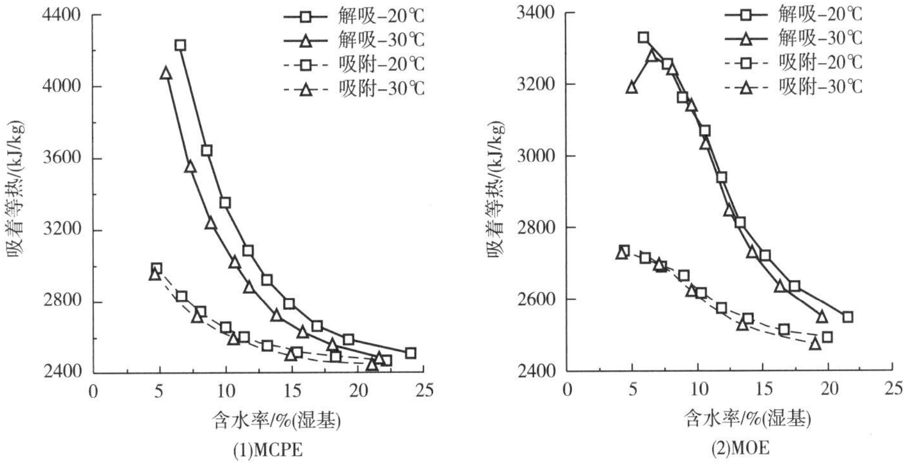

图 6-7　玉米水分解吸与吸附等热随含水率的变化

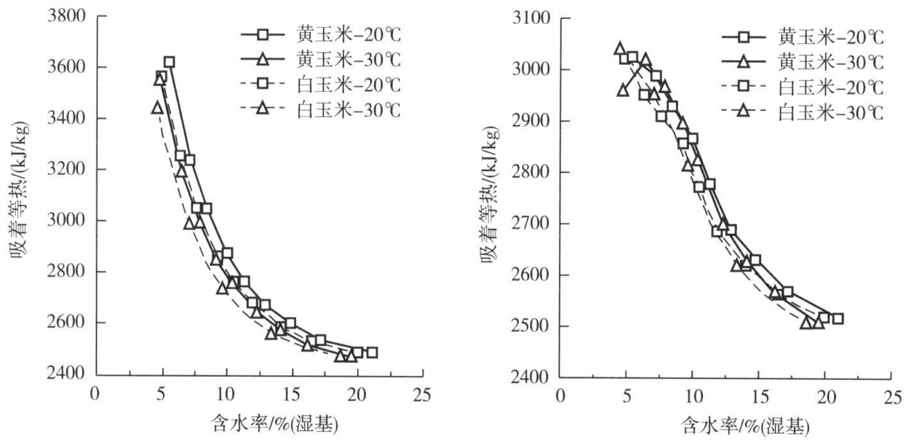

(1)MCPE　(2)MOE

图 6-8　不同温度下黄玉米和白玉米水分吸着等热比较

在图 6-7（2）和图 6-8（2），以 MOE 计算吸着等热，随着含水率从 4%增加到 17.5%，玉米解吸和吸附等热、黄玉米与白玉米吸着等热均减少，含水率高于 17.5%，吸着等热随含水率增加减少缓慢。含水率在 4%~20%范围，玉米解吸等热显著高于吸附等热。含水率在 15%以下，低温的玉米吸着等热与高温的吸着等热相似，但是含水率高于 15%，低温的吸着等热高于高温的吸着等热。即含水率在 15%以下，采用 MOE 方程计算，消除了温度对玉米吸着等热的影响，黄玉米与白玉米吸着等热相似。

第二节 油料水分吸着等热

一、 大豆水分吸着等热

表 6-5 所示为 MHAE、MOE、MCPE 方程拟合 10 个大豆品种水分吸着等温线的方程系数。用于计算大豆吸着等热。

表 6-5　计算大豆水分吸着等热的方程系数

方程	吸着	*ERH=f（M，T）*方程系数		
MHAE	吸附	2.922	-0.0075	1.579
	解吸	4.023	-0.0223	1.852
MOE	吸附	8.195	-0.0294	2.206
	解吸	10.477	-0.0890	2.553

续表

方程	吸着	*ERH=f*（*M*，*T*）方程系数		
MCPE	吸附	622. 777	161. 171	0. 201
	解吸	256. 294	34. 049	0. 217

注：吸附和解吸数据均是 10 个大豆品种测定数据的均值。

图 6-9 所示为分别采用 MHAE、MOE、MCPE 计算的大豆吸附和解吸等热。随着含水率增加，大豆吸附等热和解吸等热均以抛物线形式减少。含水率<17. 5%（湿基），大豆吸着等热随含水率增加而快速减少，同一温度下的解吸等热显著高于吸附等热。含水率在 17. 5%以上，大豆吸着等热随含水率增加变化平缓，同一温度下的解吸等热趋同于吸附等热。含水率在 17. 5%（湿基）的自由水点，大豆的吸着等热接近纯水的潜在热。与 MCPE 计算的大豆吸着等热比较，MHAE、MOE 可以消除或减少 h_s 对温度的依赖性。

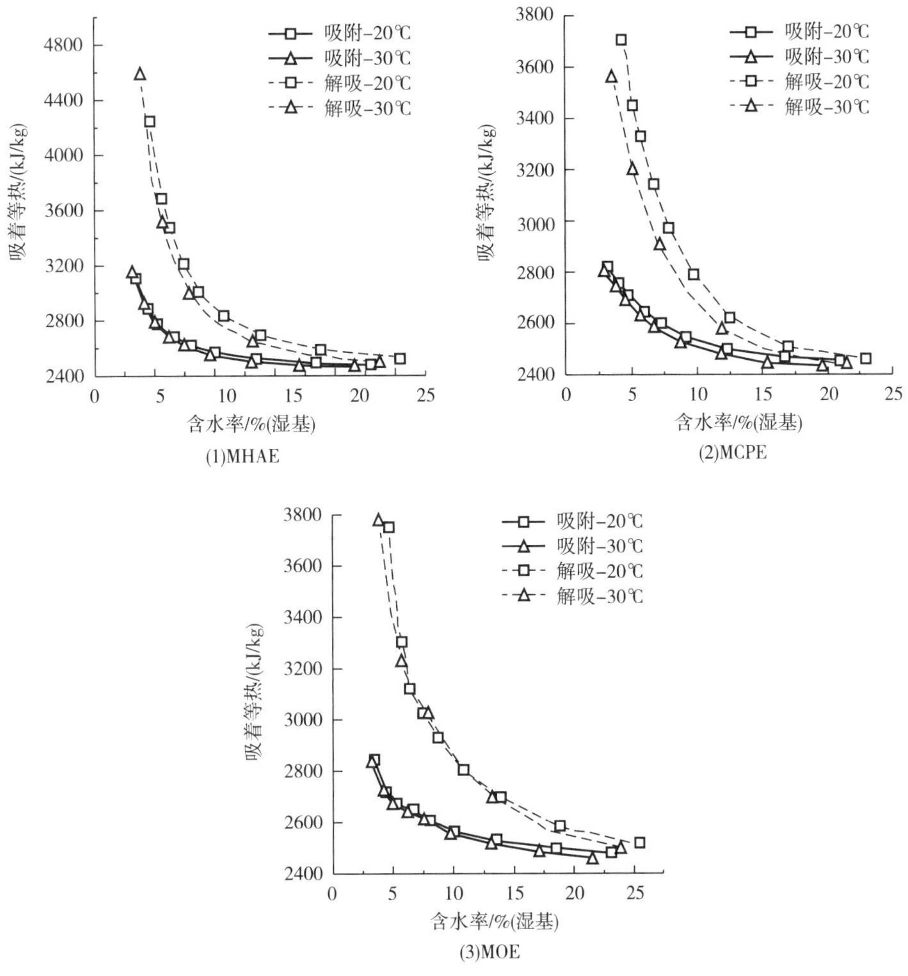

图 6-9　MHAE、MCPE、MOE 预测的大豆水分吸附与解吸等热

二、 花生水分吸着等热

表 6-6 是 MHAE、MCPE 方程拟合 2 个花生品种水分吸着等温线的方程系数。用于计算花生仁和荚果吸着等热。

表 6-6 计算花生仁和荚果水分吸着等热的方程系数

花生	方程	吸着类型	*ERH=f* (*M*, *T*) 方程		
			C_1	C_2	C_3
花生仁	MCPE	吸附	1671. 972	256. 632	0. 359
		解吸	639. 928	32. 863	0. 378
	MHAE	吸附	3. 445	-4.249×10^{-3}	2. 125
		解吸	5. 618	-2.058×10^{-2}	2. 779
花生荚果	MCPE	吸附	509. 380	51. 743	0. 320
		解吸	405. 206	22. 743	0. 302
	MHAE	吸附	4. 307	-1.440×10^{-2}	2. 255
		解吸	5. 515	-2.509×10^{-2}	2. 521

注：吸附和解吸数据均是 2 个花生品种测定数据的均值。

图 6-10、图 6-11 是分别采用 MHAE 和 MCPE 计算的花生仁和荚果吸着等热。随着含水率增加，花生吸附等热和解吸等热均以抛物线形式减少。在含水率<12. 5%（湿基），花生仁和荚果吸着等热随含水率增加而快速减少，同一温度下的解吸等热显著高于吸附等热。在含水率 12. 5%以上，花生仁和荚果吸着等热随含水率增加变化平缓，同一温度下的解吸等热趋同于吸附等热。含水率在 12. 5%（湿基）的自由水点，花生仁和荚果的吸着等热接近纯水的潜在热。与 MCPE 计算的花生吸着等热比较，MHAE 消除或减少 h_s 对温度的依赖性。

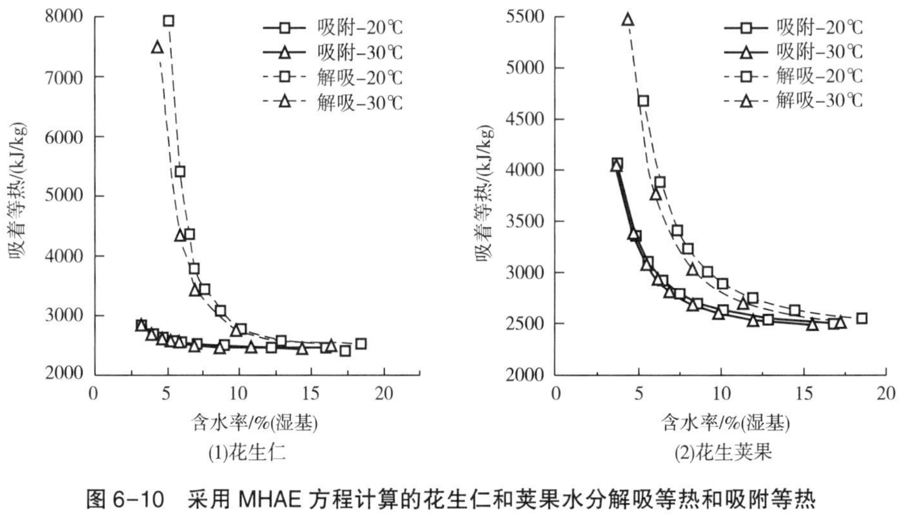

图 6-10 采用 MHAE 方程计算的花生仁和荚果水分解吸等热和吸附等热

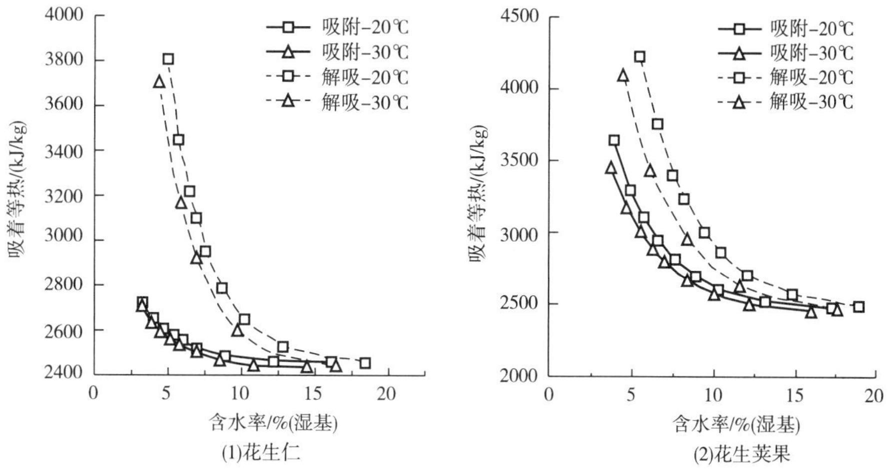

图 6-11　采用 MCPE 方程计算的花生仁和荚果水分解吸等热和吸附等热

三、油菜籽水分吸着等热

表 6-7 是油菜籽的吸着等热计算的方程系数。图 6-12 分别是采用 MCPE、MHAE、MOE 计算的油菜籽水分吸着等热。随着含水率增加，油菜籽吸附等热和解吸等热均以抛物线形式减少。含水率<12.5%，油菜籽吸着等热随含水率增加而快速减少，同一温度下的解吸等热显著高于吸附等热。含水率在 12.5%以上，油菜籽吸着等热随含水率增加而变化平缓，同一温度下的解吸等热趋同于吸附等热。含水率在 12.5%（湿基）的自由水点，油菜籽的吸着等热接近纯水的潜热。与 MCPE 计算的油菜籽吸着等热比较，MHAE 和 MOE 减少 h_s 对温度的依赖性。

表 6-7　　油菜水分吸着等热计算方程

方程	吸着类型	*ERH=f（M，T）*方程		
		C_1	C_2	C_3
MCPE	解吸	381.844	44.567	0.313
	吸附	738.987	134.929	0.319
MHAE	解吸	3.826	−0.017	2.042
	吸附	3.031	-7.620×10^{-3}	1.865
MOE	解吸	7.782	−0.051	2.889
	吸附	6.327	−0.022	2.636

注：采用 8 个品种的油菜籽吸附和解吸等温线。

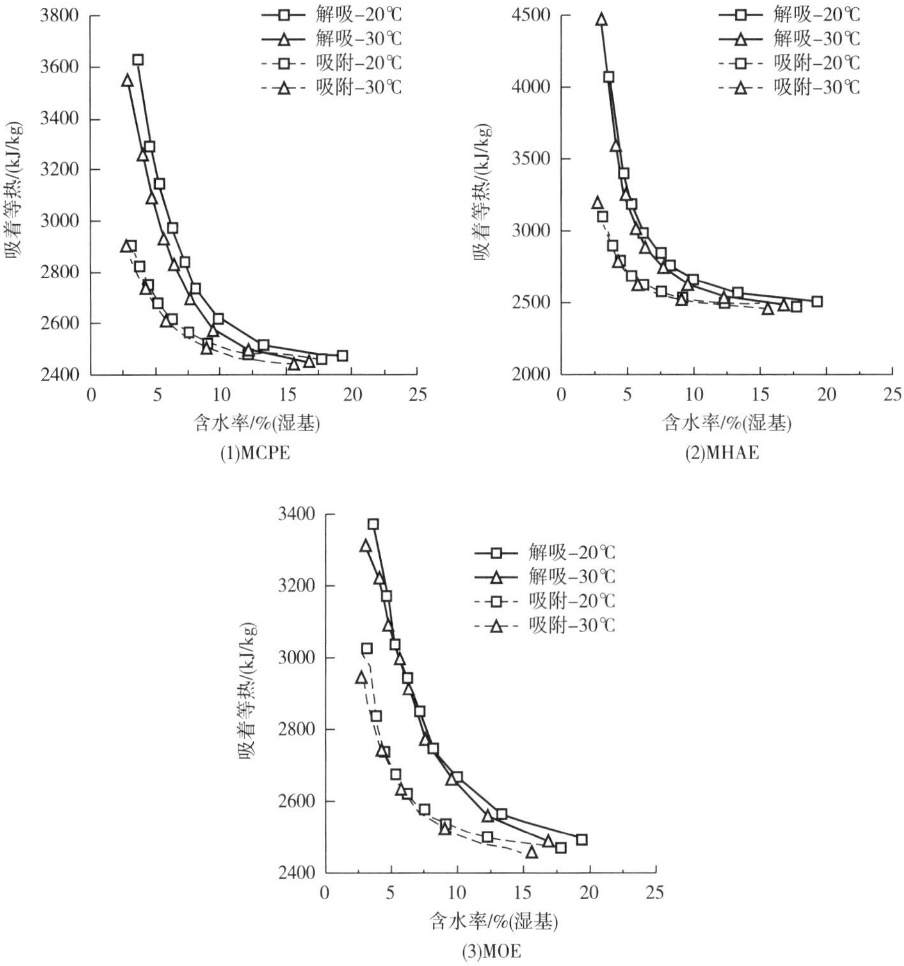

图 6-12 采用 MCPE、MHAE、MOE 计算的油菜籽水分吸着等热

四、 芝麻水分吸着等热

表 6-8 给出了芝麻水分吸着等温线不同表达形式的方程系数。在吸附与解吸之间，无论 MCPE 方程，还是 MOE 方程，系数显著不同；黑芝麻与白芝麻之间，MOE 或 MCPE 方程系数较接近。

表 6-8 芝麻水分吸着形式最佳方程系数

方程	样品	*ERH=f(M, T)* 方程		
		C_1	C_2	C_3
MCPE	解吸	386.709	25.643	0.451
	吸附	973.462	161.504	0.463

续表

方程	样品	ERH=f（M，T）方程		
		C_1	C_2	C_3
MOE	解吸	6.572	-5.112×10^{-2}	3.434
	吸附	4.589	-1.246×10^{-2}	2.826
MCPE	黑芝麻	547.741	56.002	0.462
	白芝麻	434.519	47.470	0.453
MOE	黑芝麻	5.614	-2.960×10^{-2}	3.214
	白芝麻	5.557	-3.410×10^{-2}	3.058

注：用黑芝麻和白芝麻各 2 个品种的吸附和解吸等热曲线。

图 6-13 是分别采用 MCPE 和 MOE 计算的芝麻吸着等热。图 6-13（1）中，随着含水率增加，芝麻吸附等热和解吸等热均以抛物线形式减小。在含水率<7.5%（湿基），芝麻吸着等热随含水率增大而快速减少，同一温度下在含水率 7.5%以上，芝麻吸着等热随含水率增大而变化平缓，同一温度下的解吸等热趋同于吸附等热。在 10%含水率的游离水点，芝麻的吸着等热接近纯水的潜热。与 MCPE 计算的芝麻吸着等热比较，MOE 可以消除或减少 h_s 对温度的依赖性［图 6-13（2）］。从图 6-14（1）和 6-14（2）看出，黑芝麻和白芝麻吸着等热在含水率<7.5%（湿基）下，均随着籽粒含水率增加而快速减少，高于 7.5%则随含水率增加而缓慢减少。黑芝麻吸着等热数值类似白芝麻吸着等热数值。

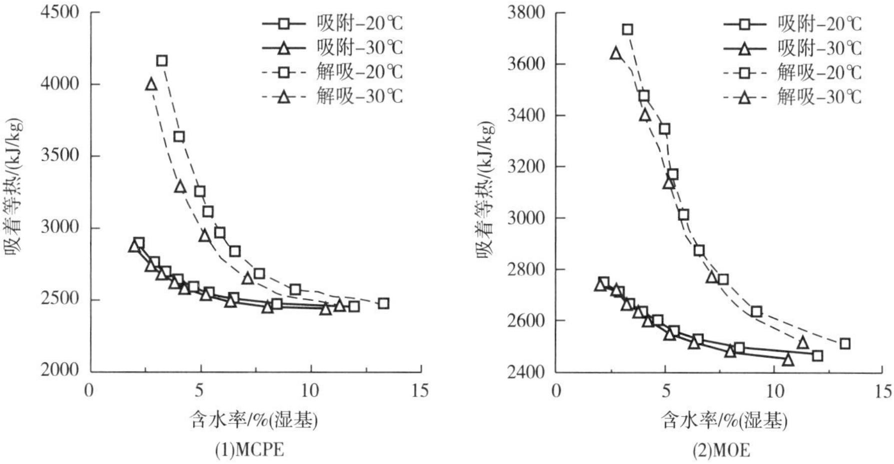

图 6-13 芝麻水分吸附和解吸等热曲线

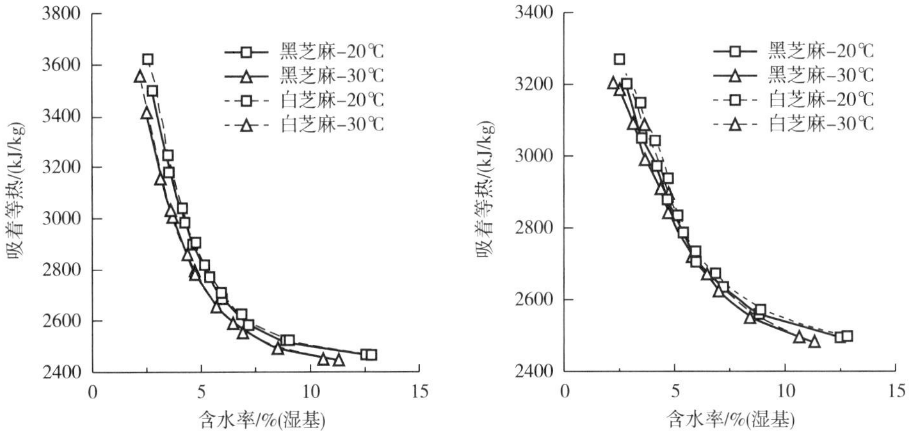

(1)MCPE　　(2)MOE

图 6-14　黑芝麻和白芝麻水分吸着等热曲线

五、 粮油水分吸着等热曲线的物理及实践意义

水分吸着等热这个热力学函数能够阐明粮食中水分的状态，估算系统中热质传递有关的能量需求。在较低含水率下，粮食水分吸着等热急剧增加，可能由于籽粒样品表面存在高度活跃的极性位点，这些极性位点结合水分子形成单分子层吸附。随着吸附水分子数目的增加，吸着等热减少，可以解释为最活跃的极性位点最初发生的吸附产生了高度相互作用的能量。当这些极性位点被占据后，较不活跃的位点发生吸附，导致较低的吸附热。在低含水率下，样品的吸着等热高于自由水汽化的潜热，这表明水分子与吸着位点之间的结合能量，高于纯水分子处于液体状态所需要的能量。在高含水率，吸着等热与水汽化潜热之间的差异在广泛的含水率范围内不明显。相似的发现对淀粉、西瓜种子和木薯、芽甘蓝的吸着等热均报道。比较粮食水分解吸等热与吸附等热数据，在特定含水率，解吸等热高于对应的吸附等热，这表明固体表面有更多的极性位点，水分子与固体表面的结合能较高。解吸热量值估测了食品材料脱水需要的能量。

第七章

粮食平衡水分实践

第一节
平衡水分原理在我国粮食储藏中的应用

一、 我国古代储粮技术

我国是世界上最早发明粮食储藏技术的国家之一，也是民间储藏粮食经验丰富的国家之一。我国粮食储藏历史悠久，方法多样，与我国幅员辽阔、气候条件多样分不开。依据靳祖训编著的《中国古代粮食贮藏的设施与技术》，我国古代从粮食水分角度调控储粮品质的技术包括如下。

①准备好仓房，打扫干净。仓房要有适当的高度与宽度，利于通风。“高则气得泄，宽则积不蒸”。

②储粮必须干燥、饱满、无杂质。《氾胜之书》中“种，伤湿郁热则生虫也”“取麦种，候熟可获，择穗大强者，斩束立场中之高燥处，曝使极燥，无令有白鱼，有辄扬治之”。

《农桑辑要·播种·收九谷种》中“收选好穗纯色者，劁刈高悬之”，这是收获种子用粮的经验。

③五防：防仓顶漏、防底潮、防雀入鼠穿、防虫霉及防水火。北魏末年的《齐民要术》、清代的《农圃便览》等传统农书中谈到粮食或种子不能够潮湿发热。《齐民要术·收九谷种》中“凡五谷种子浥郁则不生，生者亦寻死”，受了浥湿郁热的种子，苗也长不好。明代吕坤《积贮条件》中“积谷在仓，第一怕地湿房漏，第二怕雀入鼠穿”。清代《农学纂要四卷》谈到清仓消毒，糊补空隙，防水火为害等。

防粮食霉变，古代认为粮食发霉是湿热引起的。北宋时期的《新唐书·食货志》中，“粟藏九年，米藏五年。下湿之地，粟藏五年，米藏三年”。清雍正三年提出“南省地方甚属潮湿，米在仓一二年，便致发霉，实难收贮，改贮稻谷，似可长久”。这就提出了粮食储藏的期限问题。为了解决发霉问题，要求干燥，低温清洁密闭，在北方可以利用地窖。元代的《王祯农书》中“常见仓廪囤京等所贮米蒸湿，厚积数尺，谓之白蒙头，以致压愈变黄，渐成浥腐”。使用“谷盅”，则可“使郁气升通，米得坚实”。清代《论学外篇：2卷》“仓收宜谨也，积谷在仓，最怕地湿房漏”“墙角以砒毒调黏”“于贮仓时，每仓五间，存空一间，遇有久阴气湿之日，将谷逐间翻转，则无红朽之患”。唐、宋、元已经大量储存成品粮大米，但是由于潮湿难以长期储存，到清代不少地方改贮稻谷。可见，防止储粮霉变，历来行之有效的经验是，要求粮干、仓干、粮堆通气，并要适时倒垛或翻仓。

我国历代储藏粮食均十分重视粮食的质量，要求粮食含有一定的水分，采用筛、扬等办法，除去混在粮食中的害虫和杂质，提出粮食储藏要做到干、饱、净。粮食入仓前要晒干。

国内外试验表明某些成品粮极干后，储藏稳定性并不理想。不同粮种仓储最合适的时期是多久？粮食最合理的水分是多少？不同粮种在不同地区、不同储藏条件或方式下入库时的质量标准值得研究。

我国利用地窖储藏粮食已有五六千年的历史，地下粮仓的建造也具有一两千年的历史，要求粮食入地窖前必须晒干扬净，地窖经过清扫、消毒，粮食入地窖后密封，形成密闭储藏条件。随着粮食自身的活力，地窖内氧气浓度逐渐减少，二氧化碳浓度增加，虫害受到抑制，粮食得以安全储藏。

总之，我国古代储粮技术上，重视利用自然低温条件，注意通风散热、降温降湿，无论在南方，还是在北方，仓壁上都有气孔，仓顶上有气楼，有的仓房用支柱高架，使得仓底与地面保持一定距离。并提出仓要北面开门，寒冬要彻夜开窗。

二、 现代我国储粮技术

1. 我国粮食产量与人口

查阅《中国统计年鉴》，1949 年以来，我国粮食产量和人均粮食呈现持续增加的趋势，但是在 1961 年和 2003 年各有一个低谷（图 7-1～图 7-2）。2003 年的低谷形成原因是，自从 20 世纪 80 年代改革开放以来，调动了农民种植粮食的积极性，粮食产量由 1978 年的 3 亿 t 持续增加到 1998 年的 5.1 亿 t。在 1998 年由于国家和地方仓容不足，导致农民买粮难，以致农民种植粮食的积极性降低，粮食产量降低到 2003 年的 4.3 亿 t，2003 年国家加大了粮库仓容建设，对农民种粮积极引导，到 2007 年粮食产量又突破 5 亿 t，近年粮食年产量保持在 6.3 亿 t。我国的粮食产量与人口数量是匹配的（图 7-2），最近 20 年我国粮食产量增加率是 1.25%，人口增加率是 0.54%，人均粮食 403.2kg。

我国奉行“谷物基本自给、口粮绝对安全”的粮食安全战略方针。按照国际粮食标准（含小麦、玉米和大米），2016 年我国粮食自给率在 95%以上，口粮（小麦加大米）自给率高达 98%。粮食安全的风险完全可控。改革 40 年粮食产业形成 6 大新格局，粮食收购市场化，粮食流通迈向现代化，粮食企业转型产业化，粮食产业日益绿色化，国家粮食储备制度化，粮食贸易国际化。根据中国历年统计年鉴整理，在 1978—1988 年，我国进口玉米 1182.9 万 t，1989—1999 年进口了 690 万 t，2000—2010 年进口了 260.2 万 t，2011—2020 年进口 3592 万 t（图 7-3）。自从加入 WTO 以来，我国玉米进口配额关税是 1%，要到 2024 年，进口玉米配额是 720 万 t/年。2018 年和 2019 年我国进口玉米各 352 和 360 万 t。小麦进口量 2000—2008 年有一个峰值是 2004 年进口了 700 万 t，2009—2017 年又显示一个峰值 500 万 t（2013 年）。大米在 1997—2011 年出口量大于进口量，从 2012 年逐年增加到进口量 400 万 t（图 7-4）。大豆进口量从 1996 年持续增加到 9700 万 t（截至 2018 年）。油菜籽进口在 1996—2016 年有 3 个峰值各是 300 万 t，300 万 t，500 万 t，对应 2001 年，2009 年，2014 年。大麦和高粱进口量在 2013—2018 年有一个峰值，是 2015 年的 1100 万 t（图 7-5）。

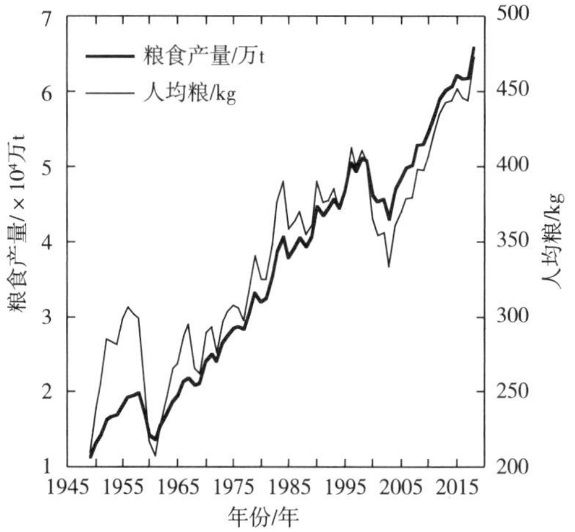

图 7-1 1949 年以来粮食产量与人均粮食

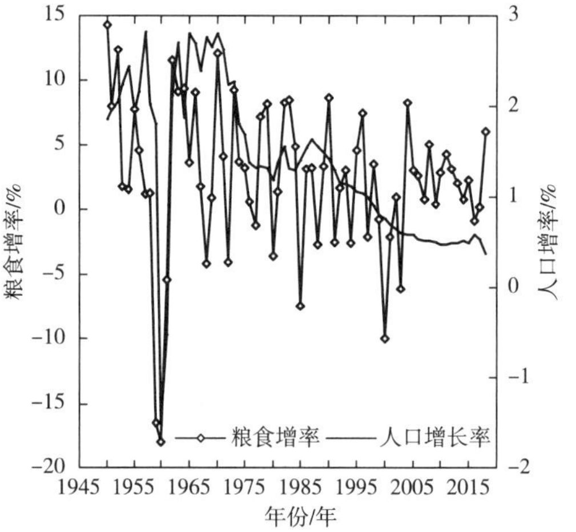

图 7-2 新中国成立以来粮食增长率与人口增长率

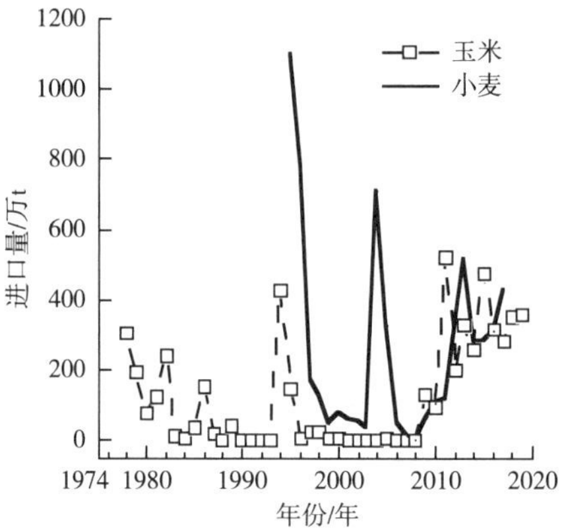

图 7-3 玉米和小麦进口量

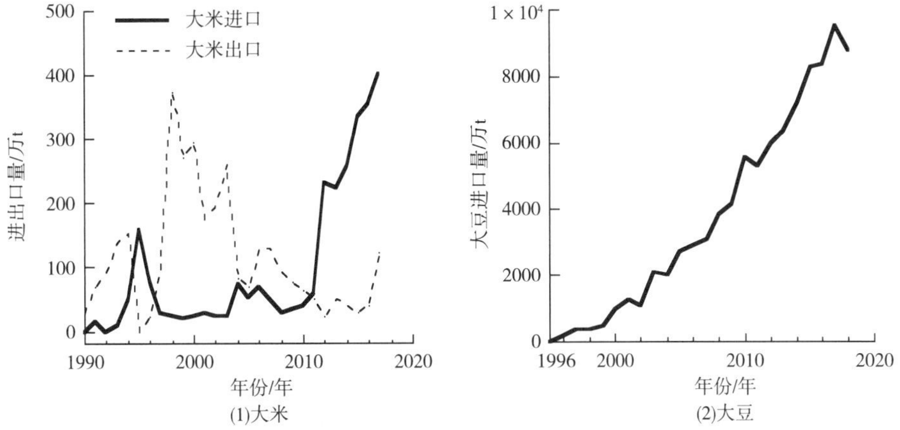

图 7-4　大米进出口量和大豆进口量

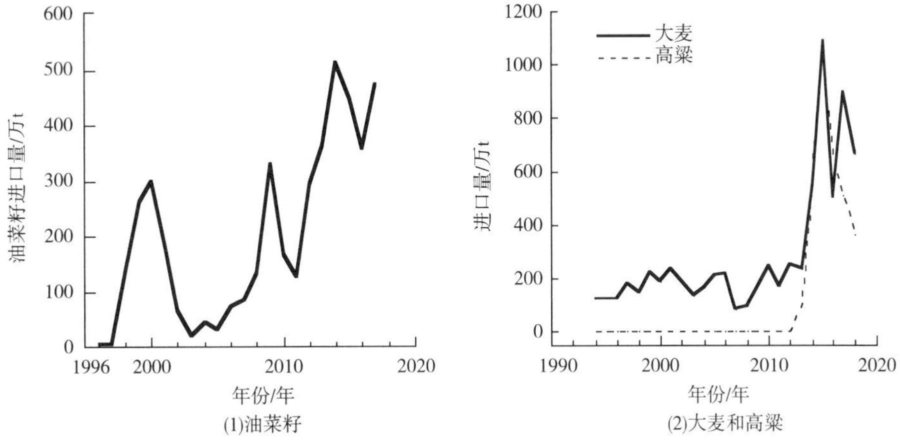

图 7-5　油菜籽、大麦和高粱进出口量

2. 我国粮仓建设与管理

我国人多地少，粮食储藏一直是粮食安全的一个重要环节。20 世纪 50 年代到 1998 年之前，我国以苏式仓、基建平房仓、土圆仓、地下仓等仓型为主，推广自然低温储粮、低温密闭及地下低温储粮（《中华粮仓集锦》，2017）。到 20 世纪 80 年代开始的自然低温辅助机械通风、谷物冷却机、制冷机及气调等技术均能延缓粮食品质劣变。在 1998 年国家开始建设以高大平房仓型为主的现代化储备粮仓，单仓仓容为 5000～30000t（国家粮食局粮食行政管理司 2001）。2003—2016 年为现代化粮食储备仓建设的重要时期。目前各种仓型及比例为：高大平房仓 85%，立筒仓 7%，浅圆仓 5%，其他仓型 2.5%。粮库划分为中央储备粮管理公司、省市粮食集团及市县级粮库。

3. 现代化储备粮管理技术

自 1998 年政府陆续投资兴建了一批现代化储备粮仓，单仓仓容较大。我国储备粮储藏周期一般为 2～3 年，主要问题包括：高大平房仓受大气温湿度影响，大粮堆长期储藏存在品质劣变问题；我国粮食储藏地域从热带到北温带气候差异大，长期储藏易出现水分转移，导致粮堆结露、发热霉变；在6~25m高的粮堆中，熏蒸药剂渗透性不足，导致杀虫不彻底，甚至产生抗药性。针对不同粮种、不同储藏条件下的安全储粮，我国加大了粮食基础和应用基础研究。到“九五”“十五”期间，粮食仓储技术与装备有了显著提高。针对1998年以来分批建设的1000多个粮库5000多万t仓容大型国家粮库，研发了智能粮情检测、低剂量环流熏蒸、智能通风、高效谷物冷却技术为一体的“四合一”储粮技术。《粮食储备“四合一”新技术研究开发与集成创新》在2010年获得了国家科技进步一等奖。我国中央储备粮管理总公司采用和普及现代化绿色生态储粮技术，迄今智能化储粮的覆盖率达95%，粮食损失率不到1%。

4. 收获环节我国粮食水分特点与北粮南运

根据《2016年中国粮食发展报告》，我国主产区13省区2016年粮食产量46776.5万t，占全国粮食总产量的75.9%，主销区7省市粮食产量仅3290.4万t，占全国粮食总产的5.3%。“北粮南运”的内部结构性突出。这是由于我国山地、丘陵、高原地区耕地面积占总耕地面积的66%，平原、盆地、其他地区耕地占全国耕地面积的34%。长江流域及其以南占全国耕地38%，水资源却占全国的80%，淮河流域及其以北地区水资源仅占20%，而耕地面积却占62%。从表7-1看出，我国东北、华北、西北粮食产量所占比重不断增加，而华东、华南地区所占比重逐渐减少。生产的重心由南方转移到北方，如图7-6交叉点在2004年，“北粮南运”问题日益突出。

表7-1 我国粮食生产产量区域集中度 单位:%

年份/年	区域										
	北方	南方	东部	中部	西部	东北	华北	华东	华中	华南	西南	西北
1978	41.1	58.9	41.3	37.6	21.4	12.2	16.5	21.3	18.1	10.8	15.0	6.2
1980	40.1	59.9	41.5	37.2	21.4	11.1	16.6	21.0	18.1	11.9	15.6	5.8
1985	40.8	59.2	39.7	40.2	20.1	9.6	18.2	22.9	19.6	9.6	14.3	5.9
1990	44.6	55.4	38.0	42.2	19.8	13.1	18.0	20.6	18.9	9.7	13.7	6.1
1995	46.0	54.0	38.9	41.4	19.6	12.8	20.2	19.5	18.5	9.4	14.1	5.6
2000	45.7	54.4	36.0	42.1	21.9	11.5	18.9	18.6	19.7	9.4	15.6	6.3
2005	50.7	49.3	33.1	45.7	21.3	15.3	19.4	16.8	19.5	7.8	14.8	6.5
2010	54.2	45.8	31.2	48.9	19.9	17.6	19.8	16.8	19.4	6.5	13.0	6.9
2015	56.1	43.9	29.7	50.7	19.6	19.3	20.0	16.3	19.0	6.0	12.5	7.1
2016	56.3	43.7	30.1	50.1	19.8	19.3	20.3	16.0	18.6	6.0	12.7	7.1
2017	56.1	43.9	30.2	50.1	19.6	19.2	20.3	16.2	18.7	5.9	12.8	6.9

注：引自王帅和赵秀梅（2019）。

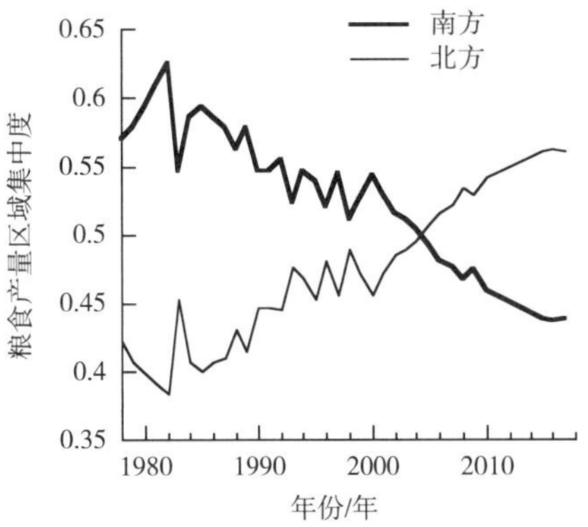

图 7-6　南北方粮食产量区域集中度

不同粮食种类有其最佳收获水分范围，见表 7-2。随着粮食购销市场化、经营主体多元化，我国东北和部分省市由于粮食收获季节气候原因，造成高水分粮食问题，粮食企业不得不收购高水分粮食进行干燥（表 7-3）。在粮食干燥环节，尤其是要了解稻谷和玉米收获后处理期间的变化，采用最佳的干燥条件，以控制籽粒裂纹爆腰形成。修正 GAB、MCPE、MHE 均是粮食干燥过程最佳平衡水分模型。将粮粒裂纹和破碎最小化，需要研发干燥期间粮粒胁迫和变形的预测模型。粮粒中裂纹是由于张力失败，必须了解张力强度，能够预测它的破裂。

表 7-2　我国不同地区粮食收获时水分含量　单位:%（湿基）

产区	玉米	早稻	晚稻	小麦	大豆
黑龙江	25~30		15~19	18~22	15~18
吉林	24~30		15~18		15~17
辽宁	22~30		15~18		14~17
内蒙古	20~30			18~22	15~18
西北	18~28			15~20	15~17
北部	18~22		15~17	15~20	
西南		15~17	17~20	16~18	
中部		16~19	18~22	16~19	
东部		16~19	17~20		
南部		16~20	18~22		

表 7-3　正常年份我国东部粮食企业购进高水分粮食统计　单位：万 t

省份	玉米	稻谷	大豆	小麦	其他	合计
黑龙江	400	75	50	50	10	585

续表

省份	玉米	稻谷	大豆	小麦	其他	合计
吉林	750	50			55	855
辽宁	400	125	5		75	605
合计	1550	250	55	50	140	2045

5. 稻谷储存最佳含水率与加工整精米率

日本国家粮食标准和日本大米协会规定粳白米的最高允许水分为16%。这表明日本的粳稻谷储存水分应该在15%~15.5%。我国粮食质量标准中含水率既是粮食收购计价、扣量和贸易价格核算的依据，也是在各地均能安全储藏的水分含量。目前大米的国家标准水分高于相应稻谷的国家质量标准水分1%，经过2~3年的储藏，出库稻谷的水分还低于国家质量标准水分1%~2%，稻谷出库水分比加工企业的需求水分低2%~3%。如果进行加工前润谷，稻谷发生快速再吸附现象则易裂纹破碎。随着我国粮库控温储粮技术的推广，带有大米加工车间的一些粮库能够储藏稻谷半年到一年，为了提高稻谷研磨加工的整精米率和白度，在冬季入仓时适当提高稻谷水分1.0%~1.5%。急需研究含水率为13.5%~15.0%中晚籼稻储藏不同时间的研磨加工品质。

与发达国家比较，我国稻谷储藏时间较长，对稻谷储藏期间劣变的机理缺乏数据资料积累，对我国粮食流通及加工、作物育种指导性不强。尤其是在高温高湿地区储藏稻谷发生陈化时间则更短，国家储备粮于是采用分散分批、定期推陈储新、轮流更新的方法，耗费了大量人力、物力和财力。随着粮食购销市场化和经营主体多元化，入仓粮食水分普遍偏高，储藏技术需要进一步提高，重视稻谷储藏期间劣变机理的研究尤为重要。

粮食行为依赖于收获期间含水率、干燥机制、研磨期间存在的含水率、研磨条件。研磨加工的重要问题是籽粒破碎，减少了整精率，由研磨期间产生的热梯度导致籽粒产生压缩力和张力胁迫。为了最小化温度梯度，需要调整已有的加工机。整精米就是稻谷研磨加工后籽粒长度等于完整粒3/4的精米，碎米是米粒长度在完整粒的1/4~3/4。GB 1350—2009《稻谷》规定籼（粳）稻谷研磨的1、2、3、4、5级整精米率分别≥50%（61%）、47%（58%）、44%（55%）、41%（52%）、38%（49%），这表明我国稻谷研磨加工的碎米产量通过科技创新具有降低的空间。

第二节 粮食就仓干燥

就仓干燥，是指新收获的高水分粮食按规定装入符合条件的仓房后，在原仓采用机械通风方式干燥的技术。干燥介质为自然空气或加热空气，干燥完成后粮食继续在该仓内储藏（GB/T 26880—2011《粮油储藏　就仓干燥技术规范》）。就仓干燥、仓内干燥、在储干燥均为同义词，在国内都有应用，就仓干燥、仓内干燥是从英文 in-bin drying 翻译而来的，在储干燥从英文 in-store drying 翻译而来，仓内干燥一词应用最早，就仓干燥一词应用最广。就仓干燥是美国、加拿大、澳大利亚等一些国家干燥粮食的手段之一，美国 20 世纪 80 年代以前即对粮食就仓干燥进行了较系统的研究。这是一种慢速干燥工艺，设备投资少，能耗费用低，这项技术深受美国农场主的欢迎，并得到广泛应用。澳大利亚国际农业研究中心（ACIAR）资助的东南亚热带气候条件下的两步干燥和就仓干燥技术的研究进一步拓展了就仓干燥技术的应用范围。

我国 20 世纪 80 年代开始研究粮食就仓干燥技术，最早研究的有 BTG 型粮食通风和补充热力干燥设备，可将高水分粮就仓干燥到安全水分。1990 年湖北省研制了机械通风配套的移动式加热器，用于就仓热力干燥。浙江省用现有的通风设备，添加 1~2 台加热炉进行稻谷就仓干燥。山西省 1995 年用移动式煤热风炉辅助加热机械通风干燥玉米。四川广汉粮机厂生产的辅助热力通风干燥设备——移动式仓用热风机，已在四川和陕西得到应用。1997—2000 年的中澳合作项目“中国粮食就仓干燥 PHT9437”对中国北方玉米、南方稻谷进行了就仓干燥研究（王双林等，2004）。

21 世纪以来，中国农业规模化经营得到较快发展，机械烘干能力显著提高，当前总体仍以农户为单位的小规模经营为主，农民以晾晒的方式干燥粮食，这种干燥方式很大程度上依赖于天气情况，而且需要足够的晾晒场地。中国有的地区收获季节多雨，农民无法在短期内晒干粮食，造成收获的损失。就仓干燥技术有利于弥补烘干能力不足，保持粮食品质，减少粮食收获损失。

一、 通风过程粮食水分与温度交换规律

1. 通风过程粮食水分与温度交换规律

在空气通过粮堆时，当空气的温度、相对湿度与粮食达到平衡时，对粮食不会产生任何影响。如果空气的状态与粮食的状态不一致时，空气通过粮堆后，将会形成两个沿着气流方向运动的变化区域，即温度交换层和水分交换层，把粮堆分隔成三个均匀的区域（图 7-7 中分别以 A、B 及 C 区表示）。两个交换层沿气流方向运动通过粮堆。图 7-7 描绘了这一理想状态，并图示了这两个交换层的宽度和位置。

在 A 区，粮食受到进入空气的影响，即该区粮食的温度、粮粒间相对湿度与进入空气的温度、相对湿度都是相等的，而且粮食的水分已经达到了与通风空气温湿度相平衡的值。在 C 区，由于受气流的影响小，粮食的温度、水分仍处于空气通入前的状态。气流离开粮堆时的空气温度、相对湿度，与该区的粮食温度、水分相平衡。而 B 区，即在温度交换层与水分交换层之间，其情况比较复杂，一般认为是分开这两个交换层的静止区。

通风安全水分的粮堆，温度交换层移动速率是水分交换层移动速率的 40~50 倍。通常在变化较快的温度交换层里，主要是温度的变化，但随之有少量的水分变化。同样，

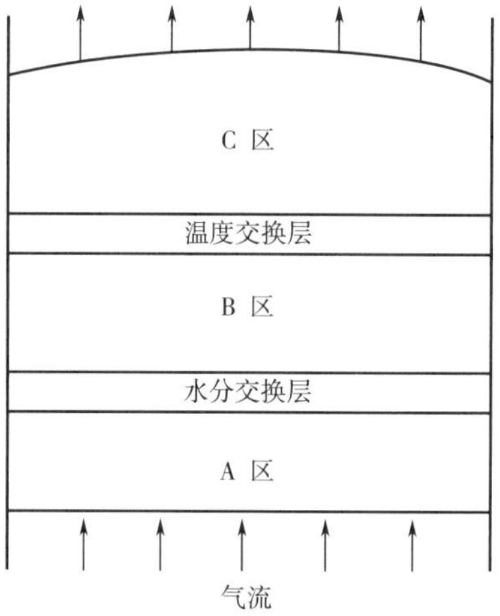

图 7-7　通风过程粮食水分与温度交换示意图

在变化较慢的水分交换层里，粮食除了水分的变化以外，也伴随有温度的变化。当低温低湿空气通过温度和水分均匀的粮层时，温度交换层处于降温状态，水分交换层处于干燥状态。在温度交换层中同时发生水分交换，随着温度交换层的推进，粮堆各层在温度降低的同时水分也小幅降低，粮食水分越高，粮食温度越高，粮食温度下降越多、降温的同时粮食降水幅度越大。根据经验，安全水分粮堆从 20℃ 降至 10℃，通风降温 10℃ 伴随粮食水分降低约 0.3%。

通风干燥过程中，由于环境条件的变化，进风空气状态不断变化，从而粮食温度也处于不断变化过程中，在此过程中，水分交换层（干燥锋）不断缓慢向前推进，温度交换层运动速度较快，未干燥层粮食温度变化过程中同时发生少量的水分变化。降温同时可量少量降水，升温同时可能少量增湿，从而使未干燥层的水分发生小幅波动（王双林等，2004）。

实际通风过程中，环境条件不断变化，粮堆各部位的温度和水分变化情况很难人工计算，需要采用粮情自动监测系统自动采集和建立数学模型进行计算机数值模拟。

2. 通风过程粮食水分和温度交换规律验证

王双林等（2009）采用全开孔地板试验仓进行了通风干燥过程中水分转移的模拟试验，试验条件：稻谷为新收获的杂交籼稻 1350kg，入仓（全开孔地板），平均水分 18.5%，粮堆长 1.5m、宽 1.0m、高 1.6m，进风口直径 110mm，全开孔地板开孔率 25%，出风口直径 250mm，CF-11 No.1.5 风机，最高风压 912Pa，实测通风量为 320~360m^3/h，采用自动通风控制系统进行温湿度数据采集和通风控制。当环境空气相对湿度低于 75%时进行通风，共通风 169.1h。通风期间取出预埋袋粮食（每袋约 200g）测定水分，水分变化见表 7-4。进风口附近的粮食最先干燥，干燥层由下往上逐层推进，直至干燥层移出粮面，干燥过程中粮堆内存在明显的粮食水分分层现象。

通风及储藏过程中各层粮温变化见图 7-8。通风过程中粮温随入口空气温度（外温）变化，已干燥层的粮温与入口空气温度相近，未干燥层的粮温明显低于已干燥层粮温和入口空气温度，粮堆内存在明显的温度分层现象。

表 7-4　　通风期间各层粮食水分变化情况表

通风时间/h	取样时间	粮食水分/%					
		下层	中下层	中层	中上层	上层	平均
0	8/10	19.3	18.4	19.4	19.4	16.1	18.5
12.4	8/14	15.7	17.8	18.6	19.0	16.3	17.5
48.1	8/17	13.6	17.4	18.1	18.6	16.6	16.9
97.7	8/21	11.1	12.2	14.0	17.0	16.7	14.2
131.1	8/25	10.7	10.9	11.7	14.7	16.7	12.9
169.1	8/31	10.8	11.0	11.2	11.6	12.3	11.4

注：试验于 2006 年 8 月 10~31 日进行。

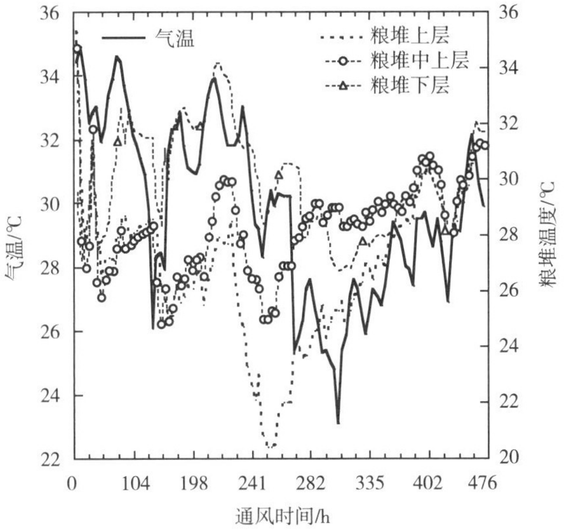

图 7-8　通风及储藏过程中粮温变化

结合表 7-4 和图 7-8 的分析，试验取样检测的粮食水分，与对应粮温验证了通风过程的粮堆温度分层，可以反映粮堆水分分层情况，随着干燥层的推进，相应粮层温度升高并接近入口空气温度，粮食水分也接近与入口空气温湿度平衡，可通过通风过程中粮层温度变化判断干燥层的推进状态。

试验验证了水分交换的同时伴随温度交换，粮食降水存在降温效应，未干燥层粮温降低并低于入口空气温度，粮食吸湿存在升温效应。图 7-8 试验通风前期两次明显降温过程，因干燥降水需要大量能量，各层粮温快速降低并大大低于外温（最大温差达 6℃左右）。入仓粮食上层水分较低，在通风前期发生增湿现象，粮食水分小幅上升，间歇性通风 48.1h 后上层粮食水分从初始 16.1%升至 16.6%，在吸附过程中，粮食吸湿的同时放出热量，在与相临中上层的进风空气达到吸附平衡前上层粮温高于中上层的粮温。试验通风后期（8 月 25 日之后）下层、中下层粮食水分小幅升高，粮温高于外温，一方面因为空气通过风机后小幅升温，更主要是因为下层、中下层粮食吸湿放热升温。

试验验证了温度交换常伴随水分交换，降温过程常伴随小量降水。8 月 14 日取样前，整仓粮食通风 12.4h，有 2 次显著的降温过程，第 1 次通风 3.3h 中上层粮温由 34.3℃降至 26.8℃；第 2 次通风 3h 中上层粮温由 31.8℃降至 25.9℃。2 次降温后中下层、中层、中上层各层的粮食水分下降 0.4%~0.8%（表 7-4）。

稻谷吸附滞后现象的存在，易形成进风口附近粮食过干燥和整个粮堆分层的现象。暂停通风期间，高水分粮温度因粮食的呼吸作用和微生物活动粮温上升，初始通风后暂停通风 66h，稻谷水分约 19.0%，平均粮温从 27.8℃升至 31.9℃，平均升温速率 0.062℃/h，暂停通风期间未干燥层粮温随着水分降低升温速率降低（曲线斜率降低），而已干燥层粮温无升高甚至受外温影响而缓慢小幅降低。

二、 高水分粮就仓干燥

粮食就仓干燥是一种深床缓速干燥，充分利用自然空气的干燥潜力，不加热或少加热，具有投资省见效快、处理批量大、干燥能耗和干燥成本较低等优点，也有干燥时间长，水分分层的缺陷，需要克服。

1. 安全干燥期

安全干燥期是指高水分粮食完成干燥前的许可储藏时间。在此期间粮情稳定，粮食品质不劣变。就仓干燥时间通常较长，是降温所需时间的数十倍，短则数天，长则数周甚至 1~2 个月以上，必须在粮食品质发生劣变前的安全干燥期内完成干燥。高水分稻谷及脱粒玉米的安全干燥期见表 7-5 和表 7-6。

安全干燥期还需要考虑入仓占用时间及粮温等情况，尽快入仓，粮食入仓宜从仓房的一端开始，粮堆覆盖一条风道即开始对这部分粮食进行通风，降低粮堆温度，预防粮堆发热。假定粮食安全干燥期 60d，入仓用了 15d，余下安全干燥期为 45d。粮食入仓时间长，粮食可能在干燥完成前发生品质劣变情况，并错过有利通风时机，粮食入仓所用时间宜控制在粮食安全干燥期的 25%之内。

表 7-5 高水分稻谷安全干燥期

粮温/℃	水分/%	安全干燥期/d
25	20.0	14
	18.0	24
	16.0	60

续表

粮温/℃	水分/%	安全干燥期/d
20	22.0	14
	20.0	21
	18.0	42
	16.0	90

表 7-6　　脱粒玉米安全干燥期

粮温/℃	不同水分玉米安全干燥期/d				
	18%	20%	22%	24%	26%
-1.1	648	321	190	127	94
1.66	432	214	126	85	62
4.44	288	142	84	56	41
7.22	192	95	56	37	27
10.00	128	63	37	25	18
12.77	85	42	25	16	12
15.55	56	28	17	11	8
18.33	42	21	13	8	6
21.11	31	16	9	6	5
23.88	23	12	7	5	4
26.66	17	9	5	4	3

2. 单位通风量和粮堆高度

需要控制粮堆高度，选择适当单位通风量，以保证在安全干燥期内完成粮食干燥，并提高就仓干燥的经济性。

表 7-7 中数据为平均每天有效通风时间 12h，中稻、晚稻、玉米粮温 15~20℃，小麦、早稻粮温 25~28℃条件下保证安全干燥期内完成干燥推荐的单位通风量，及对应的最大粮堆高度。

表 7-7　　推荐最低单位通风量和对应的粮堆最大高度

粮种	水分/%	最低单位通风量/[m^3/(h·t)]	粮堆高度/m
中稻、晚稻、玉米	20	120	3.0
	18	48	4.5
	16	20	6.0

续表

粮种	水分/%	最低单位通风量/[m^3/(h·t)]	粮堆高度/m
早稻、小麦	18	80	3.0
	16	30	6.0

注：平均每天有效通风时间12h；中稻、晚稻、玉米粮温15~20℃；小麦、早稻粮温25~28℃的推荐值。

例如：水分20%的晚籼稻，干燥期间平均粮温20℃，安全干燥期21d，每天通风12h，按每立方米空气带走2.3g水，干燥后粮食水分14%，最低单位通风量为［1000×(20%-14%)／(1-14%)］／(21×12×2.3)＝120.4m^3／(h·t)

又如：16%水分的中晚稻，干燥期间平均粮温20℃，安全干燥期90d，每天通风12h，按每立方米空气带走1.3g水，干燥后粮食水分14%，最低单位通风量为［1000×(16%-14%)／(1-14%)］／(90×12×1.3)＝16.6 m^3／(h·t)

实际应用中根据平均每天有效通风时间，选择相应的单位通风量和粮堆高度；如平均每天有效通风时间18h，则18%水分的中稻、晚稻，可将最低单位通风从48m^3／(h·t)降低到32m^3／(h·t)。如平均每天有效通风时间8h，则16%水分的中稻、晚稻，最低单位通风需从20m^3／(h·t)提高到30m^3／(h·t)。

3. 风机选型

确定粮堆高度和选取适当的单位通风量后，计算就仓干燥所需总风量，再根据通风口数量选配风机。

以长48m、宽24m、高6m的稻谷粮堆为例，装入中晚籼稻谷约3900t，假定选择单位通风量25m^3／(h·t)，需要约97500m^3的总风量，工况全压1200Pa，采用风机选型软件选型，可配置4台4-68 No.8C（1250转）的离心风机（工况风量约25000m^3/h），或5台4-68 No.8C（1120转）、4-72 No.8C（1120转）的离心风机（工况风量约19000m^3/h），或10台4-68 No.6.3C（1400转）的离心风机（工况风量约10000m^3/h）。

4. 减少水分分层

采用开孔地板、地上笼通风或地槽通风干燥，粮食的水分垂直分层问题比较突出。研究表明，组合式立管通风系统对于解决就仓干燥粮食水分垂直分层问题效果十分明显。

举例，2002年张家港市东沙粮管所采用地上笼干燥2.5m堆高稻谷，干燥完成后上层平均水分15.4%，中层平均水分14.5%，下层平均水分13.8%，垂直方向水分梯度大于0.5%/m。2003年江西南粮国家粮食储备库采用立管通风系统干燥4.8m堆高稻谷，干燥完成后表层平均水分15.3%，上层平均水分14.7%，中层平均水分13.7%，下层平均水分14.4%，粮食水分垂直分层问题明显改善。

采用组合式立管通风，立管间距不宜大于3.0m。通风立管的有效处理半径约1.0m，理想处理半径0.5~0.75m，处理半径增大，需要通过多次平移立管通风才能达到预定干燥效果，劳动强度大（王双林和郭红，2005）。

组合式立管通风采用通风风管的移动带动粮食干燥层的移动。粮食干燥一层，通风管上拔一层，减少干燥过程的粮食水分垂直分层，根据粮堆水分情况将通风管移动到粮食水分高，或干燥速率慢的地方，提高干燥的均匀性和保障粮食的安全性。合理移动通风管的时间因空气流速、粮食初始水分、干燥温度和空气湿度不同而异，具体时间根据扦样实测水分情况而定。为及时掌握干燥期间粮食水分变化情况，为干燥作业操作提供依据，干燥快和干燥慢的地方都要设点进行扦样检测水分，根据粮食的解吸速率研究，通风 40～64h 基本达到解吸平衡，每通风 24h 至少检测一次粮食水分（王双林等，2005）。

中、下层粮食宜采用上行压入式通风干燥。当中、下层粮食已完成干燥，且上层粮食水分含量不高于安全水分 1.5 个百分点时，可采用下行式通风将上层粮食干燥到安全水分含量以内。

上行压入式通风时下层粮食先干燥，有利于未干燥粮食的检查和处理，上行式通风时粮堆的通风阻力小于下行式通风，通风均匀性相对优于下行式通风，因此，先采用上行压入式通风干燥中下层粮食。采用前期上行式通风与后期下行式通风结合可减少水分的垂直分层，但采用下行式通风干燥表层粮食时，应防止已干燥层的粮食发生吸附作用使水分升高至安全水分以上，由于粮食的吸附滞后现象，当上层粮食水分不高于安全水分 1.5 个百分点时，可避免粮食吸附增湿影响粮食安全的情况发生。

5. 通风时机选择

进风空气的温湿度所对应的粮食平衡水分含量低于需干燥粮食水分含量一个百分点即可通风；环境湿度较低时直接开机通风；环境湿度较高时使用辅助加热器降低进风相对湿度。环境湿度较高的地区，在没有辅助加热器的条件下，有效通风时机很少，较难完成干燥任务，建议配置辅助加热设备，使环境温度升高 3～5℃，相对湿度降低 14%～22%。就仓干燥成本较低主要是因为充分利用了自然空气的干燥潜热，升温过高，能耗高，不经济，且会造成过干燥问题。为提高干燥效果，经通风整个粮堆温度下降后进入干燥阶段，干燥阶段前期进风湿度宜控制在 65%以下，中期进风湿度控制在 60%左右，后期进风湿度可根据下层水分情况适度提高以减少下层水分过干燥。

就仓干燥的通风时机判断需要比较专业的知识，基层粮库一般操作人员很难胜任，粮情监测系统的通风辅助决策功能可帮助操作人员判断通风时机；建议采用通风干燥自动控制功能，避免无效通风甚至有害通风，降低劳动强度，提高干燥效率。

温度低于 10℃时，干燥效果不理想。温度高于 22℃时，虫霉发展快，粮食的品质下降快。因此建议秋季干燥宜在日均温低于 10℃前完成，春季干燥宜在日均温达到 22℃前完成。

粮食水分含量达到安全储藏要求后应结束干燥通风。宜选择低温时机进行降温通风，当粮堆温度梯度小于 1℃/m 时结束通风。

6. 虫害控制

干燥入仓的粮食要求为无虫粮或基本无虫粮，但干燥期间可能发生虫害感染，如干燥期间粮温较高，干燥期较长，虫害发展到一定程度需要控制。低水分潮粮（较安全水分高 1.5 个百分点以内）安全期较长，在保证粮食安全的前提下，可以先密闭熏蒸 15d 后继续通风干燥，高水分潮粮应先完成干燥后杀虫处理。局部严重虫粮移出干燥仓进行快速干燥，就仓干燥完成后按 GB/T 29890—2013《粮油储藏技术规范》的规定杀虫。

三、 偏高水分稻谷安全储藏与就仓干燥

偏高水分粮指低温下可安全储藏，而常温下可短期储藏，不能安全度夏的粮食。研究 16.0%水分以内的偏高水分稻谷安全储藏与就仓干燥的工艺。

1. 试验设备与方法

智能人工气候培养柜（温度精度 1℃），电子天平，恒温培养箱，烘箱，微量滴定仪，显微镜等。

（1）准备试验用粮　当年收获的杂交籼稻 100kg，测定原粮的水分，将样品分成五组，一组作为备用样品保存，另四组分别采用人工加湿方式将水分调节到要求的水分范围内，放 10℃的恒温箱内平衡一个星期，用 GB 5009.3—2016《食品安全国家标准　食品中水分的测定》方法实测调节后的籼稻水分：13.5%，14.0%，14.5%，15.0%。

（2）调节智能人工气候培养柜内的温湿度　分别为 15℃ *RH* 70%、20℃ *RH* 70%、25℃ *RH* 70%、30℃ *RH* 75%。

（3）品质变化及微生物测定　将调质并经平衡后的粮食样品用玻璃样品瓶装好，并用高分子选择透过性膜将瓶口封好，籼稻、粳稻各种水分样品分别放入四个培养柜中，每份稻谷质量约 5kg，分别编号，15℃和 20℃的样品每两个月取样一次，25℃和 30℃下的样品每个月取样一次，观察其外观的品质及气味的变化，测定其水分、脂肪酸值和发芽率等品质指标，按 GB 4789.15—2016《食品安全国家标准　食品微生物学检验　霉菌和酵母计数》测定霉菌带菌量和菌相的变化，并做好记录。

2. 试验结果

感观品质的变化，30℃条件下，3 个月时水分为 14.5%的籼稻出现霉味；5 个月时，其他水分籼稻均出现轻微异味。其他温度下样品感观均正常。

脂肪酸值的变化，60d 内各种储藏条件下的脂肪酸值变化较小，脂肪酸值的检测结果具有一定的波动性，总的趋势是：温度越高，脂肪酸值升高越快，相同温度下脂肪酸值的变化受水分影响较小。20℃以内储藏的脂肪酸值升高幅度较小。

发芽率的变化，温度越低，水分越低，发芽率保持越好，新鲜度越好。温度对发芽率的影响十分显著，20℃以内下储藏一年，水分 14.5%以内籼稻谷发芽率基本不变；25℃下，水分 14.5%以内发芽率保持较好；30℃下，水分 13.5%以上的籼稻储藏三个月后，籼稻发芽率开始急剧下降，发芽率变化情况见表 7-8。

表 7-8 **籼稻发芽率变化**

温度/℃	水分/%	各取样时间的发芽率/%											
		原始	60d	90d	120d	150d	180d	210d	240d	270d	300d	330d	360d
15℃	13.5	98	99	—	100	—	100	—	99	—	100	—	100
	14.0	99	99	—	100	—	99	—	99	—	99	—	98
	14.5	98	100	—	99	—	98	—	99	—	100	—	99
	15.0	98	100	—	99	—	99	—	99	—	98	—	96
20℃	13.5	98	99	—	99	—	98	—	99	—	100	—	96
	14.0	99	99	—	99	—	98	—	98	—	96	—	88
	14.5	98	99	—	99	—	98	—	99	—	98	—	98
	15.0	98	100	—	99	—	98	—	94	—	89	—	67
25℃	13.5	98	99	97	99	99	99	100	97	98	97	96	91
	14.0	99	98	95	98	97	98	95	96	92	90	86	75
	14.5	98	100	98	99	97	91	95	95	86	85	76	55
	15.0	98	99	99	97	97	93	87	83	60	46	17	2
30℃	13.0	98	97	96	94	91	81	51	20	2	0	—	—
	13.5	99	99	84	31	13	1	0	0	0	0	—	—
	14.0	98	98	81	5	0	0	0	0	0	0	—	—
	14.5	98	96	90	51	14	0	0	0	0	0	—	—

微生物变化见表 7-9，在 20℃以内，微生物生长受到明显抑制，能较好地保持粮食新鲜度，储藏 150d 时仍然能检出弯孢霉和芽枝霉等田间真菌，储藏 360d，带菌量保持 10^4CFU 左右的较低水平。

25℃下，储藏 210d，水分 13.5%的籼稻带菌量仍然维持在 10^3CFU 水平上，同时能检出部分田间真菌；水分 14.5%以内的籼稻，带菌量仍然保持 10^4CFU 较低的水平上，水分 15.0%的籼稻带菌量接近 10^5CFU。

30℃条件下储藏，水分为 14.5%的籼稻储藏 105d 时带菌量从原始的 10^3CFU 增长到 10^5CFU，水分为 14.0%的籼稻储藏 165d 时带菌量已从原始的 10^3 增长到 10^5，水分 13.5%以内的籼稻带菌量变化较少。

表 7-9 **籼稻储藏期间带菌量的变化**

水分/%	温度/℃	带菌量/$\times10^3$CFU									
		90d	120d	150d	180d	210d	240d	270d	300d	330d	360d
13.5	15	17	—	3.05	—	—	7	—	3.3	—	2.7
	20	1.9	—	2.50	—	—	1.4	—	2.1	—	2.2
	25	1.3	1.65	1.80	2.4	3.9	7	1.2	1.3	1.5	—
	30	0.6	3.30	5.0	17	32	14	4.0	3.5	—	—

续表

水分/%	温度/℃	带菌量/×10³CFU									
		90d	120d	150d	180d	210d	240d	270d	300d	330d	360d
14.0	15	14	—	9.0	—	—	8	—	8.0	—	3.95
	20	6.5	—	2.5	—	—	0.9	—	2.1	—	1.35
	25	0.9	0.6	1.5	13	32	7	31	16	30	—
	30	0.7	95	85.5	160	210	170	60	50	140	—
14.5	15	24	—	7.0	—	—	5.4	—	3.6	—	2.83
	20	4	—	10	—	—	1.4	—	2.5	—	—
	25	1.2	1.1	2.6	13	35	8.0	43	17	52	—
	30	260	325	220	290	430	405	160	50	100	260
15.0	15	15	—	4.4	—	—	6	—	2.5	—	2.0
	20	9	—	8.5	—	—	3.2	—	8.0	—	—
	25	1.8	13	59	87.5	79	15	41	67	80	—

注：13.5%、14.0%、14.5%、15.0%水分籼稻的初始带菌量（×10³CFU）分别为1.1、1.1、3.6、8.5。

籼稻储藏试验结论是，水分15.0%以内的籼稻温度控制在20℃以下可安全储藏；水分14.5%以内的籼稻温度控制在25℃以下可安全储藏；粮温高于25℃时，籼稻水分应控制在14.0%以内。

长江中下游地区，高大平房仓常规储藏时，上层粮温在25~30℃的时间长达3个月，中下层粮温长期保持在20℃以内，可采用粮堆外围就仓干燥工艺，采用移动组合通风系统将上层和四周籼稻水分降至14.0%以内，粮堆其他部分采用通风降温的同时小量降水，将水分降到15.0%以内低温准低温储藏。

假设空气温度15~20℃，入口空气相对湿度60%，单位风量为30m³/h·t时，6m堆高的稻谷整仓水分从15%降到14%以下的时间长达600h左右。如平均每天通风12h需要50d，整仓干燥时间长，成本高。如利用度夏粮堆的热皮冷心现象，将热皮水分降至14%以下即可，如果总风量不变，采用移动组合立管通风系统只针对上层1.5m进行就仓干燥，需要干燥时间缩短至150h左右，极大地节约了干燥时间和干燥成本，并能显著减少储粮水分损失（兰盛斌等，2006）。

四、 农户小粮仓稻谷就仓干燥

器材包括0.55kW小型离心风机（220V）、农户丰产仓（直径1.2m）、绿州LDS-1H谷物水分测定仪、干湿球温度计、粮情数据自动采集系统（垂直方向温度传感器间距20cm）、雨棚。具体操作方法是，农户小粮仓（丰产仓）在内垂直直径方向边沿及中心共5处各用小半块红砖侧铺垫高约11.5cm高（标砖尺寸24cm×11.5cm×5.3cm），上面铺上定制的厚度1mm的全开孔钢板，边沿处用麻袋塑料袋遮挡防止漏粮，然后上面倒入新收获稻谷，平整粮面，插入测温电缆，堆高约 1.2m，质量约 760kg。安装雨棚遮雨，避免粮食淋雨。采用粮情数据自动采集系统每 30 分钟自动记录一次温湿度数据。环境湿度低于 75%时开启风机通风，环境湿度高于 75%时停止通风。上层粮温与各层粮层及外温接近，表层水分降到 14.5%左右，结束通风（图 7-9）。

图 7-9 农户稻谷就仓干燥实物

通风期间外温及粮温变化见图 7-10，通风环境相对湿度 38%~72.6%，平均 56%。由于干燥需要大量热量，未干燥层的粮温显著低于外温，外温与上层粮温最高温差达 11.5℃，底层粮温最先升高，底层粮食干燥完成后甚至高于外温（外湿较高，底层过干燥粮食受吸湿放热和风机机械能转化为热能影响），底层与上层粮温最高温差达 5.4℃，存在明显的温度分层现象。随着干燥的进行，各层粮食水分降低，各层粮温逐层升高接近外温，层间温差缩小，当干燥结束时，上层粮温较相临层温差在 1℃以内。

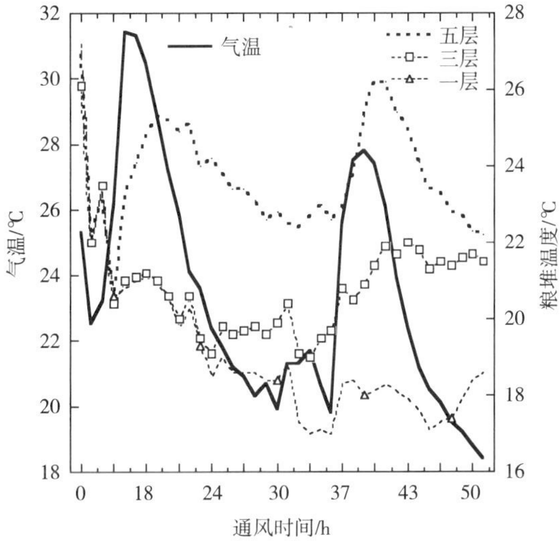

图 7-10 农户丰产仓稻谷通风干燥及储存粮温变化

注：试验于 2014 年 9 月 23~25 日进行，粮堆从上向下分为五层。

稻谷约 760kg，初始平均水分 23%，采用自然空气间歇性通风 53h，平均水分降至 13.8%，下层水分 13.1%，中层水分 13.7%，上层水分 14.5%，下层无明显过干燥，整仓水分梯度较小。风机实际功率约 0.5kW，总电耗约 26.5kW·h，干燥单位能耗约 3.8kW·h/（1%·t），裂纹粒与黄粒米无增加，发芽率高于 95%（表 7-10）。其中 1kW·h 等于 1 度电。

表 7-10　　农户就仓干燥稻谷水分与品质变化

检验项目	干燥前	干燥后		
		上层	中层	下层
水分/%	23.0	14.5	13.7	13.1
游离脂肪酸/（mg/100g）	19.1	20.1	18.9	19.5
黄粒米/%	0	0	0	0
裂纹粒/%	0	0	0	0
发芽率/%	97	97	96	95

农户可根据环境湿度（干湿球温度计或毛发湿度计检测）控制风机启停，环境湿度低于 70%开启风机通风，高于 70%时停止停止通风；温度计测量上层粮温升高至与外温温差 1℃左右，感官检验表层稻谷水分 14.5%左右结束通风。

需要注意的是，见表 7-11，23%水分的稻谷堆存 12h，上层粮温升高 1.1℃，粮堆内部平均粮温升高了 1.5℃，每天可升高 3℃，高水分稻谷长期堆存存在发热、黄粒米增加甚至发霉的风险，通风可防止收获高水分稻谷发热、黄粒米超标的问题。

表 7-11　　稻谷堆存期间升温记录

堆存时间/h	温度/℃					
	外温	底层	中下层	中层	中上层	上层
0	22.5	22.2	21.9	22	22.2	22.1
0.5	22	22.2	21.9	22.1	22.3	22.2
11.5	19.3	23.5	23.3	23.4	23.7	23.1
12	21	23.6	23.3	23.5	23.8	23.2
温升/℃		1.4	1.4	1.5	1.6	1.1

稻谷水分的简易感官检验方法是一看、二抓、三牙咬。一看：稻谷含水率不同，其色泽不同；一般来说，稻壳色泽明亮，水分低；色泽晦暗，则水分高。二抓：手插入粮堆内容易，紧握时有嚓嚓声，表示水分低；手插入时阻力大，握在手中时感到粗糙发涩，表示水分高。三牙咬：用牙咬断稻谷；咬断时，声脆，震牙，谷壳分开，籼稻和籼糯稻的水分在 13%以内，晚粳稻和粳糯稻在 14.5%左右，晚籼稻在 13.5%左右；咬断时，声脆但不震牙，早籼稻，籼糯稻的水分在 14%左右，粳糯稻在 15%以上，晚籼稻在

14.5%左右，晚粳稻在15%~16%；如牙咬不脆有闷声，晚籼稻、籼糯稻水分约16%，粳稻、粳糯稻水分约18%。

五、 规模化农户稻谷就地干燥

就地干燥是将新收获的高水分粮食置于机械罩棚内或硬化晒场的地上笼上进行机械通风的干燥方式。

（1）设备器材　CTFH50型混流风机（5.5kW）、CLS5P-AGT高效节能加热器（4.5kW）、6.25倍风速放大器、Kanomax Anemomaster Model KA22风速测定仪、绿洲LDS-1H谷物水分测定仪。

（2）操作方法与结果

①就地干燥。新收获高水分稻谷用铲车散堆至事先连接好的地上笼上方，地上笼的接头处用塑料袋（或麻袋片）遮盖防止漏粮，堆高1m左右，辅助加热通风，上部表层水分降至15%左右后（平均水分16%以下），有两种处理方式。方式一（分段干燥）：取出地上笼，用铲车翻倒粮堆到另一条地上笼风道上，采用干粮包打围可提高堆粮高度至2m左右，自然空气机械通风干燥至安全水分（图7-11）。方式二：将地上笼两侧高水分稻谷向两侧扒开，上部较低水分的粮食落下，将地上笼上方干粮扒下来，将两侧高水分稻谷用铲子或铲车散堆至地上笼上方，然后继续辅助加热通风，表层降到15%左右后自然空气机械通风，干燥完成后装袋堆垛。就地干燥节约场地，投资省，见效快。

产量大的普通稻谷推荐采用方式一（分段干燥）干燥后临时堆存，有助于解决机械通风干燥不均匀和过干燥问题。产量不大的优质稻可采用方式二干燥完成后直接装袋。

②两步干燥新工艺。区别于传统的两步干燥（第一步机械烘干，第二步机械通风），新收获潮粮（倒伏高杂稻谷水分高达30%）用铲车散堆至事先连接好的地上笼上方，地上笼的接头处用塑料袋（或麻袋片）遮盖防止漏粮，辅助加热通风，上部表层水分降至18%左右后，倒垛，输送清理除杂后机械烘干至安全水分。两步干燥新工艺可有效解决烘前堆存的高水分粮食发热发霉、高杂潮粮堵塞烘干机，机械通风干燥不均匀及过干燥问题。

2014—2016年分别进行了稻谷就地干燥实验测试，堆高1~1.5m，稻谷水分23.5%~28%，粮堆长度11~13.5m，地上笼就地干燥的粮堆表观风速不均匀，粮堆中上部表观风速高，下部表观风速低，粮堆厚的地方风速低（表7-12）；通风后期由于粮食水分降低，通风阻力变小，风速较通风前期明显增大。粮堆腰部最先完成干燥，上部其次，下部地上笼两侧最慢，堆粮厚的地方降水慢，水分不均匀，因此，当检测中部和上部表层粮食水分降至14.5%以下，需将稻谷翻倒一次混匀。有两种做法，一种方式为分段干燥，取出地上笼将稻谷用铲车混合翻倒至另一地上笼上方，包打围堆存，继续自然空气机械通风干燥至安全水分；另一种方式是将地上笼下方两侧的高水分粮食先往外扒开适当位置，将上部已干燥的粮食扒下来，然后将两侧的高水分粮食翻至地上笼上部继续辅助加热通风至安全水分。推荐采用第一种方式，劳动强度低，更节能，设备和场地利用率更高，且可有效避免过干燥问题。

2014 年 9 月稻谷就地干燥，堆高约 1.1m，粮堆长约 11m，宽约 2.0m，湿稻谷约 5.4t，辅助加热机械通风 48h，水分由 25%降至 14.5%，干燥速率 0.22%/h；风机及加热器实际功率约 9kW，总电耗约 432kW·h，单位干燥能耗约 7.62kW·h/（1%·t），农用电价按 0.55 元/kW·h，劳务用工分摊 50 元，则干燥运行成本为 287.6 元，单位干燥运行成本约 5.07 元/（1%·t）。

2015 年 9 月 28～30 日稻谷就地干燥，粮堆堆高约 1.3m，粮堆长约 13m，宽约 2.4m，湿稻谷约 10t，通风前期测定粮面表观风速见表 7-12，辅助加热机械通风 72h，水分由 25%降至 14.5%，干燥速率 0.15%/h；风机及加热器实际功率约 9kW，总电耗约 648kW·h，单位干燥能耗约 6.17kW·h/（1%·t），农用电价按 0.55 元/kW·h，劳务用工分摊 80 元，则干燥运行成本为 436.4 元，单位干燥运行成本约 4.16 元/（1%·t）。

可见，稻谷就地干燥堆高适当提高，干燥速率降低，完成干燥时间延长，但是总体干燥能力提高，单位干燥能耗和干燥成本降低。

表 7-12　　堆高 1.3m 稻谷就地干燥粮面表观风速

部位	测点	粮面风速/（m/s）	测点	粮面风速/（m/s）	测点	粮面风速/（m/s）
左前	1 上	0.32	1 中	0.41	1 下	0.25
左中	2 上	0.26	2 中	0.36	2 下	0.19
左后	3 上	0.32	3 中	0.31	3 下	0.12
右前	4 上	0.16	4 中	0.19	4 下	0
右中	5 上	0.24	5 中	0.30	5 下	0
右后	6 上	0.28	6 中	0.24	6 下	0
平均	上部	0.26	中部	0.30	下部	0.09

2016 年 9 月 24～27 日，27～30 日，先后分别对两批次 4 堆倒伏高杂稻谷进行两步干燥，第一步就地干燥（图 7-11），第二步机械烘干。稻谷堆高约 1.5m，宽 2.8m，粮堆长 15m，每堆约 16t，初始水分 24%～40%，平均水分约 28%，辅助加热 72h 后，平均水分 19%左右，倒垛，清杂，进入烘干机进行机械烘干。就地干燥期间，由于夜间粮温与外温温差较大，早上发现表层有结露现象，中午外温升高后结露消失。干燥速率约 0.13%/h，干燥能耗约 4.5kW·h/（1%·t）。

实践表明：采用就地干燥的分段干燥工艺，投资省、见效快、干燥成本低、干燥品质好，通过倒垛混合后，水分均匀性较好，操作和维护简单，且节能环保，对原粮杂质和水分无特殊要求，可用于倒伏高杂潮粮两步干燥的第一步，避免高杂潮粮堵塞烘干机问题，适合现阶段的种粮大户、家庭农场、农民合作组织规模化干燥。

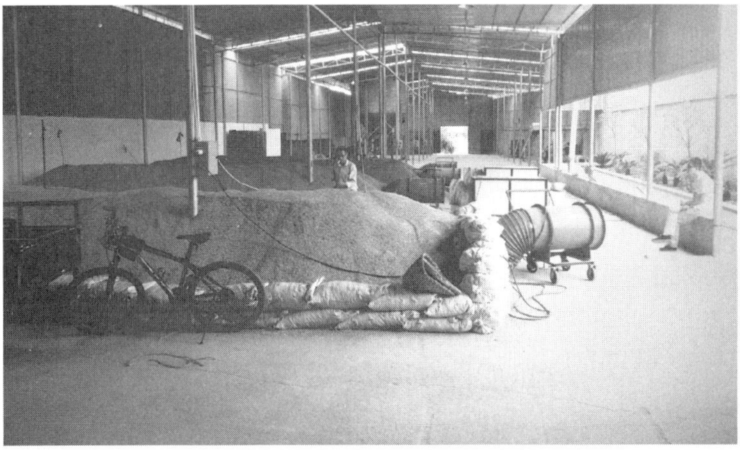

图 7-11　包打围堆垛通风干燥

第三节

平衡水分与储粮生态系统

一、储粮生态系统的成分

粮食本身是储粮生态系统的主要生物因素，是处于休眠态的活有机体，品质在储藏延长期间能够保持不变。在干燥储藏条件粮粒保持了活力和休眠。当前大量种植的粮食品种是高产、杂交品种，这些品种收获较早，如果不及时干燥则属于高水分粮食，且杂交品种对害虫缺乏天然抗性。高水分粮食能够导致微生物生长而侵染粮粒，在非常高水分和适宜的温度，粮粒则发芽。坏死粮粒快速失去了营养价值，而萌动的粮粒不能够安全储藏。

1. 储藏结构

一旦粮食进入设计合理的储藏结构，储藏结构就构成了储粮生态系统的边界，是预先固定的。它隔绝外部因素（如雨水、地下水）保护粮食，最小化环境温湿度的影响，阻挡昆虫、啮齿动物及鸟进入粮仓危害。粮食入仓前要有效地清洁和驱除害虫，清除残余昆虫的感染源。

2. 温度

环境温度是非生物因素，对储粮状态无直接影响，主要影响其他生物因子如昆虫和微生物。它间接地影响储粮品质的保持。粮食热传导率低，它的温度被环境温度影响缓慢。环境温度的主要影响是季节波动，与大型储藏结构比较，小型储藏结构对太阳的照射反应明显。全球变暖、地区温度变化，加大了传统粮库中昆虫感染的速率。

3. 湿度

环境湿度是围绕粮粒的空气，是非生物因子。在限定的储藏空间内，粮食的水分与周围湿度达到平衡。当粮粒间相对湿度高于70%，霉变就开始发生。当自由交换的空气穿过储粮建筑物（栅栏和开口仓），储藏生态系统的湿度受环境湿度的波动影响。高产粮食品种的双季种植，要求及时人工干燥。

4. 空气组成

空气是第三个非生物因子，占储藏结构体积的50%，它存在于粮粒间隙、粮面以上空间。当仓房内部与外部之间空气自由流动时，空气的组成相对恒定，氧气21%和二氧化碳0.03%。当储藏结构完全阻止了粮堆与粮仓周围大气之间的空气运动时，生物因子（粮食、昆虫及微生物）就强烈地改变生态系统的空气组成，氧气浓度减少，CO_2浓度增加。柔软塑料做成的储藏结构，有望提供不昂贵的储粮害虫控制方法，如果不干扰的时间足够长，氧气浓度可以降低到足够杀死昆虫，而不用有毒的化学熏蒸。

5. 昆虫

储藏物昆虫有250多种，包括甲虫和蛾类，它们个体小，能够穿过粮堆空隙。它们是世界性分布，有广泛的取食习性。其中6个种类是主要害虫，它们中的一些侵染田间粮食，在粮食入仓的时刻就进入生态系统。这些昆虫是主要的生物因素，引起粮食的损失。它们发育和群体增加的速率强烈受粮堆的温度影响，它们的代谢活动产生热和水分，这反过来影响生态系统的所有生物成分。当粮食颗粒之间空气富有二氧化碳、缺乏氧气时，它们的生长就被抑制。在过去，昆虫控制主要依赖于杀虫剂（喷布、粉剂、熏蒸剂），直接威胁人体健康和环境，且杀虫剂价格高；此外还存在主要昆虫产生抗药性，对小规模储粮难以使用杀虫剂等问题。

6. 微生物

这种生物因素包括霉菌、酵母和细菌。它们广泛存在于粮食中，在利于储藏的湿度下它们失活。干的活粮粒对微生物具有防害机制，但是当粮食的水分升高到临界水平，霉菌开始发育，侵染粮食，引起质量变化，在一定情况下产生真菌毒素。霉菌主要被生态系统的非生物成分所影响。高温和高湿度有利它们生长，不同的霉菌有不同的最佳水分活度。由于霉菌和昆虫代谢产生热和水分，它们产生了储粮生态系统的温度和水分梯度。这反过来通过对流穿过粮堆，携带温暖的湿空气从粮堆发热区到阴凉区，当空气冷却时水分就在粮堆阴凉区沉积。这个粮堆结露区有利于细菌发展，甚至引起粮食发芽。调节储藏空气，可抑制霉菌和昆虫发育，这个过程不能够控制所有微生物群生长，一些微生物群在厌氧条件下继续生长。如果粮食在收获季节不快速干燥，高于安全水分的粮食储藏就会较难。

7. 杂质

包括谷壳、秸秆、粮食粉尘、砂石、土块、石头、码头设备等，要么是生态系统的非生物成分，要么来自植物的死部分。它们对生态系统的影响是：谷壳和粮食粉尘较粮粒吸附水分更快速，与完整粮粒比较，能够提供霉菌发生更加适合的底物。不能够穿透完整粮粒的许多昆虫，在这些物料上发展很好。物料中所有小颗粒阻塞粮粒空气间隙，可阻断采用的控制措施，例如通风作业将冷空气穿过粮堆阻止发热，将有毒气体穿过粮堆杀死昆虫群体，混合草木灰、沙子、小粒粮食及植物油、含有抗食用或驱虫作用的当地植物的叶片及种子，这些方法应当深度研究，它们具有广泛基础的潜力，用于小规模和农民的安全储粮。

二、 储藏物昆虫和螨类

昆虫和螨类对储粮的危害包括：吞食、穿孔完整粮粒及显著破坏；消耗破碎籽粒和细粉；升高粮食温度和水分；污染粮食；引起审美缺陷。影响昆虫发生发展的两个主要生态因子一是影响昆虫活性的干球温度（精准测温电缆测定），二是影响昆虫群体生长速率的湿球温度。

从昆虫生态学角度，储粮害虫具有环境需求，环境需求大大影响它们的丰度，最主要的因子是气候（温度和水分）、食物供给、与其他有机体的竞争。

1. 气候影响

气候对昆虫田间感染作物起主要作用，它决定了昆虫种类的地理分布。气候对储藏物害虫的影响却降低了，在于粮食储藏平房仓或筒仓内的气候与外部大气不同。气候对粮食储藏昆虫的影响，通常影响世界不同地区昆虫群体的种类组成。在温带气候条件下不抗冬的昆虫，在粮仓中相对暖和的粮堆中、食品加工厂加热的建筑物中，能够生存和发育，甚至在相对阴凉或冷的气候下。甲虫和蛾构成了大多数储粮害虫。粮食的水分和环境温度对昆虫发育速率具有重大影响。甲虫的发育速率受温度的影响较含水率的影响大。蛾发育更加依赖于粮面上部的环境湿度和粮食的水分。

2. 温度

储粮昆虫主要来自热带和亚热带，通过贸易传播到温带地区。由于昆虫不能控制它们的体温，它们发育和繁殖能力随温度升高而增大。它们大多数在低温（10~15℃）没有活力，在非常低的温度（0~5℃）随时间延长而死亡。大多储粮昆虫种类不能够过冬，或进入一个无活性阶段称为间歇期。印度谷螟和谷斑皮囊能够冬眠。每个昆虫种类具有发育最低和最高温度，在一定低温则产卵和幼虫生长停止，在特定高温则卵不育和死亡率增加。产卵和昆虫发育具有最佳的温度。大多数重要储粮昆虫种类的最低、最佳临界温度及湿度范围见表7-13。

表7-13 主要储粮昆虫种类群体生长的最小和最佳条件

种类	最低温度/℃	最佳温度范围/℃	最低 *RH*/%	在最佳条件单一蛾增加速率/（种群倍数/月）
谷斑皮蠹（*Trogoderma granarium*）	24	33~37	1	12.5

续表

种类	最低温度/℃	最佳温度范围/℃	最低 *RH*/%	在最佳条件单一蛾增加速率/（种群倍数/月）
锯齿谷盗（*Oryzaephilis surinmensis*）	21	31~34	10	50
印度谷螟（*Plodia interpunctella*）	18	28~32	40	30
粉斑螟（*Ephestia cautella*）	17	28~32	25	50
杂拟谷盗（*Tribolium confusum*）	21	30~33	1	60
赤拟谷盗（*Tribolium castaneum*）	22	32~35	1	70
谷蠹（*Rhyzopertha dominica*）	23	32~35	30	20
烟草甲（*Lasioderma serricorne*）	22	32~35	30	20
绿豆象（*Callosobruchus chinensis*）	19	28~32	30	30
麦蛾（*Sitotroga cerealella*）	16	26~30	30	50
烟草粉螟（*Ephestia elutella*）	10	25~28	30	15
谷象（*Sitophilus granarius*）	15	26~30	50	15
米象（*Sitophilus oryzae*）	17	27~31	60	25

注：引自 Howe（1965）。

赤拟谷盗从卵到成虫的存活最大量在 25~27.5℃，低于和高于这个温度则快速减少（图 7-12）。在低温，昆虫死亡率是冷却速率、暴露时间、温度、固有生长速率的函数（Fields，1992）。如果粮食冷却速率很慢，昆虫则更好地适应低温并幸存。产卵随昆虫种类、温度、粮食水分及食物而变化。甲虫较蛾生活时间长，在有利的条件下在几个月期间产生卵。产卵随着温度、环境湿度和粮食水分的增大而加快。温度低于 15℃通常阻止

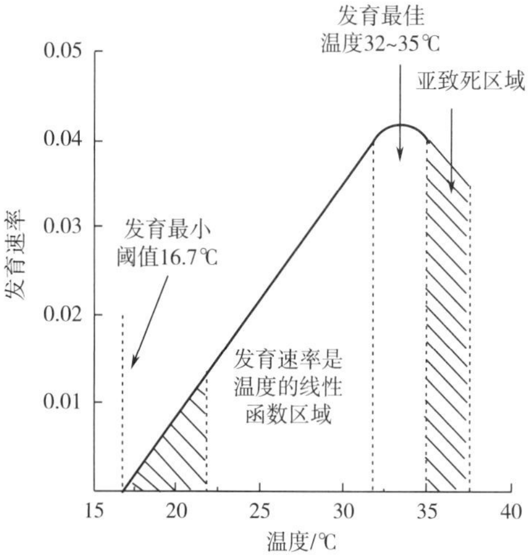

图 7-12　温度对赤拟谷盗发育速率的影响

所有昆虫发育，尽管不降低昆虫死亡率，但是足够阻止昆虫的破坏。对大多数昆虫，40~45℃是致死的。

3. 水分和相对湿度

昆虫依赖于食物供给，从食物获得它们生命过程需要的水分。在谷物粮食含水率8%~15%（湿基），粮食水分越高，昆虫增加速率越大。高于临界水分，霉菌开始生长，对取食的食物品质具有负影响，这反过来影响昆虫发育。不同的昆虫种类对水分需求是不一样的。稻谷米象在粮食含水率低于9%不能够繁殖，成虫在干粮食中很快死亡。温度影响昆虫在干粮食中的繁殖能力，在高温它们能够生存，繁殖力较强。谷蠹在35℃水分8%的小麦能够繁殖。谷斑皮囊能够利用代谢水，在水分1%的粮食中生存。谷盗类在含水率非常低的麸皮和小麦粉中能够生存。

4. 食物供给

不同储藏物昆虫种类具有不同的食物需求。以人工饲养繁育它们，鉴定了不同昆虫种类的营养需求。这些营养需求影响昆虫在不同储藏物中的繁殖能力，它们能够与其他种类昆虫竞争。对每种储藏物，具有一定种类范围的储藏物害虫。

5. 昆虫行为

所有储藏物昆虫都是非光养生物，它们要远离阳光，通常对偶然观察者它们是不可见的。目前粮堆中昆虫的行为没有很好地了解。在低感染水平的粮堆中，昆虫交配可能随机发生，昆虫穿过粮堆的运动关注很少。明确了昆虫在粮堆分散不是随机的，在有利于它们繁育的粮堆区域聚集。它们如何沿着温度梯度运动，如何沿着气体浓度梯度运动，如何聚集信息素，以及吸引信息素如何作用于它们有性生殖及产卵行为等，研究报道有限。霉变破坏的粮食伴随温度升高，这对昆虫发育产生有利的条件，是粮堆中昆虫繁殖最快速的一个区域，它可充当另外的霉菌和昆虫污染的源头，由昆虫分散而感染粮堆的其他区域。储藏物昆虫适应它们的环境以求生存。储粮盛行的生态条件定义为低相对湿度的环境，即 *RH* 低于 70%。环境因子和食物影响昆虫的发育时刻、存活率、产卵率，进而导致昆虫繁殖。在有利的条件下，昆虫发育时间缩短，存活率增加，产卵率增加。

6. 昆虫造成粮食发热

储藏在安全水分（与粮粒间隙 *RH* 70%平衡的含水率）和条件明显好的粮食，如果存在昆虫感染，能够经常发生热斑。在这个含水率，粮食和微生物的代谢不足以解释发热过程。这个现象，仅归属为昆虫代谢产生的热，称为干粮食发热。在大粮堆，粮食的热绝缘特性阻止热消散，热斑随温度（能够升高到42℃）而形成，接着稳定下来。当粮食温度升高，条件有利于昆虫发育。具有活性的昆虫形态从热斑离开，而昆虫的固着形态死亡。另外，以水蒸气形式从昆虫发育群体释放的代谢水，随着来自热斑点的热空气对流向上运动穿过粮堆。它在粮堆较高部位的阴凉层或表面发生结露沉积。结果地，当水分从粮堆一部分传递到另一部分，霉变引发的湿粮食发热经常紧跟昆虫引起的干粮食发热。影响昆虫群体发展的各种因子如食物供给、温度、水分、昆虫之间种间和种内的竞争，捕食、寄生、疾病，作用效果非常复杂。只有仔细分析，这些相互作用因子的关系，认识到昆虫感染的严重性，否则它们引起储藏物潜在损失是难以估计的。已经提出了这些因子对昆虫影响的评价方法。这些群体数据对计算机基于的预测模型发展提供巨大潜力，基于监测方法能够决策对储藏物的处理方法。

7. 储藏物昆虫的群体动态

群体动态学研究最初来自人类的人口研究。后来，修正了这些经典群体动态模型，并用于评价昆虫群体发育。最简单的群体生长模型假定，群体生长没有限制。Subramanyam 等（1990）提出指数模型，

$$N_t = N_o e^{rt} \tag{7-1}$$

式中 N_o——零时刻的群体；

N_t——t 时刻的群体；

r——自然增加的固有速率。

r 描述出生和死亡率的净影响。该指数模型预测了群体生长的指数轨迹。这个模型描述的群体生长的类型在昆虫感染早期发生。r 受环境条件所影响，尤其是粮食温度和含水率。在同样的环境条件下，每个昆虫种类群体生长速率 r 不同。为了推导 r，需要年龄特定的死亡率和生殖速率。这些数据在控制环境条件下的实验室可研究获得。

8. 密度依赖性

上面的模型反映的群体生长没有考虑限制因子。最终的群体达到的密度受生殖率与存活率负影响。在昆虫高密度，群体生长逐渐减速，在于相食卵、打断交配期间或产卵。在非常高群体密度，昆虫通过相食卵、幼虫、蛹及新生成虫，也影响它们自己的生存。除昆虫对它们自身的直接影响外，昆虫群体也影响生态系统的条件。由于昆虫代谢活性，引起粮堆温度和含水率的变化、可利用食物减少、还受它们自己排泄物的污染、密封较好的储藏结构中粮粒间隙空气组成的变化，这些因素对昆虫群体具有负影响。

9. 昆虫种类间的相互作用

储藏物很少被单一昆虫种类感染。经常地，在同一时间多种昆虫感染储藏物。昆虫种类之间的相互作用，对参与的昆虫种类是有利的或无利的。随着时间推移，粮堆内初级昆虫的感染和发育通常产生一个有利于次级昆虫的情况，次级害虫不能够侵染完整籽粒。接着次级昆虫群体增加，而由于可利用的食物资源有限，初级昆虫群体则减少，或者由于次级昆虫的竞争，初级昆虫移动到粮堆的另外一个区域。

感染粮食的两个及以上昆虫种类之间的竞争，造成很难预测未来种群的变化。一个昆虫种类的竞争力依赖许多因子，包括捕食行为、对拥挤的忍耐力、繁殖速率等。Subramanyam 等（1990）提出指数方程和寿命表统计学确定群体生长增加的有限速率。群体生长模式对几个储藏物昆虫种类已经提出。这些模型描述群体生长，基于方程预测环境影响昆虫发育时间、存活及后代子孙。这些模型显示，粮食温度和含水率的影响是调控群体生长的主要因子。

基于这些数据，湿球温度和储藏物甲虫固有生长速率之间的关系被 Desmarchelier

（1988）总结。这个相关性表达为以昆虫群体生长速率表示的速率系数（k）和阈值湿球温度（T^o）；T^o值对几个粮食甲虫在表 7-14 给出。低于 T^o，群体生长速率是 0；高于 T^o，昆虫群体生长增加是指数的。由于这些阈值基于湿球温度，可以采用湿球温度作为通风操作和控制昆虫生长的依据。采用湿球温度控制昆虫群体的概念是基于，在粮食储藏期间，昆虫群体生长的增加不显著。这个概念不同于基于干球温度的粮堆通风控制。

表 7-14　　昆虫群体生长速率的估计

昆虫种类	食品	阻止昆虫群体生长的阈值湿球温度 T^o/℃	昆虫群体生长速率最大的阈值湿球温度 T^o/℃	速率常数 k/（℃·周）$^{-1}$
谷蠹	小麦	12	>31	0. 0257
米象	小麦	9	>23	0. 052
谷象	小麦	8. 5	>23. 5	—
玉米象	小麦	14	>21	0. 018
赤拟谷盗	高粱及全麦粉	16. 3	>30	0. 123
大眼锯谷盗	全麦粉	12. 1	>28. 4	0. 048
锯齿谷盗	全麦粉	16. 4	>28. 4	0. 073
烟草甲	全麦粉	13. 9	>25. 5	0. 122

注：引自 Desmarchelier（1988）。

由于干粮堆的湿球温度具有较低的焓值，干粮堆对应的干球温度高于湿粮堆的干球温度。为了达到昆虫群体同样的控制，干粮堆不需要冷却到与湿粮堆的一样低的干球温度。干粮堆的昆虫群体生长速率较湿粮堆慢，干粮堆对大多数甲虫的影响较对蛾的影响显著。

选择目标湿球温度是基于储藏中昆虫种类可能是一个高级问题，再通过分析不同湿球温度下昆虫群体生长速率的数据。表 7-15 计算了基于粮堆空气湿球温度的每周乘数的昆虫群体生长速率。谷蠹在湿球温度低于 12℃不生长，选择策略是，目标湿球温度高于最低阈值温度约 2℃。对谷蠹，将目标湿球温度定为 14℃，3 个月的乘数约是 2。

表 7-15　　在粮堆内湿球温度 9~20℃昆虫群体生长速率的每周乘数

昆虫种类	粮堆内湿球温度/℃					
	20	17	15	13	11	9
谷蠹	1. 228	1. 137	1. 080	1. 026	—	—
米象	1. 772	1. 516	1. 366	1. 231	1. 110	0. 000

续表

昆虫种类	粮堆内湿球温度/℃					
	20	17	15	13	11	9
玉米象	1.114	1.055	1.018	—	—	—
赤拟谷盗	1.576	1.090	—	—	—	—
大眼锯谷盗	1.461	1.265	1.149	1.044	—	—
锯齿谷盗	1.301	1.045	—	—	—	—
烟草甲	2.100	1.460	1.144	—	—	—

注：引自 Wilson 和 Desmarchelier（1994）。

粮堆干球温度 13~25℃减慢昆虫群体发育，但是储藏物昆虫受孕和发育的最佳温度在 25~33℃。表 7-16 总结了各种储藏物昆虫对温度的反应。低于该温度，发育停止（亚最佳），但是昆虫和螨类可以存活较长时间，如果粮食的温度升高就可引起危害。

表 7-16　　储藏物昆虫对温度的反应

区带	温度/℃	效果
致死	50~60	几分钟内死亡
	45~50	几小时内死亡
超过最佳	35	发育停止
	33~35	发育很慢
最佳	25~33	发育速率最大
	13~25	发育缓慢
亚最佳	13~20	发育停止
	5~13	几周到几月内死亡（未驯化的）
	0~5	几周内死亡（未驯化），运动停止
致死	-10~0	几天到几周内死亡（未驯化）
	-25~-15	几分钟到几小时内死亡，昆虫结冰

注：昆虫种类、发育阶段及食品含水率影响昆虫对温度的反应；引自 Fields（1992）。

为了合理地获得粮堆内昆虫去感染时期，粮堆温度≤5℃。一些昆虫种类较其他种类耐寒。发育过程影响昆虫抵抗低温的能力。采用粮堆降温通风获得快速的致死效果，粮食温度必须低于-15℃，这个温度昆虫体内水分结冰导致昆虫快速死亡。

在热天和晴朗天气收获的粮堆通常温度较高，或者热气流干燥后的粮食没有足够地冷却，粮堆内温度较高。在不通风储藏中，粮食温度通常调整到外部环境空气的温度。在这个情况，在晚夏或早秋通风期间采用环境空气可以冷却粮食，控制昆虫群体。但是这个季节内不能够利用结冰温度的天气。

在大多数气候条件，利用亚热带地区的环境空气通风对抑制昆虫发育是次优的选择。温带地区定期的阴凉天气经常可利用，满意地冷却粮食而控制昆虫，这依赖于国家或地区。

表 7-16 可用于温带气候下。在大多数气候条件下缺乏可利用的低温，尤其是带有冷季的亚热带气候，为了最大化通风的好处，建议是利用湿球温度设定通风系统操作。

10. 储藏物螨类

螨类属于蛛形纲蜱螨目。在储藏物发现的螨类全都非常小，繁殖快速。它们需要发育和生殖的水分条件。大多数螨类可能适合它们的环境是潮湿粮食和淀粉制品，或饲养真菌的正在腐败的植物干果。其他螨类是一些螨类捕食者或昆虫的寄生物。与昆虫比较，螨类的身体不能够明显地分成几部分。头、胸部、腹部区域总起来称为无脊椎躯体，前区域或前半体承载嘴部分和三对腿，后区域或后半体承载第四对腿。

就螨类感染与储粮温度及水分的关系如图 7-13 所示，A 线以内是螨类感染，B 线以右是在 35 周储藏后小麦发芽率降低到 95%，C 线以右是生霉发热，D 线以上是虫害致热。安全水分与安全储粮温度是相互搭配的，储粮温度越低，可安全储藏的粮食水分就越高。一个粮堆蒸发 6% 的水分所需的能量被同样多的粮食从 25℃ 降低到 5℃ 所需要的能量至少大 6 倍，即制冷储藏粮食比干燥储藏较为经济。

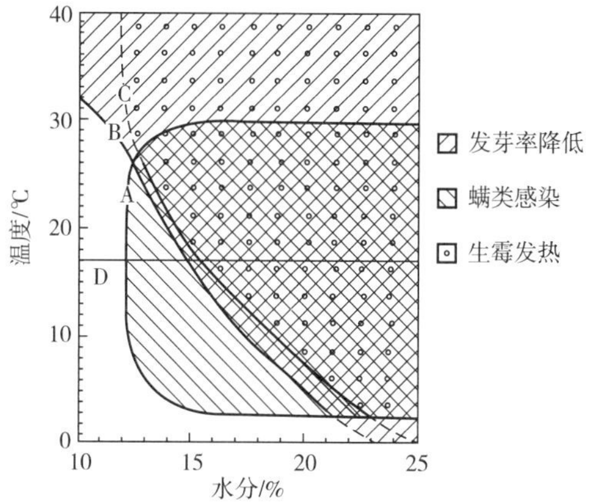

图 7-13　储粮温度和水分与虫害致热

三、储藏物微生物群

微生物群的发育引起储藏物的破坏，尤其是储藏粮食，特别是在潮湿的热带。目前，粮食收获后快速干燥而储藏在干燥条件，否则它快速霉变，不适合人和动物食用。

微生物群包括储藏真菌、放线菌、细菌；是粮堆生态系统存在的成分。尽管储粮广泛存在微生物群，但是在低于粮食安全含水率，它们就不发生破坏粮食。在干和完整粮粒，粮食上的微生物群孢子处于休眠状态，没有活性，直到条件有利于它们生长时。经常采用的术语是：粮食的安全含水率。按照拇指定律，通常低于临界含水率约 1%，在安全含水率粮食可实现安全储藏，没有微生物自发发育的危险。

当谈论微生物活性和粮食品质保存时，更有意义的是考虑粮粒之间生境的含水率，或者对应一定粮食含水率的平衡相对湿度（*ERH*）。在同样 *ERH* 下，不同种类粮食具有不同的含水率。微生物群活性和粮食劣变的敏感性都相关于 *ERH*，或者水分活度（A_w）。当 *ERH* 低于 65%，微生物有机体不能繁殖，通常认可的防止储粮霉变的最大 *ERH* 是 70%。当粮食的含水率或粮粒之间空气的 *RH* 升高到一定阈值，有利微生物生长的条件就发生。这个阈值通常认为是约 *RH* 75%（称为临界相对湿度），对应的粮食 *EMC*（对小麦约 14%）经常称为临界含水率。超过这个阈值，微生物开始活化，开始生长，伴随呼吸活性，释放代谢热和水。在湿度或含水率高于这个水平，粮食劣变以指数速率增加。

食品基质中水的可利用性，是决定能够生长的细菌或真菌的类型及其生长的速率的一个关键因子。依据水分活度测定，它是食品含水率的函数。水分活度对细菌、酵母、霉菌生长的影响见图 7-14。细菌在水分活度接近 1，生长最好，在水分活度低于 0.95 不生长。酵母占据中间范围，在水分活度低于 0.85 就生长。真菌更加抗干燥条件的影响。绝大多数真菌在水分活度低于 0.70 被抑制，仅几个种类在水分活度低于 0.65 生长。

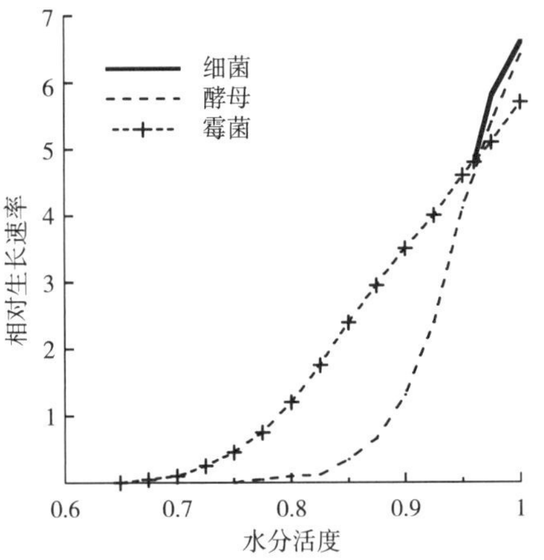

图 7-14 食品介质中 *ERH* 对霉菌、酵母、细菌生长的影响

注：引自 Jobber and Jamieson 1970。

1. 储藏微生物群生态学

储粮生态系统被系统中生物和非生物因子之间的相互关系所控制。真菌是广泛存在的非光合、真核组织，主要生活在死的有机材料。一些真菌种类是有用的食品和工业产品资源，其他的真菌负责破坏它们接触的任何有机材料。寄生真菌以植物和动物为食。菌丝生长是许多真菌的特征。真菌有无性孢子、有性孢子或者二者兼有。在有机材料可作为营养的地方，就存在真菌。真菌繁殖的细胞或孢子通常在地球各地，以大量存在于空气。真菌生殖孢子通常是一个单一细胞，直径 3~30μm。当一个生殖孢子着生在合适的底物，它就发芽，长出一个突出叫芽管。这个芽管发育成为长、线形的丝状物，叫菌丝。当菌丝发育时，它分支为菌丝的纠缠，这叫菌丝体，在霉变的面包上看到的白色团块就是菌丝体。

菌丝体非常适合吸附食品。长线形状的菌丝非常窄，它们大的表面积与体积比率允许表面暴露到食物源外部充分吸附，为包围的细胞质容积供给营养。另外，菌丝释放化学物质使其他菌丝远离它生长，这反过来引起菌丝体遍布食品而扩展。一部分的菌丝穿透动物或植物细胞壁，而其他菌丝固定真菌到底物中。

酵母基本上是单细胞的真菌，霉菌是菌丝体为主的真菌。真菌能够分泌多种酶降解有机材料，尤其是将复杂的碳水化合物降解为小分子，能容易吸收。真菌孢子通常耐受阳光中的紫外线。大多数真菌种类稍微喜欢潮湿环境，*RH* 高于 70%，最佳温度在 20~35℃。一些真菌种类能够在-6~50℃生长。它们在酸性 pH 5.0 生长很好。真菌在储藏于低温、低含水率的粮食不生长。*RH* 低于 70%，温度 0℃，真菌通常不生长。

真菌分成两个常见的种类：真真菌和类似真菌的有机体。每种根据它的有性孢子形成特征再分类。真真菌是陆生的，具有几丁质细胞壁和不能动的孢子。青霉和曲霉属于半知菌亚组，是真真菌。它们通过无性孢子生出的分生孢子柄发芽进行无性繁殖。对人类是病原菌的大多数真菌是半知菌。最了解的例子是黄曲霉产生的黄曲霉毒素。在霉变的食物如粮食和花生上摄入的黄曲霉毒素相关于一定类型的动物肝癌。

多种真菌在食品、医药等行业很重要，生产酒精饮料、面包及其他食品、一些抗生素及药物。它们也是食品产品的最大搅局者，每年大量的食品被污染事件，都是由于存在真菌如青霉、根霉和曲霉。

为了测定粮仓真菌发生的可能性，测定粮食上存在的真菌孢子。从仓中取样品，单一籽粒播种在生长培养基中。检测真菌的发育，可以利用培养基的组成、接种温度、照明条件、显微镜、真菌种类特征的一些基本知识。

2. 储粮的影响（主要生物因子）

进入储藏环节的微生物群的组成，受成熟及收获期间粮食本身和它的以前历史所决定。农产品储藏植物病理学家将微生物群分类为田间和储藏真菌。田间真菌在收获期间和储藏后不久的粮食中发现。这些真菌发育需要高相对湿度，粮食储藏在含水率约22%，正常储藏几个月后，田间真菌通常从粮食消失。特定情况是玉米穗的传统储藏方法，如果空气循环不足够快速干燥湿玉米，田间真菌可以继续发育，如链格孢属、支孢属、长蠕孢属、镰刀霉。田间真菌引起粮粒失色，储藏之前降低种子品质。镰刀霉能够产生粮食真菌毒素，对人畜有毒。储藏真菌导致储藏物主要破坏和损失。它们大多数能够在相对低的 *RH* 70%~75%发育。它们的生长和随后的破坏随湿度增加而强化。这些真菌引起粮食霉变，形成粮食微生物群的主要部分。

3. 湿度影响（非生物因子）

控制储粮生态系统中微生物群发展的最主要因子是湿度。根据湿度需求，不同的微生物种类分成 3 个组：水生性微生物需要高空气 *RH* 90%~100%，对应非常高的粮食含水率，能够使它们发育。中生性微生物包括的真菌具有中度的水分需求，范围是 *RH* 80%~90%。包括一些危险的微生物种类如曲霉属成员（如黄曲霉、黑曲霉、烟曲霉）和青霉（黄色青霉、皱褶青霉、灰绿青霉）。旱生性微生物能够在相对干的条件 *RH* 70%~80%发育。这些旱生性真菌的存在很危险，微生物群的发育先是这些旱生性真菌种类开始发育，甚至对安全含水率的粮食也如此。如果它们的发育是显著的，它们呼吸产生水，升高环境的湿度，进而引起中生性真菌的发育，后者是破坏的主要种类。灰绿曲霉和亮白曲霉是在 *RH* 70%~75%发育的两种真菌，而刺孢曲霉和局限曲霉在湿度 *RH* 低于 65%能够发育。

4. 温度的影响（非生物因子）

温度也是控制微生物发育的一个重要环境因子。大多数微生物能够在低温生存，大多数储藏真菌种类需要相对高的温度才发育。通过降低粮堆的温度如通风，微生物生长能够被抑制，即使盛行的湿度稍高于临界 *RH*。根据温度需求（表 7-17 和图 7-15），储藏微生物群分成 3 组：耐寒组，这是抗冷的种类。它包括灰绿曲霉组（最低-8℃）、指状青霉（最低-3℃）、皱褶青霉（最低 0℃）。中温组，这组包括主要的储藏霉菌种类如黄曲霉（最低 6~8℃，最佳 36~38℃，最大 44~46℃）、黑曲霉（最低 6~8℃，最佳 35~37℃，最大 46~48℃）。喜温组，它们是真菌、细菌、放线菌，在相当高的温度能够发育和生存。这个组种类包括烟曲霉，能够在 57~58℃生存，通常在自发生热的粮食发现。杜邦青霉在最大 60℃能够发育。谷草热芽孢杆菌对干草自发发热负责，达到 70℃。结论是，微生物群许多种类在零下温度能够生存和甚至发育，降低粮食温度不会消除微生物群体。但是，由于大多数真菌是中温种类，低温可抑制大多数微生物生长。

表 7-17　三种储藏微生物温度需求　单位：℃

微生物组	最小温度	最佳温度	最大温度
耐寒	-8~0	10~20	25~30
中温	5~25	20~40	40~45
喜温	25~40	50~60	70~80

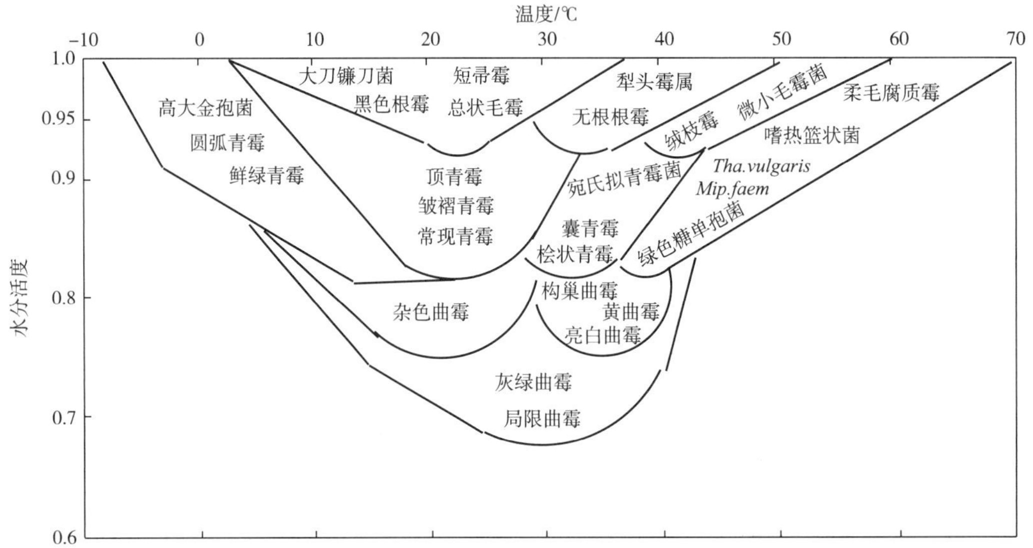

图 7-15　储藏微生物生长的温度和水分活度

注：引自 Lacey et al. 1980。

5. 粮粒之间空气的组成（非生物因子）

空气的组成，尤其是氧气的浓度，影响霉菌的发育。组成粮食微生物群的大多数有机体是需氧的，它们需要氧气呼吸，包括能够产生毒素的真菌。它们在氧气缺乏下或厌氧条件不生长，密封储藏的原理在理论上非常适合阻止真菌发育。如果储藏仓或容器具有非常高的气密性，粮堆内真菌呼吸消耗氧气，以 CO_2 取代氧气，直到没有氧气保持，此时真菌停止发育。但是，这个密封水平难以获得，尤其是非常大的储藏结构，其中密封必须完全。

采用密封储藏控制微生物群体，最适合中等含水率的粮食，这是因为中生植物真菌全部是需氧的。但是在较高的含水率，水生植物真菌和放线菌厌氧生长产生发酵的、酸败粮食。这些粮食不适合供人类食用，而是适合作饲料，应在密封好的筒仓中设计青贮饲料。

6. 微生物群体引起的数量和质量破坏

霉菌破坏粮食最常见的表现是粮粒失色、一起结块，在卸货期间分解成为小团块，储藏腾空期间经常黏结到墙壁和地板。结块的粮食通常具有刺激性发霉气味和令人不愉快的外观。霉变、成块的粮食不能食用。如果小体积粮堆霉变，卸货过程前必须从完整粮粒分离它，使得它不与完粒粮食混合，不污染整个粮堆。

微生物群对粮食量化的破坏，容易转变为粮食质量损失和经济损失，还需要评估微生物群对粮食较不明显的破坏。

（1）感官特性的影响　①色泽：霉变粮食变黑，失去光泽和光彩，具有发霉臭味，甚至加工后依旧存在；②化学变化：微生物群破坏的粮食发生化学变化，增加了游离脂肪酸，由于真菌来源的脂肪酶分解了油脂。测定粮食游离脂肪酸可指示主要由于霉菌生长引起的粮食劣变；③味道、质地和香味：分析小麦烘焙和制粉品质，霉菌生长破坏了小麦和面粉的蛋白质，影响面包的体积和质地。对大米、玉米和高粱等加工的传统食品，采用标准蒸煮办法能够评价味道、质地和香味。

（2）对种子质量的破坏　微生物侵染粮食影响种子活力。霉变影响的粮食通常不能够用于种子。真菌生长的最佳条件（高湿度和温度），对种子活力是有害的，即使真菌缺乏，也加速了种子老化过程。种子最好储藏在阴凉、干燥的条件。

（3）湿粮食发热　这是一个众所周知的现象，粮堆真菌发生的位点引起快速强烈的发热，而粮堆能够达到温度 50~60℃。在发热的位点，高温引起温度梯度的建立，对流作用从发热位点迁移湿空气，水分在粮堆阴凉的部分沉积，这又提供新的霉菌发生的条件，更新了发热位点。有时，尤其是大豆和油料储藏中，这些高温区域由于氧化过程引起化学发热，导致自燃过程，引发仓储火灾。

（4）真菌毒素产生　在特定环境条件下，粮食中一定真菌生长可以产生对人畜有毒的化合物。这些毒性化合物被称为真菌毒素。早先识别的一个毒素是黄曲霉毒素，是黄曲霉菌产生的潜在的人和家畜致癌物。通常认为黄曲霉是储藏真菌，这不总是对的。黄曲霉在田间就能够侵染被损害的粮食，如正在发育的玉米穗，在收获之前被导致黄曲霉毒素形成，并将毒素带入储藏环节。真菌毒素产生的一些常见真菌种类总结为：①黄曲霉属。几个种类产生黄曲霉毒素，该毒素是潜在的致癌物。可食用的坚果（尤其是花生）、油料种子（尤其棉籽和椰子籽）、粮食（尤其是玉米和高粱），以及允许生长霉菌的蒸煮食品等宽范围的粮油产品，均能够产生黄曲霉毒素。在牛奶和肉中检测到黄曲霉毒素的代谢产物。这个属的成员产生的其他毒素，没有发现较黄曲霉毒素广泛。②青霉属。这个属也非常普遍，能够产生多种毒性代谢物。在蒸煮过程和食品加工过程中，一些代谢物不能够被破坏，例如展青霉素（苹果汁中）、青霉素酸及赭曲霉毒素。③镰刀菌属。也是一个分布广的属，包括的种类能够在极端条件下生长。在俄罗斯冬季积雪覆盖的粮食中能够生长一些镰刀菌种类，它们产生的毒素能够导致人体致命的食物中毒性白细胞缺乏症。

综上所述，粮堆生态系统中的重要生物因子是粮食、昆虫、螨类及储藏微生物。采用粮堆湿球温度作为通风操作和控制昆虫生长的基础；在干球温度17℃以下，储粮昆虫的产卵及生育力更低，它们群体数量则不增加，危害可忽略不计。大多种储粮昆虫不冬眠，印度谷螟和谷斑皮囊能够冬眠。小麦的临界含水率14%，对应的*ERH* 75%。按照拇指定律，粮食的安全含水率通常在低于临界含水率约1%时，没有储藏真菌生长。高于临界含水率时，微生物呼吸释放代谢热和水，粮食劣变以指数速率增加。

第四节 南方地区储存水分15%的粳稻和中晚籼稻可行性分析

评价稻谷加工成大米的效率指标是整精米率（*HRY*）和精米白度，而不是大米销售价格。整精米率和白度指标与稻谷的籽粒形状大小和干净度有关。稻谷研磨试验是基于精米的胚黏附率、碎米百分率、精米白度，在竖向研磨车间的操作条件是，轴速度900r/min，50号网格大小的砂石，零出口阻力和2.3t/h加工速率，得出稻谷最佳含水率是15%。为了减少稻谷储藏及加工中的损失，提高加工过程整精米率和白度，我们测定了我国南方地区10个稻谷品种的解吸等温线，为科学合理地制定各省市稻谷安全储藏水分值提供数据支撑。

我国粮食质量标准中含水率是重要的指标，既是粮食收购计价、扣量和贸易价格核算的依据，也是在我国各地均能安全储藏的水分。由于不同地区的生态条件、设施条件及管理水平不同，国家建议各地自行制定安全储藏水分标准。由于缺乏系统研究，标准制定主要靠经验，一般都直接采用粮食质量标准水分作为安全水分，造成粮食行业储粮安全水分一直沿用质量标准水分，全国一条线，籼稻的安全水分均为13.5%，粳稻的安全水分均为14.5%，分别低于大米的质量标准水分1%，实际稻谷出仓水分还低于质量标准水分1%~2%。值得探索稻谷临界安全储存水分的数值。在给定温度和*RH*条件下，稻谷通过解吸（干燥）方式达到的平衡水分值，总是高于在同样温度和相对湿度条件下通过吸附（加湿）达到的平衡水分值。粮食水分吸附等温线表示在长期储藏中可能发生加湿过程的条件。本节采用亚硝酸钠、氯化锶、氯化钠饱和盐溶液产生平衡相对湿度分别约为65%，70%，75%，在10~35℃五种温度下测定南方地区中晚籼稻、粳稻、糯稻及粮库样品的静态平衡水分数据，从而分析不同温度下粮库样品可能的最大安全水分值。

一、材料与方法

1. 南方地区10个稻谷品种解吸等温线测定

本研究采用静态称重法测定南方地区10个稻谷样品（表7-18）平衡水分，即利用饱和盐溶液在5种温度（10℃，20℃，25℃，30℃，35℃）下产生恒定的蒸气压，平行测定3次。稻谷含水率测定采用105℃恒重法（GB 5009.3—2016《食品安全国家标准 食品中水分的测定》），稻谷含水率以湿基表示。收集解吸数据合计450个。采用修正Chung-Pfost方程（MCPE）拟合平衡水分等温线。

$$M = \frac{1}{-C}\ln\left[\frac{(T+B)\cdot \ln ERH}{-A}\right] \tag{7-2}$$

式中　ERH——平衡相对湿度，小数表示；

M——含水率，%（湿基）；

T——温度，℃；

A、B、C——方程系数。

试验测定的EMC数据采用SPSS 11.5软件的非线性回归方法进行拟合，方程拟合情况的指标包括决定系数、残差平方和、标准差及平均相对百分率误差。

表7-18　采用的南方地区10个稻谷品种

稻谷品种	产地	收获时间	含水率/%	长度/mm	宽度/mm	长度/宽度	粒型
皖A	安徽	2017年11月	12.29	8.9±0.7	2.5±0.3	3.56	长粒
皖B	安徽	2017年11月	12.87	6.9±0.5	3.1±0.5	2.23	中粒
常熟	江苏	2016年11月	12.71	7.3±0.7	3.1±0.4	2.35	中粒
浙D	浙江	2017年11月	12.87	7.0±0.4	3.1±0.5	2.26	中粒
浙E	浙江	2017年11月	12.91	6.9±0.4	3.1±0.4	2.23	中粒
湘A	湖南	2017年11月	14.21	8.9±0.7	2.6±0.3	3.42	长粒
湘B	湖南	2017年11月	12.34	8.7±0.6	2.4±0.4	3.63	长粒
准两优	湖南	2016年11月	12.31	9.0±0.5	2.5±0.7	3.60	长粒
刚优	四川	2017年11月	12.91	8.5±0.8	2.9±0.3	2.93	长粒
黄花贴	四川	2017年11月	12.51	8.8±0.6	2.2±0.3	4.00	长粒

2. 实测吸附/解吸安全水分

亚硝酸钠、氯化锶、氯化钠饱和盐溶液在不同温度下的平衡相对湿度见表 7-19。采用平衡相对湿度分别为 65%，70%，75%的亚硝酸钠、氯化锶、氯化钠饱和盐溶液，五种温度 15℃，20℃，25℃，30℃，35℃，共计 15 个组合，平行 3 次，每品种稻谷样品获得 45 个数据。同时做 3 个品种，即获得 135 个数据。32 份稻谷样品见表 7-20。

表 7-19　　三种饱和盐溶液在不同温度下的平衡相对湿度

饱和盐溶液	平衡相对湿度/%				
	10℃	20℃	25℃	30℃	35℃
亚硝酸钠	66.5	65.0	64.3	64.0	63.5
氯化锶	71.8	71.2	70.7	70.2	69.9
氯化钠	75.6	75.5	75.3	75.1	74.9

表 7-20　　测试南方地区稻谷样品实测安全水分

编号	品种	类型	产地	初始水分/%（湿基）	平衡时间/d	编号	品种	类型	产地	初始水分/%（湿基）	平衡时间/d
1	皖 C	晚籼	安徽	12.29	19	17	晶两优	晚籼	湖南	14.60	29
2	皖 B	晚籼	安徽	12.87	19	18	黄花贴	晚籼	湖南	14.80	29
3	徐州 A	粳稻	江苏	12.71	18	19	岳优 119	晚籼	湖南	16.70	29
4	武运粳稻	粳稻	江苏	10.30	17	20	秋田	晚籼	湖南	11.06	18
5	浙 D	粳稻	浙江	12.90	17	21	湖南糯稻	糯稻	湖南	10.28	16
6	浙 E	粳稻	浙江	12.90	17	22	江西糯稻	糯稻	江西	15.00	16
7	川黄花占	晚籼	四川	12.51	18	23	六安库 1#	混合	安徽	13.25	12
8	川刚优	晚籼	四川	12.91	18	24	六安库 26#	混合	安徽	11.83	12
9	泸州杂交	晚籼	四川	12.53	17	25	金堂库 5#	混合	四川	13.45	14
10	垫江 2013	晚籼	重庆	11.91	20	26	金堂库 3#	混合	四川	13.69	14
11	刚优	晚籼	重庆	9.94	18	27	金堂库	混合	四川	12.65	16
12	一根苗	糯稻	重庆	9.28	18	28	都江堰 8#	混合	四川	12.85	14
13	丰两优	晚籼	湖南	14.17	20	29	荆门库	混合	湖北	12.69	16
14	湘 A	晚籼	湖南	14.21	20	30	荆门库 34#	混合	湖北	13.51	12
15	湘 B	晚籼	湖南	12.34	20	31	益阳库	混合	湖南	13.83	16
16	中加早	晚籼	湖南	10.41	20	32	湘潭库	混合	湖南	13.83	16

二、 结果分析

1. 南方地区 10 个稻谷品种解吸 MCPE 方程系数及安全水分

MCPE 对南方地区 10 个品种稻谷解吸等温线的拟合度指标 $R^2>0.975$，$MRE<5.02\%$，表明 MCPE 是稻谷解吸等温线适合的拟合方程。解吸等温线的平均值拟合的 MCPE 方程系数 A、B、C 各是 725.445、34.61 和 0.249（表 7-21）。

表 7-21 $M=f(ERH, T)$ 形式解吸 MCPE 方程的系数

稻谷品种	MCPE 方程系数			拟合度	
	A	B	C	R^2	MRE/%
皖 A	622.658	28.869	0.261	0.9821	4.03
皖 B	634.207	24.315	0.249	0.9819	3.65
常熟	652.596	27.776	0.246	0.9793	4.12
浙 D	1081.409	82.221	0.239	0.9758	5.01
浙 E	545.367	37.171	0.237	0.9894	3.11
湘 A	615.258	34.938	0.244	0.9825	4.34
湘 B	903.059	36.712	0.259	0.9855	3.17
准两优	888.151	41.997	0.259	0.9754	4.24
刚优	743.915	24.455	0.253	0.9839	3.27
黄花贴	939.706	37.089	0.251	0.9781	3.91
解吸平均	725.445	34.610	0.249	0.9879	3.11

注：解吸平均是 10 个稻谷品种解吸数据的平均。

采用 MCPE 方程预测的稻谷解吸等温线见图 7-16。在同一温度下，随着平衡相对湿度增加，解吸平衡水分则增加。在同一平衡相对湿度下，随着温度增加，解吸平衡水分则减少。

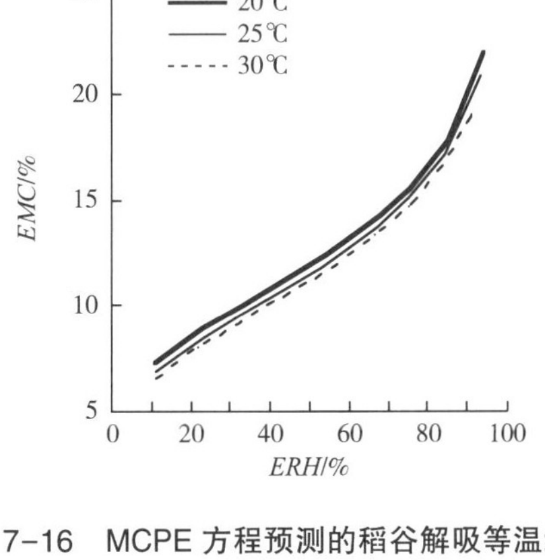

图 7-16 MCPE 方程预测的稻谷解吸等温线

在谷物水分解吸等温线上，*ERH* 65%对应的平衡水分是储藏真菌不显著生长的含水率；*ERH* 70%对应的平衡水分是储藏真菌显著生长的含水率。我们多年试验发现，在 *ERH* 75%对应的谷物平衡水分条件下，谷物籽粒上霉菌孢子肉眼看不见，但是稻谷籽粒可以生米蛾。如表 7-22 所示，10 种稻谷在 *ERH* 65%，15℃，20℃，25℃对应的解吸平衡水分范围分别是 13.39%～14.94%，12.98%～14.51%，12.60%～14.18%；在 *ERH* 70%，这些值范围分别是 14.11%～15.68%，13.70%～15.27%，13.33%～14.93%；在 *ERH* 75%，这些值范围分别是 14.94%～16.53%，14.52%～16.12%，14.15%～15.79%。

10 个稻谷品种解吸等温线平均值拟合的 MCPE 方程，在 *ERH* 65%，15℃，20℃，25℃对应的解吸平衡水分分别是 14.16%，13.77%，13.42%；在 *ERH* 70%，15℃，20℃，25℃对应的解吸平衡水分分别是 14.91%，14.53%，14.18%；在 *ERH* 75%，15℃，20℃，25℃对应的解吸平衡水分分别是 15.78%，15.39%，15.04%。

表 7-23 比较了本研究测定的 6 个长粒稻谷、4 个中粒稻谷与 ASAE 标准 D245.5 公布的 1 个长粒稻谷和 1 个中粒稻谷的解吸安全水分值。在 *ERH* 65%～75%、温度 15～25℃时，长粒稻谷解吸安全水分值相差范围是 0.59%～0.80%，而中粒稻谷解吸安全水分值相差范围是-0.15%～0.15%；平均值的相差范围是 0.23%～0.34%。说明本研究测定分析的稻谷解吸安全水分值与国外数据是相似的。不同稻谷类型（长粒、中粒与短粒）在相同条件下的解吸安全水分值是相似的。

表 7-22　采用 MCPE 方程分析南方地区稻谷品种的解吸安全水分

地区	类型	品种	*ERH* 65%			*ERH* 70%			*ERH* 75%		
			15℃	20℃	25℃	15℃	20℃	25℃	15℃	20℃	25℃
安徽	晚籼	徽 A	13.39	12.98	12.60	14.11	13.70	13.33	14.94	14.52	14.15
安徽	粳稻	徽 B	14.55	14.07	13.64	15.31	14.83	14.40	16.17	15.69	15.26
江苏	晚籼	常熟	14.50	14.05	13.65	15.27	14.82	14.41	16.14	15.69	15.29
浙江	粳稻	浙 D	13.60	13.39	13.19	14.39	14.18	13.98	15.29	15.08	14.88
浙江	粳稻	浙 E	13.46	13.07	12.72	14.25	13.87	13.51	15.16	14.77	14.42
湖南	晚籼	湘 A	13.74	13.35	13.00	14.52	14.13	13.77	15.40	15.01	14.65
湖南	晚籼	湘 B	14.29	13.94	13.61	15.02	14.67	14.34	15.85	15.50	15.17
湖南	晚籼	准两优	13.85	13.53	13.23	14.58	14.26	13.96	15.41	15.09	14.79
四川	晚籼	刚优	14.94	14.46	14.04	15.68	15.21	14.79	16.53	16.06	15.64
四川	晚籼	黄花贴	14.88	14.51	14.18	15.63	15.27	14.93	16.49	16.12	15.79
	解吸平均		14.16	13.77	13.42	14.91	14.53	14.18	15.78	15.39	15.04

注：解吸平均，指同温度下 10 个品种解吸等温线平均值。

表 7-23　　中国稻谷品种及国外稻谷品种的解吸安全水分值比较

地区	类型	品种数或名称	稻谷含水率/%								
			ERH 65%			*ERH* 70%			*ERH* 75%		
			15℃	20℃	25℃	15℃	20℃	25℃	15℃	20℃	25℃
中国	长粒	6	14.13	13.80	13.44	14.92	14.54	14.19	15.77	15.38	15.03
中国	中粒	4	14.03	13.65	13.30	14.81	14.43	14.08	15.69	15.31	14.96
中国		平均	14.12	13.74	13.39	14.88	14.49	14.14	15.74	15.35	15.00
澳大利亚	长粒	Inga	13.39	13.11	12.85	14.13	13.85	13.59	14.97	14.70	14.44
美国加州	中粒	CSMS	14.15	13.62	13.15	14.94	14.41	13.94	15.84	15.31	14.84
日本	短粒	日本晴	14.00	13.55	13.15	14.80	14.35	13.95	15.71	15.26	14.86
国外		平均	13.85	13.43	13.05	14.62	14.21	13.83	15.51	15.09	14.71

2. 南方地区 32 份稻谷样品实测安全水分

从表 7-24 看出，所取的中晚籼稻品种丰两优、湘 A、晶两优、黄花贴的初始水分是 14.17%~14.80%，岳优 119 初始水分是 16.70%，江西糯稻初始水分是 15.00%，其他 16 个南方稻谷品种的初始水分是 9.28%~12.91%。粮库 10 个样品的初始水分是 11.83%~13.83%。所有这 32 个样品在三种相对湿度 *ERH* 65%、*ERH* 70%、*ERH* 75%的环境分别达到含水率平衡后，在 15~35℃时，变化规律是随着温度增加，同一相对湿度下稻谷样品的平衡水分减少，而随着相对湿度增加，同一温度下稻谷样品的平衡水分增加（表 7-24）。

在同样的温度和相对湿度条件下，南方中晚籼稻、粳稻与粮库的样品平衡水分是相似的。在 15~35℃，在 *ERH* 65%条件下，同一温度下糯稻的平衡水分低于粳稻的平衡水分，但是与中晚籼稻的平衡水分相似。在 15~35℃，*ERH* 70%~75%条件下，糯稻的平衡水分与粳稻的平衡水分之间的差异随着温度降低逐渐变得相似。

表 7-24　　南方稻谷样品安全水分

平衡相对湿度	样品种类	样品数	安全水分/%（湿基）				
			15℃	20℃	25℃	30℃	35℃
65%	中晚籼	15	13.68 ± 1.06^{ab}	12.99 ± 0.71^{ab}	12.51 ± 0.59^{ab}	12.38 ± 0.68^{ab}	11.59 ± 0.79^{ab}
	粳稻	4	13.88 ± 0.83^{a}	13.48 ± 0.82^{a}	13.14 ± 1.01^{ab}	12.83 ± 0.92^{a}	12.28 ± 0.95^{a}
	糯稻	3	12.22 ± 0.78^{b}	11.92 ± 0.53^{b}	11.74 ± 0.46^{b}	11.48 ± 0.28^{b}	11.05 ± 0.12^{b}
	粮库	10	13.36 ± 0.48^{ab}	13.31 ± 0.49^{a}	13.02 ± 0.44^{a}	12.64 ± 0.42^{a}	12.09 ± 0.43^{a}
70%	中晚籼	15	14.73 ± 0.94^{a}	13.89 ± 0.69^{a}	13.40 ± 0.64^{ab}	13.22 ± 0.64^{ab}	12.39 ± 0.69^{ab}
	粳稻	4	15.03 ± 0.93^{a}	14.35 ± 0.80^{a}	13.96 ± 1.02^{ab}	13.58 ± 0.94^{a}	12.98 ± 1.04^{ab}
	糯稻	3	13.69 ± 0.50^{a}	13.07 ± 0.56^{a}	12.63 ± 0.35^{b}	12.35 ± 0.27^{b}	11.78 ± 0.23^{b}
	粮库	10	14.19 ± 0.48^{a}	13.95 ± 0.45^{a}	13.65 ± 0.40^{a}	13.27 ± 0.41^{a}	12.66 ± 0.41^{a}

续表

平衡相对湿度	样品种类	样品数	安全水分/%（湿基）				
			15℃	20℃	25℃	30℃	35℃
75%	中晚籼	15	14.89±0.98[a]	14.38±0.67[a]	14.03±0.61[ab]	13.81±0.62[a]	13.41±0.79[ab]
	粳稻	4	15.24±0.96[a]	14.86±0.92[a]	14.57±0.99[ab]	14.23±0.78[a]	14.03±0.92[ab]
	糯稻	3	13.90±0.62[a]	13.62±0.47[a]	13.44±0.27[b]	13.27±0.21[a]	12.99±0.14[b]
	粮库	10	14.43±0.52[a]	14.33±0.44[a]	14.18±0.44[a]	13.85±0.38[a]	13.63±0.25[a]

注：同一列不同小写字母表示四个样品类型达到显著水平。

在 *ERH* 75%和 20℃，粮库、中晚籼稻、粳稻样品的最大平衡水分分别是 14.77%，15.05%，15.78%。在 *ERH* 70% 和 25℃，它们的对应值分别是 14.05%，14.045%，14.98%。在 *ERH* 65%和 30℃，它们的对应值分别是 13.06%，13.06%，13.75%。说明在准低温下储藏南方生产的中晚籼稻和粳稻，安全水分能够保持在 15.05%~15.78%。

三、 讨论和结论

稻谷品种及类型影响其平衡水分等温线，在平衡水分测定方法中，尽可能将品种及类型对 *EMC* 的影响最小化。ASAE 标准 D245.5—2002 给出了稻谷长粒品种 Inga、中粒品种 CSMS、短粒品种日本晴的解吸等温线数据，在 25℃和 *ERH* 70%条件下，我们采用 MCPE 分析的 *EMC* 分别为 13.59%、13.94%、13.95%。说明稻谷粒型不影响其平衡水分数值。本研究测定的 6 个长粒稻谷品种和 4 个中粒稻谷品种在 25℃、*ERH* 70%条件下 *EMC* 分别是 14.19%和 14.08%。

国际标准《谷物与油料储存 Ⅰ—谷物保存的常用推荐计算》（ISO 标准 6322-1：1996）指出，粮食安全含水率范围随作物种类变化，依赖于储藏环境温度（包括人工减少温度的方法）和储藏时间。通用规则是，安全含水率是指不超过与 *ERH* 65%平衡的含水率。在该标准的附图 A.5-稻谷中，由法国巴黎谷物和面粉研究所提供的籽粒含水率与相对湿度关系图中，在 25℃时，*RH* 65%对应的平衡水分是 13%，*RH* 70% 对应的平衡水分是 13.5%。这里 *ERH* 65%对应的稻谷水分 13%是绝对安全含水率，而 *RH* 70%对应的是相对安全含水率 13.5%明显偏低，许多学者如 Brooker 等（1992）报道其值是 14%。我国籼稻收购水分 13.5%，粳稻收购水分 14.5%。本研究测定的我国南方地区 10 种稻谷在 25℃、*ERH* 70%下的绝对安全水分范围是 13.33%~14.93%。

在本研究中 25℃、*ERH* 75%条件对应的 10 个稻谷的平衡水分范围是 14.15%~15.79%。如果稻谷含水率高于这个水分值，则在高温下品质容易劣变，采用低温储藏可以减缓品质劣变。从稻谷水分解吸等热随含水率变化的曲线图中，在含水率低于 15%（湿基），稻谷解吸等热随含水率增加呈现急剧减少，在含水率高于 15%则减少较缓慢。约在 17%时稻谷水分解吸等热接近纯水的汽化潜热。在理论上，从节约能源角度考虑，稻谷的干燥终点可以定为含水率17%，通过缓苏工艺再降低1%～1.5%水分。

稻谷安全水分研究采用的32个样品中，22个是南方地区生产的粳稻、中晚籼稻和糯稻，其他10个样品是不同库点粮仓中混合的样品。在三种*ERH* 65%，70%，75%的环境分别达到含水率平衡后，在15～35℃范围内，变化规律是随着温度增加，同一相对湿度下稻谷样品的平衡水分减少，而随着相对湿度增加，同一温度下稻谷样品的平衡水分增加。在同样的温度和相对湿度条件下，南方中晚籼稻、粳稻与粮库的样品平衡水分是相似的。在15～35℃范围内，在*ERH* 65%条件下，同一温度下糯稻的平衡水分低于粳稻的平衡水分，但是与中晚籼稻的平衡水分相似。在15～35℃范围内，在*ERH* 70%～75%条件下，糯稻的平衡水分与粳稻的平衡水分之间的差异随着温度降低逐渐变得相似。在*ERH* 75%和20℃，粮库样品、中晚籼稻、粳稻样品的最大平衡水分分别是14.77%，15.05%，15.78%。在*ERH* 70%和25℃，它们的对应值分别是14.05%，14.045%，14.98%。在*ERH* 65%和30℃，它们的对应值分别是13.06%，13.06%，13.75%。说明在准低温下储藏南方生产的中晚籼稻和粳稻，安全水分能够保持在15.05%～15.78%。

总之，在相同条件下，稻谷粒型不影响其解吸平衡水分值。我国南方地区10个稻谷品种在*ERH* 70%下，15℃，20℃，25℃对应的解吸平衡水分值分别是14.91%，14.53%，14.18%；在*ERH* 75%下，15℃，20℃，25℃对应的解吸平衡水分值分别是15.78%，15.39%，15.04%。在准低温下储藏南方生产的中晚籼稻和粳稻，安全水分能够保持在15.05%～15.78%。

第五节
采用平衡水分方程检测粮食水分

一、采用平衡水分方程检测粮堆水分误差来源

粮食水分和温度是储藏期间粮食品质保持的最关键因子。粮食昆虫和储藏霉菌引发的粮食品质劣变，取决于粮堆温度和粮粒间隙空气*ERH*。储藏昆虫主要对温度有生理反应，而储藏霉菌对相对湿度和温度具有生理反应。粮食水分是粮粒间隙空气水分的基本来源。粮食流通中规定水分是粮食贸易的重要因素。高水分粮食在收购时要打折，而过度干燥粮食没有附加值，粮食保持在最佳含水率才是理想的。完美无缺的粮食水分调控总是达不到。采用通风降低粮温到适合储藏的条件是一个有效的方法。由于大多数通风方法依靠季节大气条件来冷却粮堆，这导致粮堆温度控制不总是能够做到。采用多个传感器就仓测定粮堆水分，从储藏和市场管理看是有前景的。采用粮堆相对湿度传感器、温度传感器及平衡水分方程，有望达到这个目标。

ASABE标准D245.5—2002给出了文献发表的粮食*EMC/ERH*数据和方程。Henderson（1952）最早提出*EMC*基本概念，对几个生物材料提出了一个方程描述*EMC*

是 *RH* 和温度的函数。Chung 和 Pfost（1967）描述谷物吸湿的原因是范德华力引起的分子间相互作用。他们发展的 *EMC* 方程是根据吸附剂的自由能随着被吸附层的厚度增加而指数减少。Young 和 Nelson（1967）假定物料吸附水的 3 个机制是单分子层、多分子层及细胞内的水分。当在物料表面形成一个水分子层时，扩散力引起水分传递进入细胞。由于粮食类型、品种、农艺条件引起 *EMC* 行为的差异，还有吸附与解吸之间的差异，这些差异均阻碍在实践中应用各种 *EMC* 方程。另外，当测定粮堆 *RH* 时，湿度传感器的准确性、响应时间及可靠性均是大问题。

采用平衡水分方程预测粮堆水分，Pixton 和 Henderson（1981）发现 5 个加拿大小麦品种之间平衡水分方程存在小的差异，差异仅在低水分时显著，他们认为误差来自实践问题，如所用水分计测定水分、取样误差、粮堆不同部位水分的差异，这些误差来源较平衡水分方程引起的误差大。Chen（2000）采用梯级 *ERH* 测定技术测定了不同温度下干燥的 6 种农产品的解吸和吸附特性。他测定的 *ERH/EMC* 数据与其他学者测定的稻谷、糙米、玉米棒子、红豆的数据非常一致；观察到水分吸附和解吸之间滞后现象，*EMC* 被品种、种植地点、干燥历史所影响。Chen（2001）试验了用 *EMC* 方程如 MHE、MCPE、MOE，以及温度和 *RH* 传感器预测中粒稻谷、齿形玉米的水分，并采用饱和盐溶液校正相对湿度传感器提高了 *RH* 的准确度。与烘箱干燥法比较时，在 $RH < 85\%$，平衡水分方程预测稻谷和玉米水分的平均偏差在±1.0%之内，说明采用 *RH* 传感器技术测定粮堆水分是可行的。

如果采用现有的 *RH* 和温度传感器检测粮堆，可以确定空气条件是否满足通风。Yearsley 等（1986）依据温度和 *RH* 测定，对通风控制系统设计了一个反馈控制系统。他们提到影响湿度传感器的因素有粉尘污染、信号完整性问题，相比于当前没有反馈的商业系统，克服了这些限制就能够提供更好的系统控制和经济效益。Qui 等（1987）对通风控制使用的粮堆湿度传感器也显示了这类通风控制系统优于常规的储藏通风。Plummer 等（1989）指出，在粮堆通风过程的检测中，遇到的传感器问题是传感器模块失败和漂移。Eigenberg 等（2001）在 20℃的 NaCl 和 LiCl 饱和盐溶液检测了 6 个 *RH* 传感器的准确性，湿度读数的标准偏差是 *RH*±0.93%。这个研究采用的湿度传感器适合通常的大气检测，它们体积大而昂贵，不适合布有电缆的粮仓监测。

瑞士 Sensirion AG 公司生产的组合型温湿度传感器 SHT75，其特点是：①准确性优于大多数商品 *RH* 传感器；②结合了温度传感器；③数字界面用于检索数据，消除了与其他 *RH* 传感器相关的噪音问题；④体积小，适合于电缆监测系统；⑤厂家校正了每个传感器，并将系数存储在传感器中；⑥成本约 15 美元，可互换可置换。每个传感器包括 *RH* 的电容式聚合物感知元件和带隙 PTAT（与绝对温度成比例）温度传感器。*RH* 和温度输出在内部偶联到单一芯片上 14bit 的模拟数字转换器和串行接口电路。传感器额定的准确度对绝大多数环境条件为 *RH*±2.0%、温度±0.4℃。由于该传感器对粮食粉尘和游离水敏感，单一传感器附入到多孔的塑料管中，每端密封在热缩套管和塑料电工胶带。管外部直径 12.7mm，内部直径 6.35mm，孔大小 20μm。

二、 *RH* 传感器准确性及响应时间

SHT75 传感器校正方法遵守 ISO/IEC 17025 标准。假定多个传感器的读数在平均值附近遵守高斯分布，这个均值被认为是一个真实值。采用这种相对简单的方法比较了厂家额定的准确度与本次研究测定的准确度，并分析 *RH* 传感器的长期稳定性。在调控温度的环境室中将 15 个 *RH* 传感器置于密封的塑料桶中完成准确度检验。以不同水分的粮食作为干燥剂产生不同的湿度范围，单一传感器读数监测设定速率为每分钟读数 4 次，采用 PC 上自定义的程控数字数据采集板。环境室设定在期望的温度，进行传感器检测。当环境室温度在设定温度的±0. 5℃内变化，关掉环境室调控器以消除它的周期性，在环境室稳定期间建立后记录测定数据。

采用这个方法的一个问题是，要确定一个标准来定义稳定的环境室。这个标准要求单一传感器的标准偏差 *RH*±0. 1%和±0. 05℃，所有传感器的标准偏差 *RH*±0. 66%。以每个传感器 2. 5min 内 10 次读数计算标准偏差。原计划采用一个附加的评价标准是组合温湿度传感器中温度标准偏差是±0. 13℃，但是在初步试验中不能够达到就放弃了。标准偏差 *RH*±0. 66%和±0. 13℃，是厂家额定的准确度，是本次传感器校正得到的传感器标准偏差值的 3 倍。规定稳定约 1h 后需要达到这些条件（单一传感器的标准偏差 *RH* 0. 1%，所有传感器的标准偏差 *RH* 0. 66%），在 *RH* 17. 6%~95. 7%范围设定 6 个相对湿度水平，在温度-21. 8℃~37. 8℃范围设定 7 个湿度水平，测定传感器的准确性。

采用中湿度和高湿度饱和盐溶液测定具有多孔塑料外壳的传感器的响应时间。采用 $MgCl_2$ 溶液（*RH* 50%）、NaCl 溶液（*RH* 75%）。3 个传感器置于 *RH* 50%溶液上方中，直到读数稳定，接着立即转移到 *RH* 75% 溶液上方中。采用 Bentley（1996）提出的一阶单元步阶函数计算响应时间，

$$RH(t) = RH_i + (RH_f - RH_i)(1 - e^{-t/\tau}) \quad (7\text{-}3)$$

式中　τ——时间常数，s；

RH_i——初始 *RH*,%；

RH_f——最终 *RH*,%；

t——时间，s。

三、 误差传播的通用公式

EMC 预测的误差是由于 *RH* 和温度测定误差引起的，采用误差分析方法分析，相关变量 q 的误差定义为，

$$\Delta q = \sqrt{\left[\left(\frac{\partial q}{\partial x_1}\Delta x_1\right)^2 + \cdots + \left(\frac{\partial q}{\partial x_n}\Delta x_n\right)^2\right]} \quad (7\text{-}4)$$

q 是 f（x_1，x_2，…，x_n），测定 x_1、x_2、…、x_n 的不确定性为 Δx_1，Δx_2，…，Δx_3。

修正 Henderson、修正 Chung-Pfost、修正 Oswin 方程采用上述方法以确定传感器误差对粮食含水率（M）预测的影响。采用修正 Henderson 方程进行含水率预测，

$$M = \left[\frac{-\ln(1-RH)}{A(T+C)}\right]^{1/B} \tag{7-5}$$

式中 M——含水率（干基）；

RH——粮粒之间空隙空气的 RH，小数表示；

T——粮食温度,℃；

A、B、C——系数。

就温度和湿度的偏导数为

$$\frac{\partial M}{\partial(T)} = \frac{1}{B}\left[\frac{-\ln(1-RH)}{A(T+C)}\right]^{\frac{1}{B}-1}\left[\frac{\ln(1-RH)}{A(T+C)^2}\right] \tag{7-5a}$$

$$\frac{\partial M}{\partial(RH)} = \frac{1}{B}\left[\frac{-\ln(1-RH)}{A(T+C)}\right]^{\frac{1}{B}-1}\left[\frac{1}{A(T+C)(1-RH)}\right] \tag{7-5b}$$

再采用修正 Chung-Pfost 方程

$$M = -\frac{1}{B}\ln\left[\frac{-(T+C)\ln(RH)}{A}\right] \tag{7-6}$$

$$\frac{\partial M}{\partial(T)} = -\frac{1}{B(T+C)} \tag{7-6a}$$

$$\frac{\partial(M)}{\partial(RH)} = -\frac{1}{B\times RH\times\ln(RH)} \tag{7-6b}$$

对于修正 MOE 方程

$$M = \frac{A+BT}{\left(\frac{1}{RH}-1\right)^{1/C}} \tag{7-7}$$

$$\frac{\partial(M)}{\partial(T)} = \frac{B}{\left(\frac{1}{RH}-1\right)^{1/C}} \tag{7-7a}$$

$$\frac{\partial(M)}{\partial(RH)} = \frac{A+BT}{C\left(\frac{1}{RH}-1\right)^{(1+1/C)}RH^2} \tag{7-7b}$$

含水率预测的总误差为

$$\Delta M = \sqrt{\left[\left[\frac{\partial(M)}{\partial T}\Delta T\right]^2+\left[\frac{\partial(M)}{\partial(RH)}\Delta RH\right]^2\right]} \tag{7-8}$$

式中 ΔT 和 ΔRH 是传感器测量的误差。式（7-8）用于确定预测含水率的准确性，对 3 个 *EMC* 方程给出传感器误差（ΔT 和 ΔRH）。

四、*RH* 传感器的准确性和时间响应

在不同 *RH* 水平，*RH* 读数的标准偏差如表 7-25 所示。这个标准偏差的范围为 *RH*

0.50%~0.634%。厂家设定的湿度传感器误差范围是±2%，是传感器读数或校正参考值的标准偏差的3倍。

表7-25　从15个湿度传感器读数的平均值和标准偏差

平均 *RH*/%	17.68	39.51	51.8	66.45	76.83	95.68
传感器读数偏差 δ/%	0.604	0.634	0.621	0.502	0.632	0.517
3×δ/%	1.812	1.902	1.863	1.509	1.896	1.551
厂家设定的准确度/%	2	2	2	2	2	2

传感器温度准确度以所有测定值的标准偏差表达为表7-26。厂家规定的温度传感器误差范围是±0.4℃，理论上讲也是传感器读数或校正参考值的标准偏差的3倍。测定的*RH*传感器准确度，通常在厂家规定的准确度范围内，而温度的准确度通常为厂家规定准确度的一半。本研究中采用的传感器*RH*漂移被声称在1年内误差范围为±1%。长期研究需要确定时间、用法、环境条件对传感器稳定性的影响。为了湿度传感器长期的准确性，它的聚合物感应元件需要充分的粉尘防护，而且要严格执行。任何被防护设备周围聚集的粉尘形成的微环境常常引起*EMC*/*ERH*测定不准确。

表7-26　从15个温度传感器读数的平均和标准偏差

平均温度/℃	−21.82[a]	1.74	10.91	16.10	19.77	24.71	38.11
传感器读数偏差 δ/℃	0.838	0.358	0.290	0.273	0.260	0.263	0.261
3×δ/℃	2.514	1.074	0.870	0.819	0.780	0.789	0.783
厂家设定的准确性/℃	1.42	0.66	0.4	0.4	0.4	0.4	0.4

注：[a] 在冷冻室读数。

单一传感器对测定*RH*和温度的系统误差，除一个情况外，温度感应元件对其他所有情况显示可预测的模式；*RH*测定模式有点不可预测，但是对单一传感器仍然是明显的。这些实验在不同*RH*和温度条件进行，当环境差稳定时采用同一标准进行测定。温度条件是11.2℃，13.4℃，14.5℃，16.7℃，21.4℃，24.6℃，28.6℃，31.4℃，34.6℃，37.2℃，39.8℃，*RH*条件是19.5%，20.8%，30.6%，38.0%，32.7%，45.1%，54.9%，60.0%，72.4%，78.0%，83.2%。

在停滞的环境中，带有防护性多孔塑料套管的3个传感器的时间常数 τ 变化范围为90~280s。这明显长于厂家规定的5s，但是对粮堆检测是可接受的。附加防粉尘的保护性聚合物明显延缓到达温度和相对湿度感应元件的空气运动。

五、　平衡水分预测误差

对MHE、MCPE、MOE采用式（7-8）及各自的*EMC*偏导数在*RH* 5%~95%、温度

0~50℃，计算平衡水分预测误差。见表 7-27，*EMC* 方程参数来自 ASAE 标准 D245.5（2002）和 Uddin（2005）。用于推导这些方程系数的 *RH* 和温度范围，对 ASAE 标准 D245.5 为 *RH* 11%~93%，温度 5~45℃；Uddin（2005）的数据为 *RH* 25%~80%，温度 5~45℃。ΔT 和 ΔRH 测定误差范围设定在厂家规定值。

在温度 0~50℃，采用表 7-27 不同方程系数显示 *EMC* 预测误差。对所有情况在 *RH* 10%~70%范围内预测 *EMC* 误差稳定地保持在±0.25%~±0.65%（干基）范围；*RH* 高于 70%，误差开始显著增加。在 *RH* 10%~70%范围内从各种平衡水分方程组中预测误差只有稍微的变异。对 MOE 方程和 Waldron 硬红麦样品，*RH* 高于 70%，误差增加速率为 MCPE 和 MHE 方程误差增加速率的 2 倍。在 *RH*>70%这个区域，MOE 方程对传感器误差具有不同的反应，仅一套系数供 3 个方程之间的比较可以利用。尽管 Uddin（2006）提出的方程模型适合的范围跨越试验条件 *RH* 20%~80%，他们外推的误差行为（*RH* 大于 80%）类似 HR Waldron 样品的，后者来自数据跨度 *RH* 11%~93%。

在传感器误差增大的水平上，*EMC* 预测模型被评价为相似的。*RH* 误差增加 1%和 2%就可以解释传感器随时间的漂移，即 RH 传感器误差设定为±3%和±4%。在 *RH* 10%~70%范围内，对 *RH* 传感器误差设定的这两个情况计算的 *EMC* 预测误差分别为±0.38%~±0.96%（干基）和±0.65%~±1.29%（干基）。温度误差设定为±0.8℃，它是厂家规定的准确度 0.4℃的 2 倍。对任何给定的温度和 *RH*，这附加到传感器误差，导致 *EMC* 预测误差最大增加仅为 0.05%（干基）。

表 7-27　　平衡水分方程用于传感器误差分析产生的误差

EMC 方程	*A*	*B*	*C*	残差标准误[a]	小麦类型	数据来源
MHE	4.330×10^{-5}	2.112	41.565	3.8^{ERH}	硬红冬	ASAE D245.5 2002[b]
	1.008×10^{-2}	2.156	6420.2	0.44^{EMC}	硬红冬	Uddin2005[c]
	9.288×10^{-2}	1.883	388.2	0.52^{EMC}	硬质	Uddin2005[c]
	8.347×10^{-2}	2.137	693.7	0.46^{EMC}	软红冬	Uddin2005[c]
	2.187×10^{-2}	1.445	775.6	0.25^{EMC}	硬质	Uddin2005[c]
MCPE	377.52	0.1646	35.59	2.46^{EMC}	硬红冬	ASAE D245.5 2002[b]
	8437.88	18.677	1261.3	0.39^{EMC}	硬红冬	Uddin2005[c]
	1408.24	16.363	270.1	0.41^{EMC}	硬质	Uddin2005[c]
	2726.96	17.916	413.3	0.44^{EMC}	软红冬	Uddin2005[c]
	1463.34	13.313	484.2	0.22^{EMC}	硬质	Uddin2005[c]
MOE	15.868	-0.1038	3.084	2.15^{EMC}	硬红冬	ASAE D245.5 2002[b]

注：$a^{ERH,\ EMC}$残差的标准误表示以 *ERH* 或 *EMC* 为因变量。

b ASAE D245.5 变量形式为含水率（干基）小数表示，*RH* 小数表示；Uddin（2006）变量形式为含水率（干基）百分数表示，*RH* 小数表示。

c ASAE D245.5（2002），*RH* 11%~93%，5~45℃；Uddin（2006），*RH* 25%~80%，5~45℃。

这些结果表明，由于温湿度传感器的测定误差导致预测小麦含水率的误差，需要假定一个很完美的 *EMC* 方程，如果没有温湿度传感器的测定误差，平衡水分方程预测含水率就非常完美。Uddin（2006）对 47 个小麦品种及类型提出的 *EMC* 回归方程，残差标准误范围是 0.31%~0.63%（十基），显示了由于传感器导致的平衡含水率预测误差是同样数量级，是显著的。

预测误差对 *EMC* 预测方程的斜率非常敏感。*EMC* 方程较大的斜率发生在较高 *RH* 水平（*RH* 大于 80%），由于测量误差导致预测误差增加。在高 *RH* 准确预测 *EMC* 另一附加的不利因素是，在这个 *RH*>80%范围传感器误差增加。

从实践角度看，对小麦品种、许多储藏条件的玉米，温湿度范围是 *RH* 20%~80%、0~50℃，需要正确测定粮堆 *RH* 和温度。在这个范围内，这些粮种的含水率范围为 6%~20%（干基），这是粮食水分管理最重要的范围。对储藏粮堆检测，含水率预测的误差可以合理地保持在低水平，条件是其他因子能够解释吸附/解吸特征、品种、农艺和物理特性的差异。

准确预测粮堆 *EMC* 需要克服许多挑战，监测储藏过程的粮堆 *RH* 本身是一个好手段，提供了储藏条件的附加环境条件信息。抑制储藏期间特定微生物群的条件很好理解，基本是温度和 *RH* 的函数。本研究采用的传感器有潜力作为粮堆储藏检测的传感器，适合粮堆电缆系统。另外的研究需要防止粮食粉尘对温湿度传感器的污染，保持它们长期准确的监测。

Uddin 等（2006）硬红冬麦和硬质麦分析 *RH* 和温度检测对小麦平衡水分预测的影响，对粮堆 *ERH* 20%~70%，不管哪一个方程（MCPE、MHE 及 MOE），传感器对 *EMC* 预测的误差为±0.25%~±0.65%（干基）。在这个范围内传感器的误差为 *RH*±2.0%和±0.4℃。在 *ERH* 20%~70%范围内模拟长期传感器漂移，湿度传感器 *RH* 误差增大 1%和 2%，*EMC* 预测误差分别增加±0.38%~±0.96%（干基）和±0.65%~±1.29%（干基）。当 *ERH* 大于 70%，所有方程对 *EMC* 预测误差均增大，MOE 方程具有最大的误差，在 *RH* 95%、50℃时为±8.5%（干基）。与 *RH* 传感器测定误差比较，温度传感器测定误差对 *EMC* 预测的影响可以忽略。通过系列校正，SHT75 温湿度传感器在粮堆监测的准确度，在厂家额定的 *RH* 准确度范围内，而是厂家额定的温度准确度的一半。

总之，平衡水分传感器代替粮堆传统的测温电缆，前景是美好的，攻关的技术要点是：①准确的 $M=f(ERH, T)$ 方程；②粮食与周围环境建立平衡；③传感器的响应时间；④*RH* 监测的误差，在高湿度导致较大的 *EMC* 误差；⑤*RH* 本身测定的误差；⑥粉尘防护；⑦熏蒸防护；⑧传感器长期稳定性。

第六节 平衡水分方程与储粮智能化通风

一、 CAE 方程与储粮智能化通风

粮食储藏主要是通过调控含水率和温度来抑制虫霉生长，保持籽粒活性，延缓品质劣变，改善加工品质。在相对湿度 20%~65%（70%）范围内，储粮是安全的，既不发霉，也不发生脂肪过氧化作用。由于测定相对湿度传感器误差是±2%（RH<90%）和±3%（RH>90%），在粮堆中相对湿度较难测定，所以通常测定储粮温度和水分，根据平衡水分方程换算为相对湿度，然后分别比较储粮与大气的相对湿度、储粮与大气的温度及露点温度（李兴军和吴子丹，2011），来确定粮堆是否能够进行各种目的的通风（降温、降水或调质）。我国 LS/T 1202—2002《储粮机械通风技术规程》比较的指标之一就是储粮与大气的平衡绝对湿度。本节在我国大宗粮食平衡水分测定基础上，阐明采用平衡绝对湿度的优点。

1. 采用 CAE 方程拟合粮食 EMC/ERH 数据

2007—2013 年我们已经测定了小麦、稻谷、玉米、大米、大豆各 14、17、16、11、10 品种的平衡水分数据。*EMC/ERH* 数据采用 CAE 方程进行拟合。CAE 方程如下，

$$ERH_g = \exp\left\{\begin{aligned}&\frac{D}{222}\left[\exp\left(\frac{B_1 - M}{A_1}\right) - \exp\left(\frac{B_2 - M}{A_2}\right)\right]\left(19.803 - \frac{5406.32}{273 + T}\right) + \\ &\frac{D}{87.72}\left[1 - \exp\left(\frac{B_1 - M}{A_1}\right)\right] + 2.303\end{aligned}\right\} \tag{7-9}$$

式中 ERH_g——平衡相对湿度,%；

M——粮食含水率,%（湿基）；

T——粮食温度,℃；

A_1、A_2、B_1、B_2、D——CAE 方程的 5 个系数。

采用式（7-9）拟合我国五大粮食中路的吸附/解吸等温线，以生物统计软件 SPSS 的非线性回归程序计算误差。在一系列迭代计算步骤中，将测定值和理论值之间的残差平方和最小化。通过决定系数（R^2）、残差平方和（*RSS*）、标准差（*SE*）及平均相对百分率误差（*MRE*）来分析模型的拟合情况。

2. 粮食平衡绝对湿度曲线图

粮食平衡绝对湿度（AH_g，水蒸气分压）和大气绝对湿度（AH_a，水蒸气分压）作为储粮通风判断的重要参数，已经写入 LS/T 1202—2002《储粮机械通风技术规程》。回归分析确定的粮食解吸与吸附等温线 CAE 方程 5 个参数，用于式（7-10）绘制不同温度条件下一定含水率粮食的平衡绝对湿度，并可以查找粮食露点温度。

$$AH_g = \exp\left\{\begin{aligned}&\frac{D}{222}\left[\exp\left(\frac{B_1 - M}{A_1}\right) - \exp\left(\frac{B_2 - M}{A_2}\right) + 0.9845\right]\left(19.803 - \frac{5406.32}{273 + T}\right) + \\ &\frac{D}{87.72}\left[1 - \exp\left(\frac{B_1 - M}{A_1}\right)\right] - 0.782\end{aligned}\right\} \quad (7-10)$$

式中　AH_g——粮食平衡绝对湿度，mmHg 水蒸气分压；

M——粮食含水率,%（湿基）；

T——粮食温度,℃；

A_1、A_2、B_1、B_2、D——CAE 方程的 5 个参数。

粮堆的露点温度（T_{dg}）由式（7-11）计算，

$$T_{dg} = \frac{5322.58}{21.018 - \lg(AH_g)} - 273 \quad (7-11)$$

式中　T_{dg}——粮堆的露点温度,℃。

3. 大气平衡绝对湿度及露点

环境空气湿度，除相对湿度表示外，还可用绝对湿度表示。不同温度条件下一定 RH 大气的绝对湿度（AH_a）及露点温度（T_{da}）分别由式（7-12）和式（7-13）计算，

$$AH_a = 100\exp\left\{\lg(RH_a) + 0.9845\left(19.803 - \frac{5406.32}{273 + T_a}\right) - 3.084\right\} \quad (7-12)$$

$$T_{da} = \frac{5322.58}{\frac{5322.58}{273 + t_a} - \lg(RH_a) + 4.605} - 273 \quad (7-13)$$

式中　AH_a——大气绝对湿度，mmHg 水蒸气分压；

RH_a——大气相对湿度,%；

T_a——大气温度,℃；

T_{da}——大气露点温度,℃。

T_{dg} 和 T_{da} 用于估计降温是否引起粮堆或者空气结露。式（7-9）~式（7-13）中的相对湿度和绝对湿度，均以海平面大气压为基准。

二、粮食智能化机械通风软件原理

1. 粮食 *EMC/ERH* 数据拟合分析

14 个小麦品种、17 个稻谷品种、16 个玉米品种、11 个大米品种、10 个大豆品种的平均解吸数据和平均吸附数据，分别采用 CAE 方程进行拟合，结果见表 7-28。

表 7-28　　中国五大粮食种类 CAE 方程参数及主要拟合度指标

种类	吸着类型	CAE 方程参数					拟合度	
		A_1	A_2	B_1	B_2	D	R^2	MRE/%
小麦	解吸	4.212	4.796	7.493	4.028	202.031	0.9975	2.691

续表

种类	吸着类型	CAE 方程参数					拟合度	
		A_1	A_2	B_1	B_2	D	R^2	MRE/%
	吸附	4.874	4.767	4.671	3.639	201.676	0.9977	2.375
稻谷	解吸	4.431	4.883	7.758	4.373	205.097	0.9982	2.174
	吸附	4.606	4.561	4.918	3.613	202.632	0.9978	2.353
玉米	解吸	4.393	4.845	7.843	3.858	203.892	0.9981	2.894
	吸附	4.812	4.479	4.783	3.799	202.164	0.9983	2.075
大米	解吸	4.744	5.202	7.857	4.303	206.911	0.9972	3.081
	吸附	4.245	4.395	6.371	4.854	203.371	0.9974	2.422
大豆	解吸	2.886	4.114	5.795	1.104	192.109	0.9862	8.052
	吸附	3.149	4.080	3.729	1.725	192.418	0.9829	7.561

注：R^2 是决定系数，*MRE* 是平均相对百分率误差。

由于决定系数 R^2 大于 0.982，平均相对百分率误差 *MRE* 小于 8.1%，说明 CAE 方程拟合得非常好。另外，五类粮食的解吸 CAE 方程 5 个参数不同于吸附 CAE 方程 5 个参数，所以平衡绝对湿度与平衡相对湿度曲线图绘制中，要分开解吸与吸附。

2. 粮食平衡绝对湿度曲线图

从图 7-17~图 7-21 看出，小麦、稻谷、玉米、大米及大豆的解吸平衡绝对湿度曲线不同于吸附平衡绝对湿度曲线，这一致于解吸 CAE 方程参数与它们各自的吸附 CAE 方程参数存在差异。粮食平衡绝对湿度随温度升高而呈现急剧上升，但是平衡相对湿度随温度升高而缓慢上升（Wu et al.，2011；吴子丹和李兴军，2011；2013）。这表明温度的变化对通风中处于干燥状态或吸湿状态的粮食绝对湿度影响显著，因此采用平衡绝对湿度图进行通风条件判断较为直观、科学。

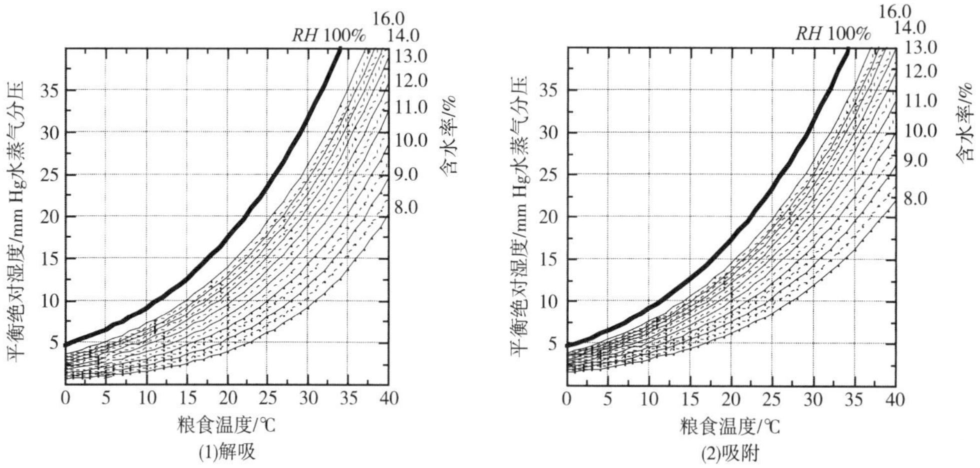

图 7-17 小麦解吸和吸附绝对湿度曲线

注：1mmHg=133.3Pa。

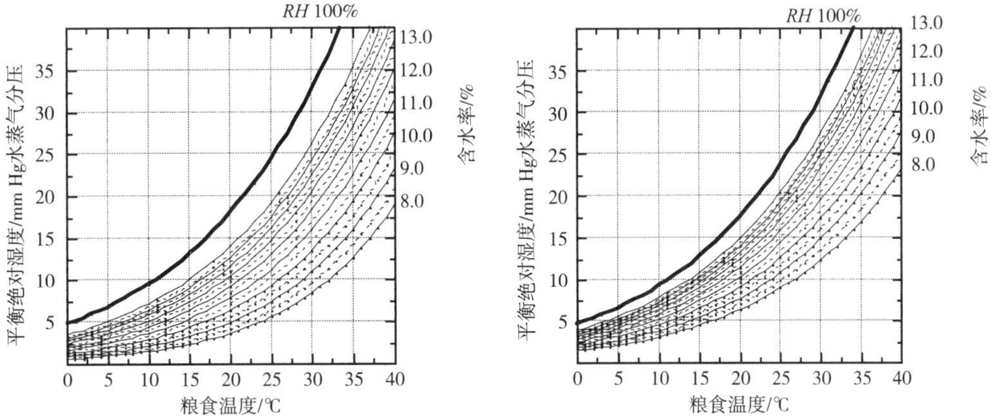

(1)解吸　　(2)吸附

图 7-18　稻谷解吸和吸附绝对湿度曲线

注：1mmHg = 133. 3Pa。

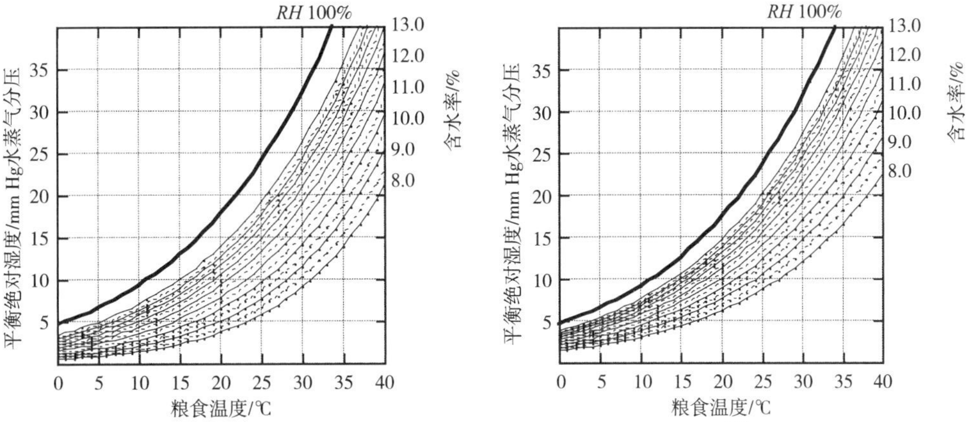

(1)解吸　　(2)吸附

图 7-19　玉米解吸绝对湿度曲线

注：1mmHg = 133. 3Pa。

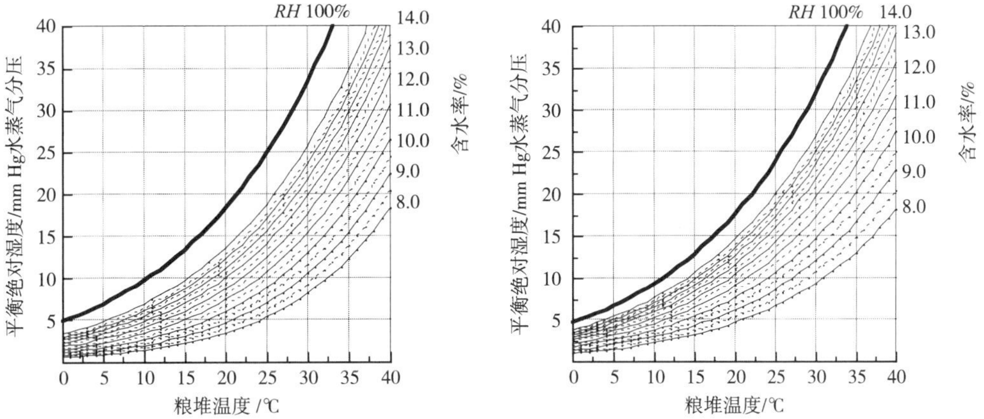

(1)解吸　　(2)吸附

图 7-20　大米解吸和吸附绝对湿度曲线图

注：1mmHg = 133. 3Pa。

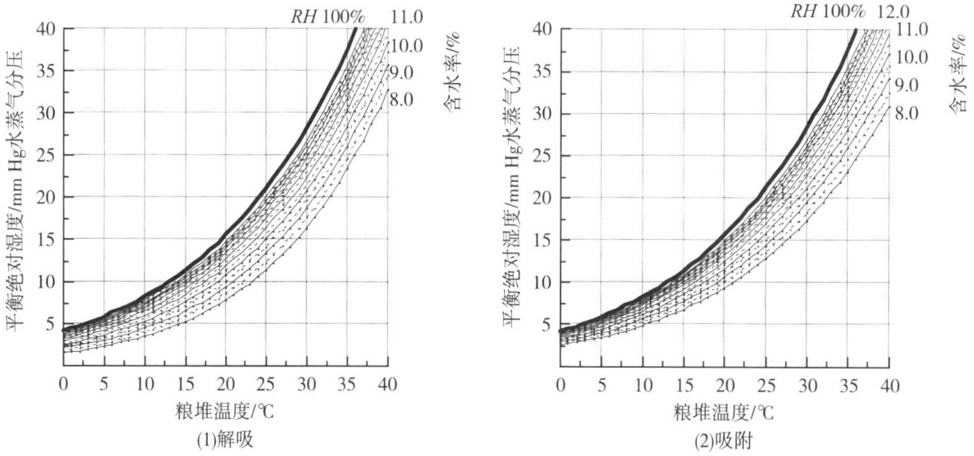

图 7-21　大豆解吸和吸附绝对湿度曲线图

注：1mmHg = 133.3Pa。

3. 大气平衡绝对湿度曲线图

根据参数已知的 CAE 方程编写计算机软件，仓库管理者查阅推导不同温度条件、一定含水率粮食的平衡绝对湿度曲线图和平衡相对湿度曲线图，并参照不同温度下一定相对湿度大气的绝对湿度曲线图（图 7-22），可以快速确定仓库是否进行通风操作，抓住通风机会。一般地，降水和调质通风可使用解吸 CAE 方程和解吸曲线图，降温通风可用吸附 CAE 方程和吸附曲线图。在粮食和空气平衡绝对湿度图中，露点温度的查法是，就一定含水率的粮食或者一定 *RH* 的大气，针对一定温度下的平衡绝对湿度作平行温度轴的直线，与饱和水蒸气等湿线相交，交点对应的温度值就是该条件的粮食或者大气在该温度条件下的露点温度。

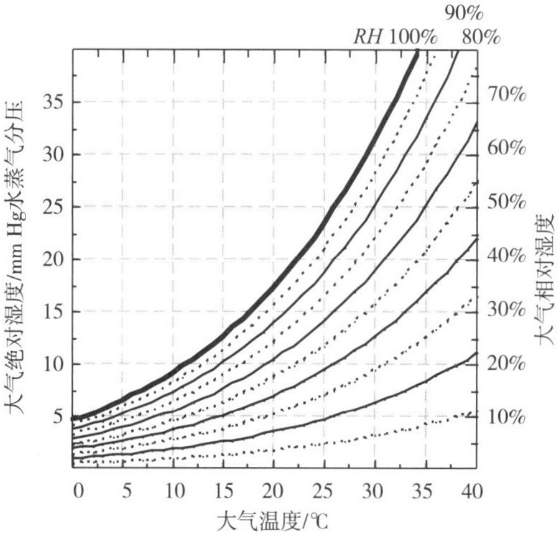

图 7-22　不同温度条件和相对湿度下大气的绝对湿度

注：1mmHg = 133.3Pa。

三、通风判断

1. 现行储粮机械通风技术规程中允许通风的大气条件

允许通风的大气条件是指在通风作业开始后，满足通风目的要求的大气温度、相对湿度、露点等参数的上、下限数值。当大气温度、湿度符合相关要求时允许通风，否则暂停通风。表 7-29 为 LS/T 1202—2002《储粮机械通风技术规程》行业标准中指定的通风条件。

表 7-29　　允许通风条件

通风目的	通风方式	
	自然通风	机械通风
降温	$P_{s1}<P_{s2}$	$P_{s1}<P_{s2}$
	$T_1<T_2$	开始时：$T_2-T_1\geqslant 8$℃（亚热带：$T_2-T_1\geqslant 6$℃）
	$T_1>T_{l2}$	进行时：$T_2-T_1\geqslant 4$℃（亚热带：$T_2-T_1\geqslant 3$℃）
降水	$P_{s1}<P_{s2}$	$P_{s1}<P_{s21}$
	$T_1>T_{12}$	$T_2>T_{11}$
	$T_2>T_{11}$	
调质	$P_{s1}\geqslant P_{s23}$	$P_{s1}\geqslant P_{s22}$
	$T_1>T_{12}$	$T_2>T_{11}$
	$T_2>T_{11}$	

表 7-29 中，T_1、T_2 分别为大气温度和粮食温度；T_{11}、T_{12}分别为大气露点温度和粮食露点温度；P_{s1}为大气绝对温度值，P_{s2}为粮温为 T_2 时的粮食绝对湿度值；P_{s21}为粮食水分减 1%且粮温 T_2 等于大气温度 T_1 时的粮食绝对湿度值；P_{s22}为粮食水分加 2.5%且粮温 T_2 等于大气温度 T_1 时的粮食绝对湿度值；P_{s23}为当前粮温 T_2 下粮食水分加 2.5%的粮食平衡绝对湿度值。粮食或大气的平衡绝对湿度以 mm Hg 水蒸气分压表示，温度单位是℃。

2. 允许通风的温度条件

通风的温差条件与通风效率、机会密切相关（左进良等，1990；张来林，2014）。LS/T 1202—2002《储粮机械通风技术规程》规定，除我国亚热带地区外，开始通风时的气温低于粮温的温差不小于 8℃，通风进行时的温差要大于 4℃；亚热带地区的相应温差要求分别为 6℃和 3℃。自然通风降温时，不消耗能源，为了获得更多的通风时机，一般仅要求气温低于粮温即可通风。对降水通风和调质通风，要求通风后的粮温不超过该批粮食的安全储藏温度（表 7-30）。

表 7-30 粮食最高安全储藏温度

粮食含水率/%	12	13	14	15	16
安全储藏最高温度/℃	30	25	20	15	10

3. 允许通风的湿度条件

LS/T 1202—2002《储粮机械通风技术规程》规定的湿度条件为绝对湿度。

①降温通风时，一般仅要求通风中不增湿，且可不考虑干燥前沿滞后的问题，因此仅要求 $P_{s1} \leqslant P_{s2}$，其中 P_{s1} 为大气绝对湿度值，P_{s2} 为当前粮温下的粮食平衡绝对湿度值（mm Hg 水蒸气分压）。降温通风可使用吸附平衡绝对湿度曲线。

②降水通风时，要求 $P_{s1} < P_{s21}$，其中，P_{s1} 为大气绝对湿度值，P_{s21} 为低于粮食水分一个百分点且粮食温度等于大气温度时的粮食平衡绝对湿度值（mm Hg 水蒸气分压）。降水通风使用解吸平衡绝对湿度曲线。

③机械通风时，降温和降水往往同时进行，粮堆中存在两个随气流方向移动的峰面，即冷却前沿和干燥前沿。冷却前沿的前后分别为待冷却粮食和已冷却粮食，干燥前沿的前后分别为待降水粮食和已降水粮食。两个前沿的移动速率不同，冷却前沿移动速率快于干燥前沿移动速率，因此通风过程中降水尚在进行时冷却过程已经结束。为了避免出现因粮温变化而发生通风效果逆转现象，技术规程直接将粮温等于气温作为查定粮食平衡绝对湿度的条件。另外，将粮食含水率减小一个百分点，是为了进一步增加通风的湿度差，以提高通风效率。

④调质通风时，要求 $P_{s1} \geqslant P_{s22}$。P_{s22} 为粮食含水率增加 2.5 个百分点且粮食温度等于大气温度时粮食的平衡绝对湿度值（mm Hg 水蒸气分压）。调质通风使用解吸平衡绝对湿度曲线，同一湿度下对应的吸附曲线平衡含水率一般比解吸曲线低 1~1.5 个水分百分点，因此将粮食含水率增加 2.5 个百分点，既为了补偿两条曲线之差，又增加 1 个百分点的湿度差，确保调质通风时能有效增湿。

4. 允许通风的露点条件

粮食的结露有两种类型，一类为气温低于粮堆露点温度时，粮堆内散发出的水蒸气遇冷空气而引起的结露；另一类为粮温低于空气露点温度，空气中的水蒸气冷凝于粮食表面而引起的结露。第一类结露俗称“内结露”，在机械通风中影响不严重，随着通风的进行，粮堆内的高湿空气被带走，结露很快停止，因此，除自然通风外，第一类结露可不作为通风控制条件。第二类结露俗称“外结露”，结露水分来源于通入粮堆的空气，多见于低温型粮库的误通风中，严重影响储粮安全。为防止“外结露”的发生，应避免在粮温低于大气露点时进行通风。

5. 结束通风的条件

（1）降温通风结束条件

气温低于粮温的温差小于 4℃，亚热带地区温差小于 3℃；

粮堆温度梯度≤1℃/m 粮层厚度；

粮堆水分梯度≤0.3%/m 粮层厚度。

（2）降水通风结束条件

干燥前沿移出粮面（底层压入式通风）或移出粮堆底面（底层吸出式通风）；

粮堆温度梯度≤1℃/m 粮层厚度；

粮堆水分梯度≤0.5%/m 粮层厚度。

（3）调质通风结束条件

粮堆水分达到预期值，但未超过安全储藏水分；

粮堆温度梯度≤1℃/m 粮层厚度；

粮堆水分梯度≤0.5%/m 粮层厚度。

在通风目的基本达到且符合结束通风的条件时，一般适当延长通风时间，使得粮堆内的温度、水分趋于均匀，利于安全储藏。在粮层厚度较大，温度和水分不容易均匀的情况下，采用变换压入式或吸入式通风的方法来促进均匀。

（4）其他附加条件　通风降水时，要求原始粮食水分不超过下列值：早稻谷 16%，小麦 16%，大豆 18%，晚稻谷 18%，玉米 20%，油菜籽 12%。当粮食水分超过上述标准时，应采用烘干、晾晒、辅助加热通风等方法快速降低粮食水分。

通风调质时，只允许在稻谷加工前 1~1.5 个月进行，能够起到改善稻谷加工工艺品质的作用。正常储藏期间不得采用，否则粮食水分增加，不利于继续储藏。

四、智能化机械通风举例

1. 小麦降温通风

举例说明小麦粮库通风如何决策。假说通风目的是降温操作。通风前小麦粮堆水分 11.5%、温度 30℃；大气条件是 20℃、*RH* 80%。采用湿度和露点算法软件见图 7-23，含水率 11.5%的粮堆在 30℃条件的解吸绝对湿度是 17.7mmHg 水蒸气分压，吸附绝对湿度是 19.7mmHg 水蒸气分压；露点温度对解吸是 20.4℃，对吸附是 22.0℃。此时粮堆解吸时 *RH* 为 56.3%，吸附时 *RH* 为 62.3%。*RH* 80% 的大气在 20℃ 的绝对湿度是 13.9mmHg 水蒸气分压，露点温度 16.4℃。比较分析表明，粮堆与大气温差是+10℃，符合降温通风的开始通风温差+8℃要求；大气绝对湿度低于小麦的解吸和吸附绝对湿度，仓库通风降温时不会增加粮食水分；结论是可以降温通风。

通风几个小时后，小麦粮堆水分 11.5%、粮温 25℃；大气是 19℃、*RH* 77%。查定算法软件，含水率 11.5%粮堆在 25℃条件的绝对湿度对解吸是 12.6mmHg 水蒸气分压，对吸附是 14.4mmHg 水蒸气分压。露点温度对吸附是 17.1℃，对解吸是 15.0℃。此时粮堆解吸时 *RH* 为 53.6%，吸附时 *RH* 为 61.4%。*RH* 80% 的大气在 19℃ 的绝对湿度是 12.5mmHg 水蒸气分压，露点温度 14.8℃。比较分析表明，粮堆与大气温差是+6℃，大于我国非亚热带地区继续通风的温差+4℃；小麦解吸绝对湿度约等于大气的，而吸附绝对湿度高于大气的，结论是仓库通风降温时仍然不会增加粮食水分，因此通风可以继续

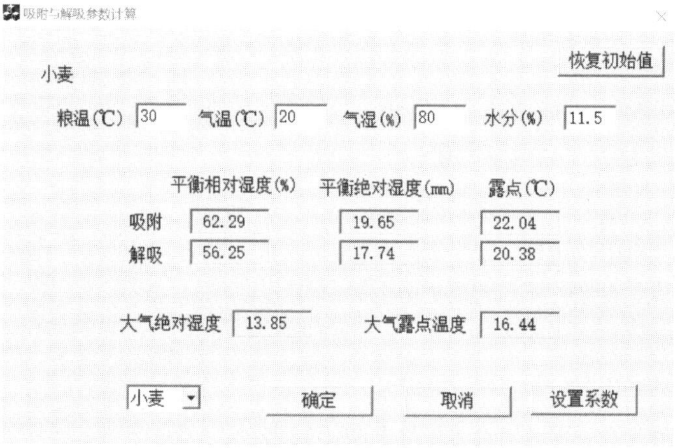

图 7-23 采用湿度和露点查定软件判断小麦通风

进行。

2. 稻谷降温通风

举例说明江西省一粮库通风如何决策。通风前稻谷粮堆水分 12.5%、温度 32.5℃；大气条件是 25℃、*RH* 80%。采用湿度和露点查定软件见图 7-24，水分 12.5%的粮堆在 30℃条件对解吸绝对湿度是 23.1mmHg 水蒸气分压，露点温度 24.2℃；对吸附绝对湿度是 26.3mmHg 水蒸气分压，露点温度 26.4℃。此时粮堆解吸 *RH* 62.3%，吸附 *RH* 71.6%。*RH* 80%的大气在 25℃的绝对湿度是 18.7mmHg 水蒸气分压，露点温度 21.2℃。比较分析表明，粮堆与大气温差是+7.5℃，满足稻谷开始通风的粮堆、大气温差条件；稻谷解吸、吸附的绝对湿度均高于大气，结论是仓库通风降温时不会增加粮食水分；虽然气温接近粮堆露点温度，但是由于通风降温过程中，粮堆平衡绝对湿度值随粮堆温度降低而下降，粮堆露点温度也很快随之降低到气温以下，因此不会引起粮堆结露。

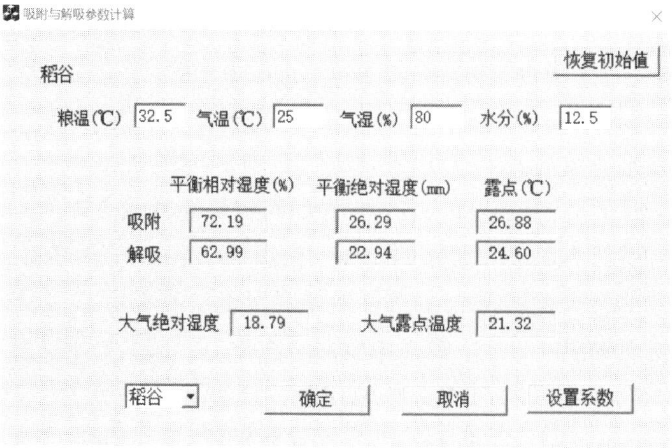

图 7-24 采用湿度和露点查定软件判断稻谷通风

通风几个小时后，稻谷粮堆水分 12.5%、粮温 27.5℃；大气是 24℃、*RH* 85%。查定软件，含水率 12.5%粮堆在 27.5℃条件对解吸绝对湿度是 16.4mmHg 水蒸气分压，露点温度 18.8℃；对吸附绝对湿度是 19.3mmHg 水蒸气分压，露点温度 21.6℃。此时粮堆解吸 *RH* 60%；吸附 *RH* 70%。查 *RH* 85%的大气在 24℃的绝对湿度是 19mmHg 水蒸气分压，露点温度 21.3℃。比较分析表明，粮堆与大气温差是+3.5℃，符合稻谷继续通风条件；虽然稻谷解吸绝对湿度低于大气，但是吸附绝对湿度略高于大气，结论是仓库通风降温时仍然不会增加粮食水分，因此通风可以继续。

3. 玉米降水通风

以玉米为例，说明如何利用平衡绝对湿度和露点算法软件进行决策降水通风。LS/T 1202—2002《储粮机械通风技术规程》建议，玉米开始降水通风的水分在非亚热带地区小于 20%，在亚热带地区则小于 16%。降水机械通风的条件是，大气的平衡绝对湿度低于粮堆水分减去 1.0%后的平衡绝对湿度；粮堆温度高于大气露点温度。假设通风前玉米粮堆水分 18.0%、温度 17℃，大气相对湿度 80%、温度 15℃。查定算法软件，粮堆解吸平衡绝对湿度 12.23mmHg 水蒸气分压，露点温度 14.48℃，如果玉米水分减去 1.0%，这些数值对粮堆水分 17.0%、17℃ 条件分别是 11.69mmHg 水蒸气分压和 13.79℃。此时大气平衡绝对湿度 10.11mmHg 水蒸气分压，露点温度 11.56℃。比较结果是，大气绝对湿度低于粮堆水分减去 1%时的解吸绝对湿度，粮堆温度高于大气露点温度。这种通风操作能够降低玉米粮堆含水率。

通风几小时，玉米粮堆水分 16%、温度 15℃，大气条件是 14℃、*RH* 85%。查定算法软件，粮堆解吸平衡绝对湿度和露点温度，对水分 16%、温度 15℃ 条件分别是 9.64mmHg 水蒸气分压和 10.84℃；对水分 15%、温度 15℃ 条件分别是 8.96mmHg 水蒸气分压和 9.74℃。大气平衡绝对湿度和露点温度各是 10.07mmHg 水蒸气分压和 11.50℃。尽管粮堆温度高于大气露点温度，但是粮堆水分 16%、温度 15℃ 条件的平衡绝对湿度低于大气，这种通风不会降低粮堆含水率，只有等待大气相对湿度降低时再决定是否继续通风。

4. 粮食平衡绝对湿度用于通风判断的优点

粮食平衡绝对湿度随温度升高呈现急剧上升，但是平衡相对湿度随温度升高而缓慢上升。温度的变化对通风中处于干燥或吸湿状态的粮食绝对湿度影响显著，采用平衡绝对湿度图进行通风条件判断较为直观，简单容易操作。

五、 实仓试验

1. 山东省军粮储备库 7 号仓小麦智能化降温通风

从表 7-31 看出，山东省军粮库 7 号在 2016 年 12 月 27 日至 2017 年 1 月 16 日期间，进行上行吸出式智能机械通风，仓内空气相对湿度随大气相对湿度变化，差异不是特别大。粮堆上层温度与仓温接近。粮堆下层温度在 2d 内先降低，接着中 2 层温度在 9d 内降下来，中1层温度在6d内降下来，全仓均温又需要3d。即7号仓整个降温过程需要20d。本次试验中，2017年12月27日平均粮温15.3℃，2017年1月16日平均粮温6.1℃，平均粮温下降9.2℃，风机运转265.5h，用电451.4kW·h，单位能耗是0.0159kW·h/（t·℃），节省了电能60%（李兴军等，2017）。

表7-31 山东省军粮库7号仓通风期间粮堆温度、仓温仓湿随大气温湿度的变化

日期	12月27日	12月29日	12月31日	01月05日	01月07日	01月09日	01月11日	01月13日	01月15日	01月16日
时刻	17:04	17:05	00:08	16:02	00:00	00:09	00:07	00:09	00:09	08:16
仓温/℃	3.5	4.8	13.3	8.8	15.0	13.5	11.0	7.3	5.5	4.5
仓湿/%	76	80	86	84	88	88	86	86	83	84
上层/℃	4.2	5.8	14.4	6.3	16.0	14.5	11.6	7.9	5.7	4.9
中1/℃	18.0	19.3	20.0	19.3	17.1	15.1	10.3	9.1	8.2	8.3
中2/℃	20.7	20.5	16.9	13.5	8.9	8.4	8.8	8.4	7.0	6.3
下层/℃	18.5	9.2	7.2	10.0	9.5	9.7	6.4	6.2	4.6	4.9
气温/℃	1.8	1.3	1.5	2.8	3.3	1.8	-0.3	0.3	0.3	0.0
气湿/%	83	75	85	91	91	90	82	91	76	80

注：2016年12月27日至2017年1月16日期间测定。

2. 广州岭南稻谷立筒仓智能化降温通风

在广州市南沙区岭南穗粮谷物股份有限公司，于2018年1月16日至2月7日期间，对装粮高度11m的稻谷立筒仓（约650t）采用自然冷空气进行智能化降温通风，分别采用5.5kW和2.2kW的离心风机上行式通风，风机运转条件是粮堆与大气温度之差≥3℃，粮堆平衡绝对湿度（EAH_g）>大气平衡绝对湿度（AH_a）。结果表明，风机自动化运行时间主要在夜间，采用5.5kW风机的301号仓粮堆平均温度由19.2℃降到13.8℃，风机运转了72.9h，单位能耗是0.087kW·h/（t·℃）；采用2.2kW风机的501号仓粮堆平均温度由20.9℃降到12.4℃，风机运转了148.6 h，单位能耗是0.047kW·h/（t·℃），与当地人工控制的吸出式下行降温通风单位能耗比较，显著节约电能54%~75%。两个智能化降温通风仓通风结束后粮堆水分保持不变。与对照仓比较，采用低功率离心风机进行智能化降温通风后的稻谷出米率和加工品质有提高的趋势。这说明稻谷立筒仓智能化通风期间整个粮堆湿热分布均匀，不发生水分迁移。

图7-25是501和301两个立筒仓降温通风期间粮堆平均温度与大气温度的比较。从1月16日至2月7日之间，大气温度由21.8℃降到12℃，采用5.5kW离心风机的301仓粮堆降温速率快于采用2.2kW离心风机的501仓。

3. 稻谷调质通风实仓试验

在2017年4月13日至6月16日，采用自然湿空气在山东省军粮储备库进行13号仓智能化调质通风试验。

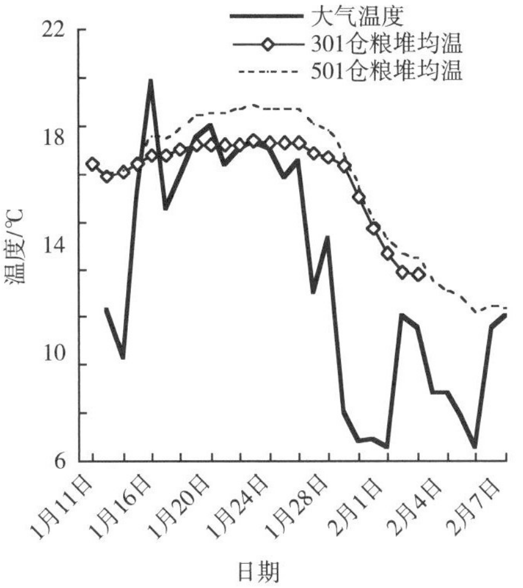

图 7-25　稻谷立筒仓智能化降温通风期间两个仓粮堆平均温度与气温变化

（1）试验方案　首先，从齐河县气象局收集了当地 2015 年、2016 年 4~6 月每日 24 小时的大气温度和相对湿度数据。采用下列稻谷解吸多项式平衡水分方程计算并预测每日的稻谷平衡水分数值。

$$M = 36.953 \cdot ERH^3 - 48.528 \cdot ERH^2 + 30.791 \cdot ERH + 0.03859 \cdot ERH^2 \cdot t + 0.006744 \cdot ERH \cdot t - 0.08611 \cdot t + 5.089 \tag{7-14}$$

本次稻谷智能化调质通风利用现有的仓内风道对粮堆进行通风调质，通风期间粮堆温度与自然空气温度相近，自然空气的相对湿度与粮堆平衡相对湿度之差在 25%以上。由智能化调质通风窗口自动控制，智能化粮情检测、通风窗口控制、稻谷吸附 CAE 平衡水分方程共同构成了控制系统。在计算机显示系统，调质通风窗口由饱和绝对湿度曲线、谷物含水率+1%对应的吸附平衡绝对湿度曲线、粮堆平衡绝对湿度线、粮温 T_g >大气露点温度 T_{dpa} 条件要求的粮堆露点温度 T_{dg}对应的平衡绝对湿度线，共同组成窗口（李兴军等，2017）。当大气状态点位于这个窗口内，小功率轴流风机被启动运转，粮堆通风开始。当大气状态点位于这个窗口外，小功率轴流风机被停止，粮堆通风则结束。调质通风期间，每天定时查看各点粮温，上午 9 时对固定点扦样检测粮堆含水率。

如图 7-26，含水率 13.4%的粮堆状态 G 点 8.5℃，对应的吸附平衡绝对湿度 3.8mmHg 水蒸气分压，露点温度 7.8℃，而大气状态 H 点 12℃、*RH* 75%对应的平衡绝对湿度 7.8mmHg 水蒸气分压，露点温度 7.7℃，粮堆温度高于大气露点温度，粮堆吸附平衡绝对湿度低于大气。以这种低温高湿空气通风，粮堆水分增加，因此风机被启动运转。

（2）根据气象资料预测的稻谷平衡水分值　图 7-27 是采用 2015 年、2016 年 4~6 月每日 17 时~8 时的大气温度和相对湿度，计算的稻谷解吸平衡水分平均值。稻谷解吸平衡水分值大于 13.5%的天数在 4、5、6 月份，分别是 25d、22d、16d。4、5、6 月份稻谷解吸平衡水分均值分别是 14.81%，14.71%，13.83%，平均值 14.45%。因此，采用

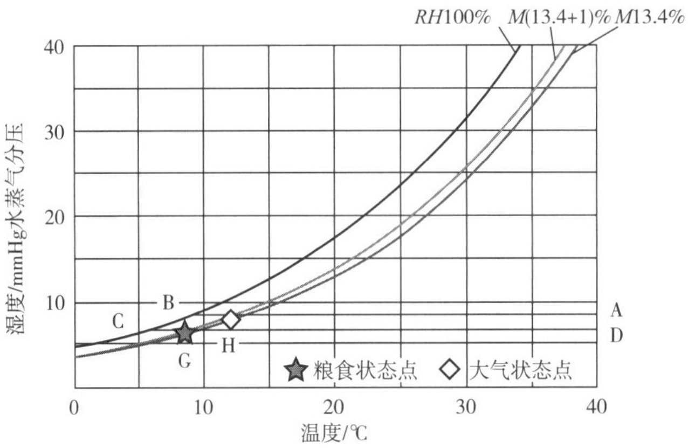

图 7-26 山东齐河县四月中旬风机运转的调质通风窗口

当地 4~6 月份的大气温湿度条件采用智能化调质机械通风可以将仓房稻谷水分调到 14%。

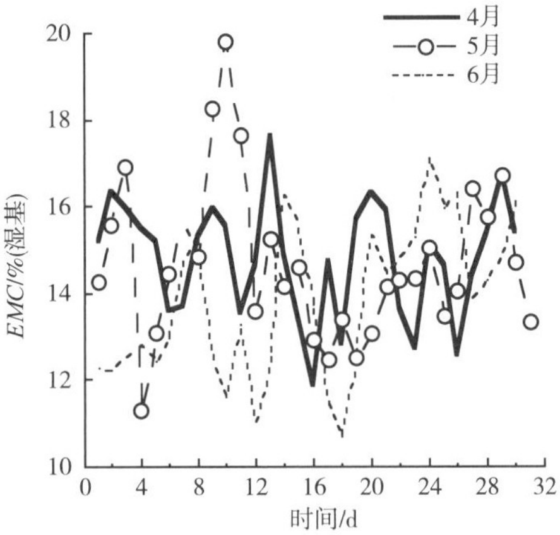

图 7-27 采用稻谷多项式平衡水分方程预测的解吸平衡水分值

(3) 稻谷调质通风试验效果 13 号稻谷仓采用上行吸出式智能调质机械通风。本次智能化通风开始时间 4 月 13 日，终止时间 6 月 16 日。在两个月多的智能化调质通风试验中，设定了三个条件：一是当大气湿度 $RH_a \leqslant 80\%$，气温 $T_a < 28℃$ 时，在通风窗口中满足两个条件粮温 $T_g >$ 大气露点温度 T_{dpa} 、粮堆水分+1%>大气水分，风机就运转；二是当大气湿度 $RH_a > 80\%$，气温 $T_a < 28℃$ 时，风机自行开启；三是气温 $T_a > 28℃$ 时，风机不运转。从图 7-28 看出，智能化调质通风开始之前，稻谷粮堆平均含水率 13.5%，终止通风时是 14.0%。整仓稻谷加工时整精米率 71.7%，显著高于未调质通风的稻谷整精米率 68.2%。GB 1350—2009《稻谷》中规定 1 级粳稻谷整精米率高于 61%。

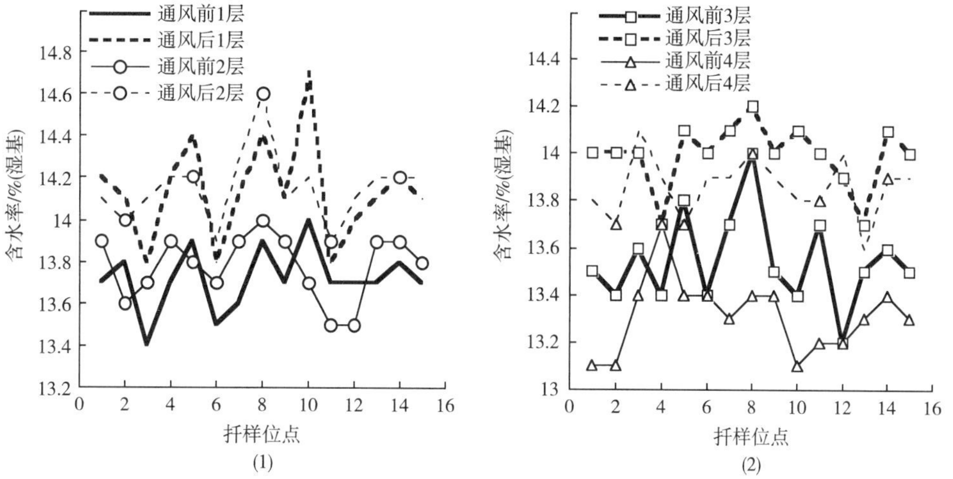

图 7-28　通风前后稻谷样品含水率变化

注：扦样位点 15 表示各层的平均值。

参考文献

[1] Agrawal K, Clary B. Investigations into the theories of desorption isotherms for rough rice and peanuts [J]. Journal of Food Science, 1971, 36: 919-924.

[2] Ajibola OO, Aviara NA, Ajetumobi OE. Sorption equilibrium and thermodynamic properties of cowpea [J]. Journal of Food Science, 2003, 58: 317-324.

[3] Al-Muhtaseb AH, McMinn WA, Magee TR. Water sorption isotherms of starch powders. Part 2: Thermodynamic characteristics [J]. Journal of Food Engineering, 2004, 62: 135-142.

[4] Aviara NA, Ajibola OO, Aregbesola OA, et al. Moisture sorption isotherms of sorghum malt at 40 and 50℃ [J]. Journal of Stored Products Research, 2006, 42: 290-301.

[5] Aviara NA, Ajibola OO, Dairo UO. Thermodynamics of moisture sorption in sesame seed [J]. Biosystems Engineering, 2002, 83 (4): 423-431.

[6] Aviara NA, Ajibola OO, Oni SA. Sorption equilibrium and thermodynamic characteristics of soya bean [J]. Biosystems Engineering, 2004, 87: 179-190.

[7] Aviara NA, Ajibola OO. Thermodynamics of moisture sorption in melon seed and cassava [J]. Journal of Food Engineering, 2002, 55: 107-113.

[8] Banaszek MM, Siebenmorgen TJ. Mositure adsorption rates of rough rice [J]. Transactions of the ASAE, 1990, 33 (4): 1257-1262.

[9] Barnes PJ. Lipid in cereal technology [M]. New York: Academic Press, 1983.

[10] Beauchat LR. Microbial stability as affected by water activity [J]. Cereal Food World, 1981, 7: 345-349.

[11] Bell IN, Labuza TR. Moisture sorption practical aspects of isotherms measurement and use [M]. 2nd. St. Paul, MN, USA: American Association of Cereal Chemist, 2000.

[12] Bentley JP. Principles of Measurement Systems [M]. 3rd. New York: Longman Scientific and Technical, 1996.

[13] Bern CJ, Steele JL, Morey RV. Shelled corn CO_2 evolution and storage time for 0.5% dry matter loss [J]. Applied Engineering in Agriculture, 2002, 18 (6): 703-706.

[14] Blahovec J, Yanniotis S. GAB generalized equation as a basis for sorption spectral analysis [J]. Czech Journal of Food Science, 2010, 28 (5): 345-354.

[15] Blahovec J, Yanniotis S. GAB generalized equation for sorption phenomena [J]. Food and Biopress Technology, 2008, 1: 82-90.

[16] Blahovec J, Yanniotis S. Modified classification of sorption isotherms [J]. Journal of Food Engineering, 2009, 91: 72-77.

[17] Blahovec J. Sorption isotherms in materials of biological origin mathematical and physical approach [J]. Journal of Food Engineering, 2004, 65: 489-495.

[18] Brooker DB, Bakker-Arkema FW, Hall CW. Drying and storage of grain and oilseeds [M]. New York: Van Nostrand Reinhold, 1992.

[19] Brooker DB, Bakker-Arkema FW, Hall CW. Drying cereal grains [M]. Westport CT: AVI Pub Co Inc, 1974, 265-270.

[20] Bruce DM. A model of the effect of heated-air drying on the bread baking quality of wheat [J]. Journal of Agricultural Engineering Research, 1992, 52: 53-76.

[21] Brunauer S, Emmett PH, Teller E. Adsorption of gases in multi-molecular layers [J]. Journal of the American Chemical Society, 1938, 60: 309-319.

[22] Brunauer S. The adsorption of the gases and vapors. I. Physical Adsorption [M]. Princeton: Princeton University Press, 1943.

[23] Burges HD, Burrell NJ. Cooling bulk grain in the British climate to control insects and improve keeping quality [J]. Journal of the Science of Food and Agriculture, 1964, 15: 32-50.

[24] Busku W, Winklep CA. Sorption of water vapor on wheat flour, starch and gluten [J]. Cereal Chemistry, 1957, 2: 73-86.

[25] Calderwood DL. Resistance to airflow of rough, brown, and milled rice [J]. Transactions of the ASAE, 1973, 16: 525-527.

[26] Cao W, Nishiyama Y, Koide S. Physicochemical, mechanical and thermal properties of brown rice grain with various moisture contents [J]. International Journal of Food Science and Technology, 2004, 39: 899-906.

[27] Cenkowski SD, Jayas DS, Hao D. Latent heat of vaporization for main crops and selected foods [C]. Saskatoon, SK: Canadian Society for Agricultural Engineering, 1990, Paper No. 90-408.

[28] Cenkowski SD, Miketinac MJ, Kelm AW. Air flow patterns in a mixed flow dryer [J]. Canadain Agricultural Engineering, 1990, 32: 85-90.

[29] Chattopahyay PK, Hammele JR, Hamann DD. Time, temperature and moisture effects on the failure strength of rice [J]. Cereal Food World, 1979, 24: 514-517.

[30] Chen C. Factors which affect equilibrium relative humidity of agricultural products [J]. Transactions of the ASAE, 2000, 43 (3): 673-683.

[31] Chen C. Moisture measurement of grain using humidity sensors [J]. Transactions of the ASAE, 2001, 44 (5): 1241-1245.

[32] Chen CC, Morey RV. Comparison of four EMC/ERH equations [J]. Transaction of the ASAE, 1989, 32: 983-990.

[33] Chen CC, Morey RV. Equilibrium relative humidity (ERH) relationships for yellow-dent corn [J]. Transactions of the ASAE, 1989, 32: 999-1006.

[34] Christensen CM, Mirocha CJ, Meronuck RA. Some biological and chemical characteristics of damaged corn [J]. Journal of Stored Products Research, 1971, 7: 287-291.

[35] Christensen CM. Storage of cereal grains and their products [M]. St Paul, Minnesta: American Association of Cereal Chemists Inc, 1982: 145-240.

[36] Chung DS, Pfost HB. Adsorption and desorption of water vapor by cereal grains and their products part II: Development of the general isotherm equation [J]. Transactions of the ASAE, 1967, 10 (4): 552-555.

[37] Cnossen AG, Siebenmorgen TJ. Glass transition temperature concept in rice drying and tempering: Effect on milling quality [J]. Transaction of the ASAE, 2000, 43 (6): 1661-1667.

[38] Cuzzoni MT, Stoppini G, Gazzani G. Influence of water activity and reaction temperature of ribose-lysine and glucose-lysine Millard systems on mutagenicity, absorbance and content of furfurals [J]. Food and Chemical Toxicology, 1988, 26 (10): 815-822.

[39] Desmarchelier JM. The relationship between wet-bulb temperature and the intrinsic rate of increase of eight species of stored-product Coleoptera [J]. Journal of Stored Products Research 1988, 24 (2): 107-113.

[40] Drapron R. Enzyme activity as a function of water activity [M]. In: Simatos D and Multon JL (eds). Properties of Water in Foods. Dordrecht, the Netherlands: Martinus Nijhoff Publisher, 1985: 17-20.

[41] Duggal AK, Muir WE, Brooker DB. Sorption equilibrium moisture contents of wheat kernels and chaff [J]. Transactions of the ASAE, 1982, 25: 1086-1090.

[42] Eigenberg RA, Nienaber JA, Brown-Brandl TM, et al. Development of environmental monitoring units for temperature and humidty [C]. St. Joseph Mich: ASAE, 2001, ASAE Paper no. 014046.

[43] Ellis RH, Roberts EH. Improved equations for the prediction of seed longevity [J]. Annals of Botany, 1980, 45: 13-30.

[44] Fields PG. The control of stored product insects and mites with extreme temperatures [J]. Journal of Stored Products Research, 1992, 28: 89-118.

[45] Funk DB, Gillay Z, Meszaros P. Unified moisture algorithm for improved RF dielectric grain moisture measurement [J]. Measurement Science and Technology, 2007, 18 (4): 1004-1015.

[46] Furmaniak S, Terzyk AP, Gauden PA, et al. Applicability of the generalized D'Arcy and Watt model to description of water sorption on pineapple and other foodstuffs [J]. Journal of Food Engineering, 2007, 79: 718-723.

[47] Furmaniak S, Terzyk AP, Gauden PA. The general mechanism of water sorption on foodstuffs- Importance of the multitemperature fitting of data and the hierarchy of models [J]. Journal of Food Engineering, 2007, 82: 528-535.

[48] Gallaher GL. A method of determining the latent heat of agricultural crops [J]. Agricultural Engineering, 1951, 32: 34.

[49] Greenspan L. Humidity fixed points of binary saturated aqueous solution [J]. Journal of Research of the National Bureau of Standards-A. Physics and Chemistry, 1977, 81A (1): 89-98.

[50] Griffith DA, Hodson AC, Christensen CM. Grain storage fungi associated with mites [J]. Journal of Economic Entomology, 1959, 52: 514-518.

[51] Gustafson RJ, Mahmoud Y, Hall GE. Breakage susceptibility reduction by short-term tempering of corn [J]. Transactions of the ASAE, 1983, 26: 918-922.

[52] Hailwood AJ, Horrobins S. Absorption of water by polymers: Analysis in terms of a simple model [J]. Transactions of the Faraday Society, 1946, 42B: 84.

[53] Halsey G. Physical adsorption on non-uniform surface [J]. Journal of Chemical Physics, 1948, 16: 931-937.

[54] Hamer A, Lacey J, Magan N. Use of an automatic electrolytic respirometer to study respiration of stored grain [C]. In: Fleurat-Lessard F and Ducom P. (eds). Proceedings of the fifth International Working Conference on Stored-product Protection. Bordeaux, France: Imprimerie du Medoc, 1991, I, 321-329.

[55] Han X, Wang X, Li XJ, et al. Sorption equilibrium moisture and isosteric heat of Chinese wheat flours [J]. Quality Assurance and Safety of Crops & Foods, 2017, 9 (4): 435-449.

[56] Han X, Wang Xin, Wu ZD, et al. Moisture adsorption rate and effective diffusivity in Chinese milled rice [C]. The 2nd International conference on computational modeling, simulation and applied mathematics (CMSAM 2017). Lancaster Pennsylvnia: Destech Publication Inc, 2017: 222-230.

[57] Henderson SM. A basic concept of equilibrium moisture [J]. Agricultural Engineering, 1952 (1): 29-32.

[58] Howe RW. A summary of estimates of optimal and minimal conditions for population increase of some stored product insects [J]. Journal of Stored Products Research, 1965, 1 (2): 17-184.

[59] Howe RW. The effects of temperature and humidity on the rate of development and the mortality of *Tibolium Castaneum* [J]. Annals of Applied Biology, 1956, 44: 356-368.

[60] Hummel BC, Cuendet LS, Chistensen CM, et al. Grain storage studies XIII. Comparative changes in respiration, viability, and chemical composition of mold-free and mold contaminated wheat upon storage [J]. Cereal Chemistry, 1954, 31: 143-150.

[61] Hunter AJ. An isotere equation for some common seeds [J]. Journal of Agricultural Engineering Research, 1987, 37: 93-95.

[62] Hunter AJ. On the heat of sorption of Australian paddy rice [J]. Journal of Agricultural Engineering Research, 1989, 44: 237-239.

[63] Husain A, Chen CS, Clayton JT. Simultaneous heat and mass diffusion in biological materials [J]. Jouranl of Agricultural Engineering Research, 1973, 18: 343-354.

[64] Iglesias HA, Chirife J, Viollaz P. Thermodynamics of water vapour sorption by sugar-beet root [J]. Journal of Food Technology, 1976, 11: 91-101.

[65] Irzyniec Z, Klimczak J. Effect of temperature on sorption isotherms of Brussels sprouts [J]. Food, 2003, 47: 24-27.

[66] Jaros M, Cenkowski S, Jayas DS, et al. A method of determination of the diffusion coefficient based on kernel moisture content and its temperature [J]. Drying technology, 1992, 10 (1): 213-222.

[67] Jayas DS, Mazza G. Comparison of five three-parameter equations for the description of adsorption data of oats [J]. Transactions of the ASAE, 1993, 36: 119-125.

[68] Jayas DS, Mazza G. Equilibrium moisture characteristics of safflower seeds [J]. Transactions of the ASAE, 1991, 34: 2099-2103.

[69] Jayas DS, White ND, Muir WE. Stored-grain ecosystems [M]. Hong Kong: Marcel Dekker, Inc., 1995.

[70] Jobber PI, Jamieson MF. Food microbiology [M]. In: Tropical Stored Products Institute, Ministry, (ed). Food Storage Manual, Part I. Slough, England: Oversea Development, 1970: 63-134.

[71] Kachru RP, Matthes RK. The behaviour of rough rice in sorption [J]. Journal of Agricultural Engineering Research, 1976, 21: 405-416.

[72] Kaliyan N, Alagusundaram K, Gayathri P. Effect of temperature and moisture content on shelf life of paddy [C]. St Joseph MI: ASABE, 2006, Paper No. 066193.

[73] Kapsalis JG. Influence of hysteresis and temperature on moisture sorption isotherms [M]. In: Rockland LB and Beuchat LR (eds). Water acitivity: Theory and Applications to Foods. New York: Marcel Dekker Inc, 1987: 173-213.

[74] Karel M. Water activity and food preservation [M]. In: Fennema OR. (eds). Principles of Food Science Part II. Karel M, Fennema OR, Lund DB. (eds). Physical Principles of Food Preservation. New York: Marcel Dekker Inc, 1975: 237-263.

[75] Karunakaran C, Muir WE, Jayas DS, et al. Safe storage time of high moisture wheat [J]. Journal of Stored Products Research, 2001, 37: 303-312.

[76] Kraszewski AW, Trabelsi S, Nelson SO. Comparison of density-independent expressions for moisture content determination in wheat at microwave frequencies [J]. Journal of Agricultural Engineering Research, 1998, 71 (3): 227-237.

[77] Kraszewski AW, Trabelsi S, Nelson SO. Temperature-compensated and density-independent moisture content determination in shelled maize by microwave measurements [J]. Journal of Agricultural Engineering Research, 1998, 72 (1): 27-35.

[78] Krazewski A. Microwave aquametry: An effective tool for nondestructive sensing [J]. Subsurface Sensing Tech-

nology And Application, 2001, 2 (4): 347-362.

[79] Lacey J, Hill ST, Edwards MA. Microorganisms in stored grains: their enumeration and significance [J]. Tropical Stored Products Information 1980, 38: 19-32.

[80] Lacey J, Hamer A, Magan N. Respiration and losses in stored wheat under different environmental conditions [C]. In: Highley E, et al, (ed). Stored Product Protection. Proceedings of the 6th International Working Conference on Stored Product Protection. Canberra, Australia: CAB International, 1994, II: 1007-1013.

[81] Li XJ, Cao ZY, Feng QY, et al. Equilibrium moisture content and sorption isosteric heats of five wheat varieties in China [J]. Journal of Stored Products Research, 2011, 47: 39-47.

[82] Li XJ, Han ZQ, Lin Q, et al. Smart cooling-aeration guided by an aeration window model for paddy stored in concrete silos in a subtropical region of southern China [J]. Computers and Electronics in Agriculture, 2020, 173: 105452.

[83] Li XJ, Wang X, Li Y, et al. Changes in moisture effective diffusivity and glass transition temperature of paddy during drying [J]. Computers and Electronics in Agriculture, 2016, 128: 112-119.

[84] Li XJ, Wu ZD, Lu H. The sorption isosteric heats of rough rice in China [J]. Journal of Life Science, 2011, 5: 15-21.

[85] Li XJ, Wu ZD, Wu XM, et al. Lowering paddy temperature with mechanical aeration guided by CAE Model and aeration window [C]. In: Arthur FH et al. (eds). Proceedings of the 11th International Working Conference on Stored Product Protection, 2014: 294-309.

[86] Li XJ. The hygroscopic properties and sorption isosteric heats of different Chinese wheat types [J]. Journal of Food Research, 2012, 1: 82-98.

[87] Li Y, Wang X, Jiang P, Li XJ. Sorption equilibrium moisture and isosteric heat of Chinese dried wheat noodles [J]. Journal of Stored Product Research, 2016, 67: 19-27.

[88] Lomauro CJ, Bakshi AS, Labuza TP. Evaluation of food moisture sorption isotherm eqautions [J]. Lebensmittel-Wissenschaft und-Technologie, 1985, 18 (2): 111-124.

[89] Lu R, Siebenmorgen TJ. Moisture diffusivity of rice components [J]. Transactions of the ASAE, 1989, 35: 1955-1961.

[90] Lu R, Siebenmorgen TJ. Moisture diffusivity of rice components [J]. Transactions of the A Mazza G, Cambell CG. Influence of water activity and temperature on dehulling of buckwheat [J]. Cereal Chemistry, 1985, 62: 31-34.

[91] Mazza G, Jayas DS, White NDG. Moisture sorption isotherms of flax seed [J]. Transaction of the ASAE, 1990, 33: 1313-1318.

[92] Mazza G, Jayas DS. Equilibrium moisture characteristics of sunflower seeds, hulls and kernels [J]. Transactions of the ASAE, 1991, 34: 534-538.

[93] MeieringAG, Hofkes HJ. The determination of drying results and energy requirements of grain drying with the help of computer simulation [J]. Grundl Land-technik, 1977, 27: 1-8.

[94] Mills JT. Safe storage guidelines for grains and their products [J]. Postharvest News and Information, 1992, 3: 111N-115N.

[95] Murats S, Tanaks F, Hori Y. Effect of initial moisture on the adsorption and desorption equilibrium moisture contents of polished rice [J]. Journal of the Faculty of Agriculture, 1993, 38: 161-173.

[96] Muthukumarappan K, Gunsekaran. Vapor diffusivity and hygroscopic expansion of corn kernels during adsorption [J]. Transactions of the ASAE, 1990, 33 (5): 1637-1641.

[97] Muthukumarappan K, Jindal VK, Gunasekaran S. Volumetric changes in rice kernels during desorption and adsorption [J]. Transactions of the ASAE, 1992, 35 (1): 235-241.

[98] Nellist ME. Application of computer simulation techniques to the design and use of grain dryers [C]. Paper to workshop on grain drying and bulk handling and storage systems in ASEAN. Pitsanuloke, Thailand, 1989, pp 21.

[99] Nellist ME. Predicting the viability of seeds dried with heated air [J]. Seed Science And Technology, 1981, 9: 439-455.

[100] Nelson SO, Trabelsi S. A century of grain and seed moisture meaurement by sensing electrical properties [J]. Transactions of the ASABE, 2012, 55 (2): 629-636.

[101] Neslon SO, Kraszewski AW. Grain moisture content determination by microwave measurements [J]. Transactions of the ASAE, 1990, 33 (4): 1303-1307.

[102] Neslon SO. RF and microwave dielectric properties of shelled, yellow-dent field corn [J]. Transactions of the ASAE, 1979, 22 (6): 1451-1457.

[103] Ngoddy PO, Bakker-Arkema FW. A generalized theory of sorption phenomena in biological materials. Part III. A pore size distribution function of the power law type for biological materials [J]. Transactions of the ASAE, 1972, 15: 1160-1164.

[104] Nguyen TV. Natural convection effects in stored grains-a simulation study [J]. Drying Technology, 1987, 5: 541-560.

[105] Obuchowski W, Bushuk N. Wheat hardness: Comparison of methods of it evaluation [J]. Cereal Chemistry, 1980, 57: 421-425.

[106] Oswin CR. The kinetics of package life. III. Isothem [J]. Journal of Chemicai Industry, 1946, 65: 419-421.

[107] Öztekin S, Soysal Y. Comparison of adsorption and desorption isosteric heats for some grains [M]. In: Agricultural Engineering International. The CIGR Journal of Scientific Research and Development, 2000.

[108] Pabis S. Theory of convective drying of agricultural products [M]. Warszawa, Poland: PWRiL. 1982.

[109] Perdon AA, Siebenmorgan TJ, Mauromoustakos A. Glass state transition and rice drying: Development of a brown rice state diagram [J]. Cereal Chemistry, 2000, 77: 708-713.

[110] Pfost HB, Maurer SG, Chung DS, Milliken GA. Summarizing and reporting equilibirum moisture data for grains [C]. St. Joseph. MI: ASAE, 1976, ASAE Paper no. 76-3520.

[111] Pierce RO, Thompson TL. Energy use and performance related to crossflow dyer design [J]. Transactions of the ASAE, 1981, 24: 216-220.

[112] Pixton SW, Henderson S. The moisture content-equilibrium relative humidity of five varieties of Canadian wheat and of candle rapeseed at different temperature [J]. Journal of Stored Products Research, 1981, 17: 187-190.

[113] Pixton SW, Griffiths HJ. Diffusion of moisture through grain [J]. Journal of Stored Products Research, 1971, 7: 133-152.

[114] Pixton SW. The importance of moisture and equilibrium relative humidity in stored products [J]. Tropical Stored Products Information, 1982, 43: 16-29.

[115] Pixton SW. The effect of heat treatment on the moisture content-relative humidity equilibrium relationship of Manitioba wheat [J]. Journal of Stored Products Research, 1968, 4: 267-270.

[116] Plummer D, Grinstead JC, Dixon JE, et al. Temperature and relative humidty data acquisition system for aerated grain storage [C]. St Joseph Mich: ASAE, 1989, ASAE Paper no 89408.

[117] Pollio ML, Resnick S, Chirife J. Water sorption isotherms of soyabean varieties grown in Argentina [J]. International Journal of Food Science and Technology, 1987, 22: 335-338.

[118] Pomeranz Y. Biochemical, functional, and nutritive changes during storage [M] . In: Sauer DB, (ed) . Storage of Cereal Grains and Their Products. St Paul, MN: America Association of Cereal Chemists, 1992: 55-141.

[119] Putranon R, Bowrey RG, Eccleston J. Sorption isotherms for two cultivars of paddy rice grown in Australia [J] . Food Technology in Australia, 1979, 31: 510-515.

[120] Qasem SA, Christensen CM. Influence of moisture content, temperature, and time on the deterioration of stored corn by fungi [J] . Phytopathology, 1958, 48: 544-549.

[121] Qui N, Dixon JE, Halderson JL. Experimental results of aeration control with feedback [J] . St. Joseph, Mich: ASAE, 1987, ASAE Paper No. 876545.

[122] Reddy BS, Chakraverty A. Equilibrium moisture characteristics of raw and parboiled paddy, brown rice, and bran [J] . Drying Technology, 2004, 22 (4): 837-851.

[123] Roberts EH. The viability of cereal seed in storage in relation to temperature and moisture [J] . Annals of Botany, 1960, 24 (93): 12-31.

[124] Rockland BL. Water activity and storage stability [J] . Food Techology, 1969, 23: 11-14.

[125] Rosell CM, Marco C. Rice [J] . Bakery Products, 2007, 123-134.

[126] Rouquerol F, Rouquerol J, Sing K. Methodology and Applications [M] . San Diego, CA: Academic Press, 1999.

[127] Sablani SS, Syamaladevi RM, Swanson BG. A review of methods, data and applications of state diagrams of food systems [J] . Food Engineering Review, 2010, 2: 168-203.

[128] Sanderson DB, Muir WE, Sinha RN, et al. Evaluation of a model of drying and deterioration of stored wheat at near-ambient conditions [J] . Journal of Agricultural Engineering Research, 1989, 42: 219-233.

[129] Schär W, Rüegg M. The evaluation of GAB constants from water vapour sorption data [J] . Lebensmittel-Wissenschaft und-Technologie, 1985, 18: 225-229.

[130] Schreiber H, Mühlbauer W, Wassermann L, et al. Influence of drying on the qaulity of wheat-study of the reaction kinetics [J] . Z Lebensm Unters Forsch, 1981, 173: 169-175.

[131] Schroeder HW, Sorenson JW. Mold development of rough rice as affected by aeration during storage [J] . Rice Journal, 1961, 64: 8-10.

[132] Schroth E, Muir WE, Jayas DS, et al. Storage limit of wheat at 17% moisture content [J] . Canadian Agricultural Engineering, 1998, 40 (4): 201-205.

[133] Scott WJ. Water relations of food spoilage microorganisms [J] . Advances in Food Research, 1957 (7): 83-127.

[134] Sherwin CP, Labuza TP. Role of moisture in maillard browning reaction rate in intermediate moisture foods: Comparing solvent phase and matrix properties [J] . Food Science, 2003, 68 (2): 588-594.

[135] Shewry PR, Casey R. Seed proteins [M] . Dordrecht: Kluwer Academic Publishers, 1999.

[136] Siebenmorgen TJ, Wang Y, Sun Z. Glass transition temperature of rice kernels determined by dynamic mechanical thermal analysis [J] . Transactions of the ASAE, 2004, 47 (3): 835-839.

[137] Sinha RN. Fungus as food for some stored-products insects [J] . J Economic Entomology, 1971, 64: 3-6.

[138] Sinicio R, Muir WE. Comparison and sensitivity analyses of models for simulating aeration of stored wheat [J] . Canadian Agriculural Enigneering, 1996, 38: 183-193.

[139] Sokhansanj S, Bruce DM. A conduction model to predict grain temperatures in grain drying simulation [J]. Transactions of the ASAE, 1987, 30: 1181-1184.

[140] Steele JL, Saul RA, Hukill WV. Deterioration of shelled corn as measured by carbon dioxide production [J]. Transactions of the ASAE, 1969, 12 (5): 685-689.

[141] Steele RJ. Safe storage of rapeseed and other oilseeds [M]. Sub-Project 2. Sydney: CSIRO Division of Food Processing, 1990.

[142] Steffe JF, Singh RP. Diffusion coefficients for predicting rice drying behavior [J]. Journal of Agricultural Engineering Research, 1982, 27: 493-498.

[143] Subramanyam B, Hagstrum DW, Harein PK. Upper and lower temperature threshholds for development of six stored product beetles [M]. In: Fleurat-Lessard F and Ducom P. eds. Proceeding of the fifth International Working Conference on Stored Product Protection. 1990, Vol III, 2029-2037.

[144] Sun DW, Byrne C. Selection of EMC/ERH isotherm equations for rapeseed [J]. Journal of Agricultural Engineering Research, 1998, 69: 307-315.

[145] Sun DW, Woods JL. The moisture contact relative humidity relationship of wheat-A review [J]. Drying Technology, 1993, 11 (7): 1523-1551.

[146] Sun DW, Woods JL. The selection of sorption isotherm equations for wheat based on the fitting of available data [J]. Journal of Stored Products Research, 1994, 30: 27-34.

[147] Sun DW. Comparison and selection of EMC-ERH isotherm equation for rice [J]. Journal of Stored Products Research, 1999, 35: 249-264.

[148] Sun Z, Yang W, Siebenmorgan TJ, et al. Thermomechanical transitions of rice kernels [J]. Cereal Chemistry, 2002, 79 (3): 349-353.

[149] Thompson TL, Peart RM, Forst GH. Mathematical simulation of corn drying-a new model [J]. Transactions of the ASAE, 1968, 24 (3): 582-586.

[150] Thorpe GR, Tapia JAO, Whitaker S. The diffusion of moisture in food grains I. The development of a mass transport equation [J]. Journal of Stored Products Research, 1991, 27: 1-9.

[151] Thorpe GR. Physical basis of aeration [M]. In: Navarro S and Noyes R. eds. The Mechanics and Physical of Modern Grain Aeration Management. Boca Raton: CRC Press, 2001: 135-144.

[152] Timmermann EO, Chirife J. The physical state of water sorbed at high activities in starch in terms of the GAB sorption equation [J]. Journal of Food Engineering, 1991, 13: 171-179.

[153] Tolaba MP, Aguerre RJ, Suarez C. Modeling cereal grain drying with variable diffusivity [J]. Cereal Chemistry, 1997, 74: 842-845.

[154] Trabelsi S, Kraszewski A, Nelson SO. New density-independent calibration function for microwave sensing of moisture content in particulate materials [J]. IEEE Transactions On Instrumentation and Measurement, 1998, 47 (3): 613-622.

[155] Trabelsi S, Kraszewski A, Nelson SO. Simultaneous determination of density and water content of particulate materials by microwave sensors [J]. Electronics Letters, 1997, 33 (10): 874-876.

[156] Trabelsi S, Lewis MA, Nelson SO. Microwave moisture meter for rapid and nondestructive grading of peanuts [C]. St Joseph Mich: ASABE, 2010, ASABE Paper no 1009183.

[157] Trabelsi S, Nelson SO. A low-cost microwave sensor for simultaneous and independent determination of bulk density and moisture content in grain and seed [C]. St Joseph Mich: ASABE, 2007, ASABE Paper no 076240.

[158] Troller JA. Water activity and food [M]. New York: Academic Press, 1978.

[159] Uddin MS, Armstrong PR, Zhang N. Accuracy of grain moisture content prediction using temperature and relative humidty sensors [J]. Transactions of the ASABE, 2006, 22 (2): 267-273.

[160] van den Berg C, Bruin S. Water activity and its estimation in food systems: Theoretical aspects [M]. In: Rockland LB and Stewards GF (ed). Water Activity Influence on food quality. New York: Elsevier, 1981, 1-61.

[161] van den Berg C. Water activity [M]. In: Mac Carthy D. (ed). Concentration and Dryinmg of Foods. London: Elsevier, 1986, 11-20.

[162] Viollaz PE, Rovedo CO. Equilibrium sorption isotherms and thermodynamic properties of starch and gluten [J]. Journal of Food Engineering, 1999, 40: 287-292.

[163] Wallace HA, Sholberg PL, Sinha RN, et al. Biological, physical and chemical changes in stored wheat [J]. Mycopathologia, 1983, 82: 65-76.

[164] Walton LR, White GM, Ross IJ. A cellular diffusion-based drying model for corn [J]. Transactions of the ASAE, 1988, 31 (1): 279-283.

[165] Wang CY, Singh RP. A single-layer drying equation of rough rice [C]. St. Joseph, MI: ASAE, 1978, ASAE Paper no. 78-3001.

[166] Wassermann L, Mühlbauer W, Schreiber H. Influence of drying on wheat qaulity 3. Effect of grain moisture content on drying behavior and baking properties [J]. Getreide Mehl und Brot, 1983, 9: 268-274.

[167] Wilson SG, Desmarchelier JM. Aeration according to seed wet-bulb temperature [J]. Journal of Stored Products Research, 1994, 30 (1): 45-60.

[168] Wu ZD, Li XJ, Guo DL, et al. The use of a moisture sorption equation for depot aeration of shelled corn in China [C]. A presentation at the 2011 CIGR section VI international symposium on towards a sustainable food chain, food process, bioprocessing and food quality management. Nantes, France, 2011.

[169] Wu ZD, Li XJ, Cao Y. The use of a moisture sorption eqaution for depot aeration of wheat grains in China [C]. In: Hu J (eds). Advances in Biomedical Engineeering, 2011 International conference on agricultural and Biosystems Engineering (ICABE 2011), Hong Kong, 2011, 9-15.

[170] Yearsley G, Huhr H, Halderson JL. Electronic design of aeration controls with feedback [C]. St. Joseph, Mich: ASAE, 1986, ASAE Paper No. 86305.

[171] Young JH, Nelson GL. Research of hysteresis between sorption and desorption isotherms of wheat [J]. Transactions of the ASAE, 1967, 10 (2): 261-263.

[172] Zuritz CR, Singh PR, Moini SM, et al. Desorption isotherms of rough rice from 10℃ to 40℃ [J]. Transactions of the ASAE, 1979, 22: 433-436.

[173]《中华粮仓集锦》编委会. 中华粮仓集锦 [M]. 成都: 中国文联出版社, 2016.

[174] 卞科. 食品中的玻璃态研究 [J]. 河南工业大学学报 (自然科学版), 2006, 27 (6): 1-7.

[175] 卞科. 水分活度与食品储藏稳定的关系 [J]. 郑州粮食学院学报, 1997, 18 (4): 41-48.

[176] 陈加忠, 赖建洲, 曹之祖. 稻谷平衡相对湿度性质之研究 [J]. 中华农业研究, 1990, 39 (4): 347-366.

[177] 程闰达, 张淑茹. 论大豆腥味与脱腥 [J]. 中国酿造, 1998, 17 (6): 4-12.

[178] 段义三, 丁进, 闫恩峰, 等. 采用自然空气试验粳稻谷智能化调质通风 [J]. 粮食科技与经济, 2018, 43 (2): 53-56.

[179] 龚红菊, 徐杰. 特种稻谷黑米平衡水分的试验测定 [J]. 粮油加工与食品机械, 2005, 27 (11):

66-67.
[180] 国家粮食储备局储运管理司．中国粮食储藏大全［M］．重庆：重庆大学出版社，1994.
[181] 国家粮食局粮食行政管理司．储粮新技术教程［M］．北京：中国商业出版社，2001.
[182] 韩志强，林乾，陈亮，等．南亚热带稻谷立筒仓智能化通风试验［J］．中国粮油学报，2018，33（12）：26-31.
[183] 何靖柳，秦文，王丰俊，等．花生平衡水分及吸着等热研究［J］．食品科技，2013，38（2）：148-158.
[184] 胡坤，张家年．稻谷水分吸附与解吸等温线拟合模型的选择及其参数优化［J］．农业工程学报，2006，22（1）：153-156.
[185] 胡坤，张家年．稻谷吸附与解吸等温线影响因子的研究［J］．粮食与饲料工业，2004，27（10）：30-33.
[186] 贾富国，周玉龙．储藏条件下糙米水分扩散规律研究［J］．中国粮油学报，2012，27（1）：87-90.
[187] 姜平，李兴军．干燥过程中玉米籽粒水分扩散系数及热特性研究［J］．食品工业科技，2016，37（15）：53-59.
[188] 靳祖训．中国古代粮食贮藏的设施与技术［M］．北京：中国农业出版社，1984.
[189] 兰盛斌，付鹏程，王双林，等．移动组合立体通风就仓干燥高水分稻谷试验［J］．粮食储藏，2004，32（6）：24-25.
[190] 李栋．稻谷干燥应力裂纹生成扩展及抑制的试验研究和机理分析［D］．北京：中国农业大学，2001.
[191] 李兴军，姜平，陈逸鹏．芝麻平衡水分及吸着等热研究［J］．食品工业科技，2014，35（9）：57-62.
[192] 李兴军，姜平，周瑞宝．豆粕平衡水分及吸着等热研究［J］．中国油脂，2014，39（5）：27-32.
[193] 李兴军，姜平．采用一个多项式方程拟合粮食水分吸着等温线［J］．中国粮油学报，2015，30（10）：90-94.
[194] 李兴军，姜平．稻谷及其加工产品平衡水分研究进展［J］．粮油食品科技，2014，22（6）：100-105.
[195] 李兴军，刘丁，王双林，等．采用水分解吸方程估算我国稻谷安全水分［J］．中国粮油学报，2011，26（4）：81-84.
[196] 李兴军，王双林，付鹏程．采用水分解吸等温线分析粮食安全水分的研究［J］．粮食加工，2017，42（5）：30-36.
[197] 李兴军，王双林，王金水，等．小麦的平衡水分与吸着热研究［J］．河南工业大学学报，2009，30（3）：1-7.
[198] 李兴军，王双林，王金水．谷物平衡水分研究概况［J］．中国粮油学报，2009，24（11）：137-145.
[199] 李兴军，王双林，张元娣，等．玉米吸湿特性及其等温线类型研究［J］．中国粮油学报，2012，27（1）：80-86.
[200] 李兴军，吴晓明，郝春梅，等．粮堆含水率在线检测方法及系统［P］．北京市：CN107389746B，2020-05-19.
[201] 李兴军，吴晓明，殷树德．平衡水分方程精准指导稻谷调质通风试验的原理［J］．粮食加工，2017，42（6）：25-29.
[202] 李兴军，吴子丹，韩旭，等．稻谷和玉米籽粒干物质玻璃化转变温度的研究［J］．粮食加工，2018，43（2）：197-204.
[203] 李兴军，吴子丹，季振江，等．小麦平衡水分测定及实仓智能化降温通风试验［J］．中国粮油学报，2017，32（11）：94-98.
[204] 李兴军，吴子丹．稻谷平衡水分的测定及 EMC/ERH 等温线方程的选择［J］．中国粮油学报，2010，

25（7）：1-8.
［205］李兴军，吴子丹．粮堆平衡绝对湿度和露点温度的查定方法［J］．粮食加工，2011，36（4）：34-37.
［206］李兴军，郑亿青，盛岩，等．油菜籽平衡水分及吸着等热研究［J］．粮油食品科技，2013，21（5）：32-36.
［207］李兴军，郑亿青，张来林，等．小麦水分吸附速率研究［J］．中国粮油学报，2015，30（11）：19-25.
［208］李兴军．谷物粮堆通风的理论依据与目标［J］．粮食加工，2017，42（1）：28-38.
［209］李兴军．广义 GAB 方程拟合小麦和大米吸着等温线研究［J］．中国粮油学报，2013，28（4）：72-77.
［210］李兴军．粮油种子平衡水分测定方法及数据处理［J］．粮食加工，2011，36（6）：33-37.
［211］李阳．稻谷吸附解吸和玻璃化转变对裂纹的影响研究［D］．长春：吉林大学，2016.
［212］刘木化，曹崇文，杨德勇．水稻颗粒玻璃化转变的试验研究［J］．农业机械学报，2001，32（2）：52-54.
［213］刘启觉．稻谷烘干性能研究与措施［J］．粮食与饲料工业，2001，24（6）：10-11.
［214］孟祥河，潘秋月，邹冬芽，等．无溶剂体系中酶催化亚油酸和甘油生产 1，3-甘油二酯工艺的研究［J］．中国油脂，2004，29（2）：47-50.
［215］牛智有，宗力，谭鹤群．油菜籽解吸和吸湿平衡水分及其装置的研究［J］．农机化研究，1998，20（3）：32-34.
［216］任强．玉米和大豆的吸附解吸速率及热物性的研究［D］．郑州：河南工业大学，2015.
［217］盛岩，李兴军．不同类型大米吸着等温线差异性研究［J］．食品工业科技，2013，34（19）：69-73.
［218］史钢强．智能通风操作系统水分控制模型优化及程序设计［J］．粮油食品科技，2013，21（5）：109-113.
［219］王彩云．大豆平衡含水率的试验研究［J］．中国粮油学报，1999，14（3）：60-61.
［220］王丹蕊，许泶，石阶平．以超临界 CO_2 为介质利用固定化脂肪酶进行酶促水解反应表观动力学的研究初探［J］．北京石油化工学院学报，2003，11（1）：40-43.
［221］王剑平，王成芝．谷粒内部水分扩散系数的确定［J］．东北农业大学学报，1996，27（1）：63-67.
［222］王帅，赵秀梅．中国粮食流通与粮食安全关键节点的风险识别［J］．西北农林科技大学学报（社会科学板），2019，19（2）：124-132.
［223］王双林，郭红．通风干燥过程中的粮食水分转移规律研究［J］．粮食储藏，2009，38（2）：20-22.
［224］王双林，谢霞，赵小军，杜秀琼．高水分粮食解吸试验［J］．粮食储藏，2005，34（6）：21-22.
［225］王双林，高影，张华昌，等．稻谷在储干燥试验［J］．粮食储藏，2004，32（2）：32-34.
［226］王双林，郭道林，李兴军，等．玉米平衡水分测定及等温线方程确定［J］．中国粮油学报，2010，25（11）：33-36.
［227］魏金涛，齐德生，张妮娅．五种饲料原料水活性等温吸附曲线研究［J］．中国粮油学报，2007，22（3）：107-111.
［228］魏金涛，张妮娅，李绍章，等．玉米豆粕混合水活性等温吸附曲线研究［J］．饲料工业，2008，29（14）：31-33.
［229］文友先，张家年，张声华．稻谷吸附与解吸等温线研究［J］．华中农业大学学报，1999，18（3）：286-288.
［230］文友先，张家年．水分活度仪测定稻谷吸附和解吸等温线［J］．粮食与饲料工业，1998，21（2）：18-20.
［231］吴雪辉，李昌宝，杨公明．油茶籽的吸附等温线及热力学性质［J］．江苏大学学报（自然科学版），

2010，31（3）：259-263.

［232］吴子丹，李兴军．大米和大豆 CAE 方程及平衡绝对曲线图研究［J］．中国粮油学报，2013，28（1）：76-81.

［233］吴子丹，李兴军．利用 CAE 方程调控我国稻谷仓库通风［J］．中国粮油学报，2011，26（2）：74-78.

［234］吴子丹．再谈储粮机械通风的计算机控制［J］．粮食储藏，1991，20（3）：3-9.

［235］肖威．稻米籽粒湿线膨胀系数的研究［J］．农机化研究，2010，32（12）：45-48.

［236］徐宝才，丁霄霖．温湿度对贮藏苦荞品质的影响［J］．中国粮油学报，2003，18（5）：31-35.

［237］徐红梅，宗力．稻谷安全储藏水分的控制标准与应对措施研究［J］．粮油加工，2010，35（7）：70-72.

［238］余昆．粮食储藏安全水分的分析与确定［J］．粮食加工，2010，35（6）：81-83.

［239］张来林．储粮机械通风技术［M］．郑州：郑州大学出版社，2014.

［240］张龙，吕建华，李兴军，等．稻米水分含量对其玻璃化转变温度的影响研究［J］．粮食与食品工业，2015，22（5）：93-96.

［241］张正磊，周惠明．酶法降解糙米中植酸初探Ⅱ．内源酶降解糙米中植酸的研究［J］．食品工业科技，1999，20（8）：27-29.

［242］赵新淮，刘延敏，张海霞，等．三种食品的水吸附研究［J］．东北农业大学学报，2004，35（4）：454-457.

［243］周福阳，李栋，汪立君，等．稻米玻璃化转变试验研究和应力裂纹机理分析［J］．中国科技论文在线，2006.

［244］周景星．低温贮粮［M］．郑州：河南科学技术出版社，1981.

［245］周景星．平衡水分测定技术与应用［J］．粮食储藏，1981，2（5）：2-12.

［246］左进良，刘维春，张祯祥．储粮通风技术［M］．北京：中国轻工业出版社，1990.